TRAITÉ COMPLET

DE

PHYSIOLOGIE

T. 1.

OUVRAGES DU MÊME AUTEUR

TRAITÉ COMPLET DE PHYSIOLOGIE MÉDICALE & PHILOSOPHIQUE. . 4 vol. grand in-8º.

NOUVELLE DOCTRINE MÉDICALE OU DOCTRINE BIOLOGIQUE. Ouvrage couronné par l'Académie de médecine de Caen . . . . 1 vol. grand in-8º.

HISTOIRE DE LA RÉVOLUTION MÉDICALE DU XIXᵉ SIÈCLE. Ouvrage couronné par l'Académie de médecine de Caen . 1 vol. grand in-8º.

DE LA NÉCESSITÉ DES LIVRETS appliquée aux domestiques. Ouvrage couronné par la Société d'Agriculture de Caen . . . . 1 vol. grand in-8º.

TRAITÉ COMPLET DE PHYSIOGNOMONIE : ou l'homme moral positivement révélé par l'étude raisonnée de l'homme physique . . . . 1 vol. grand in-8º.

TRAITÉ COMPLET DE LA MALADIE SCROFULEUSE . . . . . 1 vol. in-8º.

TRAITÉ COMPLET DE L'ÉRYSIPÈLE . . . . 1 vol. in-8º.

TRAITÉ DE L'OPHTHALMIE GRANULEUSE. . . . . 1 vol. in-8º.

TRAITÉ DU TÉTANOS TRAUMATIQUE . . . . 1 vol. in-8º.

TRAITÉ DES HÉMORRHOIDES . . . . 1 vol. in-8º.

DE L'ÉMÉTIQUE à haute dose . . . . 1 vol. in-8º.

DU MAGNÉTISME ANIMAL. . . . . 1 vol. in-8º.

SYSTÈME SOCIAL COMPLET : Ses applications pratiques à l'Individu, à la Famille, à la Société . . . . . 2 vol. grand in-8º.

SYSTÈME PÉNITENTIAIRE COMPLET : Ses applications pratiques à l'Homme déchu, à la Société. . . . . 1 vol. grand in-8º.

HISTOIRE COMPLÈTE DE LA PROVINCE DU MAINE, depuis les temps les plus reculés jusqu'à nos jours . . . 2 vol. in-8º.

ILLUSIONS ET RÉALITÉS, OU RÉGÉNÉRATION DES PEUPLES . . 1 vol. in-8º.

COLONIE PÉNITENTIAIRE DE METTRAY . . . . 1 vol. in-8º.

VOYAGE EN BRETAGNE, Histoire des Bagnes . . . . . 1 vol. in-8º.

ENFANTS TROUVÉS, Solution pratique du problème . . 1 vol. in-8º.

LA VIE DE JÉSUS-CHRIST, rendue à la vérité de ses vrais caractères . . . . 1 vol. in-12.

BROCHURES, MÉMOIRES, etc.

LEPELLETIER DE LA SARTHE.

TRAITÉ COMPLET

DE

PHYSIOLOGIE

À L'USAGE DES GENS DU MONDE

ET DES LYCÉES

PAR

A. LEPELLETIER DE LA SARTHE

De l'Académie de médecine de Paris

Γνῶθι σεαυτόν
« Connais-toi toi-même. »

TOME PREMIER

PARIS

G. MASSON, ÉDITEUR

LIBRAIRE DE L'ACADÉMIE DE MÉDECINE

Place de l'École de Médecine

MDCCCLXXVI

TRAITÉ COMPLET

DE

PHYSIOLOGIE

A L'USAGE DES GENS DU MONDE

ET DES LYCÉES

PAR

A. LEPELLETIER DE LA SARTHE

De l'Académie de médecine de Paris

Γνῶθι σεαυτόν
« Connais-toi toi-même. »

TOME PREMIER

PARIS

G. MASSON, ÉDITEUR

LIBRAIRE DE L'ACADÉMIE DE MÉDECINE

Place de l'École de Médecine

MDCCCLXXVI

INTRODUCTION

Lorsque parut la *Physiologie médicale et philosophique*, les journaux de médecine en firent l'éloge.

Le savant rédacteur de la *Lancette française*, dans son excellent recueil, en donna lui-même un sérieux rapport dont nous citons seulement quelques passages, pour faire connaître le caractère du livre que nous publions aujourd'hui comme une suite nécessaire du premier.

« Au début de sa carrière médicale, M. Lepelletier de
« la Sarthe entreprend un travail immense; il rassemble
« et classe dans un ordre méthodique des matériaux
« considérables épars dans les œuvres de physiologis-
« tes. Riche de ces faits, il se livre à l'enseignement :
« fait des cours de physiologie dans le sein de nos écoles,
« espérant affermir ses élèves dans la saine doctrine du
« vitalisme, en les éloignant de ces vaines théories que
« l'imagination enfante, mais que le jugement détruit....

« Il publie ensuite son traité de *Physiologie médicale*
« *et philosophique*, en quatre volumes ; ouvrage, nous
« aimons à le reconnaître, où règne surtout un esprit
« philosophique remarquable ; où l'auteur présente les

« questions les plus ardues sous un jour éminemment
« favorable ; ouvrage écrit dans un bon esprit ; pour
« lequel M. Lepelletier a puisé dans les meilleures
« sources. »

Notre éminent confrère, notre excellent ami, Bouillaud, ex-doyen et professeur de l'École de médecine de Paris, fit également de notre œuvre un éloge d'autant plus parfait, pour nous, sorti d'un esprit aussi capable, qu'il se terminait par cette conclusion résumant tout en quelques mots : « L'ouvrage est excellent et digne d'une « nouvelle édition. »

Nous l'eussions en effet entreprise, la première étant depuis longtemps épuisée ; mais des occupations incessantes ne nous ayant laissé aucun loisir, c'est aujourd'hui seulement que nous la remplaçons par le *Traité complet de physiologie à l'usage des gens du monde et des lycées.*

Après tant d'essais infructueux, de catastrophes déplorables, on paraît enfin comprendre, dans nos familles, dans nos institutions enseignantes appelées à les remplacer, qu'il faut donner, de bonne heure, à l'enfant, des notions fondamentales et pratiques de Dieu, de soi-même, des relations dignes et nobles à la fois, qu'il doit un jour entretenir avec ses semblables, avec les autres objets de ses rapports, si l'on veut former des hommes, et conserver, pour jamais, à notre belle France, la supériorité qu'elle doit si naturellement offrir au milieu des nations civilisées.

C'est précisément dans le but de concourir, pour notre modeste part, à cet important résultat, que nous publions le *Traité de physiologie des gens du monde et des lycées*, qui, surtout envisagé sous ce point de vue nouveau, présente l'introduction logique et nécessaire à l'hygiène raisonnée, à la véritable philosophie.

Nous sommes, d'ailleurs, puissamment encouragé dans cette entreprise, par les nombreux auditeurs intelligents de toutes les classes qui, pendant plusieurs années, ayant suivi nos cours généraux de physiologie, avec une parfaite assiduité, nous expriment actuellement le désir d'en voir s'effectuer la publication.

———

TRAITÉ COMPLET

DE

PHYSIOLOGIE

A L'USAGE

DES GENS DU MONDE

ET DES LYCÉES

La physiologie, de φυσις, nature, λογος, étude : dans sa plus grande acception : étude de la nature, de l'*économie universelle ;* dans sa plus exacte signification : étude de la vie, de l'*économie vivante ;* est en effet celle des principes, des lois, des usages, du jeu des organes qui la constituent.

L'économie vivante composée de tous les êtres animés, depuis le végétal le plus simple jusqu'à l'homme, présente un petit monde particulier existant à sa manière dans le grand monde général, dont il subit en partie les influences, toutefois sans jamais, dans l'état normal, aliéner entièrement son indépendance, comme le prouvent les belles expériences de nos plus savants physiologistes.

Les corps organisés vivants offrent en effet des principes d'action qui ne se rencontrent pas chez les corps inertes, inorganiques.

Les physiologistes connus sous le nom de *vitalistes* ont, en dernière analyse, ramené ces principes d'action à deux : la *sensibilité*, la *contractilité* ; d'autres les ont réduits à

« l'action moléculaire sous l'influence du magnétisme et de l'électricité. » Nous adopterons la première opinion, propagée par Bichat.

PROPRIÉTÉS VITALES. — En étudiant ces principes d'action propres aux corps organisés, nous faisons le premier pas dans le domaine des êtres animés, où nous allons voir l'horizon de la vie se dérouler insensiblement sous nos yeux. La matière, en effet, jusqu'alors exclusivement régie par les lois physiques, va désormais obéir aux lois vitales, avec une existence particulière et des résultats exceptionnels, sous l'empire d'agents essentiels auxquels on a donné les noms de propriétés, de forces vitales.

Parmi les physiologistes qui les ont admises, les uns en ont fait un principe unique d'action, sous le titre d'*irritabilité*; d'autres les ont multipliées sans besoin, l'erreur existe dans chacun de ces deux extrêmes ; là vérité se trouvant, comme toujours, dans le moyen terme, en admettant la *sensibilité*, la *contractilité*.

Par la plus simple expérience, on arrive en effet aisément ici à leur complet isolement. Si on excite suffisamment un muscle, par exemple, mis à découvert dans une opération, le sujet sent une douleur, et le muscle se contracte; nous observons *sensation* et *contraction* dans la même partie, produites par la même cause. Si nous touchons ensuite ce muscle très-légèrement, le sujet éprouve une *sensation*, mais le muscle ne présente pas de *contraction*. Enfin, si nous invitons le sujet à contracter le muscle sans toucher ce dernier, nous observons la *contraction* sans la *sensation locale*; il devient dès lors évident que *sensation* et *contraction* peuvent se manifester isolément dans la même partie : que *sensibilité* et *contractilité* sont les deux propriétés fondamentales sur lesquelles repose la vie. L'admission de ces deux *forces vitales* est donc la conséquence immédiate et rigoureuse des faits sans aucune hypothèse. Étudions-les actuellement avec l'attention réclamée par leur importance.

SENSIBILITÉ.

Nous désignons ainsi la faculté que présente la matière organisée vivante de recevoir une impression sous l'influence des excitants appropriés. Devons-nous, avec Haller, admettre dans les nerfs le siége exclusif de la sensibilité? D'autres physiologistes prétendent qu'on la trouve dans un assez grand nombre de tissus où l'anatomie ne démontre pas suffisamment la présence des nerfs. Les partisans de la première opinion répondent que ces nerfs existent, mais qu'ils sont trop déliés pour être visibles. L'expérience nous prouve que tous les tissus vivants sentent à leur manière; arrêtons-nous à l'enseignement des faits.

La sensibilité se manifeste dans les tissus vivants sous trois modes principaux que nous désignerons par trois noms particuliers pour éviter la confusion : 1° *latente*; 2° *percevante générale*; 3° *percevante spéciale*.

1° **Sensibilité latente.** Cette première forme de la sensibilité que les physiologistes ont encore désignée par les termes : *irritabilité*, sensibilité nutritive, moléculaire, végétative, etc., est celle qui donne aux tissus vivants la faculté de recevoir l'impression des modificateurs qui doivent concourir au développement, à l'entretien de ces mêmes tissus, elle constitue la base fondamentale de la *vitalité*; aussi la rencontrons-nous dans tous les corps organisés, doués de l'existence active, et dans toutes les parties de ces corps jouissant de la vie, même au plus faible degré. Cette variété de la faculté de sentir est la seule que présentent les végétaux en général et les animaux du dernier ordre en particulier.

Commune à tous les tissus vivants, cette première forme présente, en même temps, des modifications importantes relatives à sa nature d'une part, et de l'autre à son développement.

Sous le rapport de sa nature essentielle. —L'expérience de chaque jour nous démontre que le même agent d'excitation appliqué aux différents tissus de l'économie, développe chez les uns des phénomènes très-remarquables, tandis que sur les autres il glisse rapidement et sans effet notable ; ainsi le tartrate antimonié de potasse, très-étendu d'eau, mis en contact avec la conjonctive, la pituitaire, etc., division bien sensible du système muqueux, ne produit aucun effet positif ; avec la membrane interne de l'estomac, autre division du même système, il détermine presque toujours une excitation telle que le vomissement en devient le résultat ordinaire. L'aloès, le jalap, la rhubarbe, les sulfates de soude, de magnésie, de potasse, etc., traversent le pharynx, l'œsophage, l'estomac sans déterminer aucun effet bien appréciable ; mais bientôt, arrivés dans la portion intestinale du tube digestif, ils provoquent des évacuations alvines et quelquefois même des coliques assez violentes. Le fraisier, l'asperge, la pariétaire, la digitale, le nitrate de potasse, etc., offrent une action spéciale sur les reins dont ils augmentent l'activité sécrétoire ; la pyrèthre, le mercure, etc., sur les glandes salivaires ; le gayac, la salsepareille, le sassafras, la bourrache, etc., sur la peau ; tels sont les motifs de la distinction des médicaments en *vomitifs, purgatifs, diurétiques, sialagogues, diaphorétiques*, etc.

D'un autre côté, nous voyons les tissus organiques choisir dans les fluides circulatoires et nutritifs les éléments qui leur conviennent, et les assimiler à leur substance, en vertu de cette sensibilité que l'on peut nommer *élective*, et dont la nature diffère évidemment dans chacun d'eux. Les os, les tendons, les cartilages, les muscles, la peau, les nerfs, etc., saisissent dans le sang ou la lymphe les seuls matériaux propres à leur accroissement et à leur conservation. L'histoire de la nutrition mettra bientôt cette importante vérité physiologique dans tout son jour.

De ces faits dérive nécessairement un principe fondamental et du plus haut intérêt pour la thérapeutique : *Tous les tissus organisés vivants jouissent de la sensibilité nutritive, mais avec des modifications relatives à la nature de cette propriété ; de là cette aptitude particulière de chacun d'eux pour répondre à tel ou tel agent d'excitation.*

Sous le rapport de son développement. — Quelles différences n'observons-nous pas encore entre les systèmes organiques ; si nous opposons les muscles, les nerfs, la peau, les muqueuses, etc., aux ongles, aux tendons, aux ligaments, aux cartilages, etc., nous voyons dans les premiers la sensibilité nutritive développée avec énergie, manifestant sa présence par des phénomènes bien caractérisés ; dans les seconds, cette propriété latente et si bornée, les actes vitaux environnés d'une telle obscurité, que des physiologistes ont placé plusieurs de ces mêmes tissus dans la série des corps inertes.

De cet autre fait découle un second principe également très-important : *La sensibilité nutritive existe dans tous les tissus organisés vivants, mais avec un développement différent pour chacun d'eux.*

2° Sensibilité percevante générale. Nous désignons sous ce titre : *Une seconde modification de la sensibilité qui donne aux tissus vivants la faculté de répondre à l'action des excitants et de transmettre au sujet, avec conscience, l'impression qu'ils ont reçue.* Les auteurs l'ont encore nommée *sensibilité cérébrale, de relation, animale, perceptibilité.*

Deux circonstances principales d'organisation deviennent indispensables à son existence : 1° *Un centre nerveux distinct ;* 2° *des nerfs étendus directement* de ce même centre nerveux au tissu qui reçoit l'impression. Aussi trouvons-nous cette propriété constamment étrangère à tous les végétaux, et même à ceux des animaux qui n'offrent pas ces deux caractères organiques, tandis qu'elle ne manque jamais chez ceux qui les présentent. Nous voyons encore pour ces derniers, des tissus qui, dans l'état normal, jouissent de *la sensibilité nutritive* exclusivement, acquérir *la sensibilité percevante générale* sous l'influence d'un état pathologique. Ainsi les tendons, les os, les cartilages, etc., qui, dans le premier de ces états, peuvent être touchés et même divisés par l'instrument tranchant sans aucune impression perçue, deviennent bien souvent, dans le second et sous l'influence des mêmes agents, le siége des plus vives douleurs. Faut-il admettre ici le développement d'une propriété nouvelle dans ces tissus? N'est-il pas au contraire bien plus naturel de penser que la *sensibilité nutritive* altérée par l'inflammation est devenue *sensibilité persévérante générale*, et que l'impression, très-vive dans les tissus phlogosés, rencontrant des conducteurs nerveux pour la transmettre au centre sensitif, s'est trouvée convertie en perception?

Ce fait pathologique dont la pratique des opérations nous démontre chaque jour toute la réalité, prouve bien positivement deux vérités importantes : 1° *Que la sensibilité nutritive et la sensibilité percevante générale ne sont que des modifications de la même propriété;* 2° *Que le système nerveux étend ses ramifications même dans les tissus où l'anatomie ne les démontre pas.*

3° **Sensibilité percevante spéciale.** Nous désignons ainsi cette modification de la sensibilité qui appartient exclusivement à quelques organes *déterminés*, et ne peut être excitée que par des agents *spéciaux*. Telle est en effet celle qui lie par des rapports intimes et particuliers la *lumière à la rétine, les vibrations sonores au nerf auditif, les odeurs à la pituitaire, les saveurs à la muqueuse linguale.* Cette convenance de *l'excitant* et de l'organe *sensible* est ici tellement exclusive et rigoureuse, que chacun de ses modificateurs est incapable de remplacer les autres, et que chacun des organes sensitifs se trouve dans l'impossibilité d'être excité par un modificateur étranger. Ainsi, paralyser successivement chez un animal supérieur *la rétine, la pituitaire, le nerf auditif, la muqueuse linguale,* c'est le placer dans l'impossibilité de répondre à l'influence *de la lumière, des odeurs, des sons et des saveurs;* c'est lui ravir en même temps *la vision, l'olfaction, l'audition et la gustation.*

Cette modification de la sensibilité présente encore pour caractère distinctif, qu'elle ne peut jamais se transformer dans les deux autres variétés, et que celles-ci ne sont point susceptibles de revêtir sa nature, soit dans l'état normal, soit même dans l'état pathologique.

Telles sont les trois modifications principales de la faculté de sentir ; modifications dont l'existence n'est point imaginaire, puisque le même tissu peut nous les offrir simultanément avec tous leurs caractères particuliers. Ainsi la pituitaire nous présente : 1° *la sensibilité nutritive*, puisqu'elle s'accroît et se répare comme tous les autres tissus vivants ; 2° *la sensibilité percevante générale*, puisque tous les excitants physiques, en stimulant cette membrane, déterminent une sensation dont nous avons la conscience ; 3° *la sensibilité percevante spéciale*, puisque les odeurs agissent exclusivement sur elle de manière à produire une perception que nul autre tissu ne peut effectuer.

On n'objectera pas, sans doute, que ces trois variétés sont identifiées et confondues en une seule propriété susceptible de se métamorphoser, suivant la nature des agents qui déterminent sa mise en activité ; en effet, leur isolement et leur indépendance offrent une réalité si positive que, dans certaines affections morbifiques, l'une d'elles peut augmenter, les autres diminuant, se trouvant même suspendues, *et vice versâ*. Ainsi, dans le coryza, nous observons ordinairement : 1° *Diminution ou suspension entière de la sensibilité percevante spéciale*, puisque l'odoration est alors ou très-affaiblie ou momentanément détruite ; 2° *Augmentation de la sensibilité percevante générale*, puisque le contact d'un corps inoffensif, le passage même de l'air, suffisent pour éveiller une douleur très-aiguë ; 3° *Perversion de la sensibilité nutritive*, puisque la membrane enflammée se ramollit, s'épaissit, et devient le siége d'une sécrétion dont les produits sont notablement altérés.

CONTRACTILITÉ.

Cette propriété considérée d'une manière générale doit être définie : *Faculté que présentent les tissus organisés vivants, de se raccourcir et de s'allonger alternativement par leur action propre, sous l'influence d'une excitation étrangère.*

Il ne faut pas dès lors confondre cette propriété avec celles qui peuvent également produire le raccourcissement, telles que *l'élasticité, le racornissement et la rétractilité.* Dans les phénomènes produits par ces dernières forces, l'allongement devient en effet toujours passif, il est déterminé par une action étrangère au tissu qui l'éprouve; le raccourcissement est le retour de ce même tissu à l'état normal, toute cause extensive cessant d'agir; on doit ici lui donner le nom de *rétraction.* Au contraire, dans les mouvements effectués sous l'influence de la *contractilité*, le raccourcissement se manifeste d'abord et sans aucune extension préliminaire; il présente une véritable *contraction;* dans cette circonstance, l'allongement consécutif au raccourcissement est le résultat naturel du relâchement de la fibre d'abord contractée.

De même que la *sensibilité, la contractilité* est une propriété simple, toujours identique par sa nature, mais susceptible d'offrir diverses modifications dans la série des êtres organisés, et dans les différents tissus du même sujet. Dans son exercice, elle peut se trouver affranchie du pouvoir de la volonté ou reconnaître cette faculté pour mobile; de là, nécessairement, deux variétés principales de cette même propriété : 1° *contractilité involontaire* ; 2° *contractilité volontaire.*

1° Contractilité involontaire. Nous décrivons sous ce titre la première variété de la faculté contractile, qui, toujours soustraite aux influences volontaires, s'exerce dans l'économie vivante avec deux modifications. Les phénomènes qu'elle détermine dans cette économie, tantôt sont directement *inappréciables*, même pour celui qui les présente, et ne deviennent sensibles que par les résultats qu'ils entraînent dans l'organisme; tantôt se trouvent immédiatement *perceptibles*, même pour les individus étrangers à leur manifestation. Dans le premier cas, la propriété qui leur sert de mobile prend le nom de *contractilité involontaire insensible*, et dans le second celui de *contractilité involontaire sensible.*

CONTRACTILITÉ INVOLONTAIRE INSENSIBLE. — Cette modification de la *contractilité involontaire* est celle qui s'exerce dans l'économie vivante sans autres caractères apparents que ceux qui naissent indirectement des changements organiques lentement effectués sous son influence continuelle.

Cette variété, désignée par quelques auteurs sous les noms de *tonicité, contractilité organique, nutritive, fibrillaire,* etc., est commune à tous les êtres vivants, depuis le végétal le plus simple jusqu'à l'homme ; pendant la durée de cette existence active, elle appartient à tous les tissus de l'organisme ; unie dans ce dernier *à la sensibilité nutritive,* elle constitue la base fondamentale des mouvements de composition et de décomposition moléculaires.

Un corps inorganique, ou même organisé privé de la vie, mis en contact avec des éléments nutritifs, ne leur fait éprouver et ne subit lui-même aucun changement.

Un corps organisé vivant, placé dans les mêmes circonstances, est aussitôt le siége d'une impression latente, il réagit avec la même obscurité sur ces éléments, les assimile en partie à sa propre substance, les emploie à l'accroissement et à la réparation de son économie.

Si nous cherchons la cause de cette différence, il est aisé de la trouver. Le corps inorganique, ou même organisé privé de la vie, ne reçoit aucune impression et dès lors ne présente aucune réaction, aucune assimilation ; tandis que le corps organisé vivant excité répond à cette agression en réagissant avec plus ou moins d'énergie. Ces faits palpables nous démontrent évidemment, chez les corps organisés doués de la vie, deux propriétés étrangères à tous les autres corps : *sensibilité nutritive, contractilité involontaire insensible,* marchant toujours sur la même ligne dans l'économie vivante.

CONTRACTILITÉ INVOLONTAIRE SENSIBLE. — Nous désignons par ce terme la modification de la *contractilité involontaire* dont les effets sont immédiatement perceptibles dans les phénomènes qu'elle sollicite. Ainsi les mouvements du cœur, de l'estomac, des intestins, de la vessie urinaire, de l'utérus, etc., auxquels cette même faculté préside, sont d'une part affranchis de la volonté, de l'autre facilement appréciables par la vue et le toucher.

Cette variété commune à tous les animaux vivants reste complétement étrangère aux végétaux. Les mouvements de la sentitive sous le doigt qui la touche, du tournesol pour suivre et chercher la lumière, etc., nous semblent de bien faibles exceptions à cette règle générale.

Si nous embrassons d'un coup d'œil toute l'économie animale dans les parties les plus élevées de la série, dans l'homme plus spécialement, nous voyons la *contractilité involontaire sensible* présider à l'action de tous les organes dont les fonctions indispensables à la vie ne peuvent être suspendues quelque temps sans les plus grands dangers. Admirons ici la prévoyance de la nature et toute la perfection de ses œuvres !

La volonté, comme toutes les facultés intellectuelles, a besoin de repos, et pendant le sommeil parfait ne s'exerce jamais. Capricieuse dans ses déterminations, même pendant l'état normal, bizarre dans un grand nombre de maladies, pervertie chez les aliénés, la volonté se montre incessamment capable de toutes les anomalies et de toutes les aberrations. Que deviendrait l'économie vivante sous l'influence d'un moteur aussi versatile, et si les mouvements de l'utérus, de la vessie urinaire, des intestins, de l'estomac, du cœur, etc., s'y trouvaient directement soumis ? Les fonctions de ces organes centraux anéanties pendant le sommeil, suspendues par les distractions de la volonté, dénaturées par ses irrégularités, n'offriraient plus aucune garantie positive ; la vie se trouverait constamment réduite en problème dans ces économies dégradées où l'imperfection et le désordre viendraient seuls dicter des lois.

2° Contractilité volontaire. Nous accordons ce titre à la seconde modification de la faculté contractile dont la volonté peut solliciter et développer l'action. Encore désignée dans les auteurs par les termes de *contractilité animale, musculaire, cérébrale, de relation*, etc., cette variété se trouve exclusivement départie aux muscles en communication directe par les nerfs avec le centre encéphalique. Aussi la voyons-nous complétement étrangère aux végétaux et même à tous les animaux qui n'offrent pas un foyer principal d'irradiation nerveuse, un système musculaire bien distinct en communication avec ce même foyer.

Cette modification ne se trouve jamais essentiellement liée aux fonctions vitales ; moteur principal des actions destinées aux relations extérieures, elle donne à la volonté le pouvoir avantageux d'établir ou de suspendre à son gré l'enchaînement de ces rapports ; jamais la dangereuse faculté d'exercer le même empire sur les actes immédiatement conservateurs de l'organisme vivant.

Telles sont les principales variétés que peut offrir la contractilité ; plus isolées, plus incompatibles encore que les modifications de la sensibilité, nous ne les rencontrons jamais toutes réunies dans le même tissu ; jamais également, et cette circonstance est bien remarquable, nous ne les voyons, comme les précédentes, se métamorphoser les unes dans les autres ; et lorsqu'un système comprend deux de ces modifications, ce n'est jamais en même temps, *la contractilité involontaire sensible et la contractilité volontaire* ; elles sont absolument opposées.

Ainsi tous les tissus organisés vivants, sans aucune exception, offrent la *contractilité involontaire insensible*. Quelquesuns la présentent seule : tels sont les os, les tendons, les cartilages, les ligaments, les aponévroses, etc. D'autres jouissent en même temps de la *contractilité involontaire sensible* ; comme on le voit pour le cœur, l'estomac, les intestins, la vessie urinaire, l'utérus, etc. D'autres enfin réunissent *la contractilité volontaire et la contractilité involontaire insensible ;* l'appareil musculaire soumis à l'influence de l'encéphale nous en fournit seul un exemple.

Ces variétés de la contractilité sont tellement indépendantes et tellement isolées dans les tissus, qu'elles y peuvent éprouver, sous l'influence de certaines maladies, des modifications quelquefois entièrement opposées. Ainsi, dans le rhumatisme aigu, ou phlegmasie du système musculaire, nous voyons s'accroître *la contractilité involontaire insensible* puisqu'il existe en même temps augmentation de la nutrition et de la chaleur vitale, tandis que la *contractilité volontaire* se trouve quelquefois entièrement suspendue. Dans la paralysie de ce même tissu, la *contractilité volontaire* est complétement détruite, puisque les muscles ainsi affectés se trouvent dans l'impossibilité absolue d'exercer aucun mouvement sous l'influence de la volonté ; cependant, *la contractilité involontaire insensible*, seulement affaiblie par l'inaction, persiste encore, puisque. la nutrition ne se trouve pas interrompue dans les muscles paralysés.

En résumant toutes les considérations relatives aux propriétés de la vie, nous réduisons ces derniers à deux principales : *sensibilité, contractilité ;* leurs applications, à deux faits essentiels, *sensations, mouvements* sur lesquels repose tout le secret de la vie.

Ces deux propriétés sont tellement liées dans leur action que plusieurs physiologistes célèbres les ont confondues, identifiées sous le nom d'*irritabilité*. Nous croyons avoir surabondamment démontré par les faits et l'observation que cette opinion est complétement erronée.

D'un autre côté, ces deux forces, bien qu'avec des caractères différents, sont tellement unies par le but de leur activité qu'on ne les rencontre jamais isolées dans l'état normal. Ainsi *la sensibilité nutritive* est inséparable de *la contractilité involontaire insensible;* elle est quelquefois accompagnée de la *contractilité involontaire sensible* et même de la *contractilité volontaire. La sensibilité percevante,* soit *générale,* soit *spéciale,* suppose toujours *la contractilité volontaire;* ces alliances naturelles font partie des lois de l'organisation. Supposons par la pensée un tissu, un organe, un appareil, un animal, qui présente *la sensibilité* sans *la contractilité,* ou *la contractilité* indépendamment de *la sensibilité ;* dans la première hypothèse, l'être vivant se trouve excité sans avoir la faculté de réagir; il apprécie tout ce qui peut lui devenir avantageux ou nuisible, mais il est incapable de saisir ou de repousser l'objet de ces divers sentiments. Dans la seconde, il agit sans motif, sans but, et dès lors sans aucune utilité ; dans l'une et dans l'autre circonstance, l'économie tout entière offre désormais l'image du désordre et de la confusion.

Nous avons démontré la réalité des propriétés vitales ; nous avons dit qu'elles se manifestaient avec autant d'évidence par leurs effets dans l'économie vivante que *l'attraction, la cohésion, l'élasticité, l'affinité, etc.*, dans l'économie générale ; que l'on distinguait dans tous les corps *l'affinité, l'élasticité, la cohésion,* l'attraction des phénomènes qu'elles déterminent, et que dès lors on ne devait pas confondre la *sensibilité* avec la *sensation,* la *contractilité* avec la *contraction*. Nous ajouterons que l'existence de ces deux propriétés est désormais incontestable, elles sont inhérentes à la vie, non point à l'organisation, puisque le cadavre ne les présente plus : vivre et jouir de ces propriétés sont, pour les corps organisés, deux expressions absolument synonymes.

Ces deux facultés, premiers mobiles de tous les phénomènes vivants, méritent par conséquent la dénomination de *forces vitales* ; puisque nous avons désigné, par celle de *forces physiques, l'attraction, l'affinité, la cohésion, l'élasticité, etc.*, la puissance de ces deux forces nous paraît avoir été sentie par les anciens auteurs, comme le démontrent toutes les expressions qu'ils ont employées pour les caractériser ; ainsi Pythagore l'appelle *âme mortelle ;* Platon, *âme irraisonnable ;* Aristote, *principe moteur et générateur ;* Hippocrate, φύσις, *force, nature ;* les stoïciens, *feu intelligent ;* Willis, *flamme vitale ;* Kaw-Boerhaave, *principium impetum faciens ;* Sthal, *âme sensitive ;* Vanhelmont, *archée ;* d'autres auteurs, *vis insita, vis vitæ ;* Canaveri, Amoretti, ἔνορνυμί, *force qui fait effort ;* Darwin, *esprit d'animation, force sensoriale ;* les modernes, *principe vital, forces vitales ;* nous adopterons cette dernière dénomination, toutefois après en avoir bien précisé la valeur.

Par les termes de *forces vitales* nous n'entendons point un *être* particulier, susceptible d'offrir une existence isolée dans les corps organisés ; *un principe intelligent* régnant dans l'économie vivante indépendamment des tissus qui constituent l'organisme, présidant à toutes les fonctions, réglant avec discernement le jeu des appareils nombreux qui les exécutent ; mais seulement la réunion, l'ensemble des deux propriétés vitales essentielles, *faculté de sentir ; faculté de se contracter ; sensibilité, contractilité.*

Quelques physiologistes ont considéré *la force vitale* comme un *être pensant, raisonnant et jugeant ;* il est évident qu'ils ont confondu cette force avec le principe immatériel auquel on donne assez généralement le nom *d'âme ;* isoler ces propriétés, serait multiplier sans raison dans l'économie vivante des êtres moraux dont la sphère d'activité n'aurait plus aucunes limites bien déterminées ; les identifier *à l'âme* serait admettre, dans les végétaux, qui offrent évidemment les forces de la vie, cette faculté de *penser, raisonner et juger.* En accordant l'intelligence et le raisonnement à la force vitale même chez l'homme, nous verrions chaque jour les faits les plus concluants ou déposer contre cette opinion, ou démontrer les aberrations de la nature dans l'établissement d'un ordre aussi vicieux. Ainsi la membrane muqueuse des bronches offre-t-elle un point d'irritation vive sans la présence d'aucun corps étranger, une toux violente se manifeste aussitôt, l'air parcourt avec rapidité les canaux respiratoires comme pour expulser un agent nuisible dont la nature chercherait à débarrasser l'organe affecté ; ces expirations brusques et répétées n'ont ici d'autre effet que d'augmenter encore l'excitation qui devient alors une véritable phlegmasie. Nous trouverons les mêmes inconvénients dans le vomissement pendant la gastrite aiguë ; dans les contractions de l'intestin pendant l'entérite ; de la vessie pendant la cystite, etc., dans toutes ces circonstances et leurs analogues, *le principe intelligent* serait évidemment en défaut ; il se tromperait sur les caractères de la cause morbifique, dans le choix des moyens convenables ; il agirait précisément dans le sens de l'altération contre les intérêts de l'organe malade. N'est-il pas bien plus conforme à la raison, à l'expérience, de voir dans cette occasion *la sensibilité*, surexcitée par un modificateur dans la muqueuse bronchique, éveiller sympathiquement *la sensibilité*, en même temps *la contractilité* des muscles pectoraux, diaphragme, abdominaux, etc., enfin solliciter l'action plus ou moins énergique de ces organes sans aucune détermination réfléchie ?

D'après ces considérations générales, si nous embrassons maintenant d'un seul coup d'œil les êtres naturels et les propriétés qui leur sont départies, nous voyons la matière sortir des mains du Créateur avec des *qualités générales* indispensables à son existence ; nous l'observons ensuite s'enrichissant par degrés *des caractères particuliers*, variés d'une manière admirable dans les différents corps qu'elle est destinée à former ; caractères sur lesquels nous avons établi, comme sur une base positive, la diversité *des minéraux*, *des végétaux*, *des animaux*, *de l'homme* ; c'est en nous élevant par degrés dans la série de ces propriétés, que nous monterons également dans la série des êtres. Ainsi la matière plus *les propriétés physiques* : — corps inorganiques, MINÉRAUX.

La matière plus *les propriétés physiques*, *les propriétés de tissu*, *les modifications des propriétés vitales*, *sensibilité nutritive, contractilité involontaire insensible* : — VÉGÉTAUX.

La matière plus *les propriétés physiques*, les propriétés de tissu, la plupart *des modifications des propriétés vitales* ; pour les sujets élevés dans cet ordre, *un instinct immatériel* borné dans son activité à la sphère des besoins organiques : — ANIMAUX.

La matière, plus *les propriétés physiques*, les propriétés de tissu, *les propriétés vitales dans toutes leurs modifications, un principe immatériel* presque sans limite dans son empire, pouvant s'élever des soins de l'organisme à sa propre intuition, à la connaissance d'un créateur, aux notions du juste et de l'injuste, à l'amour de la vertu, à l'horreur du vice, à la conception des plus sublimes vérités, pouvant dissiper le vague affreux du néant et de la mort, en faisant concevoir les espérances d'une existence à venir : tels sont les attributs principaux exclusivement départis à L'HOMME.

Si nous faisons maintenant abstraction des deux principes immatériels relatifs l'un à l'espèce humaine, l'autre aux animaux, nous verrons que tous les corps ne sont autre chose que de *la matière et des propriétés*.

Si nous suivons actuellement cette matière dans les modifications admirables qu'elle est susceptible d'éprouver, nous la voyons partir de l'état inorganique le plus simple, revêtir graduellement toutes les propriétés que nous venons d'étudier, parvenir à l'état d'organisation la plus compliquée, suivre une progression inverse, abandonner successivement toutes ces propriétés spéciales, revenir aux conditions de la matière inerte, pour éprouver de nouveau les mêmes transformations; un exemple rendra cette vérité plus évidente encore.

Le gaz acide carbonique, principe constituant de l'atmosphère, ne présente que *les propriétés générales* inhérentes à la matière inerte, et quelques *propriétés physiques particulières*.

Absorbé par les végétaux, il est décomposé en oxygène ; rendu à l'air ambiant, en carbone porté dans l'économie de ces êtres vivants ; élaboré, assimilé à leurs propres tissus, il devient dès lors substance organisée vivante, jouissant *des propriétés physiques*, de la première modification des propriétés vitales, *sensibilité nutritive, contractilité involontaire insensible, des propriétés de tissu*.

Ce corps, naguère acide carbonique, carbone minéral, inorganique, maintenant carbone végétal, substance organisée vivante, sert d'aliment aux animaux, éprouve dans cette économie compliquée une élaboration nouvelle et plus parfaite; modifié surtout par la digestion, dont il n'avait point encore éprouvé l'influence, il devient bientôt matière animale douée des *propriétés physiques*, *des propriétés de tissu et de toutes les modifications des propriétés vitales*.

Cette substance, d'abord *minérale*, ensuite *végétale*, enfin *animale*, arrivée au dernier terme de l'organisation, se trouve éliminée du corps vivant par l'acte même de la décomposition nutritive ; elle perd insensiblement tous les caractères qu'elle avait acquis, et revient à son premier état en passant par des modifications opposées, pour offrir plus tard des combinaisons nouvelles, et s'élever encore progressivement des minéraux aux végétaux, de ces derniers aux animaux.

Tel est le cercle complet que parcourt incessamment la matière ; toujours modifiée, jamais détruite ; revêtant graduellement des propriétés qui la font appartenir successivement à tous les corps de la nature, depuis le minéral élémentaire jusqu'à l'homme. C'est ainsi qu'il faut raisonnablement expliquer *la métempsycose* des anciens philosophes.

ÉCONOMIE VIVANTE.

Si nous jetons actuellement un coup d'œil sur l'ensemble des corps de la nature, des propriétés qui les distinguent, des lois qui les gouvernent, nous les voyons aussitôt s'enchaîner par des liens admirables pour former cet ensemble incommensurable que l'on nomme *économie universelle*, renfermant ce petit monde particulier dont nous avons déjà fait pressentir l'existence exceptionnelle sous le titre d'*économie vivante*.

Pris dans cette acception, le mot *économie*, οιχία, famille, et νόμος, loi, loi de la famille, indique en effet un ensemble de corps, de forces, de phénomènes réunis en groupes, dans un but positif et réglé par avance.

L'économie universelle est donc l'ensemble de tous les corps, le balancement, l'harmonie, l'ordre merveilleux de leurs fonctions.

Aucun être ne peut rester étranger à ce vaste ensemble. Il embrasse dans ses limites infinies : Dieu ainsi que l'homme, les animaux comme les végétaux, les corps inorganiques ; l'esprit aussi bien que la matière, avec ces différences que Dieu créateur et moteur de cet univers n'y peut offrir ni commencement ni fin et que sa connaissance est tellement au-dessus de notre faible raison, qu'elle sait en respecter le secret sans jamais chercher à l'approfondir autrement que par les faits de sa révélation. Ne suffit-il pas d'ailleurs de contempler un instant, avec attention, le spectacle imposant de la nature, pour sentir aussitôt que les phénomènes dont elle présente le théâtre ne sont point abandonnés aux caprices d'une aveugle fatalité, que tous les corps, depuis l'humble grain de sable qui gravite vers le centre de la terre jusqu'à ces superbes globes lumineux qui roulent incessamment dans l'immensité, se trouvent au contraire soumis à l'empire des lois harmoniques dirigées par une cause première, par une suprême intelligence : par Dieu lui-même !...

Appuyée sur les fondements ruineux de la vieille philosophie, l'existence de l'univers devient impossible. Que le grand, l'éternel pouvoir qui donne le mouvement et la vie à tous les rouages de cette admirable machine suspende son action, elle reste frappée d'immobilité, d'anéantissement ; que cette suprême intelligence abandonne un seul instant les rênes de ce vaste gouvernement, l'anarchie se déclare partout : aux lois, à l'harmonie qui naguère excitaient l'admiration succèdent le bouleversement, le désordre du plus affreux chaos.

Tels sont les grands, les merveilleux caractères de l'écomie universelle ; nous devions les indiquer comme ensemble, mais il n'appartient point à notre sujet de les étudier dans leurs particularités ; celles de l'*économie vivante* vont dès lors seules fixer actuellement notre attention.

L'ensemble des corps organisés, de leurs propriétés spéciales, de leurs fonctions particulières, des lois qui les régissent, l'ordre et l'harmonie qui règnent dans cet ensemble, constituent cette économie, présentant un petit monde particulier dans le monde général, avec une manière d'exister qui lui devient tellement propre, tellement nécessaire, que les lois de l'économie physique deviennent destructives des corps organisés, lorsque les lois vitales n'offrent plus assez d'empire ; la matière de ces corps n'appartenant que temporairement à *l'économie vivante*, et tendant incessamment à rentrer dans le domaine exclusif *de l'économie universelle*.

Sous le rapport de son développement, l'économie vivante s'élève par gradations insensibles, de la plante la plus obscure jusqu'à l'homme, en nous offrant trois modifications principales.

1° L'ÉCONOMIE VÉGÉTALE, — dans laquelle nous rencontrons des éléments, des tissus, des organes, des appareils peu nombreux, des propriétés latentes et peu variées, des phénomènes bornés à la nutrition de l'individu, à la propagation de l'espèce, des sympathies obscures et des lois de la plus grande simplicité.

2° L'ÉCONOMIE ANIMALE, — où nous voyons se multiplier ces éléments, ces tissus, ces organes et ces appareils ; où les propriétés vitales se développent et se diversifient ; où les fonctions s'étendent progressivement à la sphère des relations extérieures ; où l'instinct et même l'intelligence viennent se manifester dans le cercle des besoins naturels ; où les sympathies acquièrent plus d'empire, les lois plus de complication et d'activité.

3° L'ÉCONOMIE HUMAINE, — qui joint au perfectionnement de toutes ces parties un tel agrandissement des phénomènes de relation, que leur domaine paraît alors sans limites ; qui présente un si beau développement dans l'intelligence, une si grande élévation dans le principe immatériel dont elle est animée, que le but essentiel de ces dispositions est évidemment de compléter la série des êtres en rattachant l'homme à la divinité.

L'économie vivante, quel que soit son degré de simplicité, s'entretient par la réaction des forces vitales sur les forces physiques. Sa durée se trouve soumise à la prédominance des premières sur les secondes ; sa destruction devient le résultat naturel de la prédominance des secondes sur les premières.

FONCTIONS DE L'ÉCONOMIE VIVANTE.

Fonction (de ἔργον, action, ouvrage ; de ἐργάω, travailler ; de *functio*, tâche ; de *fungi*, remplir un devoir), au point de vue physiologique, est l'action d'un tissu, d'un organe, d'un appareil en exécution du rôle qu'il doit remplir dans l'économie vivante.

Leurs phénomènes les plus simples ont des caractères si particuliers, que l'on a cherché, que l'on cherchera sans doute encore vainement à les imiter par les phénomènes physiques ou chimiques des corps inorganiques privés de la vie, ou même des corps organisés après la mort, comme nous le démontrerons jusqu'à l'évidence, au chapitre complémentaire de la physiologie.

Toutes les fonctions de l'économie vivante nous semblent, du reste, assez exactement indiquées par les dénominations suivantes : 1° *innervation ;* 2° *circulation ;* 3° *respiration ;* 4° *digestion ;* 5° *absorption ;* 6° *nutrition ;* 7° *calorification ;* 8° *sécrétions ;* 9° *sensations ;* 10° *intellectualisations ;* 11° *expressions ;* 12° *génération ;* ordre dans lequel nous les exposerons comme précisant mieux la succession et l'enchaînement naturel de ces fonctions.

I° INNERVATION

L'innervation, de ἐν, dans, et νευρὸν, nerf, *innervatio*, de *innervare*, transmettre l'action nerveuse, est cette fonction de l'économie vivante par laquelle l'appareil nerveux agit sur les tissus auxquels il distribue ses ramifications pour leur communiquer le principe du sentiment et du mouvement.

Cette fonction à laquelle se rattachent plus ou moins directement toutes les autres, s'exerce nécessairement dès l'animation du germe. Rudimentaire alors comme la naissante économie dont son appareil constitue le premier élément, elle se développe ensuite progressivement dans la proportion du nombre des phénomènes et de la multiplication des organes de cette économie; son activité, son exercice n'ont d'autre terme que la mort.

L'innervation communique à tous les organes l'impression qui les anime, de telle sorte qu'elle devient ainsi la première des actions physiologiques ; et la proportion de son développement, la mesure positive de la vie : c'est encore ainsi qu'elle est moins évidente, en général, chez les végétaux que chez les animaux, chez la plupart de ces derniers que chez l'homme, pendant le sommeil que pendant la veille, pendant le repos que pendant l'exercice, pendant le calme des passions violentes que pendant leur exaltation. Si nous ajoutons qu'une somme de vitalité se trouve départie aux différents individus, que la dépense de ce précieux dépôt s'effectue par l'innervation, on concevra, dès lors, que la durée de la vie normale se trouve en quelque sorte fixée par le degré d'activité de cette fonction.

Chez l'homme et chez les animaux supérieurs, l'innervation présente un organe central ; chez les animaux inférieurs et chez les végétaux, elle n'offre plus aucun foyer distinct ; étudions sommairement ces deux caractères en nous élevant du plus simple au plus compliqué.

APPAREIL DE L'INNERVATION. — Si nous considérons le système nerveux d'une manière générale, chez l'homme, nous le voyons présenter deux principales divisions. L'une, sous le nom *de système nerveux encéphalique*, préside immédiatement à l'exécution de tous les phénomènes volontaires, appartient d'une manière spéciale aux fonctions de relation ; l'autre, sous la dénomination *de système nerveux ganglionnaire*, agit directement sur les appareils destinés aux fonctions involontaires. Le premier existe seulement chez l'homme et chez les animaux doués de la perception et du mouvement raisonné ; le second se rencontre chez tous les êtres organisés vivants.

Chez les végétaux. — Le système nerveux ne présente aucun foyer central où les impressions puissent être converties en perceptions ; d'où les volitions soient irradiées sur toutes les parties de l'organisme. En considérant, avec quelques auteurs, la moelle des plantes comme leur appareil d'innervation, il serait encore impossible de l'assimiler au système nerveux encéphalique : mais on devrait y voir l'analogue du système nerveux ganglionnaire. C'est une simple hypothèse.

De là cette espèce de *diffusion* de la vie chez les végétaux, cette indépendance remarquable des diverses parties qui les constituent, cette réduction des actions physiologiques aux fonctions involontaires et directement liées à la conservation de l'individu, à la propagation de l'espèce.

Chez les animaux inférieurs. — L'appareil d'innervation se trouve, comme chez les végétaux, borné au système ganglionnaire ; quelquefois même son existence pourrait être contestée, en supposant que la vie ne reposât pas directement sur le développement de son activité ; c'est précisément ce que l'on observe chez les polypes, les étoiles, les holothuries, et même chez un assez grand nombre de vers.

En s'élevant un peu dans la série, outre le système ganglionnaire, on trouve par intervalles des masses médullaires qui semblent destinées à remplacer l'encéphale, ou mieux à marquer le passage des animaux qui ne présentent que l'appareil nerveux involontaire à ceux qui unissent au dernier le système nerveux encéphalique. Ainsi dans les gastéropodes, ces masses médullaires sont placées sur l'œsophage ; dans les mollusques acéphales, dans les huîtres, etc., autour de la bouche ; chez les insectes, un double lobe existe au-dessus du pharynx. Mais jusqu'ici l'appareil d'innervation est beaucoup plus analogue au système ganglionnaire qu'au système encéphalique, de telle sorte qu'il devient assez difficile d'assurer positivement que chez ces différents animaux les fonctions de relation s'exécutent sous l'influence d'une volonté bien déterminée.

Chez les poissons, — et chez tous les animaux qui vont suivre, le système nerveux encéphalique ne peut plus être contesté ; il offre même, chez les premiers, plusieurs tubercules que l'on ne rencontre pas chez l'homme. Toutefois les deux hémisphères cérébraux sont très-petits ; le cervelet est proportionnellement plus volumineux ; il ne présente point cette disposition de la substance médullaire connue sous le nom *d'arbre de vie ;* toutes les divisions de cet encéphale sont placées à la suite les unes des autres comme les perles d'un chapelet.

Chez les reptiles. — Il est formé de six masses : deux hémisphères cérébraux, deux couches optiques, un cervelet peu volumineux, une moelle rachidienne.

Chez les oiseaux. — La protubérance annulaire et le corps calleux n'existent pas ; le troisième ventricule est creusé dans les couches optiques ; le cervelet ne présente qu'un seul lobe, et le cerveau n'offre point de circonvolutions bien positives.

Chez les mammifères. — L'encéphale présente les diverses parties que nous allons signaler dans notre espèce, toutefois avec des modifications de volume et de forme. Ajoutons seulement que les dimensions de l'encéphale, et du cerveau plus spécialement, se trouvent proportionnellement aux dimensions du sujet, toujours bien plus considérables chez l'homme, en nous offrant la raison matérielle du développement supérieur de son intelligence. Ajoutons également que chez celui-ci les circonvolutions cérébrales sont beaucoup plus profondes que chez les animaux.

Parmi ces derniers, les plus vites à la course et particulièrement ceux qui se trouvent exposés, par leur genre de vie, à s'élancer des lieux très-élevés, présentent la faux du cerveau complétement osseuse, comme on l'observe pour le chat. Dans tous les quadrupèdes à station parfaitement horizontale, on ne rencontre point la tente du cervelet, ce qui nous indique assez positivement son usage dans l'homme, dont la station et la progression sont naturellement verticales.

Chez l'homme. — Nous trouvons l'appareil d'innervation dans son plus grand développement, et les deux systèmes nerveux avec leurs caractères les plus distinctifs ; aussi le choisissons-nous comme un prototype de l'appareil sensitif des végétaux et des animaux qui n'en présentent que les imitations plus ou moins imparfaites.

I. Système nerveux ganglionnaire. Nous accordons ce titre à la partie la plus générale de l'appareil innervateur, spécialement composée, chez l'homme, d'une série de ganglions et d'un nombre indéterminé de filets nerveux qui, dans l'état normal, sont constamment étrangers à la sensibilité *percevante* générale et spéciale.

Les auteurs ne sont point unanimes sur la manière d'envisager le système nerveux ganglionnaire.

Les anciens considéraient la succession des ganglions comme formant un même nerf renflé dans ces différents points; le professeur Lobstein, auquel nous sommes redevables d'un très-bon article sur cet objet, partage à peu près la même opinion ; aussi les premiers ont-ils décrit cet appareil sous le nom de *nerf grand sympathique*, et le second sous celui de *trisplanchnique.*

Il nous paraît impossible d'adopter exclusivement cette manière de voir. En effet, ce nerf prétendu n'offrirait pas toujours une continuité parfaite chez les différents animaux et même dans l'espèce humaine. Ainsi chez les oiseaux, le dernier ganglion cervical ne présente aucune communication avec le premier thoracique. Haller a vu cette interruption chez l'homme entre les sixième et septième dorsaux. Bichat a constaté le même fait dans plusieurs points et sur divers sujets. D'un autre côté, quelle serait dans cette hypothèse l'origine du trisplanchnique? Ne retomberait-on pas dans le système de Gall qui fait naître les filets nerveux des organes dans lesquels se trouve bien évidemment leur terminaison.

Bichat voit au contraire dans les ganglions comme autant de petits cerveaux offrant une sphère d'activité particulière et présentant, en miniature, les principaux phénomènes de l'encéphale. En considérant, d'une part, les anastomoses nombreuses qui lient tous les ganglions ; de l'autre, les complications qu'apporterait une disposition semblable dans les fonctions de cet appareil nerveux, il est impossible d'admettre cette opinion d'une manière absolue ; ici la vérité se trouve, comme il arrive toujours, entre les extrêmes.

Nous considérons les ganglions comme autant de petits centres nerveux, non point isolés dans leur action, mais communiquant librement au moyen des filets anastomotiques, et rapportant leurs impressions latentes au plexus solaire, comme au foyer principal de ce genre d'innervation ; et les perceptions dont ces impressions peuvent quelquefois devenir l'occasion, à l'encéphale, comme au centre général du système nerveux tout entier.

Pour bien comprendre l'ensemble et les dispositions spéciales du système nerveux ganglionnaire, nous devons étudier successivement : 1° *les ganglions ; 2° les nerfs qu'ils reçoivent ; 3° les nerfs qu'ils donnent ; 4° les plexus qu'ils servent à former.*

1° Ganglions. Nous désignons par ce terme une série de petits corps d'un blanc grisâtre, arrondis ou fusiformes, variant pour le volume, de celui d'un grain de chènevis à celui d'une forte amande ; placés, pour le plus grand nombre, sur les côtés du rachis depuis la base du crâne jusqu'à l'extrémité supérieure du coccyx. Formés, d'après Scarpa, d'un tissu floconneux abreuvé de mucilage ; aqueux chez les sujets hydropiques, huileux chez les individus affectés de polysarcie, n'offrant toutefois aucune identité positive avec la couche corticale du cerveau, présentant beaucoup plus de consistance que la pulpe médullaire de l'encéphale, ce qu'ils doivent surtout à la grande quantité de filets nerveux qui s'y réunissent ; de telle sorte que plusieurs anatomistes les ont considérés comme une suite de petits plexus d'autant moins serrés qu'on les examine plus inférieurement.

« Bichat lui-même, dit M. Claude Bernard, considérait le « grand sympathique comme un appareil entièrement indé- « pendant des nerfs cérébro-rachidiens, chaque ganglion lui « paraissait représenter à l'égard de ce système un petit cen- « tre nerveux indépendant. Nous sommes aujourd'hui fort

« éloignés de ces idées, et l'on sait, de manière à ne plus en
« douter, que si chaque ganglion jouit en effet d'une action
« spéciale, il ne faut pas cependant attribuer à ces petits
« renflements nerveux une action indépendante. »

Les ganglions sont-ils sensibles ? Les expériences ont donné
des résultats contradictoires. M. Claude Bernard a prouvé
qu'il s'agissait ici de mettre en œuvre le genre d'excitation
convenable pour y développer l'irritabilité la plus vive et la
plus pénible.

Pour bien comprendre la disposition et l'ensemble des ganglions, il faut les étudier *à la tête*, — *sur les côtés du rachis*,
— *hors la série, dans l'abdomen*.

A LA TÊTE, — il existe cinq ganglions : *l'ophthalmique, le
sphéno-palatin*, — *le caverneux*, — *le naso-palatin*, — *le
sous-maxillaire*. Le lieu quechacun de ces ganglions occupe
est assez indiqué par leur dénomination.

SUR LES CÔTÉS DU RACHIS, — nous rencontrons, *dans la
région cervicale*, trois et quelquefois seulement deux ganglions; *dans la région dorsale*, douze ordinairement, onze
chez quelques sujets; *dans la région lombaire*, cinq, quatre
ou même trois; *dans la région sacrée*, presque toujours
trois.

HORS LA SÉRIE, DANS L'ABDOMEN. — Au niveau du corps des
vertèbres lombaires, sur les piliers du diaphragme, dans le
trajet de la ligne médiane, se rencontre le plus volumineux
de tous les ganglions, et que sa forme a fait nommer *sémi-
lunaire*. Plusieurs autres évidemment accessoires se trouvent
liés à celui-ci par des filets anastomotiques.

2º Nerfs que reçoivent les ganglions. Les nerfs qui
se rendent aux ganglions appartiennent soit à l'encéphale,
soit au système ganglionnaire lui-même.

NERFS ENCÉPHALIQUES. — Des anastomoses très-multipliées
se trouvent établies par ces nerfs entre les deux systèmes; il
en existe un nombre variable pour les ganglions de la tête,
au moins trente pour ceux du rachis; c'est à la réunion de
ces derniers que Lobstein attribue l'origine de la série des

ganglions, ou plutôt, d'après lui, *du nerf trisplanchnique ;* opinion qu'il nous est impossible de partager d'après les différences essentielles que l'auteur admet lui-même entre les nerfs ganglionnaires et les nerfs encéphaliques, entre les ganglions et l'encéphale. Mais, de tous les nerfs que les premiers reçoivent du second, aucun n'est aussi remarquable dans sa distribution que le nerf *vague* ou *pneumo-gastrique.* Évidemment destiné à former, non-seulement le principal moyen de communication entre les deux appareils nerveux, mais encore le lien organique essentiel entre les fonctions vitales, nutritives et de relation, né de la moelle allongée, ce nerf sort du crâne par le trou déchiré postérieur, fournit *au col* des rameaux pharyngiens, laryngés, thyroïdiens, œsophagiens, trachéens ; *à la poitrine,* des filets cardiaques, bronchiques, pulmonaires ; *à l'abdomen,* des branches gastriques, offrant la terminaison de ce même nerf. Dans tout ce trajet il donne des rameaux aux ganglions et concourt, avec leurs filets propres, à constituer les principaux plexus de cet appareil innervateur.

Nerfs ganglionnaires. — Chacun des ganglions reçoit plusieurs branches anastomotiques de ses voisins, de telle sorte qu'à l'état normal toute la série de ces petites masses médullaires forme un ensemble parfaitement lié dans ses diverses parties ; disposition à laquelle on a voulu rattacher l'idée d'un nerf particulier sous le nom de *sympathique,* de *trisplanchnique.*

3° **Nerfs que donnent les ganglions.** Les branches formées par les ganglions, assez nombreuses, peuvent se rattacher à cinq directions principales :

Supérieurement. — Branches anastomotiques pour le ganglion situé au-dessus, et dans le premier de tous, pour le nerf de la sixième paire encéphalique, et pour les tuniques de la carotide interne.

Inférieurement. — Branches anastomotiques pour le ganglion qui se trouve au-dessous, et dans le dernier sacré, branches terminées vers le coccyx, au milieu des tissus voisins.

EN DEHORS. — Branches anastomotiques pour les nerfs de l'encéphale.

EN DEDANS. — Branches immédiatement distribuées aux organes, soit aux muscles volontaires, soit aux parois artérielles, soit enfin à des viscères particuliers. Ainsi pour le ganglion ophthalmique, les nerfs ciliaires, iridiens; pour le sous-maxillaire, des filets destinés aux glandes salivaires, etc.; pour le sphéno-palatin, le caverneux et le naso-palatin, des rameaux qui se distribuent dans les artères et dans les parties voisines; pour les cervicaux, des branches laryngées, etc.; pour les thoraciques, des rameaux cardiaques, pulmonaires, etc.; pour les abdominaux, des filets gastriques, duodénaux, pancréatiques, intestinaux, rénaux, etc.; pour les sacrés, des branches vésicales, utérines, etc.

ANTÉRIEUREMENT. — Pour la plupart des ganglions, les branches qui partent dans cette direction se réunissent, constituent des nerfs plus volumineux, qui vont concourir à la formation des nombreux plexus de cet appareil. Ainsi, pour les ganglions cervicaux, *les trois nerfs cardiaques*, supérieur, moyen, inférieur; pour les ganglions thoraciques, depuis le cinquième, jusqu'au huitième inclusivement, *le grand nerf splanchnique*; depuis le neuvième jusqu'au onzième, *le petit nerf splanchnique*.

4° Plexus formés par les nerfs ganglionnaires. Les branches nerveuses fournies par les ganglions s'unissent, dans un grand nombre de points, à celles qui viennent de l'encéphale, pour former des enlacements plus ou moins inextricables, auxquels on donne le nom de *plexus*. De ces derniers émanent beaucoup de rameaux qui se distribuent, les uns en proportion moins grande aux organes voisins, les autres en proportion beaucoup plus considérable aux artères dont ils suivent les principales divisions, en formant des *plexus* secondaires auxquels on a donné le nom de ces vaisseaux.

Parmi ces plexus principaux, nous devons spécialement noter *les plexus cardiaques*, formés par les trois nerfs du même nom, dont nous venons d'indiquer l'origine ; de ces plexus naissent les branches qui forment *les plexus coronaires*.

Les plexus pulmonaires formés par les filets du nerf vague et par les branches antérieures des premiers ganglions thoraciques.

Le plexus solaire, le plus considérable de tout le système formé par les nerfs grand et petit splanchniques, dont nous connaissons également l'origine, et par les nombreux rameaux que fournissent le ganglion semi-lunaire et ses accessoires.

De ce foyer central naissent des branches qui servent à constituer un grand nombre de plexus secondaires.

Nous voyons, d'après ces considérations générales sur le système nerveux ganglionnaire, que le centre de ce même système, sans être aussi rigoureusement déterminé que celui du système nerveux encéphalique, se trouve encore établi d'une manière assez positive à la réunion du ganglion semilunaire et du vaste plexus que ses branches concourent à former sous le nom de *solaire* ou *cœliaque*. Aussi, dans toutes les passions fortes, les impressions violentes se font-elles sentir plus particulièrement à l'épigastre où siége ce même plexus.

Que partout le premier système se trouve en communication directe avec le second, surtout au moyen du nerf *pneumogastrique*, évidemment destiné à servir de lien et d'intermédiaire aux fonctions affranchies de l'empire de la volonté, à celles qui s'exécutent sous cette influence dans l'état normal.

II. Systéme nerveux encéphalique. Chez l'homme et chez les animaux qui s'en rapprochent davantage par leurs dispositions organiques, le système nerveux encéphalique offre deux parties essentielles : 1° le centre d'innervation, désigné par le terme d'encéphale ; 2° les conducteurs du sentiment et du mouvement, décrits sous le titre de *nerfs*.

1° **Encéphale**. Nous désignons par cette dénomination la masse médullaire contenue dans le crâne et dans son prolongement rachidien. Elle est formée de quatre parties essentielles : 1° *le cerveau;* 2° *le cervelet ;* 3° *la protubérance annulaire ;* 4° *la moelle vertébrale.*

Des physiologistes de premier ordre, MM. Arnold, Tiedemann, Rolando, Ch. Bell, Cuvier, Magendie, Lallemand, Serres, Foville, Broussais, Desmoulins, Brachet, Flourens, Bouillaud, Claude Bernard, Walter, Brown-Séquard, nous ont donné, par leur concours, le fil d'Ariane au moyen duquel nous pouvons marcher désormais avec assurance dans ce labyrinthe jusqu'alors impénétrable.

Il nous est actuellement facile de préciser les fonctions particulières du centre encéphalo-rachidien et de ses dépendances. Nous admettons la pluralité des organes cérébraux, mais non point avec ces minutieuses divisions, avec cet isolement, avec ces inductions hypothétiques du célèbre Gall, dont nous examinerons, au chapitre de la physiognomonie, le système plus spécieux que véritablement solide. Afin de simplifier notre étude, poursuivons cet objet d'après les divisions fondamentales que nous avons établies.

1° Cerveau. — Cette partie la plus considérable de l'encéphale, chez l'homme, diminue, proportionnellement aux autres, dans la série des animaux, en l'examinant, des espèces les plus intelligentes vers les plus stupides ; elle disparaît entièrement dans les organismes bornés aux réactions de l'instinct, sans raisonnement. Magendie, contrairement à l'opinion de Sœmmering, de Vicq d'Azyr, Tiedemann, Gall, etc., fait observer, d'après un assez grand nombre de preuves offertes par l'anatomie comparée, que le développement et la perfection de l'intelligence ne sont pas toujours en raison du volume des lobes cérébraux. Il considère le nombre des circonvolutions comme beaucoup plus rigoureusement en rapport avec l'étendue des manifestations intellectuelles. Il faut ajouter encore, dans le même but, les avantages d'une bonne organisation, et le degré de supériorité du principe immatériel dont cet organe est l'instrument.

Il est aujourd'hui généralement admis que les lobes cérébraux offrent l'organe essentiel, indispensable des facultés de penser, raisonner, juger, vouloir, se souvenir, etc. ; que cet organe entre en action plus ou moins développée dans toutes les manifestations de ces facultés. Au milieu des faits très-nombreux qui prouvent cette importante vérité, le suivant, observé par le docteur Pierquien, nous paraît surtout bien remarquable. Rose *** présente une large carie du frontal, avec perforation osseuse, qui laisse voir le cerveau couvert de ses membranes. Lorsqu'elle dort paisiblement, cet organe s'affaisse; lorsqu'elle rêve ou qu'elle parle avec chaleur, on le voit offrir une turgescence et des oscillations prononcées; lorsqu'on lui fait éprouver une compression, la malade s'arrête au milieu d'une phrase, d'un mot; lorsqu'on cesse de comprimer, elle reprend la conversation sans aucun souvenir de l'expérience à laquelle on vient de la soumettre.

Quelques auteurs confondant les termes *impression* et *sensation*, ont consumé leurs efforts en vaines disputes de mots, en logomachies interminables, voulant établir le siége des unes et des autres, tantôt dans les organes sensitifs, tantôt dans le cerveau. Ce n'est qu'en précisant la valeur des expressions, comme déjà nous l'avons fait au chapitre des fonctions impressionnelles, que l'on peut mettre un terme à ces inutiles débats. *Impression* signifie toujours : *modification vitale de l'organe sensible par l'influence d'un corps excitant*. Il est dès lors facile de comprendre que le cerveau n'est jamais le centre de cette première modification, puisqu'elle existe encore, même après la destruction de ce dernier. Ainsi, dans ses belles expériences, Flourens enlevant les lobes cérébraux, respectant les tubercules quadrijumeaux, le nerf optique et la rétine, a vu les *impressions lumineuses* témoignées par les mouvements de l'iris. *Sensation*, en prenant le terme dans son acception réelle, indique une *impression perçue, jugée par le principe immatériel, d'après le concours du cerveau.* De toute évidence, le foyer de ce nouveau résultat se rencontre dans l'organe que nous indiquons. En effet, la même expérience de Flourens démontre, chez le sujet qui s'y trouve soumis, le défaut complet *de sensation visuelle.*

On avait cru pendant longtemps que l'intégrité des lobes cérébraux, le balancement et l'harmonie de ces derniers étaient indispensables à la régularité des phénomènes intellectuels. Cet habile observateur a prouvé que l'on peut enlever une partie de la voûte cérébrale et même un lobe tout entier, sans autre altération qu'un peu d'affaiblissement dans les actions de cet ordre. Si l'on emporte l'autre, aussitôt les sensations particulières, le raisonnement, le jugement, la volonté, la mémoire disparaissent entièrement. L'animal devient stupide, ne sait plus éviter le danger; on l'irrite, il s'agite mais ne fuit pas. Des oiseaux ainsi mutilés ont encore pu vivre pendant un an, même davantage, comme assoupis, sans intelligence et sans instinct, conservant le tact seulement. Flourens pense que toutes les propriétés de l'intelligence, tous les instincts s'identifient dans une seule et même faculté. « Dans « l'ablation du cerveau, dit-il, dès qu'une sensation est per- « due, toutes le sont; dès qu'une faculté disparaît, toutes « disparaissent; et conséquemment toutes les facultés, tous « les instincts ne constituent qu'une faculté essentiellement « une, et résidant essentiellement dans un seul organe. » Plusieurs physiologistes anciens et modernes ont, au contraire, soutenu l'indépendance et la pluralité des phénomènes intellectuels.

M. le professeur Bouillaud, dont les nombreux travaux sur cet objet nous paraissent mériter la plus grande confiance, en raison des expériences multipliées qu'il a faites chez les animaux, surtout au moyen de la cautérisation, démontre, d'après les faits pathologiques recueillis, les uns par lui-même, les autres par Rostan, Lallemand, etc., observateurs également judicieux, que les lobes cérébraux antérieurs sont l'organe *législateur* de la parole; qu'en les détruisant, une maladie rend quelquefois le sujet idiot, le prive de la faculté d'articuler des sons réglés, alors même que la langue jouit encore des mouvements relatifs à la préhension des aliments, à la mastication, à la déglutition, etc. ; que le cerveau commande ceux qui sont propres à l'intelligence, à la volonté ; que la perte de la parole se trouve liée tantôt à celle de la mémoire des choses, quelquefois des mots, chez certains sujets, même exclusivement des noms propres. Ces faits nous prouvent assez que l'unité des facultés intellectuelles, envisagée d'une manière absolue, n'est pas admissible.

D'autres expérimentateurs ont partagé cette opinion sans arriver à des résultats aussi positifs. C'est ainsi que Saucerotte avait prétendu que la destruction des parties supérieures du cerveau déterminait la paralysie des membres thoraciques ; et l'ablation des lobes antérieurs, celle des membres pelviens ; que Serres et Foville attribuent les mouvements des premiers aux couches optiques, ceux des seconds aux corps striés, ceux de la langue aux cornes d'Ammon, etc.

Pour le cerveau, les manifestations d'activité sont croisées, l'ablation d'un lobe détermine toujours la perte des sens du côté opposé. Dans les sections profondes et transversales, on trouve la destruction des facultés irréparable, toute la partie séparée du centre étant frappée de mortification. Lorsque ces divisions sont longitudinales, on observe quelquefois, par les progrès d'une bonne cicatrisation, le retour complet des phénomènes suspendus.

D'après toutes ces considérations, il nous paraît suffisamment démontré que le cerveau préside aux sensations, aux facultés intellectuelles, à la volonté ; par ses lobes antérieurs, aux mouvements réguliers de la parole.

2° CERVELET. — Cette partie, la plus volumineuse après le cerveau, dans les classes remarquables par le développement et l'activité de leurs phénomènes de relation, n'avait point été, jusqu'à ces derniers temps, bien appréciée dans les actions qui lui sont propres. Walstorff en avait fait l'organe du sommeil ; Willis, celui de la musique ; Malacarne, celui de l'intelligence ; Gall, celui de l'instinct propagateur, de l'amour sensuel. Saucerotte prétendit qu'il fournissait les nerfs des muscles dorsaux, oculaires. Rolando l'envisage comme un appareil électro-moteur, source du plus grand nombre des mouvements ; Foville et Pinel Grand-Champ, comme le foyer de la sensibilité. Serres en fait un organe complexe ; excitateur, par son lobe médian, des organes génitaux ; par ses hémisphères, des membres, servant aux phénomènes du saut ; par les tubercules quadrijumeaux, associant les mouvements et présidant à l'exercice de la vision. Bellingéri coupant les faisceaux antérieurs et postérieurs de la moelle, n'observe point, comme l'avaient prétendu quelques vivisecteurs, la paralysie du sentiment ou du mouvement; seulement il voit, par la division des premiers, la flexion devenir impossible, et l'extension s'anéantir par celle des seconds. Il était réservé plus particulièrement à MM. Bouillaud, Magendie, Flourens, de réduire le problème à sa plus simple expression, et de nous dévoiler positivement la fonction particulière du cervelet. Ces habiles expérimentateurs ont reconnu que l'irritation de cet organe entraîne des culbutes et des mouvements aussi remarquables par leur précipitation que par leur incohérence. Ils ont vu la cautérisation, l'ablation d'un lobe cérébelleux porter l'animal à se rouler sur lui-même, dans le sens de cette mutilation ; l'ablation, la cautérisation de l'organe tout entier, occasionner le défaut d'équilibre et l'impossibilité de régulariser aucun mouvement volontaire, soit de locomotion générale, soit même d'expression partielle. Au milieu de ces désordres, les sens, les facultés intellectuelles et les mouvements instinctifs conservent toute leur intégrité. De ces expériences, dont nous avons répété les principales avec des résultats identiques, on peut inférer, comme inductions rigoureuses, que le cervelet présente une action croisée, qu'il devient l'organe essentiel d'équilibration dans les mouvements réguliers et volontaires, et que son influence est indispensable pour coordonner l'action des muscles dans les phénomènes de la station, de la marche, du saut, de la course, du vol, du nager, de la danse, de l'escrime, et dans tous les exercices gymnastiques partiels ou généraux. Les mouvements instinctifs ou de conservation, tels que le cri, le bâillement, l'inspiration, l'expiration, etc., se trouvent, au contraire, comme nous le verrons, sous l'empire de la moelle allongée.

3° TUBERCULES QUADRIJUMEAUX. — Les expériences de Flourens nous paraissent avoir suffisamment démontré que cette partie de l'encéphale, d'où naissent, comme on le sait aujourd'hui, les nerfs optiques, est spécialement relative à la sensibilité visuelle de la rétine, et, par une conséquence naturelle, aux mouvements de l'iris. Ajoutons, d'après la judicieuse observation de cet investigateur habile, qu'en enlevant les tubercules quadrijumeaux, on détruit le sens de la vision, le siége de l'impression lumineuse; qu'en excisant les deux lobes cérébraux, on fait disparaître l'organe de perception, le foyer indispensable de la sensation visuelle. Tous les faits se réunissent également pour établir l'action croisée des tubercules quadrijumeaux.

4° MOELLE ALLONGÉE. — Cette quatrième division de l'axe encéphalo-rachidien est comprise entre les tubercules quadrijumeaux et l'origine de la huitième paire. D'après les expériences de Flourens et Rolando, si l'on irrite le centre nerveux du sommet des lobes cérébraux au premier de ces points, ou de la partie inférieure du rachis vers le second, on s'aperçoit bientôt que toutes les parties situées au-dessus de cet intervalle sont relatives au sentiment, et que toutes celles qui se trouvent au-dessous appartiennent au mouvement. La moelle allongée devient ainsi l'intermédiaire que doivent traverser les *impressions* pour arriver au cerveau, se trouver converties en *perceptions;* les *volitions*, pour atteindre la moelle vertébrale, occasionner les mouvements locomoteurs. Elle constitue le centre de l'existence active; la mort frappe inévitablement les annexes médullaires qui s'en trouvent séparées. Elle offre pour les animaux ce que, dans les végétaux, présente le collet de la plante séparant la tige et la racine avec le titre de *nœud vital*. Cette partie de l'encéphale dont les effets sont directs, est évidemment le premier mobile des mouvements instinctifs de conservation appliqués à certaines attitudes, à la respiration, à ses divers phénomènes, aux excrétions, etc.

5° MOELLE VERTÉBRALE. — Ce prolongement terminal du centre encéphalo-rachidien est surtout remarquable par ses rapports avec tous les organes du sentiment général et du mouvement volontaire. Les travaux des anatomistes modernes et notamment de Shaw, Tiedemann, Rolando, Serres, Bellingéri, Magendie, Laurencet, Desmoulins, Ch. Bell plus spécialement encore, ont, dans ces derniers temps, éclairé l'histoire de cette partie jusqu'alors mal appréciée. Tous admettent qu'elle est formée de plusieurs cordons bien isolés, mais ils ne s'accordent pas sur la nature, les dispositions et surtout les usages de ces derniers. Bellingéri signale des faisceaux postérieurs animant les muscles destinés à l'extension ; d'autres antérieurs pour ceux qui concourent à la flexion. Laurencet indique l'existence d'un troisième cordon latéral, et regarde l'encéphale comme une expansion membraneuse des faisceaux de la moelle. Ch. Bell reconnaît dans ce prolongement trois colonnes pour chaque moitié ; l'une postérieure, d'où partent les nerfs sensitifs ; l'autre antérieure, qui fournit les nerfs moteurs ; la dernière moyenne, et présentant, sous le titre de *bandelette respiratoire*, l'origine de ceux que l'auteur désigne par la même dénomination. Les colonnes antérieure et postérieure s'étendent jusqu'au cerveau ; la bandelette moyenne se termine dans la moelle allongée. Quelle que soit l'opinion définitivement admise, les expériences, les faits pathologiques s'unissent pour démontrer que la moelle rachidienne est l'organe excitateur des mouvements volontaires dont elle reçoit l'impulsion du cerveau ; le siége où se réunissent les impressions générales qu'elle transmet à cet organe ; que ses effets sont toujours directs.

« La moelle épinière, dit M. Claude Bernard, n'est pas

« seulement le point d'origine des nerfs de sentiment et de
« mouvement de la vie animale, elle est aussi la source des
« nerfs qui gouvernent des fonctions plus cachées.... les ana-
« tomistes avaient, jusqu'à ces derniers temps, considéré le
« grand sympathique comme un système nerveux à part.
« Or il est actuellement démontré que la moelle épinière
« sert d'origine aussi bien aux nerfs du grand sympathique
« qu'à ceux du système cérébro-spinal..... elle régit les fonc-
« tions vitales, mais par l'intermédiaire du grand sympa-
« thique. »

6° NERFS ENCÉPHALO-RACHIDIENS. — Il paraît aujourd'hui
bien prouvé que le cerveau, le cervelet n'en fournissent directement aucun. Les tubercules quadrijumeaux, la moelle allongée, la moelle rachidienne offrent exclusivement toutes ces
origines. Ch. Bell nomme *tractus*, les stries blanches qui
semblent marquer ces dernières dans la pulpe de l'encéphale ; *colonnes*, les saillies cylindriques ultérieures ; *cordons*,
les divisions de ceux-ci ; *faisceaux*, la combinaison de ces
cordons entre eux. D'après cet auteur, les nerfs sont ou *simples*, ou *composés*. Les *premiers* naissent par une seule racine,
tantôt de la colonne postérieure ; ils sont alors sensitifs et
porteurs d'un ganglion d'origine ; tantôt de la colonne antérieure, avec le caractère de nerfs moteurs. Les *seconds* offrent
deux racines, l'une à la colonne antérieure, l'autre à la
colonne postérieure, toujours dans ce dernier point, avec le
renflement ganglionnaire ; ces nerfs composés présentent le
double caractère de *sensitifs* et de *moteurs*. On leur donne
encore les noms de *primitifs*, de *symétriques* ou *réguliers*. Ordinairement au nombre de trente pour chaque moitié latérale,
dans notre espèce, ils sont communs à tous les animaux. Les
nerfs simples, encore appelés *irréguliers*, se trouvent sura-
joutés dans les organismes, d'après l'observation de Lamarck,
en raison de la perfection des animaux, et surtout des complications de leurs rapports avec les objets extérieurs.
Ch. Bell fait ensuite une classe à part des nerfs qui, d'après
lui, naissent de la bandelette ou colonne moyenne, sous le

titre de *nerfs respiratoires*, en leur assignant, pour usage commun, de concourir plus ou moins directement à l'exercice de cette importante fonction. Ils sont au nombre de cinq : 1° le *pathétique*, quatrième paire (Bichat), respiratoire de l'œil (Ch. Bell) ; 2° le *facial*, septième paire, respiratoire de la face ; 3° le *glosso-pharyngien*, neuvième paire, respiratoire du col ; 4° le *pneumo-gastrique*, dixième paire, grand respiratoire ; 5° le *spinal*, treizième paire, respiratoire supérieur du tronc. Ces nerfs dont l'origine s'effectue par une seule espèce de racines, offrent un caractère commun : exclusivement destinés aux phénomènes de contraction, ils agissent indépendamment de la volonté, provoquent des mouvements relatifs aux fonctions vitales, à l'expression naturelle et spontanée des passions. Dès lors, il nous semblerait beaucoup plus physiologique de les désigner par le terme de *nerfs moteurs instinctifs* ; celui de *nerfs respiratoires*, consacré par Ch. Bell, n'exprimant qu'une partie de ces usages, et d'ailleurs formant un contraste bizarre, nonobstant les raisons données par cet anatomiste célèbre, lorsqu'il s'agit de l'appliquer à la face et particulièrement à l'œil. Cet auteur, dans son système, rattache encore au nombre des cordons respiratoires plusieurs nerfs de l'épine : ainsi, le *diaphragmatique* ou phrénique, respiratoire interne. Le *thoracique externe*, surtout destiné au grand dentelé, respiratoire externe inférieur. Il fait judicieusement observer que le nerf *trifacial*, cinquième paire, naît par deux racines, l'une postérieure avec renflement ganglionnaire, l'autre antérieure, sans renflement ; qu'il appartient dès lors aux nerfs réguliers à titre d'organe sensitif commun et moteur volontaire ; devient en conséquence, pour la tête, ce que les nerfs rachidiens sont pour le tronc ; il faut en excepter seulement la branche linguale qui préside à la sensation spéciale du goût.

Après avoir ainsi débrouillé ce chaos névrologique, nous partagerons les nerfs en cinq catégories, d'après leurs fonctions : 1° *Nerfs sensitifs spéciaux*, l'olfactif, l'optique, le lingual, branche du trijumeau, l'auditif ; 2° *Sensitifs généraux*, le trijumeau, les nerfs de la moelle vertébrale, par leur racine postérieure ; 3° *Moteurs volontaires*, les mêmes nerfs par leur racine antérieure, le moteur oculaire commun, le moteur oculaire externe, l'hypoglosse ; 4° *Moteurs instinctifs*, involontaires, nerfs respiratoires de Ch. Bell ; le pathétique, le facial, le glosso-pharyngien, le pneumo-gastrique, le spinal. La distinction de ces nerfs, les particularités de leur influence jetteront le plus grand jour sur l'histoire des actions d'expression en général, et sur celle de la prosopose en particulier. 5° *Nerfs d'association vitale et de nutrition*, les filets et les plexus ganglionnaires que nous allons actuellement examiner.

Quelle que soit la classe dont il fait partie, chaque nerf conserve ses propriétés particulières, de son origine à sa terminaison. Il transmet le sentiment, du second point vers le premier, et le mouvement, du premier vers le second. Ainsi, lorsqu'une ligature est jetée sur un nerf régulier, en l'irritant au-dessous on obtient une contraction musculaire, indépendamment de toute perception sensitive ; en l'excitant au-dessus, on voit se manifester une sensation qu'aucun mouvement n'accompagne.

7° GANGLIONS. — Centres multiples d'un système nerveux secondaire, ces petits corps, dont nous avons suffisamment exposé la description, ne présentent pas ordinairement la faculté de transmettre au sujet les impressions directes. Le ganglion semi-lunaire paraît faire exception à cette règle générale. D'après les expériences de Flourens, il a presque toujours donné des signes d'une assez vive sensibilité ; de telle sorte qu'on pourrait le considérer comme l'intermédiaire qui sert à lier les viscères à l'encéphale. Tous les autres n'ont présenté que des réactions sensitives obscures et très-peu constantes.

8° NERFS GANGLIONNAIRES. — Unis aux renflements que nous venons de signaler, ils constituent, par leur ensemble, un système distinct, sous tous les rapports, du système nerveux encéphalique. Il n'offre pas, comme ce dernier, un centre unique, et se trouve constamment placé, chez les animaux supérieurs, dans sa dépendance plus ou moins absolue, de manière à constituer l'une de ses annexes modifiée d'après certaines indications. On conçoit aisément qu'une disposition contraire, en plaçant deux principes et deux centres d'action dans une même économie, deux pouvoirs suprêmes dans un même gouvernement, en eût rendu l'administration essentiellement anarchique, pour ne pas dire absolument impossible.

Le défaut d'unité dans le système nerveux ganglionnaire présente un grand avantage, celui de rattacher et de soumettre ses opérations à l'influence du centre nerveux encéphalique; d'en constituer une source d'impressions et d'idées qui diffèrent de celles dont les sens externes deviennent le siége et les conducteurs occasionnels, en ce qu'elles naissent involontairement, et peuvent, dans leurs anomalies et dans leurs aberrations, forcer le jugement, et maîtriser la raison.

C'est en effet dans le système nerveux ganglionnaire et dans les organes auxquels il distribue ses nombreuses divisions que se développent essentiellement les impressions particulières à l'existence individuelle, au maintien de l'harmonie des fonctions nutritives et vitales; de même que l'ensemble des sensations extérieures nous a présenté les éléments principaux de l'intelligence, de même les excitations intérieures nous offrent naturellement ceux des phénomènes instinctifs.

Le nerf pneumo-gastrique, sorti de la moelle allongée, terminé vers le ganglion principal, dans le vaste plexus nommé solaire, d'où naissent, comme d'un foyer commun, tous les entrelacements du second ordre, forme ainsi l'intermédiaire normal de ces deux centres d'innervation. Éveillées dans la région épigastrique, les passions s'élèvent rapidement vers l'encéphale pour maîtriser la raison, ou pour donner aux actions intellectuelles plus de chaleur et d'élévation dans leurs effets.

En résumant toutes les considérations que nous avons présentées sur l'appareil des fonctions de combinaison encéphalique, nous pouvons indiquer les assertions suivantes au au nombre des principes convenablement démontrés : 1° *les nerfs sensitifs* reçoivent les impressions ; 2° *le cerveau* les perçoit, raisonne, juge, veut ; 3° *la moelle rachidienne* et *les nerfs moteurs* qu'elle fournit transmettent le principe des mouvements volontaires de locomotion ; 4° *le cervelet* en coordonne l'ensemble, en maintient l'harmonie ; 5° les *tubercules quadrijumeaux* assurent la sensibilité de la rétine, les mouvements de l'iris ; 6° *la moelle allongée*, par sa colonne moyenne, excite les mouvements involontaires, instinctifs ; 7° *les ganglions et leurs nerfs* sont chargés d'entretenir les phénomènes d'association, de réparation et d'accroissement. *Effets croisés* : le cerveau, le cervelet, les tubercules quadrijumeaux. *Effets directs* : la moelle allongée, la moelle vertébrale.

Si l'on veut réduire à sa plus grande simplicité l'appareil des phénomènes que nous étudions, on peut ajouter : qu'il offre deux modifications fondamentales : 1° l'appareil encéphalique ; 2° l'appareil ganglionnaire : que le premier est le domaine physique de l'intelligence et de la raison ; le second, celui de l'instinct et des passions. Nous verrons bientôt ces deux modifications organiques s'influencer mutuellement, avec des résultats variables, et dans l'état normal, pour notre espèce, le cerveau manifester l'unité, la prééminence de son action sur tous les appareils de l'économie vivante.

Si l'on avait besoin de prouver le concours de ce viscère, dans les phénomènes de la pensée, du raisonnement et du jugement, il suffirait de faire observer que les conditions matérielles de structure et de perfectionnement organiques présentent l'influence la plus marquée sur la nature et le développement de ces produits intellectuels. Ainsi, chez l'enfant et même chez la femme, le cerveau n'offrant qu'une texture molle et délicate, les impressions sont plus vives, les intellectualisations moins profondes et moins durables. Dans l'âge viril, chez l'homme, cet organe jouissant d'une structure plus ferme et plus parfaite, il existe moins de mobilité, de variété dans les sensations ; les fonctions de combinaison encéphalique sont remarquables par leur énergie, leur supériorité. Enfin, chez le vieillard, le cerveau s'atrophiant, reprenant les dispositions de mollesse originelle, toutes les facultés de l'intelligence reviennent à la faiblesse, à l'imperfection du premier âge.

L'histoire du centre nerveux encéphalique a fait, depuis quelques années, des progrès si positifs, qu'il est actuellement possible de préciser l'influence particulière de plusieurs médicaments sur chacune de ses principales divisions : d'expliquer ainsi les effets de ces agents, et d'éclairer encore, par ce nouveau moyen d'expérimentation, la théorie des phénomènes sensitifs, intellectuels et moteurs. C'est surtout à MM. Flourens, Claude Bernard, etc., que nous devons la connaissance des médicaments spéciaux, employés à dose convenable, mais non point assez forte pour généraliser leurs effets.

ORGANISATION DES NERFS. — Des filets ordinairement juxtaposés forment des branches, ces branches des troncs, de manière, en général, que chaque filet nerveux marche sans interruption réelle depuis l'encéphale, son lieu d'origine, jusqu'à l'organe qui devient son point de terminaison. Ce principe est encore admissible dans la formation des plexus, à l'exception de quelques anses nerveuses produites par la rencontre de deux branches qui s'unissent par une véritable fusion.

Chaque filet médullaire offrant un volume indépendant de celui du nerf auquel il appartient, est composé de deux parties essentiellement distinctes.

L'une centrale, blanche, pulpeuse, absolument identique à la substance médullaire de l'encéphale, d'autant moins abondante que le nerf se rapproche davantage de sa terminaison. Offrant quelques différences de couleur, de consistance, et même de composition chimique, dans les branches particulières aux organes des sens, différences encore vaguement déterminées, mais qui pourront un jour concourir à l'explication de la faculté remarquable que présentent ces derniers appareils d'éprouver, à l'exclusion de tous les autres, l'influence d'un agent spécial d'excitation. Cette première partie est évidemment celle qui reçoit les impressions et qui les transmet au centre encéphalique.

L'autre, extérieure, d'un blanc grisâtre, de nature fibro-celluleuse, beaucoup plus dense, plus épaisse, mais du reste assez analogue à la pie-mère, de telle sorte que plusieurs auteurs la considèrent comme une expansion de cette membrane, offrant sous le titre de *névrilemme* une disposition fistuleuse, présente en même temps beaucoup de résistance et peu d'élasticité. Ainsi, chaque filet possède un *névrilemme* particulier immédiatement appliqué sur la pulpe nerveuse ; chaque branche, un *névrilemme* commun aux filets, et chaque tronc, un *névrilemme* commun aux différentes branches, de telle sorte que dans les filets, il n'existe qu'une enveloppe, tandis que nous en trouvons deux pour les branches et trois pour les troncs, disposition qui nous semble assez positivement expliquer pourquoi, toutes choses égales d'ailleurs, la sensibilité des troncs est moins vive que celle des branches, et la douleur des branches moins aiguë que celle des filets ; des artères, des vaisseaux lymphatiques et des veines complètent cette organisation.

En résumant ces considérations générales sur l'appareil innervateur, nous voyons se confondre dans cet ensemble deux systèmes nerveux différents, anastomosés dans leurs diverses parties, mais conservant encore leur manière d'être spéciale, de telle sorte qu'il n'est pas plus rationnel de faire naître le système des ganglions du système cérébral, que de présenter le premier comme l'origine du second ; que l'on envisage ces deux systèmes sous tous les rapports qu'ils peuvent offrir, et l'on sentira bientôt l'évidence de cette observation.

Sous le point de vue de leur disposition ; le système nerveux encéphalique présente un centre distinct, exactement renfermé dans une cavité osseuse ; le système nerveux ganglionnaire, loin d'offrir un foyer central aussi rigoureusement circonscrit, est vaguement répandu au milieu des autres organes, à la tête, au col, dans la poitrine et dans l'abdomen.

Sous le rapport de la structure ; la substance de l'encéphale est grise ou blanche, molle et pulpeuse ; celle des ganglions est rougeâtre et d'une assez grande ténuité.

Relativement à la nature de la sensibilité ; la douleur produite par l'irritation des nerfs encéphaliques, très-vive et très-aiguë, porte au mouvement, à l'exaltation ; celle que détermine la même influence dans les nerfs ganglionnaires, non-seulement présente un caractère particulier, mais encore, plus profonde et plus dangereuse, elle tend à l'extinction de la vie, en produisant l'anéantissement des forces, la diminution ou même la suspension de la motilité. Il suffit d'avoir éprouvé ces douleurs dans l'estomac, les intestins, l'utérus, les testicules, etc., pour ne plus les confondre avec celles de la peau des muscles volontaires, etc.

Sous le rapport des phénomènes liés à l'innervation ; tous les organes qui reçoivent la plus grande partie de leurs nerfs du système encéphalique, jouissent dans l'état normal de la faculté de transmettre au cerveau des impressions dont nous avons la conscience, et lorsqu'ils sont contractiles, d'agir sous l'influence de la volonté. Tous les appareils qui puisent la majorité de leurs nerfs dans le système ganglionnaire, à l'état naturel, sont incapables de faire naître directement aucune perception, et, lors même qu'ils jouissent de la contractilité, d'exécuter aucun mouvement volontaire.

Agent. — Nous désignons sous ce titre tous les moyens d'excitation, physiques, chimiques ou vitaux, susceptibles de provoquer la réaction du système nerveux, en devenant ainsi l'aliment essentiel de la vie.

Les excitants physiques ou chimiques se trouvent naturellement dans le milieu qui nous environne, dans tous les objets de nos rapports extérieurs.

Les excitants vitaux se rencontrent dans le mouvement des fluides circulatoires et, plus spécialement encore, dans la stimulation et l'ébranlement que le sang artériel produit sur l'organisme en général, sur le centre nerveux en particulier, par sa nature propre et par la force de son impulsion. Aussi l'innervation paraît-elle toujours d'autant plus active que la circulation à sang rouge est plus libre et plus facile. De là sa diminution sous l'influence d'un régime trop nutritif et d'un état de pléthore générale; son augmentation par l'usage du thé, du café, des déplétions sanguines, et par conséquent l'action nuisible de ces moyens dans les convulsions, les spasmes essentiellement liés à l'excès d'innervation; son entière suspension, par conséquent la syncope et consécutivement la mort, lorsque cette même circulation se trouve complétement arrêtée.

Ainsi, en dernière analyse, le modificateur de l'innervation est une excitation soit générale, soit spéciale; générale et commune pour la plus grande partie de l'appareil; exclusive et spéciale pour les nerfs de la vue, de l'ouïe, de l'odorat et du goût.

Besoin. — L'innervation, s'appliquant à toutes les fonctions et n'étant bornée par aucune autre circonscription que par celle de l'économie vivante, se trouve sollicitée par un sentiment impérieux et généralement répandu dans l'organisme. Ce sentiment est l'espèce de gêne, de malaise, d'anxiété, *d'inquiétude nerveuse*, que fait naître l'inaction forcée; déjà très-remarquable pour l'innervation commune aux fonctions de relation, il devient bien plus énergique lorsqu'il indique le besoin de cette influence, relativement aux fonctions nutritives et vitales. Il suffit d'avoir été pendant quelque temps contraint au repos absolu dans l'état normal, pour comprendre toute la force de ce même sentiment, et la puissance qu'il déploie pendant cette pénible captivité, pour déterminer l'action de l'appareil innervateur. Il semble que ce repos anormal ait accumulé, dans tout l'organisme, et plus spécialement dans tout le système nerveux un excès de vie qui tend à s'épancher au dehors. Plus l'appareil d'innervation prédomine dans l'économie vivante, plus cette dépense naturelle devient indispensable au maintien de la santé. Ces considérations importantes nous expliquent physiologiquement la grande activité des sujets doués du tempérament nerveux;

le besoin de mouvements et de sensations qu'ils éprouvent continuellement ; les avantages des distractions et de l'exercice dans le traitement des maladies qui les affectent ; l'influence positive de la langueur et du repos dans la production des altérations plus ou moins graves auxquelles ils sont déjà naturellement exposés.

Étude. — Il est peu de physiologistes qui n'aient pas fait un système pour expliquer l'innervation, ou le mode particulier d'influence du centre nerveux sur les organes, pour leur communiquer le principe du sentiment et du mouvement. Nous réduirons à trois principales toutes les hypothèses relatives à cette explication : 1° *l'atmosphère nerveuse ;* 2° *la vibration des nerfs ;* 3° *le mouvement du fluide nerveux.*

1° *Atmosphère nerveuse.* — *Reil,* auteur de cette supposition, admet autour des cordons nerveux ce qu'il nomme *leur sphère d'activité,* dans laquelle chacun d'eux exerce une influence particulière. Cette hypothèse n'explique nullement la nature de l'innervation, est essentiellement vicieuse, puisqu'elle repose complétement sur des faits erronés. L'influence nerveuse ne se manifeste jamais latéralement, suivant la circonférence du nerf, mais toujours de son origine à sa terminaison, pour les volitions et les mouvements ; de sa terminaison à son origine, pour les impressions et les perceptions. Ainsi lorsque nous irritons l'un des doigts par exemple, l'impression est reçue par la pulpe digitale, perçue par le cerveau, sans qu'il existe aucun phénomène d'innervation entre ces deux points éloignés ; si nous voulons mouvoir la même partie, nous n'observons également aucune action latérale entre l'encéphale qui communique la faculté motrice et le muscle qui la reçoit.

2° *Vibration des nerfs.* — Les physiologistes mécaniciens ont prétendu que l'innervation était, en dernière analyse, un ébranlement communiqué aux organes par la vibration des nerfs, elle-même sollicitée sous l'influence d'une action spéciale du cerveau. Il nous paraît absolument impossible de concevoir comment l'encéphale peut exciter cette vibration

des nerfs, et plus impossible encore d'expliquer le trémous-
sement de ces cordons médullaires.

En effet, quatre conditions principales sont indispensables
aux vibrations d'une corde, quelle que soit sa nature : 1° *élasticité, densité suffisantes.* Or les nerfs sont des cordons pulpeux qui n'ont d'autre ténacité que celle de leur enveloppe
névrilemmatique, et qui paraissent absolument sans élasticité.
2° *Insertion solide et fixe aux deux extrémités.* Or l'origine des
nerfs s'effectue dans une masse presque diffluente, leur terminaison, dans un grand nombre d'organes assez mous. 3° *Isolement complet dans toute la longueur.* En effet, il suffit de
toucher une corde en vibration pour faire cesser à l'instant
même cette disposition. Or les nerfs sont partout en contact
avec les organes voisins, partout enveloppés du tissu cellulaire, le plus propre à détruire les vibrations. 4° *Une tension
assez forte.* Or les nerfs sont dans un relâchement complet, ils
offrent même de nombreuses flexuosités.

3° *Mouvement du fluide nerveux.* — Le plus grand nombre
des physiologistes admet l'existence d'un fluide nerveux. Plusieurs le considèrent comme un fluide circulant dans les nerfs
à la manière du sang, de la lymphe, etc., dans leurs canaux
particuliers. Mais lorsque nous voyons un instant presque
indivisible suffire à l'impression du modificateur, à sa perception, à la transmission de la volonté, à l'exercice de l'expression, il nous devient absolument impossible de concevoir la
rapidité de cette circulation dans ses deux mouvements principaux; le premier de l'organe excité, au cerveau qui perçoit
l'excitation ; le second, du cerveau qui veut, à l'organe qui
exécute le mouvement.

En admettant même que les nerfs sont des canaux circulatoires, que le fluide qui les remplit jouit d'une ténuité supérieure à celle de toutes les humeurs connues, suppositions
purement gratuites, on n'obtiendrait pas davantage cette
rapidité de mouvement qui caractérise tous les phénomènes
d'innervation. D'un autre côté, quel serait l'agent de cette
impulsion? Sans doute on ne cherchera pas à le placer dans

l'encéphale qui n'offre aucune des conditions organiques essentielles au moteur central d'une circulation vasculaire.

Ainsi toute hypothèse qui tendrait à rapprocher le fluide nerveux des autres humeurs de l'économie, la circulation de ce même fluide pendant l'innervation, de celle du sang, de la lymphe, etc., nous paraît absolument inadmissible.

En consultant les faits et l'expérience, nous présentons les explications qui vont suivre comme les plus physiologiques et les plus satisfaisantes dans l'état actuel ; nous pensons que leurs principes sont établis sur la vérité, en supposant même dans leurs détails le besoin de quelques modifications.

LE FLUIDE NERVEUX, — dont l'existence nous paraît incontestable, ne peut entrer en comparaison avec aucune des humeurs de l'économie, et son mouvement avec aucune autre circulation vitale. Ce fluide est invisible, impalpable, insipide, inodore, incapable d'affecter aucun de nos sens, appréciable seulement par ses effets ; susceptible de se mouvoir avec la rapidité de l'éclair, de l'organe qui reçoit, au cerveau qui perçoit l'impression ; de l'encéphale qui forme la volition, au muscle qui l'exécute. Ce fluide est *le magnétisme animal*, objet d'un si grand nombre de spéculations et d'hypothèses ; considéré par les uns comme un agent beaucoup trop merveilleux ; proscrit, par les autres, d'une manière également trop absolue, et sur lequel nous reviendrons en traitant du somnambulisme ; enfin nous considérons ce même fluide, relativement à l'économie vivante, comme *l'électricité* sous le rapport de l'économie universelle. Nous pensons que les nerfs conducteurs de ce magnétisme particulier, sont à *l'électricité organique*, ce que les cordons de soie, les fils métalliques sont à *l'électricité générale*. Nous regardons l'excitation portée sur le système nerveux comme le mobile de *l'électricité vitale* irradiée des organes vers l'encéphale par l'influence des agents extérieurs, de l'encéphale vers les organes par la réaction du centre nerveux.

L'analogie de ces deux électricités, les rapprochements nombreux que l'on peut établir entre elles, nous semblent donner à cette théorie de l'innervation toute la réalité que l'on doit désirer.

Ainsi, les sujets les plus nerveux, en d'autres termes, ceux qui, dans un temps donné, peuvent développer le plus *d'électricité vitale*, sont en même temps ceux qu'affecte le plus vivement *l'électricité physique;* ceux qui ressentent le plus d'impatience, d'agitation et d'anxiété, lorsque l'atmosphère est saturée de ce fluide pendant les instants qui précèdent l'orage; ceux qui trouvent un plus grand soulagement dans le rétablissement de l'équilibre par les premières détonations; ceux enfin, dont le système nerveux est le plus fortement ébranlé par les étincelles ou les commotions électriques.

Après la mort générale, après la mort partielle d'un membre, d'un organe entièrement séparé de l'économie vivante, lorsque l'électricité animale n'exerce plus sur les nerfs aucune influence appréciable, on peut encore, au moyen du galvanisme ou de l'électricité physiques transmis à ces conducteurs, solliciter dans les muscles auxquels ils se distribuent, des contractions brusques et rapides absolument semblables à celles que l'on observe, pendant la vie, sous l'influence d'une irritation mécanique ou d'un autre agent susceptible de provoquer des spasmes et des convulsions.

Des expériences très-curieuses de Breschet et Milne-Edwards relatives à l'innervation digestive, prouvent que l'on peut rétablir cette fonction suspendue par la section du nerf pneumo-gastrique, en remplissant l'intervalle qui sépare les deux bouts divisés, au moyen d'un fil de fer tourné en spirale; et que l'on parvient même à compléter la chymification en substituant alors un simple courant galvanique à l'innervation naturelle.

Weinhold, après la décollation d'un chat, remplit la colonne rachidienne d'un amalgame de mercure, de zinc et d'argent; les battements artériels et les mouvements musculaires se rétablissent à peu près comme dans l'état normal. Sur un autre, il place dans le crâne et dans son prolongement vertébral un amalgame semblable ; pendant vingt minutes, l'animal relève la tête, ouvre les yeux, se meut et semble essayer de marcher. Les mêmes expériences faites sur un chien produisent des résultats semblables.

Un grand nombre d'habiles expérimentateurs admettent positivement l'existence de ce *galvanisme vital*, et pensent que le système nerveux est naturellement susceptible de le développer ; nous citerons particulièrement Béclard, Béraudi, Weinhold, Wilson, Edwards, Vavasseur, Aldini, Magendie, Krimmer, Claude Bernard, Muller, Brown-Séquard, etc.

Béclard l'un des premiers a fait observer que l'implantation des aiguilles au milieu d'un nerf, donnait à ces dernières la propriété magnétique.

Béraudi ayant piqué le nerf crural d'un lapin au moyen de deux aiguilles de fer, isolées par une lame de laque horizontalement placée sur leur extrémité libre, reconnut après quinze minutes, que ces aiguilles avaient acquis la faculté d'attirer assez fortement des petits fragments de papier ; d'où l'auteur conclut, avec raison, que l'électricité se produit dans le système nerveux sous l'influence de la vie.

Weinhold assure qu'en rapprochant les deux bouts d'un nerf divisé, on obtient une étincelle ; qu'en les tenant à une ligne de distance et les soumettant au galvanisme, ils deviennent lumineux, mais sans transmission de l'étincelle ; observation qui renverse encore l'idée d'une atmosphère nerveuse ; que la ligature suspend l'innervation en détruisant momentanément la continuité de la pulpe médullaire, seule conductrice de *l'électricité* organique, le névrilemme étant complétement étranger à cette propagation.

Enfin nous savons que plusieurs animaux, tels que l'anguille de Surinam, la torpille, le silure trembleur, etc., jouissent de la faculté d'accumuler ce fluide nerveux dans certains réservoirs, et d'en effectuer d'assez fortes décharges pour tuer d'autres animaux, et représenter ainsi des batteries électriques.

Ces faits et tous ceux que nous pourrions citer encore, sont de nature à fixer l'attention des physiologistes sur cet objet important, et nous semblent établir la plus parfaite analogie entre le *fluide nerveux, le galvanisme* et *l'électricité phy-siques.*

Dans cette théorie, l'explication des actes physiologiques de l'innervation devient très-facile et très-satisfaisante ; dans toutes les autres, elle est absolument impossible.

Un agent d'excitation est appliqué à l'un des organes en communication avec l'encéphale par le moyen des nerfs ; cet agent détermine le mouvement de *l'électricité vitale* qui transmet l'impression au cerveau ; celui-ci la convertit en perception par l'action spéciale qui s'effectue sous l'influence du principe immatériel dont cet organe est l'instrument ; le cerveau réagit, au moyen de cette même électricité qu'il met en mouvement dans une direction opposée à la première, sur les organes d'expression chargés d'exécuter les volontés de l'âme. Si nous considérons actuellement que le mouvement du fluide électrique s'effectue dans un instant indivisible, même à distance assez remarquable, la grande rapidité que les impressions et les volitions offrent dans leur transmission, se trouvera naturellement expliquée.

C'est ainsi que nous concevons l'action de tous les organes sur l'encéphale, pour lui communiquer les éléments des sen-sations, et de l'encéphale sur tous les organes pour leur dépar-tir le principe du mouvement, avec des modifications relatives aux dispositions naturelles de chacun d'eux ; ainsi : du mou-vement volontaire, comme on l'observe pour les muscles loco-moteurs ; du mouvement involontaire sensible, comme on le voit pour le cœur, la vessie, l'estomac, les intestins, l'uté-rus, etc. ; du mouvement involontaire insensible, comme il arrive dans tous les autres appareils, où ces mouvements inap-préciables par eux-mêmes deviennent évidents par la nutri-tion, la circulation capillaire, les sécrétions, etc., qui les sup-posent nécessairement. Toutefois nous ne pensons pas que l'innervation ait toujours besoin de l'action encéphalique pour communiquer le mouvement involontaire aux appareils doués de la motilité, puisque le cœur subitement arraché de la cavité thoracique, entièrement isolé du reste de l'économie, se contracte et se dilate encore ; puisque l'un des membres séparé du tronc, est agité de mouvements convulsifs pendant quelques instants.

Nous ne pensons pas davantage que les fonctions nutritives, et parmi les fonctions vitales, du moins à l'état de fœtus, la circulation, soient essentiellement dépendantes d'un innervation encéphalique régulière ; puisque l'on a vu des sujets vivre, se bien développer jusqu'au terme de la gestation, sans offrir aucune trace de cerveau, de cervelet, de protubérance annulaire et même de moelle rachidienne. Lallemand en cite un exemple très-remarquable ; ainsi pendant la vie intra-utérine l'innervation ganglionnaire paraît suffisante à l'entretien des fonctions nutritives et vitales, alors rudimentaires ; mais à l'état d'enfant, et surtout lorsque les principales fonctions de l'organisme sont constituées dans une mutuelle dépendance, l'innervation encéphalique devient indispensable, d'abord à l'exercice libre, facile et complet de toutes les fonctions, et consécutivement à la conservation individuelle dans son état normal.

Il est aisé de concevoir dans cette même théorie, que trois circonstances organiques sont indispensables à l'innervation. L'intégrité : 1° de l'organe qui reçoit ou l'impression sensitive, ou le principe du mouvement ; 2° du cerveau qui perçoit cette impression ou qui transmet ce principe moteur ; 3° enfin des nerfs qui servent de conducteurs communs à ces éléments de la sensation et de la locomotion. Détruisez l'une de ces conditions et vous déterminez la paralysie, l'impossibilité de sentir ou de se mouvoir ; modifiez d'une manière défectueuse l'une ou l'autre de ces dispositions normales, et vous pervertissez plus ou moins profondément l'une ou l'autre de ces deux facultés, et quelquefois l'une et l'autre en même temps. Cette observation sur laquelle nous reviendrons, présente un intérêt majeur dans ses applications aux maladies du sentiment et du mouvement.

Nous trouvons donc toujours en dernière analyse, dans l'innervation, importation des impressions et de l'excitation vitale de la circonférence au centre ; exportation du principe moteur, de la vitalité, du centre à la circonférence ; nous acquérons par la première, nous dépensons par la seconde ; l'excès de l'une produit impatience, anxiété, surabondance vitale ; l'abus de l'autre détermine affaiblissement, épuisement de la vie ; c'est ainsi que succombe le sujet exposé à l'excès du plaisir ou de la souffrance ; leur équilibre constitue l'état normal. L'exercice des fonctions entraîne la dépense du fluide nerveux de *l'électricité vitale*; de même que le repos de l'organisme en favorise la réparation. Le flambeau qui se consume d'autant plus promptement que sa flamme est plus ardente et plus agitée, nous présente une image assez fidèle de l'innervation. En effet l'épuisement de cette source vitale est d'autant plus rapide que les sensations sont plus vives, plus habituelles, que les mouvements se trouvent développés avec plus de force et de continuité dans tous les appareils.

Plusieurs habiles physiologistes et surtout MM. Magendie, Claude Bernard, Ch. Bell, J. Muller, Brown-Séquard, Waller, Ludwig, etc., par des expériences positives, ont, dans ces derniers temps, jeté la plus vive lumière sur l'innervation dans son influence particulière et profonde sur les autres fonctions de l'économie vivante ; en agrandissant le champ de la science, en l'éclairant dans ses plus ténébreuses parties.

« Le système nerveux, dit M. Claude Bernard, jouit chez
« tous les animaux d'une importance qui s'accroît à me-
« sure qu'on s'élève dans l'échelle des êtres ; de telle sorte
« que, chez l'homme et les principaux mammifères, on peut
« dire qu'il est la source première de tous les phénomènes de
« la vie. »

Mais le savant expérimentateur ne se borne pas à l'expression de cette grande loi fondamentale sur laquelle repose toute la science physiologique, il l'établit par des faits nouveaux et d'une incontestable vérité.

C'est ainsi qu'en étudiant l'action du grand sympathique sur la circulation, la nutrition, les sécrétions, etc., il arrive à des notions tellement pratiques et simples, que les phénomènes vitaux en apparence les plus mystérieux s'expliquent tout naturellement et sans le besoin d'aucune hypothèse.

Après avoir pratiqué la section du nerf grand sympathique, M. Claude Bernard voit les vaisseaux sanguins placés au-dessus de la section se congestionner et la partie qui les reçoit s'injecter et rougir. Après nouvelles expériences et réflexions, il en conclut que les vaisseaux sanguins reçoivent leurs nerfs, qu'on nomme alors *vaso-moteurs*, du grand sympathique ; puis tout naturellement que ces vaisseaux sanguins, paralysés par la section de leur nerf, se laissent dilater, admettent une plus grande quantité de sang, avec les conséquences nécessaires de l'augmentation de couleur, d'action nutritive, de chaleur, des sécrétions, etc. ; l'explication est confirmée en voyant le galvanisme du nerf divisé faire disparaître ces conditions anormales.

Il s'agit donc ici de la découverte d'une grande loi physiologique dont les applications seront aussi nombreuses qu'importantes, et qui doit inspirer d'autant plus de confiance que ces expériences faites par M. Claude Bernard en 1851, l'ont été, avec les mêmes résultats, par M. Brown-Séquard en 1852, et par M. Waller en 1853.

En résumé, nous regardons comme positivement démontrées, surtout par les travaux de ces expérimentateurs sérieux, les grandes vérités physiologiques suivantes : « Il n'existe, en « réalité, dit M. Claude Bernard, que des nerfs de sentiment « et des nerfs de mouvement. Les nerfs moteurs sont de deux « espèces : les uns *vaso-moteurs*, émanés du grand sympa- « thique, destinés à resserrer les vaisseaux ; les autres, *de* « *tissu*, émanés de l'axe céphalo-rachidien, destinés à dilater « ces vaisseaux. Il est anatomiquement démontré que le grand « sympathique prend naissance au sein de la moelle épinière. « Si chacun des ganglions jouit d'une action spéciale, il ne « faut pas leur attribuer une action indépendante. Le grand

« sympathique exerce la plus grande influence sur les actions
« vitales. »

« Le système nerveux, disait avec raison Blainville, est le
« grand harmonisateur de tous les organes qu'il relie natu-
« rellement entre eux. Il établit des rapports constants et
« réciproques entre toutes les parties de l'organisme vivant,
« les unit dans une solidarité commune; assure ainsi la cen-
« tralisation organique ; laquelle devient d'autant plus puis-
« sante et plus nécessaire, que l'organisme est plus élevé,
« que la division du travail est plus grande, et que les élé-
« ments histologiques jouissent d'une individualité et d'une
« autonomie plus marquées. »

Aussi, dès le début, avons-nous présenté *l'innervation*
comme la première des fonctions de l'économie vivante,
comme celle qui régit, entretient, gouverne toutes les autres,
comme celle enfin à l'exercice de laquelle se rattache immédiatement la vie.

M. Claude Bernard le comprend bien ainsi lorsqu'il dit :
« Les actions vitales qui s'accomplissent au sein de nos
« organes sont placées sous l'influence du système nerveux :
« elles sont la conséquence des phénomènes vasculaires qui
« s'effectuent sous l'influence des nerfs sensitifs et moteurs.
« Nous avons cherché à démontrer toute l'importance des
« actions exercées par les nerfs sur les vaisseaux. Elles per-
« mettent au physiologiste de comprendre les modifications
« locales qui peuvent avoir lieu sur certains points particu-
« liers de l'économie, en restant d'ailleurs complétement
« indépendantes de la grande circulation, et soustraites à
« l'influence du cœur ; en un mot, la découverte des *nerfs*
« *vaso-moteurs* est une de celles qui exerceront la plus heu-
« reuse influence sur les progrès de la physiologie et de la
« pathologie. Seule, cette découverte donnera la clef de ces
« circulations locales sur lesquelles reposent la plupart des
« phénomènes pathologiques qui s'accomplissent au sein de
« l'économie vivante sous l'influence du système nerveux. »

En effet, dès l'instant où nous savons que la circulation

capillaire affranchie des impulsions du cœur, présente en elle-même, dans chacun de ses points, la raison de son accélération ou de son ralentissement sous la seule influence des *nerfs vaso-moteurs*, sans aucune solidarité des points circonvoisins qui ne reçoivent pas alors cette influence, tout s'explique aisément, cette connaissance ayant jeté sa vive lumière dans les plus mystérieuses profondeurs de l'organisme vivant.

M. Claude Bernard, faisant de cette découverte une application intelligente et raisonnée, arrive à cette conclusion pratique et du plus haut intérêt :

« D'après tout ce qui précède, je pense que l'on doit consi-
« dérer ici l'influence nerveuse plutôt comme une sorte de
« frein que comme une excitation. Le grand sympathique
« serait un frein qui empêche ou règle la fonction, en agis-
« sant sur la circulation des vaisseaux..... les vaisseaux capil-
« laires sont contractiles. Le système nerveux agit sur
« l'élément contractile. »

On s'est demandé si le grand sympathique est le seul nerf qui ait la propriété d'agir ainsi sur les phénomènes circulatoires ? M. Claude Bernard expérimente et répond :

« Je crois que le sympathique est le seul nerf vaso-moteur,
« et qu'aucun des autres nerfs n'exerce une action ana-
« logue. »

Enfin, l'auteur arrive à cette conclusion pratique, véritable loi physiologique dont les applications incessantes pourront se faire à l'étude raisonnée des fonctions jusqu'ici les plus obscures de l'économie vivante.

Dans tout organe de cette économie, deux fonctions s'exécutent profondément dans le système capillaire de la circulation : l'une commune à tous : *la nutrition;* l'autre, particulière à chacun d'eux : ainsi *la sécrétion* de la bile pour le foie, du lait pour la glande mammaire, etc.

Le *nerf grand sympathique* préside à *la nutrition*, par son action contractile, comme *vaso-moteur*, sur les capillaires, pour y mesurer la quantité du sang qui doit avantageusement les traverser.

Les *nerfs cérébro-spinaux* président à la fonction particulière de l'organe.

Nous verrons, dans l'étude raisonnée de toutes les actions physiologiques, le sérieux parti que l'on peut tirer de l'appréciation logique de l'antagonisme qui s'établit alors toujours dans l'action simultanée des nerfs du grand sympathique et de ceux qui sont fournis par le centre cérébro-spinal.

II° CIRCULATION.

La circulation, περιδρομή, mouvement en cercle ; de δρόμος, course, et περὶ, autour ; *circulatio*, impulsion circulaire ; de *latus*, porté, et *circum*, autour ; au point de vue physiologique, est cette fonction de l'économie vivante par laquelle tous les fluides circulatoires sont mis en mouvement dans cette économie.

Sous le rapport des fluides circulatoires et de la fonction, nous distinguons la circulation en deux principales divisions : 1° *lymphatique ;* 2° *sanguine.*

1° **Circulation lymphatique.** — Cette partie de la circulation générale, commune à tous les corps organisés vivants, ne présente point d'agent central d'impulsion ; essentiellement liée aux phénomènes d'élaboration nutritive, son principal objet est l'importation dans le torrent circulatoire de tous les matériaux *d'assimilation*, pris aux surfaces libres, soit à l'intérieur, soit à l'extérieur, et de tous les produits *d'élimination* puisée dans la substance même des organes.

Appareil. — Ignoré des anciens, comme les autres segments du cercle circulatoire, cet appareil fut longtemps envisagé d'une manière incomplète et défectueuse. Signalé par Érasistrate qui, dans ses dissections sur des boucs, prit les vaisseaux blancs pour des artères vides, il fut mieux exposé en 1622 par Aselli ; cet anatomiste décrivit l'appareil absorbant du mésentère sous le nom de *vaisseaux lactés.* Eustache, en 1649, démontra l'existence du canal thoracique, sous le titre de *vena alba thoracis.* Pecquet y fit observer le renflement qui porte son nom ; enfin l'ensemble du système lymphatique se trouva progressivement dévoilé par les travaux remarquables d'un grand nombre d'investigateurs habiles, au nombre desquels nous devons particulièrement citer Haller, Monro, Mascagni, Scarpa, Ribes, Alard, Fohmann, Lauth, Béclard, Lippi.

L'appareil de la circulation lymphatique se compose des vaisseaux, des ganglions.

Vaisseaux lymphatiques. — Désignés également par les termes de *vaisseaux blancs, absorbants, lactés,* etc., ces canaux circulatoires, innombrables dans l'économie vivante, présentent chez l'homme et chez les animaux supérieurs leur point d'origine à toutes les surfaces libres, dans la substance même des organes, et leur terminaison dans le système veineux.

On a cru la naissance de ces vaisseaux marquée par une petite bouche absorbante que l'on a comparée avec assez de raison à celle des canaux lacrymaux, à celle des sangsues, et qui paraît agir à la manière des ventouses.

Aujourd'hui cette origine est très-contestée. On croit à celle par des réseaux, des cellulosités. Nous y reviendrons à l'absorption.

Pendant leur trajet, dont l'étendue varie beaucoup, ces vaisseaux disposés en canaux flexueux marchent sur deux plans, l'un superficiel, l'autre profond ; des anastomoses très-multipliées établissent partout les plus libres communications entre eux.

Le système veineux offre la terminaison commune des vaisseaux lymphatiques ; mais tous n'y parviennent pas de la même manière ; sous ce point de vue très-important à considérer, nous reconnaissons trois modifications principales : 1° les uns à peine capillaires vont après un court trajet s'ouvrir directement dans les veines voisines. Vieussens, Ribes, Alard, Fohmann, Lauth, Béclard, Lippi, etc., ont démontré la réalité de cette même terminaison. 2° Les autres plus volumineux, plus apparents, traversent des ganglions plus ou moins nombreux, plus ou moins éloignés, et vont se rendre ensuite dans le système veineux. 3° D'autres enfin, après une marche analogue, se terminent dans un ou deux vaisseaux plus considérables qui déposent eux-mêmes dans les veines le produit de leur circulation. Le plus important de ces troncs est le *canal thoracique*; né dans l'abdomen par cinq ou six racines assez près de l'ouverture diaphragmatique, il présente inférieurement une dilatation sous le nom de réservoir de Pecquet, pénétre dans la poitrine, gagne la partie latérale gauche de la colonne dorsale, et vient ordinairement se terminer dans la veine sous-clavière de ce côté. L'autre moins étendu, moins volumineux, sous le titre de grand vaisseau lymphatique droit, se rend aux veines jugulaire ou sous-clavière correspondantes. Cette dernière disposition est celle du plus grand nombre des absorbants intestinaux. La plupart des auteurs l'avaient considérée comme propre à tout l'appareil lymphatique; de là ces théories de l'absorption veineuse dont la nécessité disparaît naturellement devant l'exposition entière du véritable système absorbant, comme nous le verrons d'une manière plus spéciale, en faisant l'histoire de cette importante fonction.

ORGANISATION. — Les vaisseaux lymphatiques sont constitués par deux membranes : l'une extérieure, celluleuse, douée d'une assez grande ténacité, donnant au vaisseau la principale résistance qu'il présente, est considérée, par quelques auteurs, comme essentiellement contractile et musculeuse. Scheldon prétend avoir découvert des fibres motrices bien évidentes sur le canal thorâcique du cheval; Schneider assure les avoir observées même chez l'homme.

En supposant que la réalité de ces démonstrations soit contestée, on ne pourra jamais refuser entièrement la contractilité aux parois de ces vaisseaux, puisque toute la circulation lymphatique repose absolument sur l'existence de cette même propriété.

L'autre tunique, intérieure, mince, facile à déchirer, diaphane, assez analogue à celle des veines, paraît cependant moins susceptible d'ossification; quelques auteurs ont même assuré qu'elle n'offrait jamais ce phénomène pathologique; opinion trop exclusive, puisque Mascagni l'a trouvée plusieurs fois encroûtée de phosphate calcaire ; d'autres ont établi entre ces membranes une différence fondamentale, assurant que la tunique interne des vaisseaux lymphatiques offre *des concrétions plâtreuses* qui ne se rencontrent jamais dans celle des veines. Mais n'aurait-on point confondu les dépôts calcaires avec ces concrétions ? Quoi qu'il en soit, cette membrane forme intérieurement des replis valvulaires disposés deux à deux et qui paraissent en plus grand nombre que dans les veines. Une de ces valvules existe à l'embouchure du canal thoracique ; un tissu cellulaire, filamenteux, considéré par quelques auteurs comme troisième enveloppe, sert à l'union des vaisseaux lymphatiques avec les parties ambiantes.

Ganglions lympathiques. — On nomme ainsi des petits corps blancs ou légèrement rougeâtres, de forme et de volume très-variables, placés partout sur le trajet des vaisseaux absorbants dont un assez grand nombre les traverse. On n'en trouve point dans la cavité crânienne ; le thorax en présente beaucoup, surtout dans le parenchyme pulmonaire, où leur dégénération paraît constituer les tubercules de la phthisie ; vers les premières divisions bronchiques, ils offrent une couleur noire que les chimistes ont attribuée au dépôt du carbone dans l'acte même de la respiration ; opinion qui ne paraîtra nullement fondée si l'on considère la manière dont s'effectue la rénovation du sang veineux, et la composition de ces mêmes ganglions. L'abdomen renferme également un grand nombre de renflements lymphatiques ; on y remarque plus spécialement ceux qui se trouvent compris dans la duplicature des mésentères, que traversent les absorbants intestinaux sous le nom de *vaisseaux lactés*, et qui deviennent le siége d'engorgements souvent très-considérables, décrits sous le titre de *carreau*, *phthsie mésentérique*, etc. ; à l'extérieur, la tête, le col, le tronc, les membres en présentent d'assez nombreux, surtout dans le voisinage des articulations et dans le sens de la flexion. Les vaisseaux qui se rendent à ces ganglions prennent le titre *d'afférents ;* on nomme *efférents* ceux qui les ont parcourus.

ORGANISATION. — D'après plusieurs anatomistes, et notamment Albinus, Haller, etc., les ganglions ne seraient autre chose que des espèces de plexus formés par l'entrelacement des vaisseaux lymphatiques dont le nombre et les circonvolutions seraient proportionnés au volume de ces mêmes ganglions. Mais en examinant leur structure avec attention, on s'aperçoit aisément qu'ils offrent de plus un parenchyme particulier, qui semble de nature celluleuse, comme l'ont avancé Morgagni, Cruikshank et Malpighi ; ce parenchyme est enveloppé d'une membrane plus dense ; il reçoit les vaisseaux *afférents,* et livre passage aux *efférents.*

Agent. — On lui donne les noms de lymphe, de sérosité, de sérum, etc. ; ce fluide incolore, diaphane, légèrement salé, inodore, plus pesant que l'eau distillée, neutre, albumineux, offre la plus parfaite analogie avec le sérum du sang ; peut-être même ce dernier n'est-il autre chose que la lymphe déjà plus animalisée après avoir circulé dans l'appareil vasculaire sanguin.

D'après les analyses de Chevreul et Collard de Martigni, le fluide lymphatique pris sur des animaux, après vingt-quatre heures d'abstinence, a présenté, sur 1,000 parties, albumine 57, fibrine 3, eau et sels 940, matière grasse des traces ; caractères qui rapprochent un peu la lymphe du chyle et même du sang. En l'examinant longtemps après la chylification, on la trouve plus visqueuse, plus opaline et presque verdâtre ; son odeur spermatique se prononce davantage.

Étudiée au microscope, elle offre des grumeaux sans forme déterminée, suspendus au milieu d'un fluide aqueux ; plusieurs, en raison de leur sphéricité, ont été pris pour des globules dont l'existence n'est point démontrée. Ces corpuscules sont bien plutôt des parcelles d'albumine concrète, en quelque sorte rudimentaires de celles que l'on trouve souvent en si grande quantité dans ce même fluide, après la ponction ou la phlegmasie chronique des séreuses. Disons-le cependant, plusieurs expérimentateurs habiles, sous le nom de *leucocyte,* ont regardé ces corpuscules de la lymphe comme son élément essentiel, se rencontrant dans quelques autres fluides blancs, formant les globules blancs du sang, offrant une forme ovoïde et pouvant bien être le premier rudiment du tissu *celluloïde* ou *cellulose*, générateur des autres par les progrès de l'action vitale. C'est une question importante à bien étudier.

Prise dans l'intérieur des organes et sur les surfaces libres, soit par des suçoirs d'origine, soit par des pores latéraux, suivant le système admis, la lymphe circule dans les vaisseaux blancs en colonnes successives et sous l'influence contractile de ces vaisseaux, des radicules vers les troncs. Pour les uns elle est promptement et directement conduite au système veineux ; pour d'autres elle traverse des ganglions où sa marche est plus embarrassée, pour se rendre à la même destination, après avoir subi des modifications dans sa nature, par l'action vitale de ces petits organes. Pour d'autres, enfin, elle arrive à des troncs centraux qui la déposent également dans les veines.

Il résulte de ces dispositions que la circulation lymphatique n'offrant aucun agent commun d'impulsion, ne présente point d'uniformité dans son cours ; qu'elle peut être activée dans un point, ralentie dans un autre, et, par une conséquence naturelle, que ses vaisseaux, même les plus apparents, ne font jamais sentir aucune pulsation. Les moteurs y sont aussi nombreux que les divisions lymphatiques dont chacune porte en soi la raison du mouvement des fluides qui les parcourent. Ces caractères de la circulation dans les vaisseaux blancs y rendraient les engorgements partiels beaucoup plus fréquents et plus dangereux, si la nature n'avait contrebalancé tous ces inconvénients par l'établissement des nombreuses communications anastomotiques.

Les usages de la circulation lymphatique sont du plus haut intérêt ; c'est elle qui introduit dans l'économie, par l'intermédiaire du système veineux, tous les éléments de réparation et d'accroissement. Ainsi le chyle particulièrement destiné à combler les pertes que fait le sang dans la nutrition et les sécrétions, est importé par les vaisseaux absorbants. Tous les fluides aqueux, au moyen desquels ce même sang entretient sa liquidité naturelle, sont également puisés à l'extérieur, non-seulement par les vaisseaux lymphatiques de la muqueuse intestinale, mais encore par ceux de l'enveloppe cutanée.

La réalité, les avantages de cette absorption extérieure, sous le rapport de l'hygiène et même de la thérapeutique, n'ont plus besoin d'une démonstration. On sait généralement qu'une atmosphère humide, qn'un bain, etc., augmentent la fluidité du sang, et la quantité de l'urine ; que les applications ender-miques de plusieurs médicaments produisent des résultats positifs. Au milieu des faits nombreux qui constatent la réalité de ces principes essentiels, nous citerons les sui-vants.

Cruikshank traitant un malade affecté d'oblitération de l'œsophage et tourmenté par une soif ardente, parvint dans le cours d'un mois tout entier, non-seulement à calmer ce pénible sentiment, il excita même une abondante sécrétion urinaire, en faisant prendre chaque jour un bain tiède pendant une ou deux heures.

Appelé, en 1820, à Pont-Cher, près Tours, pour M. P***, jeune homme de vingt-cinq ans, affecté depuis quatre-vingts jours d'une entérite qui l'avait réduit au marasme le plus effrayant, menacé d'un troisième accès de fièvre tierce dont la violence paraissait devoir entraîner inévitablement la mort ; dans l'impossibilité d'administrer les fébrifuges à l'intérieur, nous les prescrivons en bain, à la dose de deux livres de quinquina chaque fois ; dès la seconde immersion, cette fièvre disparaît complétement et le malade recouvre la santé par le concours des moyens appropriés.

2° Circulation sanguine. — La circulation sanguine, αἵματος περίοδος des Grecs ; *sanguinis circulatio* des Latins, doit être définie : *mouvement du sang par l'action successive des veines, du cœur, des artères et des vaisseaux capillaires.*

Beaucoup moins généralement répandu que le précédent, ce mode circulatoire ne se rencontre point chez les végétaux. Dans la série des animaux, il se trouve même exclusivement départi à ceux qui, pour moteur central, offrent un cœur ou des renflements vasculaires.

L'objet essentiel de la circulation sanguine est l'entretien de la nutrition et des sécrétions dans tout l'organisme; son objet accessoire est, pour chaque tissu placé dans son domaine, l'excitation nécessaire au développement de la vitalité.

Appareil. — Il se compose de trois ordres de vaisseaux : 1° *les veines ;* 2° *les artères ;* 3° *les vaisseaux capillaires ;* d'un organe central auquel on donne le nom de cœur. D'après ces dispositions de l'appareil circulatoire sanguin, d'après la nature et les usages de l'agent de cette grande fonction dans chacune de ces divisions, nous devons distinguer trois circulations particulières dans la circulation générale : 1° *circulation à sang noir ou veineuse ;* 2° *circulation à sang rouge ou artérielle ;* 3° *circulation mixte ou capillaire.* Nous examinerons seulement, dans ce paragraphe, les objets communs à ces trois circulations, toutes les considérations spéciales rentrant essentiellement dans leur histoire propre.

Les anciens physiologistes n'avaient aucune idée précise relativement aux dispositions et même à la nature des vaisseaux sanguins. Aristote, Hippocrate les désignaient par le terme commun de veines; aussi la même dénomination consacrée par les poëtes et les écrivains de l'antiquité, se trouve-t-elle encore aujourd'hui la seule employée par les hommes étrangers à la science médicale. Plus tard, on donna le titre d'aorte à l'artère principale ; aux autres, celui *d'aortœ,* ensuite *arteriœ,* artères. Quelques auteurs admirent entre ces dernières et les veines, *un tissu spongieux formé par le sang concrété, base essentielle de tous les parenchymes organiques.* Ruisch détruisit toutes ces hypothèses fautives en démontrant, au moyen des injections, la communication de ces vaisseaux.

Il est aisé de concevoir, d'après ces idées, que les anciens n'avaient aucune connaissance positive de la circulation du sang. Césalpin, Vesale préparèrent cette belle découverte, que

Harvey s'appropria par son génie, en recevant, au lieu d'une couronne civique, pour gage de la reconnaissance de ses contemporains, des menaces, des persécutions ; comme si ce grand homme eût dû répondre des funestes résultats que produisirent les transfusions inconsidérées, parce que le nouveau système de la circulation était devenu l'occasion et le mobile de ces dangereux essais.

Nous savons aujourd'hui que l'appareil circulatoire sanguin est représenté par deux arbres inégaux dont les troncs sont unis au cœur, et dont les rameaux se trouvent subdivisés à l'infini ; pour le moins grand, dans le parenchyme des poumons, et, pour le plus considérable, dans la trame de tous les systèmes organiques. C'est à l'origine de ces deux arbres que se trouve placé l'organe central de la circulation dont nous devons étudier les principaux caractères physiologiques.

Le cœur, κέαρ, κῆρ, καρδία des Grecs, *cor* des Latins, étudié chez l'homme, est un organe musculeux à quadruple cavité, situé dans le thorax entre les deux médiastins ; de forme conoïde ; obliquement dirigé de droite à gauche, de haut en bas, d'arrière en avant ; par sa base, reposant sur le corps des vertèbres dorsales, vers le milieu de cette région ; par le sommet, répondant à la septième côte.

Les cavités du cœur, au nombre de quatre, sont disposées deux à deux, offrant pour chaque moitié un réceptacle supérieur nommé oreillette, un inférieur appelé ventricule. L'oreillette et le ventricule d'un côté se trouvent chez l'adulte complétement séparés de l'oreillette et du ventricule opposés, par une cloison moyenne ; de telle sorte qu'il existe réellement deux cœurs où la première inspection semble n'en présenter qu'un seul. Le cœur droit, incliné de ce côté, se trouve plus en avant et recouvre en partie le cœur gauche. Celui-ci, placé en arrière, est plus épais et plus arrondi. Le premier concourt à la circulation du sang noir, le second, à celle du sang rouge. Les fluides circulatoires viennent à cet organe de la circonférence au centre par les veines ; ils en partent du centre à la circonférence par les artères.

I.5

Pour les deux cœurs, les oreillettes à parois beaucoup plus minces, plus extensibles, moins énergiques dans leurs contractions, reçoivent le sang par un ordre de vaisseaux nommés *veines*, et n'ont d'autre fonction que d'en effectuer la projection dans les ventricules. Ces derniers, à parois beaucoup plus épaisses, plus musculeuses, plus fortes, sont le point d'origine d'un autre ordre de vaisseaux nommés *artères*, et leurs contractions ont pour objet de chasser le sang dans ces mêmes vaisseaux.

La résistance que doivent surmonter les oreillettes est à peu près identique : leurs parois offrent, par une conséquence naturelle, à peu près la même force et la même épaisseur.

Pour les ventricules, il existe au contraire une différence bien positive ; le gauche doit pousser le sang dans toutes les divisions de l'artère aorte, vaincre la résistance d'un grand nombre de tissus consistants et difficilement perméables ; le droit porte seulement le même fluide aux extrémités de l'artère pulmonaire et n'a d'autre obstacle à surmonter que celui du parenchyme respiratoire naturellement lâche, celluleux et facile à traverser ; aussi le premier de ces ventricules offre-t-il des parois beaucoup plus épaisses, plus fortes et plus musculeuses que celles du second.

Tel est cet organe central de la circulation envisagé d'une manière générale ; étudions sommairement les diverses cavités qui le composent et les enveloppes dont il est environné.

CAVITÉS DROITES. — Elles appartiennent à la circulation du sang noir ; on les a considérées, pendant longtemps, comme offrant une capacité bien supérieure à celle des cavités gauches ; disposition cadavérique entièrement spécieuse, et qui tient à l'accumulation du sang dans les premières pendant les derniers instants de la vie, tandis que dans les mêmes circonstances, les secondes, à l'état de vacuité complète, éprouvent une diminution notable sous l'influence de la rétractilité dont elles jouissent au plus haut degré.

Oreillette droite. — Elle offre en dedans un petit enfoncement semi-lunaire nommé *fosse ovale*, placé sur la cloison commune et faisant partie, chez le fœtus, d'un conduit qui, sous le nom *de trou de Botal*, établit alors une communication directe et facile entre les deux oreillettes, entre les deux cœurs par conséquent; communication ordinairement détruite quelque temps après la naissance, persistant chez plusieurs sujets pendant toute la vie; produisant alors cette confusion du sang noir et du sang rouge, affection connue sous le titre vulgaire de *maladie bleue*. En dehors, la cavité même de l'oreillette prolongée en sac à peu près conoïde. En devant, l'orifice de la veine cave inférieure, garnie d'un assez long repli nommé *valvule d'Eustache*. En arrière, l'ouverture de la veine cave supérieure, celles des veines cardiaques n'offrant aucun repli valvulaire. En bas, l'orifice oriculo-ventriculaire.

Ventricule droit. — De forme à peu près triangulaire, il offre à sa base deux ouvertures, l'une à droite, conduit dans l'oreillette; l'autre à gauche, dans l'artère pulmonaire. Trois valvules, sous le nom de *tricuspides* circonscrivent intérieurement cette base. Disposées en triangle, elles ont un bord adhérent qui répond à l'oreillette, un sommet libre tourné du côté du ventricule; cette extrémité se trouve arrêtée dans certaines limites par des filets tendineux d'une résistance considérable, naissant des principales colonnes charnues, de telle sorte que le renversement de la valvule devient impossible dans tout autre sens que dans celui de la cavité ventriculaire. Deux de ces valvules sont destinées à l'ouverture de l'oreillette, la troisième à celle de l'artère pulmonaire.

Cavités gauches. — Elles sont relatives à la circulation du sang rouge; leur capacité paraît moins considérable sur le cadavre que celles des cavités droites.

Nous avons donné la raison de cette disposition illusoire; nous ne partageons point à cet égard l'opinion de Legalois qui prétend que cette prédominance existe réellement chez l'adulte, et que chez le fœtus on la rencontre d'une manière inverse, par conséquent à l'avantage des cavités gauches.

Pour expliquer la régularité de la circulation nonobstant cette inégalité des ventricules, on admet *une condensation du sang dans les poumons, avant son retour dans les cavités gauches.* C'est ainsi qu'une erreur conduit dans une erreur plus grande encore. Toutefois les parois de ces cavités, et notamment celles du ventricule, sont beaucoup plus fortes, plus épaisses, moins faciles à dilater que celles des cavités droites ; c'est en conséquence de ces dispositions normales que l'anévrisme est plus fréquent dans le ventricule de ce côté, l'hypertrophie dans le ventricule gauche ; prédisposition bien essentielle à noter sous le rapport de la pathologie.

Oreillette gauche. — Elle présente en dedans la fosse naviculaire, dont nous avons indiqué l'analogue dans l'oreillette droite, l'ouverture des deux veines pulmonaires de ce côté; en dehors, l'orifice des deux veines pulmonaires gauches, la cavité de l'oreillette également terminée sous forme de sac ; en bas, l'ouverture oriculo-ventriculaire.

Ventricule gauche. — De forme conoïde, à parois très-épaisses, très-musculeuses, il offre à sa base deux ouvertures, l'une postérieure conduit dans l'oreillette, l'autre antérieure dans l'artère aorte. Deux valvules appelées *mitrales* circonscrivent intérieurement cette base. Leur extrémité libre dirigée vers la cavité ventriculaire, est encore fixée par des prolongements fibreux très-résistants. L'une de ces valvules est destinée à l'orifice de l'oreillette, l'autre à celui de l'aorte.

ORGANISATION. — La partie essentielle et fondamentale des parois cardiaques, est formée par le tissu musculaire involontaire, se rapprochant beaucoup dans cet organe, pour l'aspect et la couleur, du tissu des muscles soumis à l'influence de la volonté; les fibres, surtout dans les ventricules, sont développées, offrent à l'intérieur des colonnes charnues très-saillantes ; dans toute l'épaisseur de l'organe, elles se trouvent dirigées en divers sens, et forment des entrelacements inextricables. Lower prétend qu'elles parcourent, de la pointe à la base du cœur, une ligne à peu près droite, pour se réfléchir dans les ventricules; Winslow, que les unes sont anguleuses, les autres en forme d'arc ; Sénac, qu'elles décrivent une spirale du sommet aux oreillettes, se trouvant assujetties par des prolongements fibreux.

Toutes les cavités du cœur sont intérieurement revêtues par une membrane mince, identique pour le cœur droit à celle des veines à sang noir, et pour le cœur gauche à celle des artères à sang rouge ; circonstance qui nous explique la fréquence des ossifications dans les valvules mitrales que la membrane artérielle sert à former, le très-petit nombre d'exemples de cette altération dans les valvules tricuspides constituées par la membrane veineuse.

Les artères du cœur naissent directement de l'aorte, sous les valvules sigmoïdes qui circonscrivent l'origine de ce vaisseau principal.

Ses nerfs sont fournis par le plexus cardiaque appartenant spécialement au système nerveux ganglionnaire, et plaçant l'organe central de la circulation en dehors des influences de la volonté.

Enveloppes du cœur. — Elles figurent un sac à peu près conoïde, offrant sa base inférieurement appliquée sur le diaphragme avec le centre aponévrotique duquel ses parois se trouvent identifiées.

Ce réceptacle, nommé péricarde, est formé par deux membranes, l'une intérieure, séreuse, favorisant les glissements de l'organe ; l'autre extérieure, fibreuse, adhérente au centre phrénique et servant à donner au cœur une position fixe et nécessaire à l'exercice régulier de ses fonctions.

Importance du cœur. — Plusieurs auteurs considèrent cet organe comme beaucoup moins essentiel à la vie que l'encéphale et les poumons ; quelques-uns même le regardent comme entièrement accessoire dans la circulation. Ils ajoutent comme preuve que cette fonction est seulement ralentie pendant la syncope où les mouvements du cœur sont absolument insensibles ; que d'après les observations de Bacon, Bartholin, etc., des animaux auxquels on vient d'arracher cet organe peuvent se mouvoir librement ; que des hommes soumis à cet affreux supplice ont encore offert assez de vie pour implorer la clémence divine, faire éclater leur fureur et manifester une indignation profonde ; enfin que plusieurs classes d'animaux, dont la circulation s'effectue régulièrement, n'offrent pas de cœur.

Il nous semble que dans une question de cette importance, des analogies presque toujours fautives, des observations incomplètes, des faits pour le moins très-douteux, ne sont pas des arguments susceptibles d'entraîner conviction ; et qu'il est difficile de ne pas accorder au cœur une importance réelle, comme organe central de la circulation, lorsque nous le voyons l'un des premiers développés, l'un des premiers en activité, presque toujours le dernier en mouvement. Il est toutefois le plus irritable de tous les muscles, ce que Haller attribuait à la position, au grand nombre des nerfs qu'il reçoit ; ce qui nous paraît tenir plus particulièrement encore à l'état continuel d'excitation commandée par la nature même de ses fonctions.

Anomalies du cœur. — Haller en cite plusieurs assez remarquables. Chez quelques sujets, on a vu la base de cet organe formée par le ventricule gauche, et le sommet par le ventricule droit ; le premier recevant le sang noir, le second le sang rouge, sans aucune altération notable dans la santé.

Chez les' uns, la base était placée inférieurement, la pointe supérieurement ; chez les autres, le cœur dépourvu de péricarde, se trouvait flottant, libre dans la cavité pectorale. Bichat a vu cet organe placé du côté droit. Nous pourrions citer un grand nombre d'altérations analogues dont l'histoire se trouvera naturellement placée dans le chapitre des monstruosités.

Modifications du cœur dans les différentes classes d'animaux. — Il n'existe pas chez les zoophytes et chez les insectes ; chez un grand nombre de vers, il est remplacé par un gros vaisseau renflé dans plusieurs points séparés par des étranglements.

Chez les mollusques céphalopodes, il existe trois cœurs, un aortique, deux pulmonaires; tous formés par un ventricule sans oreillette.

Chez plusieurs autres mollusques, chez les reptiles *batraciens*, on trouve un seul cœur formé d'une oreillette et d'un ventricule. Chez les autres classes de reptiles, chez les *chéloniens*, les *sauriens* et les *ophidiens*, le cœur est également unique, mais il offre deux oreillettes ouvertes dans un même ventricule.

Chez les poissons, il est unique et toujours formé d'une oreillette et d'un ventricule.

Chez les oiseaux, il diffère assez peu de celui des mammifères, seulement les ventricules sont proportionnellement plus musculeux, et les oreillettes moins développées.

Chez les mammifères, il ne présente que des différences de forme et de proportion ; il est toujours double, et constitué par deux oreillettes et deux ventricules ; ces deux cœurs séparés, mais unis en même temps par une cloison commune chez les oiseaux, les mammifères et chez l'homme, se trouvent complétement isolés dans la sèche.

Il est très-curieux de faire observer que, chez les animaux, la force, le volume proportionnels du cœur sont presque toujours en rapport assez rigoureux avec le développement de l'activité physique, du courage, de la force musculaire et de l'énergie morale. C'est un fait qu'il est aisé de constater en comparant le cœur du lion à celui du cerf, le cœur de l'aigle à celui du dindon, etc.; en rapprochant ensuite les habitudes, le caractère et la puissance des uns, de la puissance, du caractère et des habitudes que présentent naturellement les autres, en étudiant ces dispositions, en appliquant ce principe avec tout l'intérêt qu'ils doivent exciter, on parviendrait peut-être à démontrer que le grand développement normal du cœur devient une prédisposition aux grandes passions, comme celui de l'encéphale aux grandes facultés intellectuelles ; que l'un concourt au développemet de l'héroïsme, comme l'autre à celui du génie. De là ces locutions expressives pour désigner le courage ou la pusillanimité : *c'est un homme plein du cœur, un homme sans cœur*, etc.

Agent. — Le sang, αἶμα des Grecs, *sanguis* des Latins, est un fluide circulatoire en mouvement dans l'économie vivante sous l'influence des actions diverses du cœur, des artères, des capillaires et des veines ; gluant, plastique, d'une consistance moyenne, d'un rouge plus ou moins vif, d'une odeur nauséabonde et caractéristique, d'une saveur douceâtre et légèrement salée ; offrant une pesanteur spécifique dont la proportion est à celle de l'eau : : 10,527 : 10,000, une température de 40° centig. La quantité du sang chez un homme adulte se trouve bien diversement évaluée par les auteurs. Lobb et Lower la réduisent à dix livres ; Quesnay, à vingt-sept ; Hoffmann, à vingt-huit ; d'autres, à trente : dix pour le sang rouge, vingt pour le sang noir.

Deux éléments fondamentaux servent à le constituer : une partie solide, rouge, opaque, nommée *caillot, coagulum, cruor ;* en grande proportion formée de filaments assez analogues à la fibre musculaire, et que Bordeu caractérisait par le terme expressif de *chair coulante ;* présentant l'élément essentiellement réparateur de cette fibre motrice ; une partie fluide, jaunâtre, semi-transparente, appelée *sérum*, présentant le véhicule naturel de la partie solide. A l'analyse on trouve : 1° la *fibrine*, partie essentielle à la production des muscles, disposée en filaments blancs ; 2° la *globuline*, petits corps de forme variable ; 3° l'*hématine*, donnant au sang sa couleur rouge ; 4° le *sérum ;* 5° l'*albumine ;* 6° la *matière grasse ;* 7° la *matière extractive ;* 8° les *sels*.

Étudié au microscope, le sang est devenu l'objet d'un grand nombre d'opinions le plus souvent contradictoires. Les globules admis par la majorité des observateurs n'ont pas été vus sous un même aspect et d'une manière identique ; leur forme et leur nature ont été controversées.

Leuwenhoëck assure qu'ils sont exactement sphériques ;

Platner, filamenteux ; d'autres, globuleux et susceptibles de s'allonger en parcourant les divisions vasculaires ; d'autres, annulaires, ce qui paraît dépendre d'une erreur d'optique.

Sous le rapport de leur nature, les globules sanguins ont encore été bien diversement considérés.

Malpighi semble n'y voir que des corpuscules graisseux ;— *Blumenbach*, des parcelles gélatineuses ; —*Schultz*, des bulles d'air introduites par la respiration. — *Hewson* y trouve des vésicules à parois colorées et renfermant un globule central incolore ; — *Raspail*, des globules plus petits qu'il compare à ceux de la fécule de pomme de terre, logeant la matière colorante, et se trouvant eux-mêmes rassemblés dans une vessie commune ; — *de Blainville*, des vésicules à parois colorées uniformément gonflées, offrant dans la plupart un noyau central qui paraît gélatiniforme.

Enfin d'autres observateurs ont tout récemment considéré ces globules comme formés par deux éléments bien différents : l'enveloppe colorée, à laquelle ils ont donné le nom d'*hématosine* ; la partie contenue, dans laquelle on distingue le *cruor*, la *fibrine* et le *sérum*. Ils prétendent que dans la coagulation, la vésicule se brise, laisse échapper le *cruor* qui s'agglomère, et la *sérosité* qui se répand ; que le caillot est formé par le *cruor* et les débris de la vésicule. On a voulu connaître le nombre des globules contenus dans un volume donné de sang. M. Malassez, après avoir imaginé un appareil pour les compter, en admet 4,578,000 par millimètre cube. En supposant un peu d'exagération dans ce résultat, l'appareil affranchi de ses illusions, pourra du moins servir à constater leur augmentation, dans les anémies, par l'action des ferrugineux du protochlorure de fer surtout, l'une de ses meilleures, préparations ; à l'hôpital Necker, une jeune fille chlorotique avait en vingt jours doublé le nombre des siens par ce traitement.

Soustrait à l'influence de la vie, placé dans un réceptacle inerte, le sang éprouve bientôt la décomposition spontanée que l'on désigne par le terme de *coagulation*. Il se partage naturellement en deux parties : le *sérum*, plus pesant, gagne les points déclives ; le *coagulum*, plus léger, surnage.

La cause de ce phénomène est devenue l'objet d'opinions diverses. Berzélius l'attribue complétement *au repos* ; Mayer, *à l'action nerveuse* ; Hunter, *à la force vitale* ; d'autres, à la différence que présente la pesanteur spécifique des principes constituants, etc.

La coagulation naturelle, considérée par les chimistes comme une simple décomposition sous l'influence des affinités dont la vie contrebalançait la mise en action, nous paraît bien plutôt un dernier effort de la contractilité pour s'opposer à la décomposition putride. Les faits semblent militer en faveur de cette opinion. Ainsi le sang le moins vivant, le moins fibrineux, le moins riche en éléments réparateurs, est précisément celui dont la coagulation s'effectue de la manière la plus lente, la moins complète, et *vice versâ*. C'est un fait qu'il est aisé de constater en comparant, sous ce rapport, le sang noir au sang rouge ; ce dernier pris chez un adulte vigoureux, à celui d'un viellard cacochyme. Si le phénomène que nous examinons était purement chimique, ces mêmes dispositions amèneraient des résultats opposés.

Les alcalis retardent cette coagulation ; la chaleur, les acides l'accélèrent. Une fois à cet état, le sang est incapable de reprendre sa fluidité sans avoir éprouvé la décomposition putride.

Après la mort, on voit sa coagulation s'effectuer dans le cœur et dans les gros vaisseaux ; pendant la vie, on ne trouve aucun exemple de ce phénomène, si l'on excepte les circonstances dans lesquelles ce fluide est soumis à l'action de l'air extérieur, comme on l'observe dans l'ouverture d'une veine pendant la phlébotomie.

Le *coagulum*, examiné chez les cadavres, prend souvent en quinze ou vingt heures, une telle consistance, qu'il semble offrir, vers le centre surtout, les premiers caractères de l'organisation, et que plusieurs auteurs l'ont alors confondu avec des polypes, des animaux, etc. C'est en conséquence de cette erreur que Riolan, Séverin, Zacutus ont cru trouver dans le cœur des vers de forme différente ; que Valisniéri apercevait une vipère dans cet organe. Toutefois, les polypes du cœur ne sont pas sans exemple ; on en rencontre de véritables qui semblent établis sur un caillot fibrineux.

Les proportions naturelles du *cruor* et du *sérum* offrent un grand nombre de variétés relatives à l'âge, au sexe, au tempérament, à la constitution, à l'état de santé, de maladie, au nombre des émissions sanguines déjà pratiquées, enfin à la nature du sang. Ainsi le *cruor* prédomine dans le sang, chez les sujets rarement soumis à l'opération de la saignée, dans les maladies inflammatoires, dans les constitutions robustes, le tempérament sanguin, athlétique, le sexe masculin, l'âge viril, etc. ; le *sérum* est au contraire en proportion plus considérable dans le sang noir, dans l'anasarque, l'hydropisie, la constitution scrofuleuse, le tempérament lymphatique, le sexe féminin, l'enfance, la viellesse ; consécutivement aux saignées abondantes. Le sang d'un sujet que nous avons guéri du tétanos traumatique, après avoir extrait douze livres de ce fluide circulatoire, dans l'espace de trois jours, offrait pendant la dernière émission, l'aspect d'une sérosité légèrement rosée.

C'est particulièrement aux différences proportionnelles de ces deux éléments que le sang doit les caractères qu'il revêt avec les progrès de l'âge, depuis l'origine embryonnaire des individus, jusqu'à leur développement le plus complet. Il semble parcourir tous les degrés intermédiaires entre le sang des animaux où sa composition est imparfaite, rudimentaire, et celui des animaux qui l'offrent avec ses caractères les plus complets et son élaboration la plus entière ; entre celui des animaux à sang blanc et celui des animaux à sang rouge ; à peu près incolore, ténu, séreux dans l'embryon, il devient rose et mieux constitué chez le fœtus, rouge et plus oxygéné chez l'enfant, rouge et plus fibrineux chez l'adulte, enfin plus noir et de nouveau plus séreux chez le vieillard.

Le sang prend des caractères bien remarquables dans les différentes altérations morbifiques ; Haller nous fait observer que les exercices forcés, la privation des boissons aqueuses, la continuité des passions vives, des fièvres ardentes, etc., disposent le sang à la putréfaction, sans doute en lui faisant éprouver le dernier degré d'animalisation ; ajoutons que les mêmes circonstances peuvent lui communiquer des caractères virulents, comme on le voit dans la rage spontanée du chien ; dans le charbon, la pustule maligne des animaux *sur-menés*, etc.

Dans quelques vices, tels que le scorbutique, le sang prend une odeur infecte ; la sérosité qu'il fournit devient tellement corrosive, qu'elle peut détruire le linge, enflammer les tissus vivants soumis à son influence.

Il paraît jaune dans l'ictère ; après la morsure de plusieurs serpents venimeux ; quelquefois verdâtre chez les jeunes filles chlorotiques.

Kirkland assure l'avoir vu presque entièrement décoloré chez un sujet adulte mort d'inanition, et chez un scorbutique exténué par des saignées surabondantes. L'introduction d'une grande quantité de chyle peut également affaiblir beaucoup sa coloration. Il en serait de même pour certains aliments absorbés en nature ; Lower prétend avoir trouvé sur un chien, dans les artères carotides, une certaine quantité de lait quatre heures après l'usage de ce dernier.

Sans admettre toutes les modifications que plusieurs auteurs font éprouver au sang pendant la menstruation, et surtout les caractères venimeux de celui que produit la perspiration uté-rine dans cette circonstance, nous pouvons affirmer d'après l'expérience, que ce dernier prend alors des caractères plus ou moins âcres, plus ou moins irritants. Nous avons traité beaucoup de sujets affectés de blennorrhagie assez intense déterminée par la cohabitation avec une femme ainsi dis-posée ; nous pourrions citer plusieurs faits démontrant que le sang menstruel n'est pas toujours appliqué sur la peau sans y déterminer au moins un premier degré d'inflammation.

Dans les inflammations aiguës, la chaleur du sang paraît s'élever de plusieurs degrés; la partie séreuse diminue proportionnellement; le caillot devient plus volumineux, plus dense, d'un rouge plus intense et plus vermeil; il se couvre souvent alors d'une couche grise, cendrée, bleuâtre, offrant l'aspect d'une fausse membrane, et désignée par les anciens sous le nom de *couenne inflammatoire*.

Les effets de la diète sur le sang nous paraissent également d'un intérêt majeur à bien apprécier sous le point de vue de la physiologie pathologique. M. Collard de Martigni vient d'ouvrir cette nouvelle carrière par des expériences très-ingénieuses faites sur les chiens et sur les lapins.

Il a reconnu très-positivement : que l'abstinence diminue la quantité du sang dans tout l'organisme; que cette diminution n'est pas identique dans les parties constituantes de ce même fluide; que le véhicule, ou sérum, ne l'éprouve pas sensiblement; que la fibrine en ressent particulièrement les effets, qu'elle peut se réduire à zéro, tandis que l'albumine et l'hématosine augmentent proportionnellement. Ces expériences et celles qui seront faites sur le même objet nous expliquent d'une manière satisfaisante les inconvénients d'une diète absolue chez les enfants, chez tous les sujets qui se livrent à l'exercice musculaire, et le danger d'en abuser, comme on l'a fait dans ces derniers temps, pour combattre des maladies de longue durée.

En considérant avec attention les altérations profondes et nombreuses dont le sang devient susceptible, même indépendamment des lésions antérieures du solide organisé vivant ; en réfléchissant à celles dont les autres humeurs peuvent également offrir de fréquents exemples, on concevra facilement que ces fluides ainsi viciés, doivent porter atteinte à l'intégrité des tissus, des organes, des appareils ; que si d'un côté, les altérations des seconds offrent ordinairement la priorité dans les maladies, celles des premiers peuvent au moins la réclamer quelquefois; de telle sorte que le solidisme ou l'humorisme exclusifs sont deux opinions également insoutenables, dont l'erreur et les dangers sont démontrés par les faits et par le raisonnement.

Soumis au lavage, le sang fournit une certaine proportion de *fibrine* disposée en filaments jaunâtres plus ou moins volumineux, et présentant la plus grande analogie avec la fibre musculaire qu'elle paraît spécialement destinée à renouveler.

Traité par un tiers d'acide sulfurique assez concentré, le sang dégage un arome particulier. Baruel, dans un mémoire très-curieux, a démontré qu'il contient, pour chaque espèce animale, un principe odorant parfaitement analogue à celui de la perspiration cutanée, principe qui n'est autre chose que cet arome particulier, dégageant l'odeur de bouverie pour le sang de bœuf ; d'écurie pour celui de cheval ; de laine grasse pour celui de mouton ; de sueur humaine pour celui de l'homme, avec un peu moins d'intensité pour celui de la femme. Ces expériences très-ingénieuses nous offrent beaucoup d'intérêt sous le rapport physiologique ; mais nous pensons qu'il faut en user avec la plus grande circonspection sous le point de vue de la médecine légale, à laquelle on ne manquera pas de les appliquer.

Traité par les réactifs chimiques appropriés, le sang fournit un assez grand nombre de principes constituants. Il suffit de citer à cet égard l'opinion de Haller pour démontrer toute l'imperfection de la chimie animale dans une époque même très-rapprochée de la nôtre.

Il reconnaît dans ce fluide : « l'eau, l'esprit, le sel volatil, « l'huile, le charbon, l'acide, la terre, qui, séparée des sels, « fait effervescence avec les acides, le feu, l'air, un élément « électrique, etc. »

Soumis à l'analyse positive et raisonnée, le fluide que nous étudions offre de l'albumine, de la fibrine, une substance animale particulière et colorée, une matière grasse, des traces d'oxyde de fer, des sous-carbonates de magnésie, de soude, de chaux ; une grande proportion d'eau tient tous ces éléments, les uns en dissolution, les autres en suspension.

Berzélius a de plus rencontré du lactate de soude combiné à certaine matière animale distincte du principe colorant. Les acides produisent la coagulation du sang, en s'unissant à l'albumine ; les alcalis préviennent ce phénomène en dissolvant la fibrine, nouvelle preuve de la réalité d'une assertion que nous avons émise, en considérant la rétraction de la fibrine comme l'une des principales causes de la coagulation spontanée.

Immédiatement après son émission des vaisseaux de l'organisme vivant, le sang donne par évaporation de l'eau, une matière animale, sans doute l'*aura vitalis* des anciens, et suivant John Davy et Brande, une certaine proportion d'acide carbonique. Du reste la coagulation ne paraît s'accompagner d'aucun développement de calorique.

Analysé par Berzélius, le sang de bœuf a présenté sur 100 parties : *sérum* 41,2 — *fibrine* 11,4 — hématosine 47,4.

Le *sérum*, ou véhicule des autres éléments, est un fluide jaunâtre dont la pesanteur spécifique se trouve à celle de l'eau : : 1,029 : 1,000, dans lequel on aperçoit au microscope des corpuscules agités d'un mouvement rapide, et qui semblent formés par des grumeaux albumineux.

La *fibrine*, ou partie essentielle du sang, assez analogue à celle des muscles, d'un blanc grisâtre ou jaunâtre, rétractile, opaque, tenace, élastique, offre une pesanteur spécifique en rapport avec celle de l'eau : : 0,046 : 0,057. En l'examinant au microscope, on y reconnaît une disposition fibrillaire et non globuleuse, comme on l'avait avancé. Elle est inodore, insipide et composée de : — carbone, 53,360, — oxygène, 19,685, — hydrogène, 7,021, — azote, 19,934. Insoluble dans l'eau froide, elle est décomposable par l'eau bouillante, soluble dans les alcalis, et transformable, par les acides, en matière gélatineuse.

L'*hématosine*, découverte par Brande et Berzélius, semi-fluide, gélatineuse, caractères qu'elle doit à la présence de l'albumine ; sa pesanteur spécifique est à celle de l'eau : : 1,086 : 1,000. Il est douteux qu'elle soit très-soluble dans ce liquide ; on la trouve composée de carbone, oxygène, azote, hydrogène ; Berzélius admet en outre, dans l'hématosine, du soufre, du calcium, du phosphore, du fer, etc., le résultat de son incinération, fournit : sur 1,755 parties : oxyde de fer, 0,500, — sous-phosphate de fer, 0,750, — de magnésie, 0,200, — de chaux, 0,200, — acide carbonique et perte, 0,165.

C'est à l'hématosine qu'est due la coloration du sang ; attribuée par Vauquelin et Fourquoy à la combinaison de l'albumine avec le sous-phosphate rouge de fer ; par Deyeux et Parmentier à la dissolution du fer par un alcali en liberté dans le sang ; par MM. Prévost et Dumas à la combinaison de l'albumine et du peroxyde de fer, etc.

La globuline est en si grande proportion, composée de globules *rouges* ; en nombre si minime de globules *blancs*, que plusieurs expérimentateurs habiles ont regardé ces derniers comme étrangers à la composition essentielle du sang et seulement comme des *globules chyleux* qui n'ont pas encore subi la transformation de l'hématose.

Tel est l'agent de la circulation sanguine considéré d'une manière générale. Si nous l'étudions actuellement dans ses particularités, nous reconnaissons aussitôt chez l'homme, après la naissance, deux variétés de ce fluide, pour ne pas dire deux sangs différents, l'un *rouge*, l'autre *noir*, encore désignés par les termes impropres, le premier de *sang artériel*, le second de *sang veineux*.

Ces deux fluides circulatoires, ou plus exactement, ces deux modifications d'un même fluide, offrent des différences tellement essentielles sous le rapport de la nature, des propriétés, du cours, de la destination et de l'influence, qu'il est impossible de les confondre aussitôt que l'on arrive aux détails de la fonction qui nous occupe. Nous aurons dès lors inévitablement à distinguer la circulation sanguine en trois ordres principaux : 1° *circulation à sang noir* ; 2° *circulation à sang rouge* ; 3° *circulation mixte ou capillaire*.

Le tableau suivant nous offrira, de la manière la plus synoptique, les différences fondamentales qui distinguent ces deux
agents.

	SANG	
	NOIR OU VEINEUX.	ROUGE OU ARTÉRIEL.
Couleur.........................	rouge-brun.....	rouge-vermeil.
Odeur...........................	faible, douce....	tenace, forte.
Température.....................	38° centigrade...	39° à 40° *idem*.
Capacité pour le calorique, celle de l'eau étant 1,000...............	852.............	839.
Pesanteur spécifique, celle de l'eau étant 1,000.....................	1,051...........	1,049.
Coagulation	lente	instantanée.
Partie prédominante.............	sérum.........	coagulum.
Usages..........................	stupéfiant , de rapport.......	vivifiant, nutri-tif.

BESOIN. —Le sentiment instinctif qui préside à l'accomplissement de la circulation sanguine, se manifeste plus spécialement dans le cœur, et se répand ensuite avec rapidité dans
tout l'organisme. Garantissant l'exercice d'une fonction importante, il parle avec énergie toutes les fois que cette même
fonction est profondément compromise.

Ainsi lorsqu'une cause majeure suspend le cours des fluides
circulatoires dans leurs canaux, soit en empêchant le retour
du sang par les veines, soit en s'opposant à son impulsion
par les artères, un sentiment pénible de distension, quelquefois même de déchirement, se fait éprouver au cœur ; une
anxiété générale envahit toute la constitution : l'inquiétude
gagne sympathiquement tous les phénomènes ; l'insurrection
organique devient bientôt universelle, en démontrant l'importance de la fonction menacée, la gravité de l'altération qui
tend à s'effectuer.

1° **Circulation à sang noir.** — Nous désignons par ce
terme : *le mouvement du sang dans ses vaisseaux naturels,
depuis la terminaison des capillaires généraux jusqu'à l'origine
des capillaires pulmonaires.*

Encore improprement nommée *circulation veineuse*, puisque des artères font partie de l'appareil qui l'exécute, la circulation à sang noir est dépourvue, dans la plus grande partie de son cours, d'un agent central d'impulsion, et le mouvement du sang abandonné à l'action des vaisseaux que ce fluide parcourt des radicules vers les troncs. Aussi n'offre-t-elle pas d'ensemble dans le jeu de ses moteurs, et d'unité de progression dans les diverses parties du segment circulatoire qu'elle sert à former.

Le but de cette même circulation est particulièrement de conduire aux poumons le sang à revivifier, le chyle à sanguifier, surtout par l'acte de la respiration, et plus accessoirement d'offrir le transport commun des fluides absorbés dans les organes, aux surfaces libres, soit comme débris organiques destinés à sortir de l'économie par les sécrétions, soit comme éléments déjà mis en usage, mais encore susceptibles de concourir à la réparation des solides vivants.

Appareil. — Il comprend : les radicules des veines générales, leurs branches, leurs troncs, le cœur droit, l'artère pulmonaire et ses nombreuses divisions. Il représente la portion du grand cercle circulatoire comprise entre le système capillaire général et celui des poumons ; il commence par des veines, finit par des artères ; dispositions que nous rencontrerons également dans la circulation à sang rouge, qui constitue l'autre moitié de ce même cercle, étendue des capillaires pulmonaires, où finit la circulation à sang noir, aux capillaires généraux, point d'origine de cette dernière circulation. Il existe par conséquent des veines à sang rouge comme des artères à sang noir, disposition qui démontre le vice des termes *circulation veineuse* et *circulation artérielle* pour désigner les deux variétés de la circulation sanguine.

VEINES A SANG NOIR. — Les premiers connus et décrits, les premiers envisagés comme propres à la circulation sanguine, ces vaisseaux étaient à peine soupçonnés par les anciens.

Le système veineux que nous étudions, naît partout du système capillaire général, intermédiaire commun aux dernières divisions artérielles à sang rouge, aux premières radicules veineuses à sang noir. Leuwenhoëk, Cowper, Chéselden, Baker, etc., assurent avoir constaté positivement cette communication au moyen du microscope, chez les poissons. Plusieurs anatomistes même depuis Ruisch, sont parvenus à faire passer des injections par les artères dans les veines.

Toutes les radicules veineuses marchent de la circonférence de l'organisme au centre, en formant deux plans, l'un superficiel, l'autre profond ; elles se réunissent pour constituer des branches, celles-ci des troncs qui vont en dernier résultat se terminer à deux veines principales nommées *caves*, l'une supérieure ou *thoracique*, point de réunion des veines de la tête, du col, de la poitrine et des membres pectoraux ; l'autre inférieure ou *abdominale*, où se rendent celles des membres pelviens et de toutes les autres parties sous-diaphragmatiques.

Ces deux vaisseaux, d'après leur disposition, isoleraient complétement la circulation à sang noir, chacune dans la circonscription qui lui devient propre, de telle sorte que l'oblitération momentanée de l'une ou l'autre, par compression ou par toute autre cause, produirait une suspension dangereuse quelquefois même assez promptement funeste dans la progression nécessaire du sang noir. La nature a prévu ces graves inconvénients en faisant directement et largement communiquer ces deux vaisseaux an moyen d'une veine assez volumineuse, unique et par cette raison nommée *veine azygos*.

Au milieu de ce grand système veineux général, existe un petit système veineux particulier, offrant une disposition spéciale, un usage propre, indépendamment de l'usage commun ; on lui donne le nom de *système circulatoire de la veine porte* ; il exige une description isolée.

Système de la veine porte. — Nous désignons par ce terme un petit appareil veineux qui semble particulièrement destiné au foie pour lui fournir les éléments de la sécrétion biliaire ; du moins jusqu'ici ne connaissons-nous point d'autre objet à cette disposition spéciale.

Ce petit appareil est formé par deux arbres veineux dont les troncs sont confondus, et dont les branches s'étendent, pour le plus considérable, dans l'abdomen, sous le nom de *veine porte abdominable;* et pour le plus petit, dans le foie, sous la dénomination de *veine porte hépatique.*

Les radicules de la *veine porte abdominale* naissent de tous les organes renfermés dans l'abdomen, à l'exception des reins, de la vessie, dans les deux sexes, et de l'utérus chez la femme. Le tronc qui résulte de l'ensemble des branches nombreuses formées elles-mêmes par ces radicules, vient se placer dans le sillon transversal du foie, pour y fournir le seul exemple que l'on puisse rencontrer dans notre économie, d'une veine qui, se divisant en branches, en rameaux, en ramuscules, va se distribuer au parenchyme d'un organe, en lui portant le sang noir d'un tronc vers des capillaires, à la manière des vaisseaux artériels. Ce tronc identifié au précédent, ces ramifications multipliées dans le foie, constituent la *veine porte hépatique,* de telle sorte que le sang noir dévié du grand cercle circulatoire par cette modification spéciale, ne rentre dans ce même cercle qu'après avoir parcouru tout le parenchyme de la glande biliaire où les radicules des veines hépatiques simples viennent le saisir, pour le déposer dans la veine cave inférieure.

Cette veine et la supérieure sont donc le rendez-vous commun de toutes les veines à sang noir. Un nombre considérable d'anastomoses ménagent des communications faciles dans toutes les parties de cet appareil, non-seulement entre les vaisseaux superficiels qui rampent sous la peau, mais encore entre ces derniers et les vaisseaux profonds qui bien souvent accompagnent assez régulièrement les artères. Ces dispositions remarquables nous expliquent le gonflement ordinaire des veines sous-cutanées chez les sujets qui se livrent à des exercices habituels ; l'augmentation du jet de la saignée des veines céphalique ou basilique, lorsque l'on fait contracter alternativement les fléchisseurs et les extenseurs digitaux; dans tous ces cas et leurs analogues, la pression exercée par les muscles sur les veines profondes, en fait passer le sang dans les superficielles par les communications anastomotiques.

Cœur droit. — Identifié par la cloison commune avec le cœur gauche qu'il recouvre légèrement en devant, il présente, comme nous l'avons déjà dit : *l'oreillette* où se rendent les deux veines caves, centre de la circulation veineuse à sang noir, et les deux veines cardiaques y versant directement celui qui revient du cœur lui-même ; *le ventricule*, d'où part l'artère pulmonaire, dernière voie de la circulation générale à sang noir. Entre les veines caves et l'oreillette droite, aux ouvertures qui font communiquer les premières avec la seconde, il n'existe aucun repli valvulaire bien notable ; disposition qui permet un reflux du sang dans ces vaisseaux pendant la contraction de l'oreillette. Entre celle-ci et le ventricule on trouve les trois valvules tricuspides, servant à prévenir ou mieux à diminuer ce reflux du second dans la première, lorsque le ventricule se contracte. Ce cœur droit est donc évidemment placé dans le point que nous indiquons, pour activer et faciliter le mouvement du sang noir dans le reste du trajet qu'il doit parcourir.

Artère pulmonaire. — Née du ventricule droit, cette artère va se ramifier dans les poumons et se terminer au système capillaire commun. L'ouverture qui fait communiquer le ventricule droit et l'artère pulmonaire, est protégée par l'une des valvules tricuspides, lors des contractions de l'oreillette. L'origine même de cette artère est circonscrite par trois autres valvules en festons, connues sous le nom de valvules sigmoïdes, et servant à prévenir le reflux du sang dans le ventricule droit, pendant la réaction élastique de l'artère pulmonaire.

Organisation. — On trouve dans cet appareil des parties communes à son ensemble, et des parties propres à chacune de ses divisions.

Parties communes. — Elles sont représentées par une membrane qui revêt intérieurement toutes les cavités circulatoires à sang noir, depuis le système capillaire général jusqu'au système pulmonaire. Cette membrane est mince, élastique, extensible, très-difficile à couper au moyen d'une ligature même assez fortement serrée ; peu susceptible d'ossification, mais assez disposée à la phlegmasie qui devient souvent très-grave par les progrès dont elle est capable. C'est à cette membrane qu'est particulièrement due la formation des valvules nombreuses que l'on rencontre dans le système circulatoire à sang noir ; tels sont, dans la plupart des veines, ces replis paraboliques disposés deux à deux, trois à trois, ayant leur bord adhérent dirigé vers les rameaux, et leur bord libre vers les troncs ; dans le cœur droit, les valvules tricuspides, et dans l'artère pulmonaire, les valvules sigmoïdes. Cette membrane commune, de nature particulière, se rapproche plus spécialement du tissu celluleux.

Parties propres. — Elles diffèrent sensiblement dans les veines, dans le cœur droit et dans l'artère pulmonaire.

Dans les veines. — On trouve, dans tous ces canaux deux autres membranes : l'une externe, de nature celluleuse, beaucoup plus mince que celle des artères, dès lors moins résistante, plus extensible ; une membrane moyenne propre, de nature gélatineuse, offrant des fibres longitudinales séparées par des intervalles souvent marqués, jouissant en même temps d'une grande extensibilité, d'une élasticité prononcée, particulièrement chez les jeunes sujets, perdant ce dernier caractère par les progrès de l'âge ; de là ces fréquentes varices dans la vieillesse. Ces fibres, qui semblent donner aux veines leur principale faculté contractile, sont plus abondantes et plus prononcées dans la veine cave inférieure et ses divisions, que dans la veine cave supérieure ; dans les veines superficielles que dans les veines profondes ; comme si la nature prévoyante avait pris soin de les multiplier dans les parties de l'appareil veineux où la circulation est moins favorisée par les dispositions accessoires.

Si nous rapprochons cette considération, du défaut d'agent d'impulsion circulatoire pour les veines, de l'analogie d'aspect

de ces fibres motrices avec celles de l'estomac, de la vessie, etc., nous serons fondés à les placer dans la catégorie des
fibres motrices, et la membrane propre des veines au nombre
des muscles involontaires.

Toutefois, l'extensibilité naturelle des veines peut être
dépassée jusqu'à la rupture par le seul effort du sang ; Haller
cite plusieurs faits de ce genre, pour la veine jugulaire chez
une femme pendant un accès de fureur, pour la veine cave
inférieure chez un hydropique, etc.

Dans le cœur droit. — Nous rencontrons les fibres musculaires dont nous avons déjà parlé, offrant beaucoup plus de
force dans le ventricule que dans l'oreillette ; la portion de
membrane séreuse du péricarde qui se trouve plus ou moins
adhérente au tissu charnu, dans un contact plus ou moins
intime avec la membrane commune entre les fibres musculaires séparées, dans plusieurs points, par des intervalles
assez prononcés.

Dans l'artère pulmonaire. — Une membrane fibreuse très-
élastique, peu extensible, facile à couper sous la constriction
d'une ligature, composée de fibres circulaires, parfaitement
identique à celle de toutes les autres artères, et dont nous
étudierons, par cette raison, plus particulièrement la nature
et l'organisation, en faisant l'histoire de ces vaisseaux.

Une membrane extérieure celluleuse beaucoup plus extensible; résistant plus fortement à la section par les ligatures,
et d'ailleurs, également identique à celle des autres divisions
du système artériel.

Agent. — Nous donnons à celui-ci le nom de *sang noir* ;
on le désigne encore par le terme impropre de *sang veineux*.
Il présente une couleur rouge inclinant au violet, quelquefois
même au noir ; une odeur faible, nauséabonde, une saveur
légèrement salée ; il contient une grande quantité de sérum,
une petite proportion de fibrine et de *cruor*. Sa pesanteur
spécifique est un peu plus considérable que celle de l'eau, sa
température de 38° ou 39° centigrades. Si l'on excepte les
cavités circulatoires qui lui sont particulièrement destinées,

le foie auquel il paraît fournir les éléments de la sécrétion biliaire, il est incapable d'exciter les autres appareils de l'organisme d'une manière favorable à l'entretien de la vie, puisqu'il porte au contraire partout la stupeur et la mort. Il semble devoir ses principaux caractères à l'excès d'acide carbonique, aux pertes d'oxygène qu'il a faites pendant les élaborations sécrétoires et nutritives dont il a fourni les matériaux à l'état de sang rouge. Cette opinion devient assez positive en considérant qu'après les asphyxies par l'acide carbonique, le sang est beaucoup plus noir que dans toutes les autres.

Étude. — Dans toute la partie veineuse de cette circulation, il n'existe aucun agent central d'impulsion capable d'activer le cours du sang et de lui communiquer une marche uniforme et régulière. En quelque sorte abandonnée à l'action propre de chaque vaisseau, à l'influence éventuelle des causes accessoires qui peuvent aider cette action, la circulation du sang noir est quelquefois assez précipitée dans une veine, lente ou même suspendue complétement dans une autre ; ajoutons que les embarras de ce mouvement circulatoire, joints à la capacité plus considérable de cette partie du cercle complet, y déterminent un nouveau retard dans la marche des fluides.

Poussé dans les radicules veineuses par l'action des capillaires généraux, le sang noir y franchit les premières valvules, qui soutiennent cette première colonne et l'empêchent de rétrograder lorsque les veines excitées par sa présence le chassent, en se contractant, au delà des secondes valvules. Soutenue par une seconde colonne et par les dispositions indiquées, la première franchit successivement tous les espaces valvulaires pour arriver par ce mécanisme jusqu'à l'oreillette droite, suivie dans ce mouvement par toutes les colonnes qui se pressent d'une manière progressive et graduée.

Cette action vasculaire est puissamment secondée par des efforts accessoires au nombre desquels nous devons particulièrement signaler : la pression des aponévroses, des muscles pendant leurs contractions, des artères dans leurs battements ; le mouvement des diverses parties, la position déclive et la force de gravitation dont elle favorise les effets, etc. Aussi les dilatations variqueuses deviennent-elles beaucoup plus communes dans les veines superficielles que dans les veines profondes, pendant l'immobilité que dans l'exercice, dans la situation verticale des membres que dans leur position horizontale ; aussi les meilleurs moyens pour guérir ces dilatations se trouvent-ils dans cette même position, dans les compressions méthodiques.

Barry considère comme agent circulatoire beaucoup plus essentiel relativement aux veines, l'influence mécanique des mouvements respiratoires. Il établit en principe que la pression atmosphérique est la cause du mouvement circulatoire dans les veines et dans les vaisseaux absorbants. Lors de l'inspiration, un vide se fait dans le thorax, le sang des veines y afflue par la prédominance de la pression extérieure. Dans l'expiration, le mouvement se fait en sens inverse par les raisons opposées. En supposant l'explication fautive, le fait existe ; un tube de verre adapté à l'une des veines et plongé dans un fluide coloré laisse voir un mouvement d'ascension de ce fluide pendant l'inspiration, et de retour lors de l'expiration. Toutefois en accordant à cette influence le plus grand développement dont elle soit susceptible, on devra toujours la ranger seulement au nombre des agents accessoires destinés à favoriser la progression du sang dans les vaisseaux où les impulsions cardiaques ne se font plus sentir.

De la permanence d'action des puissances dans la circulation veineuse, résulte nécessairement la permanence du mouvement dans le fluide qui s'y trouve soumis ; de telle sorte qu'en ouvrant une veine, le sang coule sans interruption et par un jet à peu près uniforme et continu. Cette même disposition entraîne constamment l'absence du pouls dans tous les canaux de cet ordre. En effet, il nous est impossible de considérer comme tel ce reflux du sang noir observé par Haller jusque dans les veines jugulaires, et que plusieurs physiologistes ont désigné par le terme illusoire de *pouls veineux*.

Sous l'influence de tous ces moyens réunis, le sang noir parvient à l'oreillette droite du cœur, et s'y trouve déposé par quatre vaisseaux, la veine cave supérieure, l'inférieure et les deux veines cardiaques.

Dilatée par ce fluide, excitée par sa présence, l'oreillette droite se contracte, le presse de toutes parts ; une partie reflue par les quatre veines indiquées, aucune valvule n'y pouvant empêcher ce mouvement rétrograde qui ne trouvant d'autre obstacle que la résistance des nouvelles colonnes de sang, va dès lors se faire sentir assez loin, sous la fausse dénomination de *pouls veineux*, puisque cette partie de la circulation ne présente point d'agent central, et que l'impulsion n'a pas lieu dans la direction naturelle du mouvement circulatoire ; la plus grande proportion du sang passe dans le ventricule droit, par l'ouverture oriculo-ventriculaire que l'abaissement des valvules tricuspides laisse parfaitement libre ; l'une d'elles fermant dans ce mouvement l'orifice de l'artère pulmonaire, prévient le passage du sang dans ce vaisseau, par la contraction de l'oreillette, et pendant la dilatation du ventricule.

Celui-ci distendu, stimulé par la présence du sang noir se contracte à son tour, comprime ce fluide qui tend à s'échapper dans toutes les directions. L'ouverture oriculaire est en grande partie fermée par le redressement des valvules tricuspides et ne permet qu'un léger reflux ; ce redressement découvre entièrement l'orifice de l'artère pulmonaire et laisse une voie libre que traverse la plus grande partie du sang chassé par le ventricule.

Cette artère, en vertu de son extensibilité, admet la colonne sanguine, mais revient aussitôt à ses premières dimensions par la force élastique dont elle est essentiellement douée, et repousserait une grande proportion du sang noir dans le ventricule, si les trois valvules sigmoïdes abaissées pour laisser l'orifice artériel parfaitement libre, pendant le passage du sang dans ce vaisseau, ne se relevaient pour en prévenir assez exactement le retour par l'oblitération incomplète et momentanée de cet orifice; la colonne de sang avance dès lors très-positivement dans l'artère pulmonaire, et poussée d'après un mécanisme analogue par des colonnes successives, se trouve déposée dans le système capillaire pulmonaire où finit la circulation à sang noir.

2º **Circulation à sang rouge.** — Nous désignons par cette dénomination : *le mouvement du sang dans ses vaisseaux naturels, depuis la terminaison des capillaires pulmonaires, jusqu'à l'origine des capillaires généraux.* Encore improprement nommée *circulation artérielle,* puisque des veines font partie de l'appareil qui l'exécute, la circulation à sang rouge présente un agent central d'impulsion qui détermine le mouvement de ce fluide circulatoire dans la plus grande partie de son cours, et lui communique dans ce vaste segment du grand cercle circulatoire un ébranlement uniforme et commun ; de telle sorte que si l'on touche en même temps plusieurs artères chez le même sujet, on reconnnaît un ensemble parfait dans leurs pulsations. Ces efforts de projection offrent nécessairement des intervalles de repos, l'action circulatoire n'est point continue, de là ce jet interrompu, saccadé que présente une artère ouverte. Ces dispositions amènent pour la circulation à sang rouge dans presque tout son cours, un phénomène que l'on n'observe pas dans le trajet principal de la circulation à sang noir, un battement vasculaire auquel on donne le nom de *pouls* et qui devient, comme nous le verrons, d'un intérêt positif dans l'exploration des états physiologique et pathologique de toute la constitution.

La circulation à sang rouge nous semble remplir trois objets importants : 1º elle fournit des éléments nutritifs à tous les tissus, pour les uns, en leur transmettant le sang avec tous ses éléments ; pour les autres, en leur faisant parvenir seulement le sérum de ce fluide circulatoire ; 2º elle donne au plus grand nombre des organes sécréteurs, les matériaux indispensables à ce genre d'élaboration ; 3º enfin elle communique à tous les appareils, à tout l'organisme cette espèce de vibration et d'ébranlement commun, qui nous paraît indispensable à l'entretien de l'existence active, et répond dans l'économie vivante des animaux supérieurs, à l'oscillation du pendule dans nos machines chronométriques.

Appareil. — Il se compose : des veines pulmonaires, du cœur gauche, de l'artère aorte et de ses nombreuses divisions. Il représente la portion du grand cercle circulatoire comprise entre le système capillaire des poumons et le système capillaire général. De même que l'appareil circulatoire à sang noir, il commence par des veines et finit par des artères.

Veines pulmonaires. — Les radicules de ces veines continues aux capillaires des poumons forment des branches qui s'unissent pour constituer quatre principaux troncs, lesquels viennent s'ouvrir dans l'oreillette gauche, sans offrir aucune valvule pendant tout leur trajet.

Cœur gauche. — Uni par la cloison commune au cœur droit, dont il est partiellement recouvert en devant, le cœur gauche présente, comme déjà nous l'avons indiqué : 1° l'oreillette où viennent s'ouvrir les quatre veines pulmonaires ; où se trouve à droite, dans la cloison moyenne, l'enfoncement nommé *fosse naviculaire*, dernier vestige du trou de Botal qui, chez le fœtus, établissait une communication entre les deux cœurs ; 2° le ventricule d'où naît l'artère aorte, dernière partie de l'appareil circulatoire à sang rouge. Entre l'oreillette gauche et les veines pulmonaires il n'existe aucun valvule, de telle sorte que le reflux peut avoir lieu dans ces vaisseaux pendant la contraction de l'oreillette. Entre celle-ci et le ventricule, on trouve les deux valvules mitrales servant à diminuer le reflux du second vers la première, alors que le ventricule se contracte. Le cœur gauche est donc bien évidemment établi sur le point que nous indiquons, pour déterminer le mouvement du sang rouge dans le trajet considérable qui lui reste encore à parcourir.

Artère aorte et ses divisions. — L'aorte présente le tronc commun et central de tout l'arbre artériel à sang rouge : née du ventricule gauche par trois dentelures, et sans autre iden-

tification que par la membrane interne de cet appareil, les
autres tuniques de cette artère ne paraissant que juxtaposées
au tissu propre du cœur, elle présente à son origine, trois
valvules nommées sigmoïdes, et disposées en festons ; leur
bord adhérent tourné du côté \du cœur, leur bord libre du
côté des divisions artérielles.

Considérée de son origine à sa terminaison, l'aorte, comme
toutes les autres artères, paraît conoïde ; mais en l'examinant
de son origine à la première branche qu'elle fournit, de celle-
ci à la seconde, etc., on admettra l'opinion de Rœderer qui
regarde ces vaisseaux comme cylindriques. Leuwenhoëck,
d'après la disposition de l'artère caudale chez les poissons,
soutient la réalité de la forme conoïde, au moins pour les plus
petites artères ; mais il nous semble beaucoup plus naturel,
sans recourir à des analogies souvent illusoires, de conclure à
la forme des vaisseaux que nous ne distinguons pas bien
positivement, par celle des mêmes vaisseaux que nous voyons
sous de fortes dimensions.

C'est de l'aorte que naissent toutes les artères à sang rouge ;
les divisions artérielles se font, pour le plus grand nombre,
sous un angle aigu plus ou moins rapproché de l'angle droit ;
chaque artère se partage pour en former deux moins considérables ; quelquefois deux branches parallèles sont unies par
une branche transversale, nous trouvons cette disposition au
tiers inférieur de l'avant-bras, entre la radiale et la cubitale,
Il est bien rare de voir deux artères se confondre pour constituer un seul tronc ; les deux vertébrales s'identifiant, pour
former la basilaire, offrent à peu près le seul exemple de cette
disposition.

Des anastomoses nombreuses font communiquer partout les
divisions artérielles ; tantôt par angles variables, tantôt par
arcades, comme aux artères mésentériques, etc.

Plusieurs artères offrent de nombreuses fléxuosités destinées, les unes à permettre l'ampliation de certaines cavités,
les autres à faciliter les mouvements des parties voisines sans
rupture du tissu artériel naturellement peu extensible, et non

point, comme nous le verrons bientôt, à ralentir le cours du sang dans ces vaisseaux.

ORGANISATION DE L'APPAREIL CIRCULATOIRE A SANG ROUGE. — Nous trouvons, dans cet appareil, des parties communes à toutes ses divisions, et des parties propres à chacune d'elles.

Parties communes. — Elles sont représentées par une membrane qui revêt l'intérieur des veines pulmonaires, du cœur gauche, de l'artère aorte et de ses nombreuses divisions. Cette membrane est très-mince, diaphane, assez analogue pour l'aspect au tissu séreux, mais elle n'est pas extensible comme ce dernier; elle offre au contraire une fragilité marquée, se coupe aisément sous la constriction des ligatures; ne présente point notablement de tissu cellulaire; elle forme tous les replis valvulaires du système circulatoire à sang rouge; au cœur gauche, les valvules mitrales; à l'artère aorte, les valvules sigmoïdes, etc. ; elle est très-susceptible de présenter, non point comme on l'a trop légèrement avancé, une véritable ossification, mais des plaques de phosphate calcaire déposées à la surface externe, de manière à ne jamais se trouver en contact immédiat avec le sang. Cette altération pathologique ne trouble point essentiellement la circulation dans la majorité des cas, lorsqu'elle porte sur les artères de moyen calibre; il n'en est plus de même lorsqu'elle affecte les valvules, la crosse aortique, etc. ; souvent alors on observe des symptômes qu'il serait aisé de confondre avec ceux de l'asthme, de l'anévrisme, etc.

Parties propres. — Elles diffèrent essentiellement dans les veines pulmonaires, dans le cœur gauche, dans l'aorte et ses divisions.

Dans les veines pulmonaires. — Nous trouvons la membrane propre du système veineux que nous avons déjà décrite; ici comme dans les veines à sang noir, elle offre l'aspect celluleux, des fibres longitudinales, et peut également être rapprochée des muscles involontaires.

Dans le cœur gauche. — Nous rencontrons le tissu charnu

parfaitement identique pour la structure à celui du cœur droit,
avec cette différence qu'il est beaucoup plus épais, plus serré,
plus énergique ; la membrane séreuse du péricarde continue
à celle du cœur droit, ou plus exactement, commune à ces
deux organes.

Dans l'aorte et ses divisions. — Nous trouvons deux membranes propres au tissu artériel, quelle que soit sa position,
aussi bien dans l'appareil circulatoire à sang noir que dans
l'appareil circulatoire à sang rouge, dans l'artère pulmonaire
que dans l'artère aorte ; avec cette différence que ces membranes sont beaucoup plus épaisses, plus serrées, plus résis-
tantes et plus élastiques dans la seconde. De ces tuniques,
l'une est moyenne, l'autre externe.

Tunique artérielle moyenne. — Cette membrane qui paraît
la seule propre aux artères, est considérée par Haller et plusieurs autres anatomistes, comme essentiellement contractile ;
par des auteurs qui s'appuient sur l'anatomie comparée du
bœuf, comme offrant des fibres disposées en spirales ; par
Béclard, comme à peu près identique à celles des ligaments
jaunes qui maintiennent les rapports des lames vertébrales.
Nous paraissant assez rapprochée du tissu fibro-cartilagineux,
elle est formée chez l'homme de fibres circulaires, dont chacune, d'après l'observation de Haller, ne fait jamais un tour
complet. Elle est aisément coupée sous l'influence d'une ligature, déchirée par une traction qui s'exerce suivant la longueur du vaisseau ; elle résiste au contraire fortement aux
efforts qui s'effectuent suivant le diamètre de ce dernier ;
parce que dans le premier cas, il suffit, pour en effectuer la
solution de continuité, de dissocier les fibres circulaires unies
par une force peu considérable ; tandis que dans le second,
il faut rompre ces mêmes fibres dont la ténacité n'est pas aussi
facile à surmonter. Elle est ferme, élastique, et doit à ces propriétés la faculté de revenir sur elle-même avec énergie lorsqu'elle se trouve distendue transversalement par l'effort du
sang ; de maintenir les vaisseaux artériels béants, lors même
qu'ils sont entièrement vides. De même que la tunique interne,

elle n'offre point de tissu cellulaire, disposition qui devient sans doute l'une des causes principales du défaut absolu de cicatrisation dans les plaies de ces deux membranes, disposition qui rend dès lors si fâcheuses toutes les lésions traumatiques des artères, alors qu'il est impossible d'en effectuer l'oblitération par la compression ou la ligature.

« Henle a découvert dans les parois des artères, dit Muller,
« une couche particulière qui doit être regardée comme le
« siége de la propriété qu'elles ont de revenir sur elles-mêmes
« avec lenteur sous l'influence du froid, de manière à présen-
« ter une diminution permanente et considérable dans leur
« calibre. La couche se compose de strates nombreuses, de
« ligaments transversaux pâles. Henle les compare aux fais-
« ceaux musculaires de l'intestin ; elles expliquent les effets
« du froid observés par Schwann, Carry, Weber. »

Tunique artérielle externe. — Lancisi la nommait villeuse ; il l'a décrite aux poumons ; Jacques Raw, à la rate ; Glisson, au foie, etc. Elle est évidemment de nature celluleuse, très-extensible dans tous les sens, supportant sans rupture des tractions considérables. Haller assure que l'aorte d'un sujet adulte a soutenu avec intégrité un poids de cent dix-neuf livres. Cette membrane, dans l'état normal, ne se coupe jamais sous l'influence d'une ligature modérément serrée ; mais par l'inflammation elle devient très-friable et ne résiste plus à la constriction ; circonstance bien essentielle à connaître dans la pratique des grandes opérations. C'est à cette même tunique celluleuse que les artères doivent leur principale résistance ; elle forme exclusivement les parois du kyste dans l'anévrisme volumineux.

Agent. — Nous lui conservons le nom de *sang rouge*, on le nomme encore improprement *sang artériel*. Il offre une couleur vermeille et pourprée, une odeur forte, nauséabonde, une saveur salée ; il se coagule très-promptement, présente une grande quantité de fibrine et de *cruor*, une petite proportion de sérum. Sa pesanteur spécifique, un peu plus considérable que celle de l'eau distillée, est à celle du sang noir : : 1049 : 1052 ; sa tempé-

rature : : 913 : 903. Il jouit de la propriété de fournir à tous les
tissus les éléments de leur nutrition, au plus grand nombre des
organes sécréteurs, les matériaux de cette élaboration ; d'effectuer dans tous les appareils, dans tout l'organisme, l'ébranlement et l'excitation indispensables à l'entretien de la vie. Il
paraît devoir ces principaux caractères à la grande proportion
d'oxygène dont il s'est chargé pendant l'acte même de la respiration.

Étude. — Poussé par l'action des capillaires pulmonaires,
le sang rouge passe dans les radicules des quatre veines du
même nom, circule dans ces vaisseaux par les différentes
influences que nous avons indiquées en décrivant le mouvement du sang noir dans les veines générales, c'est-à-dire, par
le concours des valvules, des contractions veineuses, des
compressions diverses qui se trouvent déterminées par les
battements artériels, etc. ; il arrive ainsi dans l'oreillette
gauche, qui se dilate et le reçoit avec d'autant plus de facilité
qu'il n'existe aucune valvule, aucun repli à l'embouchure des
veines pulmonaires.

Excitée par ce contact, l'oreillette réagit sur le sang pour en
effectuer l'expulsion ; un reflux assez marqué se fait par les
veines, mais la plus grande partie de ce fluide passe dans le
ventricule gauche. Les deux valvules mitrales se trouvent
abaissées, et l'une d'elles recouvre l'orifice de l'artère aorte,
de telle sorte que le sang n'y pénètre point pendant la
contraction de l'oreillette ; dilaté, stimulé par ce dernier, le
ventricule agit à son tour. Les deux valvules mitrales se relèvent, en fermant l'ouverture oriculo-ventriculaire assez exactement pour détruire toute possibilité d'un reflux notable dans
l'oreillette ; l'orifice de l'artère aorte se trouve libre, et la plus
grande partie du sang passe dans ce vaisseau.

Celui-ci d'abord distendu par l'effort d'impulsion, s'applique
à la colonne de sang ; non point en vertu d'une contraction
véritable, mais seulement par la force élastique de ses parois
et notamment de sa tunique moyenne, presse le fluide circulatoire qui cherche une voie pour s'échapper ; le retour vers le

cœur est à peu près impossible en conséquence du redressement des valvules sigmoïdes, et le reflux dans le ventricule dès lors peu considérable ; la plus grande partie du sang passe dans la continuité de l'aorte et de ses nombreuses divisions, les colonnes de ce fluide se succédant avec rapidité, se pressant incessamment du ventricule gauche aux capillaires généraux où se termine la circulation à sang rouge.

C'est pendant ce retour de l'aorte sur le sang, lors du redressement des valvules sigmoïdes, que ce fluide pénètre dans les artères cardiaques. De telle sorte que le cœur ne reçoit pas le sang rouge par sa propre impulsion, mais par la réaction élastique des parois artérielles.

La quantité du sang poussé dans l'aorte, par chaque mouvement du ventricule gauche, peut être estimée à 25 ou 30 grammes et représente chacune des colonnes destinées à parcourir successivement toutes les divisions artérielles de cet appareil.

Soumise à cette impulsion centrale, intermittente, la circulation du sang rouge, dans le grand arbre artériel, offre des caractères particuliers à ces dispositions.

La dilatation de l'artère par cet effort d'impulsion se fait sentir en même temps dans toutes les divisions aortiques.

Le mouvement du sang n'offre point la continuité qu'il nous a présentée dans les veines, il est intermittent comme l'influence de l'agent qui le produit. Si l'on ouvre l'aorte ou l'une de ses branches, on voit le sang rouge s'échapper avec force, par jets interrompus, et dont les saccades sont isochrones aux contractions du ventricule gauche.

Le passage du sang rouge par les canaux artériels semble d'autant moins rapide que l'on s'éloigne davantage du cœur ; Sauvages estimant à trois cette vitesse pour l'aorte, la croit égale à deux pour les artères d'un moyen calibre, et seulement à un pour les plus petites. Sans donner trop d'importance à cette évaluation, nous trouvons les raisons de cette progression décroissante relativement au mouvement du sang, de l'aorte aux capillaires généraux, dans l'augmentation des résistances, des frottements, dans l'agrandissement de la capacité circulatoire, la diminution de l'influence cardiaque et de la réaction artérielle.

D'après les dispositions que nous venons d'indiquer, les artères offrent des battements appréciables au doigt, même à l'œil, et dont nous examinerons, sous le nom de *pouls*, les caractères et les modifications, après avoir terminé l'histoire de la circulation sanguine.

3° Circulation capillaire.—Nous désignons par ce terme: *le mouvement du sang dans ses vaisseaux naturels, d'une part, depuis la terminaison de l'artère aorte jusqu'à l'origine des veines générales; de l'autre, depuis les dernières divisions de l'artère pulmonaire jusqu'aux premières radicules des veines du même nom.*

La circulation capillaire offre pour caractères essentiels de s'exercer par des vaisseaux tellement déliés qu'ils échappent à l'œil nu; de réduire les colonnes du sang dans un état d'extrême division, et de les livrer dans leur marche à l'action isolée de tous ces petits canaux circulatoires, dès lors sans impulsion régulière et commune. Chaque partie offre en effet en soi la cause et la raison de son mouvement circulatoire plus ou moins rapide, plus ou moins régulier ; et l'action du grand sympathique, par ses filets *vaso-moteurs*, agissant sur les capillaires contractiles pour en effectuer le resserrement convenable, nous offre le véritable régulateur de toutes les petites circulations partielles qui peuvent s'établir, en maintenant dans l'état normal l'équilibre qui doit exister entre la nutrition de cette partie gouvernée par le grand sympathique et ses fonctions propres commandées par les nerfs céphalo-rachidiens. Sous le point de vue de son but et des phénomènes qui s'exécutent pendant sa durée, nous devons la distinguer en deux parties : *Circulation capillaire générale ; circulation capillaire pulmonaire.*

La *circulation capillaire générale* a pour but principal de fournir à tous les organes les éléments de leur nutrition, à la plupart des appareils sécréteurs les matériaux de l'élaboration qui leur est confiée, en offrant réellement le théâtre de ce double travail pendant lequel s'effectue, comme nous le verrons, la calorification, la dépense de l'oxygène, l'acquisition de l'acide carbonique, (la conversion du sang rouge en sang noir.

La *circulation capillaire des poumons* a pour objet essentiel la respiration, que l'on peut opposer à la nutrition, aux sécrétions ; l'acquisition de l'oxygène, la dépense de l'acide carbonique, la conversion du sang noir en sang rouge.

Appareil. — Il est représenté par un nombre incalculable de petits vaisseaux, d'une extrême ténuité, offrant partout des anastomoses fréquentes, indispensables au maintien de cette même circulation. On doit naturellement le diviser, chez l'homme, en deux parties bien isolées : 1° *les capillaires pulmonaires ;* 2° *les capillaires généraux.*

Capillaires pulmonaires. — Bornés d'un côté par la terminaison de l'artère pulmonaire, de l'autre par l'origine des veines du même nom, ils se trouvent, dans leur ensemble, circonscrits par les limites naturelles des poumons dont ils forment la masse principale ; de là cette prédisposition que présentent constamment ces organes aux inflammations, aux hémorrhagies, etc.

Il ne faut pas confondre cet ordre de vaisseaux avec les capillaires que les poumons doivent au système général. Ces derniers sont beaucoup moins nombreux, et se trouvent placés entre la terminaison des artères et l'origine des veines bronchiques ; étrangers à la rénovation du sang, ils sont au contraire le siége de la nutrition pulmonaire.

Capillaires généraux. — Ils se rencontrent dans tous les organes, et leur ensemble ne présente naturellement d'autres limites que celles de l'économie vivante. L'origine de ces vaisseaux est continue à la terminaison des divisions aortiques leur fin, à la naissance de trois ordres de canaux : 1° les radicules des veines caves destinées à rapporter le résidu nutritif et sécrétoire ; 2° les vaisseaux blancs ayant pour fonction soit de porter des éléments nutritifs aux tissus qui reçoivent exclusivement le sérum du sang dans l'état normal, soit de verser, par exhalation, divers fluides sur les surfaces libres; 3° les conduits excréteurs, chargés de transmettre les fluides sécrétés au lieu de leur destination.

ORGANISATION. — Elle offre nécessairement des caractères différents dans les deux parties de cet appareil.

Dans les capillaires des poumons. — Elle doit être identique pour tous puisqu'ils offrent et les mêmes propriétés et les mêmes fonctions. Leur membrane interne est la continuation de celle qui revêt les cavités circulatoires à sang noir; mais il est bien probable qu'elle éprouve des modifications importantes puisqu'elle sert à ménager la transition de celle-ci à la membrane commune des cavités circulatoires à sang rouge. Forme-t-elle des valvules dans ces petits vaisseaux? L'anatomie ne les démontre pas, mais le mode circulatoire les indique assez positivement. Quant à la tunique externe, sur laquelle repose à peu près toute l'action indispensable au mouvement du sang dans les vaisseaux capillaires, il serait difficile de lui refuser, nous ne dirons pas l'organisation complète, mais au moins, en grande partie, la contractilité des muscles involontaires.

Dans les capillaires généraux. — L'organisation n'est plus susceptible de la même identité; elle doit au contraire éprouver des modifications plus ou moins profondes suivant la texture et les propriétés vitales des organes dont ces vaisseaux font partie. De là toutes ces différences fondamentales dans la nutrition, la calorification et les sécrétions envisagées relativement aux divers tissus, aux divers organes, aux divers appareils. Au milieu de ces particularités, il existe cependant plusieurs caractères généraux et communs. La tunique interne doit offrir beaucoup d'analogie avec celle du système circulatoire à sang rouge, mais avec des nuances graduées qui toujours conduisent insensiblement à l'organisation de la membrane commune au système circulatoire à sang noir. La tunique externe doit offrir les mêmes propriétés et les mêmes caractères que nous avons admis pour les capillaires des poumons.

Sans doute l'appareil que nous venons de signaler n'offre point des organes sensibles comme ceux des autres circulations, et nous concevons que plusieurs auteurs en aient contesté l'existence. Mais d'un autre côté rien ne prouve contre la réalité de ce même appareil ; les faits tirés de la physiologie, de l'anatomie comparée, de la pathologie, le raisonnement, la facilité dans les explications, l'enchaînement des résultats fonctionnels communs à toute l'économie vivante, propres à la circulation, à la nutrition, aux sécrétions dans l'état normal ou morbifique, etc., tout se réunit au contraire pour nous faire admettre cet appareil, d'autant mieux qu'en la supposant même illusoire, cette admission ne peut entraîner dans aucune erreur de fait relativement aux explications physiologiques, puisqu'il suffirait alors d'attribuer aux dernières divisions des artères ce que nous rapportons à ce même appareil ; il s'agirait donc seulement ici d'un changement d'expression.

Dans l'admission du système capillaire, on doit distinguer chez tous les êtres organisés vivants, à proprement parler, deux systèmes circulatoires, *l'un périphérique*, véritable cercle circulatoire complet ; l'autre *central*, qui constitue les rayons du premier. Plus le sujet est rapproché des parties inférieures de la série, plus le système *périphérique* prend d'accroissement proportionnel ; plus ce même sujet est supérieur, plus le système central devient prédominant. De là ce rétablissement toujours plus facile de la circulation dans le premier que dans le second, après la ligature ou la compression d'un gros vaisseau ; cette même circulation s'effectuant alors au moyen des nombreuses anastomoses du système périphérique. Ainsi A. Cowper ayant lié la partie inférieure de l'aorte sur un chien, l'animal vécut encore plus d'un an ; le même chirurgien ayant pratiqué cette ligature chez un homme, perdit son malade quarante heures après l'opération.

Chez l'enfant qui vient de naître, les anciennes communications qui établissaient l'unité de la circulation fœtale, ne s'obli-
tèrent que d'une manière lente, graduée, quelquefois même
après un temps assez long. On peut aisément alors expliquer
les modifications du mouvement circulatoire, en disant que le
système périphérique du placenta se trouve remplacé par celui
des poumons qui fait un appel au sang par son ampliation et
son développement sous l'influence de la première inspiration.
L'opposition existait chez le fœtus entre le système périphérique général et celui du placenta; elle s'établit chez
l'enfant entre le système périphérique général et celui des
poumons.

Agent. — Vers la partie moyenne de chaque division du
système capillaire, il est à peu près identique, et présente un
sang intermédiaire, pour ses caractères et sa composition, au
sang rouge et au sang noir. Mais dans l'origine de ces mêmes
divisions, il est essentiellemeut différent. Ainsi dans le système capillaire général, il offre le sang rouge, qui perd
insensiblement ses caractères pour acquérir ceux du sang
noir, en fournissant les éléments de la nutrition et des sécrétions ; dans le système capillaire des poumons, il présente le
sang noir se dépouillant graduellement de ses propriétés, sous
l'influence de la respiration, et revêtant les caractères du
sang rouge. De telle sorte que sous le rapport de l'agent, il
existe opposition entre les mêmes points de ces divisions de
l'appareil capillaire; identité entre les points essentiellement
différents.

Étude. — Le mécanisme de la circulation capillaire est
absolument semblable dans les deux divisions du système ;
nous n'avons pas dès lors à le considérer isolément dans chacune d'elles.

Arrivé dans cet ordre de vaisseaux, le sang éprouve sans
doute encore l'influence de la force impulsive du cœur; mais
à cette distance, elle devient plutôt un appui, *à tergo*, pour les
premières colonnes du fluide à déplacer, qu'un agent susceptible d'effectuer le mouvement circulatoire, sans la participa-

tion très-active des canaux qu'il doit parcourir, et de produire dans ces mêmes canaux des pulsations normales comme dans les artères. Il nous paraît également impossible de faire entrer ici, même comme accessoire, la force de capillarité, puisque cette partie de la circulation générale s'arrête comme les autres après la mort de tout l'organisme.

Le sang rouge, pour les capillaires généraux, le sang noir pour les capillaires des poumons, en touchant les parois de ces petits vaisseaux, les excitent, produisent leur contraction dans le point de contact ; la colonne circulairement pressée, se porte, en même temps, vers les divisions artérielles par un mouvement rétrograde, vers les capillaires ultérieurs par un mouvement opposé. Dans le premier sens, les colonnes qui suivent préviennent ce retour ; dans le second, aucun obstacle ne s'oppose à la progression du sang qui franchit ainsi les premières valvules. Ce nouveau point soumis à la même influence agit d'après les mêmes lois, produit des résultats identiques, et par ces efforts successifs le sang rouge arrive noir dans les radicules des veines caves après avoir fourni dans ce trajet les matériaux de la nutrition et des sécrétions ; le sang noir parvient rouge dans les premières divisions des veines pulmonaires après avoir, dans ce mouvement, éprouvé l'influence rénovatrice de la respiration.

La circulation capillaire n'offrant plus, comme la circulation artérielle, un agent central d'impulsion, se trouvant au contraire abandonnée à la contractilité naturelle des petits vaisseaux qui l'exécutent, ne présente plus la même précision et la même régularité. La somme générale de son activité reste à peu près au même point dans l'état normal, la même quantité de sang devant traverser tout le système capillaire dans un temps donné ; mais l'activité partielle de chaque division du même système dans tel organe, tel appareil, etc., peut augmenter ou diminuer d'une manière plus ou moins notable, en déterminant la diminution ou l'augmentation de cette même activité dans les autres divisions. De là cette nécessité absolue des anastomoses, qui préviennent les stagnations et

les engorgements capillaires ; de là cet afflux remarquable du
sang dans un tissu enflammé, d'après ce principe, *ubi stimulus
ibi fluxus* ; de là cet avantage incontestable des moyens dérivatifs pour diminuer l'activité circulatoire et la congestion
sanguine dans une partie phlogosée, en provoquant avec circonspection, cette activité, ce mouvement fluxionnaire vers
une partie saine, plus ou moins éloignée qui, par sa nature et
sa position, n'expose au développement d'aucun accident
grave sous l'influence de cette excitation artificielle.

Arrivé aux dernières divisions du système capillaire, tout
le sang passe-t-il directement dans les veines et sans avoir
circulé, du moins en partie, indépendamment d'aucun vaisseau dans les parenchymes, dans les interstices moléculaires
des tissus? En d'autres termes, la chaîne vasculaire est-elle
interrompue, et dans ce point d'interruption, s'il existe, les
fluides circulatoires sont-ils en contact immédiat avec la
matière essentielle et primitive de l'organisme ? Cette grande
question, longtemps agitée, ne semble pas encore bien positivement résolue. Dans cet état de choses, la seule expérience
a le droit de prononcer ; mais combien d'illusions ne viennent
pas l'environner dans ces minutieuses recherches. Voici à cet
égard la marche que nous avons suivie, les résultats que nous
avons obtenus.

Une puce vivante, comprise entre les deux verres de l'ob-
jectif d'un fort microscope, est légèrement pressée, de manière
à faire sortir une portion des viscères abdominaux ; voici,
dans cette partie postérieure du tronc ainsi préparée, ce que
nous avons très-distinctement vu et fait observer à nos élèves :
nous indiquons les objets d'après les dimensions que leur
donnait l'instrument. Des séries de molécules rouges de forme
lenticulaire d'un tiers à un quart de ligne de diamètre, s'agi-
tent pendant cinq minutes au moins d'un mouvement circulatoire assez rapide, en suivant d'abord la direction d'un canal
d'une ligne de diamètre sur deux pouces de longueur, étendu
depuis la partie postérieure de l'animal jusque dans les parties herniées qui représentent deux nappes rougeâtres dans

lesquelles se rendent les globules, par deux canaux moins larges, divisions du premier. Arrivés dans ces nappes, ils y tiennent des courants assez réguliers, mais sans apparence d'aucun vaisseau ; plusieurs d'entre eux, pressés par ceux qui les suivent, s'écartent quelquefois beaucoup de la ligne principale du mouvement commun ; toute agitation cesse dans cette espèce de parenchyme, et les molécules du fluide circulatoire ou globules, sont faciles à bien observer dans l'état de repos.

Voilà ce que nous avons très-distinctement vu plusieurs fois, seulement avec quelques modifications dans la forme des objets.

Sans doute, il est difficile de conclure très-positivement dans une matière aussi subtile ; cependant nous pensons être aussi fondé que possible dans l'état des choses, à résoudre ainsi les deux questions proposées.

Arrivés au parenchyme des organes, les vaisseaux capillaires offrent plusieurs divisions terminales qui déposent dans le tissu même, en contact avec les molécules organiques, les éléments que le sang doit fournir à l'élaboration nutritive et sécrétoire ; partie de ces éléments se trouve assimilée, partie sert à former des fluides sécrétés ; ceux-ci repris par les canaux excréteurs sont portés au lieu de leur destination, le résidu sanguin ou lymphatique de ces élaborations, les molécules organiques anciennes, remplacées par les molécules organiques nouvelles, sont repris par les absorbants et portés dans le système veineux après un trajet plus ou moins long. D'un autre côté, les vaisseaux capillaires, par la division principale, se continuent directement avec les veines pour y faire passer le sang en excès et qui ne devait pas être employé dans ces mêmes élaborations.

Il est aisé de comprendre l'utilité de chacune de ces trois divisions et de préciser les modifications circulatoires suivant telle ou telle disposition du parenchyme. Ainsi la grande voie circulatoire directement établie du vaisseau capillaire à la veine, devient en quelque sorte le réservoir ou le dérivatif des deux autres. 1° Lorsque les besoins de la nutrition ou de la sécrétion sont moins considérables, le sang passe en moins grande proportion par les divisions relatives à ces élaborations, en plus grande quantité par la voie directe et *vice versâ*. 2° Lorsque les exigences de la nutrition deviennent plus marquées, le sang passe en plus grande quantité par la division vasculaire affectée à ce travail, en proportion moins considérable par la voie directe, et par la branche relative à la sécrétion. 3° Enfin, lorsque l'élaboration sécrétoire appelle un plus grand nombre de matériaux, le sang parcourt plus abondamment le vaisseau qui se trouve chargé de les apporter, en moindre proportion, la branche nutritive et la grande voie directe. Dans l'état normal, l'ensemble de ces division s est traversé par la même quantité de sang, à quelques différences près. Mais, comme nous venons de l'établir, cette quantité peut varier d'une manière relative dans chacune de ces divisions. Dans l'état pathologique, elle peut augmenter ou diminuer d'une manière absolue avec toutes les conséquences de cette altération.

Il suffit actuellement d'appliquer cette idée simple et naturelle à l'explication des phénomènes circulatoires, dans l'état physiologique ou morbifique, pour sentir toute la vérité de la théorie que nous venons d'exposer.

La circulation capillaire s'anéantit la dernière à la mort générale. De là cette permanence de la nutrition et de la calorification, alors que les grandes fonctions vitales se trouvent déjà frappées d'une extinction irrévocable.

Nous avons parcouru successivement tous les points du cercle circulatoire ; si nous cherchons à préciser le temps nécessaire à sa révolution complète, c'est-à-dire le temps que met une molécule de sang partant d'un point pour y revenir, que Hiffelsheim apprécie à 2 minutes 16 secondes, nous sentons aussitôt l'impossibilité d'arriver à ce résultat d'une manière positive, satisfaisante, absolue. Il suffirait pour démontrer toute la vérité de cette assertion, de rapprocher les opinions et les évaluations des autres auteurs sur cet objet.

Berger, Keil fixent à deux minutes la durée de cette révolution ; Tabor, à cinquante-trois ; Harvey la porte à une heure; Plempius, à trois ; Rulfinck, à dix ; Floyer, à vingt. On peut donc seulement ajouter que cette même révolution est d'autant plus rapide et plus parfaite, que le sujet est plus jeune, d'une constitution plus énergique et d'un tempérament plus éminemment sanguin. Il résulte de ces faits que la circulation capillaire n'offre point d'uniformité d'ensemble ; qu'elle peut, souvent sans danger pour la vie, présenter les conditions plus ou moins prolongées de l'augmentation, de la diminution, de la suspension particlles ; c'est donc ici que l'utile découverte de M. Claude Bernard, sur la situation des petits vaisseaux sanguins, leur engorgement par la ligature du nerf grand sympathique trouvera ses importantes applications ; comme nous le verrons bientôt aux chapitres de la nutrition, de la calorification et des secrétions.

Avant de considérer actuellement la circulation dans son ensemble, nous devons indiquer les modifications qu'elle présente relativement à plusieurs organes importants et notamment *au cœur, aux poumons, à l'encéphale, au foie.*

CIRCULATION CARDIAQUE. — Le cœur est évidemment le plus remarquable de tous les organes sous le point de vue qui nous occupe. Centre commun de la circulation générale traversé, dans un temps donné, par toute la masse du sang à l'état de *sang noir* pour ses cavités droites, de *sang rouge* pour ses cavités gauches ; activant, effectuant même en grande partie le mouvement de ce fluide à l'un ou l'autre état dans les artères ; il présente en même temps le siége d'une petite circulation spéciale qui lui devient propre et dont l'objet est de fournir les éléments indispensables à sa nutrition, d'entretenir l'excitation sans laquelle on verrait bientôt ses contractions détruites avec anéantissement de la vie dans toute la constitution ; comme on l'observe lorsque, pendant l'asphyxie, le sang passe noir dans les vaisseaux particuliers du cœur ; circonstance qui rend la mort absolument irrévocable.

Dans la circulation propre au cœur, le sang rouge part du

ventricule gauche, passe dans l'aorte, dans les artères cardiaques, dans les vaisseaux capillaires de cet organe, revient au cœur par les veines cardiaques à l'état de sang noir, et se trouve déposé dans l'oreillette droite après avoir décrit un petit cercle complet en dehors du grand cercle circulatoire.

CIRCULATION PULMONAIRE. — Les poumons liés à la grande circulation, comme représentant l'un des points essentiels du cercle par leur système particulier, offrent en même temps une circulation qui leur est propre, et que la nature a chargée de veiller à leurs besoins essentiels.

Tout le sang traverse d'abord à l'état de *sang noir*, ensuite à l'état de *sang rouge*, le système capillaire particulier des poumons, dans un temps déterminé. Ce passage ne présente absolument rien de spécial pour les organes de la respiration ; le seul avantage qu'ils en retirent est la rénovation de la portion du sang qui leur est destinée, comme à tous les autres appareils de l'économie.

Pour ce qui est relatif à la circulation propre des poumons, circulation entièrement isolée de la précédente, n'offrant avec elle aucune communication, le sang rouge est poussé par le ventricule gauche dans l'artère aorte, dans les artères bronchiques ; il passe dans les capillaires communs qu'il faut bien distinguer des capillaires particuliers ; se trouve rapporté à l'état de sang noir par les veines bronchiques et déposé dans la veine cave supérieure où nous le voyons rentrer dans le grand cercle circulatoire.

CIRCULATION ENCÉPHALIQUE. — L'encéphale ne présente qu'une circulation propre, mais elle offre des particularités assez remarquables pour mériter une description particulière.

Quatre vaisseaux principaux nés de l'aorte, les deux artères carotides immédiatement, les deux artères vertébrales indirectement, pénètrent dans le crâne et se trouvent chargés de porter à l'encéphale tous les éléments de son élaboration nutritive, et toute l'excitation habituelle dont il a besoin pour exercer les fonctions qui lui sont départies. Les nombreuses divisions de ces artères arrivées à la base du crâne, s'anastomosent de manière à former un véritable *polygone artériel,* dont les pulsations déterminent, comme nous le verrons bientôt, des mouvements remarquables dans toute la masse encéphalique. Les branches qui naissent de ce point central produisent des rameaux, ces derniers des ramuscules dont l'entrelacement aussi ténu qu'inextricable forme la membrane *pie-mère,* avant que ces mêmes ramuscules devenus capillaires pénètrent dans la substance de l'encéphale. A ces vaisseaux capillaires succèdent les radicules veineuses qui forment des branches toutes répandues à la périphérie de cet organe pour aller s'ouvrir dans plusieurs canaux osso-membraneux, en partie creusés dans les os du crâne et qui vont se rendre sous le nom de sinus, comme à leur centre commun, de l'un et l'autre côté, dans le golfe de la veine jugulaire interne, elle-même terminée dans la veine cave supérieure. Telles sont les routes que le sang parcourt dans l'encéphale ; rouge dans les artères et les vaisseaux capillaires, noir dans les veines et dans les sinus.

Les dispositions spéciales de cet appareil circulatoire nous expliquent aisément plusieurs phénomènes importants, relatifs à l'excitation cérébrale, à la circulation veineuse de l'encéphale, aux mouvements que présente ce dernier dans toute sa masse.

Relativement à l'excitation cérébrale. — Toutes les artères se trouvant réunies à la base du crâne soulèvent à chaque pulsation l'encéphale tout entier, de manière à l'exciter convenablement, sans exposer la délicatesse de sa texture à des irritations, à des déchirements plus ou moins dangereux ; accidents contre lesquels il est protégé par l'état d'extrême division auquel on voit la pie-mère amener tous les rameaux artériels avant leur pénétration dans la pulpe encéphalique ; protection que l'on avait bien gratuitement attribuée aux flexuosités des artères carotides et vertébrales, comme nous le démontrerons bientôt.

Relativement à la circulation veineuse de l'encéphale. — Les veines encéphaliques, et surtout les sinus n'offrent pas les dispositions avantageuses des autres parties du même système pour effectuer, par leur propre action, le mouvement du sang qui doit les parcourir ; ces derniers plus spécialement se trouvant creusés dans les os dépourvus de la membrane propre des veines que remplace la dure-mère, sont incapables de se contracter sur le sang avec assez d'énergie pour en opérer convenablement la circulation ; c'est encore à la position des artères que la nature, si simple dans ses moyens, si riche dans ses résultats, a confié le soin d'obvier aux inconvénients qui résulteraient de ces modifications. On conçoit en effet que le soulèvement de l'encéphale par la dilatation des artères qui sont au centre, à la base de cet organe, comprime directement sur les os, par son moyen, les veines et les sinus placés à sa voûte, à sa circonférence, et favorise dès lors bien positivement la circulation du sang noir dans ces mêmes canaux.

Relativement aux mouvements de l'encéphale. — Les mouvements encéphaliques sont tellement apparents que depuis longtemps ils ont fixé l'attention des physiologistes ; mais un grand nombre d'hypothèses futiles ont été faites pour les expliquer : Willis, Baglivi, les attribuèrent aux contractions de la dure-mère dans laquelle ils admettaient des fibres musculeuses ; Fallope, Baubin, aux battements des artères de cette membrane ; Galien, au gonflement qui s'effectuait *par l'air transmis de la poitrine dans le rachis ;* Schlitting, Lamure, à l'engorgement des veines jugulaires et des sinus pendant l'expiration, ces auteurs admettant un espace vide entre les os du crâne et l'encéphale. Dans l'état actuel de la science, il n'est plus nécessaire de réfuter ces théories autrement que par l'explication naturelle des faits.

Après l'opération du trépan, ou même chez l'enfant nouveau-né, aux fontanelles, en examinant avec attention la masse encéphalique, on observe deux mouvements, l'un fréquent et régulier, correspondant exactement aux battements du pouls ; l'autre plus lent, moins uniforme, et dans la mesure des phénomènes extérieurs de la respiration. Le premier de ces mouvements parfaitement isochrone à l'ampliation des artères, est évidemment produit par le développement de celles qui occupent la base du crâne. Le sang poussé avec force par le ventricule gauche dilate ces vaisseaux, qui trouvant une résistance dans les os sous-jacents, produisent le soulèvement de toute la masse encéphalique, dont l'affaissement accompagne la rétraction de ces mêmes canaux qui chassent le fluide circulatoire dans les vaisseaux capillaires.

Le second mouvement est plutôt un effet de la turgescence que du soulèvement organique; de l'engorgement que de l'impulsion vasculaire. On le voit répondre à l'expiration dont il suit assez régulièrement les retours ; pendant celle-ci les capillaires des poumons ne livrent point un passage facile au sang qui s'accumule de proche en proche, dans l'artère pulmonaire, le cœur droit, les veines caves, la veine jugulaire interne, les sinus et les veines encéphaliques ; de là cet engouement sanguin, ce mouvement secondaire toujours beaucoup moins sensible, moins régulier, moins important que le premier ; dans lequel se trouve, en grande partie, le lien fonctionnel qui unit indispensablement le cœur au cerveau, celui-ci aux poumons, ces trois appareils entre eux.

CIRCULATION HÉPATIQUE. — Une particularité bien remarquable se rencontre dans le foie sous le point de vue du mouvement circulatoire. On voit dans cet organe, une veine se comporter à la manière des artères, s'enfoncer en se ramifiant dans le parenchyme hépatique, y porter le sang noir, comme le vaisseau artériel de ce viscère y distribue le sang rouge. De ces dispositions propres à l'organe sécréteur de la bile, résultent nécessairement des modifications spéciales dans le cours naturel des fluides qui lui sont destinés.

Le sang rouge et le sang noir sont transmis en même temps au foie : le premier par l'artère hépatique, le second par la veine porte. L'un et l'autre pénètrent dans le système capil-

EXPLICATION DE LA PLANCHE.

A. Poumons. **A'**. Système capillaire pulmonaire marqué par des points.

B. Cœur. Sangs rouge et noir marqués par des points.

C. Veines pulmonaires réduites à un seul vaisseau.

D. Artère aorte. **D'**. Système capillaire général.

E. Appareils glanduleux réduits à un seul organe.

F. Canal excréteur. *Première voie d'exportation.*

G. Veine rapportant le résidu sécrétoire.

H. Organisme sous le rapport de la nutrition réduit à un seul viscère.

I. Veine rapportant le résidu nutritif.

J. Surfaces libres, exhalantes, sans communication extérieure réduites à une seule.

K. Système absorbant lymphatique, réduit à un seul vaisseau.

L. Surfaces libres, exhalantes, avec communication extérieure réduites à une seule.

M. Produit exhalé en évaporation. *Seconde voie d'exportation.*

N. Absorbants chargés de rapporter ce qui échappe à l'évaporation, et de puiser des matériaux de composition dans le milieu ambiant. *Première voie d'importation.*

O. Appareil digestif réduit à une seule cavité.

P. Canal de transmission des aliments. *Seconde voie d'importation.*

Q. Système absorbant chyleux, réduit au canal thoracique.

R. Système veineux réduit à un seul vaisseau.

S. Artère pulmonaire.

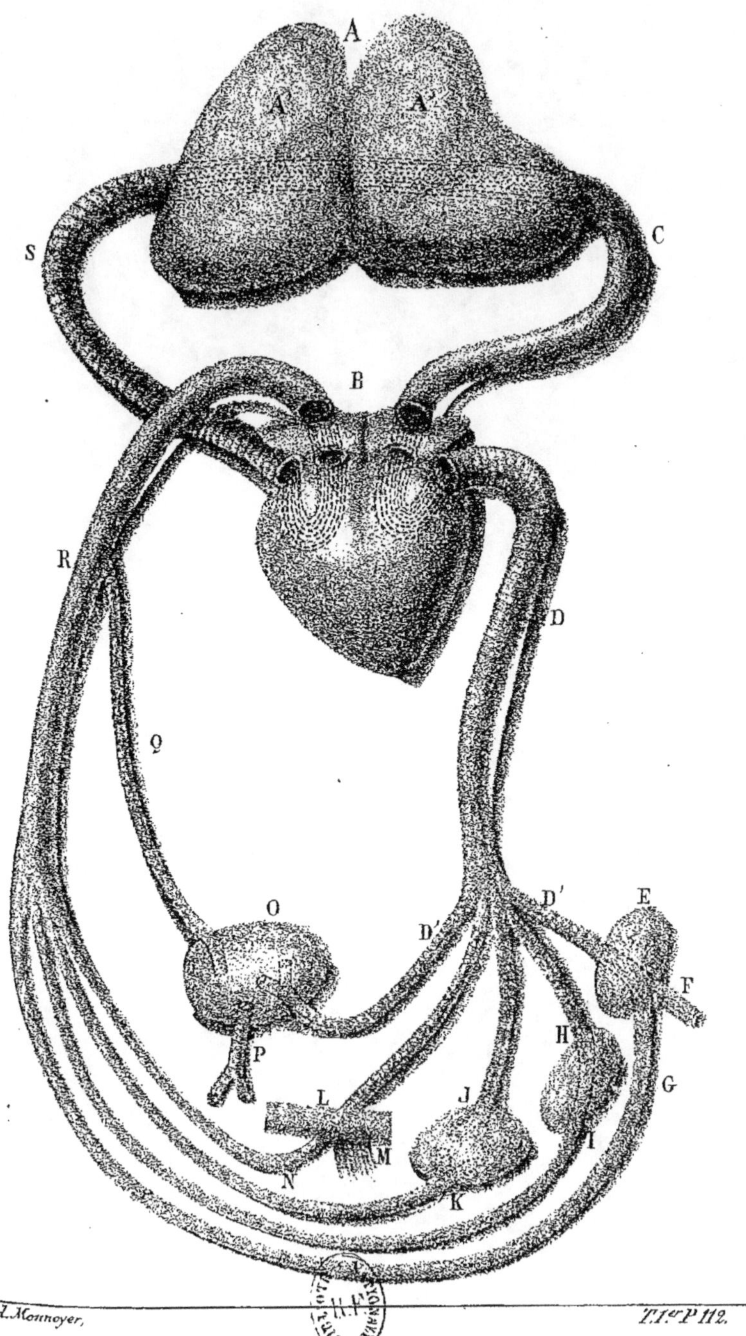
Circulation Générale
A
A'
A'
S
C
B
R
D
Q
O
D'
D'
E
F
P
H'
L
J
G
M
I
N
K
Lith. Ed. Monnoyer,
T. 1er P 112.

laire; le premier pour fournir à l'organe des matériaux de nutrition ; le second, des éléments de sécrétion. Le résidu commun de ces élaborations est repris par les radicules des veines hépatiques, et déposé dans la veine cave inférieure pour suivre ultérieurement la marche commune au sang noir.

Dans l'intention de mieux faire apprécier la révolution des fluides circulatoires, nous les avons étudiés, parcourant successivement les différents points du cercle général. Tel serait en effet leur cours naturel, si le cœur était unique, dès lors établi sur un des points de ce même cercle, marquant positivement l'origine et le terme de cette révolution. Mais réellement double, chassant en même temps le sang noir et le sang rouge par la contraction de ses ventricules, cet organe doit être maintenant envisagé dans ses mouvements d'ensemble, comme toutes les autres parties du même appareil.

Étude de la circulation sanguine envisagée dans l'ensemble de ses mouvements. — Pour bien comprendre ce mouvement circulatoire, nous devons l'étudier d'abord dans le cœur, comme dans son point central ; ensuite le considérer dans les rapports de cet organe avec toutes les divisions de l'appareil chargé de son exécution.

Cet examen déjà très-important sous le rapport physiologique, deviendra du plus haut intérêt pour la pathologie de l'appareil circulatoire et de l'organisme tout entier.

Mouvements du cœur. — Nous les réduisons à deux principaux : la dilatation que nous désignons par le terme de *diastole ;* le resserrement auquel nous accordons la dénomination de *systole.*

Diastole du cœur. — Dans ce premier mouvement, la capacité cardiaque s'agrandit pour admettre le sang qu'il doit immédiatement pousser dans les artères. Les physiologistes ne sont pas d'accord sur la nature et la cause de cette ampliation.

Hamberger et Perrault considèrent la diastole comme active : ils admettent dans l'organisation du cœur, des fibres, les unes transversales, les autres longitudinales , ils attribuent la diastole à la contraction des premières, et la systole à celle des secondes. Mais, d'une part, l'anatomie ne démontre pas ces fibres ; de l'autre, tout raccourcissement de ces mêmes fibres, quelle que fût leur direction, produirait évidemment le resserrement et non la dilatation des cavités cardiaques.

Haller ne voit dans la diastole qu'un simple relâchement des parois musculaires, par défaut de stimulation ; comme on l'observe d'ailleurs pour toutes les autres parties de l'appareil moteur.

D'autres ont regardé cette dilatation comme absolument passive et déterminée par l'effort du sang chassé dans les cavités du cœur.

Ces deux causes nous semblent concourir à la diastole. Plusieurs physiologistes ont objecté que le cœur entièrement séparé du reste de l'économie, pressé par la main, faisait encore un effort assez considérable pour en vaincre la résistance, lorsqu'il appartenait à des animaux vigoureux et d'un certain volume. Ce fait paraît au premier aspect affirmatif de la diastole par action directe ; mais en répétant cette expérience avec attention, ou s'aperçoit que la main éprouve l'effort d'expansion précisément à l'instant de la systole, le cœur se raccourcissant et se gonflant alors dans le sens de l'épaisseur, comme on le voit dans les muscles pendant leurs instants de contraction.

Une expérience de Hunter nous semble décider la question. Ayant ouvert la poitrine et le péricarde sur un chien, assuré la respiration au moyen d'un soufflet, il vit les oreillettes se contracter sans difficulté, se débarrasser incomplétement du sang, les ventricules se raccourcir et devenir plus durs pendant la systole, doubler de capacité, présenter beaucoup plus de mollesse pendant la diastole.

Systole du cœur. — Dans cet autre mouvement, la capacité cardiaque est notablement resserrée pour expulser le sang qu'elle avait admis. Le cœur est actif dans cette cir-

constance, et tous les auteurs sont d'accord sur ce point. Il
n'en est pas de même relativement à la cause essentielle de
cette réaction. Les anciens ont admis les théories les plus
excentriques ; des faits nombreux recueillis par Zinn et Chirac
démontrent positivement que l'exercice libre des mouvements
du cœur peut se concilier avec des lésions graves de l'appareil
encéphalique.

Les mouvements des cavités cardiaques s'effectuent simultanément pour les deux oreillettes ; il en est de même relativement aux deux ventricules. Chacun de ces mouvements offre
des rapports constants avec ceux des artères et des veines.
Ainsi nous observons en même temps, la *diastole* des oreillettes et des artères, la *systole* des ventricules et des veines ;
la *diastole* des ventricules et des veines, la *systole* des oreillettes et des artères.

Les systèmes capillaire et lymphatique envisagés dans chacun des petits vaisseaux qui les constituent, doivent également
agir d'une manière intermittente ; mais, considérés en masse,
leur action devient continue. Toutefois l'engorgement ou la
vacuité qu'ils peuvent offrir, exercent une influence notable
sur le reste du mouvement circulatoire, de telle sorte que
les anomalies dans une partie de ce grand appareil, en déterminent dans les autres, que l'on peut juger des premières
par les secondes, et *vice versâ*, comme nous le verrons bientôt dans les considérations importantes que l'histoire du pouls
va nous offrir.

Ainsi le sang noir versé dans l'oreillette droite par les
veines caves, le sang rouge déposé dans l'oreillette gauche
par les veines pulmonaires, sont en même temps poussés par
ces cavités dans leurs ventricules respectifs, et bientôt chassés,
également sous l'influence d'une action simultanée, le premier, dans l'artère pulmonaire par le ventricule droit, le
second, dans l'artère aorte par le ventricule ganche.

Pendant ces mouvements, trois phénomènes importants
viennent frapper l'attention du physiologiste : *les battements
du cœur, les pulsations artérielles, l'effort du sang dans les*

parenchymes. Nous devons considérer isolément chacun de ces résultats et les étudier avec d'autant plus de soin qu'ils offrent beaucoup d'intérêt, et sont devenus l'objet des controverses les plus vivement soutenues.

Battements du cœur. — Dans chaque impulsion circulatoire, le cœur fait sentir un battement distinct vers la septième côte sternale gauche.

Il semblerait que l'explication d'un fait aussi simple, aussi palpable, ne devrait offrir la matière d'aucune discussion sérieuse ; elle devint cependant l'occasion des débats les plus opiniâtres et les plus violents, entre l'école de Paris et celle de Montpellier. Nous les regrettons assez pour ne pas songer à les reproduire.

Les expériences et les faits pathologiques démontrent que l'innervation de l'axe cérébro-spinal, dans sa partie dorsale, est nécessaire aux mouvements du cœur pour leur développement complet; mais elles ne prouvent nullement que cette innervation soit la cause essentielle des contractions de cet organe, puisque le cœur agirait alors sous l'influence de la volonté, comme tous les muscles dont les nerfs ont une origine exclusivement encéphalique. Ces mêmes faits semblent au contraire établir positivement que l'influence de la moelle rachidienne est accessoire dans les contractions du cœur, puisque chez les sujets soumis à l'observation, ce viscère n'a pas cessé de battre, dans les uns, pendant seize jours, et dans les autres, pendant soixante-douze. Nous pensons dès lors que l'innervation ganglionnaire est la seule indispensable à ces mouvements, et que l'organe qui les exerce tient particulièrement sa faculté motrice des nerfs qui lui sont fournis par les plexus cardiaques.

Voici d'après les faits, l'observation et le raisonnement, la manière la plus naturelle d'expliquer l'enchaînement des phénomènes relatifs aux mouvements du cœur.

Le sang rouge pour le cœur gauche, le sang noir pour le cœur droit, offrent l'agent chargé de provoquer l'excitation de ces cavités. Les nerfs particulièrement émanés du système ganglionnaire et des branches dorsales de la moelle rachidienne, distribués au cœur, présentent la partie destinée à recevoir cette impression, à solliciter une réaction qui n'étant pas directement encéphalique devient par cela même involontaire; enfin les fibres charnues de ce viscère constituent l'agent essentiel de cette réaction, et par conséquent des mouvements de diastole et de systole.

Quant au principe de ces mouvements, il se rencontre dans le cœur lui-même. La plupart des physiologistes sont d'accord sur ce point. Fallope, Willis, Baglivi, Sénac, Haller, Morgagni, etc., ont observé que la ligature et la section de tous les nerfs qui se rendent à cet organe sont incapables d'en suspendre immédiatement les contractions, et que l'animal peut encore vivre six, huit et dix jours après cette opération. Cléante a vu le cœur se contracter encore assez longtemps après son arrachement complet. Nous avons répété cette expérience plusieurs fois sur des chiens de moyenne taille; la diastole et la systole ont encore persisté trois et quatre minutes après l'entière séparation du reste de l'organisme. On a pu réveiller la contractilité cardiaque vingt-quatre heures après la mort apparente, sur un saumon; après quarante heures, sur une tortue; le cœur d'un serpent répondait encore aux stimulants très-actifs quatre jours après la cessation de toute vitalité sensible.

Pulsations artérielles. — L'effort d'impulsion communiqué à la colonne sanguine chassée dans l'artère aorte, par la contraction du ventricule gauche, dans l'artère pulmonaire, par celle du ventricule droit, détermine la dilatation de ces vaisseaux; phénomène qu'il nous est impossible d'attribuer, avec Galien, à l'expansion active de leurs parois. En effet, en les supposant musculeuses, opinion peu vraisemblable, quelle que fût la direction de leurs fibres, l'effort de contraction produirait toujours un véritable resserrement de ces mêmes vaisseaux. Une impulsion, une dilatation absolument semblables se font observer également et simultanément dans toutes les divisions artérielles, toutes les colonnes qui précèdent se trouvant ébranlées et poussées en avant par celle qui suit : d'où résulte en même temps un léger mouvement de locomotion dans l'ensemble du vaisseau, de son tronc à ses divisions. C'est à cette locomotion, à cette dilatation évidemment passives qu'il faut attribuer la pulsation, *le pouls;* c'est en effet pendant l'exécution de ces deux mouvements, que l'artère vient frapper le doigt qui la touche.

A l'instant où l'effort d'impulsion cardiaque cesse de s'effectuer, l'artère, en vertu de la grande élasticité de ses parois, éprouve un resserrement instantané dans toute son étendue, un mouvement de locomotion de ses branches vers son tronc ; cette modification opposée à la première, signalée par la disposition de l'artère sous le doigt qui la presse, marque l'intervalle des pulsations.

On a soutenu pendant longtemps, que les tubes artériels étaient actifs dans ces phénomènes du pouls ; cette opinion est évidemment erronée, les faits suivants le démontrent d'une manière incontestable pour la dilatation comme pour le resserrement, d'après les belles expériences de Bichat.

Si les artères étaient véritablement actives dans la production du pouls, celui-ci ne se montrerait jamais parfaitement isochrone dans toutes leurs divisions, la dilatation et la locomotion vasculaires n'étant plus déterminées par un agent central d'impulsion. Or l'expérience nous démontre que cette pulsation artérielle s'effectue simultanément dans toutes les branches du même arbre, et précisément pendant la contraction des ventricules.

Chez les animaux dont l'appareil circulatoire n'offre pas de cœur ou d'organe central qui le remplace, on n'observe jamais de pouls.

Si l'on adapte une artère à l'extrémité d'une veine, cette artère fournit le sang par un jet continu, sans présenter aucune pulsation.

Si l'on fixe au contraire une veine à l'extrémité d'une artère, cette veine laisse échapper le sang par saccades, et présente des pulsations isochrones à celles des vaisseaux artériels.

Si l'on invagine l'artère d'un chien vivant dans celle d'un cadavre, les pulsations se manifestent dans cette dernière comme dans l'état de vie. En substituant à ce vaisseau un tube de cuir élastique, on obtient les mêmes résultats.

En enlevant le milieu d'une artère dans l'étendue de plusieurs pouces, en rétablissant la continuité par le moyen d'un tube métallique, on voit le pouls se manifester au delà, comme si l'artère avait conservé toute son intégrité.

Lorsque les contractions des ventricules du cœur s'accélèrent ou se ralentissent, offrent plus de force ou plus de faiblesse, le pouls suit exactement toutes ces modifications.

Le pouls est assez fort pour vaincre des résistances considérables ; il soulève tout le poids de l'atmosphère, exige une pression très-énergique pour disparaître, etc. Serait-il possible d'attribuer des résultats semblables à l'action particulière des vaisseaux artériels, en supposant même la réalité de cette action ? Aucun physiologiste n'adoptera des erreurs aussi positives.

Il nous semble dès lors évidemment démontré *que l'artère est absolument passive dans tous les phénomènes du pouls ; que la dilatation et le mouvement longitudinal du vaisseau dépendent exclusivement de l'impulsion de la colonne sanguine par la contraction des ventricules cardiaques ; le resserrement et le retour de ce même vaisseau, de la force élastique dont jouissent naturellement ses parois.*

Ces principes nous conduisent directement à l'examen physiologique et raisonné d'un phénomène d'autant plus important qu'il devient en quelque sorte le thermomètre de l'état normal et de l'état pathologique ; ce phénomène est le *pouls* dont les modifications infinies servent à caractériser les nuances de la santé, les différents degrés des altérations morbifiques.

Quant à la tension du sang dans les artères assez exactement appréciée par Borelli, on arrive assez facilement à la constater par *l'hémodynamomètre* de M. Poiseuille, perfectionné par MM. Ludwig, Spengler et Valentin.

Pouls. — Le pouls, σφυγμὸς des Grecs, *pulsus* des Latins, de *pulsare*, frapper, est le battement que fait sentir une artère au doigt qui la touche.

Il faut distinguer dans le pouls deux mouvements opposés : l'expansion ou *diastole* de l'artère, produite par la contraction du ventricule; le resserrement ou *systole*, déterminé par l'élasticité des parois vasculaires.

Dès lors trois circonstances principales doivent amener des modifications dans le pouls : l'état du ventricule; celui des parois artérielles ; celui des vaisseaux capillaires. La première, par le degré de force, de vitesse, etc., qu'elle imprime à la colonne du sang dans son mouvement; la seconde, par l'énergie qu'elle apporte à soutenir ce mouvement dans sa réaction élastique; la troisième, par le degré de résistance qu'elle oppose à ces deux efforts successifs.

L'inspection du pouls, l'examen attentif de ses modifications, peuvent donc nous faire apprécier les altérations idiopathiques ou sympathiques des vaisseaux capillaires, des artères et du cœur. C'est dire que le pouls devient en quelque sorte la *boussole* du médecin physiologiste, dans l'investigation du plus grand nombre des maladies, en raison des liens qui unissent le système circulatoire à tous les autres systèmes organiques.

L'énergie ou la faiblesse des mouvements de *diastole* et de *systole*, la rapidité ou la lenteur de leur succession, leur durée absolue ou relative, nous donnent la raison de toutes les modifications fondamentales dont le pouls est susceptible, et que nous réduirons à six principales en y comprenant la modification opposée pour chacune de ces variétés : *force, fréquence, dureté, largeur, plénitude, régularité.*

Pour bien juger ces différentes modifications, il est essentiel d'établir positivement les caractères généraux de l'état normal, et même les dispositions particulières de chaque sujet, lorsqu'il s'agit d'en inférer des notions importantes relativement à l'état pathologique.

Force ou faiblesse du pouls. — Le pouls est *fort* toutes les fois que l'artère frappe avec énergie le doigt qui la touche ; il est *faible* dans l'hypothèse contraire.

La force ou la faiblesse du pouls dépendent constamment de la force ou de la faiblesse des contractions ventriculaires ; nous devons dès lors examiner ici le degré de puissance naturelle du centre circulatoire, dans l'accomplissement de cette grande fonction.

La force naturelle du cœur se trouve bien diversement exprimée par les auteurs ; combien ne rencontrons-nous pas en effet d'estimations intermédiaires entre celle de Borelli qui la porte à 180 livres, et celle de Keil qui la réduit à 8 onces ; Jurine la fixe à 15 livres, d'autres à 30, d'autres à 40, etc. Il nous paraît impossible d'arriver à ce résultat d'une manière absolue, de l'obtenir même chez un sujet déterminé avec cette exactitude mathématique à laquelle prétendent quelques physiciens ; et qui ne se trouvera jamais dans la solution d'un problème physiologique, où tout calcul devient nécessairement approximatif.

Toutefois il est impossible de ne pas admettre dans les ventricules cardiaques une grande force d'impulsion, lorsque nous voyons chacun de ces mouvements déterminer dans tout l'organisme une expansion tellement active, qu'elle soulève en même temps le poids de l'atmosphère évalué de trente-six à quarante mille livres pour un homme de taille ordinaire ; élever l'un des membres pelviens, dont le jarret porte sur la rotule du membre opposé, par la seule diastole que ce mouvement détermine dans l'artère poplitée ; effectuer des ruptures dans les gros vaisseaux, dans le cœur ; Morgagni, Vicq d'Azyr en citent plusieurs exemples ; chasser le sang dans une grande partie du cercle circulatoire ; en effet, sans admettre, avec Haller, que les fluides en mouvement dans tous les points de ce même cercle, se trouvent directement soumis à l'influence du cœur, puisque les vaisseaux lymphatiques, les veines, etc., n'offrent jamais de véritables pulsations, au moins devons-nous lui supposer une grande énergie pour surmonter la résistance que ses contractions trouvent nécessairement dans les vaisseaux capillaires et dans les parenchymes organiques.

Nous verrons bientôt par quelles précautions admirables, des organes délicats, dont les froissements seraient aussi faciles que dangereux, se trouvent protégés contre ces violentes impulsions du centre circulatoire, d'ailleurs indispensables à l'excitation générale qui régularise et maintient la succession des phénomènes vitaux, comme les oscillations du balancier règlent et soutiennent les mouvements de la pendule.

C'est le degré de ce développement circulatoire que nous devons actuellement étudier dans ses deux extrêmes.

Pouls fort. — Il est caractérisé par l'intensité de la percussion que produit le vaisseau artériel pendant sa diastole. Constamment déterminé par des contractions ventriculaires énergiques, il devient ainsi l'indication la plus positive d'un grand développement soit naturel, soit anormal, dans la contractilité du centre circulatoire. Ainsi le pouls est fort chez les sujets d'un tempérament sanguin, athlétique, d'une constitution robuste ; chez les malades affectés d'une hypertrophie des ventricules ; il prend momentanément ce caractère sous l'influence d'une passion violente, d'un exercice musculaire très-actif, et d'une manière plus durable, pendant le cours ordinaire d'une inflammation parenchymateuse franchement établie. Il est donc essentiel, dans l'estimation du pouls fort, comme symptôme pathologique, de bien distinguer ce qui appartient à l'état naturel du sujet, à l'hypertrophie, à l'exaltation momentanée, à la réaction inflammatoire, et de faire exactement la part à chacune de ces causes dont les résultats pourraient induire en erreur par l'analogie qui semble d'abord les identifier.

Pouls faible. — Il se trouve indiqué par la débilité de la percussion que fait éprouver l'artère pendant sa dilatation.

Produit par l'atonie des ventricules, il offre le symptôme principal d'un abaissement notable, soit physiologique, soit pathologique, dans la contractilité du cœur. Ainsi le pouls est faible chez les individus lymphatiques, d'une constitution molle et délicate, chez les sujets efféminés par une vie sans intérêt et sans activité, plus ou moins épuisés par les maladies chroniques, par la misère et les privations; il prend temporairement ce caractère sous l'influence des passions tristes, des chagrins, etc.; d'une manière plus soutenue, dans les sub-inflammations avec abus des évacuations sanguines et de la diète absolue. Il est encore indispensable dans l'évaluation du pouls faible, comme symptôme d'altération morbifique, d'estimer exactement les influences relatives à l'état normal du sujet, à l'atonie des ventricules, à la débilitation momentanée du cœur, ou même de tout l'organisme, par les passions dépressives, la vacuité de l'estomac, le besoin d'aliments solides, etc.

Fréquence ou lenteur du pouls. — La vitesse du mouvement circulatoire ne peut être évaluée qu'approximativement et même d'une manière assez relative, non-seulement chez les différents sujets, mais encore dans les différents points du cercle circulatoire chez un même individu.

Très-variable suivant l'âge, elle offre beaucoup d'activité chez l'enfant, présente au contraire un développement très-peu marqué chez le vieillard ; plus grande chez les sujets sanguins, vigoureux, pendant la fièvre, sous l'influence d'un exercice violent, etc., elle devient beaucoup plus bornée chez les hommes d'un tempérament lymphatique, d'une constitution lâche et débile, dans l'absence de toute réaction et pendant le repos complet ; plus développée dans l'état de veille par l'excitation encéphalique, par l'action expansive des passions agréables ou violentes, elle est sensiblement diminuée dans le sommeil profond, sous l'influence de l'apathie cérébrale, des passions tristes et dépressives qui semblent enchaîner les mouvements du cercle circulatoire.

Si nous l'examinons dans les principaux segments du cercle complet, nous la voyons d'autant plus grande que l'on

s'approche davantage des gros troncs centripètes, soit artériels, soit veineux ; pour les premiers, parce que les fluides
circulatoires se trouvent alors sous l'influence des impulsions cardiaques dans toute leur énergie ; pour les seconds,
parce que ces mêmes fluides passent d'une capacité vasculaire plus large, dans une capacité vasculaire plus
étroite.

Cherchant un terme moyen à cette vitesse du mouvement
circulatoire, plusieurs auteurs ont établi des bases d'estimation dont la diversité prouve assez leur peu de valeur
absolue. Pour le cheval, on a trouvé, par minute, trente-six
pulsations et 26 pieds de distance parcouruc ; chez l'homme
adulte, dans le même temps, Kcil porte ce trajet à 86 pieds ;
Haller, à 30, etc.

La vitesse relative présente quelque chose de plus positif
dans son estimation. On peut établir, en thèse générale,
qu'elle est d'autant plus considérable que le sujet est plus
jeune, d'autant moins grande qu'il se trouve plus avancé dans
la vieillesse. Les auteurs fixent ainsi la vitesse du pouls dans
les diverses phases de la vie ; nous avons constaté par un
grand nombre de faits la réalité de cette évaluation : *à la
naissance*, de cent quarante à cent trente ; *à un an*, de cent
trente à cent vingt ; *à deux ans*, de cent vingt à cent dix ; *à
trois ans*, de cent dix à cent ; *à dix ans*, de cent à quatre-
vingt-dix ; *à vingt ans*, de quatre-vingt-dix à quatre-vingts ; *à
quarante ans*, de quatre-vingts à soixante-dix ; *à soixante ans*,
de soixante-dix à soixante-cinq ; *à quatre-vingts ans*, de
soixante-cinq à soixante ; *enfin à cent ans*, de soixante à
cinquante-cinq.

On rencontre il est vrai des sujets dont le pouls, même
dans l'adolescence, ne donne que quarante ou quarante-cinq
pulsations par minute ; d'autres qui, parvenus à la caducité,
offrent dans le même temps, jusqu'à soixante-quinze et même
quatre-vingt-dix battements : ces faits particuliers ne peuvent détruire la règle générale. Études actuellement les
deux modifications principales de cette même disposition.

Pouls fréquent. — Il est caractérisé par une rapide succession des mouvements de diastole et de systole artérielles. Toujours produit par des contractions ventriculaires très-rapprochées, il devient symptôme d'une suractivité cardiaque soit naturelle, soit morbifique. Ainsi le pouls est fréquent chez les sujets d'un tempérament nerveux, d'une constitution irritable et grêle ; dans les passions qui exaltent l'imagination plutôt que les facultés affectives, pendant l'exercice, etc.; dans toutes les irritations du cœur, soit directes, soit sympathiques.

Ainsi l'un des systèmes, des organes, des appareils de l'économie vivante, se trouve-t-il envahi par une violente inflammation ; si le siége de cette altération est très-nerveux, la douleur s'éveille, une réaction s'établit vers le centre ganglionnaire, et bientôt vers le cœur dont les contractions accélérées déterminent la fréquence du pouls.

Ces effets sont d'autant plus évidents que l'existence est plus dangereusement compromise ; l'inquiétude et l'insurrection organiques plus fortement excitées dans toute la constitution. C'est ainsi que l'accélération du pouls devient un symptôme commun au plus grand nombre des inflammations ; alors compliquée par l'augmentation et la perversion de la chaleur vitale, par une anxiété généralement répandue, etc., elle établit cet état particulier, désigné sous le nom de *fièvre*, mal à propos envisagé comme une maladie spéciale, puisqu'il est évidemment le symptôme et le résultat d'une autre altération.

Cette accélération des mouvements circulatoires peut en élever la fréquence à plus de deux cents pulsations par minute ; unie à la force, elle indique une réaction violente et doit faire craindre des hémorrhagies, des congestions organiques ou des ruptures vasculaires ; jointe à la concentration, à l'irrégularité, elle devient le présage d'un mort très-prochaine.

Pouls lent. — On le reconnaît à la succession pénible et tardive des pulsations. Déterminé dans tous les cas par des contractions ventriculaires éloignées, il indique positivement

dans le cœur un état naturel ou pathologique d'engourdissement et d'inertie. Ainsi le pouls est lent chez les sujets d'un
tempérament lymphatique, d'une constitution molle, empâtée,
sans énergie ; dans les passions dépressives et plus spécialement dans celles qui portent la langueur et l'indifférence au
fond de l'âme ; pendant le repos absolu, dans le sommeil
profond, dans l'apoplexie, la syncope, l'asphyxie, l'atonie
constitutionnelle ; dans tous les abaissements notables de la
sensibilité générale, soit sous l'influence d'une maladie, soit
par l'action d'un médicament narcotique ou particulièrement
sédatif du centre circulatoire. Ainsi l'opium détermine ce
résultat en agissant en même temps sur tout l'appareil innervateur ; la digitale, en spécialisant son influence à celui de
la circulation. Dans ces différentes circonstances nous avons
plusieurs fois observé, même chez des adolescents, le mouvement circulatoire descendant à quarante, à trente et même à
dix-huit pulsations par minute ; nous en citerons un exemple
bien remarquable, en traitant des altérations circulatoires. Il
suffit de considérer le ralentissement qui précède la lipothymie
vers la fin d'une saignée copieuse, pour bien apprécier toute
l'influence de l'excitation encéphalique relativement à l'activité du cœur et par conséquent à la lenteur et à la fréquence
du pouls.

DURETÉ OU MOLLESSE DU POULS. — Les divers degrés de
consistance du pouls se rattachent à deux causes principales ;
sans doute à la force d'impulsion du cœur, mais plus spécialement encore à la tonicité des parois artérielles, à l'énergie
de leur élasticité.

Il ne faut pas confondre ces caractères plus ou moins prononcés, avec les résultats que déterminent l'épaississement,
l'induration et surtout l'ossification de ces mêmes parois,
comme on l'observe souvent chez les vieillards, où la dureté
du pouls est ordinairement une conséquence de ces dispositions, et dans tous ces cas est plutôt fictive que réelle. Deux
modifications opposées doivent particulièrement, sous ce rapport, fixer notre attention.

Pouls dur. — On le distingue facilement à la grande consistance de l'artère qui s'arrondit sous les doigts, et résiste beaucoup à la pression. Spécialement déterminé par la rigidité, la force de rétraction élastique, peut-être aussi par la tonicité de ce vaisseau, il est parfois assez positivement augmenté par la force d'impulsion du cœur ; dans cette circonstance il est en même temps fort et plus ou moins volumineux ; dans l'autre, il est petit, concentré ; la première disposition caractérise les inflammations parenchymateuses et plus particulièrement celles des poumons, du cerveau, etc.; la seconde appartient aux phlegmasies des membranes et des tissus plutôt nerveux que vasculaires, avec développement d'une vive douleur, comme on l'observe surtout dans la pleurésie, l'arachnitis, la péritonite, etc., le frisson des fièvres intermittentes, etc.

Ces modifications peuvent encore se rencontrer, même dans l'état normal ; ainsi le pouls est naturellement dur chez les sujets d'un tempérament bilieux, nerveux, d'une constitution sèche et très-énergique, dans les passions concentrées, les angoisses de la douleur, etc.

Pouls mou. — Il est caractérisé par la souplesse de l'artère et la facilité de sa dépression ; produit par l'atonie, le défaut d'élasticité des parois vasculaires, et quelquefois en même temps, par la faiblesse des contractions cardiaques, il devient le symptôme d'un relâchement, d'un défaut d'énergie vitale soit dans toute la constitution, soit dans l'appareil circulatoire plus spécialement ; soit dans l'état naturel, soit dans l'état morbifique. Ainsi le pouls est mou chez les individus lymphatiques, d'un moral timide et sans énergie, d'une constitution molle, disposée aux infiltrations, aux hydropisies ; dans les passions tristes et langoureuses ; dans les atonies locales ou générales ; dans l'anévrisme du cœur ; au déclin de la fièvre d'accès ; dans l'épuisement qu'entraînent l'abus des saignées, les inflammations chroniques ; dans le scorbut, les scrofules, etc.

Largeur ou concentration du pouls. — Les différents

degrés de largeur ou de concentration du pouls sont relatifs d'une part, à l'ampliation de l'artère ; de l'autre, au volume de la colonne sanguine chassée par les ventricules. Nous devons dans cette modification étudier particulièrement les deux états opposés.

Pouls large. — Il est aisé à distinguer au développement libre et facile de l'artère qui semble devenir plus immédiatement sous-cutanée, indépendamment de la force et de la dureté susceptibles de compliquer cette même disposition. Particulièrement déterminé par cette grande souplesse de l'artère jointe à son élasticité, par la facilité de l'impulsion du sang, de son admission dans les vaisseaux, etc., il devient l'indication positive d'une circulation sanguine régulière, abondante et complète, soit dans l'état de santé, soit dans l'état de maladie. Ainsi le pouls est large dans le tempérament sanguin, athlétique ; chez les sujets habitués à des exercices corporels, favorables à la conservation ; dans les passions gaies où l'on observe cette expansion générale opposée à toute concentration nuisible ; dans les phlegmasies à large surface, marchant franchement et sans douleur.

Pouls concentré. — Il est indiqué par le resserrement de l'artère qui devient en apparence filiforme, paraît s'enfoncer profondément et manquer sous les doigts, sans aucune pression suffisante pour entraîner ce résultat. Produit par une forte rétraction des parois artérielles dont l'expansion est d'autant moindre que la contraction des ventricules s'effectue presque toujours alors avec une sorte de faiblesse et d'hésitation, comme si la nature craignait de chasser le sang dans les organes péniblement enflammés, il présente le symptôme d'une circulation incomplète et difficile ; aussi l'observons-nous beaucoup moins fréquemment dans l'état normal que dans l'état pathologique.

Le pouls est concentré plus particulièremeut chez les sujets d'un tempérament nerveux, d'une constitution sèche, d'une grande irritabilité dans le système ganglionnaire ; dans le repos, les passions dépressives et notamment la crainte, l'inquiétude, le chagrin profond, etc. ; cette modification devient particulière aux phlegmasies très-douloureuses ; elle est caractéristique des névralgies, des inflammations séreuses, synoviales, musculaires, etc. ; lorsque la fréquence et l'irrégularité viennent s'y joindre, elle présente bien souvent un phénomène précurseur de la mort.

Il ne faut pas confondre le pouls concentré avec le pouls faible ; ils n'ont de commun que le peu de volume de l'artère, mais leurs caractères principaux et les dispositions qu'ils indiquent sont essentiellement différents. Le premier, dur, arrondi, rénitent, cède à la pression en s'enfonçant profondément dans les parties sous-jacentes ; le second, au contraire, mou, aplati, sans réaction, disparaît sous le doigt par un véritable affaissement. Le premier indique un état général ou local de spasme et d'irritation ; le second, une atonie circulatoire ou constitutionnelle ; le premier réclame une évacuation sanguine proportionnée à l'âge, à la constitution du sujet, à l'intensité de l'inflammation ; il se développe et se relève sous l'influence de ce moyen alors essentiellement utile ; il prend plus de force et d'élasticité, au lieu de s'affaiblir et de se concentrer davantage ; le second devient une contre-indication positive à la saignée dont les effets augmenteraient encore l'atonie locale ou générale d'une manière toujours nuisible, quelquefois directement funeste.

On conçoit aisément toute l'importance d'une pareille distinction, négligée ou méconnue par le commun des médecins.

Plénitude ou vacuité du pouls. — Toutes les nuances que peut offrir cette modification sont déterminées : d'une manière *essentielle* par la quantité proportionnelle du sang dans toute l'économie, ou dans un organe, un appareil particulier ; dispositions qui constituent la *pléthore* ou l'*anémie* générales, la *pléthore* ou l'*anémie* locales ; d'une manière *accessoire* par l'augmentation ou la diminution des obstacles que les vaisseaux capillaires viennent apporter au passage du sang ; par le développement ou l'affaiblissement des impulsions du cœur, versant dans les artères une quantité de sang bien supérieure ou bien inférieure à celle de l'état normal. Étudions ces dispositions avant de passer à l'histoire du pouls qui les indique.

PLÉTHORE, ANÉMIE GÉNÉRALES. — Ces deux extrêmes de la modification qui nous occupe sont déterminés par des causes, par des circonstances opposées ; elles entraînent des résultats essentiellement différents.

Pléthore générale. — Plus particulière aux tempéraments sanguin, athlétique, aux constitutions fortes, elle se manifeste dans tous les cas où la réparation nutritive dépasse notablement la dépense et la décomposition organiques ; elle est plus spécialement produite par une alimentation trop nutritive, jointe à des habitudes sédentaires, au calme des passions ; son caractère essentiel est une proportion extra-normale du sang dans l'organisme tout entier ; son remède curatif, la saignée générale ; ses moyens préservatifs, une diète moins abondante secondée par l'exercice physique et l'agitation morale.

Anémie générale. — Plus ordinaire chez les sujets lymphatiques, d'une constitution lâche, étiolée, vicieuse, on la voit se manifester lorsque la déperdition l'emporte beaucoup sur la réparation. Ainsi le défaut d'aliments substantiels, d'air pur, d'insolation, les excrétions, les hémorrhagies, les saignées surabondantes et prolongées, en deviennent les causes les plus ordinaires et les plus positives. Elle consiste particulièrement dans une proportion infra-normale du sang pour tout l'organisme et peut être combattue avec succès, par la respiration d'un air libre et suffisamment oxygéné, par une alimentation graduée, par les bienfaits de l'exercice et de l'insolation ; on a conseillé la transfusion du sang dans les cas les plus graves ; nous apprécierons bientôt la valeur de ce moyen.

PLÉTHORE, ANÉMIE LOCALES. — Ces dispositions opposées

deviennent pour l'organe ou l'appareil dans lesquels on les observe, précisément ce que sont la pléthore et l'anémie générales pour toute la constitution ; elles reconnaissent les mêmes causes, s'accusent par les mêmes symptômes, produisent les mêmes effets, seulement dans une petite circonscription.

Pléthore locale. — Déterminée dans un tissu, dans un organe, dans un appareil sous l'influence d'un excès de nutrition ou d'un engorgement sanguin momentané, la pléthore locale se rattache, dans le premier cas, à l'hypertrophie, dans le second, à l'inflammation ; elle signale dans l'un et l'autre, une prédominance relative plus ou moins fâcheuse de la partie affectée, sur toutes les autres divisions de l'économie vivante. Tous les systèmes organiques peuvent en offrir le siége ; elle est beaucoup plus fréquente dans les viscères parenchymateux. Pour l'hypertrophie, le repos de l'organe prédominant, l'exercice de tous les autres ; pour la pléthore inflammatoire, la saignée locale, ensuite les dérivatifs, présentent les agents thérapeutiques essentiels.

Anémie locale. — Produite dans une partie de l'organisme par le défaut d'exercice et de nutrition, par une atonie, une atrophie plus ou moins considérables, elle indique un abaissement proportionnel au-dessous des rapports naturels que cette même partie devrait présenter avec toutes les autres. Elle peut envahir tous les tissus, mais de préférence elle affecte ceux qui jouissent d'une vitalité moins développée. L'exercice des organes atrophiés est le premier moyen pour les rétablir dans leur état normal.

Résistance des vaisseaux capillaires. — Indépendamment de la pléthore ou de l'anémie générales et locales, une augmentation de la résistance présentée par les vaisseaux capillaires, peut accroître la plénitude naturelle du pouls ; une diminution de cette résistance peut effectuer la vacuité de l'artère. Il est bien essentiel de caractériser positivement ces modifications pour ne pas les confondre avec celles qui sont produites par la surabondance réelle ou par la pénurie du sang.

Augmentation de la résistance des capillaires. — Elle peut se présenter dans une division plus ou moins considérable de cette partie du cercle circulatoire, et déterminer des résultats proportionnés à l'étendue, à la gravité de cette invasion. Le spasme de ces vaisseaux, leur compression, leur engouement inflammatoire, sont les obstacles principaux auxquels vient se rattacher cette même résistance. Ainsi lorsque le froid agit sur les capillaires cutanés en y déterminant une véritable astriction, lorsqu'un bain pèse de tout son poids sur ces mêmes vaisseaux, lorsqu'un engorgement inflammatoire y met obstacle au passage du sang, ce fluide retenu dans les artères qui vont se distribuer à ces tissus, les distend, les remplit et donne au pouls le caractère que nous étudions.

Il est bien important, mais heureusement il est aisé de ne pas confondre ces effets avec ceux de la surabondance du sang, de la pléthore générale. Ainsi dans cette dernière, toutes les artères, sans aucune distinction, sont pleines, le pouls est partout rénitent ; au contraire, dans l'obstacle des capillaires, soit par la pléthore locale, soit par engouement, soit par astriction de ces vaisseaux, la plénitude artérielle répond exclusivement aux parties où se rencontrent ces altérations, et l'on observe un contraste frappant entre le pouls de ces mêmes parties et celui des organes qui se trouvent actuellement dans l'état normal. Ainsi, dans un panaris, les collatérales offrent cette plénitude bien remarquable pour le doigt affecté, comparativement aux collatérales des autres doigts.

Cette connaissance du pouls devient d'autant plus utile qu'elle sert non-seulement à bien distinguer la pléthore générale et réelle de la pléthore locale et fictive, mais encore à préciser l'organe où siége cette dernière altération, d'après la connaissance positive des distributions vasculaires. Ainsi dans le spasme, la pléthore locale, l'engouement inflammatoire des capillaires sanguins, nous trouvons cette plénitude pour le foie, l'estomac, la rate, dans le tronc cœliaque ; pour le cerveau, dans les carotides ; pour les membres thoraciques, dans l'artère axillaire ; pour les membres pelviens, dans l'artère fémorale, etc. Ces vaisseaux offrent alors une réplétion, quelquefois une force, un développement qui en ont imposé jusqu'à faire admettre l'existence d'anévrismes qui se trouvaient complétement illusoires, puisque tout rentrait dans l'état normal, par la seule disparition des obstacles apportés à la circulation capillaire.

Diminution de la résistance des capillaires. — Moins ordinaire que le premier, ce phénomène s'observe cependant encore assez fréquemment ; ainsi toutes les causes qui favorisent la circulation dans les petits vaisseaux, rendent moins considérable cette résistance au passage du sang artériel, et donnent au pouls une souplesse, une lenteur, une régularité qui pourraient en imposer pour un premier degré d'anémie. Les frictions, pour les capillaires cutanés ; le massage, pour tous ceux qui se trouvent à sa portée ; la digitale peut-être pour ceux de l'organisme tout entier, déterminent positivement ces résultats. D'un autre côté, si nous comparons, sous ce dernier rapport, la sécheresse, la rigidité du système capillaire chez les sujets d'un tempérament bilioso - nerveux, d'une constitution rigide, à la souplesse, à l'élasticité de ce même système chez les individus sanguins, lymphatiques, d'une constitution succulente ; le resserrement, l'astriction de ces vaisseaux par l'action du froid, de l'horripilation, d'une impression vive et concentrée, à leur épanouissement, à leur dilatabilité sous l'influence d'une chaleur tempérée, d'un état de quiétude morale et physique ; nous sentirons beaucoup mieux encore toute la puissance de ces modifications relatives aux petits vaisseaux dans la détermination de la plénitude ou de la vacuité du pouls qui doivent actuellement fixer notre attention.

Pouls plein. — Il est caractérisé par l'état de réplétion artérielle, même pendant le resserrement de ces vaisseaux, de telle sorte que, sous ce rapport, on observe à peine un changement notable dans les mouvements opposés de diastole et de systole. Toujours produit par la difficulté que l'artère éprouve à se débarrasser du sang que lui transmet incessamment le ventricule, ce pouls indique l'une ou l'autre de ces trois dispositions : la pléthore générale, la pléthore locale, la constriction ou la pression des vaisseaux capillaires auxquels fournit l'artère explorée. On conçoit dès lors combien il est essentiel de ne pas adopter ce caractère pathologique d'une manière absolue ; combien il est indispensable de recourir aux distinctions que nous venons d'établir afin de préciser positivement laquelle de ces trois modifications il caractérise actuellement. Ainsi le pouls est plein chez les sujets d'un tempérament sanguin, bilieux, athlétique ; d'une constitution pléthorique ; sous l'influence d'un froid rigoureux; pendant le bain frais; dans les passions fortes et concentrées, dans les phlegmasies parenchymateuses, dans les congestions organiques, etc. On conçoit que dans tous les cas où la cause est locale, il faut explorer l'artère qui se distribue aux parties affectées pour y trouver cette modification.

Pouls vide. — Il est caractérisé par un grand affaissement de l'artère pendant le resserrement de ce vaisseau et l'intervalle des contractions ventriculaires; de telle sorte que sous ce rapport, la différence devient très-sensible entre la diastole et la systole. Déterminé par la grande facilité avec laquelle ce même vaisseau chasse le sang qu'il a reçu du ventricule, ce pouls indique l'un ou l'autre de ces trois états : une anémie générale, une anémie locale, une grande liberté dans les vaisseaux capillaires. Ainsi le pouls est vide chez les individus lymphatiques, d'une constitution lâche et débile, dans la cacochymie, l'usure constitutionnelle, les passions langoureuses, l'ennui, la nostalgie, sous l'influence d'une chaleur humide, après les excrétions surabondantes, et surtout les hémorrhagies ou les déplétions sanguines artificielles. On conçoit également ici la nécessité de bien établir les distinctions que nous avons indiquées, pour constater positivement à laquelle de ces dispositions la modification que nous étudions, appartient actuellement comme symptôme.

RÉGULARITÉ, ANOMALIE DU POULS. — On restreint géné-

ralement beaucoup trop ces modifications en ne considérant
que l'uniformité ou l'inégalité des intervalles chronométriques
établis entre les différentes pulsations. C'est évidemment
n'embrasser qu'un seul point de la question et négliger toutes
les autres dispositions importantes relativement aux variations comparatives de la force, de la fréquence, de la dureté,
de la largeur et de la plénitude, qui vont également fixer notre
attention.

Pouls régulier. — Il est caractérisé par une harmonie
complète et soutenue dans les intervalles des pulsations, dans
leur durée, leur force, leur dureté, leur largeur et leur plénitude. Lorsque toutes ces dispositions sont normales, il est
produit par les contractions franches et réglées des ventricules, par la réaction facile, uniforme des artères ; par l'état
de liberté, de tonicité naturelles des vaisseaux capillaires, et
devient alors un symptôme positif des meilleures dispositions
du système circulatoire, et presque toujours, pour toute la
constitution, un gage assuré de la santé la plus parfaite. Ainsi
le pouls est régulier dans l'organisme dont tous les appareils
sont en proportion, toutes les fonctions en harmonie convenables ; dans ce moyen terme de tous les tempéraments, de
toutes les constitutions ; dans cet état physiologique désigné
par les anciens sous le nom de *temperamentum temperatum ;*
état que l'on peut aisément concevoir, mais dont les exemples
ne sont pas faciles à trouver, de même que ceux du pouls
régulier dans tous ses caractères.

Si cette régularité absolue est en quelque sorte une chimère,
il n'en est pas de même pour la régularité comparative. On
l'observe encore assez fréquemment à l'état normal, chez les
sujets d'une belle constitution, d'un tempérament sanguin ;
d'un moral doux et paisible, dans le calme physique et le
silence des passions ; à l'état pathologique, dans les maladies
peu graves et qui marchent franchement vers une heureuse
terminaison.

Pouls anomal. — Il est caractérisé par une irrégularité
notable sous plusieurs des rapports que nous venons d'indi-

quer, ou même relativement à toutes ces modifications réunies ; souvent les battements de l'artère ne sont pas isochrones à ceux du cœur.

Les anciens avaient eu recours à des comparaisons plus ou moins vulgaires pour exprimer quelques-unes de ces anomalies. Ainsi lorsque les pulsations, d'abord assez fortes, offraient une diminution progressive et graduée, elles constituaient le *pouls myure*, en queue de souris. Lorsque ces mêmes pulsations étaient, de deux en deux, si rapprochées que l'artère semblait battre deux fois dans un même instant, elles formaient le *pouls dicrote*, *bis feriens*, etc.

Toutefois ces anomalies du pouls sont produites par les irrégularités que peuvent offrir le cœur dans ses impulsions, l'artère dans ses réactions, les vaisseaux capillaires dans les obstacles qu'ils opposent au mouvement du sang ; toutes ces causes peuvent agir en même temps, mais il est plus ordinaire d'observer leur influence isolée. On conçoit dès lors combien le médecin doit apporter d'attention à préciser leur nature, et de circonspection à prononcer le diagnostic d'une maladie par les données que lui fournissent les anomalies du pouls. Il faut avant tout reconnaître positivement si la modification actuelle dépend plus spécialement de l'état momentané des vaisseaux capillaires, du tube artériel ou du cœur, et remonter ensuite à la disposition particulière à laquelle cette modification vient principalement se rattacher.

Ainsi le pouls est anomal chez les sujets d'un tempérament très-nerveux, d'une constitution grêle, mobile ou vicieuse ; dans toutes les passions violentes et perturbatrices ; dans les exercices physiques très-actifs ; dans le plus grand nombre des réactions fébriles, surtout dans les intermittences pendant le frisson ; dans toutes les phlegmasies très-douloureuses ; dans les spasmes, les convulsions, le tétanos, etc. ; dans les altérations qui menacent l'économie d'un grand danger, d'une prochaine destruction ; dans les agonies où l'insurrection organique devient d'autant plus prononcée que la mort approche davantage ; alors que le désordre naît des efforts conservaleurs eux-mêmes, alors que cette destruction commence, là où les mouvements vitaux ne rencontrent plus aucun appui.

Relativement au cœur, dans le plus grand nombre des maladies propres à ce viscère, et plus spécialement dans la péricardite, les ossifications valvulaires, dans l'anévrisme, l'hypertrophie des ventricules, dans les névroses cardiaques, etc.

Relativement aux artères, dans les ossifications des valvules, des parois, dans les anévrismes de ces vaisseaux, dans leurs végétations, leurs compressions, etc.

Enfin, relativement aux capillaires, dans leurs inflammations, leurs engorgements, leurs spasmes, leurs dégénérations organiques, etc.

Tels sont les principes généraux que nous offre l'examen physiologique du pouls; il est aisé de pressentir les avantages nombreux de leurs applications à la pathologie. Mais il ne faut pas en abuser et compromettre leur importance réelle en les faussant par des considérations trop spéciales et trop détaillées. Il suffit, pour apprécier tous les inconvénients d'une marche aussi défectueuse, de rappeler ces distinctions erronées et futiles que Bordeu voulut établir en reconnaissant *un pouls critique supérieur* ou *sus-diaphragmatique ; un pouls critique inférieur* ou *sous-diaphragmatique ;* et subdivisant le premier en *pectoral, guttural, nasal,* etc. ; le second en *stomacal, intestinal, utérin, hépatique, hémorrhoïdal, rénal,* etc.

Effort du sang dans les parenchymes. — Les contractions du ventricule gauche secondées par la réaction des parois artérielles, chassent le sang avec force dans tous les parenchymes organiques. Au nombre de ces derniers, il en existe plusieurs dont la texture délicate aurait à souffrir de ces impulsions nécessaires à l'ébranlement vital, si la nature prévoyante n'eût disposé des moyens préservatifs de cette influence commune. D'un autre côté, quelques organes dans un état de nullité parfaite pendant la durée de l'existence

fœtale, prenant à la naissance une activité, une importance.
plus ou moins considérables, avaient besoin de recevoir immé
diatement et sans inconvénient pour le reste de l'organisme,
une assez grande proportion de sang ; d'autres enfin en raison
de l'intermittence de leurs fonctions doivent admettre des
quantités de ce fluide circulatoire bien différentes, suivant
qu'ils sont actuellement dans un état d'exercice ou d'inaction ;
la nature a pris également des précautions convenables pour
satisfaire à tous ces besoins.

FLEXUOSITÉS ARTÉRIELLES. — Un assez grand nombre d'auteurs ont avancé que les courbures des artères avaient pour
effet et pour objet de ralentir le cours du sang, d'affaiblir son
effort d'impulsion et de protéger ainsi contre ces agressions
normales, des parenchymes trop délicats pour les supporter
sans accident.

De même, ont-ils dit, que dans un ruisseau décrivant de
nombreux circuits, la rapidité du cours est moins considérable que dans celui qui parcourt une ligne droite, de même,
dans les artères, le mouvement du sang éprouve un ralentissement proportionné aux flexuosités de ces vaisseaux ; aussi
trouvons-nous cette même disposition dans les carotides, les
vertébrales, etc.

Le principe, la comparaison, l'explication et l'application
nous semblent ici complétement erronés. En effet, pendant la
circulation du sang, les artères ne sont jamais vides, et la
colonne de ce fluide chassée par le ventricule ne fait que
pousser devant soi les colonnes qui la précèdent ; n'arrive
dans les capillaires qu'après avoir, à son tour, éprouvé l'impulsion de celles qui la suivent. Dès lors, que ces colonnes
soient droites ou flexueuses, le mouvement de progression
s'y fait sentir en même temps dans la série tout entière.

Bichat nous paraît avoir bien démontré cette vérité par une
expérience très-simple. Adaptez à l'extrémité d'une pompe
foulante plusieurs tubes d'un même calibre, les uns droits,
les autres courbés dans plusieurs directions opposées ; rem-
plissez d'un liquide, pressez le piston par secousses, pour

imiter les impulsions du cœur, et vous verrez ce fluide jaillir avec une égale vitesse par les orifices de tous ces canaux. D'un autre côté, si les courbures artérielles devenaient une cause de retard dans le mouvement circulatoire, le pouls ne serait plus exactement isochrone dans toutes les divisions de ces vaisseaux. Faisons plus, accordons pour un instant la réalité de cette modification circulatoire par l'incurvation des vaisseaux artériels, et nous reconnaîtrons qu'elle ne serait point encore destinée au but que l'on cherche à lui assigner.

Nous voyons, il est vrai, les artères distribuées à l'encéphale présenter des flexuosités nombreuses ; mais cette particularité n'est pas exclusive aux organes qui le composent, ni même à ceux que leur texture délicate exposerait à l'influence nuisible de l'impulsion circulatoire ; on les trouve également dans un grand nombre de vaisseaux destinés à des tissus qui n'ont rien à craindre de cette même impulsion ; ainsi les artères labiales, thyroïdiennes, sublinguales, faciales, articulaires, etc., sont aussi flexueuses que les vertébrales et les carotides. Ces dispositions ne doivent donc pas être envisagées comme essentiellement conservatrices des organes auxquels se distribuent les artères ainsi modifiées dans leur trajet ; mais alors quel est l'objet principal de ces mêmes dispositions ?

Nous le trouvons tout entier dans la nécessité que présentent ces vaisseaux de s'accommoder aux développements, aux changements de rapport des organes qu'ils parcourent, sans éprouver des ruptures que leur défaut d'extensibilité, dans le sens longitudinal, rendrait bien souvent alors inévitables. Aussi trouvons-nous plus spécialement ces flexuosités artérielles, sur les lèvres, sur les parois gastriques, intestinales, vésicales, etc., fréquemment exposées à des ampliations, plus ou moins considérables par la nature même des fonctions qui leur sont confiées ; autour des articulations destinées à des mouvements très-étendus et très-variés, comme on l'observe pour celle du pied, du genou, de la cuisse, du poignet, du coude, du bras, pour l'articulation atloïdo-axoïdienne elle-même. Si dans toutes ces parties et dans leurs analogues les artères offraient au lieu de ces incurvations une rectitude parfaite, il arriverait nécessairement ou qu'elles s'opposeraient à ces mouvements, à ces ampliations, ou qu'elles éprouveraient des extensions et des ruptures funestes.

DIVISION EXTRÊME DES ARTÈRES. — Plusieurs tissus, plusieurs organes de l'économie vivante offrent une texture délicate, une mollesse voisine de la fluidité, caractères exigés par l'essence même de leurs fonctions, mais rendant toute agression de ces organes, de ces tissus nuisible ou même funeste. La nature, pour les garantir contre les dangers de cette constitution nécessaire, a mis en usage un moyen simple et dont les arts nous offrent plusieurs imitations utiles. Il consiste à subdiviser d'autant plus les extrémités artérielles que le choc de l'impulsion circulatoire offrirait des inconvénients plus positifs. De même que dans l'irrigation des plantes jeunes et fragiles, nous divisons par l'arrosoir toutes les colonnes d'eau qui doivent leur fournir en même temps la fraîcheur et la vie, sans compromettre l'intégrité de leur frêle organisation, de même la nature a garanti les parenchymes délicats, en ne permettant au sang de les toucher que molécule à molécule.

Nulle part cette précieuse disposition n'est aussi parfaite qu'à l'encéphale, nulle part aussi les dangers des commotions circulatoires ne s'offrent avec autant d'imminence.

La masse encéphalique d'une texture délicate, molle et presque diffluente, ne pouvant être altérée dans son intégrité sans compromettre plus ou moins directement la régularité des fonctions vitales, n'aurait pas soutenu l'impulsion du sang rouge, surtout pendant les réactions fébriles, etc., sans éprouver des lésions graves ou même funestes. La nature a merveilleusement obvié à ces dangers, en formant avec les dernières divisions artérielles, une membrane immédiatement placée sur la pulpe médullaire et dont la dénomination de pie-mère, *pia-mater*, indique assez la destination essentielle ; de telle sorte que le sang arrive à l'encéphale par des vaisseaux réduits à leur dernier degré de capillarité. Plusieurs dispositions analogues se rencontrent dans les ganglions nerveux, dans la rétine, dans l'oreille interne, etc., dans tous les organes, dans tous les appareils où les mêmes besoins se font sentir, et toujours avec des précautions développées en raison directe de ces besoins.

Ces modifications suffisantes pour accommoder l'irrigation sanguine à la constitution des systèmes organiques dans l'état normal, devenait incapable d'y prévenir, pendant les réactions morbifiques, l'introduction d'une trop grande quantité de ce fluide circulatoire ; quelques physiologistes, pour compléter ces sages précautions de la nature, ont admis des *réservoirs sanguins*; et, dans leurs poétiques inspirations, les ont comparés au lac Mœris, destiné par les rois d'Égypte à prévenir les inondations du Nil.

RÉSERVOIRS SANGUINS. — Leurs partisans rangent dans cette catégorie des organes dont les usages sont peu connus par les physiologistes, et qui leur semblent prendre un rang d'utilité dans l'économie vivante, par la fonction commune de présenter des dérivatifs accessoires à la circulation ; par leur action spéciale appropriée à l'un ou l'autre de ces trois objets. *Offrir : 1° un réceptacle provisoire au sang qui doit servir à des fonctions subitement établies à la naissance et complétement inactives pendant la vie fœtale ; 2° un diverticulum au sang qui doit se porter moins abondamment dans certains organes, pendant leurs intermittences d'action ; 3° un réservoir de dérivation au sang, dont l'abondance et la force d'impulsion pourraient occasionner des accidents graves sur les organes essentiels à la vie.* Le premier de ces usages est rempli par le placenta, le foie, le thymus et les capsules rénales ; le second, par la rate, les épiploons ; le troisième par le corps thyroïde, la tige pituitaire, les plexus choroïdes.

Bruits circulatoires. — Nous désignons par ce terme général tous les bruits qui peuvent se faire entendre pendant l'état physiologique, dans les diverses parties de l'appareil circulatoire, et que nous devons indiquer pour compléter l'histoire de cette importante fonction ; d'autant mieux que de ces *bruits*, comme des dispositions du *pouls*, on a fait un grand nombre d'applications pratiques à l'investigation positive des maladies.

Les bruits circulatoires ne sont jamais, comme on l'avait imaginé d'abord, le résultat de percussions extérieures des organes circulatoires contre les organes environnants, mais toujours le résultat des phénomènes effectués dans leur intérieur, comme l'ont surtout bien démontré les expériences de MM. Valentin et Beau ; ces bruits peuvent se faire entendre dans le cœur, dans les artères, dans les veines.

BRUITS DU CŒUR. — En appliquant l'oreille sur la poitrine, dans l'endroit occupé le plus positivement par le cœur, on entend deux bruits, le premier sourd, profond ; le second plus clair, moins durable, suivi d'un silence : bruits qui recommencent ainsi avec la même pause, pour se succéder indéfiniment, et dont M. Beau compare l'ensemble et le rhythme, pour chaque manifestation, à la mesure à trois temps ; comparaison qui peut être admise, mais sans exiger une rigueur mathématique ici complétement impossible, et seulement pour donner une idée du phénomène.

Le premier bruit coïncide avec la systole du ventricule, par conséquent avec le pouls ; on le croit produit par la vibration qui résulte de la tension brusque des valvules aurico-ventriculaires. Le second bruit coïncide avec la diastole des oreillettes. On le croit produit par le bruit qui résulte de la tension des valvules sigmoïdes ou semi-lunaires abaissées subitement par le sang, pour en prévenir le reflux ; à ces deux bruits succède un silence.

BRUITS DES ARTÈRES. — Si l'on expérimente les gros vaisseaux : l'aorte thoracique, les carotides, les sous-clavières, parexemple, on entend un double bruit. Mais avec un peu d'attention, on ne tarde pas à reconnaître que ces deux bruits sont exactement en harmonie avec ceux du cœur : même rhythme, mêmes caractères différentiels, mêmes intervalles. Aussi lorsqu'on s'éloigne du cœur, ces deux bruits diminuent graduellement et finissent par disparaître. Si donc on veut admettre des bruits propres aux artères, il faut se borner, d'après un assez grand nombre d'expériences, à ceux que le frottement de la colonne sanguine contre les parois artérielles peut faire entendre.

BRUITS DES VEINES. — Ils se bornent, pour les gros vaisseaux, à celui que produirait un fluide en mouvement dans un conduit à parois à peu près inertes.

L'étude raisonnée de tous ces bruits arrivés aux conditions de ceux que l'on nomme de souffle, de frôlement, de lime, de râpe, de craquement, de scie, de claquement, etc., peut éclairer beaucoup sur la nature des maladies, des altérations organiques de l'appareil circulatoire : c'est tout ce que nous devons ajouter ici.

Altérations de la circulation sanguine. — Pour bien comprendre ces altérations, nous les envisagerons, d'une manière générale, sous quatre points de vue principaux, relativement : 1° *au cœur ;* — 2° *aux veines ;* — 3° *aux artères ;* — 4° *aux vaisseaux capillaires*, et nous verrons dans chacun les cinq modifications essentielles.

1° RELATIVEMENT AU CŒUR. — *Augmentation.* — Bornée dans les premiers temps à la sur-activité des impulsions circulatoires, elle prend insensiblement tous les caractères de l'hypertrophie ; plus ordinaire dans l'âge adulte, le tempérament sanguin, dans les ventricules, dans celui du côté gauche plus spécialement encore.

Diminution. — Elle est caractérisée par une atonie plus ou moins prononcée dans les parois cardiaques, et devient une fâcheuse prédisposition aux anévrismes proprement dits, plus fréquents chez les vieillards, dans les tempéraments lymphatiques, les constitutions molles, sans énergie ; dans les cavités droites. Elle produit un état d'affaissement et d'inertie dans tout l'organisme ; toutes les fonctions languissent par défaut d'excitation sanguine. Au nombre des faits les plus remarquables soumis à notre observation relativement à ce genre de maladie, nous citerons celui de M. de L., pour lequel nous avons été consulté à Mortagne par notre confrère M. Saint-Lambert. Ce malade, âgé de soixante-six ans, après plusieurs lipothymies, reproduites à quelques mois de distance, en éprouve une plus forte, plus prolongée ; le pouls descend instantanément et se maintient pendant huit jours, à dix-huit ou vingt pulsations par minute ; à l'état normal il battait soixante-dix fois dans le même intervalle. Pendant le cours de cette altération extraordinaire, M. de L. pouvait encore se lever et marcher; il a guéri par l'emploi des toniques appropriés.

Perversion. — Elle entraîne toutes les irrégularités que nous avons signalées dans l'histoire du pouls anomal et que l'on désigne ordinairement par le terme général de *palpitations.* Elle est plus particulière aux jeunes sujets, aux tempéraments nerveux, surtout ganglionnaire.

Suspension. — Elle produit cette mort apparente que l'on nomme syncope, dans laquelle tous les phénomènes vitaux ont perdu leur commun régulateur ; l'économie, dans son ensemble, paraît livrée au désordre, à l'anarchie ; les accidents les plus funestes ne tardent pas alors à se manifester, si le grand ressort de la machine vivante n'est pas bientôt rappelé à son activité naturelle.

Extinction partielle. — Elle présage toujours une mort très-prochaine. Dans le plus grand nombre des agonies, le cœur gauche cesse de se contracter avant le cœur droit ; de là cette pâleur générale, cette vacuité des artères, cet engorgement du système veineux.

2° RELATIVEMENT AUX VEINES. — *Augmentation.* — Elle n'est pas ordinaire, cependant on voit encore assez fréquemment ces canaux acquérir une vitalité surabondante et même portée jusqu'à l'inflammation.

Diminution. — On l'observe beaucoup plus souvent ; elle

affecte particulièrement les tempéraments lymphatiques, bilieux, les vieillards, etc. Les veines ayant perdu leur contractilité naturelle, se laissent dilater par l'effort du sang, en formant ainsi des tumeurs variqueuses plus ou moins considérables, avec altération notable dans cette partie de la circulation.

Perversion.— Elle devient le plus souvent une conséquence de la diminution, et n'offre pas d'autre cause bien positive en raison du peu de vitalité naturelle au système veineux.

Suspension. — Nous ne connaissons aucun agent susceptible de l'effectuer d'une manière générale ; mais elle peut être déterminée partiellement sous l'influence d'une compression extérieure ou même organique, du gonflement consécutif à l'inflammation veineuse, des végétations développées dans les cavités de ces vaisseaux, etc. ; toutefois la nature a pris les plus grandes précautions pour éviter les graves inconvénients de ces interruptions circulatoires, en établissant partout des anastomoses larges et faciles entre les principaux troncs ; les branches et les rameaux de cet appareil vasculaire.

Extinction partielle.— On l'observe naturellement à la naissance dans la veine ombilicale et ses nombreuses divisions, dont la disposition fistuleuse, graduellement anéantie, se trouve remplacée par celle d'un véritable cordon fibreux. La même altération peut se manifester d'une manière anormale et déterminer une transformation semblable dans les canaux veineux devenus absolument étrangers à la circulation; les précautions anastomotiques indiquées offrent ici des avantages plus précieux encore.

3° RELATIVEMENT AUX ARTÈRES. — *Augmentation.* — Elle se manifeste surtout dans les affections nerveuses, et plus spécialement dans celles qui attaquent le système ganglionnaire qui fournit à peu près exclusivement à ces vaisseaux leurs nombreux plexus, dans les phlegmasies des membranes séreuses, dans les angoisses de la douleur, etc. Le pouls devient alors petit, serré, fréquent ; il semble participer au spasme général.

Diminution.— Elle est un résultat assez fréquent des maladies chroniques avec épuisement de la constitution ; les affections syphilitiques prolongées et constitutionnelles, un abus continué du mercure dans leur traitement, déterminent souvent l'affaiblissement notable des parois artérielles, en les prédisposant aux dilatations anévrismatiques, et donnant au pouls un caractère de mollesse et d'affaissement remarquables.

Perversion. — Elle est souvent relative à celle des mouvement du cœur, souvent aussi consécutive aux anévrismes artériels, au spasme de ces vaisseaux, comme on le voit surtout dans les crises qui précèdent la mort, dans les derniers instants de l'agonie.

Suspension. — Elle est assez rare, les artères étant peu compressibles ; cependant on l'observe quelquefois sous l'influence mécanique des agents extérieurs, des tumeurs développées dans le voisinage de ces vaisseaux, etc.

Extinction partielle.— On la voit quelquefois se manifester par la persistance des causes que nous venons de signaler, ou par l'accroissement de certaines productions pulpeuses qui déterminent l'oblitération de ces canaux. Si l'obstacle au mouvement du sang en arrête subitement le cours, on voit alors se manifester des gangrènes plus ou moins funestes dans les organes auxquels se distribuent les vaisseaux oblitérés: au contraire, si la cause de cette interruption agit d'une manière lente et graduée, les artères collatérales et les anastomoses acquièrent presque toujours un assez grand développement pour continuer la circulation en prévenant ces mortifications locales.

4° RELATIVEMENT AUX VAISSEAUX CAPILLAIRES.—*Augmentation.*— Elle se manifeste assez fréquemment et devient en quelque sorte la condition fondamentale des hypertrophies, des inflammations, des calorifications extra-normales, des pléthores locales ou générales, des hémorrhagies par exhalation, des congestions, des apoplexies d'autant plus graves qu'elles portent sur les organes les plus essentiels à la vie, tels que le cerveau, le cœur, les poumons, etc.

Diminution. — Beaucoup moins ordinaire que la précédente, cette altération affecte surtout les sujets scrofuleux, scorbutiques, affaiblis par l'âge, les maladies chroniques, la débauche, la misère, etc. Elle produit constamment un abaissement notable dans la nutrition, la calorification; souvent des hémorrhagies passives, des infiltrations sanguines, des ecchymoses, des engorgements, etc.

Perversion. — Elle est particulièrement déterminée sous l'influence des aberrations que peuvent offrir les propriétés vitales dans le système capillaire sanguin ; elle peut s'unir à l'augmentation en formant ainsi le caractère principal des phlegmasies ; à la diminution, comme on l'observe dans un grand nombre d'atonies locales ou constitutionnelles ; dans l'une et l'autre circonstance on la voit concourir au développement des lésions organiques et des productions anormales.

Suspension. — Elle est ordinairement déterminée par la compression, les spasmes, les styptiques, les réfrigérants, etc. Ses inconvénients locaux sont garantis, pour la circulation, par les innombrables anastomoses du système capillaire ; mais en même temps un reflux proportionné du sang est produit vers les parties qui n'ont pas éprouvé cette même suspension, et peut entraîner des accidents graves, lorsqu'il s'effectue vers des organes essentiels à la vie ; c'est ainsi que le bain froid, une atmosphère glacée, etc., entravant subitement la circulation capillaire dans une grande surface, occasionnent des apoplexies cardiaques, pulmonaires, cérébrales, etc.

Extinction partielle. — Elle devient souvent la conséquence de la suspension prolongée, reconnaît les mêmes causes déterminantes et se trouve caractérisée par le froid, l'engourdissement, la pâleur, et bientôt la gangrène.

C'est particulièrement dans ce mode circulatoire que l'on trouve les plus utiles applications de cette loi physiologique découverte par M. Claude Bernard sur l'action des nerfs *vasomoteurs*. Le grand sympathique est en effet le régulateur essentiel de la circulation capillaire en maintenant la résistance des petits vaisseaux dans une bonne mesure, comme nous le verrons surtout dans la nutrition avec un bien grand intérêt.

Telles sont les considérations relatives à la circulation envisagée dans son ensemble et dans ses particularités. La connaissance bien positive de cette importante fonction est indispensable au médecin et trouve des applications constantes à la pathologie. Mais il ne faut pas, à l'exemple de quelques enthousiastes, fausser ces applications par des rapprochements abusifs. Il en est un que nous devons particulièrement signaler sous le titre général de transfusions, en faisant connaître ses avantages et ses dangers.

Transfusions. — Nous désignons par ce titre commun toute injection pratiquée dans les veines d'un homme ou d'un animal actuellement doué de la vie. Dans les premiers temps on réservait ce terme à l'introduction, par la même voie, d'un sang étranger, destiné à remplacer celui que l'on avait d'abord extrait au moyen de la saignée. Nous devons dès lors bien distinguer les transfusions sanguines et celles qui n'offrent pas ce caractère.

TRANSFUSIONS SANGUINES. — A peine le célèbre Harvey eut-il découvert la circulation dans son ensemble et dans toutes ses modifications, que des visionnaires, amis du merveilleux, rêvèrent un système d'immortalité corporelle! Perpétuer à jamais la vie dans les individus; rendre aux vieillards caducs toutes les conditions et tous les avantages de la jeunesse; communiquer au sujet débile et faible tous les caractères de la force et de l'énergie; donner à l'idiot, au stupide, les facultés précieuses du génie, de la raison et de l'esprit; au malade, une santé régulière, etc.: telles furent les moindres prétentions de ces imaginations enflammées par le souffle dangereux du vertige et de l'erreur!

Il suffisait, pour effectuer tous ces prodiges, de soustraire chez un sujet vieux, impotent, imbécile et valétudinaire, une certaine quantité de sang par l'ouverture d'un tronc veineux; de placer dans cette ouverture un petit canal adapté, d'autre part, à l'artère d'un animal jeune, vigoureux et sain; de laisser passer, du second au premier, une proportion de sang rouge à peu près égale à celle du sang noir évacué par la saignée. Ficinus, Libavius, Coxe, Clarke en Angleterre, Emerez, Denis en France, Tardi, Lower, Hoffmann, dans plusieurs autres pays, conseillent les premiers ces opérations ridicules dans leur but, souvent dangereuses dans leurs applications.

Ils font d'abord plusieurs tentatives sur les animaux; assurent bientôt avoir complétement rendu l'ouïe, avec toute la vigueur du premier âge, à des chevaux, des chiens déjà très-vieux, en faisant passer dans leurs veines le sang d'un autre animal jeune et fort. Ces expérimentateurs audacieux donnent un caractère fondamental à des succès imaginaires, et l'homme devient à son tour le sujet de leurs téméraires essais. Emerez et Denis prétendent avoir obtenu le rétablissement de la raison chez un idiot, en substituant le sang d'un jeune agneau à celui qu'ils avaient évacué par la saignée. Quelque temps après, le même sujet est affecté de phrénésie violente ; une transfusion nouvelle est pratiquée, la mort survient, précédée par une hématurie très-abondante. Ce résultat et beaucoup d'autres analogues auraient dû ramener à des idées plus sages, les partisans d'un aussi dangereux système ; ils semblent au contraire prendre de l'audace en raison du nombre de leurs victimes. Le sang des hommes eux-mêmes est sacrifié à ces funestes entreprises, par l'enthousiasme et la cupidité; les accidents se multiplient de toutes parts, et l'autorité se trouve obligée d'intervenir pour défendre ces transfusions, sous des peines très-sévères.

Plusieurs observateurs distingués de notre époque reviennent à ce genre d'opération que les plus dangereux abus avaient complétement discrédité. Laissant aux esprits fascinés tout le merveilleux des transfusions sanguines, ils ne voient dans cette méthode qu'un moyen de prévenir la mort en réparant instantanément les pertes considérables éprouvées par le système circulatoire. Plusieurs essais dirigés avec circonspection et prudence ont été couronnés d'un entier succès. Waller a sauvé les jours d'une jeune dame sur le point de succomber aux conséquences d'une métrorrhagie survenue après l'accouchement, en injectant, au moyen d'une seringue, par une ouverture veineuse, deux palettes de sang extraitesà l'instant même du bras d'un homme sain. D'autres observations viendront mettre le sceau de l'expérience à cette méthode avouée par le raisonnement, et d'autant plus précieuse qu'aucune autre ne vient s'offrir dans ces accidents extrêmes et pressants.

Transfusions non sanguines. — La préoccupation des transfusions sanguines devait nécessairement entraîner l'idée positive d'administrer désormais les médicaments par injection veineuse. Des expérimentateurs infatigables se présentèrent bientôt avec la prétention d'avoir effectué les plus belles cures par ce genre de thérapeutique. C'est ainsi que Purmann dit avoir guéri la gale invétérée ; Scheffer une plique avec ulcères dartreux, par les injections de cochléaria ; que d'autres assurent avoir conjuré les terribles accidents de la rage, déjà caractérisée, par des transfusions dont ils refusèrent de faire connaître la nature pharmaceutique.

Plus sages et plus éclairés, les médecins de notre époque, rapprochant les dangers de ces transfusions du peu de réalité de leurs succès et de leurs avantages sur les autres méthodes curatives approuvées par l'expérience et le raisonnement, se bornent à les essayer encore dans les maladies jusqu'ici complétement rebelles à tout autre genre de traitement. L'influence positive de plusieurs substances, chez les animaux et même chez l'homme, se trouve actuellement bien déterminée ; celle de plusieurs autres est encore à fixer d'une manière définitive.

L'air atmosphérique, — porté dans le système veineux, a quelquefois déterminé la mort assez rapidement, en s'accumulant dans les cavités du cœur, et détruisant ainsi toute continuité circulatoire ; quelquefois cette injection n'a produit aucun résultat fâcheux. Une tumeur est enlevée à l'Hôtel-Dieu de Paris, vers la partie inférieure du col, avec une portion de la clavicule, un sifflement se fait entendre et la malade expire quelques instants après. La veine jugulaire avait été ouverte dans un demi-pouce de son étendue, le cœur est plein d'air et ne contient pas de sang ; plusieurs bulles de ce gaz ont pénétré dans les vaisseaux du cerveau. Un jeune homme de vingt-deux ans est amputé par M. Delpech, dans l'articulation scapulo-humérale, à l'hôpital Saint-Éloi de Montpellier ; la veine axillaire étant ouverte, un bruit de succion se manifeste, on pratique la ligature de ce vaisseau ; quelques instants après, la mort survient précédée par un bruit de gargouillement ; la nécropsie est effectuée pendant l'immersion du cadavre, des cloches étant convenablement disposées pour conserver les gaz. L'ouverture des plèvres et du péricarde ne produit rien ; celle du cœur et des veines caves laisse dégager une grande quantité de fluide gazeux, que l'analyse fait reconnaître pour de l'air atmosphérique. Bichat et plusieurs autres expérimentateurs ont démontré, par des transfusions semblables faites chez les animaux, tout le danger de cette pénétration de l'air dans le système circulatoire.

En 1817, dans l'amphithéâtre de l'École pratique de Paris, en présence de plus de deux cents élèves, nous avons injecté dans la veine fémorale d'un chien de taille moyenne, trois fois, à une minute d'intervalle, trois pouces cubes d'air chaque fois, sans observer d'autres phénomènes que de l'agitation, des plaintes et les mouvements d'une déglitution rapide, seulement pendant la durée de l'injection. Plusieurs fois depuis, nous avons répété la même expérience avec les mêmes précautions et des résultats identiques ; en démontrant ainsi que l'action mortelle de l'air est mécanique dans cette circonstance, et qu'il est possible de prévenir ces funestes résultats, en faisant les injections avec assez de mesure, pour laisser au sang la faculté de disséminer et peut-être même de dissoudre assez promptement ce gaz en s'opposant à son accumulation dans les cavités cardiaques.

L'eau commune tiède,— injectée dans les veines au poids de deux livres, dans l'intervalle de vingt minutes, par Gaspard et Magendie , contre le développement des phénomènes de la rage, dans l'espèce humaine ,a semblé d'abord promettre quelque succès, en retardant la marche des accidents funestes ; mais la mort est venue, du septième au neuvième jour, dissiper toutes les illusions des plus belles espérances.

L'opium, — directement introduit, par Laurent et Percy, dans le système veineux chez plusieurs malades, paraît avoir obtenu des succès remarquables dans plusieurs affections spasmodiques et même dans le tétanos. Vingt-quatre grains de datura stramonium, injectés par ces médecins, dans les mêmes altérations, ont également effectué la guérison.

Nous avons fait passer dans les veines d'un chien d'assez forte espèce, en trois fois, à une minute d'intervalle, un gros de laudanum liquide, mêlé à quatre fois son poids d'eau ; plaintes, agitations, écume à la bouche, déglutition rapide, et deux minutes après la dernière injection, narcotisme complet. Nous substituons à ce moyen deux onces d'eau commune, aiguisée avec l'acide sulfurique, de manière à pouvoir être supportée par la langue ; agitation, réveil, déglutition accélérée, mort après une légère convulsion.

Le tartrate antimonié de potasse,— infusé par Méplani dans la veine médiane, à la dose de quatre grains dissous par six onces de petit lait, comme anthelmintique, produit aussitôt chez une jeune fille des vomissements violents et l'expulsion de quinze lombrics par cette voie.

Ces faits et beaucoup d'autres que nous pourrions citer, prouvent d'une manière incontestable que la transfusion des médicaments ne change pas la nature de leur action, mais en développe tellement la promptitude et l'énergie, qu'il est impossible d'apporter trop de prudence et de circonspection, relativement aux applications d'une méthode aussi peu naturelle dans son emploi que difficile à bien calculer dans ses résultats.

III° RESPIRATION.

La respiration, ἀναπνοὴ, de ἀνα-πνέω, respirer, de ἀνα, tour à tour, et πνέω, souffler ; *respiratio*, de *respirare*, prendre haleine , de *re*, *rursùs*, de nouveau, et *spirare*, souffler ; au point de vue physiologique chez l'homme et chez les animaux supérieurs, est la succession des deux mouvements opposés de la poitrine : *inspiration*, *expiration*, par lesquels l'air atmosphérique est introduit dans les poumons, expulsé de ces organes, avec mission essentielle de transformer le sang *noir* en sang *rouge*.

Chez les animaux qui respirent au moyen d'un appareil pulmonaire complet, cette fonction commence seulement à la naissance pour se continuer pendant toute la vie, dont elle est alors une indispensable condition.

Envisagée d'une manière générale chez tous les êtres dont l'ensemble constitue *l'économie vivante*, la respiration, dans ses dispositions les plus rudimentaires, existe pour chacun d'eux, mais avec des modifications essentielles à considérer pour bien comprendre cette fonction chez l'homme.

Appareil de la respiration. — D'autant plus simple qu'on l'examine chez les corps organisés placés plus bas dans l'échelle des êtres vivants, il s'y trouve réduit aux organes essentiels à la modification des fluides circulatoires, et se complique d'organes accessoires plus ou moins nombreux et compliqués suivant qu'on s'élève plus ou moins dans cette échelle physiologique; mais toujours en harmonie parfaite avec la nature des milieux et des agents particuliers.

Chez les végétaux. — Vaisseaux absorbants de la périphérie de la face inférieure des feuilles, etc.

Chez les zoophytes. — Les vaisseaux absorbants, de la peau sont également jusqu'ici le seul appareil découvert pour la respiration.

Chez les insectes, — l'appareil respiratoire offre déjà quelque chose de plus spécial. Il est formé par un ensemble de tubes élastiques, ouverts et disséminés à la surface extérieure de l'animal, sous le nom de *trachées* ; le gaz à respirer pénètre par ces canaux, et la rénovation des fluides circulatoires devient dès lors intérieure : cet appareil est modifié diversement, suivant que l'animal respire dans l'air ou dans l'eau. Pour le premier de ces milieux, les trachées prennent la dénomination d'*aérifères*, on les désigne par le terme d'*aquifères* pour le second.

Chez tous les animaux supérieurs à ceux que nous venons d'énumérer, la respiration n'est plus *diffuse* comme chez ces derniers ; elle devient *concentrique*, offre un organe particulier nommé *branchie*, lorsque cette fonction s'opère dans l'eau ; *poumon*, lorsqu'elle s'effectue dans l'air.

Chez les poissons, — l'appareil central de la respiration est formé par deux branchies *aquifères*, organes vasculo-cartilagineux et spongieux, rouges, lamelleux, placés sur les parties latérales de la tête, recouverts d'une soupape également cartilagineuse, désignée par le terme d'*opercule*, s'élevant ou s'abaissant à volonté, snivant les besoins de l'animal.

Chez les reptiles, — on trouve des poumons d'une organisation très-simple ; ils sont représentés par un ou deux sacs loculaires intérieurement, surtout chez les sauriens, les batraciens et les chéloniens : les anneaux de la trachée-artère sont complets ; les divisions bronchiques offrent des fibres circulaires et contractiles ; des muscles dilatateurs et des constricteurs forment extérieurement les parois des sacs pulmonaires, dispositions qui concourent à remplacer le diaphragme dont ces espèces n'offrent aucun vestige. Les chéloniens et les batraciens respirent au moyen d'une véritable déglutition ; aussi peut-on les asphyxier en tenant pendant quelque temps leurs mâchoires écartées.

Chez les oiseaux, — les poumons sont uniformes, vésiculeux et vasculeux, criblés d'ouvertures par lesquelles s'échappe l'air pour se rendre dans un nombre variable de réservoirs, formés par des cellules assez vastes, qui vont s'ouvrir dans les canaux du plus grand nombre des os longs, complétement dépourvus de l'appareil médullaire ; les parois des bronches sont contractiles, et remplacent ainsi l'action du diaphragme qui n'existe pas. Ces dispositions offrent deux grands avantages pour les oiseaux : une oxygénation du sang très-considérable et proportionnée aux besoins que font naître l'étendue et la répétition des mouvements chez ces animaux ; une grande légèreté spécifique, nécessitée par l'état gazeux du milieu dans lequel ces derniers doivent lutter péniblement contre la force de gravitation, pendant le genre de locomotion qui leur devient le plus naturel.

Chez les mammifères, — il existe ordinairement deux poumons conoïdes, vasculaires et vésiculeux, diversement lobulés, depuis les solipèdes qui ne présentent qu'une seule division, jusqu'aux ruminants qui nous en offrent quatre. Les anneaux de la trachée-artère sont cartilagineux ; à peine visibles chez le hérisson, ils forment les deux tiers de la circonférence chez le lion et plusieurs autres ; le cercle complet chez le lamentin, le dauphin, etc.; dans cette classe, le thorax osseux et cartilagineux est inférieurement limité par le muscle diaphragme.

Chez l'homme. — En nous élevant des êtres les plus simples aux plus composés, relativement à l'examen de l'appareil respiratoire, nous l'avons trouvé d'abord, dans son état rudimentaire, borné à des vaisseaux absorbants extérieurs, en même temps employés aux phénomènes de la nutrition, effectuant dès lors une respiration exclusivement *périphérique et diffuse.*

Cet appareil, devenu plus spécial, nous a présenté sous le nom de trachées des canaux particuliers ouverts à la surface extérieure, dans lesquels s'enfonce le derme en s'y modifiant, de manière à donner à cette fonction, encore *diffuse*, le premier caractère de respiration *intérieure*. Offrant plus loin des organes centraux disposés en sacs membraneux, d'abord simples, ensuite loculaires, à parois contractiles, recevant des canaux *aërifères*, musculo-membraneux ou cartilagineux, et par lenr intermédiaire un prolongement du derme extérieur, sous le nom de tissu muqueux, l'appareil respiratoire nous a présenté ces mêmes organes parenchymateux, vasculaires et vésiculeux, renfermés dans une cavité appelée thorax, à parois mobiles, séparés de l'abdomen par une cloison musculeuse, nommée diaphragme; activement employée dans le mécanisme de la respiration, laissant dès lors beaucoup moins d'utilité à la disposition musculeuse des bronches, toujours à peine sensible, pouvant même être contestée dans les appareils où se rencontre cet important accessoire. Chez tous les sujets appartenant à ce dernier ordre, la respiration est *intérieure* et *concentrique*.

Arrivé à l'homme par cette gradation insensible, ne pouvons-nous pas tout naturellement réduire par la pensée l'appareil, au moyen duquel il respire, à l'idée simple d'une cavité muqueuse, formée par l'enfoncement de la peau extérieure dans la trachée-artère et ses nombreuses divisions ; surtout en considérant que ces canaux *aérifères* sont la partie essentielle des poumons, puisque les artères et les veines bronchiques, le nerf pneumogastrique leur sont à peu près exclusivement destinés.

Passant de ces principes fondamentaux aux considérations d'ensemble, nous trouvons ensuite l'appareil de la respiration, étudié chez l'homme, dans son dernier degré de perfectionnement et de composition. Pour le bien comprendre, nous devons y distinguer : 1° *des organes propres* ; 2° *des organes accessoires*.

1° ORGANES PROPRES. — Ils se composent des poumons et de leurs enveloppes membraneuses.

Les poumons, πνευμωνες des Grecs, *pulmones* des Latins, sont des organes parenchymateux et plus spécialement encore vésiculo-vasculeux, placés dans les parties latérales du thorax; de forme à peu près conoïde, d'un volume assez considérable, d'une grande légèreté spécifique déterminée par la proportion d'air qu'ils conservent toujours, même après une forte expiration ; surnageant l'eau dans laquelle on effectue leur immersion entière, lorsqu'on les examine après leur développement respiratoire ; plongeant au contraire dans ce fluide, lorsqu'ils n'ont point encore admis cet élément gazeux ; dispositions sur lesquelles se trouve basée la docimasie pulmonaire. Naturellement d'un jaune fauve, comme on l'observe chez les sujets morts d'hémorrhagie ; offrant chez le plus grand nombre des cadavres une teinte violette et marbrée, évidemment déterminée par l'engorgement sanguin qui s'effectue dans ces organes pendant les derniers instants de la vie ; on voit souvent à leur périphérie des taches vermeilles produites par quelques portions de ce fluide circulatoire déjà revivifiées ; d'une consistance molle, facile à déchirer, ils crépitent sous le doigt qui les presse. Le sommet du cône présenté par chacun d'eux est logé dans la courbure de la première côte, sa base repose directement sur la partie musculeuse et latérale du diaphragme. Le poumon droit présente moins de hauteur, plus de largeur, il est divisé en trois lobes et répond inférieurement au foie. Le poumon gauche a plus de hauteur, moins de largeur, il n'offre que deux lobes et répond au cœur par sa partie moyenne. Toute compensation faite, le volume des deux poumons est à peu près semblable.

ORGANISATION. — Si nous analysons actuellement la composition de ces organes, nous verrons la trachée-artère et ses divisions bronchiques, former cette base essentielle des poumons, autour de laquelle viennent se rassembler toutes les autres parties constituantes, et notamment les nerfs, les artères, les veines, les vaisseaux capillaires et lymphatiques ; tous ces éléments sont liés entre eux par du tissu cellulaire filamenteux, élastique, où le développement de la graisse ne se manifeste jamais, où les infiltrations peuvent survenir, comme on l'observe dans l'œdème pulmonaire.

La Trachée-Artère, — du grec τραχὺς, rugueux, et ἀρτηρία, conduit, est un canal membrano-cartilagineux, de six ou huit lignes de diamètre, de huit à dix pouces de longueur ; arrondi excepté en arrière ; commençant à la terminaison du larynx, fit enissant à la première division bronchique ; située à la région antérieure du col ; recouvert par le corps thyroïde ; répondant en arrière à l'œsophage, sur les côtés aux artères carotides, aux nerfs pneumo-gastriques, aux ganglions cervicaux, etc. ; formé de dix-huit ou vingt arceaux plus que demi-circulaires, complétés en arrière par une membrane fibreuse, unis les uns aux autres par des expansions du même tissu ; doublé intérieurement par une membrane muqueuse rouge, sensible, prolongement de la muqueuse gastro-pulmonaire. Reisseissen considère la membrane externe de ce tube aérien comme très-analogue à la tunique musculeuse des intestins ; Béclard, comme identique au tissu jaune des artères. Toutefois si l'on peut douter de l'existence des fibres contractiles dans les parois de la trachée-artère, il serait difficile, comme nous le verrons, de ne pas l'admettre dans ses divisions. Krimer seul dit avoir vu les fibres de la trachée-artère se contracter par l'action des stimulants.

Les Bronches, — ramifications de la trachée-artère, d'abord au nombre de deux, une pour chaque poumon, se subdivisent ensuite dans chacun de ces organes, en branches, en rameaux, en ramuscules. L'organisation de ces canaux est analogue à celle de leur tronc mutuel avec quelques modifications. Ainsi les arceaux cartilagineux perdent bientôt leur forme semi-circulaire, n'offrent plus dans les sous-divisions que des granulations sans régularité, disparaissent enfin entièrement, et les canaux aériens, arrivés à l'état capillaire, se trouvent réduits aux membranes fibreuse et muqueuse.

Haller et plusieurs autres physiologistes accordent la structure musculaire à la membrane extérieure des bronches ; d'autres la rejettent complétement, objectant qu'elle n'est pas suffisamment démontrée par l'anatomie. Au milieu de ces opinions diamétralement opposées, il est difficile de ne pas admettre la première, en considérant que dans la coqueluche, l'angine bronchique, l'asthme, etc., la contraction spasmodique de ces canaux devient quelquefois assez forte pour empêcher toute pénétration de l'air dans les poumons et faire craindre l'asphyxie.

La terminaison des canaux bronchiques est encore aujour-
d'hui l'occasion de nombreuses controverses.

Willis prétend qu'elle est effectuée par des petits corps
spongieux, aréolaires, dans lesquels se ramifient les dernières
divisions de l'artère pulmonaire, d'où naissent les veines du
même nom ; il pense que ces petits corps sont rassemblés en
grappes et disposés à la manière des baies du laurier, atta-
chées sur leur pétiole. Chaussier admet que les dernières divisions des bronches se terminent par des canaux arrondis ;
Helvétius dit qu'elles finissent par des ouvertures libres dans
les cellules du parenchyme pulmonaire ; Malpighi soutient
que chaque division extrême des tubes aérifères se rend dans
une petite vésicule sur les parois de laquelle rampent les
vaisseaux capillaires qui suivent l'artère pulmonaire et précèdent les veines du même nom ; quelques auteurs admettent
la communication de toutes les vésicules ; Haller au contraire
les croit isolées ; Keil et Liéberkun en portent le nombre au
delà d'un milliard et demi. Quoi qu'il en soit de ces opinions
contradictoires et de ces calculs impossibles, si l'on consulte
l'analogie relativement à ces dispositions microscopiques dans
l'homme, en les étudiant sur les poumons des animaux qui les
offrent dans un plus grand développement, on verra que chez
les reptiles et notamment chez les grenouilles, les vésicules
bronchiques deviennent très-apparentes et peuvent d'autant
mieux être admises dans l'espèce humaine, qu'elles rendent
les explications faciles, et qu'aucune autre modification n'est
aussi bien démontrée.

Les Nerfs — des poumons émanent particulièrement des
plexus pulmonaires, formés par le concours des nerfs pneumo-gastriques et des branches ganglionnaires. Les premiers
fournissent aussi directement à ces organes et se terminent
dans l'estomac. Toutes ces divisions vont spécialement se
distribuer aux bronches, aux nombreuses ramifications de ces
canaux aériens.

Les Artères, — destinées au parenchyme pulmonaire, appartiennent à deux variétés bien distinctes : *les artères bron-*

chiques, naissant directement de l'aorte dans le thorax, d'un volume peu considérable relativement à celui des organes, portant à ces derniers le sang rouge, excitant et nutritif, se ramifiant surtout dans les bronches, et se terminant dans la portion des capillaires généraux, départie aux organes centraux de la respiration ; *l'artère pulmonaire*, émanant du ventricule droit, portant le sang noir dans les capillaires particuliers des poumons, dans le but exclusif de le soumettre à la rénovation indispensable aux fonctions qu'il doit ultérieurement remplir.

Les Veines sont également de deux ordres dans ces organes : *les veines bronchiques*, nées des capillaires communs, rapportant le sang noir, véritable résidu que produit la nutrition du parenchyme respiratoire, et se terminant à la veine cave supérieure ; *les veines pulmonaires*, faisant suite aux capillaires particuliers, ramenant dans l'oreillette gauche le sang rouge soumis à l'oxygénation.

Les vaisseaux capillaires — appartiennent encore à deux espèces : les uns, *communs*, formant une division peu considérable du système capillaire général, offrent le siége de la nutrition pulmonaire, et de la transformation d'une petite partie du sang rouge en sang noir ; les autres, *particuliers*, constituent, par leur ensemble, tout le système capillaire spécial, et deviennent le théâtre de la conversion du sang noir en sang rouge sous l'influence de la respiration. Les premiers sont intermédiaires aux artères et aux veines bronchiques ; les seconds, à l'artère et aux veines pulmonaires.

Les vaisseaux lymphatiques — sont très-nombreux dans ces organes, et présentent sur leur trajet une multitude incalculable de petits corps blancs plus ou moins ténus et nommés ganglions ; développés sous l'influence des inflammations chroniques et de la dégénération lardacée, ils constituent ce que les pathologistes désignent par le terme de tubercules pulmonaires. Vers les premières divisions bronchiques, ces ganglions sont plus volumineux, offrent une couleur noire que nous croyons naturelle, et qu'il est impossible, dans l'état actuel de nos connaissances, d'attribuer, avec Fourcroy, au dépôt du carbone pendant la respiration.

Les enveloppes membraneuses des poumons — offrent deux tuniques séreuses nommées plèvres et forment deux sacs sans ouverture. Chacune de ces tuniques se réfléchit des poumons sur les côtes, circonstance qui nous explique l'ancienne dénomination *de plèvre pulmonaire* et *de plèvre costale*. Dans ce trajet, les deux membranes se rattachent en avant et en arrière pour s'éloigner ensuite et laisser entre elles deux écartements ou *médiastins*, l'un antérieur placé derrière le sternum, rempli de tissu cellulaire ; l'autre postérieur, contenant l'aorte descendante, l'œsophage, le canal thoracique, le nerf vague, etc.

2° ORGANES ACCESSOIRES. — Ils sont représentés par l'ensemble des parois mobiles du thorax dont l'ampliation ou le resserrement déterminent des modifications analogues dans les poumons. Ces parois sont elles-mêmes formées par des organes actifs et des organes passifs.

Organes actifs. — Ils se composent de tous les muscles susceptibles de concourir, soit directement, soit indirectement, aux mouvements opposés des parois thoraciques. Ainsi le diaphragme et les muscles abdominaux correspondants, pour les respirations du premier degré ; les scalènes, les sous-claviers, les intercostaux, les surcostaux, pour celles du second ; les pectoraux, le grand dorsal, le sterno-costal, les grands et petits dentelés, etc., pour celles du troisième, forment à peu près l'ensemble de cet appareil moteur.

Organes passifs. — Ils comprennent la colonne dorsale placée en arrière, le sternum en devant, les côtes au nombre de douze pour chaque moitié, disposées latéralement en arcs obliquement superposés, fixés postérieurement aux vertèbres par deux articulations mobiles, antérieurement au sternum, pour les sept premières, au moyen de prolongements fibro-cartilagineux analogues pour le volume et la forme. Les cinq dernières, libres, par cette extrémité dans les parois abdominales, sont également terminées au moyen

I.

11

du tissu fibro-cartilagineux dont le contact avec les parties molles est alors moins offensif.

L'ensemble de tous ces organes forme le thorax, cavité conoïde, à parois très-mobiles surtout inférieurement ; offrant l'une des cavités splanchniques, renfermant non-seulement les poumons, auxquels elle paraît plus spécialement destinée, mais en même temps le cœur, les gros vaisseaux, le canal thoracique, l'œsophage, etc.

Tel est chez l'homme cet appareil central destiné à la respiration. Plusieurs physiologistes soutiennent qu'il n'agit pas seul dans l'accomplissement de cette fonction importante. L'enveloppe cutanée, le foie lui-même ont été considérés comme les organes supplémentaires de cette oxygénation vitale du sang noir.

Relativement à la peau. — Jurine, Spallanzani, Cruiskank, Abernetty, etc., considèrent cette membrane comme un accessoire des poumons dans les phénomènes essentiels de la respiration. Ils ont fait plusieurs expériences qui toutes semblent démontrer l'absorption de l'oxygène et l'exhalation de l'acide carbonique par cette voie. D'un autre côté, la muqueuse bronchique offre de l'analogie avec la peau. Dans un assez grand nombre d'animaux et notamment dans les zoophytes, l'oxygénation du sang est effectuée par l'enveloppe dermoïde. M. Edwards a répété avec succès des expériences qui démontrent que les salamandres et les grenouilles, même après l'ablation de leurs poumons, jouissent de la faculté de vivre encore assez longtemps au moyen de la respiration cutanée. Mais il ne faut pas abuser des analogies au point de vouloir assimiler ainsi la respiration des animaux amphibies, d'un polype qui n'offre point d'autre organe que la peau, à celle de l'homme qui présente un appareil central et particulier pour cette fonction.

Relativement au foie, — quelques auteurs l'ont envisagé comme remplissant, chez le fœtus, les fonctions qu'exercent les poumons après la naissance, et comme présentant l'organe accessoire de ces derniers pendant toute la vie.

Nous ne sommes pas éloigné de penser que le foie diminue la proportion relative du carbone et de l'hydrogène dans le sang qui se trouve soumis à son influence ; que la peau saisit une certaine quantité d'oxygène par absorption, et rejette par exhalation un assez grand volume d'acide carbonique ; mais il nous est impossible de les considérer comme organes d'une véritable respiration, et comme accessoires des poumons sous ce dernier rapport.

Agent. — Il n'est pas le même pour tous les êtres organisés vivants ; il diffère chez les végétaux, chez les animaux d'un ordre inférieur, chez l'homme. Toutefois il est à remarquer que ces trois agents particuliers se rencontrent dans l'air atmosphérique dont ils offrent les éléments essentiels ; qu'ils s'influencent réciproquement d'une manière avantageuse, relativement aux phénomènes respiratoires dont chacun doit faire les frais ; que nous devons par conséquent envisager l'air dans son ensemble avant d'étudier isolément ses principes constituants.

L'air atmosphérique, — ἀήρ des Grecs, *aer* des Latins, est le milieu gazeux qui environne la terre, dans lequel respirent le plus grand nombre des êtres organisés vivants, et sans lequel ces êtres ne pourraient pas exister. Ainsi des expériences de Haller, Spallanzani, Vauquelin et plusieurs autres physiologistes, démontrent que les plantes, les animaux inférieurs aussi bien que les animaux supérieurs et l'homme, périssent dans le vide comme dans un gaz dont la rénovation est impossible. Sylvestre a constaté les mêmes résultats pour les poissons dans une masse d'eau contenue sous le récipient de la machine pneumatique.

L'air se présente à l'état de fluide élastique, invisible, transparent, inodore, sans couleur en masses peu considérables, offrant, dans sa totalité, le bel azur des cieux ; compressible, formant autour de notre globe une couche de quinze à seize lieues d'élévation. Sa pesanteur spécifique est à celle de l'eau :: 1 : 770. Elle fut appréciée par Galilée en 1640, ensuite par Torricelli auquel cette découverte suscita l'idée du baromètre; enfin par le célèbre Pascal qui fit répéter, sur le Puy-de-Dôme, une série d'expériences barométriques dans lesquelles on reconnut qu'en s'élevant sur cette montagne, le mercure s'abaissait d'un pouce par cent toises, et qu'en descendant, ce régulateur montait dans la même proportion. Dès lors, en calculant approximativement la diminution que l'air doit éprouver sous le rapport de la densité à mesure que l'on s'élève dans ses couches superposées, on trouve, aussi d'une manière approximative, qu'une colonne aérienne de quinze à seize lieues, égale en poids, à diamètre équivalent, une colonne d'eau de trente-deux pieds, une colonne mercurielle de vingt-huit pouces; il en résulte qu'un homme de taille moyenne supporte une atmosphère d'environ trente-six mille livres. Cette compression qui paraît énorme est à peine sentie, parce qu'elle s'opère dans tous les sens. Elle devient indispensable pour maintenir les fluides circulatoires dans leurs vaisseaux; pour contrebalancer la tendance continuelle que présente l'organisme tout entier, à l'expansion du centre à la circonférence. Il suffit, pour apprécier tous les avantages de cette compression naturelle d'observer les modifications effectuées dans les tissus vivants par son absence ou même sa diminution. Ainsi la peau, dans le vide, sous la cloche pneumatique, sous une ventouse, éprouve une rougeur, un gonflement considérables, avec imminence de rupture. Les aéronautes élevés dans les régions supérieures où la pression atmosphérique devient insuffisante, éprouvent des épistaxis, des hémoptysies, quelquefois même des hémorrhagies cutanées; accidents qui pourraient devenir mortels si le poids des couches inférieures, dans lesquelles il faut immédiatement descendre, ne venait aussitôt rétablir un équilibre indispensable aux mouvements circulatoires. Tel sera toujours l'obstacle invincible qui circonscrira ces courses aériennes dans les bornes posées par la nature, à cinq ou six mille mètres.

L'air, compris chez les anciens au nombre des quatre éléments, est composé de plusieurs principes à l'état de simple mélange; parmi ces parties constituantes, les unes sont essentielles et les autres accessoires.

Parties essentielles. — Elles sont au nombre de trois : *l'oxygène, l'acide carboniqus, l'azote.*

L'*oxygène*, du grec ὀξύς, acide, et γεννάω, engendrer, générateur des acides, air vital, est un gaz incolore, insipide, inodore, plus pesant que l'azote, moins que l'acide carbonique ; dégageant par une forte pression du calorique et de la lumière ; se combinant avec les corps de la nature de manière à former des acides ou des oxydes ; entrant dans la composition de l'air, de l'eau, de toutes les matières animales et végétales ; offrant le seul principe capable d'effectuer la rénovation du sang chez les animaux doués d'un organe central de la respiration ; soit à l'état de poumons, soit à celui de branchies ; présentant l'élément essentiel de la combustion. C'est en conséquence de ces propriétés que les anciens l'ont désigné par les termes *d'air vital, pabulum vitæ, d'air déphlogistiqué. de principe sorbile, d'empyrée,* etc. On l'a tout récemment envisagé comme *un agent électro-négatif ;* on a même prétendu que le *fluide résineux* était, en dernière analyse, de la *lumière et de l'oxygène ;* des idées semblables ont besoin de confirmation.

Le rapprochement de ces deux phénomènes communs à l'influence de l'air vital, *respiration* et *combustion,* présente un moyen d'exploration bien avantageux pour constater sans danger les caractères favorables ou nuisibles d'une atmosphère suspecte, relativement à ses proportions d'acide carbonique et d'oxygène. En effet la respiration peut encore s'effectuer dans un air trop dépourvu de ce dernier gaz pour entretenir la combustion ; dès lors, en se faisant précéder par des bougies allumées, sous les voûtes d'un souterrain, par exemple, on peut avancer tant que la flamme brille d'un éclat naturel, mais il faut rétrograder aussitôt, lorsqu'elle ne jette plus qu'une lueur incertaine. On obtient facilament l'oxygène en traitant, par l'acide sulfurique, le tétroxyde de manganèse, en le chauffant au rouge. Il est naturellement produit par la respiration des végétaux.

L'acide carbonique, — est un gaz incolore, invisible, impalpable, d'une saveur légèrement acide, d'une odeur piquante, plus pesant que l'azote et l'oxygène, pouvant même se transvaser à la manière de l'eau, rougissant la teinture de tournesol, formant des sels en se combinant avec les oxydes salifiables, n'offrant plus un corps simple, mais un composé d'oxygène et de carbone, éteignant les corps en combustion, asphyxiant les animaux par une action véritablement délétère et stupéfiante, servant au contraire essentiellement à la respiration des végétaux. En raison de ces caractères et de la nature du corps dont il peut être extrait, on le nomme encore *air fixe, air méphitique, acide aérien, crayeux,* etc.

On obtient aisément cet acide en traitant le sous-carbonate de chaux ou tout autre sel de cette classe, par un acide plus fort, le sulfurique par exemple. Il est naturellement produit par la respiration des animaux, par la combustion des végétaux plus spécialement, par la fermentation alcoolique; il détermine la faculté de *mousser* pour le vin, le cidre, la bière, les eaux gazeuses. Il se rencontre dans plusieurs grottes et notamment dans celle de Pouzzole, où cet acide, en raison de sa grande pesanteur spécifique, présente une couche de dix-huit à vingt pouces au-dessus du sol, de telle sorte que les petits quadrupèdes y sont ordinairement asphyxiés, ce qui a fait nommer ce lieu, *grotte du chien.*

L'azote, — de α privatif et de ζωή, vie, est un gaz incolore, invisible, inodore, insipide, impalpable, beaucoup plus léger que l'acide carbonique et l'oxygène, ce qui le rend très-propre à gonfler les aérostats. Incapable d'entretenir la combustion, la respiration chez les animaux supérieurs et chez les végétaux, seulement par absence d'oxygène, et non point par des caractères nuisibles, comme l'indiquaient les dénominations de *moffette, de gaz méphitique,* etc., employées autrefois pour le désigner; servant à la respiration de plusieurs espèces animales des classes inférieures et notamment à celle des limaces, comme le démontrent les expériences de Vauquelin. Plusieurs chimistes pensent même qu'il est absorbé en certaine proportion par les végétaux, mais non pas comme un agent essentiel de la rénovation de leurs ffuides; il sert évidemment pour la plupart des animaux, de véhicule et de correctif à l'oxygène ; il entre dans la composition de tous ces derniers ; on le trouve seulement dans quelques familles végétales, chez les crucifères par exemple ; on l'obtient en enlevant l'oxygène à l'air par la combustion, et l'acide carbonique par l'eau de chaux ; jusqu'ici on ne l'a point encore observé dans l'état de pureté. Allen, Pépis et Bertholet ont prouvé qu'il est exhalé par les animaux : leurs expériences ont été faites contradictoirement à celles de Davy et Priestley qui le croyaient absorbé, même chez l'homme.

D'après ces considérations, il est évident que l'air atmosphérique offre dans sa composition les agents de la respiration chez tous les êtres organisés vivants ; ces agents appartenant toujours à l'un ou l'autre des trois principes : *oxygène, acide carbonique, azote.*

Si nous cherchons actuellement par quelle admirable disposition les proportions de ces trois principes demeurent invariables dans l'atmosphère, l'analyse que nous effectuons pour l'air donnant aujourd'hui précisément les mêmes résultats qu'elle a présentés depuis trente ans, savoir, en volume, sur 100 parties, *azote* 79 ou 78, *oxygène,* 20 ou 21, *acide carbonique,* 1 ou 2, nous voyons cet équilibre naturel maintenu par l'antagonisme établi, sous le rapport de l'agent de la respiration, entre les animaux et les végétaux. Ainsi les premiers absorbent l'oxygène, rendent une quantité proportionnelle d'acide carbonique; les seconds, au contraire, décomposent l'acide carbonique, absorbent le carbone, rejettent l'oxygène, de telle sorte que celui-ci est fourni aux animaux par les végétaux, l'autre aux végétaux par les animaux. Or, comme la proportion de ces deux classes d'êtres vivants, reposant sur les lois invariables de la génération, est toujours à peu près la même, il en résulte que ces deux principes, *oxygène, acide carbonique,* sont employés et reproduits d'une manière uniforme. Quant à l'azote, il n'est à proprement parler que le véhicule des deux autres, et ses quantités absorbées par certains animaux, peut-être par les végétaux, exhalées par les animaux supérieurs, sont tellement peu considérables qu'elles deviennent incapables de rompre un équilibre d'ailleurs établi sur les mêmes lois.

PARTIES ACCESSOIRES. — L'air atmosphérique essentiellement constitué par *l'oxygène, l'acide carbonique* et *l'azote*, présente encore un grand nombre de parties accessoires ; les unes modifiant avantageusement sa nature, les autres altérant plus ou moins dangereusement sa pureté. Au nombre de ces mêmes parties nous devons spécialement noter : *le calorique, la lumière, l'eau, l'électricité, l'hydrogène pur ; l'hydrogène carboné, phosphoré, sulfuré ; les miasmes délétères, inconnus dans leur nature,* etc.

Le calorique — existe toujours dans l'atmosphère, mais en proportions très-variables, depuis la température de trente-cinq à quarante degrés au-dessous de zéro, que l'on observe dans les contrées hyperboréennes, jusqu'à cette extrême chaleur qui, sous la ligne équatoriale, fait monter le thermomètre jusqu'à cinquante et soixante degrés au-dessus du même point. Dans le premier cas, l'air glacial trop condensé crispe, congèle et détruit la muqueuse des bronches ; dans le second, trop chaud, trop rare, il surcharge de calorique tous les canaux aériens et vasculaires des poumons. Ainsi très-utile dans l'atmosphère, à dix, à quinze ou à vingt degrés, il peut devenir funeste par son accumulation excessive, ou par la soustraction trop considérable qu'il est susceptible d'éprouver.

La lumière, — quelle que soit la manière de l'envisager, est toujours partie accessoire de l'air ; très-favorable à la nutrition, puisque tout être vivant s'étiole dans l'obscurité, son influence n'a pas été jusqu'ici démontrée dans la respiration.

L'eau — se rencontre également toujours dans l'air à l'état de vapeur invisible, offrant dès lors plusieurs caractères gazeux ; les proportions qu'elle y présente sont d'autant plus considérables, qu'une température élevée s'est maintenue plus longtemps dans l'atmosphère. Aussi, lorsqu'il revient un refroidissement instantané, cette immense quantité d'eau passe de l'état de vapeur à l'état liquide, parfois même de ce dernier à l'état solide, en raison de la mesure du calorique soustrait, et de la rapidité de cette même soustraction ; des nuages se forment, et cette eau relativement plus pesante à ces nouveaux états que le milieu dont elle faisait partie, gagne la surface de la terre sous forme de brouillard, de pluie, de neige, de grêle, etc.

Associée à l'air atmosphérique en moyenne proportion, l'eau présente le grand avantage de rendre l'action de ce gaz moins irritante sur la muqueuse pulmonaire ; mais en excès, elle offre des inconvénients positifs ; tenant en dissolution les émanations et les miasmes putrides, se précipitant par le refroidissement du soir sous forme de rosée vulgairement nommée *serein*, elle donne alors au modificateur de la respiration des caractères plus ou moins nuisibles, surtout dans les contrées marécageuses, comme l'ont souvent observé les voyageurs dans la campagne de Rome.

L'électricité — se trouve constamment dans l'air en proportions variables : à l'état naturel, si les circonstances particulières à sa décomposition ne viennent pas l'effectuer ; à l'état de fluide positif ou négatif, si le froissement des nuages et des autres corps aériens opère cette même décomposition ; d'un autre côté, le sol conserve toujours un état électrique opposé à celui de tous ces corps. L'air sec est mauvais conducteur de ce fluide ; s'il reste longtemps à cet état, l'accumulation devient excessive et les décharges les plus violentes se manifestent, soit des nuages au sol, soit entre les nuages diversement électrisés.

Pendant la tension qui précède immédiatement les éclats de la foudre, l'air paraît beaucoup plus lourd, toute la nature semble dans un état de malaise ; les sujets nerveux plus spécialement encore, éprouvent un sentiment pénible, un agacement général, une tendance aux mouvements les plus désor donnés ; tous ces caractères d'angoisse constitutionnelle disparaissent après les premières décharges, par la saturation du fluide prédominant ; l'atmosphère semble reprendre du mouvement, de la fraîcheur, et l'économie vivante sortir de l'état anxieux dans lequel cet excès d'électricité, soit positive, soit négative, l'avait évidemment plongée.

L'hydrogène et ses composés — peuvent également se trouver dans l'atmosphère, leur existence est presque toujours partielle ; on soumet à l'analyse des masses d'air assez considérables sans les rencontrer.

Dégagé dans la décomposition des animaux et des végétaux, l'hydrogène pur se combine presque immédiatement, soit à l'oxygène, pour former l'eau, soit au soufre, au carbone, au phosphore, pour constituer les gaz hydrogène sulfuré, carboné, phosphoré, etc., dont les propriétés nuisibles et notamment celles du premier, peuvent altérer dangereusement la pureté de l'agent de la respiration. Ces gaz très-inflammables, émanés en grande proportion des lieux marécageux, tantôt brûlent à l'instant de leur formation, en donnant naissance à ces *feux follets* que l'ignorance et la superstition personnifient, leur accordant l'intelligence et la volonté ; tantôt s'élevant dans les hautes régions de l'atmosphère, et par leur combustion plus ou moins tardive, constituent ces aurores boréales, ces globes lumineux, dont la formation est si diversement interprétée par le vulgaire.

Les miasmes délétères, — à peine connus dans leur nature chimique, se répandent quelquefois dans l'atmosphère, soit d'une manière habituelle, soit passagèrement. Ils altèrent constamment les qualités de l'air, pour une ville, pour une contrée, pour un pays tout entier, en y déterminant la peste, le typhus, les fièvres de mauvais caractère et toutes les maladies endémiques, épidémiques, etc., fléaux destructeurs, ordinairement accompagnés de l'épouvante et de la mort.

On constate facilement la présence de tous ces corps dans l'air : *de l'oxygène,* par la combustion d'une bougie ; *de l'acide carbonique*, par le trouble déterminé dans l'eau de chaux ; *de l'azote*, par la formation de l'ammoniaque avec l'hydrogène dans les conditions appropriées à leur combinaison ; *du calorique* et *de la lumière*, en les faisant jaillir, par la pression, dans un briquet pneumatique dont le corps est en verre ; *de l'eau*, par la rosée que produit une masse d'air subitement refroidie ; *de l'hydrogène* et de ses composés, par leur combustion et leur odeur ; *de l'électricité*, par son dégagement ; *des miasmes délétères*, par leurs funestes effets sur l'économie vivante.

Tels sont les éléments essentiels et les parties accessoires de l'air atmosphérique. Nous avons particulièrement noté l'oxygène comme agent principal de la combustion et de la respiration chez l'homme et chez les animaux supérieurs ; mais il ne faut pas, à l'exemple de quelques auteurs peu physiologistes, établir des rapprochements positifs entre ces deux phénomènes opposés par leur nature.

La combustion s'opère d'une manière d'autant plus active et plus parfaite que l'oxygène est plus pur et plus exactement dégagé de tout accessoire. Faut-il en inférer avec ces auteurs, que la respiration se trouve absolument dans les mêmes conditions, et qu'il eût été plus avantageux de ramener l'atmosphère à ce bel état de simplicité ? Ce serait admettre deux erreurs graves, deux principes en contradiction avec les faits et le raisonnement.

Une semblable constitution était absolument impossible. En effet l'homme et les animaux supérieurs n'existent pas seuls à la surface de notre globe, on y trouve également des animaux inférieurs et de nombreuses familles végétales, à peu près tous dans l'impossibilité de vivre par la respiration de l'oxygène à l'état de pureté, nécessitant dès lors une composition atmosphérique appropriée à leurs différents besoins.

En admettant même pour un instant cette possibilité, n'est-il pas évident que l'homme et les animaux supérieurs absorbant incessamment l'oxygène, exhalant de l'acide carbonique, n'auraient bientôt plus pour milieu que ce dernier gaz alors mortel, et deviendraient ainsi les premiers instruments de leur propre destruction.

D'un autre côté l'expérience démontre positivement que la respiration loin d'offrir, à la manière de la combustion, des résultats plus parfaits dans l'oxygène pur, entraînerait alors des conséquences plus ou moins promptement funestes. Dumas ayant fait respirer, dans ce gaz, plusieurs chiens, pendant un mois, six heures seulement par jour, les uns offrirent un épuisement, un marasme complets, avec alopécie ; les autres des tubercules dans les poumons ; tous périrent avec les symptômes de la phthisie la mieux caractérisée. Les mêmes accidents ont suivi la respiration d'un air contenant quatre-vingts parties d'oxygène sur cent.

Toutefois il ne faut pas confondre ici la perfection des phénomènes respiratoires, avec le temps de leur exercice dans une masse déterminée d'air ou d'oxygène. Les expériences de Fontana prouvent que si l'animal vit trente minutes dans le premier, il existera deux cent quarante dans le second.

En reconnaissant l'oxygène comme principe essentiel de la respiration, chez l'homme et chez le plus grand nombre des animaux, nous pensons qu'à la manière des boissons fermentées, des aliments excitants, etc., il a besoin d'un véhicule susceptible d'en mitiger l'influence trop active. L'azote nous offre ce correctif indispensable ; il est à l'oxygène ce que l'eau devient pour les boissons alcooliques. Il sert en même temps à la respiration des animaux d'un ordre inférieur ; des limaces, d'après Vauquelin ; des carpes, des tanches, etc., d'après Humboldt.

L'acide carbonique indispensable à la respiration des végétaux, n'est peut-être pas inutile, au moins d'une manière indirecte, à celle de l'homme et des animaux, surtout lorsque les poumons offrent depuis longtemps un état d'irritation habituelle ; alors mêlé à l'oxygène en certaines proportions, il agit comme stupéfiant, et devient pour ces organes, ce qu'est l'opium ingéré dans l'estomac pour l'appareil digestif. C'est ainsi que nous expliquons les principaux avantages de l'air des étables pour les phthisiques, avantages qui deviendraient même assez précieux, s'ils n'étaient contrebalancés par des inconvénients que l'on pourrait aisément faire disparaître en veillant aux soins de propreté, à la bonté des abris, etc.

Quant aux autres éléments de l'atmosphère, ils n'offrent qu'une utilité du second ordre. Aussi leurs proportions et souvent leur existence n'ont-elles absolument rien de constant ; quelques-uns même deviennent essentiellement nuisibles, et leur présence accidentelle porte le désordre ou la mort dans l'économie vivante.

Besoin. — Le sentiment qui veille au libre exercice de la respiration est le résultat d'une impulsion instinctive dont le premier mouvement se manifeste à la naissance, et qui continue son action jusqu'à la mort. En considérant l'impatience, l'inquiétude, l'anxiété des sujets asthmatiques, on peut déjà pressentir la valeur de cette impulsion ; mais il faut avoir observé les violentes agitations, les mouvements spasmodiques et convulsifs développés sous l'influence d'une suffocation imminente ; il faut avoir éprouvé soi-même toutes les angoisses déterminées, par la privation d'air atmosphérique, d'abord au centre de l'appareil respiratoire, siége essentiel du besoin que nous étudions, ensuite par sympathie, dans tout l'organisme, pour bien comprendre l'empire de ce besoin qui, par son énergie, se trouve alors en proportion de l'importance des phénomènes dont il garantit l'accomplissement.

Le sentiment qui indique la nécessité de respirer peut être naturel ou factice : dans le premier cas il est produit par l'absence de l'air ou par l'impossibilité de son introduction dans les divisions bronchiques ; on parvient à le faire disparaître par la satisfaction de ce même besoin ; dans le second il est déterminé par certaines irritations de l'appareil nerveux pulmonaire, et ne cède qu'après la destruction de cette anomalie vitale.

Étude. — Pour comprendre, avec avantage et précision, les nombreux détails de cette fonction complexe, nous la diviserons en trois ordres de phénomènes d'après leur nature et leur but essentiel. PHÉNOMÈNES : *physiques*, *chimiques*, *vitaux*.

PHÉNOMÈNES PHYSIQUES. — Entièrement relatifs à l'ampliation, au resserrement alternatifs de la cavité thoracique et des poumons, les phénomènes physiques de la respiration peuvent se réduire par l'analyse à deux mouvements opposés. *Dilatation*, effectuant l'introduction de l'air dans les cavités pulmonaires, sous le titre *d'inspiration*. *Resserrement*, déterminant l'expulsion de l'air de ces mêmes cavités, sous le nom *d'expiration*. Étudions chacun de ces mouvements.

Inspiration. — Un phénomène de cet ordre nous paraît susceptible d'une exposition aussi simple que facile, et c'est avec étonnement que nous considérons les théories nombreuses des auteurs, pour expliquer l'introduction de l'air atmosphérique dans les poumons.

Les *anciens* ont imaginé, dans leur système de l'inspiration, que la pression atmosphérique était plus forte à l'intérieur de l'appareil respiratoire qu'à l'extérieur, et que cette prédominance d'action, dans le premier sens, était la cause essentielle de *l'inspiration*.

Descartes, *Swammerdam* admirent l'hypothèse d'un cercle aérien s'établissant des poumons à l'atmosphère, et de l'atmosphère aux poumons ; l'air des premiers plus raréfié, plus élastique et plus chaud, pousse devant soi l'air de la seconde moins chaud, moins élastique et moins raréfié.

Galien et *Reisseissein* prétendirent que la dilatation et le resserrement des poumons étaient le résultat de l'action particulière de ces organes : pour expliquer ces mouvements propres, ils admirent des fibres musculaires dans les parois bronchiques. L'anatomie n'a pas confirmé cette opinion, qui se réduit comme les précédentes à la nulle valeur d'une hypothèse sans fondement.

La capacité d'un réceptacle ne peut augmenter sans que la

somme des diamètres qui mesurent ses trois dimensions prin-cipales hauteur, longueur et largeur, ne soit devenue plus considérable. En effet, si l'un de ces diamètres diminue tandis que l'autre s'accroît dans une même proportion, cette capacité ne fait que changer de forme. Pour bien comprendre cette ampliation de l'appareil respiratoire, nous devons donc examiner par quels moyens chacun de ces diamètres est augmenté, par quel mécanisme cette augmentation est effec-tuée.

Nous reconnaissons dans le thorax trois diamètres princi-paux : *vertical*, du centre diaphragmatique au sommet de la poitrine ; *transversal*, du milieu des côtes gauches au milieu des côtes droites, et *vice versâ* ; *antéro-postérieur*, du milieu du sternum à la sixième vertèbre dorsale.

Le diamètre vertical, — de sept à huit pouces dans l'état naturel, s'agrandit pendant l'abaissement du diaphragme, surtout dans les parties latérales de ce muscle, correspon-dantes aux poumons. Le résultat de cette contraction est, pour le diamètre que nous examinons, une augmentation de deux, trois et même quatre pouces dans les grandes inspi-rations.

Le diamètre transversal, — dont l'étendue normale est de neuf à dix pouces, arrive à celle de onze ou douze par le mou-vement d'ascension des côtes, et d'après ce principe de méca-nique invariable : *que deux arcs de cercle opposés par leur concavité situés obliquement, augmentent constamment l'inter-valle qui les sépare en se plaçant dans la position horizon-tale.*

Cette élévation est effectuée par la contraction des muscles intercostaux ; également par les internes et les externes, bien que Hamberger et Galien considèrent ces derniers comme inspirateurs, les autres comme agents de l'expiration. Dans ce phénomène, la première côte fixée par les muscles scalènes et sous-clavier, présente le point immobile vers lequel s'élè-vent toutes les autres par un mouvement général, instantané, mais où l'analyse peut distinguer une succession de mouvements particuliers établis des côtes supérieures vers les infé-rieures, qui deviennent alternativement point mobile pour celle qui est au-dessus, et point fixe pour celle qui se trouve au-dessous.

Ce diamètre est encore augmenté par le mouvement d'ab-duction qu'éprouvent les côtes sous l'influence des muscles surcostaux, petit dentelé supérieur, grand dentelé, pecto-raux, grand dorsal, etc.

Le diamètre antéro-postérieur, — de cinq à six pouces, le plus petit des trois, le moins en rapport avec les poumons, puisque les deux médiastins et leurs parties contenues, l'ori-gine des gros vaisseaux, le cœur et ses enveloppes se trou-vent directement sur son trajet, est en même temps celui qui présente le moins d'accroissement dans l'inspiration ; il peut acquérir de huit à quinze lignes par la prépulsion que les côtes, en s'élevant, impriment au sternum ; les fibro-carti-lages sont tordus, aucun glissement ne pouvant avoir lieu dans leurs articulations sternale et costale, toute la rotation s'effectuant dans les articulations costo-vertébrales où se rencontrent des synoviales destinées à favoriser ces mouve-ments.

L'augmentation de ces trois diamètres produit un accrois-sement proportionné dans toute la capacité pectorale. Nous avons à démontrer comment cette ampliation du thorax entraîne celle des poumons.

L'organe central de la respiration, sous le rapport de la cavité pectorale, se trouve absolument dans les conditions d'une vessie renfermée dans un réceptacle à parois mobiles, de telle sorte que l'air ne puisse jamais pénétrer entre l'une et l'autre, et que la vessie présente son orifice libre à l'exté-rieur. Si dans un tel état de choses, nous déployons les parois du réceptacle, un vide cherche à se produire entre celui-ci et la vessie ; aucune compression ne s'exerce dès lors à la surface externe de ce réservoir membraneux, tandis que son ouver-ture libre et béante à l'extérieur supporte le poids de l'air atmosphérique bientôt engagé dans cette cavité dont il presse intérieurement les parois, en les appliquant à celles du réceptacle, et leur faisant désormais suivre tous ses mouvements. La théorie simple que nous venons d'exposer, appliquée à l'appareil respiratoire, se trouve en harmonie avec tous les faits.

Les poumons représentent la vessie, le thorax offre le réceptacle à parois mobiles ; une ouverture libre fait communiquer la cavité de celui-ci avec l'extérieur ; dans l'état normal, aucune portion d'air ne peut s'introduire entre la surface externe des uns et la surface interne de l'autre. Dans ces dispositions, la poitrine dilatée par l'action des muscles inspirateurs, abandonne la périphérie des poumons, un vide tend à s'effectuer entre ces organes et les parois thoraciques ; la surface extérieure de ces derniers est libre de toute compression, l'air atmosphérique pèse fortement sur l'orifice extérieur des voies respiratoires, s'introduit par la bouche ou par les fosses nasales, pénètre dans les divisions bronchiques, n'y trouvant aucune résistance, agrandit la capacité des poumons, applique leurs parois à celles du thorax dont elles suivent ainsi tous les mouvements.

Telle nous paraît être la véritable théorie de l'inspiration dans tous les âges, la cause du premier développement des poumons, de la première introduction de l'air chez l'enfant qui vient de naître ; phénomènes pour l'accomplissement desquels il suffit que les muscles inspirateurs entrent en action sous l'influence de l'excitation que produit l'air extérieur, et surtout par l'impulsion instinctive attachée à l'exercice de cette importante fonction.

Legalois a démontré, par des expériences faites sur les animaux, que dans chaque inspiration la glotte s'ouvre par la contraction des muscles arythénoïdiens, et que la paralysie de ces muscles, déterminée par la section du nerf laryngé supérieur, entrave complétement ce premier phénomène de la respiration. Lorsque l'introduction de l'air s'effectue par la bouche, comme on l'observe ordinairement pendant l'état de veille, le voile du palais s'élève ; il s'abaisse au contraire lorsque cette même introduction se fait par les fosses nasales, comme on le voit presque toujours pendant le sommeil; dans les inspirations difficiles on remarque la contraction des muscles dilatateurs des narines, symptôme d'un intérêt majeur dans les graves altérations de cet appareil.

La théorie que nous venons d'exposer est si naturelle et si vraie, qu'il est impossible de changer les conditions qu'elle exige dans l'appareil respiratoire, sans déterminer en même temps l'asphyxie. Que l'on établisse, par exemple, une libre communication entre les cavités des plèvres et l'extérieur, la capacité pectorale se développe également par l'action des muscles inspirateurs, le vide ordinaire tend à s'effectuer entre les parois thoraciques et les poumons; mais l'air atmosphérique trouvant alors une voie directe, le remplit incessamment, comprime l'extérieur de ces organes avec une force égale à celle que déploie sur leur intérieur l'air introduit par les divisions bronchiques; les poumons placés entre deux efforts opposés absolument semblables, ne trouvent aucune raison d'obéir à l'un plutôt qu'à l'autre, et demeurent ainsi dans une parfaite inaction que suit bientôt l'asphyxie complète. Nous avons bien souvent obtenu ces résultats chez les animaux, et deux fois observé sur l'homme cette immobilité pulmonaire, d'un côté, sous l'influence d'un large ulcère comprenant les parois thoraciques dans toute leur épaisseur.

Expiration. — L'explication de ce phénomène est également devenue l'objet d'un assez grand nombre d'hypothèses.

Galien, Harvey, d'après l'analogie relative aux dispositions pulmonaires des oiseaux, admirent chez l'homme une sorte de porosité de ces organes, qui permettait à l'air de se répandre dans la cavité des plèvres, et partirent de cette supposition gratuite pour imaginer une théorie de l'expiration, en ne voyant dans ce phénomène qu'une réaction élastique de l'air intérieur pour expulser l'air extérieur par lequel il avait été comprimé pendant l'inspiration. L'opinion de ces physiologistes est erronée dans son principe et dans ses conséquences; aujourd'hui ces théories n'ont plus besoin de réfutation.

Haller, Reisseissen, et plusieurs autres physiologistes attribuent l'expiration au resserrement des bronches par la contraction de leurs fibres musculaires. Sans doute il est difficile, même en n'admettant point l'existence de ces fibres, de ne pas reconnaître la faculté que présentent les canaux aériens de réagir assez fortement sur l'air qui les a dilatés, si ce n'est par une véritable contraction, au moins par une élasticité bien remarquable ; comme il est aisé de s'en convaincre, même sur le cadavre, en poussant violemment une injection dans la trachée-artère et dans les bronches qui la renvoient avec énergie, lorsque cet effort d'impulsion a cessé. La réaction bronchique nous paraît donc certaine, mais nous pensons qu'il serait erroné de lui attribuer tous les phénomènes de l'expiration, qui, dans l'état normal, s'effectuent sous l'influence de la volonté.

Ces phénomènes absolument opposés à ceux qui constituent l'inspiration, nous offrent le retour des trois diamètres à leur état primitif, le resserrement du thorax et des poumons, l'expulsion de l'air atmosphérique par le concours de deux ordres de puissance, les unes passives, les autres actives.

Les *puissances passives* se trouvent particulièrement dans le poids des côtes et des parois thoraciques, dans le retour des fibro-cartilages tordus, pendant l'inspiration, et qui réagissent en vertu de leur grande élasticité.

Les *puissances actives* sont représentées par les muscles abdominaux qui poussent les viscères du même nom sur le diaphragme, en le refoulant vers les poumons et diminuant ainsi le diamètre vertical. Cette action présente également pour effet avantageux de fixer les côtes inférieures qui doivent offrir aux supérieures un point d'appui pour leur abaissement par les muscles intercostaux que cette nouvelle disposition rend expirateurs, par les muscles sacro-lombaire, long-dorsal, petit dentelé inférieur, carré lombaire, sterno-costal, etc., qui dépriment les parois pectorales, en rétablissant les diamètres antéro-postérieur et transverse, dans les dimensions primitives.

La succession de ces deux phénomènes principaux constitue la partie mécanique de la respiration qui peut s'exercer à
trois degrés différents.

Premier degré. — Les mouvements pectoraux sont faibles
et naturels, comme on l'observe pendant un sommeil paisible,
dans le recueillement de la méditation et des travaux intellectuels. Ils s'effectuent par les contractions alternatives du diaphragme et des muscles abdominaux, sans déplacement notable des côtes; aussi dans les fractures de ces os, doit-on borner
la respiration à ce premier degré par un bandage compressif
des parois thoraciques; le diamètre vertical est alors presque
seul modifié.

Second degré. — Il constitue la respiration moyenne, celle
que nous effectuons le plus ordinairement dans l'état de veille
et de santé. Les muscles intercostaux et surcostaux unissent
leurs contractions à celles des abdominaux et du diaphragme;
les côtes sont entraînées alternativement dans l'élévation et
l'abaissement; tous les diamètres éprouvent des variations
proportionnées aux mouvements du thorax.

Troisième degré. — Il comprend les respirations les plus
fortes et les plus étendues; il met en jeu toutes les puissances
respiratrices communes aux degrés précédents et celles qui
lui sont propres, telles que les muscles pectoraux, grand et
petit dentelés, sous-sternal, carré lombaire, grand dorsal, etc.

Les plus importants de ces muscles prenant alors un point
d'appui sur les membres thoraciques, il est indispensable que
ces derniers soient préliminairement assujettis; c'est dans ce
but que les asthmatiques et les individus affectés d'une suffocation imminente, saisissent d'une manière instinctive les bras
de leur siége ou tout autre corps solide, pour effectuer les
mouvements d'inspiration et d'expiration devenus impossibles
par les agents ordinaires. Dans ce troisième degré, les côtes
se trouvent non-seulement élevées, mais encore portées dans
l'abduction.

Le but essentiel des phénomènes physiques de la respiration
est l'introduction de l'air dans les poumons et l'expulsion du

résidu qu'il présente après avoir effectué la rénovation du sang ; plusieurs actions physiologiques viennent secondairement s'y rattacher. Au nombre des plus importantes, nous signalerons particulièrement l'odoration, la succion par aspiration, la voix, la parole, la physiognomonie, la locomotion, les excrétions abdominales, etc.

PENDANT L'INSPIRATION. — La circulation devient plus facile et plus régulière, le pouls plus large et plus fréquent ; trop longtemps soutenue, elle détermine dans les poumons une congestion sanguine quelquefois assez considérable pour entraîner l'asphyxie ; ainsi mourut ce criminel conduit devant Auguste. C'est en prolongeant fortement l'inspiration que des esclaves se donnent la mort pour éviter les terribles châtiments de leurs maîtres, bien plutôt qu'en entraînant la langue dans le pharynx par une véritable déglutition ; phénomène qui nous semble impossible dans l'état d'organisation normale. C'est ainsi que périssent les enfants dans un accès de colère, certains sujets pendant les efforts d'excrétion prolongée ; les chevaux pesamment chargés gravissant une pente rapide ; ils tombent d'abord *pâmés*, comme on le dit vulgairement, et plus physiologiquement dans un état complet d'asphyxie. On a vu des rossignols succomber de cette manière, en voulant surpasser leurs émules par des efforts de chant. Haller cite l'histoire d'un tribun militaire qui par habitude simulait ainsi la mort avec assez d'illusion pour effrayer les spectateurs.

Dans l'espèce humaine, l'inspiration n'est pas susceptible d'être continuée longtemps sans danger. On cite comme extraordinaires, ce joueur de flûte qui pouvait la soutenir deux minutes, et ces plongeurs qui disparaissent pendant le même temps sous les eaux. On rapporte le fait d'un noyé rendu à la vie, après quinze minutes d'immersion ; il serait erroné de penser que les sujets placés dans ces funestes conditions aient offert, entre les inspirations, des intervalles aussi prolongés ; en effet les noyés avant de succomber viennent plusieurs fois à la surface de l'eau, font provision d'air à chaque surnatation. Il est aisé de concevoir ces retours fréquents en réfléchissant à la grande légèreté comparative de notre corps dans ce milieu fluide. Haller a trouvé le poids d'un jeune homme de cent trente-huit livres dans l'air atmosphérique, réduit à huit onces pendant son immersion dans l'eau.

On a longtemps pensé que la permanence du trou de Botal rendait les sujets ainsi constitués propres à suspendre la respiration pendant plus longtemps sans danger d'asphyxie. L'expérience a complétement détruit cette opinion, en prouvant au contraire que ces mêmes sujets ont besoin de respirer fréquemment, et que la suffocation est précisément l'accident qu'ils doivent le plus redouter. Il serait également erroné d'admettre que cette modification anormale soit, comme on l'a prétendu gratuitement, une cause nécessaire de cyanose. Entre plusieurs faits importants et relatifs à cet objet, nous citerons celui que rapporte Andrew-Blake, chirurgien au septième régiment de la garde : un militaire sur lequel on rencontra, lors de la nécropsie, le trou de Botal parfaitement libre, n'avait offert antérieurement aucun symptôme de cette maladie ; seulement il éprouvait des lipothymies assez fréquentes avec insensibilité générale, coloration violacée des pommettes et plus spécialement des lèvres.

Ce besoin de l'inspiration est si grand, que les castors et plusieurs autres amphibies eux-mêmes, habitués à vivre dans l'air au milieu duquel nous les avons élevés, périssent bientôt sous les eaux, nonobstant les dispositions naturelles de l'organisation qui leur est propre.

Les animaux offrent cependant sous ce rapport de grands avantages sur notre espèce ; en effet si d'une part le chien, les oiseaux, etc., sont asphyxiés dans le vide, après une ou deux minutes, la grenouille peut exister sans respirer pendant plusieurs heures, le caméléon pendant une demi-journée, les poissons pendant quelques jours, la tortue pendant un mois.

L'homme, qui par son génie sait presque toujours vaincre la nature, a trouvé le moyen de respirer même sous les eaux avec la cloche du plongeur ; ces expériences très-curieuses, répétées plusieurs fois, ont été constamment accompagnées de sentiments assez pénibles. Le docteur Collardon, au mois de septembre 1820, ayant passé plus d'une heure au fond de la mer, sur les côtes d'Islande, rapporte avec détail les impressions qu'il a ressenties :

En descendant. — Pression sur le front et dans les oreilles, augmentant pendant quinze minutes ; douleur très-vive dans le conduit auditif, sentiment d'ébriété ; constriction pénible de toute la tête qui semble fortement embrassée par un cercle de fer ; diminution, suspension, rétablissement de l'ouïe ; pouls à peu près normal; vapeur épaisse formée par la transpiration.

En remontant. — Sentiment d'expansion dans toute la tête qui paraît augmenter de volume, comme si les os, entraînés dans un mouvement centrifuge, étaient sur le point de s'abandonner ; l'état naturel se rétablit d'une manière graduée. Il est possible de lire pendant toute la durée de l'expérience.

Pendant l'expiration. — La circulation générale et notamment la circulation à sang noir deviennent plus difficiles, trouvant un obstacle plus ou moins grand dans les poumons ; le pouls est plus lent et plus dur ; les veines se gonflent ; la face prend une teinte progressivement rouge, violette et noire ; elle est turgescente par la stase des fluides circulatoires ; une compression encéphalique offre bientôt le résultat de cet engorgement veineux, et peut même entraîner l'apoplexie qui devient alors passive. C'est ainsi que l'on voit souvent périr des sujets pendant les violents efforts d'une expulsion soutenue ; dans l'accouchement chez la femme ; dans les excrétions alvines difficiles ; dans l'action de soulever un fardeau pesant, de lutter avec opiniâtreté contre une résistance insurmontable, etc.

Quelle que soit la force et l'étendue de l'expiration, elle n'expulse jamais entièrement l'air que les poumons ont admis dans l'inspiration ; de telle sorte que ce premier phénomène une fois effectué chez l'enfant qui vient de naître, ces organes offrent une légèreté spécifique bien supérieure à celle qu'ils présentaient pendant la vie fœtale. Une modification aussi remarquable est devenue l'occasion de la *docimasie pulmonaire;* expérience qui consiste à décider par la surnatation des poumons, si l'enfant auquel ils appartiennent a respiré. Ici les principes sont très-simples et très-positifs, mais nous verrons que les conséquences ne doivent pas être inférées sans beaucoup de réserve et de circonspection; des exceptions assez nombreuses pouvant infirmer la règle générale, et des intérêts majeurs étant presque toujours confiés à ces décisions du médecin légiste.

En supposant toutes les circonstances dans l'état normal, tels sont les principes que l'on peut établir, et les inductions naturelles de ces mêmes principes :

Les poumons qui n'ont point encore admis l'air atmosphérique ou tout autre gaz analogue, offrent une pesanteur spécifique plus considérable que celle de l'eau, de telle sorte qu'en les plongeant dans ce fluide ils sont entièrement submergés.

Les poumons une fois pénétrés par l'air ou par un gaz analogue, acquièrent une légèreté spécifique supérieure à celle de l'eau; placés dans ce fluide, ils surnagent constamment.

Si les poumons soumis à l'expérience éprouvent la surnatation, ils appartiennent à un enfant né vivant et qui a respiré; au contraire ils font partie d'un enfant né mort et qui n'a point respiré lorsqu'ils présentent l'immersion.

Ces assertions vraies en thèse générale, exposeraient aux plus graves erreurs eu les admettant d'une manière exclusive. En effet, les poumons d'un enfant peuvent surnager sans qu'il ait respiré, sans qu'il ait vécu depuis sa naissance ; il suffit pour déterminer ce résultat que par malveillance, ou dans les meilleures intentions, une personne inconnue ait pratiqué l'insufflation de l'air dans les bronches, ou que la putréfaction soit assez avancée pour avoir développé des gaz dans le parenchyme pulmonaire ; c'est alors surtout qu'il est bien essentiel de recueillir et d'analyser ces derniers.

D'un autre côté, les poumons peuvent être submergés lors même que l'enfant a respiré ; il suffit que leur pénétration soit partielle, que, dans les autres points, des engorgements, des tuberculés, des indurations, des congestions sanguines, etc., aient notablement augmenté leur pesanteur spécifique.

D'après ces considérations fondamentales, il est évident que la *docimasie pulmonaire* est une de ces preuves qui doivent entraîner conviction lorsqu'elles sont corroborées par d'autres faits également positifs, mais que seule et complétement isolée elle ne doit pas inspirer une aveugle confiance.

Les physiologistes ont cherché le rapport naturel de ces phénomènes respiratoires et de ceux du pouls. Haller assure que les seconds sont aux premiers : : 4 : 1. Mais si l'on considère que les mouvements de la respiration se trouvent soumis à la volonté, que ceux de la circulation sont au contraire affranchis de cet empire ; qu'un assez grand nombre de circonstances peuvent modifier les uns sans influencer les autres ; que chez le vieillard le jeu difficile des parois thoraciques oblige à des respirations plus fréquentes, alors que la circulation offre plus de lenteur ; que toutes les circonstances relatives au sexe, à l'âge, au tempérament, à la veille, au sommeil, au genre de vie, aux professions, au climat, aux altérations morbifiques, etc., peuvent changer ces rapports et même déterminer des modifications essentielles dans chacun de ces mouvements isolément considéré, on sentira que ces évaluations soit absolues, soit relatives, ne peuvent être établies qu'approximativement. Il suffit, pour s'en convaincre, de rapprocher sur cet objet les opinions des différents auteurs. Ainsi Davy admet vingt-six respirations par minute ; Haller, vingt ; Thomson, dix-neuf ; Magendie, quinze ; Menzies, quatorze. Les observations que nous avons faites à cet égard nous ont offert le nombre de dix-huit pour terme ordinaire moyen.

Toutefois les mouvements respiratoires, comme ceux du pouls, offrent des modifications saillantes et dont l'étude beaucoup trop négligée présente un intérêt majeur, directement applicable à l'investigation des maladies. Nous comprenons sous les dénominations suivantes les principales dispositions relatives à cet objet important : *régularité, fréquence, force, chaleur, humidité, douceur.* En plaçant en regard celles qui leur sont directement opposées, nous aurons l'ensemble des caractères essentiels à cette fonction, soit dans l'état normal, soit dans l'état pathologique.

RÉGULARITÉ, ANOMALIE. — Ces deux états différents carac térisent : le premier, les dispositions physiologiques de cette fonction ; le second, l'ensemble de ses altérations morbifiques sous l'influence d'une lésion directe ou sympathique de l'appareil chargé d'en exécuter les phénomènes.

Respiration régulière. — Elle est indiquée par l'égalité des inspirations et des expirations sous tous les rapports essentiels, par les proportions normales de l'oxygénation du sang, par les bonnes qualités de la perspiration pulmonaire. On l'observe particulièrement chez les sujets d'un tempérament sanguin, d'une belle constitution, dans la jeunesse et l'âge viril, dans l'état de santé parfaite, dans le repos de toute l'économie.

Respiration anomale. — Elle est caractérisée par l'inégalité des inspirations et des expirations relativement à la force, à la fréquence, à la succession, l'un de ces mouvements pouvant se répéter plusieurs fois sans intermédiaire ; par la difficulté de son accomplissement ; d'où naissent par degrés, *la dyspnée, l'orthopnée,* les respirations *stertoreuse, râlante,* etc.; par l'imperfection de l'hématose et par les caractères plus ou moins fâcheux de la perspiration pulmonaire. On la rencontre plus spécialement chez les tempéraments nerveux, lymphatiques ; dans les constitutions cacochymes, usées par la misère ou les maladies ; sous l'influence des passions expansives ou concentrées, des exercices violents, des progrès de l'âge, des altérations graves et notamment de celles qui affectent l'appareil de cette fonction vitale.

FRÉQUENCE, RARETÉ. — Le premier de ces états peut se rattacher à trois causes principales : l'absence, la rareté de l'air, la petite proportion de l'oxygène qu'il contient ; le défaut d'ampliation des cavités thoracique ou pulmonaire ; la trop grande quantité de sang poussé, dans un temps donné, par les artères du même nom. Le second désigne plus particulièrement l'inertie des poumons, du cœur, de toute la constitution ; le calme du moral ; un passage libre et facile du sang par les organes centraux de la respiration, et, dans les cas graves, l'imminence d'une terminaison funeste sous l'influence d'un grand nombre d'asphyxies, de syncopes et d'apoplexies.

Respiration fréquente. — On la reconnaît à la répétition des inspirations et des expirations alors courtes, brusques et rapides. Elle se manifeste particulièrement chez les sujets nerveux, sanguins, replets ; sous l'influence des passions et des exercices violents ; chez les vieillards, les phthisiques, les asthmatiques, les sujets affectés d'hypertrophie cardiaque, de phlegmasie, d'engorgement, de congestion pulmonaire ; dans la grossesse, l'hydropisie ascite, l'hydro-thorax, les grandes réplétions de l'estomac, des intestins, etc.

Respiration rare. — Elle est caractérisée par la succession d'inspirations et d'expirations longues et soutenues. On l'observe spécialement chez les individus lymphatiques, dont la poitrine est largement développée ; dans les passions tristes, le repos absolu, dans l'âge adulte ; sous l'influence d'un premier degré d'inanition ; pendant l'apoplexie, les inflammations encéphaliques, la syncope, les derniers instants d'un grand nombre d'agonies, etc.

Force, Faiblesse. — La première de ces modifications indique en même temps l'énergie des puissances respiratoires, l'ampliation libre et facile des poumons. Toujours alors une grande proportion d'air est introduite et rejetée par les deux mouvements alternatifs. La seconde caractérise l'atonie de ces mêmes puissances, l'atrophie des organes centraux de la respiration ; les deux mouvements opposés n'attirent et ne repoussent qu'une très-petite proportion d'air atmosphérique.

Il serait aisé d'estimer la force de l'inspiration, la quantité d'air introduite, la capacité pulmonaire, par un instrument que l'on nommerait *pneumomètre ;* qui se composerait d'un tube en verre gradué régulièrement, plongé par l'une de ses extrémités dans le mercure, l'autre étant placé dans la bouche ; en faisant exercer une forte aspiration, on jugerait d'après l'élévation du mercure, l'énergie et l'ampliation de l'appareil inspirateur. Ce moyen d'exploration pourrait être avantageusement rapproché du stéthoscope.

Respiration forte. — Elle est exprimée par l'étendue, l'énergie des inspirations et des expirations sans violence et sans effort. On la rencontre surtout chez les sujets athlétiques, sanguins, bilieux, sous l'influence des passions nobles et généreuses qui élèvent toute la constitution ; dans l'âge adulte, elle indique ordinairement une grande force physique, beaucoup de vitalité ; ne se rencontre que bien rarement avec l'état morbide.

Respiration faible. — On la reconnaît à l'obscurité des mouvements d'inspiration et d'expiration, aux bornes étroites que présente leur développement, à l'espèce de langueur et d'anéantissement qui les caractérise. On la trouve particulièrement chez les sujets lymphatiques, étiolés, cacochymes, usés par la misère, la débauche ou la souffrance ; chez les phthisiques, les scrofuleux, les scorbutiques, les vieillards, les hémiplégiques ; dans les passions tristes et dépressives ; elle signale ordinairement soit une atonie générale, soit une débilité partielle des muscles respirateurs, soit l'atrophie, l'engorgement sanguin ou tuberculeux des poumons.

CHALEUR, FROID. — La première de ces dispositions caractérise un grand développement des phénomènes respiratoires, et particulièrement une circulation large et facile dans les capillaires des poumons, avec rapidité, perfection de l'hématose, concentration de la vitalité sur l'appareil chargé de l'effectuer. La seconde offre le symptôme d'une atonie pulmonaire, d'une langueur dans la circulation de ces organes, d'une rénovation sanguine incomplète, d'une congestion, d'un engorgement effectué dans leur parenchyme.

Respiration chaude. — Elle est positivement indiquée par l'action brûlante qu'exerce l'air expiré sur les organes soumis à son contact. On l'observe particulièrement chez les sujets d'un tempérament sanguin, d'une constitution robuste ; sous l'influence des exercices violents, des passions expansives, dans l'adolescence et la virilité ; elle prend des caractères plus fortement exprimés dans les phlegmasies parenchymateuses, plus spécialement dans la pneumonie, dans les réactions fébriles très-intenses.

Respiration froide. — On la reconnaît aisément à l'impression glaciale que produit l'air en sortant des poumons. Elle se rencontre surtout chez les individus lymphatiques, dans les constitutions frêles, débiles, cacochymes, usées par la misère ou les maladies, sous l'influence de l'inaction physique et de l'indolence morale, dans les passions tristes, concentrées, la vieillesse, les asphyxies incomplètes, le dernier degré de la phthisie tuberculeuse ; pendant les agonies prolongées ; elle devient presque toujours dans les altérations graves, l'avant-coureur d'une terminaison funeste.

HUMIDITÉ, SÉCHERESSE. — Le premier de ces caractères annonce une perspiration bronchique surabondante, résultat d'une exhalation pulmonaire soit active, et coïncidant avec la respiration chaude qui devient haliteuse, soit passive et s'unissant à la respiration froide. Le second indique une suspension de ce travail perspiratoire, soit par excès d'irritation dans les poumons, la respiration est alors aride et brûlante, soit par défaut de vitalité dans ces organes, elle devient dans ce cas froide, sèche et quelquefois insensible.

Respiration humide. — Elle est caractérisée par la grande proportion du fluide perspiratoire que l'air entraîne dans l'expiration. On la voit spécialement chez les sujets d'un tempérament lymphatico-sanguin, d'une constitution forte, d'une texture succulente et relâchée, sous l'influence d'un exercice modéré, d'une passion agréable, expansive ; dans l'enfance ou la cacochymie sénile ; dans le catarrhe bronchique au second degré, dans l'infiltration pulmonaire, etc., lorsqu'elle coïncide avec 'la respiration modérément chaude, on y trouve le symptôme d'une phlegmasie qui marche naturellement et presque toujours sans danger; avec la respiration froide, elle signale ordinairement l'imminence de l'asphyxie ou de la mort.

Respiration sèche. — Elle est indiquée par le défaut d'humidité de l'air expiré. On l'observe surtout dans les tempéraments bilieux, nerveux; dans les constitutions sèches, irritables, sous l'influence des boissons acides et froides, pendant la concentration des passions violentes et dans celle qui précède les accès fébriles; dans la vieillesse; les inflammations suraiguës, particulièrement le catarrhe bronchique, la pleurésie, la pneumonie à leur début. Unie à la respiration chaude, elle indique ordinairement la concentration plus ou moins redoutable de la vitalité sur un appareil important; avec la respiration froide, elle signale presque toujours l'oppression, la suspension ou l'extinction prochaine des actions essentiellement vitales.

DOUCEUR, FÉTIDITÉ. — Le premier de ces états annonce en général une constitution saine, l'absence de tout vice organique profond, et notamment l'intégrité de l'appareil respiratoire. Le second signale presque toujours, soit une fâcheuse disposition des poumons, soit une diathèse morbifique plus ou moins dangereuse; elle coïncide quelquefois avec les phlegmasies chroniques de l'appareil digestif.

Respiration douce. — On la reconnaît à cette odeur faible et suave que porte avec soi l'air chargé du produit de la perspiration pulmonaire. On la rencontre surtout chez les sujets d'un tempérament sanguin, d'une constitution parfaite; chez les enfants, les adolescents, les femmes, dans l'état de santé régulière, et plus spécialement chez les individus qui joignent à ces différents caractères une disposition très-favorable des appareils digestif et respiratoire. Cette considération doit par conséquent être mise au premier rang, lorsqu'il s'agit de bien apprécier les modifications de l'organisme, dans le choix d'une nourrice par exemple, et dans plusieurs circonstances plus

importantes encore, où nous voyons ces intérêts majeurs sacri-
fiés à ceux de la fortune.

Respiration fétide. — On la distingue facilement à l'odeur
souvent infecte que répand l'air expiré ; cette odeur tantôt
cadavéreuse, tantôt analogue à celle des fosses d'aisances, de
la vieille marée, des matières animales en putréfaction, offre
quelque chose de suffocant et porte sur le principe de la vie
qu'elle semble menacer d'extinction. Il ne faut pas confondre
cette odeur avec celle que laissent échapper les sujets affectés
de carie aux dents ou de fongosités scorbutiques aux gencives, d'ulcères à la pituitaire, d'ozène, sujets auxquels on donne
le nom de *punais* ; l'odeur que nous étudions est un résultat
de la perspiration bronchique, soit par altération essentielle
de la muqueuse pulmonaire, soit par lésion sympathique de
cette membrane sous l'influence d'une gastrite, d'une entérite
chroniques, etc. Cette odeur peut également se rattacher aux
perversions organiques de la trachée-artère et de ses divisions.
On l'observe particulièrement dans les tempéraments bilieux
lymphatiques, dans les constitutions débiles, malsaines, cacochymes, dans les diathèses scrofuleuse, scorbutique, dartreuse,
vénérienne, cancéreuse, etc., chez les vieillards, les phthisiques, et notamment ceux dont les bronches sont ulcérées, les
poumons remplis de tubercules en suppuration.

Telles sont les considérations fondamentales que nous offrent
les phénomènes extérieurs de la respiration dans leurs anomalies essentielles ; rapprochées de celles que nous a présentées
la circulation dans les différentes modifications du pouls, elles
assurent un moyen puissant d'investigation relativement aux
altérations morbifiques de l'organisme en général, des appareils respiratoire et circulatoire en particulier.

Plusieurs phénomènes spéciaux se rattachent aux mouvements de la respiration ; nous les indiquons pour compléter
l'histoire de ces derniers.

Baillement. — Il consiste dans une inspiration longue et
soutenue, avec abaissement considérable du maxillaire inférieur, ampliation de l'ouverture buccale ; phénomènes suivis

d'une expiration bruyante plus rapide et moins complète, souvent accompagnée d'un larmoiement assez marqué. Pendant cette inspiration, le larynx et l'os hyoïde sont fortement déprimés, une résistance plus ou moins grande se manifeste dans les poumons ; lorsqu'elle est vaincue, cette action préparatoire est suivie d'une autre inspiration plus profonde encore ; il en résulte un soulagement positif ; dans l'hypothèse contraire, il reste un état de gêne et d'anxiété qui ne disparaît qu'après un bâillement plus décisif. Il peut être déterminé par toutes les influences capables de produire, en dernier résultat, un ralentissement notable dans la respiration et dans la circulation pulmonaire ; au nombre de ces causes, nous devons particulièrement noter : le tempérament lymphatique, l'enfance, la débilité constitutionnelle, un pressant besoin de sommeil, la faim, l'usage des narcotiques, le froid, l'engourdissement du réveil, les digestions laborieuses, l'absence ou la rareté de l'air atmosphérique, les passions tristes et particulièrement l'ennui, la puissance de l'imitation. Le souvenir du bien-être intérieur que produit cette inspiration en débarrassant le cœur droit, en donnant un plus libre cours à l'oxygénation du sang, nous explique toute l'influence de cette imitation dans la production du bâillement ; il suffit d'effectuer et même de simuler ce phénomène dans une réunion où se glisse un peu d'ennui, pour le solliciter chez le plus grand nombre des sujets qui la composent ; il ne faut bien souvent qu'en parler ou même y penser, pour effectuer le développement de cet acte particulier.

Aspiration. — Elle a pour effet immédiat de produire un vide plus ou moins parfait dans la bouche, en portant l'air de cette cavité dans les divisions bronchiques, au moyen d'une forte inspiration. Dans cet état de choses, les fluides mis en rapport avec la cavité buccale, n'y rencontrant aucune opposition, s'y précipitent sous l'influence de la pression exercée par l'atmosphère. Les joues obéissant au même effort, se trouvent sensiblement déprimées. La force de cette aspiration mesurée par l'élévation de la colonne de mercure, soulevée dans un tube donné, se trouvant constamment en raison de la capacité pulmonaire et du développement de l'inspiration, il sera bien avantageux d'appliquer cette connaissance physiologique à l'exploration des cavités respiratoires, soit comparativement chez différents sujets, soit isolément chez le même individu, pendant l'état normal et dans l'état pathologique : on obtiendra par ce moyen, des renseignements précieux sur les véritables dispositions de cet important appareil.

EFFORT. — Il s'effectue au moyen d'une inspiration préliminaire et très-étendue qui remplit d'air tous les canaux bronchiques. Dans cet état de choses, le larynx est élevé, la glotte fortement resserrée pour s'opposer à l'expulsion de cet air; aussi, comme l'ont fait observer Cloquet et Bourdon, l'effort devient-il impossible, en paralysant les muscles affectés à cette occlusion, par la section du nerf laryngé; en maintenant la glotte ouverte par l'introduction d'une canule appropriée à cet effet. D'après la remarque judicieuse de Fodéra, le diaphragme se trouve à l'état de contraction pour équilibrer l'influence des muscles abdominaux qui pourraient forcer la résistance des muscles du larynx dans les phénomènes qui vont suivre. Cette inspiration a pour objet de fixer les parois pectorales qui doivent offrir un point d'appui, soit aux muscles de l'abdomen, soit à ceux des membres ; dans le premier cas, pour l'expulsion de l'urine, des matières fécales chez les deux sexes, du fœtus chez la femme pendant le travail d'accouchement; dans le second, pour soulever des fardeaux pesants, pour attirer, pousser, etc., dans la direction de tous les mouvements que peuvent effectuer les membres pelviens. C'est avec ces dispositions que l'athlète se présente au choc qu'il doit supporter, ou qu'il attaque les résistances qui lui sont opposées. Cet état de choses met encore les parois thoraciques en mesure de soutenir impunément des pressions assez fortes. Lorsqu'un bateleur, par exemple, couché dans la supination, charge sa poitrine du poids de plusieurs hommes, c'est toujours pendant une inspiration profonde et soutenue ; la résistance de l'air, jointe à l'action des muscles inspirateurs, des grands dentelés plus spécialement, prévenant l'enfoncement des côtes qui, sans le secours de ce double moyen, ne manquerait pas de s'effectuer. On conçoit aisément d'après toutes ces modifications imprimées aux parois thoraciques, abdominales, à la circulation pulmonaire et cardiaque, par quel mécanisme s'opèrent quelquefois, dans les efforts violents et prolongés, des hernies, des ruptures vasculaires, bronchiques, des apoplexies, etc.

HOQUET. — Il présente une succession d'inspirations brusques, effectuées par les contractions convulsives du diaphragme qui vient percuter avec assez de violence l'estomac et les viscères abdominaux, pour entraîner le vomissement; dans ces inspirations on entend l'air frapper les cordes vocales avec un bruit plus ou moins fort. Le hoquet est constamment produit par une irritation diaphragmatique idiopathiquement ou sympathiquement développée. Ainsi dans le premier cas, les plaies, les inflammations de ce muscle, une simple irritation des nerfs qui s'y distribuent, déterminent souvent des hoquets prolongés pendant plusieurs jours avec des modifications qui leur font imiter la voix du chien, les hurlements du loup, etc., maladies considérées par le vulgaire comme résultat de quelque maléfice, et décrites sous les noms *d'aboiement*, de *lycanthropie*, etc., dans le second, les phlegmasies du péritoine, de l'estomac, des intestins, le pincement de ces organes dans un étranglement herniaire, le squirrhe, les calculs du pancréas, la vacuité de l'appareil digestif, l'affaiblissement dont elle est suivie, la réplétion trop considérable ou trop brusque de cet appareil, l'élaboration pénible dont elle devient l'occasion; l'ébranlement plus ou moins profond du système nerveux sous une influence morale ou physique, sont autant de causes productrices du phénomène que nous étudions. Symptôme d'un grand nombre d'altérations pathologiques différentes, jamais avec les caractères de maladie principale, comme l'avaient pensé plusieurs auteurs, le hoquet doit être dès lors combattu par des moyens dirigés contre sa cause, et par conséquent opposés dans la plupart des circonstances. Ainsi les antiphlogistiques, une frayeur ou toute autre commotion morale, un repos soutenu pour le diaphragme, des narcotiques, des aliments réparateurs, les antispasmodiques, les débridements fibreux, etc., présenteront des avantages marqués suivant que ce hoquet est produit par l'inflammation, la concentration d'une passion triste, la faim, les irritations nerveuses, un étranglement intestinal, etc.

Toux. — Elle présente une suite d'expirations subites et bruyantes avec rétrécissement de la glotte pour activer encore le mouvement de l'air qui traverse rapidement la cavité buccale. Plus ces expirations sont nombreuses, plus l'inspiration destinée à les contrebalancer offre d'étendue, comme on l'observe particulièrement dans la coqueluche où ce dernier phénomène s'accompagne de la vibration des cordes vocales et d'un bruit caractéristique de cette maladie. Le diaphragme et surtout les muscles abdominaux se contractent d'une manière violente et convulsive, d'où résulte le sentiment de lassitude et même la douleur qui se manifestent dans les flancs. Les causes de la toux se réduisent constamment à l'irritation directe ou sympathique de la muqueuse pulmonaire, et le but instinctif de la nature dans le développement de ce phénomène, à l'expulsion des corps étrangers qui peuvent se rencontrer dans les bronches ; elle est avantageuse dans cette circonstance, mais elle devient essentiellement nuisible toutes les fois que sa manifestation se rattache à la phlegmasie du parenchyme ou des canaux respiratoires ; nouvelle preuve que cet instinct, qui la sollicite également sous l'une et l'autre influence, n'est point un principe raisonnant. Au nombre de ces causes directes, nous devons signaler particulièrement la respiration des vapeurs irritantes, la présence des corps étrangers dans les bronches, soit développés dans ces canaux, soit venus de l'extérieur ; l'inflammation, l'ulcération de la muqueuse dont ils sont intérieurement revêtus ; les concrétions, les tubercules et l'induration pulmonaires. Parmi les agents sympathiques, nous indiquerons surtout les irritations du diaphragme, de la face convexe du foie, de l'estomac, du nerf

vague, etc., qui provoquent ces toux sèches, pénibles, opiniâtres, nommées hépatiques, gastriques, etc. Lorsque ce phénomène est déterminé par la présence des mucosités bronchiques, il s'accompagne ordinairement de *l'expectoration* que
l'on doit dès lors en rapprocher, et qui, dans ses effets, devient
aux poumons ce que le vomissement est pour l'estomac, avec
cette différence que la première peut s'effectuer sous l'influence de la volonté constamment incapable de produire le
second. Ces considérations nous démontrent que la toux n'est
jamais une maladie, mais toujours un symptôme, et que les
moyens de la combattre avantageusement doivent être diversifiés suivant la nature de ses causes. D'après les modifications qu'elle entraîne dans toute la constitution, nous expliquons encore facilement sous son influence le développement
des hernies, des suffocations, des apoplexies, des ruptures
musculaires, etc.

ETERNUMENT. — Il est produit par une ou plusieurs expirations très-brusques, s'effectuant avec bruit et passage de l'air
dans les fosses nasales qu'il frappe violemment; ce passage
est favorisé par l'abaissement du voile palatin, laissant parfaitement libres les deux ouvertures nasales, et par l'élévation
de la langue qui ferme celle de l'arrière-bouche. Pendant
l'accomplissement de ce phénomène, la tête se trouve d'abord
fortement entraînée dans l'extension, elle est ensuite portée
vers la poitrine par un mouvemant de flexion qui, dans la
station bipède, se propage au tronc et souvent jusqu'aux
membres pelviens. Les causes de l'éternument sont, en dernière analyse, une irritation directe ou sympathique de la
membrane pituitaire; l'objet que la nature se propose dans
son développement est d'entraîner, par le mouvement aérien
communiqué d'après cette nouvelle direction, les corps étrangers qui par leur présence déterminent l'irritation des fosses
nasales; mais l'impulsion instinctive peut commettre ici les
mêmes erreurs, occasionner les mêmes accidents que nous
avons signalés dans la production de la toux. Les causes directes sont l'action des vapeurs irritantes des corps étrangers sur

la pituitaire, et plus particulièrement l'influence de certains
agents qui semblent exciter spécialement la muqueuse olfactive, tels que le muguet, l'ellébore, la bétoine, le tabac, etc.,
désignés, d'après cette vertu, par les termes *d'errhins* et de
sternutatoires. Les modifications sympathiques se rattachent
surtout aux irritations de la conjonctive, de la muqueuse gastro-
intestinale, etc. L'éternument détermine dans l'organisme
un ébranlement général assez agréable et qui peut devenir
très-utile dans les catalepsies, les syncopes, les asphyxies, etc.;
c'est d'après les mêmes indications qu'Héister conseillait
de provoquer ce phénomène dans les accouchements entravés
par l'inertie de l'utérus ou l'engourdissement de tous les
appareils. L'action de moucher doit être rapprochée de
l'éternument, elle répond à ce dernier comme l'expectoration à la toux ; elle peut s'effectuer sous l'influence de la
volonté comme la toux, l'éternument ne présente point naturellement ce caractère ; par les mêmes raisons, il expose à
l'apoplexie, aux ruptures musculaires, aux étranglements
herniaires, etc., on les fait presque toujours immédiatement
cesser en mouchant de manière à faire sortir les corpuscules
qui, dans ce cas, irritent le pituitaire, et dont la présence le
prolongerait indéfiniment.

Soupir. — Il se compose d'une inspiration longue, soutenue,
profonde, effectuée sans bruit, suivie d'une expiration plus
rapide, moins égale, moins parfaite, produisant un léger mur-
mure dans les fosses nasales par lesquelles s'échappe l'air
pour le plus grand nombre des cas. La cause principale de ce
phénomène est un retard insensiblement effectué dans la circulation capillaire des poumons dont les vaisseaux éprouvent
un premier degré d'engorgement. Le but essentiel que se propose la nature dans cette modification respiratoire, est d'établir convenablement l'équilibre par le développement des
canaux bronchiques, et par une rénovation sanguine plus
parfaite. Ces causes qui peuvent être *chimiques* : le froid, les
narcotiques ; *vitales*, une atonie des poumons, etc. ; *mentales*,
un travail intellectuel, une passion forte, concentrant les

facultés de l'âme sur un seul point, dans une seule idée, rendent les respirations moins complètes, amènent par degrés le besoin et l'accomplissement du soupir. Telles sont ordinairement les dispositions de l'homme enchaîné par la crainte, absorbé par les chagrins ; de l'amant éprouvant loin de l'objet de ses vœux les tourments de l'attente, ou l'extase du bonheur près de celle qui captive et remplit toute sa pensée.

GÉMISSEMENT. — Il se manifeste par une inspiration longue, mais entrecoupée, suivie d'expirations plus courtes, incomplètes et bruyantes, avec expulsion de l'air par les fosses nasales. Ordinairement déterminé sous l'influence des affections tristes, des chagrins plutôt profonds que violents dont il devient l'expression ordinaire et souvent fidèle, ce phénomène produit un allégement au moral, et fait disparaître le poids énorme qui semblait comprimer toute la région épigastrique.

SANGLOT. — Il est au contraire produit par une série d'inspirations courtes, brusques, rapides et sonores, avec introduction de l'air par la bouche, suivies d'une expiration plus longue, moins bruyante, avec expulsion de l'air en grande partie par les fosses nasales. Il devient ordinairement le premier témoignage de la douleur morale, et l'expression d'un chagrin plutôt vivement que profondément senti.

RIRE. — Il résulte d'une inspiration longue, suivie d'expirations courtes, bruyantes, imparfaites, avec explosion de l'air par la cavité buccale. Il s'accompagne d'un grand épanouissement des traits de la face, et ne doit pas être confondu avec le *sourire*, exclusivement effectué par le rapprochement des paupières, l'élévation et la diduction des commissures labiales, sans aucun changement notable dans la respiration ; appartenant essentiellement à la prosopose, et devenant souvent un symptôme fâcheux dans les maladies encéphaliques. Le son produit dans ces expirations du *rire*, varie suivant les individus. Haller fait observer qu'il offre les désinences en *a*, en *o*, pour les hommes ; en *e* et en *i* pour les femmes, disposition qui peut être vraie d'une manière générale, mais qui présente beaucoup d'exceptions particulières. Un assez grand nombre de causes peuvent occasionner ce phénomène ; les unes sont physiques, telles que le chatouillement, les plaies du diaphragme, comme l'ont observé Homère et Virgile qui représentent leurs guerriers, frappés à la poitrine, *expirants avec un rire amer*; les autres chimiques, ainsi l'action de certains poisons qui déterminent la mort au milieu des convulsions d'un rire que l'on nomme *sardonique*, l'île de Sardaigne produisant un grand nombre de ces végétaux léthifères; d'autres vitales, ainsi l'inflammation, les irritations sympathiques du muscle que nous venons d'indiquer ; enfin les plus ordinaires sont mentales, ainsi la vue d'un personnage grotesque, d'un acteur comique, la rencontre de deux idées bizarres et susceptibles d'offrir à l'esprit l'image d'un objet plaisant, etc. ; dans ce dernier cas le rire devient l'expression d'un sentiment intérieur de satisfaction et d'hilarité. Chez les sujets mélancoliques dont le système nerveux ganglionnaire est très-irritable, une simple réminiscence présente souvent l'occasion d'un rire convulsif ; la volonté n'est plus alors susceptible d'en modérer les éclats, même dans les circonstances où leur manifestation vient blesser toutes les convenances sociales. Cette expression de la gaieté, constamment étrangère aux animaux, est si naturelle à notre espèce, que nous la voyons se manifester chez les peuples sauvages comme chez les nations civilisées, et que l'on n'a pas cessé de la rencontrer même chez des enfants élevés au milieu des bêtes fauves. La succession des expirations dans le rire s'oppose toujours au passage libre et facile du sang par les capillaires des poumons ; il en résulte quelquefois une stase plus ou moins dangereuse qui s'étend de proche en proche, détermine le gonflement, la turgescence de la face, une coloration violacée, avec imminence d'apoplexie, d'asphyxie ; le sujet est, comme on le dit, *pâmé* ; ainsi périt le philosophe Chrysippe. C'est particulièrement à l'action du diaphragme que viennent se rattacher les phénomènes du rire ; cette action étant spasmodique, il peut en résulter une suspension dont les accidents s'unissent à ceux que nous venons de signaler.

Le rire étant naturellement involontaire, par ses éclats bruyants, souvent sans motif, par le son de voix qu'il fait entendre, est un signe physiognomonique précieux, et caractérisant alors, ordinairement, la sottise et l'irréflexion.

PHÉNOMÈNES CHIMIQUES. — Essentiellement constitués par les changements de composition qui s'effectuent pour l'air, dans les cavités bronchiques, pour le sang noir, pendant son passage dans les capillaires des poumons, les phénomènes chimiques de la respiration, pour être bien compris, nous offrent à considérer : *la quantité d'air introduite, les modifications de ce gaz, celles du sang noir* pendant leur accomplissement.

Quantité d'air introduite. — On a voulu préciser la quantité d'air portée dans les bronches, par une inspiration normale ; cette évaluation ne peut être qu'approximative. Il suffit, pour s'en convaincre, de rapprocher les principales estimations faites par les auteurs. Ainsi nous voyons cette quantité portée à 2 pouces cubes par Grégori ; à 12 par Menziès ; à 14 par Goodwin ; à 16 par M. Cuvier ; à 20 par Jurine ; à 70 par quelques auteurs, pour les plus fortes inspirations. Les mêmes incertitudes se rencontrent lorsqu'il s'agit d'établir positivement la proportion d'air employée chaque jour par un homme de taille ordinaire. Thomson la porte à 24 kilogrammes ; Davy prétend que dans le même temps il en dépense 751 litres cubes ; Séguin, 750 ; Lavoisier, 754 ; Menziès, 850 ; d'où ces chimistes concluent qu'il développe, dans le même intervalle, une quantité de calorique suffisante pour fondre 38 kilogrammes de glace. Il est aisé de concevoir toutes ces différences dans les résultats chez les divers sujets, en raison de l'âge, du sexe, du tempérament, de la capacité pulmonaire, de la mobilité des parois thoraciques, de la force des muscles inspirateurs, et dans le même individu relativement aux dispositions variables des états physiologique et pathologique.

Du reste aujourd'hui les expérimentateurs : MM. Goodwin,

Bostock, Valentin, Menziès, Davy, Herbst, Viérold, Allen, Pépis, diffèrent peu sur la quantité d'air mis en [circulation dans les poumons d'un homme, terme moyen sous tous les rapports et dans l'état normal, ils l'estiment à 27 pouces cubes, un demi-litre; ils regardent, en dernière analyse, la respiration comme une absorption d'oxygène; une exhalation d'acide carbonique; en proportions variables, mais ordinairement avec prédominance de la quantité d'oxygène absorbé sur celle de l'acide carbonique exhalé.

Modifications de l'air inspiré. — L'air atmosphérique, avant son introduction dans les bronches, présente en volume sur 100 parties : oxygène, 20 ou 21 ; azote, 78 ; acide carbonique, 1 ou 2; eau à l'état de vapeur, une quantité souvent inappréciable. En sortant des poumons, il offre ordinairement : oxygène, 14 ; azote, 78 ; acide carbonique, 8 ; eau à l'état de vapeur, une proportion toujours assez considérable ; d'où l'on peut inférer que sept parties d'oxygène prises ont été remplacées par sept autres d'acide carbonique. Toutefois il existe à cet égard des variations relatives à l'état de santé, de maladie, comme l'a démontré Nysten ; on en trouve également sous le rapport des sujets, en raison de l'âge, de la constitution, du tempérament, de l'habitude, etc. Les expériences de M. Edwards prouvent que la consommation de l'oxygène est proportionnelle au développement du calorique, et non point, comme on l'avait pensé d'abord, à la jeunesse des individus ; Goodwin la porte jusqu'à 13 parties sur 16, Menziès au quart, Gay-Lussac et Davy la réduisent à deux ou trois parties. L'exhalation de l'acide carbonique est également diversifiée par les mêmes influences; Goodwin la fixe à 0,11 ; Menziès, à 0,05 ; Davy et Gay-Lussac, à 0,03. D'après ces chimistes, elle dépasse relativement au volume du gaz produit, celui de l'oxygène employé; Thomson admet au contraire un équilibre parfait dans l'état normal. Quant à la proportion d'eau qui s'échappe avec l'air, Menziès l'estime à deux grains par minute ; il est également évident qu'elle doit être modifiée par un grand nombre de circonstances.

Les auteurs ne sont point d'accord sur le rôle que joue l'azote pendant la respiration ; Provençal, Humboldt, Spallanzani prétendent qu'il est absorbé par les poissons, les reptiles et même par les animaux à sang chaud ; Davy croit à son emploi chez l'homme ; Dulong, Nysten, Bertholet soutiennent au contraire qu'il est exhalé chez ce dernier ; M. Edwards pense que ces deux circonstances peuvent se présenter alternativement. Allen et Pépis ont constamment observé l'invariabilité de l'air, sous le rapport de l'azote, dans la respiration naturelle ; nous pensons également que dans notre espèce il sert de véhicule aux deux autres gaz, et n'entre jamais dans l'hématose comme principe essentiel.

Modifications du sang. — Examiné dans l'artère pulmonaire, le sang offre une couleur noire, plus ou moins foncée ; il est séreux, mêlé de chyle et de matériaux plus ou moins hétérogènes, introduits par l'absorption ; il paraît contenir de l'hydrogène et du carbone en excès. Considéré dans les veines pulmonaires, par conséquent après avoir éprouvé l'influence de la respiration, le sang présente une couleur rouge, vermeille, est homogène, fibrineux, riche en caillot ; il semble renfermer une proportion considérable d'oxygène. Ainsi, pendant le séjour de l'air dans les bronches, le sang qui traverse les vaisseaux capillaires propres à ces organes, perd une certaine quantité d'acide carbonique et d'eau, change sa coloration noire, ses qualités stupéfiantes, pour l'aspect ritulant, les propriétés excitantes et nutritives qu'il offre en sortant des poumons.

M. Claude Bernard a démontré par l'expérience : 1º que le sang de toutes les parties du corps n'absorbe pas également l'oxygène. Le sang de la veine porte ventrale est celui qui en absorbe le plus, ensuite celui du cœur droit, des veines périphériques ; celui du cœur gauche, le moins ; 2º le sang des animaux à jeun en absorbe plus que dans la digestion, ce qu'il attribue à la quantité de sucre versé dans le sang par le foie ; 3º l'abaissement de la température du sang diminue son absorption d'oxygène. La membrane intermédiaire à l'air et au sang offre une structure très-simple, et n'exerce aucune action sur les gaz qui la traversent.

Ces faits sont positifs, incontestables, ils doivent offrir la base fondamentale des théories naturelles consacrées à leur explication. Il est évident que l'air et le sang noir s'influencent et se modifient réciproquement. Agissent-ils au conctact ou par l'intermédiaire de leurs vaisseaux respectifs ? C'est une question controversée par les physiologistes. Les uns prétendent que l'air, circulant dans les vésicules bronchiques, le sang dans l'épaisseur de leurs parois au moyen des vaisseaux capillaires, agissent mutuellement à travers les tuniques déliées de ces canaux. D'autres soutiennent que cette action est immédiate ; parmi ces derniers, plusieurs ajoutent, contre toute vraisemblance, que le sang et l'air sont mis en contact dans les vésicules bronchiques ; mais alors nous verrions incessamment des hémoptysies et des suffocations plus ou moins graves résulter de ces fâcheuses dispositions. Il nous semble beaucoup plus naturel d'admettre que l'oxygène est absorbé dans les vésicules, transmis aux capillaires des poumons par les vaisseaux qui viennent s'ouvrir, dans ce but, sur la muqueuse respiratoire.

Un grand nombre de faits se réunissent pour démontrer l'influence directe de l'air atmosphérique et du sang noir. Priestley, Goodwin ont placé le dernier sous une cloche d'air ; ce fluide circulatoire a pris une teinte plus rouge avec absorption d'oxygène et dégagement d'acide carbonique. Si l'on observe le sang extrait par la phlébotomie dans l'air atmosphérique, on voit rougir la couche superficielle du caillot dont le centre, qui n'a point éprouvé la même action directe, conserve sa couleur noire ; ces effets sont encore beaucoup plus marqués dans l'oxygène pur. Hassenfratz prétend avoir obtenu des résultats semblables en renfermant le sang dans une vessie. En accordant à cette expérience toute la réalité possible, on ne devra jamais conclure d'un fait où les transsudations s'exercent dans toute leur force, à d'autres faits dans lesquels ces phénomènes chimiques et physiques sont empêchés par les lois vitales. Si nous abordons actuellement l'explication des faits relatifs aux modifications réciproques de l'air et du sang noir, deux théories viendront partager les auteurs sur ce point important ; l'une *chimique*, l'autre *physiologique*.

Théorie chimique. — Crawfort, Lavoisier, Goodwin, Laplace plusieurs physiciens modernes, séduits par les plus spécieuses apparences, ont considéré la rénovation du sang noir comme un phénomène purement chimique et s'effectuant sous l'empire exclusif des affinités du même ordre : « Dans la respira- « tion chez l'homme, nous trouvons comme faits incontesta- « bles, ont-ils ajouté, pour le sang, diminution d'hydrogène « et de carbone ; pour l'air, perte d'oxygène, augmentation « d'acide carbonique et d'eau rendue sous forme de vapeur ; « ces modifications sont toujours en harmonie parfaite ; les « unes sont exactement compensées par les autres. L'expli- « cation de ces faits est très-simple : l'oxygène employé dans « cette rénovation se porte d'une part sur le carbone, de « l'autre sur l'hydrogène du sang veineux, forme avec le « premier l'acide carbonique, avec le second l'eau qui « s'échappe en même temps que l'air expiré. Dans ces com- « binaisons, la proportion de l'acide carbonique produit se « trouve exactement en rapport avec la quantité d'oxygène « absorbé. »

Mais alors d'où vient l'oxygène employé à la confection de l'eau? C'est une réflexion à laquelle on n'avait point songé ; ce n'est pas le seul point en défaut dans cette hypothèse ruineuse. Les principes qui lui servent de base pour-raient être controversés, quelques-uns même entièrement détruits, nous les accorderons volontiers ayant assez d'er-reurs à signaler dans les conséquences que l'on a cru pouvoir en inférer.

L'expérience a démontré qu'un air contenant 0,15 d'acide carbonique, lors même qu'il offrirait 0,40 d'oxygène et 0,45 d'azote, ne pourrait point effectuer convenablement l'héma-tose. Il n'en serait point ainsi dans la supposition où ce phénomène deviendrait essentiellement chimique. Les essais imaginés par Dumas, répétés par Beddoës prouvent que l'oxygène pur, loin de favoriser la respiration, la pervertit et rend ses effets destructeurs. Des faits rapportés par Nysten, Spallanzani, Coutanceau ne laissent aucun doute sur l'expiration de l'acide carbonique, même chez les animaux auxquels on fait respirer un gaz qui ne contient pas d'oxygène. Plusieurs observations de Nysten prouvent que dans les fièvres inflammatoires la proportion d'acide cabonique expiré, devient plus considérable tandis qu'elle diminue dans les atonies. D'un autre côté, les combinaisons de l'oxygène et du carbone pour former l'acide carbonique, de l'oxygène et de l'hydrogène pour constituer l'eau, sont évidemment deux combustions qui supposent : un agent susceptible d'enflammer ces corps en provoquant leur union ; le développement d'une grande quantité de calorique et même de lumière dans les poumons, siége principal de ces combinaisons chimiques. Or les poumons ne présentent jamais cette cause d'ignition, cette élévation de température supérieure à celle des autres appareils. Comment voudrait-on identifier l'hématose avec la combustion, lorsque ces deux phénomènes sont essentiellement différents par leur nature, leurs causes, leurs effets, l'ensemble des forces qui les opèrent. Cette application des lois physiques aux actions physiologiques est assurément la plus séduisante et la plus illusoire, aussi la voyons-nous survivre à toutes les autres ; mais enfin le temps, la raison et l'expérience doivent en faire justice.

Théorie physiologique. — Admise par Fontana, Spallanzani, Chaussier, Nysten, Hallé, Bichat et le plus grand nombre des physiologistes modernes, plus naturelle et plus simple que la précédente, elle rentre complétement dans le domaine des lois vitales ; son développement repose tout entier sur les faits et l'observation. Pour conserver la question dans son intégrité, nous admettrons sans examen les principes établis par les chimistes, et nous verrons quelles en doivent être les conséquences positives.

L'oxygène, pris dans l'air inspiré, se trouve mêlé au sang veineux, s'y combine par une action vitale dont les moyens chimiques, les plus ingénieux et les plus compliqués, ne peuvent nous offrir que des imitations imparfaites. En effet, M. Dupuy s'est assuré qu'en poussant de l'air avec force dans les bronches d'un cadavre on ne produit aucune rénovation sanguine. Goodwin a dirigé, sans résultat, des courants d'oxygène sur les veines ; Bichat a constaté la même insuffisance des injections aériennes dans les intestins, la vessie, le tissu cellulaire, etc, Enfin si le sang noir mis en contact avec l'air dans un vase inerte rougit à la surface, ou ne voit point la rénovation s'effectuer dans toute la masse, alors même que l'on favoriserait la combinaison par un mouvement approprié ; on ne voit point surtout le chyle déposé dans ce même sang éprouver les modifications de l'hématose.

L'acide carbonique, produit de l'expiration, se trouve déposé dans les bronches par les vaisseaux exhalants. Son dégagement n'est autre chose qu'un résultat de l'épuration du sang qui s'en était chargé pendant les phénomènes de la nutrition et des sécrétions. Collard de Martigny, d'après une suite de recherches et d'expériences positives, pense qu'il se produit de l'acide carbonique dans l'épaisseur de tous les tissus pendant l'acte de la nutrition, que cet acide circule dans le sang veineux, est rejeté par les poumons. Orfila et Barras admettent sans hésiter l'existence de l'acide carbonique dans le sang, et pensent que, sous ce rapport, on ne peut rien répliquer aux expériences décisives de Vogel. Si l'on pouvait douter un instant de la réalité des exhalations gazeuses, il suffirait pour s'en convaincre de jeter un coup d'œil sur l'économie vivante, soit dans l'état normal, soit dans l'état pathologique. Ainsi nous observons chaque jour ces exhalations pour le péritoine, pour les intestins, dans la tympanite ; pour l'estomac, chez les femmes vaporeuses ; pour l'utérus, dans un assez grand nombre de nymphomanies, d'hystéries, etc., où le dégagement des gaz peut s'effectuer par une véritable explosion. Des expériences d'Abernetty, de Cruiskank, de

Gattoni, de Jurine prouvent évidemment l'exhalation de l'acide carbonique, par l'enveloppe cutanée, même dans l'état de santé parfaite ; dans tous ces cas la perspiration gazeuse est incontestable ; elle s'effectue sur des membranes séreuses, dermoïdes, muqueuses ; on ne cherche point une explication chimique à la production des résultats qu'elle fournit ; on la place avec raison dans la classe des sécrétions. Pourrait-on désormais, sans inconséquence, ne pas accorder la même nature et les mêmes lois à celles que nous voyons s'opérer sur la muqueuse bronchique pendant la respiration ?

L'eau, qui s'échappe sous forme de vapeurs avec l'air expiré, n'est autre chose que le produit de la perspiration *séreuse* des bronches. Nous observons la même sécrétion sur toutes les autres divisions du tissu muqueux, comme il est aisé de s'en convaincre pour la conjonctive, la pituitaire, la palatine, etc. C'est aux résultats de cette même élaboration que les auteurs ont donné les noms de *sucs gastrique* pour l'estomac, *intestinal* pour le jéjunum et l'iléon. Ici l'on ne propose point des lois chimiques pour expliquer la formation de l'eau dont ces humeurs sont en grande partie composées ; on n'eût pas recouru davantage à ces théories fautives, si l'on ne s'était cru dans la nécessité d'utiliser ainsi l'oxygène que l'on voyait disparaître pendant la respiration ; ainsi, de même que la peau, la muqueuse bronchique devient une voie d'excrétion plus active encore pour l'acide carbonique et la sérosité animale.

Phénomènes vitaux. — Ces phénomènes consistent particulièrement dans l'influence qu'exercent les poumons, en raison des propriétés vitales qui leur sont départies : *sur l'introduction de l'oxygène dans le sang noir ; sur les modifications réciproques de ces deux corps ; sur l'exportation de l'acide carbonique et du fluide perspiratoire des bronches.*

Les poumons digèrent l'air comme l'estomac digère les aliments. Vérité physiologique bien sentie par les anciens lorsqu'ils désignaient ce gaz par le terme expressif de *pabulum vitæ*, « aliment de la vie. » La chimie, dans ses immenses progrès, envahissant le domaine de toutes les autres sciences, fit abandonner ces principes naturels pour y substituer des théories aussi fautives dans leurs principes qu'erronées dans leurs inductions. Toutefois, les preuves les plus positives semblent se multiplier pour démontrer la réalité de cette action vitale des poumons dans la respiration physiologique.

Dupuytren, Provençal, Magendie, Legalois ont prouvé que la section et la ligature du nerf pneumogastrique détermine la mort par une véritable asphyxie; le premier de ces habiles expérimentateurs a vu dans cette circonstance le sang jaillir noir d'une artère faciale ouverte ; le second trouve que l'air perd alors beaucoup moins d'oxygène, porte moins d'acide carbonique, en même temps que l'animal présente un refroidissement très-marqué ; le dernier fait judicieusement observer qu'il ne faut pas attribuer ici l'asphyxie à l'occlusion de la glotte, puisque le sang passe également noir dans les veines pulmonaires, lors même que l'on a pris soin d'assurer l'inspiration et l'expiration par l'ouverture de la trachée.

Hallé, après avoir fait la ligature du même nerf, a vu les phénomènes mécaniques de la respiration continuer librement, alors que les phénomènes chimiques se trouvaient entièrement suspendus ; en détruisant cette ligature, on observait le rétablissement de la fonction dans son état normal.

De Blainville a répété la même expérience d'une manière plus positive encore. Il a remarqué que la ligature du nerf à son entrée dans les poumons, laisse un libre cours à la succession des inspirations et des expirations, mais avec cette particularité bien essentielle, que l'air en sortant des bronches, présente absolument la composition qu'il offrait avant son importation dans les canaux respiratoires. Il s'est assuré qu'en pratiquant cette ligature du nerf vague à sa terminaison dans l'estomac, la rénovation du sang noir et tous les phénomènes de la respiration s'effectuaient sans aucune altération notable mais que les aliments restés comme des corps étrangers dans ce viscère, n'éprouvaient point l'élaboration digestive, se trouvaient même ultérieurement soumis à la putréfaction à peu près comme dans un vase inerte. Ces faits et tous ceux que nous pourrions citer encore, démontrent évidemment l'influence vitale des poumons dans l'hématose, l'identité que présentent la respiration et la digestion dans la nature de leurs phénomènes essentiels.

Si nous voulons actuellement préciser l'action des organes respiratoires dans l'hématose, nous trouvons deux objets principaux à considérer : *l'importation de l'oxygène, l'exportation de l'acide carbonique ; l'action du premier de ces gaz sur le sang noir pour en effectuer la rénovation.*

Importation de l'oxygène, exportation de l'acide carbonique. — Quelques physiologistes, plusieurs chimistes ont mis en doute l'absorption de l'oxygène et son mélange au sang noir. Des expériences de Girtanner semblent décider la question. Il place du sang rouge de brebis sous une cloche pneumatique avec de l'azote à l'état de pureté ; après trente heures, l'air de cette cloche présente assez d'oxygène pour entretenir, pendant cent vingt minutes, la combustion d'une bougie. D'autres ont prétendu que cette modification du sang noir s'effectuait ailleurs que dans les capillaires des poumons. Bichat répond à ces assertions erronées par les faits les plus positifs. Il adapte deux tubes à robinet, l'un à la trachée, l'autre à l'artère carotide primitive d'un chien ; en suspendant le courant d'air, l'artère ne donne qu'un sang noir, évidemment sans rénovation ; en rétablissant le passage de ce gaz dans les canaux bronchiques, le sang prend aussitôt une couleur vermeille, signe positif de sa transformation, qui présente une identité parfaite suivant que l'on opère avec l'air atmosphérique ou l'oxygène pur ; ces modifications, en quelque sorte instantanées, indiquent assez la rapidité des phénomènes d'hématose, et leur siége exclusif dans l'organe central de la respiration.

Nous devons considérer dans cette fonction, indépendamment des circulations lymphatique et sanguine, effectuées par les vaisseaux nombreux des poumons, la circulation aérienne opérée dans les canaux bronchiques d'une manière spéciale, et ne rencontrant pour toute l'économie vivante, aucun autre mouvement analogue. En effet cette même circulation n'est pas transitoire comme les précédentes, elle se fait dans un système de vaisseaux qui n'offrent point d'issue terminale, de telle sorte que l'air expiré doit nécessairement revenir par les routes qu'il a parcourues en sens opposé pendant l'inspiration. Ce principe établi d'une manière incontestable, nous pensons qu'une partie de l'influence vitale des poumons se trouve dans l'action des vésicules aériennes sur l'acide carbonique, pour en effectuer l'expulsion concurremment avec la pression exercée par les parois thoraciques. La section du nerf vague, la diminution, la perversion, la suspension de sa vitalité produisent l'affaiblissement ou l'inertie des vésicules bronchiques, la stagnation de l'air altéré par l'hématose, en nous expliquant physiologiquement les causes principales de l'asphyxie dans ces différents cas et dans leurs analogues, alors même que les grands phénomènes d'inspiration et d'expiration ont continué de s'effectuer. Au milieu de ces dispositions, la rénovation de l'air peut encore s'opérer dans les principales divisions des bronches, les poumons étant, comme nous l'avons déjà dit, à peu près passifs dans ces phénomènes superficiels et mécaniques d'inspiration et d'expiration, mais ces derniers sont toujours incapables, même avec leurs plus grands efforts, d'expulser entièrement l'air porté dans les organes centraux de cette fonction. La rénovation devient impossible dans les ramifications extrêmes des canaux aériens sans la contraction des vésicules bronchiques, sans l'action vitale des poumons. Ces considérations nous font apprécier l'inutilité des insufflations dans l'asphyxie, toutes les fois qu'il n'existe aucun moyen de réveiller en même temps l'innervation du pneumo-gastrique : elles nous indiquent même les dangers de ces tentatives effectuées sans précaution, par les ruptures funestes qu'elles peuvent entraîner dans les vési-

cules pulmonaires, déjà sous l'influence d'une pénible distension. A ces phénomènes qui démontrent positivement
l'action vitale des poumons dans la respiration, nous ajoute-
terons encore la perspiration aqueuse dont la réalité ne peut
être contestée, celle de l'acide carbonique admise par Vauquelin, Brande, Vogel, et par le plus grand nombre des physiologistes modernes, se rattachant au système général des sécrétions, et ne pouvant dès lors être expliquées par l'influence
des lois exclusivement physiques et chimiques.

*Action de l'oxygène sur le sang noir pour en effectuer la réno-
vation.* — Il est démontré par l'expérience que l'oxygène de
l'air introduit dans les vésicules bronchiques, se trouve saisi
par les vaisseaux absorbants de ces dernières et directement
porté dans les capillaires des poumons. Ces vaisseaux absorbants de l'oxygène, exhalants de l'acide carbonique, doivent-
ils être considérés comme faisant partie du système général,
ou comme présentant des *trachées aérifères* analogues à celles
des insectes ? Il est impossible de prononcer dans cette question, d'après l'évidence des faits ; mais en même temps, il est
difficile de ne pas admettre, d'après les analogies et le raisonnement, une différence indispensable entre les absorbants de
l'oxygène, les exhalants de l'acide carbonique, les exhalants et
les absorbants de la sérosité des bronches. Toutefois, quelle que
soit à cet égard l'opinion adoptée, on devra toujours voir dans
cette absorption, comme dans toutes les autres, un phénomène
essentiellement vital et, par conséquent, arrêté dans son développement par le défaut d'innervation du pneumo-gastrique ;
résultat que les expériences les plus positives ont suffisamment
constaté. Il est un dernier point environné d'incertitudes
beaucoup plus difficiles à dissiper entièrement : l'action de
l'oxygène sur le sang noir pour en effectuer la rénovation, et
sur le chyle pour en opérer l'hématose, est-elle purement
physique et chimique, suffit-il pour l'effectuer d'un simple
mélange de ces corps ? Sans doute il n'existe aucune preuve
directe pour l'affirmative ou la négative ; mais si nous faisons
observer que dans un vase inerte, au milieu des circonstances

les plus favorables, on ne produit qu'une rénovation très-imparfaite du sang noir, et qu'il est absolument impossible d'obtenir l'hématose du chyle, on devra, pour le moins, conserver une forte présomption relativement à la nécessité d'une influence vitale des poumons dans la production physiologique normale de ces deux importants phénomènes.

Altérations de la respiration. — Elles sont très-nombreuses, très-fréquentes, ordinairement graves, et ne peuvent acquérir un certain degré d'intensité, sans compromettre plus ou moins directement la vie. Pour en bien saisir l'ensemble, nous les réduirons aux quatre modifications principales : 1° *augmentation;* 2° *diminution;* 3° *perversion;* 4° *suspension.*

1° Augmentation. — A l'état morbifique, elle porte le plus ordinairement sur la fréquence des mouvements alternatifs d'inspiration et d'expiration. Les causes de cette altération peuvent être sympathiques ou directes ; on les voit se rattacher, dans le premier cas, à l'irritation de l'estomac, de l'encéphale ou du cœur ; dans le second, soit à l'inflammation, soit à l'engorgement parenchymateux des poumons, soit à l'excitation extranormale du nerf pneumogastrique, des muscles respirateurs, etc., comme on l'observe dans la pneumonie, la phthisie tuberculeuse, l'asthme, la pleurodynie, etc. ; dans tous ces cas et dans leurs analogues, on voit presque toujours les mouvements de la respiration plus ou moins précipités, gagner par le nombre dans un temps donné, ce qu'ils perdent nécessairement par le défaut de leur développement. Il est dès lors facile de sentir que cette augmentation, dans la fréquence des inspirations et des expirations successives, n'est point une maladie particulière, mais au contraire le symptôme d'un grand nombre d'altérations essentiellement différentes.

2° Diminution. — De même que l'augmentation, elle peut se manifester sous des influences directes ou sympathiques. La première est le plus ordinairement un résultat de l'atonie que présente l'appareil respiratoire consécutivement aux phlegmasies chroniques, dans les épuisements constitutionnels chez les sujets débiles, cacochymes, etc. La seconde se rattache aux langueurs d'estomac, aux anévrismes passifs, aux compressions encéphaliques, etc. Pour l'une et l'autre circonstances, on observe quelquefois un abaissement analogue dans les phénomènes vitaux, avec imperfection de l'hématose; d'où résulte cette couleur violacée de la peau, des muqueuses, de tous les tissus riches en capillaires sanguins; cet engourdissement, ce froid général, caractères d'une altération plus profonde, symptômes presque toujours assurés d'une terminaison funeste.

3° Perversion. — Elle peut affecter isolément ou simultanément les phénomènes physiques, chimiques et vitaux. *Relativement aux premiers*, elle présente un grand nombre de modifications dans la vitesse, l'étendue, la facilité absolue ou comparative des mouvements d'inspiration et d'expiration; les causes de ces anomalies sont également directes ou sympathiques : ainsi les émotions vives de l'âme, presque toutes les irrégularités de l'innervation, de la circulation, de la digestion, etc., la plupart des inflammations de l'appareil respiratoire peuvent également les déterminer; dans tous ces cas leur gravité se trouve en raison de celle des altérations qui les sollicitent. *Relativement aux seconds*, la perversion présente un grand nombre d'intermédiaires depuis le premier degré d'imperfection dans l'hématose, jusqu'au défaut complet de rénovation sanguine; comme on l'observe pendant la compression, l'inflammation suraiguë des nerfs pneumo-gastriques, par la respiration d'un air surchargé d'acide carbonique, dépourvu d'oxygène, etc., le sang passe noir dans les cavités gauches du cœur, porte la stupeur et la mort dans tout l'organisme.

4° Suspension. — Elle constitue cette mort apparente généralement désignée par le terme *d'asphyxie*, dont l'importance et les modifications exigent plusieurs développements particuliers.

Asphyxies. — Le terme asphyxie, de α privatif et de σφύξις, pouls, littéralement, *absence du pouls*, n'exprime point l'idée que l'on veut y rattacher, puisque l'on désigne ainsi : *La mort apparente déterminée par suspension des phénomènes respiratoires*, et qui devient aux poumons ce que la syncope est au cœur, dont l'inertie, dans le premier de ces états, présente la conséquence et non le principe de l'altération. Il conviendrait beaucoup mieux d'employer ici la dénomination d'*aspnée*, de α privatif et de πνέω, je respire, littéralement : *défaut de respiration*; mais il faut quelquefois obéir à l'usage, et nous conserverons l'ancienne expression, toutefois après en avoir ainsi rectifié le sens.

D'après la nature des causes, d'après les phénomènes respiratoires plus particulièrement affectés, nous rangerons toutes les asphyxies en trois classes principales : *1° par absence d'oxygène; 2° par défaut d'influence vitale de l'appareil; 3° par action spéciale des gaz délétères.*

1° PAR ABSENCE D'OXYGÈNE. — Ce titre comprend toutes les asphyxies déterminées par le défaut d'oxygène, quelle que soit la nature des obstacles apportés à l'introduction de ce gaz dans les vésicules pulmonaires ; on peut les énumérer sous douze chefs principaux :

Par absence totale d'un milieu gazeux. — Ainsi périssent tous les êtres vivants placés dans le vide complet ; tous les animaux aériens par l'influence de la submersion.

Par la respiration d'un gaz non délétère étranger à l'oxygène. — C'est à ce genre d'asphyxie que succombent les animaux plongés dans l'azote, l'hydrogène ou tout autre gaz analogue à l'état de pureté. On avait pensé d'abord que ces modificateurs présentaient quelque chose de spécialement délétère, l'expérience a démontré qu'ils permettent, mais n'occasionnent pas la mort, dès lors effectuée comme dans le vide parfait.

Par compression ou paralysie des nerfs diaphragmatiques. — Cette variété s'observe assez fréquemment dans la carie des vertèbres affectant la région cervicale ; dans les commotions, les épanchements, les plaies de la moelle rachidienne, etc.

Par inertie des muscles inspirateurs. — Comme on l'observe chez les enfants à la naissance ; chez l'adulte, sous l'influence du froid ; de l'opium, dans le narcotisme ; des liqueurs alcooliques, dans l'ivresse, etc.

Par le spasme de ces muscles. — Accident que l'on observe quelquefois dans les pleurodynies intenses, dans les violents accès d'hystérie, d'épilepsie, de tétanos, etc.

Par les obstacles mécaniques apportés à la dilatation du thorax. — C'est ainsi que se trouve déterminée l'asphyxie chez l'animal dont nous comprimons fortement les parois thoraciques ; chez les ouvriers ensevelis sous les éboulements du sol.

Par un obstacle mécanique opposé aux mouvements du diaphragme. — Comme on l'observe quelquefois dans la tympanite, l'hydrothorax, l'ascite, etc.

Par l'influence de la volonté fortement opposée à l'action des muscles inspirateurs. — Plusieurs auteurs dignes de foi nous assurent que des esclaves ont trouvé dans ce genre d'asphyxie, le moyen d'échapper aux cruels châtiments dont ils étaient menacés. D'autres ont attribué ces résultats à la déglutition de la langue. Ce phénomène est difficile à comprendre chez un sujet qui n'offrirait pas les dispositions appropriées. L'enfant dont parle J.-L. Petit, et chez lequel on avait plusieurs fois observé l'asphyxie par cette dernière cause, présentait sans doute une conformation particulière de l'appareil lingual.

Par le défaut d'antagonisme des muscles abdominaux. — Comme il arrive quelquefois dans la paracentèse, après un accouchement trop instantané, etc. Dans tous ces cas, les muscles abdominaux distendus, affaiblis, n'ayant pas eu le temps de revenir à leur état normal, sont alors incapables de concourir à l'entretien de la respiration.

Par la rupture ou les plaies des vésicules bronchiques. — Lorsque ces lésions s'effectuent vers la périphérie des organes respirateurs, l'air s'échappe dans la cavité des plèvres, comprime l'extérieur des poumons, les empêche de céder à la pression intérieure, en déterminant ces asphyxies que l'on voit survenir après la fracture des côtes ; quelquefois même sans aucune cause physique appréciable. Ainsi Morgagni cite l'histoire d'un pêcheur qui périt sous l'influence de cette lésion spontanément effectuée. La nécropsie fit reconnaître des ruptures dans les vésicules bronchiques, un épanchement d'air assez considérable dans les plèvres.

Par ouvertures extérieures sur les deux côtés du thorax. — L'air atmosphérique pénètre librement alors dans la cavité des plèvres, et les poumons se trouvant placés entre deux efforts absolument semblables, perdent la faculté d'effectuer aucun mouvement d'inspiration.

Par la présence des corps étrangers faisant obstacle au passage de l'air. — Ces corps agissant toujours sur le larynx, la trachée-artère ou les divisions bronchiques, peuvent se développer intérieurement sous l'influence d'une maladie, ou se trouver importés de l'extérieur. Nous rencontrons des exemples assez fréquents de la première disposition dans les angines, les abcès, les polypes de l'arrière-bouche, du pharynx dans la glossite, le croup, etc.; la seconde se manifeste sous l'influence de ces corps étrangers arrêtés dans les voies de la déglutition ou de la respiration. Ainsi périt Gilbert, après avoir essayé d'avaler, pendant un moment d'aliénation, la clef qui fermait le réceptacle de ses manuscrits, et qui vint s'arrêter à l'ouverture de la glotte. Anacréon eut le même sort, par la présence d'un grain de raisin fixé dans les ventricules du larynx. La strangulation, la submersion, produisent des résultats identiques sous le rapport de l'asphyxie.

On a cru pendant longtemps que les noyés périssaient en conséquence d'une importation d'eau considérable, soit dans les bronches par l'inspiration, soit dans l'estomac par la déglutition ; de là, cette méthode funeste qui consiste à les placer dans la suspension par les pieds, en compliquant ainsi les phénomènes de l'asphyxie par ceux de la congestion encéphalique. Il est aujourd'hui bien démontré que chez les submergés la déglutition est à peu près nulle, et que l'inspiration de l'eau devient impossible, un resserrement spasmodique fermant exactement la glotte jusqu'au dernier instant de la vie. Aussi chez le plus grand nombre des noyés trouvons-nous à l'autopsie la trachée-artère et ses divisions remplies seulement de mucosités écumeuses.

Dans toutes les asphyxies de cette première classe, le sang, privé des influences rénovatrices de l'air, passe noir dans les veines pulmonaires, et tant qu'il n'a point encore circulé, à ce dernier état, dans les artères cardiaques, on peut concevoir l'espérance de rétablir la vie. Dans cette circonstance, le principal moyen consiste à faire parvenir l'oxygène aux vésicules bronchiques, soit naturellement, soit artificiellement, soit par les voies ordinaires, soit par celles qu'il est quelquefois indispensable d'établir, au moyen des opérations désignées par les termes de *laryngotomie*, *trachéotomie*, etc.

2° PAR DÉFAUT D'INFLUENCE VITALE DES POUMONS. — Dans cette catégorie viennent se ranger toutes les asphyxies produites par le défaut d'innervation du pneumogastrique et des plexus pulmonaires qu'il concourt à former. Ainsi la section, la ligature, la compression de ces nerfs, les irritations qu'ils peuvent offrir sous le titre de névroses de la respiration, telles que l'asthme, la coqueluche, le catarrhe suffocant, etc., deviennent les causes les plus ordinaires de ce genre d'asphyxie. L'oxygène est porté dans les vésicules bronchiques, mais l'absorption de ce gaz n'est point effectuée ; l'exhalation de l'acide carbonique, la rénovation entière de l'air inspiré sont imparfaites ou complétement suspendues ; le sang passe noir dans le cœur gauche et bientôt dans l'organisme tout entier. Il ne suffit point ici pour conserver la vie d'entretenir les phénomènes mécaniques de la respiration, d'effectuer l'importation de l'oxygène dans les bronches par l'insufflation, souvent encore plus nuisible qu'utile, mais il faut avant tout détruire la cause qui suspend l'influence vitale des poumons. Lorsque cette condition ne peut être obtenue, la mort devient inévitable.

3° PAR ACTION SPÉCIALE DES GAZ DÉLÉTÈRES. — Sous le rapport de leur manière d'agir, les gaz qui déterminent l'asphyxie peuvent être distingués en deux ordres : *corrosifs*, *méphitiques*.

GAZ CORROSIFS. — Au nombre de ces derniers on doit particulièrement noter les gaz *sulfureux*, *nitreux*, *chlorique*, *hydrochlorique*, etc. Ils agissent en produisant d'abord une constriction des bronches, une sorte d'angine pulmonaire ; ensuite la destruction des canaux aériens, souvent même la coagulation du sang veineux dans les capillaires. Vider les poumons par une forte expiration, mitiger l'action corrosive de ces gaz, en inspirant des vapeurs aqueuses : tels sont les premiers moyens à mettre en usage dans ces altérations dangereuses, bien souvent mortelles.

GAZ MÉPHITIQUES. — Leur ensemble comprend tous ceux qui semblent offrir une action délétère spéciale sur les nerfs des poumons, en y détruisant plus ou moins directement le principe de la vie. Nous citerons particulièrement *l'acide carbonique*, *le protoxyde d'azote*, *l'hydrogène carboné*, *arseniqué*, *sulfuré*, etc.; l'influence morbifique de chacun de ces gaz offrant des caractères particuliers.

Acide carbonique. — Il agit comme stupéfiant sur les poumons, en produisant pour ces derniers une sorte de narcotisme analogue à celui que détermine l'opium dans les autres organes. Il paraît exagérer les caractères du sang noir. Cette asphyxie, l'une des plus ordinaires sous l'influence que nous étudions, s'effectue particulièrement dans les appartements bien fermés, où respirent un grand nombre de sujets, où s'entretient une combustion très-active ; l'affaiblissement et l'extinction des lumières en deviennent le premier signal. En raison de sa pesanteur, l'acide carbonique parvient toujours dans les couches inférieures de l'air, de telle sorte qu'au milieu des grandes réunions, dans les salles de spectacle, par exemple, nous voyons le parterre exposé à l'influence de ce gaz ; les étages supérieurs, à celle du calorique, des émanations putrides ou miasmatiques, tandis que les intermédiaires offrent le point où la respiration peut s'effectuer le plus long-temps, avec le moins d'inconvénients. On prévient la mort par l'insufflation de l'oxygène.

Protoxyde d'azote. — D'après plusieurs chimistes, l'asphyxie qu'il produit s'accompagne d'un sentiment assez agréable. Davy le respirait avec sensualité, faisant observer qu'il augmente la finesse de l'ouïe, provoque d'abord les mouvements de locomotion.

Hydrogène carboné. — C'est à ce gaz qu'il faut attribuer l'asphyxie des poissons pendant l'agitation de l'eau vaseuse qui leur sert de milieu.

Hydrogène arseniqué, sulfuré. — Ce dernier agit particulièrement avec une grande intensité sur le système nerveux pulmonaire et paraît donner au sang une couleur brun verdâtre. Son influence est tellement délétère, qu'il peut tuer un verdier à la proportion d'un quinze-centième, un chien à celle d'un huit-centième, un cheval à celle d'un deux-cent-cinquantième. Il donne également la mort en agissant exclusivement sur l'enveloppe cutanée. Chaussier a déterminé cette asphyxie chez les animaux, placés dans une vessie au milieu de l'acide hydrosulfurique, la tête se trouvant en liberté dans l'air extérieur. C'est à ce genre d'altération que les vidangeurs se trouvent plus particulièrement exposés. La mort survient dans quelques instants, si la neutralisation du gaz méphitique n'est pas obtenue par l'inspiration ou l'insufflation du chlore, effectuée avec les ménagements et les précautions indispensables.

IV° DIGESTION.

La digestion, πέψις, de καταπέπτω, digérer ; de κατα, de haut en bas, et πέπτω, élaborer ; *digestio*, de *digerere*, travailler, au point de vue physiologique, chez l'homme et chez les animaux offrant un appreil spécial, est *l'action successive d'une série de cavités et d'organes particuliers, concourant à l'élaboration des substances qui peuvent offrir les éléments* *appropriés aux besoins de l'économie vivante.* En réduisant la digestion à son acte essentiel, à son résultat final, on peut dire qu'elle consiste dans la formation d'un fluide réparateur auquel on donne le nom de *chyle.*

APPAREIL DE LA DIGESTION. — On le rencontre chez tous les animaux avec des modifications relatives aux besoins de leur existence.

Chez les polypes. — Un sac membraneux, offrant une seule ouverture qui sert en même temps de bouche et d'anus, constitue l'appareil digestif tout entier. On peut à volonté retourner l'animal, et dans ces alternatives, on voit les deux membranes du sac jouer tantôt le rôle de muqueuse intestinale, tantôt celui d'enveloppe cutanée ; modifications qui nous indiquent assez l'analogie, pour ne rien dire de plus, des tissus muqueux et dermoïde.

Chez les poissons. — La cavité digestive offre deux ouvertures ; des organes accessoires s'y trouvent unis ; le canal qui la constitue présente, chez un assez grand nombre, moins de longueur que l'individu.

Chez les reptiles. — On trouve constamment le tube digestif plus ou moins tortueux et dépassant la mesure du sujet.

Chez les oiseaux. — Le canal intestinal est toujours beaucoup plus long que l'individu ; il offre, comme nous le verrons, dans sa portion gastrique, une particularité destinée à suppléer au défaut d'organes suffisants pour la mastication ; il est déterminé par le cloaque, réceptacle commun des œufs, de l'urine et des matières fécales.

Chez les mammifères. — L'appareil digestif présente son entier développement, ou mieux encore son dernier degré de complication. Le tube alimentaire dont la dimension en longueur est constamment bien supérieure à celle du sujet, nous offre des modifications relatives aux proportions de ses diverses parties, en raison de la nature des substances alimentaires plus spécialement destinées à telle ou telle variété animale. Ainsi chez les carnivores, dont les matériaux nutritifs contiennent beaucoup de chyle, peu de résidu, l'intestin grêle et ses annexes reçoivent un développement comparatif qui se trouve à celui du gros intestin : : 5 : 1. Chez les herbivores au contraire, dont les aliments fournissent une petite quantité de chyle, une grande masse d'excréments, la cavité digestive est beaucoup plus spacieuse, le premier de ces intestins, moins prédominant, devient au second : : 17 : 10. La forme des organes masticateurs est également appropriée au genre d'alimentation. Ainsi les dents sont, pour le plus grand nombre, incisives chez les *frugivores*, laniaires chez les *carnivores*, molaires chez les *granivores*, etc. Nous trouverons chez les ruminants une disposition gastrique bien remarquable.

Chez l'homme. — Nous voyons l'appareil digestif présenter un long tube, élargi dans quelques points, rétréci dans plusieurs autres, offrant dans la plus grande partie de son trajet des circonvolutions irrégulières, commençant par une ouverture *buccale* où se rencontrent des appareils de préhension, de gustation, de mastication et d'insalivation ; se terminant par un orifice *anal* que ferme un sphincter sous l'influence de la volonté. Dans presque toute son étendue, ce tube est formé par trois membranes : 1° *l'une intérieure, muqueuse,* fournissant, par une véritable perspiration, le fluide aqueux, ténu, limpide, auquel on a prêté beaucoup trop d'influence digestive sous les noms de *sucs gastrique, intestinal ;* sécrétant au moyen des follicules nombreux qui s'y rencontrent, un mucilage visqueux nommé glaires, mucosités, mucus, etc., particulièrement destiné à lubrifier cette membrane pour la garantir des irritations que pourraient y produire les corps étrangers qui parcourent incessamment le canal digestif, et favoriser en même temps le passage de ces corps ; 2° *l'autre moyenne, musculeuse,* offrant, suivant les régions, des fibres longitudinales ou circulaires ; se contractant d'une manière sensible, indépendamment de la volonté ; constituant la principale force du conduit alimentaire, et lui communiquant tous les mouvements essentiels à l'exécution des phénomènes dont il est chargé ; 3° *la dernière extérieure, séreuse*, doit être considérée comme accessoire au tube digestif, puisqu'elle manque dans plusieurs points et que dans aucun autre on ne la voit former une enveloppe complète. On rencontre enfin, dans notre espèce, les glandes et les réservoirs circulatoires que nous avons indiqués ; des vaisseaux absorbants nombreux puisent dans ce canal tous les éléments essentiels de la réparation nutritive. L'appareil digestif que nous considérons seulement ici d'une manière générale, devant étudier plus spécialement chacune de ses divisions, appartient à la tête par la cavité buccale ; au col, à la poitrine, par le pharynx et l'œsophage ; à l'abdomen, par l'estomac et les intestins ; c'est particulièrement dans cette cavité que se rencontrent, chez l'homme, tous les organes indispensables à cette grande fonction.

D'après les dispositions anatomiques et plus particulièrement encore d'après la nature des phénomènes digestifs confiées aux divers points du conduit alimentaire, nous le diviserons en six cavités esssentielles : 1° *Buccale* — où s'ouvrent les excréteurs des glandes salivaires, où s'effectuent *la préhension, la gustation, la mastication, l'insalivation* des substances nutritives ; 2° *Pharyngoœsophagienne*, — où se fait *la déglutition* ; 3° *Gastrique*, — où s'opère *la chymification* ; 4° *Duodénale*, — où se rendent les canaux excréteurs du foie, du pancréas ; où se passe la *chylification* ; 5° *Intestinale grêle*, — où s'exerce particulièrement *l'absorption chyleuse* ; 6° *Intestinale*, — servant de réservoir au détritus alimentaire, opérant *la défécation*. Afin de rendre l'exposition des faits méthodique et précise, nous décrirons isolément chacune de ces cavités en faisant l'histoire des phénomènes qui lui sont plus spécialement départis.

Agents. — Nous désignons les agents de la digestion par le terme collectif d'*aliments*. Sous ce titre viennent se ranger toutes les substances extérieures, capables de réparer les pertes que fait incessamment l'économie vivante. Cette réparation offre deux objets différents : 1° *l'accroissement, la rénovation* *des tissus organiques* ; 2° *l'entretien de la fluidité dans les humeurs*. Nous trouvons sous ce rapport, deux grandes classes d'aliments : *solides*, aliments proprement dits ; *liquides* ou boissons.

D'après leurs effets sur toute la constitution, on peut distinguer les aliments en quatre séries principales : *nourrissants*, — donnant sous un petit volume une grande proportion de chyle (la gomme, les œufs, les viandes rouges, etc.) ; *atténuants*, — fournissant peu de chyle, beaucoup de résidu nutritif (les végétaux herbacés, les viandes blanches, etc.) ; *échauffants*, — portant beaucoup de chaleur et d'irritation dans tout l'organisme ; s'accompagnant, dans leur digestion, d'un mouvement voisin de l'état fébrile (toutes les liqueurs alcooliques, le café, les viandes noires, etc.) ; *rafraîchissants*, — modérant l'excitabilité de l'économie vivante, offrant un véhicule tempérant aux humeurs (les boissons aqueuses, le lait, les fruits acides, sucrés, etc.). On a voulu faire deux grandes classes d'aliments, d'après la facilité de leur élaboration : *digestibles* ou légers, *indigestes* ou pesants. Il est aujourd'hui positivement démontré que la *digestibilité* des substances alimentaires n'est pas exclusivement relative à leur nature, mais qu'elle se rapporte plus spécialement aux dispositions de l'appareil chargé de ce travail, et présente un grand nombre de modifications particulières aux individus, à l'âge, au sexe, au tempérament, aux sympathies, aux antipathies, aux habitudes, au climat, etc. ; tel aliment *indigeste* pour la plupart des sujets, se trouve aisément élaboré par d'autres ; telle substance nutritive généralement envisagée comme *légère*, provoquera chez tel individu la plus fâcheuse indigestion.

« La nature, nous dit Hippocrate, fournit un grand nombre d'aliments, et cependant il n'existe qu'un aliment. » Prise littéralement, cette sentence du Père de la médecine paraît impliquer contradiction. Pourrions-nous croire qu'une absurdité palpable soit émanée d'un pareil génie, lorsque nous devons ainsi commenter cette idée : *Il existe plusieurs substances alimentaires, mais dans toutes il ne se rencontre qu'un seul principe susceptible d'assimilation?* D'après cette opinion qui n'est point encore assez positivement établie, l'appareil digestif puiserait toujours le même élément réparateur dans les matériaux soumis à son élaboration, quelle que fût leur nature. C'est de ce principe alimentaire unique que parle Hippocrate lorsqu'il dit : « Il n'existe qu'un aliment, » et des différentes substances nutritives, lorsqu'il ajoute : « cependant il existe plusieurs aliments. » Les chimistes modernes ont fait des recherches nombreuses pour arriver à la détermination de cet *aliment unique;* celles du professeur Hallé, qui peuvent être considérées comme les plus exactes et les plus rigoureuses, tendent à prouver que c'est un *oxyde hydrocarboneux* offrant dès lors beaucoup d'analogie avec la substance gommo-sucrée.

Un fait se trouve ici beaucoup mieux démontré : c'est l'identité du produit réparateur de l'élaboration digestive, quelle que soit la nature des aliments employés.

En effet que l'on examine le chyle d'un animal nourri successivement de fruits, de graines, d'herbes, de chairs, etc., on trouvera toujours essentiellement les mêmes caractères physiques et chimiques; analysez les muscles, les tendons, les os, les cartilages, la peau, tous les tissus de ce même animal dans les différentes circonstances d'alimentation, vous les trouverez toujours invariables, relativement à leurs éléments fondamentaux. Or, si le résultat de l'élaboration digestive, *le chyle,* si le produit de la nutrition, *les divers tissus,* offrent constamment la même nature, indépendamment du caractère des aliments dont l'animal fait usage, n'est-il pas dès lors évident qu'un même principe est extrait par la digestion de ces nombreux matériaux réparateurs, et que l'on doit ajouter avec Hippocrate : « la nature fournit un grand nombre d'aliments, et cependant il n'existe qu'un aliment » ?

Une substance, pour mériter le titre d'*alimentaire,* doit offrir les caractères suivants : appartenir à la classe des corps organisés; être soluble dans les sucs digestifs; ne rien présenter de très-actif, comme agent pharmaceutique, et surtout ne contenir aucune matière vénéneuse; ne point exciter la répugnance, agir au contraire avantageusement sur les agents d'exploration et particulièrement sur la vue, le goût et l'odorat.

Magendie ajouterait, comme premier caractère, la présence d'une certaine quantité d'azote. Ayant nourri des chiens exclusivement avec de l'eau distillée, de l'huile d'olive, du sucre, de la gomme, il a vu périr ces animaux au trentième jour avec ulcération des cornées, évacuation des humeurs de l'œil, marasme complet. L'auteur conclut de ces expériences que les aliments qui ne sont point azotés ne peuvent nourrir seuls. On a fait observer qu'il fallait borner cette conséquence aux animaux carnivores.

Il ne faut donc pas ici procéder avec trop d'exclusion en disant le *règne minéral* ne peut offrir que des *assaisonnements, des médicaments* ou *des poisons*; en effet si nous accordons au mot *aliment* son acception la plus étendue, nous voyons l'eau présenter la plus générale, souvent la meilleure des boissons, et former la base de toutes celles que nous fournissent l'art ou la nature : d'un autre côté, si l'on considère l'élaboration alimentaire dans toute la série des êtres vivants, on observe les végétaux se nourrissant d'éléments inorganiques, et les animaux inférieurs trouvant dans les minéraux des principes d'accroissement et de réparation. Au contraire, en bornant le titre *d'aliment* à la substance qui peut fournir du chyle, en circonscrivant la digestion dans la sphère de l'homme et des animaux supérieurs, le règne minéral ne présente plus aucun élément essentiellement nutritif. Quelle profondeur ne rencontrons-nous pas dans ces lois générales et dans ces dispositions de la nature ! Entre une pierre et l'homme, il existe des différences trop sensibles, des oppositions trop caractérisées, pour qu'une simple élaboration digestive puisse donner immédiatement à la première tous les attributs du second. L'arrangement du monde physique, l'harmonie de ses rapports avec le monde intellectuel, ne permettent jamais des transitions brusques et sans aucune mesure dans leur établissement; ainsi trois règnes, *minéral, végétal, animal*, et pour chacun d'eux, plusieurs séries principales marquent ces progrès dans l'économie universelle ; de telle sorte qu'il est permis de considérer les végétaux comme des laboratoires toujours en activité, communiquant, à la matière inerte, les caractères qui doivent l'approprier incessamment aux besoins des espèces animales. Nous voyons s'établir ici le plus admirable enchaînement; le minéral est digéré, assimilé par le végétal, celui-ci par l'animal, ce dernier par l'homme. La mort vient frapper l'homme, l'animal et le végétal ; bientôt leurs matériaux dissociés, rendus à la terre, effectuent la réparation de ce réservoir commun des éléments d'existence, qui devient alors une source inépuisable de nutrition pour les êtres vivants. C'est ainsi que dans le monde physique tout s'enchaîne, tout se prête un mutuel secours, tout se modifie, rien ne se détruit.

Il est donc raisonnable de penser que la nature entière est mise à contribution pour l'accroissement et l'entretien des êtres organisés vivants; peut-être parviendrons-nous à démontrer un jour qu'il ne se rencontre dans l'univers aucun corps étranger à l'entretien de l'existence active, mais avec les modifications graduées que nous venons d'indiquer.

Sans doute on n'opposera point, à la vérité de ces principes, l'exemple de certaines peuplades que l'on a désignées par le terme de *géophages*, en voulant établir que l'homme trouve dans le règne minéral des aliments réparateurs ; ces faits prouvent, comme nous le verrons bientôt, que l'on peut suspendre le sentiment de la faim, en lestant convenablement l'estomac au moyen d'une substance inerte, mais ils ne démontrent nullement que ces corps inorganiques se trouvent constitués de manière à fournir des éléments de nutrition et d'accroissement à l'homme, ni même aux animaux supérieurs.

RÈGNE VÉGÉTAL. — Il présente un grand nombre *d'aliments* en général peu nutritifs, si l'on excepte le gluten, l'amidon, les fécules, etc. Pour la plupart atténuants, rafraîchissants, ils conviennent sous un ciel brûlant, chez les sujets pléthoriques, dans la convalescence des maladies aiguës. On trouve également ment dans ce règne la source principale des *médicaments,* ainsi l'aloès, le jalap, le quinquina, etc. ; *des assaisonnements* assez variés, le poivre, la muscade, le gingembre, etc., enfin, des *poisons* nombreux, la morphine, la belladone, la noix vomique, etc.

RÈGNE ANIMAL. — C'est dans cette catégorie des êtres que l'homme doit rechercher des *aliments* essentiellement répara- teurs ; très-nourrissants pour la plus grande partie, échauffants pour quelques-uns, ils sont avantageux aux sujets épuisés par la misère, aux constitutions molles, sans activité, pendant les exercices violents, dans les pays froids, etc. Ce règne nous offre également quelques *médicaments*, les cantharides, le musc, le castoréum, etc. ; peu *d'assaisonnements*, les anchois, etc. ; plusieurs poisons, le venin de la vipère, celui de plusieurs serpents, l'acide hydrocyanique, etc.

Il nous serait aisé de prouver que dans l'immense réunion des corps vivants, chaque espèce trouve son aliment propre, ses matériaux réparateurs désignés par la nature, appropriés à ses besoins, à son organisation ; mais nous devons actuelle- ment renfermer ces considérations dans la sphère de l'homme et des animaux supérieurs. Nous voyons, sous ce dernier rap- port, le régime alimentaire bien souvent établi d'après les grandes indications du climat, du tempérament, du genre de vie chez les différents peuples ; nous reconnaissons quelque- fois encore dans le choix des substances nutritives ainsi pré- férées l'influence du caprice et de l'habitude ; il n'existe pas un pays qui n'offre son aliment privilégié. Les Persans, les Égyptiens se nourrissent particulièrement de dattes, de pas- tèques ; les Éthiopiens, les Nègres, les Turcs, de maïs, de riz, de millet ; les peuples de l'Inde, du Brésil, des Canaries, d'herbages, de grains, de racines ; les Français, de seigle, d'orge, de sarrasin, de froment ; les Cafres, les Hottentots, les Bédouins, etc., de lait, de beurre, de fromage ; les Otaïtiens boivent la liqueur du coco ; le peuple Fezzannais d'Afrique, celle qui découle du palmier, assez analogue à l'orgeat ; les habitants des îles Philippines, une liqueur fraîche obtenue par l'incision du lancé. Naturellement sobres, les Espagnols et les Italiens préfèrent l'eau, la limonade à leurs vins capiteux. En opposition à ce régime tempérant et si rapproché de la nature, nous devons particulièrement indiquer celui des Suédois, des Anglais, des Russes, des Hollandais qui se compose bien plus de viandes que de substances végétales, de liqueurs fermentées et violentes que de boissons aqueuses ; celui des Mongols et des Kalmouks qui mangent le cheval et tous les animaux analogues morts de vieillesse ou de maladie ; des Esquimaux, des Samoyèdes et des Kamtschadales qui se repaissent de la chair des poissons déjà putréfiés ; des Lapons qui se nourrissent avec celle de l'ours et les gâteaux confectionnés au moyen de l'écorce intérieure du pin ; des Groenlandais qui boivent avec sensualité l'huile de baleine même rancie. Des modifications aussi positives, relativement au choix des aliments, indiquent assez l'influence du climat dans ces premières déterminations. Nous verrons bientôt qu'il n'est point au pouvoir du caprice et de la volonté d'apporter des changements essentiels à ces dispositions primordiales et naturelles ; d'établir, sans des inconvénients graves et généraux, la diète frugale et tempérante du paisible Otaïtien sur les bords glacés du Niémen ou de la Dwina ; dans les brûlants déserts de la Thébaïde, le régime irritant et carnassier de l'Ostiaque et du Baskir.

Pour bien comprendre l'action des matériaux réparateurs sur notre économie, les nombreuses modifications qu'ils entraînent incessamment dans l'organisme, nous devons actuellement les envisager d'après leur nature et leur composition, isolément étudiées dans les *aliments solides* et *les boissons.*

Aliments solides. — Nous définissons les aliments solides : *substances capables de fournir du chyle pour la réparation des pertes moléculaires que font incessamment les tissus organisés vivants.* Ces aliments offrent par conséquent deux effets essentiels sur les corps actuellement doués de la vie : leur accroissement, leur entretien, lorsque cet accroissement est complet.

D'après leur nature et leur composition, nous distinguons les aliments proprement dits en dix classes principales : *féculants, sucrés, mucilagineux, gélatineux, huileux, butyreux, caséeux, acides, albumineux, fibreux.*

FÉCULANTS. — Nous accordons ce titre aux substances alimentaires dont la fécule constitue le principal élément. Au nombre de ces derniers nous devons spécialement noter le riz, le sagou, le salep, la pomme de terre, le maïs, le froment, l'orge, l'avoine, etc. Ces aliments nourrissent beaucoup sous un petit volume, donnent peu de résidu excrémentitiel, excitent faiblement l'appareil digestif, pendant leur élaboration, et l'organisme tout entier, après leur importation dans l'économie vivante. Cette action commune est modifiée sensiblement par les principes accessoires qui viennent s'unir à la base fondamentale. — *Fécule et matière colorante.* Elle semble dans cet état plus facile à digérer, provoquant et soutenant davantage l'action de l'estomac. Les lentilles, les haricots rouges, etc., comparés aux graines féculantes incolores, nous en fournissent la preuve. — *Fécule et principe sucré.* Dans cette combinaison, elle offre un aliment très-nourrissant, d'une saveur agréable, mais développant une grande proportion de gaz pendant la digestion, ordinairement de l'acide carbonique, plus rarement de l'acide hydrosulfurique ; premiers inconvénients attachés à l'usage des châtaignes, des haricots, des petits pois, etc., chez un très-grand nombre de sujets. — *Fécule et principe huileux.* Ce mélange est assez nutritif, mais il entraîne immédiatement la satiété. Indigeste pour la plupart des individus, il détermine successivement à l'estomac, pesanteur, chaleur, acidité, renvois brûlants, irritation décrite sous les noms de *soda, pyrosis, fer chaud.* Dans cette catégorie nous trouvons particulièrement les cotylédons des amandes, des noix, des noisettes, du cacao, etc. Ce dernier sous le nom de chocolat présente un bon aliment lorsque l'on a pris soin d'enlever l'excès d'huile par la torréfaction. — *Fécule et principe amer.* Cet aliment devient souvent alors vénéneux, comme on le voit dans la pomme de terre qui présente une matière vireuse et narcotique ; dans les amandes amères, dans celles de la pêche, de l'abricot, etc., renfermant une assez grande proportion d'acide hydrocyanique pour déterminer l'empoisonnement, à la quantité de trente ou quarante cotylédons. Toutefois il est facile de séparer au moyen du lavage la fécule insoluble dans l'eau froide et le principe amer qui s'y dissout aisément. — *Fécule et mucilage.* Elle est assez nourrissante, mais ne se digère pas facilement ; nous en trouvons la preuve dans l'usage du seigle, de la fève de marais, etc. Elle fournit plus d'excrément que les autres, c'est pour cette raison qu'on la considère comme rafraîchissante, laxative, etc. — *Fécule et gluten.* C'est avec cette substance imprégnée d'eau, fermentée, suffisamment cuite que nous obtenons *le pain,* aliment nutritif, de facile digestion, formant la base du régime dans nos contrées ; la farine de froment surtout présentant cet alliage avantageux lui doit le privilége à peu près exclusif de pouvoir servir à la confection d'un pain léger ; celle d'orge, de maïs, de pommes de terre, etc., n'offrant presque pas de gluten, sont incapables d'éprouver convenablement la fermentation nécessaire, donnent un pain lourd, compacte, difficile à digérer. Le premier nourrit beaucoup sous un petit volume ; il est assez promptement chymifié ; le second doit être pris en plus grande quantité pour offrir les mêmes résultats ; il résiste plus longtemps à l'action des organes élaborateurs, double raison de la préférence que lui conservent les hommes habitués aux pénibles travaux de la campagne ; *il tient davantage à l'estomac,* provoque une réaction plus soutenue, *fournit des excréments plus abondants,* favorise la liberté des excrétions alvines.

Sucrés. — Toutes les substances alimentaires de cette classe présentent pour caractère distinctif de passer à la fermentation alcoolique dans les circonstances favorables. C'est exclusivement sur cette propriété qu'est fondée la possibilité de faire du vin au moyen des raisins, etc. Elles contiennent du sucre en assez grande quantité, du mucilage en proportion variable, d'où résulte le principe *mucoso-sucré*, seul capable d'éprouver cette même fermentation. Le sucre épuré au moyen de la cristallisation, doit servir de prototype dans l'examen relatif à la nature, aux propriétés de ces aliments. Ils sont en général de facile digestion, nourrissent beaucoup sous un petit volume. Ainsi les nègres des colonies qui mangent particulièrement du *vesou*, n'en prennent qu'une petite quantité, sont habituellement dans un état d'embonpoint assez prononcé. Les aliments sucrés donnent peu de résidu pour l'excrétion, aussi déterminent-ils une constipation d'autant plus opiniâtre qu'ils sont plus riches en principe fondamental, et plus exclusivement employés ; de là cet adage vulgaire : *le sucre échauffe*, on dirait plus exactement *le sucre constipe* ; il est en effet erroné de l'envisager comme irritant de l'appareil digestif. La nature a pris une sage précaution en l'associant à l'élément acide comme on le voit dans les fruits rouges, les oranges, les citrons, etc.; à l'eau de végétation, au mucus, à la matière colorante, etc., comme on l'observe dans la carotte, la betterave, etc. Ces aliments conviennent particulièrement aux femmes, aux enfants disposés à l'irritation, aux vieillards, aux sujets cacochymes qui doivent rencontrer dans une masse peu considérable des éléments de réparation suffisants et d'une élaboration facile.

Mucilagineux. — Dans cette catégorie se trouvent comprises les substances nutritives dont le mucilage forme la base, telles que les figues, les dattes, les prunes, les abricots, les pâtes faites avec les extraits de guimauve, de tussilage, etc. Tous ces aliments sont lourds, difficiles à digérer, sans doute en raison de leur insipidité, de leur défaut d'excitation sur l'estomac, et de leur peu de solubilité dans les humeurs gastriques ; aussi provoquent-ils bientôt le dégoût, la satiété, souvent même l'indigestion. C'est à la grande proportion du mucilage dans les jeunes animaux qu'il faut attribuer les accidents attachés à l'usage prématuré de leurs chairs dans le régime alimentaire. Associé à d'autres principes, cet élément éprouve des modifications diverses. Avec l'acide, comme dans l'oseille, avec la matière colorante verte, comme dans l'épinard, avec une grande quantité d'eau de végétation, comme dans la bette, la laitue, etc., il forme des aliments assez légers, agréables, rafraîchissants, etc.; avec une matière âcre, comme dans les choux, les raves, les navets, l'ail, l'oignon, etc., il perd ses qualités avantageuses, devient irritant, provoque des éructations brûlantes, offre moins alors un aliment qu'un assaisonnement.

GÉLATINEUX. — Cette classe renferme les matériaux nutritifs particulièrement formés de gélatine. C'est dans le règne animal, dans les tissus blancs, tels que la peau, les aponévroses, les ligaments, les os, chez les sujets très-jeunes qu'il faut surtout les chercher en grande proportion. La gélatine seule, convenablement isolée des autres principes auxquels elle est naturellement unie, présente un aliment très-nourrissant et d'assez facile digestion ; c'est ainsi que les gelées animales et végétales bien préparées offrent les plus grands avantages aux sujets débiles, aux vieillards, aux convalescents. Alliée à divers éléments, la gélatine perd ses caractères essentiels ; avec le mucilage, comme on le voit dans le veau, l'agneau, le poulet trop jeunes ; avec la graisse, comme on l'observe dans le chapon, la poularde, le cochon de lait ; avec l'huile, comme on le trouve dans les tortues, les aloses, les anguilles trop volumineuses, elle présente un aliment indigeste, souvent même dangereux par les accidents que son usage peut entraîner.

HUILEUX. — Nous comprenons sous ce titre les graisses, les huiles et les semences desséchées qui servent à leur extraction, telles que les noix, les noisettes, les olives, etc. Ces aliments sont toujours insipides, indigestes pris en certaine quantité, surtout lorsque le principe fondamental se trouve dégagé de ses accessoires ; circonstance qui nous explique pourquoi l'huile vierge de Provence est moins agréable au goût, plus réfractaire à l'action digestive que l'huile verte ou de seconde pression.

BUTYREUX. — Dans cette classe viennent se ranger les aliments dont le *butyrum* constitue l'élément principal. Tels sont le beurre, proprement dit, la crème ; ils offrent de l'analogie, mais non point, comme on l'a pensé, de l'identité avec les précédents. En effet le beurre présente un aliment agréable, d'assez facile digestion ; caractères qui n'appartiennent point aux huiles. Toutefois il ne convient pas à tous les individus ; ses proportions varient pour le lait des différents animaux ; celui de la vache qui le contient en grande quantité devient plus lourd que ceux d'ânesse, de jument, dans lesquels prédomine le *sérum*.

CASÉEUX. — Nous désignons par ce terme les substances nutritives dont le *caséum* forme la base principale. L'élément caséeux nourrit beaucoup et se digère facilement ; c'est à sa présence que le lait doit, sous ce rapport, à peu près toutes ses propriétés utiles ; aussi parmi les variétés de ce fluide animal, celui qui présente le plus de *caséum* est en même temps le plus essentiellement réparateur. Pour conserver ces avantages, le principe caséeux ne doit point avoir été décomposé par la fermentation ; à ce dernier état, comme on le voit pour les fromages de Brie, de Gruyère, de Neuchâtel, de Roquefort, etc., il devient plutôt un condiment qu'un aliment; il excite fortement l'estomac, peut dans quelques circonstances aider la digestion, mais le plus souvent devient nuisible en provoquant des phlegmasies intestinales, en portant de l'acrimonie dans les humeurs et dans les solides organiques. Outre le *caséum*, le lait contient encore du *sérum*, du *butyrum* et des *sels*; ces quatre principes associés de manière à se modifier réciproquement, en forment un aliment convenable, surtout pour les jeunes sujets, et même pour la majorité des adultes. Ces éléments ne sont pas dans les mêmes proportions pour toutes les espèces de lait, comme il est aisé de s'en convaincre en examinant comparativement ceux de *brebis*, de *chèvre*, d'*ânesse*, de *femme*, etc. D'où résultent nécessairement des caractères différents dans chacun d'eux ; ainsi le premier est plus lourd par la prédominance du *butyrum* ; le second plus nourrissant par celle du *caséum* ; le troisième plus rafraîchissant par l'abondance du *sérum* ; enfin le quatrième plus sapide et plus facile à digérer par la plus grande quantité *des sels*.

ACIDES. — Nous réunissons dans cette classe toutes les substances dont la saveur ou les effets accusent positivement la présence d'un acide, quelle que soit son espèce ; telles sont particulièrement l'oseille, la framboise, la cerise, la pomme de reinette, etc., que l'on doit regarder comme des aliments peu nutritifs, légers, d'assez facile digestion, rafraîchissants, laxatifs. On mitige par la coction et l'addition du sucre les effets irritants qu'ils pourraient déterminer chez les sujets disposés aux phlegmasies gastro-intestinales, comme on le fait dans la préparation des compotes et des gelées de fruits.

ALBUMINEUX. — Dans cette catégorie viennent se grouper les substances alimentaires dont l'albumine forme le principe essentiel. Les œufs, les masses médullaires, etc., nous en fournissent le prototype. Ces aliments donnent beaucoup de chyle, peu de résidu nutritif ; leur degré de coction devient très-important. Crue, l'albumine est déjà pesante ; cuite à l'excès, elle se coagule, durcit, paraît insoluble, réfractaire à l'action de l'estomac, pour ne pas dire entièrement indigeste comme on le voit pour les œufs ainsi préparés.

FIBREUX. — Sous ce titre, nous étudions les matériaux réparateurs qui présentent la fibre organisée pour base principale. Cette classe devient la source la plus féconde ouverte à la nutrition de l'homme et d'un assez grand nombre d'animaux. Puisé dans les végétaux, cet aliment en général peu nourrissant est assez difficile à digérer, comme on le voit pour les racines que nous employons à cet usage, surtout lorsqu'en vieillissant elles prennent un caractère ligneux : tels sont le navet, la carotte, le salsifis, la betterave, etc., lorsque ces racines potagères ont dépassé le terme de leur maturité. Pris chez les animaux, il offre au contraire une substance essentiellement réparatrice et qui semble départie avec profusion à ce règne de la nature. Nous parlons exclusivement ici de la fibre musculaire, tous les autres tissus fibreux, les tendons, les aponévroses, les ligaments, etc., sont tellement indigestes qu'ils ne méritent pas le nom d'aliments. La fibre musculaire nous offre trois espèces différentes par leur nature et leurs propriétés. — *Fibre blanche.* Nous devons placer dans cette espèce, pour les poissons de rivière, celle du brochet, du barbeau, de la perche, de la brême, etc.; pour les oiseaux et les quadrupèdes, celles du poulet, de la perdrix rouge, du veau, du lapin, etc.; moins nutritive que les deux autres, elle développe très-peu de chaleur pendant la digestion, fournit beaucoup de résidu. C'est d'après ce caractère qu'on la fait entrer dans le régime tempérant. — *Fibre rouge.* Elle contient de l'osmazôme, et paraît devoir à ce principe étranger aux viandes blanches, une saveur agréable, aromatique, la faculté de nourrir beaucoup en développant une chaleur assez marquée, pendant l'accomplissement des phénomènes digestifs. Nous trouvons les principaux exemples de cette fibre, pour les poissons, dans celle de l'alose, du homard, de l'écrevisse, du saumon, etc. ; pour les quadrupèdes et les oiseaux, dans celle du porc, du bœuf, du mouton, de l'oie, du canard, etc. ; elle convient à la majorité des sujets, à presque tous les âges, les tempéraments, etc. — *Fibre noire.* Elle paraît offrir encore plus d'azote et d'osmazôme, en présentant le dernier degré d'animalisation que peut acquérir la matière. Nous la rencontrons surtout pour les oiseaux, dans la poule d'eau, la bécasse, le pluvier, la sarcelle, etc.; pour les quadrupèdes, chez le lièvre, le chevreuil, le sanglier, etc. Elle fournit un aliment très-nutritif, susceptible d'être assimilé en presque totalité, mais développant une chaleur forte pendant la digestion, avec soif très-vive, sécheresse de la peau, mouvement fébrile, etc. Ces inconvénients graves deviennent le principal motif qui fait rejeter par le plus grand nombre des peuples méridionaux, comme élément de réparation, la chair des animaux carnivores; si nous exceptons les Tartares et quelques peuplades hyperboréennes qui mangent celle de l'aigle, de l'épervier, du chien sauvage, etc., nous rencontrerons peu de sujets organisés de manière à digérer sans inconvénients ces matériaux nutritifs caractérisés par un excès d'azote. En résumant ces considérations, nous voyons la fibre *blanche* peu réparatrice, mais douce et tempérante ; la fibre *noire* très-nourrissante, mais irritant l'organisme ; la fibre *rouge* tenant le milieu entre ces extrêmes, offrant par conséquent le meilleur aliment de cette catégorie. Ces modifications essentiellement relatives aux différentes espèces animales, peuvent se trouver en grande partie déterminées par l'âge, le sexe, l'alimentation et le genre de vie. Ainsi la chair des jeunes animaux est ordinairement gélatineuse et blanche ; elle se colore en vieillissant, prend les caractères de la fibre rouge, souvent même une partie des propriétés de la fibre noire ; on en trouve un exemple remarquable chez le même animal, pour le veau, le bœuf indigène, et celui que l'on a fait voyager. En effet on peut établir en thèse générale sous ce dernier rapport, que la chair des animaux d'une même espèce est d'autant plus colorée, plus sapide, plus riche en azote, en osmazôme, plus nutritive et plus excitante qu'ils ont été plus exercés, et *vice versâ*. De là cette préférence que l'on accorde généralement aux bœufs qui servent à la consommation des grandes villes, relativement à ceux qui se trouvent employés, comme aliment, dans les lieux où nous les avons engraissés.

Boissons. — Nous désignons sous le titre de boissons : *les aliments liquides particulièrement chargés d'entretenir la fluidité des humeurs dans l'organisme vivant.* Nous réduisons leurs effets à quatre principaux : *calmer la soif et réparer les pertes lymphatiques ; dissoudre les aliments et favoriser la mastication ; exciter le goût et les organes digestifs pour développer leur action ; donner à l'absorption nutritive des aliments réparateurs en quantités variables.* Quelles que soient leur nature et leurs propriétés, les boissons, pour mériter ce titre, doivent offrir les caractères suivants : être limpides, incolores, ou d'une teinte séduisante pour l'œil ; présenter une saveur agréable, ne renfermer aucune matière putride, aucun principe âcre, irritant et corrosif ; contenir une certaine proportion d'air, de sels, ou de quelque matière convenablement stimulante ;

offrir une température inférieure ou supérieure à celle de l'animal qui doit en user. C'est précisément en s'éloignant de ces qualités indispensables que les cidres épais, les vins tournés, les eaux stagnantes, putréfiées, distillées, tièdes, etc., deviennent impotables, ou déterminent dans l'organisme des altérations graves dont la véritable cause est souvent ignorée. D'après leur nature et leur composition, nous distinguons les boissons en quatre classes principales : *aqueuses, acides, aromatiques, alcooliques*.

Boissons aqueuses. — Nous rangeons dans cette catégorie toutes les substances fluides offrant l'eau pour élément essentiel, agissant dans l'économie vivante, particulièrement en calmant la soif, en réparant les pertes lymphatiques.

L'eau, protoxyde d'hydrogène, est un fluide abondamment réparti dans la nature, et tellement identifiée à tous les corps, même solides, que les chimistes l'ont appelée *dissolvant universel*. A l'état d'isolement, l'eau devient incapable de servir comme boisson ; portée dans l'estomac, elle ne calme point la soif, et détermine le vomissement après avoir fatigué cet organe ; il suffit, pour s'en convaincre, de boire une certaine proportion de ce fluide soumis à la distillation. L'eau, pour devenir potable, doit avoir acquis les caractères suivants, indépendamment de ceux que nous avons énumérés pour les boissons en général : présenter une certaine proportion d'air atmosphérique suffisamment incorporé ; contenir des sels en dissolution et particulièrement des hydrochlorates, des carbonates de potasse et de soude. Dépouillée de ces principes ou chargée de gaz méphitiques, de sels calcaires, etc., l'eau devient repoussante, indigeste ou même dangereuse, comme on le voit pour celle des marais, des citernes et des puits établis dans un terrain crayeux. La nature a pris soin d'obvier à ces graves inconvénients, en établissant une épuration continuelle dans le grand laboratoire de l'univers. L'eau des lacs et des mers absolument impotable, incessamment vaporisée dans l'atmosphère, se groupe en nuages, retombe sur la terre à l'état liquide ; entraînée par la gravitation, elle descend vers les couches centrales, parvient à des profondeurs plus ou moins considérables, rencontrant des veines de sable, de charbon et différents sels ; bientôt, soumise à l'action capillaire de certaines parties du sol disposées en vastes siphons, elle remonte, jaillit en bouillonnant de manière à former des sources plus ou moins superficielles et volumineuses ; aussi lorsque des pluis fréquentes viennent arroser la terre, ces mêmes sources paraissent plus vives et plus abondantes ; manquant d'aliment, elles cessent de couler dans les pays désolés par une sécheresse prolongée. Roulant sur le sable, tombant de cascade en cascade, battue dans les fleuves par nos machines hydrauliques dont elle devient le moteur, cette eau revêt des qualités nouvelles par l'air qu'elle absorbe. De là toute la supériorité qu'elle présente comme boisson, relativement à l'eau mal aérée, calcaire, stagnante des citernes et des puits. En même temps qu'il s'épure au moyen de cette filtration à travers les couches du sol, formé par des veines de sable et de charbon, ce fluide entraîne les corps solubles qu'il rencontre sur son passage, tels que les sulfures, les oxydes métalliques, les sels, les gaz, le calorique, etc. ; de là ces eaux sulfureuses, ferrugineuses, salines, gazeuses, thermales, etc., dont les secours deviennent quelquefois très-utiles à la thérapeutique.

On a cru pendant longtemps que l'eau produite par la fonte des glaces et des neiges était nuisible comme boisson, pouvait déterminer le goître et d'autres altérations analogues ; elle est seulement privée de la quantité suffisante d'air et de sels, mais il ne faut pas lui reprocher le développement du crétinisme, dans le Valais, par exemple, où son usage est ordinaire, puisque l'humidité du sol, l'incurie des habitants, les fruits acerbes, les farineux et le mauvais lait dont ils se nourrissent, etc., deviennent les principales causes de ces altérations.

L'art s'est empressé d'imiter la nature dans l'épuration des eaux. Cette connaissance d'un intérêt majeur pour l'hygiène publique, surtout dans les lieux où coulent des sources impures, des fleuves couverts d'usines, où l'on ne possède que des eaux pluviales en réserve dans les citernes souvent mal faites, n'est point suffisamment répandue, convenablement utilisée. En supposant à l'eau tous les caractères vicieux qu'elle peut offrir, on la rendra potable au moyen d'une série d'opérations très-simples : *Filtrer par le sable*, on enlève toutes les matières insolubles qui se trouvent en suspension ; *filtrer au charbon*, on absorbe tous les gaz putrides en dissolution ; *distiller par évaporation*, on distrait tous les sels qui ne sont pas volatils à cent degrés, et qui restent dans la cucurbite ; *battre au milieu de l'atmosphère*, on rend à l'eau toute la proportion d'air qu'elle avait perdue sous l'influence de ces opérations ; *ajouter des sels appropriés*, on doit plus particulièrement, alors, y dissoudre un petite quantité de nitrate de potasse, d'hydrochlorate de soude et des autres matières salines destinées par la nature à l'assaisonnement de l'eau commune. Les sels volatils et les principes âcres des eaux marines sont les seuls éléments nuisibles qui puissent résister à l'influence de ces procédés ; encore ces dernières en éprouvent-elles des modifications assez avantageuses, pour qu'il devienne très-utile, dans les voyages de long cours, d'embarquer un appareil approprié à ce genre d'épuration.

Offrant tous les caractères que nous venons d'énumérer, l'eau potable doit être considérée dans l'état primordial, pour tous les individus, comme la plus salutaire des boissons. Haller ne craint pas d'avancer que, seule naturelle pour les animaux, elle présente également ce caractère pour l'homme. Nous partageons entièrement cette opinion ; c'est en effet par une conséquence des abus de la civilisation et du raisonnement, c'est dans l'intention d'exciter nos organes digestifs émoussés par la recherche des assaisonnements nuisibles, que nous avons fait entrer dans cette boisson des matériaux stimulants et des sucs fermentés. On n'opposera pas sans doute à la réalité de ces principes le besoin de *fortifier* l'homme par des alcooliques et des spiritueux ; ces moyens ne donnent jamais une force réelle, mais toujours une énergie factice en exaltant

les puissances vitales qu'ils conduisent ainsi vers un épuisement plus ou moins rapide. Les animaux les plus robustes,
ceux dont l'appareil musculaire est susceptible des plus puis-
santes réactions, soit dans l'état sauvage, le lion, l'ours, le
tigre, etc., soit dans l'état domestique, l'éléphant, le bœuf, le
cheval, etc., n'ayant point déraisonné sur la théorie des nécessités *imaginaires*, et consécutivement éprouvé cette perversion gustative, trouvent dans l'eau naturelle une boisson
appropriée à tous leurs besoins.

BOISSONS ACIDES. — Elles sont formées par une grande proportion d'eau tenant en dissolution une quantité plus ou
moins considérable du principe acide qui peut être *naturel*,
comme on le voit pour le malique, le citrique, le tartrique
présentés par un assez grand nombre de fruits ; *artificiel*, pour
le carbonique, l'acétique, etc. Lorsqu'elles se trouvent convenablement tempérées par l'abondance du véhicule aqueux, et
qu'elles sont préparées avec les sucs des fruits, du citron, de
l'orange, de la groseille, etc., suffisamment cuits, indications
que l'on remplit ordinairement dans la confection des limo-
nades, ces boissons calment avantageusement la soif, deviennent très-utiles pour effectuer temporairement la rénovation
des fluides lymphatiques dans l'organisme. Au contraire, lorsqu'elles sont préparées avec des acides minéraux, tels que le
sulfurique, le muriatique, etc., artificiels, l'acétique, etc.,
lorsque ces derniers offrent un certain degré de concentration,
et que leur usage est prolongé pendant quelque temps, ces
mêmes boissons deviennent essentiellement nuisibles ; elles
développent des gastrites, des entérites chroniques, des engorgements dans les ganglions du mésentère, des squirrhes au
pylore, des altérations nutritives profondes, le marasme,
l'épuisement général, presque toujours alors sans aucun espoir
de retour ; comme on l'observe chez les jeunes filles chlorotiques, et chez celles qui prennent abondamment du vinaigre
dans l'intention d'éviter un embonpoint qui contrarie leurs
prétentions. Nous avons été plusieurs fois le témoin des résultats déplorables attachés à cette funeste pratique.

Boissons aromatiques. — Nous rangeons dans cette catégorie l'infusion de toutes les plantes qui contiennent *un arome* particulier comme élément essentiel. Nous pourrions énumérer ici la sauge, la menthe, la mélisse, la cannelle, l'anis, la badiane, la cascarille, etc. ; nous parlerons spécialement du thé, du café dont l'usage est beaucoup plus habituel et plus général, comme aliments liquides. Ces infusions, très-excitantes, portent violemment sur le système nerveux dont elles exaltent la sensibilité; loin d'entraîner le narcotisme à la manière des spiritueux dont elles contrebalancent notablement les effets sous ce dernier rapport, ces mêmes infusions augmentent l'action cérébrale, donnent plus de pénétration, plus de vivacité aux perceptions, circonstance qui fait accorder au café particulièrement, le nom de *boisson intellectuelle.* Abstraction faite de cet avantage, l'emploi des boissons aromatiques, fortes et concentrées, offre toujours des inconvénients assez graves ; en les associant au lait dont elles deviennent l'assaisonnement, ces boissons ne présentent plus les mêmes dangers et sont alors incapables de produire, au moins sur la majorité des individus, les terribles accidents que leur prêtent bien gratuitement certains écrivains habiles à substituer les rêveries de leur imagination aux résultats constants de l'expérience.

Boissons alcooliques. — Nous rapportons à cette classe toutes les boissons dans lesquelles s'est développé *l'alcool* par la fermentation. On doit compter, au nombre des principales et des plus employées, le vin, le cidre, la bière et les différentes liqueurs. Aucune de ces boissons n'existe dans la nature ; on peut les obtenir au moyen des fruits et des autres substances qui contiennent une certaine proportion du principe *mucoso-sucré.* Ainsi *le vin* est fait avec le suc des raisins; *le cidre,* avec celui des pommes, des poires, etc. ; *la bière,* avec plusieurs céréales, avec l'orge plus particulièrement ; le *kirsch-wasser* des Allemands, avec le jus des cerises; *le rhum* des Américains, avec la mélasse, etc. Cette fermentation alcoolique est une combinaison nouvelle entre les éléments du corps

qui l'éprouve, et pendant laquelle on observe trois phénomènes essentiels : *la formation de l'alcool, le dégagement de
l'acide carbonique, la disparition du principe mucoso-sucré.*
Le développement et les rapports de ces trois dispositions
artificielles offrent des variétés relatives au degré de fermentation actuellement effectuée. Dans ces diverses boissons,
l'alcool paraît identique, mais il s'y trouve mêlé à différents
principes donnant à ces dernières des caractères particuliers
qui les différencient, bien qu'elles offrent une base commune.
Si l'on arrête la fermentation avant l'entière décomposition du
principe *mucoso-sucré*, en renfermant la liqueur dans un vase
impénétrable à l'air, cette fermentation ne se fait plus qu'avec
une extrême lenteur, et l'acide carbonique dont le dégagement
devient impossible, se dissout en grande proportion dans
cette même liqueur ; c'est ainsi que l'on prépare la bière, les
cidres et les vins mousseux qui nous offrent des boissons plus
douces, plus fraîches et plus susceptibles de calmer le sentiment de la soif. Au contraire si l'on permet à l'opération chimique de se terminer sans obstacle, tout le principe mucoso-
sucré passe à l'état d'alcool, cette liqueur devient alors plus
ou moins violente et capiteuse. La proportion du *mucus* est-
elle bien supérieure à celle du *sucre* dans les matières
employées à cette opération, on voit bientôt la fermentation
acide éprouvée par le premier, succéder à la fermentation
alcoolique présentée d'abord par ces deux éléments réunis ;
cette circonstance d'un intérêt majeur nous explique positivement la facilité avec laquelle aigrissent la bière, le cidre, les
vins de mauvaise qualité, comparés aux vins alcooliques et
généreux ; elle nous indique l'addition du sucre comme le
meilleur moyen de prévenir cette altération.

Vin. — Le jus des raisins n'est point, comme on le pense
vulgairement, du vin déjà formé ; ce titre ne lui conviendra
qu'après le développement de la fermentation alcoolique dont
il offre tous les matériaux. L'*alcool* est donc la base fondamentale de tous les vins qui prennent des caractères particuliers,
suivant la prédominance de l'un ou de l'autre des principes

associés à cet élément essentiel et commun. Au nombre de ces principes, nous devons spécialement noter le *sucre*, la *matière extractive et colorante*, le *mucus*, les *sursels tartriques*. De là naturellement les vins : *sucrés, alcooliques, amers, acidules*.

Il existe en outre dans tous les vins, et plus particulièrement dans ceux d'une qualité supérieure, un élément aromatique échappant à l'analyse, appréciable seulement au goût, à l'odorat, et constituant ce que les gourmets nomment le *bouquet* du vin. Toutes ces différences dans la boisson que nous étudions, se rapportent surtout à l'*espèce des raisins*, à la *nature*, à la *disposition du terrain*, à l'*intensité de la chaleur et de la lumière du soleil*, au *caractère des saisons*, au *genre de culture*, aux *soins de fabrication*. Les vins sont rouges ou blancs ; cette modification tient à la présence d'une matière colorante dans les premiers, à son absence dans les seconds. Les vins rouges sont, toutes choses égales, plus toniques, plus nourrissants, moins capiteux ; les vins blancs sont plus irritants et plus légers, ils agacent fortement le système nerveux. — *Vins sucrés.* Ils sont caractérisés par la prédominance du sucre indécomposé ; on les obtient au moyen de raisins très-abondamment pourvus de ce principe, exposés, après la torsion du pétiole, sous l'influence d'un soleil brûlant, ensuite soumis aux résultats d'une fermentation incomplète ; c'est pour cette raison qu'on les nomme encore *vins cuits :* tels sont particulièrement les muscats de Rivesaltes, de la Ciotat, de Frontignan, de Lunel, etc. ; spiritueux et doux, loin de calmer le sentiment de la soif, ils en déterminent l'augmentation ; ils modèrent pour quelques instants celui de la faim. Leur digestion est pénible, s'accompagne de pesanteur à l'estomac, d'éructations brûlantes, etc. Leur usage est plutôt agréable qu'utile ; ils sont plus spécialement dangereux pour les conva lescents auxquels on les administre cependant sans aucune discrétion. — *Vins alcooliques.* Ils sont remarquables par une grande proportion d'alcool obtenu des raisins très-riches en principe mucoso-sucré, au moyen d'une fermentation suffisamment prolongée. On peut en distinguer deux variétés : les uns offrant le principe amer en proportion assez considérable, devenant ainsi plus essentiellement toniques, et se trouvant alors désignés par les termes de *stomachiques*, de *cordiaux*, etc.: tels sont les vins de Rota, de Madère, de Malaga, de Tokai, de Sétuval, etc. Les autres présentent l'élément acide en assez grande quantité pour en emprunter une saveur très-agréable : tels sont les vins de Bourgogne, de Mâcon, de Chambertin, de Beaune, ceux de l'Hermitage, de Bordeaux, etc. Tous ces vins alcooliques excitent fortement le sens du goût, relèvent avec énergie l'action des organes digestifs, provoquent un mouvement très-caractérisé du centre à la circonférence, propriétés qui les ont encore fait nommer *généreux, chauds, spiritueux.* Ils déterminent facilement l'ivresse, ne conviennent point aux sujets irritables, disposés aux phlegmasies gastriques. — *Vins amers et colorés.* Ils offrent pour caractère distinctif la prédominance des matières extractive et colorante ; ordinairement peu riches en alcool, d'une saveur amère, ils semblent épais et troubles, tant leur coloration est prononcée ; deviennent lourds et difficiles à digérer pour un assez grand nombre de sujets, disposition qui leur a fait encore donner le nom de *vins froids :* tels sont particulièrement les gros vins rouges de Tours, de Bourgueil, etc. Nuisibles chez les sujets dont l'estomac a besoin d'une stimulation assez vive, leur usage peut devenir avantageux aux individus naturellement irritables et délicats. — *Vins acidules.* Ils doivent cette propriété au développement plus ou moins considérable du principe acide, appartenant soit à l'acétique, soit au tartarique, en combinaison avec la potasse, formant ainsi le surtartrate de potasse, *crème de tartre.* Lorsque ce dernier sel devient surabondant, le vin prend alors une saveur acerbe qui le rend souvent impotable surtout pendant la première année ; il est *vert*, comme on le dit, et perd ultérieurement une partie de ces inconvénients en déposant du tartre par la fermentation alcoolique ; mais bientôt il se décompose, éprouve la fermentation acétique, il est alors, en langage vulgaire, *monté en feu, tourné, gras*, etc.: tels sont les vins de Brie, de Suresnes, du Bas-Rhin, de Lorraine, etc. Tous ces vins en général très-aqueux, peu chargés d'alcool, d'une saveur fade, aigre-douce, offrant un pénible déboire, présentent souvent le grave inconvénient de troubler la digestion, de faire naître des rapports brûlants, des irritations gastriques ; on a dit plaisamment, avec raison, *qu'ils font plus de mal au ventre qu'à la tête*. Lorsqu'ils sont bien choisis et mitigés convenablement au moyen d'une eau pure, on les prend avec assez d'avantage pendant les chaleurs de l'été ; ils offrent alors une espèce de limonade tartrique. Quelquefois utiles aux sujets replets et sanguins, ils ne conviennent point aux tempéraments lymphatiques, aux constitutions scrofuleuses, etc. — Les vins se détériorent ou se bonifient en vieillissant. Il est aisé d'en trouver la raison chimique. Ceux qui contiennent peu de sucre, beaucoup de mucus, de surtartrate de potasse, de matière colorante, passent très-promptement à la fermentation acétique : tels sont les vins de Brie, de Suresnes, d'Orléans, etc. Ceux qui présentent le principe mucoso-sucré en grande proportion, avec une certaine quantité de matière extractive et colorante, sont d'abord amers et durs ; le développement de l'alcool, par les progrès de la fermentation, la précipitation du tartre insoluble dans ce dernier, celle de la matière extractive les rendent plus agréables et plus généreux : tels sont les vins rouges d'Espagne, de Bordeaux, etc.

Liqueurs. — Nous indiquons sous ce titre des aliments liquides à peu près exclusivement formés d'alcool. On les obtient par trois moyens principaux : Par la distillation du vin et des autres boissons fermentées, ce produit prend le nom *d'eau-de-vie;* par l'addition de plusieurs parties végétales en macération dans l'alcool : telles sont les liqueurs d'orange, de cassis, l'anisette, la crème de rose, l'eau de noyaux, etc. ; par la fermentation de certains fruits : ainsi le kirsch-wasser, par celle des cerises, etc. Ces boissons qui doivent être considérées, sous le rapport des aliments liquides, comme les assaisonnements sous celui des aliments solides, ne sont jamais employées sans inconvénient et même sans danger, surtout en les prenant le matin à jeun, comme le font imprudemment quelques sujets ; elles déterminent presque toujours alors des phlegmasies gastriques et consécutivement le squirrhe au pylore. Inutiles à l'homme sobre, elles peuvent quelquefois devenir indispensables au gastronome dont l'estomac, rempli jusqu'à l'excès, a besoin d'une excitation factice pour effectuer cette longue et pénible chymification ; la répétition de ces digestions artificielles amène bientôt l'épuisement ou l'inflammation de l'appareil chargé de les effectuer.

CIDRE. — Nous désignons ainsi les boissons obtenues par la fermentation des sucs de pommes ou de poires ; elles prennent encore les dénominations spéciales de *pommé* pour la première, de *poiré* pour la seconde. Elles unissent à l'alcool, qui forme leur base essentielle, des acides acétique et malique. Le principe mucoso-sucré qui s'y rencontre en assez grande proportion, offre une prédominance remarquable dans son premier élément ; aussi les cidres passent-ils facilement à la fermentation acide, surtout lorsqu'ils n'ont pas été suffisamment garantis du contact de la chaleur et de l'air atmosphérique ; en les conservant au contraire dans des vases exactement fermés, avant l'accomplissement de la fermentation alcoolique, on peut les obtenir mousseux et d'une agréable saveur. Le *pommé* contient presque toujours moins d'alcool, il est plus nourrissant et plus généralement avantageux. Le *poiré* plus excitant, plus spiritueux, désaltère davantage, mais il fatigue bien souvent le tube digestif, produit des coliques et des diarrhées. Le cidre de bonne qualité présente une boisson très-utile aux sujets irritables et nerveux, lorsqu'il est aisément digéré par l'estomac. Mais à l'état de fermentation acétique il peut occasionner des phlegmasies digestives chroniques, entraîner tous les funestes accidents attachés à l'usage des acides pris comme aliment habituel.

BIÈRE. — On nomme ainsi la boisson faite avec le houblon et l'orge convenablement préparés et fermentés, opération qui constitue l'art du brasseur. L'alcool en forme encore le principe fondamental, mais il s'y trouve associé à d'autres éléments et surtout au principe amer dont la prédominance établit le caractère particulier de cette boisson. On la distingue, suivant sa coloration et sa force, en bière blanche et brune, bière simple, bière double, etc. Employée avant l'achèvement de la fermentation qui produit l'alcool, elle dégage beaucoup de gaz acide carbonique, présente une saveur fraîche et piquante, désaltère et nourrit en même temps. *Stimulante* par son élément spiritueux, *tempérante* par son acide carbonique, *nutritive* par la matière mucoso-sucrée, *tonique* par son principe amer, elle convient à la plupart des sujets vaporeux, délicats, irritables et nerveux. Toutefois il faut, avant d'en prescrire l'emploi, consulter les dispositions actuelles de l'appareil digestif.

Quant aux aliments liquides, tels que les bouillons de viande, le lait, le chocolat, etc., également nutritifs et réparateurs de l'organisme, ils rentrent directement par leur objet essentiel dans la catégorie de ceux que nous venons d'étudier. Nous ajouterons seulement qu'assez utiles pour les sujets délicats et convalescents, en offrant à l'estomac des matériaux déjà très-divisés, les aliments liquides ne sont cependant pas toujours aussi faciles à digérer qu'on pourrait le supposer d'abord ; nous avons bien des fois substitué, avec avantage pour l'élaboration digestive, des potages et même des aliments solides aux simples bouillons, au lait qui présentait alors le double inconvénient de ne point exciter suffisamment la sécrétion salivaire et la réaction gastro-duodénale. Ces faits, signalés par tous les observateurs, prouvent également qu'il faut considérer la digestibilité des substances alimentaires bien plutôt relativement que d'une manière absolue.

Tels sont les aliments solides et liquides physiologiquement envisagés. Dans leur état naturel, tous n'offrent pas les mêmes avantages à l'homme ; plusieurs lui deviendraient essentiellement nuisibles, la plupart exigent des modifications artificielles pour acquérir toute leur perfection. Étudions actuellement ces importantes modifications.

Préparation des aliments. — Les végétaux constituant

l'état rudimentaire de l'organisation et de la vie, les animaux, renfermés dans la sphère étroite que le Créateur assigna pour toujours aux rapports de leur existence, emploient les aliments tels qu'ils sont fournis par la nature, sans leur faire éprouver d'autre modification préparatoire que celle dont se trouvent chargés les organes appropriés à ce genre d'élaboration. L'homme au contraire, beaucoup moins servilement assujetti par les dispositions primordiales, jouissant d'une indépendance plus absolue au milieu des nombreux objets de ses relations, peut disposer à son gré les substances alimentaires, les accommoder aux indications variables du besoin et de la sensualité. Dans les premiers âges du monde, nous le voyons se nourrir du lait des animaux et des fruits dont la composition est si parfaite, que toute préparation artificielle devient inutile ; dans les siècles moins reculés, nous l'observons accroissant le nombre de ses aliments réparateurs, les préparant et les assaisonnant avec simplicité ; enfin, dans les époques d'une grande civilisation, nous le trouvons créant pour ces assaisonnements et ces préparations des règles et des principes dont l'application et l'ensemble constituent *l'art culinaire*. Celui-ci devient avantageux lorsqu'il se borne à rendre les aliments plus agréables et plus digestibles ; il est au contraire essentiellement nuisible lorsque, détourné de l'objet principal de son institution, il déploie ses funestes et savantes ressources pour exciter, entretenir un appétit factice en provoquant l'usage d'une masse alimentaire disproportionnée aux besoins de l'organisme, à l'action élaboratrice de l'appareil disgestif. Ces abus, dont nous observons chaque jour les fâcheux résultats, justifient complétement cette assertion de Tissot : « Dans le monde, il existe deux classes « d'hommes en opposition habituelle par leur profession : les « *cuisiniers* qui travaillent à la production des maladies, et les « *médecins* qui font tous leurs efforts pour en effectuer la « guérison. »

Les préparations culinaires, pour devenir utiles, doivent remplir un ou plusieurs de ces objets : Donner aux aliments un aspect, une odeur agréables ; augmenter leur solubilité dans les sucs digestifs ; relever leur insipidité, corriger la saveur pénible ou trop développée qu'ils peuvent offrir ; faire disparaître les caractères acrimonieux et plus ou moins irritants, naturels à plusieurs d'entre eux ; débarrasser le plus grand nombre des matériaux hétérogènes qui s'y trouvent unis et dont la présence fatiguerait les organes digestifs sans rien fournir à la réparation ; enfin les disposer à la conversion chymeuse par un certain degré de coction. Toutes les fois que l'art culinaire s'éloigne de ces principes simples et naturels, comme on le voit dans la confection des ragoûts épicés, des fromages passés, des viandes marinées, salées, fumées, etc., il occasionne des maladies souvent très-graves, soit par l'irritation locale ou générale que produisent des composés aussi contraires, soit par l'extrême réplétion des organes digestifs sous l'influence d'un appétit artificiellement excité. Il faut surtout avoir égard dans la préparation des substances nutritives : à la nature de l'aliment, aux dispositions du sujet, au climat, aux saisons, etc.

Relativement a la nature de l'aliment. — Il faut donner à chaque substance nutritive le degré de coction qui lui convient pour la ramollir ou lui faire perdre ses caractères irritants, acrimonieux, comme on le voit, sous le premier rapport, dans l'action du feu sur les viandes, les racines potagères, etc.; sous le second, dans celle du même agent sur les fruits très-acides, sur les légumes âcres, tels que le chou, le céleri, l'oignon, etc. Cette opération culinaire doit être conduite avec précaution et surtout modérée pour les aliments qui contiennent une grande proportion d'albumine, celle-ci durcissant, devenant insoluble et dès lors indigeste sous l'influence d'une coction prolongée. Cette action du feu ne doit jamais être immédiate pour les substances huileuses qui deviennent irritantes par les proportions variables de matière empyreumatique développée dans cette préparation. Les assaisonnements devront être simples et surtout combinés de manière à ne jamais s'altérer mutuellement ; on relèvera par

des acides légers, par des principes salins, aromatiques, etc.,
l'insipidité des gommeux, des mucilagineux, des féculents,
des albumineux, etc.; on adoucira par le lait, les farines,
l'eau, etc., les caractères irritants de substances opposées par
leur nature, etc.

RELATIVEMENT AUX DISPOSITIONS DU SUJET. — Il faut non-seulement régler le choix des aliments d'après l'âge, le sexe, le
tempérament, les dispositions saines ou maladives ; mais
encore approprier à ces divers états les modifications culinaires imprimées aux substances nutritives. Ainsi les aliments
de l'enfance doivent être doux, afin de ne pas exciter péniblement la grande susceptibilité qui forme le caractère fondamental de cette première phase de la vie, et de ménager
pour l'avenir, des stimulants utiles, que leur emploi sans
gradation userait avant l'époque obligée de leur influence.
De là ce principe qu'il ne faut jamais perdre de vue, *le sucre
doit être le sel des aliments destinés au premier âge.* On évi-
tera toutefois l'abus des préparations insipides et des aliments
trop débilitants, il favoriserait en effet toujours le développement du tempérament lymphatique, souvent même celui de
la diathèse scrofuleuse. Les règles que nous venons d'établir
sont applicables aux sujets du sexe féminin, aux constitutions
délicates, au tempérament nerveux. Chez le vieillard au contraire, la sensibilité notablement émoussée, réclame des stimulants appropriés à l'accomplissement des phénomènes
digestifs. C'est d'après une indication aussi positive que l'on a
consacré cet autre adage moins général dans ses applications,
le vin est le lait des vieillards. Les sujets d'un tempérament lymphatique, d'une constitution froide, molle et sans
vitalité rentrent naturellement dans cette catégorie.

RELATIVEMENT AU CLIMAT, AUX SAISONS. — Pendant les saisons
chaudes et dans les climats brûlants, il faut éviter les aliments
dont l'azote forme le principe en excès, toutes les préparations et tous les assaisonnements très-excitants, surtout lorsqu'ils développent une violente réaction du centre circulatoire ; c'est ainsi que les aromatiques, les boissons fermen-

tées, le café, les liqueurs, etc., produisent alors des résultats ordinairement très-fâcheux. Dans les circonstances que nous examinons, la vie, sans cesse appelée vers la peau sous l'influence des excitants extérieurs, est affaiblie, par ces dérivations, pour la muqueuse gastro-intestinale plus spécialement ; les organes digestifs offrent une sorte d'inaction et d'apathie qui semblent indiquer l'emploi des stimulants intérieurs et portent les habitants des régions équatoriales à la recherche des aliments épicés et des boissons fermentées. Les funestes effets de ces excitants deviennent peut-être l'une des causes principales du peu de longévité des peuples méridionaux, et des difficultés que l'homme éprouve à s'acclimater dans ces régions, lorsqu'il n'a pas de bonne heure trouvé dans l'habitude un moyen de lutter avantageusement contre ces influences destructives. S'il est permis d'user alors de quelque stimulation, il faut toujours le faire avec discrétion, se borner à des assaisonnements susceptibles de réveiller l'apathie gastrique, sans provoquer une réaction générale. On conçoit dès lors tous les dangers attachés à l'emploi de ce mélange caustique fait avec la chaux vive, le fruit de l'aréca catechu, le tabac, les feuilles du piper, etc., très-recherché par les peuples équatoriaux sous le nom de *bétel*. Dans les régions glaciales au contraire, et pendant les rigueurs de l'hiver, l'homme a besoin d'aliments azotés, de boissons spiritueuses qui non-seulement activent le développement des facultés digestives, mais encore sollicitent des réactions générales, seules capables de fournir à l'économie vivante les moyens de lutter avec avantage contre l'invasion d'un froid destructeur ; c'est alors seulement qu'il est permis d'user avec impunité, comme le font ordinairement les habitants de la zone glaciale, de boissons fortes, d'aliments très-azotés, de viandes faisandées, et même de poissons déjà putréfiés.

Telles sont les considérations que nous devions physiologiquement établir sur les agents de la digestion et sur les préparations les plus favorables à leur emploi : l'homme avec le temps et l'habitude peut arriver à se nourrir de tous les aliments, à supporter les assaisonnements les plus irritants ; mais offre-t-il naturellement ces dispositions, est-il *polyphage?* C'est un problème important et dont nous chercherons la solution dans les faits les mieux constatés.

Les philosophes, les physiologistes anciens et modernes se sont engagés dans l'examen de cette question et l'ont diversement résolue. Ceux qui soutiennent la négative, et dans le nombre desquels nous plaçons J.-J. Rousseau, qui range l'homme parmi les herbivores ; Helvétius, qui le considère comme un carnivore à peu près exclusif, disent, à l'exception de ce dernier, que les familles voisines de la création se nourrissaient exclusivement de végétaux ; que dans les contrées brûlantes, ce genre d'alimentation est même encore aujourd'hui le seul mis en usage, et que dès lors cette *poly-phagie*, lorsqu'elle se rencontre dans notre espèce, est toujours un résultat soit de l'éducation, de l'habitude, ou même du climat et de la civilisation. Les partisans de l'opinion contraire font observer, pour en démontrer la réalité, que l'appareil digestif présente, réunis chez l'homme, tous les principaux caractères qui, dans celui des animaux, servent à constituer ces derniers : *herbivores, carnivores, frugivores* ou *granivores.* Sans nous établir juge entre des opinions aussi diamétralement opposées, nous suivrons, pour la solution de ce problème, l'enchaînement naturel des idées acquises par l'expérience et l'observation.

Sur une terre nouvelle, au milieu des objets les plus agréables, les plus utiles à sa conservation, pouvant exister sans inquiétude et sans fatigue, l'homme ne dut offrir dans cet état natif que des goûts simples et bornés, il ne dut éprouver que des besoins faciles à satisfaire : des fruits, des légumes tels que les produisait le sol vierge de sa paisible solitude, étaient alors des éléments réparateurs suffisants à l'entretien, à l'accroissement de ses organes. Incapable, par sa constitution physique et morale, de goûter avec satisfaction le bonheur du calme et de l'isolement ; après avoir parcouru la surface de la terre il en fouille les profondeurs ; ses

agressions contre les animaux nuisibles l'obligent à se défendre de leur approche ; ce genre de vie plus actif et plus
pénible en même temps, exige des aliments plus réparateurs ;
les végétaux se trouvent soumis à des préparations culinaires
d'abord très-simples ; le lait des animaux domestiques leur
est associé. Sous l'influence de ces modifications individuelles
et des grandes catastrophes dont notre globe semble avoir été
le théâtre, les besoins sont plus pressants encore. L'homme
devenu cruel par nécessité, souille une première fois sa main
dans le sang des animaux, pour se nourrir de leur chair et se
couvrir de leurs dépouilles. Désormais répandus sur les différents points de la terre, les peuples adoptent plus spécialement tel ou tel genre d'alimentation, suivant la nature des
productions et l'état atmosphérique des régions qu'ils habitent ; ainsi dans la zone torride les végétaux forment la base
principale du régime ; la diète se trouve au contraire à peu
près exclusivement animale dans les contrées hyperboréennes;
enfin dans les climats tempérés, elle est intermédiaire entre
ces deux extrêmes.

D'après ces considérations, l'homme paraîtrait avoir été
d'abord herbivore et frugivore ; mais en supposant que l'on
veuille admettre cette probabilité, nous pensons qu'il serait
erroné de l'établir, avec quelques philosophes, sur les dispositions de son organisation primitive. Toutes les conditions
de structure se réunissent au contraire pour démontrer que si
notre espèce n'a pas, dès les premiers temps, été polyphage,
il faut l'attribuer à d'autres circonstances, la conformation de
ses organes digestifs, lui permettant de s'approprier tous les
genres d'alimentation suivant les régions qu'elle habite ;
caractère qui la distingue des autres espèces animales, puisqu'aucune d'elles n'est essentiellement polyphage. Les considérations suivantes fournissent la preuve de cette vérité
fondamentale.

FORMES DES DENTS. — Chez les animaux carnivores, tels que
le tigre, le loup, le chien, etc., les dents sont acérées, fortes,
recourbées en crochet et favorablement constituées pour

déchirer. Chez les frugivores, tels que les rongeurs, etc., elles sont aplaties, plus ou moins tranchantes, se rencontrent obliquement, d'une mâchoire à l'autre, comme des lames de ciseaux, et se trouvent dès lors particulièrement destinées à couper. Chez les granivores, les herbivores, tels que les ruminants, etc., elles deviennent cuboïdes, glissent horizontalement les unes sur les autres par des surfaces larges, garnies d'aspérités, disposition avantageuse à l'action de broyer : c'est à ces trois modifications principales qu'il faut rapporter les dents *lanières*, *incisives* et *molaires*. Les animaux offrent ordinairement l'une ou l'autre de ces espèces d'une manière plus ou moins exclusive, l'homme seul nous les présente réunies avec leurs caractères essentiels.

DISPOSITION DES MUSCLES MASTICATEURS. — Les animaux qui doivent particulièrement se nourrir de végétaux, offrent des muscles ptérygoïdiens ou diducteurs très-prononcés, et dont le développement est presque toujours en raison du nombre des dents molaires, circonstance qui indique assez leur communauté de fonction. Les animaux dont la chair forme le principal aliment, présentent les muscles temporal et masséter, ou élévateurs de la mâchoire inférieure, très-volumineux et très-forts. L'homme possède les uns et les autres dans une proportion à peu près égale.

ÉTAT DU TUBE DIGESTIF. — Nous devons le considérer : dans sa longueur générale ; sous le point de vue des proportions relatives du petit et du gros intestin. — *Sous le premier rapport.* Les carnivores ont, toutes choses égales, un tube digestif beaucoup moins long que celui des herbivores. Nous en trouvons la raison dans les propriétés essentiellement nutritives des substances animales, comparées aux qualités peu réparatrices des végétaux. L'homme tient encore ici le milieu entre les uns et les autres. — *Sous le second rapport.* Chez les carnivores qui n'éprouvent pas la nécessité de prendre des masses considérables d'aliments pour en extraire la proportion de chyle suffisante à leurs besoins, dont les substances nutritives, sous un volume donné, fournissent une grande proportion de ce fluide réparateur, une petite quantité d'excréments, les cavités gastro-duodénales et le gros intestin ne présentent qu'un faible développement, en le comparant à celui de l'intestin grêle. Au contraire chez les herbivores, par des raisons absolument opposées, le gros intestin est très-spacieux, les cavités gastro-duodénales sont très-multipliées, surtout chez les ruminants, et se trouvent, relativement à l'intestin grêle, dans une prédominance très-marquée. Sous ce point de vue, l'homme est encore placé entre ces deux extrêmes.

DISPOSITIONS ANALOGIQUES. — Dans toute la série des animaux, depuis le polype jusqu'au singe, il n'est pas une espèce qui soit exclusivement *herbivore*, *frugivore*, *granivore*, ou *carnivore*. Ainsi le loup, naturellement carnivore, se nourrit aussi d'herbes, de graines et de fruits lorsqu'il se trouve pressé par la faim ; le sanglier, qui vit habituellement de racines, mange des chairs lorsqu'il est tourmenté par le sentiment d'un besoin impérieux ; les gallinacés dont les graines forment le principal moyen d'alimentation, se repaissent d'insectes, etc. Ces exemples et tous ceux que nous pourrions citer encore, prouvent assez que les animaux, quelle que soit leur espèce, trouvent des matériaux de réparation dans les deux règnes organisés. Pourrait-on désormais refuser un semblable avantage à l'homme qui, sous le rapport même des fonctions conservatrices, occupe également le premier rang dans la série ? Attribuera-t-on sans erreur à la dépravation de ses goûts et de ses mœurs une disposition essentielle que pour les animaux on n'hésite pas à placer dans la nature ?

BESOINS DE L'HOMME. — En considérant avec attention les animaux dans leur ensemble, nous trouvons des rapports assez positifs entre leur genre de vie, leurs nécessités organiques et les qualités réparatrices des aliments dont ils font usage. Ainsi les carnivores sont dans une lutte perpétuelle, soit avec les animaux plus faibles qu'ils attaquent pour les vaincre et s'en approprier les restes sanglants, soit avec des ennemis plus formidables dont ils ont à repousser les terribles agressions : dès lors obligés à défendre leur vie par un état de veille et d'activité presque permanentes, ils avaient besoin de trouver dans leurs aliments des principes nutritifs assez abondants pour fournir aux frais des pertes considérables qu'ils doivent supporter, et pour entretenir dans leur constitution cette énergie, cette force dont ils ont à chaque instant l'occasion d'utiliser le développement. Aussi la diète animale est-elle à peu près exclusivement appropriée à ces espèces. Les herbivores trouvant au contraire un aliment facile dans les fruits des champs, dans l'herbe des prairies, vivant sans agitation, sans trouble, sans passions violentes, évitant l'attaque, fuyant au lieu de résister, conservant leur économie dans un état de mollesse et d'inaction, n'ayant à réparer que des pertes assez bornées, s'entretiennent, au moyen d'aliments peu substantiels, à peu près exclusivement empruntés au règne végétal. Si nous considérons actuellement l'homme sous les mêmes rapports, nous sentirons aussitôt qu'il se trouve dans les conditions intermédiaires à ces deux extrêmes. Ainsi tantôt soumis aux plus grandes fatigues, soit en arrachant avec effort au sol inculte les objets de ses premiers besoins, soit en repoussant la force par la force dans les combats qu'il peut avoir à soutenir contre les animaux ou même contre les sujets de son espèce, il se rapproche des carnivores et comme eux a besoin d'aliments très-abondamment et très-promptement réparateurs. Tantôt vivant au sein de l'abondance et de la paix, jouissant à loisir des bienfaits de la nature et de l'aisance artificielle, il rentre par analogie dans la classe des herbivores, et la diète végétale se trouve ainsi la mieux appropriée aux conditions, aux indications de son existence ; il est encore polyphage par le caractère même de ses besoins.

DIVERSITÉ DES CLIMATS. — L'homme destiné dès son origine à vivre sous toutes les latitudes, à défendre son existence aussi bien sur les glaces des pôles que sous les feux de l'équateur, exclusivement herbivore, n'aurait pas avantageusement supporté le froid destructeur des zones glaciales ; exclusivement carnivore, eût succombé très-promptement à l'excessive chaleur de la zone torride ; il devait être polyphage pour s'accommoder à ces influences diverses. Il nous semble donc, par toutes les considérations précédentes, que ce caractère appartient positivement à sa nature. En résolvant ainsi le problème de la *polyphagie*, nous ne confondons pas, sous cette même dénomination, la faculté d'user de tous les aliments ordinaires, avec les appétits dépravés qui portent certains sujets à se repaître avidement des substances les plus repoussantes, ou les moins susceptibles d'être employées comme éléments réparateurs de l'organisme. Pour mieux faire sentir les différences qu'il faut établir entre cet état pathologique, ou cette perversion que l'habitude peut entraîner et les dispositions normales que nous venons de signaler dans ces considérations, exposons brièvement sous le même titre, employé par quelques auteurs, les faits les plus remarquables offerts par ce genre d'altération.

Polyphagie. — *Polyphage*, de πολυς, nombreux, et de φαγω, je mange, exprime aussi la faculté que présentent certains sujets d'ingérer dans leurs cavités digestives les substances les plus dégoûtantes et les plus réfractaires. On désigne encore ces individus par les noms d'*omophages*, de ὠμὸς, cru, et de φαγεῖν, manger, de *multivores*, *omnivores*, de *voraces*, *gloutons*, etc. Il ne faut pas leur assimiler ces jongleurs, ces prétendus sauvages ambulants qui établissent un impôt sur l'ignorance et la crédulité publiques, en feignant de l'empressement et du plaisir à dévorer des oiseaux recouverts de leurs plumes, des quadrupèdes et même des reptiles vivants.

La véritable *polyphagie* peut être innée, ou se rattacher à des habitudes vicieuses, à des altérations graves de l'appareil digestif, comme on l'observe dans la *chlorose*, le *pica-malacia*, la *boulimie*, etc. Parmi les exemples de cette perversion nous rapporterons les suivants. On remarquait, il y a quelques années, au Jardin des plantes à Paris, un garçon de la ménagerie, nommé Bijou, qui se repaissait avidement des objets les plus dégoûtants ; on le vit dévorer un lion mort de maladie, boire jusqu'à trente livres de sang dans vingt-quatre heures, manger les pièces d'anatomie putréfiées et que l'on faisait disparaître de la collection ; cependant il jouissait d'une assez bonne santé, faisait régulièrement son service et mourut après soixante ans. Jacques de Falaise, dont les expériences de polyphagie furent connues dans toute la province, après avoir excité pendant quelque temps la curiosité parisienne, avalait des couleuvres, des souris, des anguilles, des oiseaux vivants et ne paraissait point incommodé par la présence de ces animaux dans les cavités gastro-intestinales.

Au milieu de ces *omophages*, il n'en est pas de plus extraordinaire que celui dont Percy et Laurent nous ont transmis l'histoire. Cet inconcevable glouton, nommé Tarare, naquit aux environs de Lyon vers 1772 et vint en 1788, alors âgé de seize ans, étonner la capitale par son extrême voracité. A dix-sept ans, ne pesant alors que cent livres, il pouvait, dans vingt-quatre heures, manger le même poids de bœuf cru ; dévorant des chats et des chiens vivants, il engloutit pour un seul repas, dans sa vaste cavité gastrique, un dîner préparé pour quinze ouvriers allemands. Reçu à l'hôpital militaire de Soultz, en Alsace, il mangeait les cataplasmes, les emplâtres, le sang extrait par la phlébotomie ; on le surprit même un jour à l'amphithéâtre, poussé par son insatiable voracité, se repaissant de la chair des cadavres déjà putréfiés. Un enfant de quatorze mois ayant disparu, d'affreux soupçons planèrent sur le malheureux Tarare. Ce polyphage était d'une petite stature, ridé, maigre, pâle, sans aucue dureté de la physionomie ; il avait un air craintif, soucieux, exhalait une odeur fétide, insupportable à vingt pas, sa transpiration était abondante, ses déjections alvines infectes. Vers 1798, il vint mourir à l'hôpital de Versailles dans un état de marasme complet et sous l'influence d'une diarrhée purulente dont les émanations repoussantes altéraient au loin la pureté de l'atmosphère. La nécropsie présenta les intestins confondus, en suppuration, le foie très-gros, putrilagineux, l'estomac flasque, parsemé de points rouges ulcéreux, d'une capacité prodigieuse, occupant une grande partie de la cavité abdominale.

Parlerons-nous actuellement de ces peuples *anthropophages* qui, d'après le rapport de quelques voyageurs, mangent des hommes vivants ? Rappellerons-nous l'affreux souvenir des cannibales tels que cet infâme Leger dont l'Europe civilisée ne redira désormais le nom qu'avec effroi? de ces misérables qui, poussés par la soif du meurtre et du carnage, s'abreuvent à longs traits du sang de leurs victimes, en dévorent avec sensualité les chairs encore palpitantes, incapables de jamais assouvir leur faim brutale et dépravée? Jetons au contraire un voile impénétrable sur ces affreuses dégradations de l'esprit humain et sur ces terribles exemples, heureusement peu communs, d'une férocité plus barbare que celle des animaux sauvages.

Nous pourrions rapprocher de ces funestes anomalies, celles des sujets qui ne craignent pas d'ingérer dans leur estomac les substances les plus réfractaires. André Bazile, forçat de la chiourme de Brest, nous paraît, sous ce rapport, l'un des plus remarquables. Originaire de Nantes, il se fit recevoir à l'hôpital de la marine le 5 septembre 1714, mourut le 10 au milieu des coliques les plus violentes. Le docteur Fournier, chargé de l'autopsie, rapporte les détails suivants : « L'estomac remplit l'hypocondre gauche, les régions lombaires iliaques jusqu'aux trous sous-pubiens; sa membrane muqueuse noire, gangrenée, répand une odeur infecte. La capacité de ce viscère contient actuellement une portion de cercle de barrique de dix-neuf pouces, encore en partie retenue dans l'œsophage; vingt-deux morceaux de bois de chêne, genêt et sapin de quatre et cinq pouces de longueur sur cinq et six lignes d'épaisseur; d'autres portions de cercle, des bondons de bois; un tuyau d'entonnoir de fer-blanc; un briquet d'acier; une pipe; un clou de deux pouces; un autre acéré d'un pouce et demi; des portions de boucle d'étain; des fragments de verre blanc de vingt lignes; des morceaux de cuir; une cuiller de bois de cinq pouces; trois autres d'étain; un couteau avec sa lame de trois pouces et demi; total : cinquante-deux pièces, pesant ensemble une livre dix onces quatre gros. Pendant sa vie, André Bazile, affecté de perversions digestives habituelles, avait offert des alternatives de démence et d'hypocondrie.

Besoin.— Tous les animaux qui digèrent, lors même qu'ils ne peuvent raisonner leurs impressions, se trouvent entraînés vers l'exercice de cette fonction par un appétit dont l'exigence est proportionnée à l'utilité de cette grande action physiologique. Nous savons déjà que l'économie vivante a besoin pour s'entretenir et s'accroître d'aliments solides et de boissons : les indications qui les réclament, les objets qu'ils remplissent dans cette économie sont essentiellement différents ; leur nécessité peut se manifester d'une manière isolée, par conséquent la nature devait attacher à chacune de ces indications, à chacun de ces besoins un sentiment intérieur, un appétit distinct et particulier ; c'est en effet ce que nous allons rencontrer dans la *faim* relativement aux aliments solides, et dans la *soif* relativement aux boissons.

La faim. — πεῖνα, λιμὸς des Grecs, *fames, esuries* des Latins, peut être définie : *sentiment instinctif qui nous avertit du besoin de prendre des aliments solides*. Il faut bien éviter de confondre ici l'appétit *réel* avec l'appétit *factice ;* une telle distinction est du plus haut intérêt, même pour la pathologie. L'appétit est *réel* toutes les fois qu'à l'état de santé, le besoin de la réparation coïncide avec la vacuité de l'estomac ; dans cette première circonstance, la satisfaction du besoin est suivie de calme vers cet organe, et produit un bien-être général. Au contraire l'appétit est *factice* toutes les fois qu'il s'éveille dans l'état normal, après la réplétion de la cavité gastrique, sous l'influence des assaisonnements et des funestes ressources de l'art culinaire, ou qu'il se manifeste chez un sujet affecté de gastralgie, de gastrite, etc., par le seul fait d'une irritation inflammatoire ou nerveuse, alors qu'il n'existe aucun besoin de réparation, alors que l'estomac est incapable d'admettre des aliments sans danger. Cet appétit, encore désigné par le terme vulgaire de *fatigues*, se montre toujours insidieux et perfide ; jamais satisfait par cela même qu'il est établi sur une irritation organique incessamment entretenue, exaltée par la présence de ces aliments ingérés, il renaît à chaque instant avec une force nouvelle, provoque des indigestions, la gastrite suraiguë, souvent même la mort des malades qui deviennent ainsi victimes de ces funestes illusions de la faim. De là cet ancien adage plein de vérité : *Un grand appétit annonce une grande maladie*. Ne cherchons pas ailleurs les obstacles si souvent invincibles que nous rencontrons dans le traitement des phlegmasies chroniques de l'appareil digestif. Ces considérations sommaires trouveront les plus utiles et les plus fréquentes applications cliniques. Pour donner à l'histoire de la faim toute l'importance qu'elle mérite, nous devons considérer cet appétit, relativement : à sa nature, à ses causes, à son siége, à ses résultats, lorsqu'il n'est pas satisfait.

NATURE ET CAUSES DE LA FAIM. — Cette sensation est, comme nous le prouverons bientôt, une modification vitale, instinctivement liée à l'accomplissement des phénomènes digestifs. Il ne s'agit point ici d'en rechercher les causes premières et le but essentiel, puisqu'il est évident que ces causes rentrent dans les besoins qu'éprouve l'économie vivante lorsqu'elle manque d'éléments réparateurs suffisants, et que ce but est l'accomplissement des fonctions au moyen desquelles ces mêmes besoins peuvent être satisfaits ; nous devons seulement rechercher ici la cause naturelle du sentiment éprouvé à cette occasion. Un grand nombre d'hypothèses plus ou moins fautives ont divisé les physiologistes sur ce point important ; nous examinerons les principales, et nous réduirons la question à sa plus grande simplicité.

Tiraillements du diaphragme. — Le diaphragme et le foie sont unis par l'intermédiaire d'un large repli séreux nommé faux du péritoine, ligament suspenseur du foie, etc. Si le premier de ces organes reste fixé dans sa position naturelle, et que le second descende beaucoup, cet éloignement entre eux ne pourra s'effectuer sans une distension plus ou moins considérable dans leurs ligaments communs. Quelques physiologistes mécaniciens sont partis de ce fait, déjà contestable, en raisonnant ainsi : dans son état de plénitude, l'estomac saillant du côté du foie soutient le poids de cet organe et le tiraillement du diaphragme n'a point lieu ; mais à mesure que les aliments passent dans l'intestin, l'estomac diminue de volume, ne présente plus un appui suffisant au foie qui distend péniblement la faux du péritoine, le diaphragme lui-même, d'où résulte le sentiment de la faim. Cette hypothèse paraît encore, au premier aspect, fortifiée par la facilité avec laquelle on affaiblit, on fait même taire momentanément cet appétit, soit en lestant l'estomac par des substances absolument indigestes, soit en comprimant l'abdomen au moyen d'une ceinture, soit en gardant une position horizontale, comme on l'observe pendant le sommeil, etc. ; mais le plus simple examen suffit pour dissiper toutes ces illusions.

Ainsi, même en conservant les idées et le langage des mécaniciens, nous voyons que les aliments, en sortant de l'estomac, passent dans les intestins, et gonflent ces derniers qui soutiennent convenablement le foie. En supposant même que la masse générale du tube alimentaire diminuât de volume par l'absorption digestive, les parois abdominales se resserrent dans la même proportion, et les organes de cette cavité sont dès lors toujours à peu près également supportés. Le principe de cette hypothèse est donc essentiellement erroné ; mais, en le supposant vrai, les conséquences n'en resteraient pas moins fautives. En effet, si nous les admettons, un malade chez lequel on vient de faire la ponction pour une hydropisie ascite, une femme récemment accouchée, etc., devraient éprouver impérieusement le sentiment de la faim : interrogés avec soin, tous ces malades nous ont affirmé ne rien éprouver même d'analogue à cette sensation. D'un autre côté, l'appétit serait d'autant plus vif que l'abstinence est plus prolongée ; cependant l'expérience démontre qu'il disparaît au contraire après quelque temps pour se réveiller ensuite avec tous les caractères d'un véritable délire. Ainsi les faits les plus positifs et les raisonnements les plus naturels concourent à ruiner cette première théorie de la faim.

Frottement des houppes nerveuses de l'estomac. — Dans cette hypothèse à peu près mécanique, on prétend que l'estomac se contractant pendant sa vacuité comme dans son état de plénitude, il en résulte un froissement immédiat et réciproque des papilles nerveuses et dès lors une sensation qui précisément est celle de la faim. Cette explication, fausse dans son principe, est encore insoutenable dans ses conséquences. En effet, l'estomac, de même que tous les organes, offre des intermittences d'action et de repos; vide pendant ce dernier état et par conséquent affranchi des stimulations qui l'obligent à se contracter, il reste passif ou se livre tout au plus à quelques mouvements vermiculaires incapables de produire les frottements supposés. C'est un fait que nous avons plusieurs fois vérifié sur les animaux. Accordons pour un instant la réalité de ce principe erroné, quelles conséquences peut-on désormais en inférer, lorsque nous démontrons par l'expérience qu'en éloignant les parois gastriques au moyen de l'eau distillée, de l'air ou d'un autre gaz, on détruit la possibilité de ces prétendus frottements immédiats sans diminuer en aucune manière le sentiment de la faim?

Pression des nerfs gastriques. — Les auteurs de cette hypothèse ont imaginé que les contractions de l'estomac, pendant son état de vacuité, fronçaient la membrane muqueuse de ce viscère, comprimaient péniblement les nerfs qui s'y distribuent, et que cette influence mécanique présentait la cause essentielle de la faim. Les faits viennent encore témoigner de la nullité d'une semblable théorie. En effet, le prétendu froncement des membranes gastriques se réduit à la formation de quelques rides nécessitées par le défaut de rétractilité de la muqueuse, comparativement à celle de la musculeuse, mais se montre toujours insuffisant pour effectuer la pression admise; d'un autre côté, en supposant même la réalité de cette influence, ne savons-nous pas qu'il suffit de comprimer les nerfs d'une partie pour y déterminer l'engourdissement, loin d'en exalter la sensibilité; enfin, lorsque l'estomac est rempli d'aliments très-solides, cette pression ne devient-elle pas supérieure à celle qu'il est permis de supposer dans l'état de vacuité? Le sentiment de la faim devrait donc s'éveiller plutôt dans la première que dans la seconde circonstance.

Irritation de la muqueuse gastrique par le fluide pancréatico-biliaire. — Dans cette hypothèse on admet en principe que pendant l'état de vacuité des cavités gastro-duodénales, un mouvement antipéristaltique s'établit de la seconde vers la première, en faisant refluer dans celle-ci une quantité variable de bile et de fluide pancréatique, d'où résulte une impression particulière qui n'est autre chose que le sentiment de la faim. La base de cette supposition est essentiellement ruineuse. En effet, le reflux habituel de l'humeur pancréatico-biliaire dans l'estomac est encore à démontrer pendant l'état normal, et nous pouvons assurer d'après l'observation qu'il ne s'effectue bien positivement que dans les irritations duodénales ; en accordant même le principe comme démontré, la théorie que nous examinons croulerait encore de toutes parts. Ainsi lorsque le fluide pancréatique et la bile sont versés dans la cavité gastrique sous l'influence de la duodénite par exemple, ne voit-on pas au nombre des premiers et des principaux symptômes le dégoût porté jusqu'à la nausée, jusqu'à l'horreur des aliments. Comment, dès lors, admettre que la même cause puisse déterminer des effets aussi diamétralement opposés? On ne citera plus sans doute, à l'appui de cette hypothèse, la disposition exceptionnelle que présentait l'estomac du galérien observé par Vésale, et dont on expliquait la grande voracité par le dépôt immédiat de la bile dans l'estomac au moyen d'une branche du canal cystique directement ouverte sur la muqueuse de cet organe. D'une part ce fait ne semble pas très-authentique ; de l'autre, il serait absolument impossible d'en admettre les conséquences d'après les observations que nous venons de présenter. En suivant les mêmes idées on avait encore imaginé que les animaux étaient d'autant plus gloutons, que chez eux le conduit biliaire s'ouvrait plus près de l'estomac. Des rapprochements plus nombreux et surtout plus exacts faits par Cuvier, ont complétement détruit cette nouvelle hypothèse de physiologie comparée, qui devait servir de base à la théorie dont nous venons de prouver la futilité.

Absorption locale et substantielle. — Dumas, premier auteur de cette opinion, attribue le sentiment de la faim à l'action des bouches absorbantes sur la substance même de l'estomac, aucun autre corps ne s'offrant à leurs attaques pendant l'état de vacuité de cet organe. Il assure avoir trouvé chez plu-plusieurs animaux frappés d'inanition, la muqueuse gastrique évidemment corrodée, altération qu'il attribue à l'influence des absorbants. Hunter avait déjà fait la même observation sur un sujet de notre espèce mort d'abstinence. Dans ces derniers temps, Leuret et Lassaigne, ayant tué plusieurs chiens après les avoir entièrement privés d'aliments pendant plusieurs jours, ont trouvé les villosités gastriques rouges, tuméfiées ; sur plusieurs autres qu'ils ont fait mourir de faim, ces villosités étaient affaissées, la muqueuse corrodée sensi-blement surtout vers le pylore.

Si l'on examine ces faits avec attention, il paraît au moins douteux que les ulcérations de la muqueuse aient été le résultat d'une action destructive des absorbants dans l'état normal ; il semble beaucoup plus rationnel d'attribuer ces désordres à l'inflammation dont la muqueuse gastrique est devenue le siége. Dans l'hypothèse contraire, cette absorption ayant lieu sur toutes les surfaces libres, et particulièrement sur celle de l'intestin grêle, c'est plus spécialement dans ce point que devraient se manifester le sentiment de la faim et consécutivement les ulcérations comme résultat d'une absti-nence prolongée. Comment d'ailleurs concilier avec cette même théorie la cessation momentanée de l'appétit après le temps ordinaire des repas ; la persistance de cet appétit, lors même que l'estomac est rempli d'aliments réparateurs, comme on le voit dans certaines gastralgies ; l'impossibilité d'en arrêter le développement par la présence d'un liquide four-nissant des éléments à l'absorption, mais n'offrant aucun caractère nutritif ; la suspension de ce même sentiment par l'opium, par l'influence mécanique d'un corps solide et réfractaire à l'action de ces absorbants gastriques, etc.?

Attention de l'âme. — Platon, Sthal et tous les animistes reconnaissant le principe immatériel comme première cause de tous les phénomènes vitaux, imaginèrent d'expliquer la faim par une action spéciale de l'âme dirigeant toute l'attention des forces organiques vers l'estomac pendant son état de vacuité, pour avertir l'animal du besoin de réparation. Cette hypothèse est encore essentiellement erronée dans son principe et dans ses conséquences. En effet nos sensations reconnaissent trois origines : un besoin intérieur de l'économie, *sensations instinctives* ; l'action d'un agent physique ou chimique appliqué à nos organes, *sensations externes, générales, spéciales* ; le souvenir d'une impression antérieurement reçue, *sensations par réminiscence.* Dans les deux premiers cas, l'âme est étrangère à la production de ces mêmes impressions qu'elle perçoit, mais dont elle ne peut effectuer la détermination ; dans le troisième, en supposant au principe immatériel une certaine coopération, il est impossible d'en inférer aucune conclusion applicable au sentiment dont nous parlons et que l'on ne cherchera sans doute jamais à placer dans cette catégorie. D'un autre côté, si l'on pouvait admettre la réalité de cette cause principale de la faim, il faudrait en même temps convenir des erreurs fréquentes échappées à l'âme, lorsque, exprimant des appétits morbifiques, elle nous porte à prendre des aliments non-seulement inutiles, mais encore actuellement nuisibles à l'économie.

Irritation de l'appareil nerveux gastrique. — Pour bien comprendre la nature et les causes de la faim, il est indispensable de ne pas confondre, avec quelques auteurs, le besoin qui la détermine et le sentiment instinctif qui s'éveille à l'occasion de ce même besoin. En effet, pendant la faim normale, c'est dans l'organisme tout entier que naît le besoin de réparation ; c'est dans un point circonscrit de l'appareil digestif que ce besoin s'exprime par un appétit spécial. Dans la faim artificielle ou morbifique, le besoin n'existe cas, et cependant l'appétit se prononce avec énergie, souvent même de manière à subjuguer la raison qui s'oppose aux funestes conséquences d'une alimentation aussi dangereuse. Nous trouvons donc évidemment dans la faim deux conditions que l'on peut, que l'on doit même quelquefois isoler, l'occasion de *l'appétit*, le besoin de réparation dans l'état normal, l'excitation artificielle ou morbifique dans l'état anormal ; *l'appétit lui-même*, sentiment instinctif dont le développement se trouve excité par l'une ou l'autre de ces modifications organiques. En partant de cette distinction aussi simple que naturelle, il est désormais facile d'exposer clairement le principe et les caractères de la sensation que nous étudions.

La faim est un sentiment spécial qu'il est difficile de bien apprécier sans l'avoir éprouvé. Si nous recherchons la nature et l'origine de cet appétit, les faits nous montrent un phénomène d'innervation particulière, s'éveillant, à l'état normal, sous l'influence d'un mouvement sympathique directement lié au besoin de la réparation. Ainsi toutes les modifications vitales susceptibles d'augmenter les pertes organiques, telles que l'exercice, les évacuations abondantes, les déplétions sanguines, etc., développent ce même sentiment et le rendent plus impérieux. L'abstinence rigoureuse et prolongée détermine dans tout le système nerveux une irritabilité, un agacement très-remarquables. Les agents susceptibles d'abaisser et d'engourdir la sensibilité générale, diminuent l'intensité de la faim, comme on l'observe dans l'administration de l'opium ; des résultats analogues se manifestent pendant le sommeil, de là cet adage vulgaire, *qui dort dîne*. Les abstractions profondes et les distractions soutenues, en agissant à la manière des dérivatifs, éloignent, suspendent même quelquefois entièrement cet appétit ; le savant absorbé dans ses méditations du cabinet, le joueur exclusivement occupé du gain qu'il espère ou de la perte qu'il craint, passent un temps souvent très-long sans éprouver les impulsions de la faim. Au milieu des circonstances ordinaires de la vie, nous la voyons la reproduire à des intervalles à peu près égaux et dont l'habitude règle souvent la périodicité. Enfin Bacon nous apprend qu'un homme supporta, sans incommodité, une abstinence de plusieurs jours avec la seule précaution de flairer un mélange de plantes aromatiques ; c'est ainsi qu'il faut expliquer le soulagement éprouvé par Démocrite lorsque sa sœur lui faisait respirer la vapeur du pain chaud. Tous ces faits et ceux que nous pourrions citer encore, démontrent positivement que cet appétit rentre dans la catégorie des sensations ; cette vérité recevra son dernier degré d'évidence par les considérations relatives à la nécessité de localiser ce même appétit.

SIÉGE DE LA FAIM. — Les auteurs ne sont pas d'accord sur le point de l'économie vers lequel se manifeste plus spécialement le sentiment instinctif qui nous avertit du besoin de prendre des aliments solides. Les uns l'ont placé dans tous les organes, d'autres dans le cerveau, d'autres enfin dans l'estomac.

Dans tous les organes. — Si le siége de la faim existait simultanément dans toutes les parties de l'organisme, son développement n'offrirait plus aucune précision, aucune connexion spéciale avec l'appareil digestif, et par cela même qu'elle serait plus diffuse dans l'économie vivante, elle deviendrait moins impérieuse et moins appropriée par ses impulsions. D'un autre côté, ce même sentiment ne pourrait être détruit qu'après la satisfaction entière du besoin qu'il exprime, dès lors seulement par l'importation du chyle dans tous les tissus. Or l'expérience nous démontre que la faim cesse immédiatement après l'ingestion des aliments dans la cavité de l'estomac ; il est même possible d'obtenir ce résultat par des substances entièrement réfractaires à l'action de cet organe. Les auteurs de cette hypothèse ont donc évidemment confondu le besoin de la réparation, qui se trouve en effet dans toutes les parties vivantes, et l'expression de ce besoin par un appétit dont le siége est assez positivement limité.

Dans le cerveau. — Si l'on veut parler ici de cet appétit

factice qui nous porte souvent à prendre des aliments par cela seul qu'un raisonnement vicieux, établi sur des raffinements de sensualité, sur des nécessités imaginaires, en fait naître le désir, nous admettrons cette idée. Mais il est évident qu'une telle modification physiologique n'est point la faim normale, qu'il existe ici volonté de prendre des aliments sans détermination véritablement instinctive ; aussi pouvons-nous, par la force d'une raison exercée, vaincre ces impulsions que le besoin réel n'a pas fait naître, tandis qu'il n'en est pas de même lorsque cet appétit exprime la nécessité d'une réparation impérieusement exigée ; aussi les aliments pris sous la première influence ne sont-ils qu'imparfaitement élaborés, les organes digestifs, l'estomac plus spécialement, ne se trouvant point disposés à l'exercice par l'érection préparatoire qu'y développe naturellement la faim. Il est évident que les auteurs de cette hypothèse, en assignant ainsi le siége du sentiment qui nous occupe, ont confondu l'*impression* et la *sensation*. La première existe positivement dans un point de l'appareil digestif que nous allons déterminer ; il en devait être ainsi, puisqu'elle préside à l'exercice de l'importante fonction dont cet appareil est chargé ; la seconde ne peut être intellectualisée que dans le cerveau, comme toutes les autres sensations, et c'est à ce titre seulement qu'il serait permis d'adopter une semblable opinion ; alors il ne s'agirait plus de la faim proprement dite, mais seulement du résultat qu'elle produit sur l'être intelligent et sensible, et le siége essentiel de cet appétit resterait encore à déterminer.

Dans l'estomac. — Les faits les plus positifs, les observations les plus exactes, les raisonnements les mieux suivis s'accordent pour démontrer que la faim a son siége particulier dans l'estomac, plus spécialement encore dans le système nerveux ganglionnaire de cet organe. Là s'éveille ce sentiment instinctif pour se concentrer dans le foyer du même appareil d'où partent les irradiations sympathiques dont ce besoin prolongé peut devenir l'occasion. Démontrons d'abord ces vérités, nous en ferons ensuite l'application physiologique.

En s'observant soi-même avec attention pendant l'abstinence, on distingue bien positivement la faim de toute autre sensation, et l'on s'aperçoit aisément qu'elle répond au centre épigastrique. Cet appétit disparaît immédiatement après l'ingestion des aliments dans l'estomac, ou même par l'action mécanique d'une substance inerte sur les parois de ce viscère. On cite à cette occasion des faits assez remarquables. Les chevreuils aiment beaucoup une matière minérale nommée beurre de roche ; les loups, dans l'impossibilité de se procurer des aliments, avalent souvent de la terre glaise. De Humboldt rapporte que des peuplades sauvages d'Amérique, d'Afrique, de Sibérie, de la Nouvelle-Hollande, que les Ottomaques habitant les bords de l'Orénoque, ont la précaution, pendant les disettes prolongées, de lester leur estomac avec une espèce d'argile lithomarge dont ils ingèrent une ou deux livres chaque jour dans leur cavité gastrique, sans autre précaution que d'humecter et de faire ensuite légèrement chauffer cette pâte minérale. Géorgé dit que, pressés par la nécessité, quelques Sibériens introduisent dans leur estomac une espèce d'argile ferrugineuse. Moreau de Joannes assure que les nègres des Antilles mangent une terre qui semble avoir été vomie par les anciens volcans ; et que ceux qui peuplent l'embouchure du Sénégal remplacent le beurre, pour la préparation du riz, par une terre ocreuse et grasse. D'après le témoignage de M. Labillardière, les sauvages de la Nouvelle-Calédonie font disparaître le sentiment de la faim en avalant une espèce de stéatite verte, contenant de la magnésie, de la silice et de l'oxyde ferrugineux. On donne à ces individus le nom de *géophages*. Dans tous ces exemples, nous voyons les corps mis en rapport avec l'estomac n'offrant absolument rien de nutritif, agissant mécaniquement et d'une manière exclusive sur cet organe, faisant taire momentanément l'appétit qui préside à l'exécution des premiers phénomènes digestifs.

On provoque la faim, on la soutient au delà du besoin des réparations exigées, en changeant d'aliment, en excitant la muqueuse gastrique par des assaisonnements appropriés. Le résultat de ces moyens artificiels nous offre d'une part le grave inconvénient de solliciter l'ingestion d'aliments nuisibles soit par leur quantité, soit par leur nature et leur digestibilité différentes ; de l'autre, il nous indique l'estomac pour siége de l'appétit que nous étudions.

L'abstinence prolongée détermine constamment, dans tout le système nerveux, une susceptibilité, un agacement plus particulièrement éprouvé à l'épigastre qui devient le foyer d'une chaleur et même d'une irritation avec rougeur et turgescence de la muqueuse digestive dans cette région ; circonstance également très-remarquable sous le rapport de la pathologie, puisqu'elle nous indique les graves inconvénients de la diète absolue dans les gastralgies et même dans les gastrites, surtout chez les sujets très-nerveux.

Les excitations, même sympathiques de l'estomac, déterminent la faim souvent même avec un développement supérieur au besoin de la réparation ; ainsi l'action modérée du froid sur la muqueuse bronchique et plus spécialement sur la peau, conduit à ce résultat, comme il est aisé de s'en convaincre en observant l'augmentation de l'appétit après une promenade sur l'eau, après un bain frais, en comparant sous ce rapport l'influence de l'hiver, des pays septentrionaux, à celle de l'été, des régions équatoriales.

Les aliments insipides et tièdes, en émoussant l'irritabilité gastrique, produisent immédiatement la satiété, comme on l'observe après l'usage du lait chaud, des mucilagineux, des gommeux, etc. Le tabac, les boissons alcooliques, dont l'effet définitif est la torpeur et l'engourdissement du système nerveux en général, de celui de l'estomac en particulier, offrent des résultats analogues par les abus de leur emploi. Ainsi les fumeurs et les grands buveurs sont presque tous affectés d'anorexie. Les narcotiques, en exerçant une influence beaucoup plus positive encore sur l'appareil sensitif, entraînent sous ce rapport des conséquences bien mieux caractérisées ; ainsi l'on fait aisément taire le sentiment de la faim, avec un ou deux grains d'extrait aqueux d'opium ingérés dans la cavité gastrique. Cette connaissance peut être souvent utilisée dans les différentes altérations du tube digestif.

Enfin les expérimentateurs ont ajouté le dernier caractère d'évidence à la démonstration, en prouvant par des faits incontestables que la ligature ou la section du nerf pneumogastrique, un peu au-dessus de l'estomac, détruisent complétement la faim. Willis, Baglivi, Haller, Valsalva, Dumas, Legallois, Chaussier, de Blainville, etc., ayant effectué cette ligature, même dans la région cervicale, ont observé le résultat que nous venons d'indiquer. Leuret et Lassaigne, dans leur beau travail sur la digestion, sans émettre une opinion bien prononcée, ne partagent pas celle que nous venons de signaler. Deux pouces de l'étendue des nerfs vagues ayant été enlevés sur des chevaux, ces animaux ont mangé comme dans l'état normal, seulement avec cette circonstance bien remarquable dans le problème à résoudre, qu'ils n'ont pas cessé de prendre des aliments alors même que l'estomac s'en trouvait rempli outre mesure. Ces expérimentateurs en concluent que l'appétit n'a pas éprouvé d'altération par la section du nerf pneumo-gastrique, et ne paraissent point éloignés d'admettre que cette sensation existe aussi dans les intestins qui reçoivent exclusivement leurs nerfs du système ganglionnaire. Nous pensons que ces faits démontrent au contraire que les animaux, continuant à manger dans cette expérience, après la réplétion entière de l'estomac, n'éprouvent dès lors en aucune manière le sentiment de la satiété qui, dans l'état normal, bornait la préhension des aliments indiqués par l'appétit. Si l'un de ces régulateurs instinctifs se trouve détruit par la section du nerf vague, pourquoi n'admettrait-on pas le même résultat pour l'autre dont l'existence devient alors un problème? En effet, les animaux soumis à cette opération mangent les substances qu'on leur présente sans éprouver la satisfaction du besoin. N'est-ce pas une preuve assez positive que ce besoin n'est plus exprimé par le sentiment de la faim, et que ces animaux prennent, sans dégoût et sans appétit, les aliments qui leur sont fournis? Ainsi les expériences de Leuret et Lassaigne, loin d'être contradictoirement admissibles, deviennent confirmatives de toutes celles qui les ont précédées sur le même objet. Ces résultats ne sont point d'ailleurs exclusivement relatifs à la faim, puisque, sous la même influence, la soif, le besoin de la respiration les offrent également. En effet, après la section du nerf pneumo-gastrique, les animaux boivent et respirent automatiquement; M. Brachet s'est assuré plusieurs fois que l'on pouvait dans ce cas les asphyxier sans opposition, ces animaux n'éprouvant plus le besoin impérieux de respirer.

D'après tous ces faits et toutes ces considérations physiologiques, nous pensons que la faim est un sentiment instinctif, un phénomène essentiellement nerveux; ayant son siége particulier dans l'estomac; naissant ordinairement à l'occasion d'un besoin alimentaire constitutionnel dont l'expression se localise dans cet organe, *faim réelle, physiologique, normale;* se trouvant quelquefois déterminé par une excitation directe du même viscère, *appétit factice, illusoire, morbifique.* Nous voyons ce même sentiment, quelle que soit son influence protectrice, offrir les caractères généraux et les modifications spéciales de tous les autres phénomènes également nerveux; s'exaltant par l'action des causes qui portent l'irritabilité gastrique au-dessus de l'état naturel; s'affaiblissant par les agents opposés; cédant à ceux qui neutralisent positivement cette irritabilité. Nous concevons actuellement pourquoi la faim est immédiatement calmée par l'ingestion des aliments dans l'estomac; pourquoi ce premier résultat s'obtient avec des substances réfractaires, comme avec des aliments réparateurs; toutefois avec cette particularité remarquable, que l'appétit se trouve momentanément suspendu pour le premier cas, tandis qu'il est définitivement détruit pour le second; les substances indigestes pouvant, comme les aliments, déterminer sur l'estomac une impression mécanique, développer un travail particulier, changer le mode d'irritation, tandis que ces derniers seuls amènent, pour un temps, la destruction de la cause généralc de cet appétit en satisfaisant aux exigences des besoins organiques ; aussi voyons-nous la faim renaître nécessairement chez les sujets qui n'ont à leur disposition que des aliments peu nutritifs, et chez ceux qui se trouvent affectés d'engorgements du mésentère ; la rénovation matérielle n'étant jamais suffisamment effectuée chez les uns, en raison du peu de chyle produit, chez les autres, en conséquence des obstacles apportés à l'introduction de ce dernier dans le torrent circulatoire.

RÉSULTATS DE LA FAIM NON SATISFAITE. — Les phénomènes dont la faim s'accompagne, lorsque le besoin qu'elle indique n'est pas satisfait, doivent être distingués en *locaux* et *généraux* ; les premiers, directs et relatifs à l'estomac, se manifestent spécialement dans cet organe ; les seconds, indirects, se développent sympathiquement dans toute l'économie individuelle.

Phénomènes locaux. — L'estomac, débarrassé par ses contractions péristaltiques de la masse alimentaire qu'il a chymifiée, présente une augmentation notable dans l'épaisseur de ses parois, une diminution progressive dans sa capacité. Ce double changement est produit par la rétraction des membranes gastriques, mais avec des modifications particulières à chacune d'elles. Ainsi la séreuse, libre d'adhérences dans sa plus grande étendue, éprouve plutôt un déplacement, un changement de rapports avec les autres qu'un véritable retour ; la musculeuse essentiellement contractile, agent principal de ce mouvement, l'imprime aux deux autres sous l'influence de cette propriété ; enfin la muqueuse, jouissant d'une rétractilité beaucoup moins développée, se ride sensiblement dans toutes les directions opposées à celles des fibres de la musculeuse ; dans cet état de vacuité, les sécrétions gastriques perspiratoire et folliculaire sont à leur minimum de développement. Après un temps variable de dix à douze heures, les villosités de l'estomac sont érigées, rouges, tuméfiées, disposition bien suffisante pour nous expliquer le sentiment de chaleur et d'irritation dont cet organe devient alors le siége, et nous démontrer encore la réalité de la théorie que nous avons admise relativement à la faim. Lorsque la mort survient, après six, douze, vingt ou trente jours d'abstinence complète, on trouve ces villosités affaissées, la muqueuse détruite dans plusieurs points, surtout vers le pylore ; plutôt, comme le font observer Leuret et Lassaigne, par *corrosion* que par *ulcération*. Plusieurs physiologistes et notamment Chaussier, ont admis pendant la vacuité de l'estomac un changement de circulation dans cet organe. Leurs explications peuvent être réduites aux termes suivants : « Pendant l'état de réplétion gastrique, les vaisseaux qui se ramifient dans les membranes de ce viscère, étendus et développés offrent une circulation plus libre et plus facile ; une proportion plus considérable de sang arrive à ce même viscère dans un temps donné ; des sécrétions plus actives, plus abondantes s'établissent à sa surface muqueuse, dispositions bien favorables à la chymification. Pendant l'état de vacuité, les mêmes vaisseaux repliés en divers sens par la rétraction des membranes qu'ils parcourent, ne livrent plus un passage aussi aisément effectué par leurs canaux tortueux ; le surplus du sang qui devait se rendre à l'estomac reflue vers le foie, la rate, le pancréas et les épiploons qui reçoivent leurs artères du même tronc ; les sécrétions gastriques sont beaucoup moins développées. » Nous admettons que ce fluide circulatoire parvient à l'estomac en proportion beaucoup plus considérable pendant l'état de plénitude que dans l'état de vacuité de cet organe, mais il nous paraît impossible d'expliquer ce phénomène par la théorie mécanique dont nous venons de parler ; il est évident au contraire que ces dispositions tiennent à la présence d'une forte excitation dans le premier cas, à son absence dans le second, d'après cette grande loi physiologique : *Ubi stimulus ibi fluxus*.

Phénomènes généraux. — L'estomac offrant l'un des principaux foyers de vitalité, le premier organe essentiel aux actions réparatrices de notre économie, doit éveiller, dans toute la constitution, des phénomènes sympathiques proportionnés aux modifications qu'il éprouve lui-même sous l'influence de la faim. Après s'être développé d'une manière graduée, après avoir été pressant, impérieux, cet appétit diminue progressivement, disparaît et se trouve remplacé par un sentiment de fatigue et d'anxiété ; le désir des aliments n'existe plus et le besoin de la réparation est exprimé bien plutôt par la vacuité de l'estomac, la faiblesse, l'inanition générales, que par le sentiment instinctif naturellement affecté à la manifestation de ce même besoin. L'absorption en général, les absorptions pulmonaire et cutanée en particulier, sont notablement augmentées. Les vaisseaux chargés d'effectuer cette importante fonction cherchent alors dans les parenchymes, aux surfaces libres, des matériaux réparateurs que les chylifères ne trouvent plus dans le tube digestif. Ces résultats nous expliquent la facilité avec laquelle nous saisissons dans l'atmosphère les éléments nuisibles qui peuvent s'y rencontrer ; le danger de fréquenter à jeun les amphithéâtres, les hôpitaux, les prisons, tous les mouvements organiques s'effectuant alors de la circonférence au centre ; ils nous font comprendre la maigreur qui nécessairement accompagne les abstinences prolongées, les principaux phénomènes de la nutrition s'effectuant aux dépens de la graisse logée dans les aréoles du tissu adipeux. Les fluides les plus acrimonieux tels que l'urine, la sueur, la bile, après avoir cédé une partie de leur véhicule, sont importés dans le torrent circulatoire, excitent le cœur et tout l'organisme, provoquent une réaction fébrile générale. Devenu le foyer de toutes les irradiations, le centre nerveux ganglionnaire commande au centre nerveux encéphalique ; l'instinct alors indomptable maîtrise la volonté, la raison, domine toutes les facultés ; il n'existe plus désormais qu'un désir, celui des aliments, qu'une idée fixe, la nécessité d'exercer les organes digestifs ; toutes les impulsions de l'économie tendent vers ce but exclusif. Les animaux les plus timides abandonnent leur caractère naturel, bravent les dangers pour satisfaire à ce besoin pressant. On a vu dans ces terribles épreuves des hommes, des amis se déchirer mutuellement, des mères dévorer leurs propres enfants pour assouvir cette épouvantable faim.

Il suffit de lire quelques détails des scènes affreuses dont le radeau de *la Méduse* offrit le théâtre pendant son isolement, pour se former une idée précise de toutes les fureurs inouïes dont cet impérieux sentiment peut alors fournir l'occasion. Au milieu de ces horribles convulsions du désespoir, les facultés intellectuelles s'aliènent, l'œil devient étincelant, hagard, la bouche écumeuse; les traits de la face profondément altérés, expriment les plus cruelles angoisses; une sorte de **rage**, de délire frénétique s'empare du sujet; l'abattement succède à cette exaltation, et la mort s'empresse de mettre un terme à l'effrayant tableau que nous venons d'esquisser. Haller prétend que les tissus fibreux offrent alors un brillant argentin, que les cadavres produisent des lueurs phosphorescentes ; cette opinion sera facilement adoptée par ceux qui pensent que le développement du phosphore indique le dernier degré de l'animalisation.

La Soif, δίψα des Grecs, *sitis* des Latins, *altération* des Français, peut être définie : *Sentiment instinctif qui nous avertit du besoin de prendre des boissons.* Cet appétit, bien différent de la faim par les dispositions qu'il indique, s'en éloigne également par sa nature, son siége, par les causes qui le font naître, les résultats qu'il produit et les moyens auxquels on le voit ordinairement céder. La soif, de même que la faim, peut être naturelle ou factice.

La soif est naturelle toutes les fois qu'elle se manifeste à l'occasion d'un principe irritant, salin, acrimonieux, importé dans le torrent circulatoire, ou d'une déperdition séreuse considérable; aussi ne peut-elle être calmée d'une manière défi-nitive, qu'en faisant arriver, par l'absorption, des fluides aqueux assez abondants pour mitiger, dans le premier cas, les matériaux excitants, et réparer, dans le second, les pertes lymphatiques supportées par l'économie.

La soif est au contraire factice lorsqu'elle reconnaît une cause locale dont l'action se concentre sur l'arrière-bouche et le pharynx, les fluides circulatoires offrant alors une assez grande proportion de sérosité. Ainsi tout agent susceptible d'irriter la muqueuse bucco-pharyngienne, d'y suspendre les sécrétions perspiratoire et folliculaire, déterminent cet appétit avec plus ou moins d'énergie ; c'est ainsi qu'agissent les boissons alcooliques, la respiration d'un air chaud, les aliments salés, fumés, épicés, etc. Mais alors ce même sentiment disparaît sous l'influence des moyens propres à dissiper l'irritation locale, à rétablir dans leur type physiologique les sécrétions suspendues, sans qu'il soit nécessaire d'introduire des fluides aqueux dans le torrent circulatoire ; ici, le besoin est circonscrit et peut être satisfait par un moyen local ; là, ce besoin est général et ne cédera dès lors qu'à l'action d'un agent susceptible d'influencer toute l'économie. C'est en conséquence de ces dispositions que les boissons aqueuses, dont l'utilité devient incontestable dans la soif naturelle, offrent souvent des effets très-nuisibles, abondamment employées d'après les indications d'une soif artificielle ; dans le second état, il suffit de calmer le sentiment qui se manifeste alors indépendamment du besoin qu'il doit naturellement exprimer ; dans le premier, il faut non-seulement détruire le sentiment instinctif, mais encore satisfaire le besoin général dont cet appétit est l'interprète : dans l'un, on dissipe la soif sans boisson ; dans l'autre, les moyens locaux peuvent seulement la tromper mais jamais la détruire. Pour bien comprendre les modifications de la soif, nous étudierons successivement : *sa nature, son siége, ses causes, les moyens de la calmer, ses résultats lorsqu'elle n'est pas satisfaite.*

Nature de la soif. — Pour éclairer convenablement l'histoire de cette importante modification physiologique, il est indispensable d'y bien distinguer le besoin de l'organisme et le sentiment qui devient l'expression de ce même besoin. Ce dernier, lorsqu'il est naturel, siége constamment dans l'économie tout entière ; le sentiment qui l'indique est au contraire d'abord localisé ; tous les phénomènes généraux qu'il peut occasionner deviennent sympathiques et consécutifs. Il ne s'agit plus, comme dans la faim, d'une excitation purement nerveuse que l'on puisse diminuer ou suspendre par les narcotiques et les dérivatifs ; qui s'affaiblisse par le temps, et reprenne ensuite une activité nouvelle. Dès que le sentiment de la soif se manifeste, il se montre par degrés engageant, pénible, pressant, impérieux ; on peut avancer, d'après les faits, qu'il offre par sa nature, dans un point déterminé de la muqueuse digestive, une irritation plus ou moins intense, effectuée sympathiquement à l'occasion du besoin général des fluides, *soif naturelle ;* ou directement par un agent local de cette modification physiologique, *soif artificielle.*

Siége de la soif. — Les opinions des physiologistes sont encore divergentes relativement à cet objet. Dumas partant de ce principe vrai, que l'application, à la surface cutanée, de linges imprégnés d'eau, fait disparaître la soif, infère une conséquence fautive, en ajoutant que ce fluide agissant d'abord sur les vaisseaux absorbants pour calmer le sentiment pénible dont ils sont affectés, c'est dans le système circulatoire qu'il faut placer le siége essentiel de cet appétit qui n'est autre chose, d'après notre auteur, qu'une irritation générale de ces mêmes vaisseaux. Il est évident que Dumas confond ici, pour la soif, comme d'autres l'ont fait également pour la faim, le besoin de la réparation avec le sentiment instinctif qui sert à l'exprimer. Le bain, les applications de linges mouillés, en réparant au moyen de l'absorption les pertes lymphatiques de l'économie, en faisant disparaître le besoin de cette réparation, doivent en même temps détruire l'appétit relatif à cet objet sans qu'il soit possible d'assigner le système circulatoire comme siége de cet appétit ; surtout lorsque l'expérience nous démontre à chaque instant que les boissons prises par la bouche, ingérées dans l'estomac, font taire le sentiment instinctif qui provoque leur emploi, même avant qu'elles aient eu le temps de pénétrer dans les voies de l'absorption. Le besoin des aliments liquides existe par conséquent dans les canaux circulatoires, mais la soif ne peut jamais s'y trouver ainsi généralisée.

Haller fait observer que la bouche, le pharynx, l'œsophage et l'estomac donnent le sentiment du passage des boissons, et pense dès lors que la soif doit avoir son siége dans toute cette partie du tube digestif. Les faits les plus positifs se réunissent pour démontrer l'erreur de cette opinion. Ainsi pendant la déglutition des fluides aqueux, cette sensation est calmée dès qu'ils ont touché l'arrière-bouche. Un corps frais, même solide, maintenu pendant quelque temps dans la cavité buccale, suspend cet appétit. Leuret et Lassaigne parlent d'un aliéné confié aux soins de Royer-Collard, et qui, pendant plus de vingt jours, lutta contre cette impulsion instinctive par la seule précaution de se gargariser la bouche avec de l'eau froide. Si l'on porte directement les boissons dans l'œsophage et l'estomac au moyen d'un tube élastique, la sensation n'est jamais immédiatement calmée. Le sujet pressé par la soif et qui rencontre une source limpide, remplit ses cavités digestives avec une sorte d'entraînement insurmontable ; si l'irritation pharyngienne persiste, cet individu boit incessamment, ne s'arrête plus par satiété, mais seulement par la distension des parois gastriques, d'où peuvent résulter le vomissement, des accidents graves et quelquefois la mort. Si la soif avait son siége dans l'estomac, elle serait calmée par la réplétion de ce viscère au moyen des boissons, comme la faim par l'accumulation des aliments dans la capacité de ce dernier.

Haller sentant la force et la réalité de ces observations, adopte une erreur opposée en circonscrivant le siége de la soif dans la cavité buccale. Il suffit d'étudier cet appétit sur soi-même, de considérer la sécheresse, la rougeur du voile palatin, du pharynx, pendant cette expression d'un besoin impérieux, de s'assurer que c'est précisément dans ces points que les boissons agissent le plus agréablement, de la manière la plus prompte et la plus efficace pour dissiper ce même sentiment, que la soif naturelle et la soif anormale sont identiques sous le rapport des caractères locaux essentiels, que celle-ci est évidemment le résultat d'une irritation directe effectuée par des agents appliqués sur la *muqueuse bucco-pharyngienne* ; il suffit, disons-nous, de rassembler ces différentes preuves de fait, pour démontrer que c'est précisément dans ce point que siége l'appétit chargé d'indiquer le besoin des aliments liquides.

Causes de la soif. — Nous rangeons dans cette catégorie toutes les circonstances et tous les agents susceptibles de produire, soit directement, soit sympathiquement, la sécheresse et l'irritation de la muqueuse bucco-pharyngienne. Lorsque la soif est naturelle, en d'autres termes, lorsqu'elle exprime le besoin réel des boissons aqueuses, les causes de son développement ont présenté pour objet essentiel, soit d'effectuer une diminution notable dans la proportion des fluides lymphatiques de l'économie, soit d'importer dans le torrent circulatoire des principes âcres, irritants, nuisibles ; ces dispositions réclament impérieusement l'introduction des boissons aqueuses : dans l'un de ces cas, pour donner au sang la fluidité nécessaire à son mouvement, à ses fonctions ; dans l'autre, pour envelopper, étendre ces éléments perturbateurs et les rendre moins offensifs. Dans la première série des causes on trouve la chaleur, la sécheresse atmosphériques, les boissons tièdes, sucrées, diaphorétiques, diurétiques, les purgatifs, les exercices violents et soutenus, la suette, les diarrhées séreuses, les diabètes, la plupart des réactions fébriles, soit périodiques, soit inflammatoires, l'anasarque, les hydropisies, les douleurs physiques, les passion violentes, etc.; comme prédispositions nous signalerons spécialement le sexe féminin, l'enfance, l'habitation des climats brûlants, un grand nombre de professions, l'influence des saisons chaudes, etc. La seconde série des causes offre surtout les poisons minéraux, la morsure de plusieurs animaux vénéneux, le tabac à fumer, le thé, le café, les viandes faisandées, les épices, les salaisons, toutes les liqueurs alcooliques, dont l'usage a le double inconvénient de rendre les fluides circulatoires plus irritants et d'occasionner une déperdition considérable de ces derniers en les portant avec énergie du centre à la circonférence.

Lorsque la soif est au contraire factice, ou si l'on veut, lorsqu'elle n'est pas occasionnée par la nécessité d'introduire des fluides aqueux dans l'économie vivante, elle se trouve alors produite par un agent local qui détermine sur la muqueuse bucco-pharyngienne, soit une irritation, soit un resserrement des vaisseaux exhalants, avec diminution notable de la perspiration qu'elle présente, et de la sécrétion salivaire dont elle reçoit les produits. Pour le premier de ces résultats, nous trouvons la respiration d'un air chaud, sec, peu renouvelé, comme on le voit dans les grandes réunions, le chant, la déclamation, le jeu des instruments à vent ; de là, certaine réputatation des musiciens ; l'occlusion des fosses nasales qui force à respirer par la bouche ; l'usage des boissons très-fortes ou brûlantes, etc. Pour le second, les gommeux, les mucilagineux qui n'excitent point la sécrétion bucco-pharyngienne ; les opiacés qui la suspendent ; les astringents, les épices, les salaisons, les acides concentrés qui la neutralisent. Cuvier, de Blainville et quelques autres professeurs de physiologie comparée, signalent un fait qui donne à ces vérités leur dernier degré d'évidence. D'après ces auteurs, on doit considérer comme une prédisposition organique au sentiment de la soif, l'exiguïté de l'appareil salivaire chez plusieurs animaux, et son grand développement dans quelques espèces, comme principale cause de la rareté des impulsions de ce même sentiment. Il est aisé de se convaincre de la réalité de ces observations en comparant le chien, le chat, etc., dont l'appareil salivaire n'est pas très-considérable et chez lesquels on voit la soif se reproduire assez fréquemment, au rat, au cochon d'Inde, etc., qui présentent ce même appareil dans son plus grand développement, et chez lesquels on observe à peine les manifestations de l'appétit qui provoque l'emploi des boissons.

Si nous recherchons actuellement la raison de cette localisation de la soif dans la bouche et le pharynx, nous la trouvons sans difficulté pour cet appétit factice, puisque c'est précisément sur la muqueuse de ces parties qu'agit l'excitation déterminante ; lorsqu'il est naturel, cette question devient

moins facile à résoudre. Cependant on comprend encore aisément que la déperdition des fluides lymphatiques, rendant
les perspirations beaucoup plus bornées, cette modification
doit se faire sentir particulièrement dans la muqueuse bucco-
pharyngienne incessamment desséchée par les courants d'air
établis pour la respiration ; ajoutons que ce lieu ne pouvait
être mieux choisi comme siége du sentiment instinctif qui
doit exprimer le besoin des boissons, puisque c'est précisément dans ces deux premières cavités digestives que doit se
manifester leur action immédiate.

Moyens de calmer la soif. — Pour bien comprendre l'action
de ces moyens, il faut les distinguer en trois ordres principaux : 1° ceux qui ne peuvent dissiper que le sentiment instinctif sans répondre au besoin qu'il est chargé de manifester;
2° ceux qui calment d'abord la sensation et satisfont ensuite
à la nécessité dont elle devient l'interprète ; 3° enfin ceux
dont l'influence immédiate effectue la réparation des fluides
lymphatiques, et ne fait taire l'appétit qu'après avoir entièrement rempli les indications dont il exige l'accomplissement.

Dans le premier ordre, — nous plaçons tous les agents
susceptibles, comme on le dit vulgairement, de tromper la
soif, tantôt en changeant le mode d'irritation de la muqueuse
bucco-pharyngienne ; tantôt en rafraîchissant, en humectant
cette membrane ; tantôt en y rétablissant, par des excitations
mécaniques ou chimiques, les sécrétions diminuées ou même
suspendues. C'est ainsi qu'il faut expliquer l'action des masticatoires, des pastilles de menthe, du citron, etc. En roulant
des cailloux dans la bouche on obtient le même résultat par
l'augmentation de la sécrétion salivaire. La plupart des voyageurs nous apprennent que les sauvages obligés de parcourir
d'immenses déserts sans rencontrer une source pour s'y désal-
térer, suspendent momentanément, par ce procédé, la soif
qui les dévore. Nous ne devons pas ignorer qu'aucun de ces
moyens n'étant susceptible d'introduire une molécule aqueuse
dans le torrent circulatoire, ils restent sans influence pour

satisfaire le besoin dont l'expression sans cesse renaissante ne paraît s'assoupir un instant que pour se réveiller avec une intensité nouvelle. Si l'appétit est factice, alors ces moyens suffisent quelquefois pour le dissiper entièrement ; ils peuvent devenir très-utiles dans les maladies où la soif est brûlante et ne doit pas être combattue par des fluides abondants qui deviendraient, dans certains cas, essentiellement nuisibles.

Dans le second ordre, — nous trouvons les boissons aqueuses portées dans l'estomac par la déglutition, présentant ainsi le double avantage de calmer directement la soif en agissant immédiatement sur le siége de cet appétit, et de satisfaire le besoin qui l'éveille en offrant à l'absorption gastro-intestinale des fluides suffisants à la réparation générale des pertes lymphatiques. Ces deux conditions sont tellement essentielles et distinctes, que toute boisson qui ne les remplirait pas ne serait point alors appropriée au rétablissement de l'état normal. Ainsi les fluides qui n'ont pas la propriété d'exciter suffisamment la muqueuse bucco-pharyngienne, soit pour changer le mode d'irritation, soit pour augmenter l'activité des sécrétions salivaire et perspiratoire, ceux dont l'influence dépasserait les bornes de cette excitation, peuvent bien, après leur absorption, satisfaire le besoin qui fait naître la soif, mais ils sont incapables de calmer directement cet appétit. Il ne faut jamais perdre de vue que les boissons déterminent plutôt ce dernier effet en rétablissant les sécrétions dont nous venons de parler, qu'en humectant artificiellement la muqueuse de la bouche et du pharynx; aussi les solutions mucilagineuses, gommeuses et sucrées, loin de faire disparaître le sentiment que nous étudions, servent quelquefois à le provoquer. C'est par la même raison que l'eau pure et que tous les fluides à la température de nos tissus ne désaltèrent que très-imparfaitement, tandis que les boissons froides et surtout l'eau faiblement aiguisée par un acide, ou légèrement animée par l'alcool, remplissent entièrement cet objet; on conçoit également, d'après ces principes vrais, pourquoi l'eau chaude affaiblit davantage la soif que l'eau tiède, en changeant la nature de la sensation ; enfin, pourquoi la même quantité de liquide fait bien mieux disparaître cet appétit en effectuant la déglutition d'une manière lente et soutenue. D'un autre côté, les fluides qui présentent ces dispositions nécessaires, mais qui n'offrent pas une suffisante proportion d'eau, peuvent tromper, suspendre la soif, mais sont incapables de la détruire, laissant exister le besoin dont elle présente incessamment la manifestation ; le vin pur, les sirops, l'éther, les liqueurs, l'alcool, etc., nous en fournissent des exemples.

Dans le troisième ordre, — nous rangeons les fluides aqueux directement importés dans le système circulatoire sans avoir primitivement agi sur le siége essentiel de la soif, comme on le voit dans l'administration des bains, des lavements, dans l'application des linges mouillés, dans les injections veineuses, etc. Ces moyens suivent, dans leur action, l'ordre inverse de ceux que nous venons d'énumérer ; ils remplissent d'abord l'indication générale et font taire consécutivement l'appétit local qui servait à sa manifestation. Des expériences de Dupuytren démontrent que l'on peut calmer la soif chez les animaux en injectant dans les veines des fluides appropriés, tels que de l'eau, du lait, du sérum, etc. Pendant ces injections, les chiens qui s'y trouvent soumis exercent des mouvements de déglutition et semblent goûter les substances employées dans l'opération. D'autres expériences de Dumas, répétées par les physiologistes modernes, prouvent également que l'on peut arriver au même résultat en appliquant des linges imprégnés d'eau sur les différents points de la surface cutanée. On conçoit tous les avantages de ces importations lymphatiques dans les dysphagies, l'hydrophobie, la gastrite suraiguë, etc., altérations qui rendent la déglutition des boisssons impossible ou dangereuse. L'absorption dermoïde peut être utilisée dans les voyages maritimes de long cours, lorsque l'eau douce est complétement épuisée, lorsqu'il ne reste pour satisfaire au besoin pressant de la soif que l'eau de mer, assez impotable pour que les matelots, dans ces moments urgents, lui préfèrent l'urine comme boisson. Les vaisseaux absorbants, saisissant dans cette eau marine, surtout ses parties lymphatiques, rendent son emploi beaucoup moins nuisible par cette voie. Ce fut ainsi que l'amiral Anson, pendant une longue navigation dans l'océan Pacifique, sauva presque tout son équipage des horreurs de la soif, en faisant porter à ses hommes des vêtements trempés dans les eaux de la mer.

RÉSULTATS DE LA SOIF NON SATISFAITE. — Le sentiment qui nous avertit du besoin de prendre des aliments liquides offre un siége assez exactement circonscrit dans la muqueuse bucco-pharyngienne ; ce besoin lui-même, lorsque l'appétit n'est pas satisfait, existe dans tout le système circulatoire ; nous devons par conséquent observer deux ordres de phénomènes : les uns locaux, les autres généraux.

Phénomènes locaux. — Le défaut absolu de boissons au milieu de circonstances capables d'effectuer une déperdition considérable des fluides lymphatiques de l'économie vivante, nous fait bientôt éprouver, dans la muqueuse bucco-pharyngienne, un sentiment pénible de chaleur et d'aridité ; les sécrétions salivaire, perspiratoire et folliculaire de ces membranes diminuent progressivement ; elles ne fournissent qu'une matière visqueuse et gluante qui fixe la langue au palais, apporte les plus grands obstacles à l'articulation des sons ; la bouche reste béante comme pour absorber une plus grande quantité d'air qui modère la soif, lorsqu'il est humide et frais, et qui produit des résultats opposés lorsqu'il augmente encore la sécheresse du pharynx. Une rougeur d'abord légère, ensuite plus considérable avec gonflement se manifeste dans cette partie. La déglutition, celle des liquides particulièrement, devient plus difficile, quelquefois même absolument impossible ; alors se manifeste parfois cette hydrophobie qu'il ne faut pas confondre avec la rage dont elle peut seulement devenir un symptôme ; elle n'indique en effet rien autre chose que l'horreur des liquides, sans doute consécutivement aux souffrances déterminées par leur déglutition lorsqu'elle est encore praticable ; l'inflammation de la muqueuse pharyngienne se développe, fait des progrès plus ou moins rapides et se termine le plus souvent par une gangrène mortelle.

Phénomènes généraux. — Lorsque l'abstinence des boissons est prolongée, l'irradiation morbifique s'opère du pharynx actuellement enflammé, vers les différents points de l'organisme, en déterminant dans les appareils des phénomènes sympathiques, ou consécutifs à la privation des aliments liquides. Les fluides circulatoires n'ayant plus rien à céder, toutes les épurations sont à peu près suspendues. L'urine est rare, brûlante et rouge, les perspirations dermoïde et muqueuse presque nulles ; au contraire, l'absorption s'exerce avec beaucoup plus d'énergie sur les membranes et dans les parenchymes ; les fluides sécrétés, même les plus irritants et les plus âcres, tels que la sueur, l'urine, la bile, etc., sont incessamment reportés par les absorbants dans le torrent circulatoire ; de là cette irritabilité constitutionnelle et ces dispositions aux phlegmasies violentes et gangréneuses. L'anxiété générale fait des progrès ; l'impatience devient extrême ; l'exaltation de l'appareil nerveux prend un caractère alarmant ; le regard est menaçant, l'œil rouge, enflammé, la bouche écumeuse, les mouvements brusques, spasmodiques, involontaires ; les facultés intellectuelles sont perverties ; la fièvre ardente se déclare avec délire sombre et furieux ; des convulsions se manifestent par accès, et la mort la plus cruelle vient ordinairement au troisième ou cinquième jour esquisser le dernier trait de ce tableau déchirant. Les expériences de plusieurs bons observateurs et notamment celles d'Orfila, montrent le sang d'autant plus dépouillé de sérum, que la soif s'est prolongée davantage ; nouvelle preuve en faveur de la théorie que nous avons admise relativement à cet appétit. Dumas a trouvé, dans les mêmes circonstances, une espèce de dessiccation des tissus, un épaississement notable des fluides sécrétés ; le sang très-dense, coagulé dans le cœur et les principaux vaisseaux ; d'autres ont rencontré des traces positives d'inflammation dans l'encéphale ou ses annexes, dans le péritoine, les intestins, quelquefois même avec gangrène plus ou moins étendue.

Tous les sujets ne supportent pas également la privation des aliments solides et celle des boissons ; il existe à cet égard des différences très-importantes à noter. Leur exposition générale sous le titre *d'abstinences* fournira des applications utiles à la physiologie pathologique.

ABSTINENCES. — Nous accordons ce titre à la privation absolue d'aliments solides et liquides au delà du temps où la réparation doit naturellement s'effectuer. Il semble d'abord que les sujets les plus robustes et les plus vigoureux doivent supporter cette privation avec moins d'inconvénients ; les faits et le raisonnement ne permettent point d'admettre la réalité de cette hypothèse. Des observations exactes prouvent chez l'homme, des expériences bien dirigées démontrent chez les animaux que les sujets les plus jeunes et les plus forts sont précisément ceux qui succombent les premiers aux horreurs de la faim ; nous en donnons facilement les raisons physiologiques. Ainsi les aliments étant destinés à la réparation des pertes organiques, leur défaut doit être d'autant moins longtemps et moins facilement supporté que ces pertes sont plus abondantes et la nutrition plus active. Or, chez les sujets très-jeunes et très-vigoureux, les mouvements de composition et de décomposition offrent leur plus grand développement ; le besoin de la rénovation matérielle se trouve par cela même plus impérieux et plus difficile à soutenir. Chez les sujets vieux et faibles au contraire, ces pertes étant réduites à leur plus simple expression, les nécessités organiques sont beaucoup moins pressantes et le défaut d'alimentation bien plus supportable. Nous croyons dès lors pouvoir établir en thèse générale, que toutes les circonstances qui déterminent l'activité nutritive et l'accroissement des pertes organiques augmentent le besoin des éléments réparateurs, dont la privation est alors plus promptement nuisible ; tandis que celles qui diminuent la vitalité, les mouvements excrétoires et nutritifs, rendent ce besoin moins urgent et les effets de l'abstinence moins promptement destructeurs. Nous plaçons au nombre des premières la jeunesse, le tempérament sanguin, la force et l'énergie constitutionnelles, la santé, le sexe masculin, l'exercice musculaire, le froid, la sécheresse, les excrétions abondantes, etc.; parmi les secondes, la décrépitude, le sexe féminin, l'état morbide, surtout avec prostration des forces, les tempéraments nerveux, lymphatique, la faiblesse de l'organisme, la vie sédentaire, les chaleurs humides, l'absence des évacuations ordinaires, l'idiotisme, l'imbécillité, la manie, l'hypocondrie, etc. Il est aisé, d'après ces principes, de comprendre les affligeants détails que nous présente la mort de ce malheureux comte Ugolin, et toutes ces nuances de l'agonie qui sont devenues pour le Dante l'objet du plus affreux tableau. Ce père infortuné, victime d'une haine implacable, plongé dans un cachot obscur avec ses fils, sans aucun aliment, les voit successivement périr au milieu des tourments de la faim; les plus jeunes et les plus vigoureux succombent les premiers, il expire lui-même au huitième jour après avoir éprouvé les plus cruels déchirements de la fureur et du désespoir!

Ces vérités physiologiques ne sont pas seulement relatives à l'homme, elles peuvent encore s'appliquer à tous les êtres organisés, depuis le végétal rudimentaire jusqu'au plus compliqué des animaux. Chez ces différents êtres, plus la vie devient obscure, plus longtemps ils supportent l'absence de toute alimentation. Nous voyons des cryptogames demeurer pendant plusieurs années dans un état de mort apparente, éloignés des agents susceptibles de fournir aux frais de leur nutrition, se ranimer ensuite par le concours des circonstances favorables à cette espèce de réveil. Les insectes à l'état de chrysalides, ne faisant aucune perte, n'ont besoin d'aucune réparation. Les animaux à sang froid supportent beaucoup mieux l'abstinence que les animaux à sang chaud; on a vu des serpents, des lézards, vivre au delà d'une année, privés de toute substance alimentaire. Nous devons naturellement rechercher le terme après lequel une abstinence rigoureuse doit entraîner la mort chez l'homme. Les effets destructeurs nécessairement liés à la privation d'aliments appropriés se trouvent subordonnés à des modifications tellement nombreuses qu'il est impossible de résoudre la question d'une manière absolue. On peut avancer toutefois, en général, que dans l'espèce humaine, au milieu des conditions ordinaires de la vie, les sujets périssent du quatrième au douzième jour d'une diète absolue. Nous lisons dans les auteurs beaucoup d'observations d'abstinences prolongées ; mais les sujets qui les ont présentées étaient environnés de circonstances exceptionnelles peu susceptibles de servir à l'établissement d'une règle commune. Voici les faits qui nous paraissent les plus remarquables dans ce genre.

Nous avons observé à l'hôpital de la Salpêtrière des femmes affectées de monomanie, qui passaient vingt-cinq ou trente jours dans une abstinence complète, ne rendant, qu'à des intervalles très-longs, une petite proportion d'urine fétide et rouge, quelques matières fécales desséchées ; ces sujets offraient une perspiration cutanée presque insensible, conservaient une immobilité absolue, ne présentaient pas un amaigrissement très-notable.

Mlle E. L.., dont nous avons soigneusement recueilli l'observation, craignant vers l'âge de quinze ans le développement d'un embonpoint excessif et commun à plusieurs membres de sa famille, prend fréquemmeut du vinaigre pur, détruit insensiblement toutes ses facultés digestives, tombe dans un excès de marasme et d'hypocondrie, demeure quelquefois plusieurs mois sans offrir aucune excrétion, et sans prendre d'autre aliment qu'un peu de sucre ; circonstance qui démontrerait, contre l'opinion de plusieurs physiologistes, que cette substance est nutritive, du moins pour l'espèce humaine, et si la jeune fille n'avait réellement pris aucun autre aliment.

Devilliers, maître en chirurgie au Mans, parle d'un certain Héon Léauté, religieux de la congrégation de Saint-Maur, qui passait la plupart des carêmes sans boire ni manger.

Chaussier rapporte que des ouvriers, ensevelis dans une carrière humide et profonde, vécurent quatorze jours sans aucun aliment. Lorsqu'on parvint à les débarrasser, on trouva chez eux le pouls très-petit, et la chaleur animale sur le point de s'éteindre complétement. Dans le bulletin d'octobre 1814, le même auteur cite l'histoire d'une fille qui vécut onze ans, ne prenant, dit il, aucune substance nutritive. On la trouva sur un lit de paille, maigre, pelotonnée à la manière d'un fœtus. Le curé, les notables du lieu, assurèrent que ce déplorable état avait été la conséquence des travaux les plus pénibles, et surtout d'un amour malheureux.

Fodéré nous apprend qu'un enfant d'Albiac, affecté de dysphagie, passa cinquante-cinq jours sans prendre aucun aliment.

Haller a conservé les observations d'une fille noble, sans fortune, et qui, pour dissimuler sa pauvreté, se nourrit exclusivement pendant soixante-dix-huit jours avec du suc de limon ; d'une jeune personne de Brunswick, livrée pendant quatre ans à l'abstinence la plus complète ; d'une fille de Confolens, qui passa le même temps sans manger ; d'une femme nommée Catherine Binderz, qui vécut pendant neuf ans sans aucune alimentation.

On lit dans le troisième volume des *Mémoires de l'Académie royale des Sciences*, qu'une jeune fille, âgée de quinze ans, exista depuis le 6 décembre 1754 jusqu'au 20 juin 1755 sans prendre aucun aliment, aucune boisson. Elle était chlorotique et d'une extrême faiblesse. Dans le dix-septième volume du même recueil, on parle d'un jeune adolescent qui, pendant deux ans et demi, ne fit usage d'aucune substance réparatrice ; d'une veuve qui, tombée dans une mélancolie profonde après la perte de son époux, ne prit, pendant six ans, qu'un peu de lait, immédiatement rendu par le vomissement.

Dans les *Mémoires de la Société royale d'Édimbourg*, on cite l'histoire d'une femme valétudinaire qui put exister pendant cinquante ans ne prenant absolument que de l'eau pure et du petit lait.

Le *Narrateur de la Meuse*, août 1826, rapporte que Marie Herbelot, âgée de vingt-six ans, d'une belle constitution, issue de parents pauvres, demeurant à Morlay, souffrait depuis quelque temps et paraissait triste. Céphalalgie, renversement des yeux sous les paupières supérieures, convulsions, léthargie profonde. La vie se trouve indiquée seulement par quelques battements du pouls. Cette jeune fille passe deux cent cinquante jours sans manger, boire, parler et changer de position. Les secours de l'art sont infructueux. L'acuponcture et même le moxa ne produisent aucune douleur. Le 15 juillet 1826, soupirs, mouvements légers ; Marie, dans quelques phrases mal articulées, fait entendre que le jour de l'Assomption, à six heures, elle se lèvera, suivra la procession. Elle accomplit cette promesse au milieu de cinq à six cents curieux ; refuse des aliments, affirme qu'elle n'en prendra que le 20 août. Depuis le 8 septembre 1825 jusqu'au 26 août 1826, cette malade ne fait usage d'aucune substance nutritive ; on l'a surveillée pendant ce temps avec la plus scrupuleuse attention.

La raison n'admet pas d'abord d'aussi étranges exceptions aux lois naturelles qui régissent les êtres vivants. Toutefois, avec un peu de réflexion on conçoit, même chez l'homme, que les absorptions muqueuse et dermoïde susceptibles d'importer une grande quantité de matériaux atmosphériques dans le torrent circulatoire, comme on le voit chez les diabétiques par exemple, peuvent suffire aux frais de la réparation et de la vitalité pour ces cas où l'homme rentre dans les conditions obscures du végétal. Haller nous fait judicieusement observer à cette occasion que les sujets de ces exceptions remarquables étaient, pour le plus grand nombre, du sexe féminin, mélancoliques, hystériques, maniaques, insensibles, léthargiques ou stupides, etc., que la plupart n'offraient point d'excrétions apparentes, comme on le voit par exemple pour cette Marie Jecnfels qui, pendant une longue abstinence, ne tachait pas même les linges mis en contact avec sa peau.

Après avoir établi dans ces considérations les généralités relatives à la digestion, nous devons étudier en particulier les phénomènes qui la constituent par leur ensemble, en les examinant dans les cavités où chacun d'eux vient plus spécialement s'accomplir.

Étude. — Plusieurs auteurs ont admis des digestions *buccale, stomacale, duodénale, intestinale,* etc. C'est mal comprendre l'unité de cette importante fonction. Disons plutôt qu'elle résulte de la succession et de l'ensemble d'un certain nombre de phénomènes tendant vers un but commun, la formation et l'absorption du chyle.

Toute substance alimentaire solide, pour servir à la réparation organique, doit être : *explorée, prise, triturée, insalivée, avalée, chymifiée, chylifiée, absorbée* dans sa partie nutritive, *rejetée* dans ses éléments excrémentitiels, etc.; de là chez l'homme et chez les animaux supérieurs, tous les phénomènes digestifs : *exploration des aliments, préhension, mastication, insalivation, déglutition, chymification, chylification, absorption, défécation.*

Ces divers phénomènes s'effectuant dans une série de cavités dont l'ensemble forme le canal sinueux étendu chez les animaux, de la bouche à l'ouverture anale, sous le titre de *conduit intestinal,* nous pensons qu'il est en même temps méthodique et naturel d'étudier successivement chacune de ces cavités alimentaires et les différents actes digestifs qui leur sont plus spécialement confiés. En les considérant sous ce point de vue physiologique, nous fixons à six le nombre de ces cavités et nous classons de la manière suivante les phénomènes qui leur sont propres. CAVITÉS : 1° *buccale.* — Exploration, préhension, mastication, insalivation ; 2° *Pharyngo-œsophagienne.* — Déglutition ; 3° *Gastrique.* — Chymification ; 4° *Duodénale.* — Chylification ; 5° *Intestinale grêle.*— Absorption chyleuse ; 6° *Intestinale.* — Défécation.

1° **Cavité buccale.** — Στόμα des Grecs, *os* des Latins, elle nous offre la première cavité digestive, fermée à l'extérieur par les lèvres, et du côté du pharynx, au besoin, mais assez incomplétement, par le voile du palais.

Quatre phénomènes préparatoires vont s'y manifester :

exploration, préhension, mastication, insalivation des aliments ; et comme appareil nécessaire à l'accomplissement de ces phénomènes : les lèvres, la langue, les deux mâchoires armées de leurs dents au nombre de trente-deux ; six glandes salivaires dont les conduits s'ouvrent dans la bouche, mêlant ainsi la salive aux produits sécrétés par la membrane muqueuse qui tapisse entièrement cette cavité ; des muscles volontaires nombreux et très-diversifiés complètent les dispositions remarquables de cet appareil.

Exploration. — Nous désignons par ce terme l'examen auquel presque tous les animaux soumettent les substances nutritives pour juger, sous ce rapport, leurs caractères utiles ou dangereux. La gustation, évidemment notre premier moyen dans cette exploration, n'est pas le seul que la nature ait mis à notre portée ; l'odoration, le toucher, la vision s'y trouvent également employés. Il ne suffit point aux aliments, pour mériter entièrement ce titre, de présenter les matériaux essentiels à la réparation, ils doivent encore offrir des caractères et des modifications susceptibles d'exciter agréablement les sens indiqués. Cette vérité, que démontre l'expérience de chaque jour, signale toute l'importance de l'exploration comme phénomène digestif, appartenant aux animaux les plus stupides comme aux plus intelligents, et se trouvant dès lors au nombre des actions instinctives directement liées à la conservation individuelle.

Chez les animaux supérieurs, les aliments ne sont pris avec plaisir qu'après avoir déterminé des impressions agréables sur le toucher, la vue, l'odorat et le goût. Lorsqu'ils affectent péniblement l'un de ces moyens d'exploration, ils sont aussitôt repoussés, en supposant même la perfection de leurs qualités nutritives. Présentez au cheval une eau limpide, mais imprégnée d'une odeur empyreumatique ou rance, il refusera cette boisson lors même qu'elle serait indiquée par un besoin assez pressant : offrez-lui du pain, qu'il aime naturellement beaucoup, mais après l'avoir imprégné de quelque matière grasse, l'animal flaire cet aliment et le rejette avec dégoût.

Ne voyons-nous pas dans une prairie le ruminant distinguer instinctivement la plante vénéneuse de l'herbe nutritive ?

Toutefois n'accordons pas à ces facultés exploratrices des animaux, une prédominance trop marquée sur celle de l'homme ; en effet, si dans l'état de civilisation plus spécialement il apprend à connaître plutôt par tradition que par instinct les substances délétères et celles qui peuvent lui servir d'aliments, si le jeune enfant sans expérience commet sous ce rapport des erreurs graves, les animaux ne sont pas toujours affranchis de ces funestes illusions ; nous voyons les plus avantageusement organisés prendre avec avidité le poison caché sous une forme séduisante et perfide. Ajoutons dès lors que ces organes explorateurs, utiles pour faire apprécier les qualités des aliments, sont d'autant plus parfaits que l'homme se trouve moins éloigné de la nature, et présentent chez les animaux plus de sûreté dans les résultats de leur action, sans jamais arriver à cette infaillibilité qui permettrait de reconnaître les aliments et les poisons indépendamment des modifications sous lesquelles on peut les déguiser.

Le *tact* juge la densité, la consistance, la température de l'aliment ; la *vue* en apprécie le volume, la forme, la couleur. On sentira toute l'influence de cette exploration si l'on considère que l'aspect d'un mets agréable suffit pour exciter l'appétit et provoquer une émission salivaire abondante ; que la vue d'une substance nutritive dégoûtante excite la répugnance la plus invincible, provoque même quelquefois le vomissement.

L'*odorat*, plus directement lié par sa position à l'appareil digestif, reconnaît le parfum des aliments, et suivant qu'il est affecté péniblement ou d'une manière agréable, détermine plus positivement encore l'éloignement ou l'appétit.

Le *goût*, dont nous décrirons l'appareil en traitant des sens, et qui réside plus spécialement dans les deux tiers antérieurs de la muqueuse linguale, effectue surtout l'exploration des substances alimentaires en nous permettant d'apprécier leurs différentes saveurs. Il suffit, pour connaître l'importance de cette sensation relativement à l'élaboration digestive, d'observer les résultats que ses modifications impriment à la chymification. Réal Colomb nous apprend que le fameux Lazare, entièrement privé de la faculté gustative, mangeait indifféremment du charbon, du vieux cuir, du pain, etc. A l'exemple des sauvages de la Nouvelle-Calédonie, on le voyait souvent lester son estomac avec de l'argile. A l'autopsie du sujet, Colomb trouva que les nerfs linguaux, au lieu de parvenir à l'organe du goût, se réfléchissaient vers l'occiput ; preuve assez positive du siége de la sensation gustative dans ces derniers nerfs. La pathologie nous offre également partout l'expression de ces rapports fonctionnels. Ainsi, lorsque l'estomac présente le siége d'un reflux biliaire, d'un embarras muqueux, la langue se couvre d'un enduit blanc ou jaunâtre, le goût se déprave ou même se détruit. Le second de ces organes est-il au contraire agréablement excité, l'appétit s'éveille, la chimyfication devient plus facile et plus parfaite. Dans le premier cas nous observons l'influence de l'estomac sur l'organe du goût pour nous avertir des graves inconvénients de l'ingestion alimentaire ; dans le second, celle de l'organe du goût sur l'estomac pour le disposer favorablement à l'élaboration dont il est chargé.

Ces vérités senties, même dans l'état de nature, sont faussées quelquefois, par excès d'application, chez les peuples civilisés. Ainsi nous voyons, dans la plupart des nations, l'art culinaire s'attacher beaucoup plus à flatter les sens explorateurs par l'élégance de la forme, l'agrément du coloris, la suavité de l'odeur, la délicatesse et la finesse de la saveur, qu'à seconder immédiatement l'élaboration digestive par la convenance et la simplicité de ces préparations. Toutefois, employées dans la mesure convenable, elles offrent le grand avantage en excitant agréablement ces organes d'exploration alimentaire, de rendre l'appétit plus vif, l'insalivation plus abondante, la mastication plus active, de prédisposer l'appareil digestif et de le monter au ton suffisant à l'importante fonction qu'il doit exécuter.

Préhension.— Nous désignons, par ce terme, l'action de saisir les substances alimentaires et de les porter dans la cavité digestive où doivent s'effectuer leurs premières élaborations ; on caractérise encore l'ensemble de ces phénomènes par l'expression de *manger*, lorsqu'il s'agit des aliments solides, et par celle de *boire*, lorsqu'on veut parler des aliments liquides. La préhension offrant des caractères particuliers dans ces deux cas, nous l'étudierons isolément pour chacun.

Aliments solides. — Il n'existe point d'organe spécialement affecté à ce genre de préhension, et dans la série des animaux nous voyons chaque espèce différente saisir les aliments à sa manière. Le cheval et presque tous les solipèdes emploient à cet usage les lèvres qui chez eux présentent beaucoup de force. Les ruminants et plusieurs autres font agir la langue ; ainsi le bœuf paissant forme, avec cet organe, un crochet qui embrasse l'herbe et la porte sous les arcades dentaires. Le caméléon se sert également de sa langue disposée, sous ce rapport, d'une manière bien remarquable ; grêle, dépassant la longueur du corps, terminée par une ventouse, renfermée dans la bouche pendant l'inaction, elle est projetée sur l'insecte ou le corpuscule dont ce reptile doit se nourrir. Les carnassiers, tels que le chien, le loup, le renard saisissent et déchirent avec les dents leurs substances alimentaires. Les oiseaux font usage de leur bec, dont la force et la disposition sont appropriées au régime de ces animaux. Quelques-uns même, tels que le perroquet, emploient leurs pattes comme organe de préhension. L'éléphant s'empare avec sa trompe des corps dont il veut se nourrir ; un doigt terminal s'applique à ces corps, et l'instrument, en même temps si fort et si flexible, se courbe inférieurement et les porte avec une adresse admirable sous les organes masticateurs. Chez un assez grand nombre d'animaux claviculés, chez le singe, l'écureuil, etc., c'est avec les pattes antérieures que les aliments sont introduits dans la cavité buccale ; chez quelques-uns même des premiers, on rencontre une *queue prenante*, susceptible de servir d'accessoire aux membres thoraciques pour l'exécution de cet acte digestif. Dans l'espèce humaine, les substances nutritives sont importées avec la main, instrument aussi parfait sous le rapport de la préhension, que sous celui du toucher; la disposition du membre dont elle forme l'extrémité libre est tellement appropriée à ce phénomène, que d'après l'inclinaison présentée par la poulie articulaire de l'humérus, la main se trouve directement portée à la bouche par la flexion naturelle de l'avant-bras sur le bras.

ALIMENTS LIQUIDES. — Considérée chez les animaux, la préhension des boissons nous offre également, dans chaque espèce, des particularités assez remarquables. Ainsi le cheval, le bœuf, et la plupart des herbivores boivent avec inspiration, faisant le vide presque parfait dans la bouche, après l'avoir plongée par son ouverture labiale dans la couche superficielle du fluide à saisir. Le chien, le chat et le plus grand nombre des carnivores forment avec leur langue, naturellement large, aplatie, un godet qui se remplit du liquide, se retire dans la bouche par un mouvement rapide, verse la boisson dans cette cavité, s'allonge, s'aplatit, se creuse de nouveau pour effectuer la même importation ; d'où résulte un claquement particulier qui fait donner à cette manière de boire le nom de *laper*. C'est encore au moyen de sa trompe que l'éléphant aspire les boissons pour les verser ensuite par expiration dans la bouche et les soumettre à la déglutition qui fait entendre un bruit analogue à celui que produit un fluide en tombant dans les profondeurs sinueuses d'un vaste canal métallique. Les naturalistes ont souvent répété que plusieurs animaux, le chameau par exemple, jouissaient de la faculté précieuse de pouvoir mettre une certaine quantité de boissons en réserve dans les deux sacs naturellement disposés chez eux, près du pharynx, et surmonter ainsi le tourment de la soif en parcourant les vastes déserts que des caravanes leur font traverser. Nous pensons qu'il est plus physiologique d'attribuer l'avantage réel que nous signalons, au grand développement de l'appareil salivaire chez ces animaux. Chez l'homme, cette préhension des aliments liquides peut s'effectuer de trois manières : *Par infusion, par projection, par succion.* Nous devons étudier chacune de ces modifications.

Infusion. — Dans ce mode, nous saisissons, avec la main, le vase qui contient la boisson; nous en plaçons le bord entre les lèvres; la langue s'y applique, se creuse transversalement, s'abaisse de la pointe à la base, de manière à former une gouttière en plan incliné de l'ouverture labiale au pharynx. En élevant par degrés le vase ainsi disposé, la liqueur s'écoule et descend jusqu'à l'arrière-bouche par son propre poids. Pour l'homme sorti de la première enfance, on doit considérer ce mode comme le plus naturel et le plus souvent employé chez les peuples civilisés.

Projection. — Dans cette circonstance, la base de la langue se gonfle et s'élève, tandis que le voile du palais s'abaisse; il en résulte momentanément l'occlusion de l'ouverture bucco-pharyngienne; la tête est fortement portée en arrière, les lèvres et les mâchoires se trouvent dans un grand écartement. Les choses ainsi disposées, nous élevons au-dessus de la bouche un vase rempli de boisson que nous laissons tomber de tout son poids dans cette cavité dont elle frappe les parois postérieures. Lorsqu'une certaine quantité de fluide s'y trouve accumulée, nous la faisons passer dans le pharynx par une déglutition rapide. Le voile du palais et la base de la langue, déplacés dans ce mouvement instantané, reprennent aussitôt leur première situation pour s'abandonner de nouveau pendant la déglutition qui va suivre. Il est aisé de sentir combien cette préhension des boissons devient pénible et difficile à soutenir, en conséquence des efforts auxquels doivent se livrer les muscles de la langue et ceux du voile palatin, dans la violente succession de ces mouvements opposés. Aussi la projection ne peut-elle être supportée pendant longtemps en raison de l'extrême lassitude qu'elle produit bientôt dans les muscles indiqués, et la voyons-nous exclusivement employée sous le titre de *régalade* par les buveurs de profession dans leurs instants de gaieté bachique.

Succion. — Elle désigne toujours l'introduction des boissons dans la cavité buccale après la formation d'un vide plus ou moins parfait dans cette même cavité. Ce vide pouvant être effectué, soit par le refoulement de l'air dans les bronches, soit par une disposition linguale particulière, nous distinguerons deux espèces de succion : *Par aspiration, par action de la langue.*

Succion par aspiration. — Le vide se trouve alors opéré dans toute la cavité buccale avec impossibilité de continuer l'exécution des phénomènes respiratoires. Pour faire bien comprendre ce genre de succion, nous en exposerons avec ordre les actions successives. Supposons qu'elle s'exerce au moyen d'un tube, et sur des fluides contenus dans un vase ouvert supérieurement ; nous plongeons dans ces fluides l'une des extrémités du tube, nous embrassons l'autre au moyen des lèvres qui s'y appliquent de manière à fermer tout passage à l'air, dont l'entrée par les fosses nasales est même empêchée, le voile palatin se relevant sur l'ouverture pharyngienne de ces conduits. Nous attirons alors dans les bronches, par une forte inspiration, l'air qui remplissait le tube et la cavité buccale, un vide plus ou moins parfait se trouve dès lors effectué dans l'un et dans l'autre, la liqueur n'éprouvant plus aucune pression de ce côté obéit à celle de l'atmosphère, monte successivement dans le tube et dans la bouche pour se trouver ultérieurement soumise à la déglutition. Lorsque cette aspiration des fluides s'opère au moyen des lèvres immédiatement appliquées à ces derniers, on la désigne par l'expression vulgaire de *humer.* Ce genre de préhension offre des caractères qui lui sont propres et qui ne permettent point de le confondre avec la succion par action de la langue.

Pendant la succion *par aspiration* les joues sont refoulées et rentrées dans la cavité buccale sous le poids de l'air atmosphérique ; il est absolument impossible de respirer. Si l'on opère sur le mercure, au moyen d'un tube de plusieurs lignes de diamètre, d'un ou deux pieds de longueur, il est presque impossible de faire monter ce métal au delà de trois pouces, le poids de la colonne qui s'élève devant répondre exactement à celui de la masse d'air engagée dans les bronches par une forte inspiration. On pourrait utiliser ce moyen comme agent explorateur de la capacité pulmonaire chez les divers individus, ou chez le même sujet relativement aux états normal et pathologique. Ainsi, faisant inspirer le plus fortement possible avec un tube gradué, l'élévation du mercure, dans ce *pneumomètre*, indiquerait positivement les dimensions actuelles des cavités bronchiques.

Succion par action de la langue. — Les physiologistes comparent, dans cette circonstance, l'action de la bouche à celle d'une pompe aspirante dont sa cavité représente le corps, et la langue, le piston ; ils en expliquent ainsi le mécanisme dans les circonstances que nous venons de supposer : « La langue touchant d'abord l'extrémité supérieure du tube, se retire de sa pointe à sa base, il en résulte un vide pour la partie antérieure de la bouche et pour ce tube, la même action étant répétée un assez grand nombre de fois, le vide s'effectue progressivement et la liqueur parvient à la bouche sous l'influence de l'air extérieur qui presse de tout son poids. » Il nous semble difficile d'admettre cette explication, du moins pour les circonstances les plus naturelles et les plus communes. En effet, il est peu rigoureux de comparer la bouche à une pompe aspirante ; d'un autre côté, si le vide se trouvait ainsi pratiqué dans toute la partie antérieure de cette cavité, les joues seraient enfoncées, la respiration suspendue, l'ascension du mercure très-bornée, les principales dispositions rentreraient à peu près dans celles que nous avons signalées pour la succion par inspiration, tandis que nous les verrons bientôt absolument opposées. Il suffit d'ailleurs pour dissiper tous les doutes à cet égard, de placer le doigt dans la bouche et d'exercer la succion que nous étudions ; on s'apercevra bientôt que la langue touche, embrasse même ce doigt et ne l'abandonne point pendant l'accomplissement du phénomène que nous décrirons actuellement d'après les faits et l'observation.

Pour mieux saisir le mécanisme de la succion par action de la langue, supposons le cas le plus ordinaire de son exercice, la présence d'un enfant à la mamelle, et suivons la nature dans l'exécution des mouvements qui vont s'effectuer. Le mamelon est embrassé par les lèvres et par l'extrémité libre de la langue disposée en forme de gouttière ; cet organe appliqué à la voûte palatine dans le reste de son étendue, s'en détache par son milieu tandis que ses bords y restent fortement accolés ; un vide est fait dans cette petite cavité palato-linguale n'offrant aucun accès à l'air extérieur ; l'extrémité du mamelon qui s'y trouve renfermée n'étant plus soumise à la pression atmosphérique dont l'action se fait sentir sur la glande mammaire, le lait coule naturellement dans cette cavité ; lorsqu'elle est remplie, la langue s'abaisse par sa base, et s'appliquant à la voûte palatine, de sa pointe vers cette extrémité, pousse le lait dans le pharynx où ce fluide est soumis à la déglutition. Un nouveau mouvement de succion s'effectue d'après les mêmes lois.

Dans la succion par action de la langue, les joues ne sont point déprimées, le vide n'étant pas effectué dans toute la bouche, mais seulement dans la petite cavité produite par l'éloignement de la face linguale supérieure et de la voûte palatine ; la respiration continue librement, en raison de la facilité que présente la circulation de l'air par les fosses nasales. On pourrait, avec beaucoup d'efforts, obtenir l'ascension du mercure à vingt-huit pouces, le vide à peu près parfait se trouvant opéré, comme dans la machine pneumatique, par la répétition de ces mouvements. On conçoit aisément l'obstacle qui s'oppose à ce genre de succion dans le vice congénial désigné par le terme de *filet*, puisque, retenue par ce frein, la langue est incapable de saisir le mamelon et de s'appliquer au palais ; si la succion s'effectuait chez le nouveau-né par aspiration, l'excessive longueur du frein n'y mettrait plus aucun obstacle.

Mastication. — La mastication des Grecs, μάσησις, de μαστιχάω, broyer ; *manducatio* des Latins, doit être définie : *la trituration des aliments solides par l'action des organes masticateurs.* Ce phénomène digestif n'est pas commun à tous les animaux ; ainsi les zoophytes, les lépidoptères, plusieurs espèces de vers, etc., ingèrent les substances nutritives sans leur faire éprouver aucune élaboration préparatoire. Chez l'homme, c'est particulièrement au moyen des mâchoires qu'elle s'effectue ; la langue, les lèvres, les parois buccales n'y contribuent que d'une manière accessoire. On conçoit dès lors que chez ce dernier elle ne se fait pas toujours avec perfection. En effet, dans l'enfance, avant l'éruption des dents, vers la décrépitude, après leur chute plus ou moins entière, les mâchoires sont incapables de diviser, déchirer et broyer les substances alimentaires ; aussi, comme nous le verrons, à ces deux extrêmes de la vie, choisissons-nous instinctivement, parmi les éléments réparateurs, ceux qui n'ont pas besoin de cette modification préliminaire.

Appareil. — Assez compliqué chez l'homme, il se compose de deux ordres d'organes les uns passifs, les autres actifs.

Organes passifs. — Ils sont représentés par les deux mâchoires, σιαγόνες des Grecs, *maxillœ*, *mandibulœ*, des Latins, parties osseuses mobiles déterminant l'ouverture de la bouche par leur écartement ; présentant deux courbes paraboliques avec lesquelles s'articulent toutes les dents. De ces deux mâchoires, l'une supérieure ou *syncranienne* se confond dans l'ensemble des os de la face, et n'offre de mouvements que ceux qu'elle partage avec la tête ; l'autre inférieure ou *diacranienne*, est formée par un seul os articulé avec la base du crâne, jouissant d'une mobilité particulière. La première offrant une courbe plus étendue, embrasse ordinairement la seconde ; celle-ci représente un levier coudé postérieurement, appartenant à *l'interpuissant* ou du troisième genre. Les mâchoires sont creusées dans leur bord libre d'une série de cavités nommées *alvéoles*, et servant à l'implantation des dents qui doivent plus spécialement nous occuper comme agents essentiels de la mastication.

Les dents. — On nomme ainsi des petits os de forme variable, articulés par gomphose avec les maxillaires. Ces os, quelle que soit leur espèce, offrent toujours deux parties distinctes, la *racine* et la *couronne*. La *racine* est conoïde, présente au sommet un orifice par lequel passent les artères, les nerfs, les veines, et peut-être des vaisseaux lympathiques destinés à la dent. Une membrane muqueuse en revêt la cavité qui se prolonge dans la couronne et contient une matière pulpeuse à laquelle on donne le nom de *phanérine*, en la comparant à celle qui se rencontre chez les oiseaux dans le bulbe des plumes. La *couronne*, de forme variée, blanche, luisante, se trouve entièrement recouverte par une sorte de vernis inorganique, désigné sous le terme *d'émail;* altérable par le frottement, destructible, ne se reproduisant jamais; fortement attaqué par les acides concentrés, par le sulfurique plus spécialement ; offrant avec plusieurs un phénomène assez extraordinaire, l'éveil d'une sensation pénible connue sous le nom vulgaire *d'agacement;* disposition neutralisée par un autre acide, comme on le voit en mâchant de l'oseille après avoir développé cet agacement par l'usage des fruits acerbes, tels que les cerises, les raisins, etc., avant leur maturité. Chez l'homme adulte, le nombre des dents est ordinairement de trente-deux, seize pour chaque mâchoire. Ce nombre est susceptible de varier par excès, lorsque toute la première dentition ne disparaît pas à l'invasion de la seconde ; par défaut, lorsque l'ensemble des germes n'est pas complet, ou que plusieurs sont restés sans développement au fond des alvéoles. D'après la forme de la couronne surtout, on distingue les dents en quatre espèces qui sont pour chaque mâchoire d'avant en arrière : Quatre *incisives* aplaties dans ce même sens, terminées par un biseau tranchant, offrant une seule racine et servant à couper les aliments. Deux *lanières,* vulgairement nommées *canines,* dont la racine est unique, longue, forte, la couronne pyramidale, employées surtout à déchirer. Quatre *petites molaires* offrant une couronne à peu près cylindrique surmontée par deux tubercules, ordinairement deux racines, servant à broyer. Six *grosses molaires* dont la couronne est cuboïde, garnie de quatre ou six tubercules, présentant des racines dont le nombre varie de deux à six ; les dernières sont encore nommées *dents de sagesse.* Elles servent toutes à la trituration des aliments. Il existe ordinairement pour chaque sujet, à des époques déterminées, deux éruptions différentes que l'on désigne par les termes de *première* et de *seconde dentition*.

Première dentition. — Elle commence ordinairement du sixième au huitième mois avec quelques exceptions : ainsi Louis XIV naquit avec quatre incisives. Nous avons observé plusieurs enfants, d'ailleurs très-forts, et qui n'en présentaient encore aucune apparence vers la fin de la deuxième année. On peut établir ainsi l'ordre de cette éruption. A six ou huit mois deux incisives à la mâchoire inférieure ; quelques jours après, deux à la supérieure ; un ou deux mois plus tard, les quatre dernières incisives ; à la fin de la première année, les quatre lanières ; au complément de la deuxième, les huit petites molaires ; de trois à six ans, quatre grosses molaires ; total vingt-quatre dents, nombre ordinaire de celles qui paraissent à la première dentition.

Seconde dentition. — Elle commence de sept à neuf ans, est caractérisée par la disparition des premières dents qui tombent dans un ordre semblable à celui de l'éruption, et qui se trouvent remplacées, d'après le mécanisme que nous allons indiquer, par d'autres dents plus fortes et plus nombreuses. Les nouveaux germes, situés au fond des alvéoles, exercent en se développant des efforts continuels sur les racines des premières dents ; les vaisseaux et nerfs qui s'y rendent sont comprimés, oblitérés et détruits ; ces dents meurent et deviennent des corps étrangers qui s'usent par leurs racines, tant sous l'influence du frottement et de la pression des germes sous-jacents, que de l'absorption déterminée par ces modifications physiques. Dès lors sans appui, les premières dents vacillent, tombent ou sont extraites avec facilité, se trouvant à peu près exclusivement réduites à la couronne. La réalité de ce mécanisme est entièrement démontrée par l'observation. En effet, si les germes de la seconde dentition n'attaquent pas directement le sommet des racines de la première, comme on le voit plus souvent pour les incisives et les lanières qui sont *uniformes*, la dent nouvelle glisse à côté de l'ancienne, qui dès lors conserve son intégrité ; l'une et l'autre persistent ; celle dont l'éruption s'est effectuée le plus récemment soit en dedans, soit en dehors de l'arcade alvéolaire, prend le nom de *surdent*. Si d'après ces dispositions l'avulsion de l'une des dents est jugée nécessaire, c'est toujours celle de la première dentition qu'il faut arracher ; on trouve alors sa racine entière, ou seulement usée latéralement dans le point où s'effectuait la pression du nouveau germe. On conçoit dès lors combien il est important d'extraire les premières dents pour faciliter l'éruption des secondes, et l'on explique aisément toutes les irrégularités qui peuvent se rattacher à ce défaut de précaution. A huit ou neuf ans, les vingt-quatre dents primitives sont ordinairement remplacées. Quatre nouvelles grosses molaires paraissent ; le nombre est alors de vingt-huit. Enfin de quinze à vingt ans, parfois beaucoup plus tard, les quatre dernières, nommées *dents de sagesse*, élèvent ce nombre à trente-deux, et deviennent ainsi le complément de la dentition dans l'espèce humaine.

ORGANES ACTIFS. — Nous renfermons dans cette catégorie les muscles employés à mouvoir l'une et l'autre mâchoire. La supérieure, suivant tous les déplacements de la tête, présente pour agents de son élévation et de son abaissement tous ceux qui déterminent l'extension ou la flexion de cette partie. L'inférieure au contraire, jouissant d'une grande mobilité dans tous les sens, offre des muscles propres. Ainsi les *masséters* et les *temporaux* sont des élévateurs puissants en raison du nombre de leurs fibres et de leur direction perpendiculaire au levier sur lequel est effectuée cette action ; les *digastriques*, les *génio-mylo-hyoïdiens*, etc., deviennent abaisseurs ; *les ptérygoïdiens* opèrent horizontalement la diduction latérale et les mouvements d'avant en arrière.

L'appareil de la mastication ainsi constitué dans l'homme, nous présente, chez les animaux, plusieurs modifications importantes. Il est tellement essentiel à la première élaboration des aliments, qu'on le rencontre dans presque toute la série. Si nous en exceptons en effet les polypes, les acéphales, plusieurs espèces de vers, etc., tous les sujets de ce règne offrent des mâchoires ou des organes qui les remplacent. Plusieurs *gastéropodes*, les limaces par exemple, ne présentent que la supérieure. Les *mollusques*, les *céphalopodes* en ont deux qui se trouvent placées verticalement et se meuvent dans la direction transversale. Plusieurs insectes en présentent quatre également latérales. Quelques *échinodermes*, les *oursins* entre autres, en offrent jusqu'à cinq. Pour les animaux vertébrés, on rencontre toujours deux mâchoires horizontales, superposées et qui se meuvent dans le sens vertical. Chez les *oiseaux*, elles sont représentées par le bec offrant lui-même des formes très-variées. Dans le plus grand nombre des *reptiles*, elles jouissent à peu près d'une égale mobilité ; disposition qui donne aux serpents la faculté d'introduire dans leurs cavités digestives des animaux entiers dont le volume paraît supérieur à celui de ces *ophidiens*. Chez tous les *mammifères*, la mâchoire inférieure jouit seule d'un mouvement particulier.

Les dents sont remplacées chez les *oiseaux* par deux productions cornées, à bords plus ou moins tranchants, unis aux mâchoires osseuses. Chez les *reptiles* vénimeux, outre les dents employées à la mastication, et qui s'implantent jusque sous la voûte palatine, deux autres placées antérieurement, sont mobiles, canaliculées, s'érigent par l'action d'un muscle particulier, offrent à leur base une vésicule membraneuse contractile qui sécrète le venin et le dépose dans la plaie faite par l'animal. Pour les *poissons*, nous observons également des variétés nombreuses depuis l'esturgeon qui n'offre pas une dent, jusqu'au brochet, au saumon qui s'en trouvent pourvus sur la langue, au palais, dans presque toutes les parties de la bouche. Chez les *mammifères*, elles sont toujours exclusivement fixées dans les alvéoles; des anomalies de la dentition pourraient seules fournir les exceptions à cette règle générale. La forme varie d'ailleurs suivant le genre d'alimentation et les espèces animales. Cher les *frugivores*, elles sont presque toujours aplaties d'avant en arrière, et se rencontrent à la manière des lames de ciseaux, *incisives*. Chez les *carnivores*, elles sont, pour le plus grand nombre, disposées en forme de crochets, *lanières*. Chez les *herbivores* et les *granivores*, elles rentrent en majeure partie dans la forme cubique, *molaires*. Chez *l'homme*, comme nous l'avons déjà dit, ces trois formes se trouvent réunies.

L'appareil moteur présente également des particularités remarquables. Ainsi les élévateurs et les abaisseurs existent chez tous les animaux à mâchoires horizontales ; nous trouvons sur un assez grand nombre les diducteurs ou ptérygoïdiens ; ils offrent un développement considérable surtout chez les granivores, les herbivores, et plus spécialement encore chez les ruminants. Une opposition assez constante se rencontre presque toujours entre l'énergie des puissances qui déterminent les mouvements horizontaux, et celle des agents affectés aux mouvements verticaux. D'un autre côté, nous voyons ordinairement coïncider les dispositions suivantes : profondeur marquée des cavités glénoïdes, saillie des condyles, solidité de l'articulation temporo-maxillaire, prédominance des dents incisives et lanières, force des muscles élévateurs ; dispositions propres aux carnivores ; excavation superficielle des fosses glénoïdes, aplatissement des condyles, grande laxité de cette articulation, prédominance des dents molaires, supériorité des muscles diducteurs ; modifications particulières aux animaux ruminants. L'homme tient encore le milieu sous ce dernier rapport.

MÉCANISME DE LA MASTICATION. — Quelques physiologistes ont considéré la mastication comme le simple résultat du choc de la mâchoire inférieure sur la supérieure, en comparant ce mécanisme à l'action du marteau sur l'enclume. On peut faire grâce à la trivialité de cette comparaison, mais on ne doit pas en agir ainsi relativement à l'erreur qu'elle tend à consacrer. Il faudrait en effet admettre que la mâchoire supérieure est absolument immobile et passive dans ce phénomène ; supposition gratuite et qu'il devient important d'examiner avec attention. Nous devons, par conséquent, remonter au principe et chercher par quel mécanisme s'effectue naturellement l'ouverture de la bouche, cette question étant devenue l'objet d'une discussion longue et sérieuse entre les physiologistes.

Winslow prétend que la mâchoire inférieure est seule mobile, et que l'ouverture de la bouche se trouve entièrement effectuée par l'abaissement de cet os. Boerhaave, Monro, Pringle, Dessault, Ribes, Ferrein, Bichat et la plupart des physiologistes anciens soutiennent, au contraire, que la mâchoire supérieure s'élève en même temps que l'inférieure s'abaisse, et que du concours de ces deux mouvements résulte l'ouverture de la cavité buccale. On peut aisément résoudre le problème par une simple expérience. Placez une lame de couteau, maintenue dans l'immobilité, entre les arcades maxillaires entièrement rapprochées, ouvrez la bouche dans cette circonstance et vous verrez les deux mâchoires abandonner la lame employée dans cette exploration, qui démontre jusqu'à l'évidence que la plus petite ouverture de la bouche est effectuée par le concours des deux maxillaires pendant leurs mouvements opposés. On peut même apprécier assez exactement l'étendue comparative de ces deux actions, et s'assurer que l'élévation de la mâchoire supérieure est à l'abaissement de l'inférieure : : 1 : 5. De telle sorte que si l'on représente par six degrés l'étendue de l'ouverture buccale, un de ces degrés est fourni par le premier mouvement, les cinq autres par le second.

D'accord sur la réalité de l'élévation du maxillaire supérieur, les auteurs que nous venons de citer ne le sont pas relativement à la puissance qui la détermine, au mode d'après lequel elle s'effectue. Ferrein, Gavard, Bichat, Boyer, considèrent les muscles stylo-hyoïdien et digastrique postérieur comme agents essentiels de ce mouvement ; Monro l'attribue surtout aux muscles splénius et complexus ; Chaussier fait entrer dans ces causes motrices la pression exercée par le condyle sur le temporal dans le sens de l'élévation pendant l'abaissement du maxillaire inférieur. Toutes ces théories, en les isolant, deviennent erronées par exclusion ; elles sont, en les réunissant, l'expression positive de la vérité. La mâchoire supérieure fait corps avec la tête. Celle-ci représente un levier *intermobile* ou du premier genre, dont la face et l'occiput nous offrent les deux extrémités, l'articulation occipito-atloïdienne, le centre mobile. Les mouvements sont ici de bascule de telle sorte que la mâchoire supérieure monte par la dépression de l'occiput, que tous les muscles abaisseurs de ce dernier sont élévateurs de la première, et *vice versâ*.

Les mouvements du maxillaire inférieur n'offrent pas toutes ces divergences d'opinion dans leurs explications. L'abaissement est produit : par le poids de cette mâchoire, comme il est aisé de s'en convaincre, dans la situation verticale, pendant le sommeil où toute influence musculaire est suspendue ; par l'action directe des *mylo-génio-hyoïdiens, digastrique antérieur, paucier* ; par l'influence indirecte de tous les muscles qui du sternum vont se fixer au larynx, à l'os hyoïde. Pour cet abaissement, le maxillaire présente un levier *inter-résistant* ou du second genre, le centre du mouvement se trouvant dans une ligne qui traverserait le col du condyle ; celui-ci roule dans la cavité glénoïde, se porte en devant, tandis que l'angle de la mâchoire se dirige en arrière ; si le mouvement est forcé, la luxation peut s'opérer dans la première de ces directions. La mâchoire inférieure s'élève par la contraction des muscles *masséter* et *temporal* ; pendant ce mouvement, le condyle se porte en arrière et s'enfonce dans la cavité glénoïde. Le maxillaire forme un levier *inter-puissant* ou du troisième genre. C'est alors que s'effectue le choc des deux mâchoires, la supérieure s'abaissant par la prédominance du poids de la tête en devant, les muscles extenseurs de cette partie se trouvant alors dans l'inaction ; ceux qui vont de la face antérieure du rachis à l'occipital, favorisent encore ce mouvement. Il suffit, pour apprécier la force de ce rapprochement, d'observer avec quelle facilité certains bateleurs soulèvent des poids énormes par la seule action des muscles *temporal* et *masséter*. Ces percussions si fréquemment répétées entraîneraient bientôt vers l'encéphale des ébranlements funestes, sans les précautions admirables qu'a prises la nature d'effectuer la décomposition de ce mouvement en multipliant les résistances qui doivent le supporter, en rendant ce choc à peine sensible dans les points où ses résultats auraient produit les plus dangereuses conséquences. Ainsi dans la partie qui correspond aux dents *incisives*, nous trouvons la lame osso-cartilagineuse qui sépare les fosses nasales ; toute résistance était inutile dans ce lieu, puisque les incisives, qui se rencontrent à la manière des lames de ciseaux, divisent des substances molles, sans aucun effort vertical. Au-dessus des dents *lanières*, dont l'opposition est plus directe, et qui déchirent des aliments d'une ténacité plus considérable, sont établies les apophyses nasales capables de mieux supporter un ébranlement, et de le transmettre sans inconvénient à la partie la plus épaisse du frontal. Pour soutenir impunément le choc violent et vertical des molaires destinées à broyer les substances les plus dures, nous rencontrons une triple colonne représentée en devant, par l'os malaire ; au milieu, par l'arcade zygomatique ; en arrière, par l'apophyse ptérygoïde, qui deviennent autant d'arcs-boutants chargés de répartir le mouvement dans toute la périphérie du crâne, et d'affaiblir les effets de sa propagation en les dérivant sur un aussi grand nombre de points différents. A ces mouvements d'élévation et d'abaissement des mâchoires, nous devons ajouter leurs glissements horizontaux soit d'arrière en avant, sous l'influence des *ptérygoïdiens externes* ; d'avant en arrière par celle des *élévateurs* et du *digastrique postérieur* ; soit latéralement, par l'action des *ptérygoïdiens internes*, mouvement encore nommé *diduction*. La succession de ces derniers produit une circumduction très-remarquable chez certains sujets, et qui s'opère exclusivement par les déplacements de la mâchoire inférieure, la supérieure conservant alors une immobilité presque absolue. Coupés, déchirés, broyés par les dents, nos aliments échappent incessamment à l'action de ces dernières, et se porteraient vaguement dans la bouche, sans trituration suffisante, si des organes accessoirement employés dans ce phénomène digestif ne les reportaient incessamment sous les agents essentiels de la mastication. Ainsi les lèvres préviennent leur sortie par l'ouverture correspondante et les ramènent en même temps sous les dents incisives et lanières ; les joues, par la contraction des buccinateurs plus spécialement, rejettent ces aliments sous les molaires ; enfin la langue, dans ses mouvements continuels et diversifiés, les recherche dans toute la cavité buccale pour les soumettre continuellement à la trituration.

Dans cette action mécanique, résultant, comme on le voit, du concours des mâchoires, des lèvres, de la langue et des joues, les substances alimentaires éprouvent un premier degré d'élaboration qui les dispose aux modifications dont nous allons ultérieurement apprécier les résultats. Ce phénomène d'une grande importance est toujours beaucoup trop négligé par les sujets qui prennent l'habitude fâcheuse de l'exécuter avec précipitation, n'étant jamais assez pénétrés de cette grande vérité physiologique : *une bonne digestion suit ordinairement une mastication complète.*

Insalivation. — Nous désignons, sous ce titre, la pénétration des aliments par un fluide spécial nommé *salive.* L'appareil destiné à l'accomplissement de ce phénomène digestif se compose de la membrane buccale, des follicules muqueux et des glandes salivaires. La *membrane buccale*, origine de la muqueuse gastro-pulmonaire, offre, comme toutes les autres parties du même système, une exhalation dont le produit, en apparence lymphatique, est assez analogue à la sérosité. Les *follicules muqueux*, dont cette membrane est abondamment pourvue, s'y rencontrent tantôt isolés, tantôt agglomérés en nombre variable, de manière à former des corps plus ou moins volumineux décrits par quelques anatomistes sous les dénominations très-impropres de *glandes amygdales, molaires, palatines,* etc. Ces follicules élaborent un fluide épais, assez analogue au blanc d'œuf cru, très-albumineux et dési-

gné par les termes de *mucus*, de *glaires*, de *mucosités*, etc.
Les *glandes salivaires*, dont nous exposerons plus spécialement
le travail particulier dans le chapitre des sécrétions, sont chez
l'homme, pour chaque moitié de la face, au nombre de trois,
la *parotide*, la *sous-maxillaire* et la *sublinguale*; elles élaborent un fluide bleuâtre, ténu, albumineux, salin, déposé dans
la bouche par des canaux excréteurs, et que nous étudierons
ailleurs avec détail.

L'ensemble de ces trois produits constitue le *fluide salivaire*
qu'il ne faut pas dès lors confondre avec la *salive* dans l'état
de pureté. Ce fluide composé, pris dans l'espèce humaine, est
visqueux, plus pesant que l'eau distillée, semi-transparent,
écumeux par son agitation dans l'air, inodore, insipide ; Haller
fait observer que ce dernier caractère dépend de l'habitude,
et qu'il n'en serait pas de même si nous goûtions la salive d'un
autre sujet. Les matériaux essentiels de cette humeur sont le
mucus, l'albumine, la soude, les chlorures de potassium et de
sodium, le lactate de soude, le carbonate et le phosphate de
chaux, le carbonate, l'hydrochlorate et l'acétate de potasse et
de soude, qui s'y trouvent dissous dans une grande proportion d'eau. C'est à ce véhicule et plus particulièrement à ces
derniers sels qu'elle doit sa propriété d'effectuer la solution
des aliments. Elle peut, comme nous le verrons dans l'histoire
de cette élaboration, présenter des modifications très-importantes, sous le rapport de ses qualités ou de sa quantité, par
l'action des excitants physiques, chimiques et vitaux, par
l'influence des médicaments, des maladies, etc.

Les aliments, triturés par la mastication, se trouvent imprégnés d'un fluide salivaire d'autant plus abondant que l'appétit
est plus vif, les substances nutritives plus agréables et plus
sapides, l'action des mâchoires plus développée. Ces deux
phénomènes, la *mastication* et l'*insalivation*, sont tellement
liés entre eux dans leur exécution et dans leur objet, qu'il est
impossible de les isoler sans compromettre la perfection de
leur accomplissement. Ainsi pénétrées dans cette première
élaboration, les substances alimentaires acquièrent un aspect

homogène, et d'après Haller un commencement d'animalisation en partageant les conditions vitales du fluide qui s'y
trouve mêlé. Tiedemann semble penser qu'en cédant la matière salivaire, l'albumine et l'osmazôme dont il est composé,
ce même fluide donne à la masse nutritive l'azote qu'elle doit
ultérieurement présenter. Il a démontré par ses expériences
que les aliments dissous dans la salive, étaient plus facilement
et plus complétement digérés que ceux dont l'eau pure cons-
tituait le véhicule. Ajoutons que l'insalivation présente encore
pour avantages, de ramener les matériaux réparateurs vers
une espèce de terme moyen, d'unité digestive, en tempérant
les caractères irritants des uns, en relevant l'insipidité des
autres, en lubrifiant la masse tout entière pour favoriser son
passage dans les cavités où vont s'effectuer des phénomènes
consécutifs. L'utilité de cette pénétration des aliments par le
fluide salivaire est incontestablement démontrée, non-seulement par l'observation physiologique, mais encore par les
faits empruntés à la pathologie. Boherhaave consulté par une
malade arrivée au dernier degré du marasme consécutivement
à l'habitude vicieuse de rejeter incessamment la salive, obtint
une guérison parfaite en conseillant, pour toute médication,
d'avaler désormais exactement cette humeur. On conçoit dès
lors combien d'inconvénients graves suivent l'usage du tabac
à fumer, puisque la salive est tantôt rejetée, perdue par conséquent pour l'élaboration digestive, tantôt avalée, portant
dans l'estomac des principes irritants et narcotiques essentiellement nuisibles à la chymification.

Toutefois, bien que les phénomènes relatifs à cette première
cavité nous offrent beaucoup d'intérêt, il faut cependant les
considérer seulement comme des modifications préparatoires,
et non point comme une digestion même imparfaite, puisqu'il
est impossible qu'elles déterminent la formation d'un atome
de *chyle*, et que la masse alimentaire, jusqu'alors soumise à
l'absorption, serait introduite en nature dans le torrent circulatoire. Du reste cette absorption buccale est possible, c'est
ainsi que l'on voit des gourmets s'enivrer après avoir goûté

beaucoup de vins capiteux sans en ingérer la plus petite partie dans la cavité gastrique.

2° Cavité pharyngo-œsophagienne. — Seconde cavité digestive ne présentant qu'un seul phénomène, la *déglutition*. Cette action transitoire est effectuée par le concours de deux canaux succesifs, le *pharynx* et l'*œsophage*.

LE PHARYNX, φαρυγξ des Grecs, *guttur* des Latins ; *arrière-bouche*, *gorge*, *gosier*, représente un véritable entonnoir musculomembraneux, échancré en devant, complété, dans ce sens, par le larynx ; fixé à l'occipital par l'aponévrose céphalo-pharyngienne. Offrant, comme rapports : *En arrière*, les muscles *longs du col*, *droits antérieurs*, la colonne cervicale. *En devant*, de haut en bas, les ouvertures postérieures des fosses nasales, de la trompe d'Eustache, de la bouche, du larynx, cet organe lui-même. *Latéralement*, les artères carotides primitives, les veines jugulaires internes, les nerfs pneumo-gastriques, les ganglions cervicaux, les muscles latéraux de cette partie. *Supérieurement*, l'apophyse basilaire. *Inférieurement*, l'ouverture pharyngo-œsophagienne. — *Organisation*. Deux membranes constituent les parois du pharynx : l'*extérieure musculeuse* est formée par les trois constricteurs invaginés les uns dans les autres comme trois cornets, l'inférieur embrasse le moyen, celui-ci le supérieur ; un quatrième, nommé d'après ses attaches *stylo-pharyngien*, vient s'épanouir en fibres divergentes sur cette enveloppe charnue qu'il fortifie ; toutes ses fibres musculaires se rendant obliquement vers une ligne moyenne, celluleuse nommée *raphé*. La membrane *intérieure muqueuse* est ordinairement rouge et parsemée d'un grand nombre de follicules. Des artères fournies par la maxillaire interne, la carotide externe, des veines, des vaisseaux lymphatiques, des nerfs émanés du *glosso-pharyngien*, du *pneumo-gastrique*, des ganglions cervicaux supérieur et moyen complètent l'organisation du pharynx.

L'ŒSOPHAGE, des Grecs οισοφαγυς ; de ὀιω, je porte, et de φαγω, je mange, littéralement, *porte-manger* ; *gula* des Latins, est un canal cylindrique, étendu entre le pharynx et l'estomac de haut en bas et de droite à gauche, inférieurement renfermé dans le médiastin postérieur. — *Rapports.* En devant, la trachée-artère, les divisions bronchiques, le rapprochement des plèvres ; *en arrière*, la colonne cervico-dorsale ; *sur les côtés*, les nerfs vagues ; *à droite*, l'artère aorte, la veine azygos. — *Organisation.* Deux membranes, *l'une extérieure musculeuse*, formée presque entièrement de fibres circulaires, dont les contractions s'opèrent indépendamment de la volonté ; *l'autre intérieure muqueuse*, assez mince, naturellement très-pâle, riche en follicules, s'unissent pour constituer les parois de l'œsophage qui reçoit ses artères de l'aorte, ses nerfs du pneumo-gastrique et des ganglions dorsaux.

Cette seconde cavité digestive présente quelques modifications chez les animaux. Ainsi pour les oiseaux le pharynx et l'œsophage offrent seulement plusieurs fibres musculaires éparses ; dans les poissons le premier est à peine distinct du second. Chez les ruminants ce dernier est pourvu de fibres spirales qui peuvent bien servir à la rumination, mais qui n'y sont pas exclusivement affectées, puisqu'on les rencontre également dans le chat, le chien, etc., qui n'exécutent pas naturellement ce phénomène.

Déglutition. — La déglutition, καταποσις des Grecs, *déglutitio* des Latins, est définie : *passage d'une substance solide, liquide ou gazeuse, de la bouche dans l'estomac, par les actions successives et combinées du pharynx et de l'œsophage.* Pour mieux saisir les détails et l'ensemble de ce phénomène compliqué, nous l'étudierons s'effectuant pour l'ingestion d'un aliment solide. Triturées par les mâchoires, imprégnées de la salive, toutes les particules de cet aliment éparses dans la cavité buccale, sont rassemblées par le concours des joues, des lèvres et de la langue plus spécialement ; cet organe en forme une masse plus ou moins volumineuse, arrondie, qu'il presse dans tous les sens ; les fluides onctueux dont elle est pénétrée surgissent à sa surface et la disposent aux glissements qu'elle doit éprouver. L'usage de la salive est ici tellement important, que M. Claude Bernard, dans ses expériences sur les chevaux, a vu la déglutition des aliments solides impossible après la section des canaux excréteurs des principales glandes salivaires. Ainsi disposée, la masse prend le nom de *bol alimentaire*. La langue s'en empare, le place entre sa face supérieure et la voûte palatine, s'applique à celle-ci de sa pointe à sa base. Pressé entre ces deux plans inclinés, le bol alimentaire s'échappe vers le point qui n'offre pas de résistance et gagne ainsi l'arrière-bouche soutenu dans cet endroit par le voile du palais qui s'abaisse et continue la voûte du même nom. Ce passage est encore favorisé par les mucosités que versent les amygdales en raison de l'excitation et de la pression effectuées par la substance nutritive qui, sous l'influence de cette action de la langue, se trouve engagée dans le pharynx.

On a prétendu que la luette offrait une sentinelle chargée de prévenir le passage des aliments avant l'accomplissement de la trituration et de l'insalivation qu'ils doivent éprouver dans la cavité buccale; cette hypothèse paraît trouver une base dans le soulèvement du pharynx, de l'œsophage et même de l'estomac à l'occasion de l'impression portée sur la luette par une substance ou désagréable au goût, à la vue, à l'odorat, ou mal triturée; mais lorsque nous observons, dans l'arrière-bouche, sans aucun de ces accidents, le passage des corps les plus réfractaires, les moins susceptibles de concourir à la réparation, tels que les cailloux, les pièces de métal, etc., nous acquérons la preuve bien positive qu'en supposant la réalité de cette exploration, ses avantages et ses résultats ont été pour le moins exagérés. C'est dans cette état de choses que les organes indiqués vont effectuer l'importation des aliments dans l'estomac. Pour bien exposer le mécanisme de la déglutition, nous le diviserons en trois actions principales : *Élévation et retour du pharynx; réactions péristaltiques des parois de cette cavité; contractions successives de l'œsophage.*

Élévation et retour du pharynx. — Le maxillaire inférieur, point fixe, dans cette circonstance, de la plupart des muscles qui doivent entrer en action, se trouve assujetti par le rapprochement des arcades dentaires sous l'influence des masséters et temporaux; ce rapprochement n'est pas indispensable comme l'ont prétendu quelques auteurs; on peut effectuer la déglutition, toutefois avec beaucoup d'effort, les maxillaires étant écartés. Après l'accomplissement de ces dispositions préliminaires, le pharynx est élevé, porté en arrière par la contraction du *stylo-pharyngien* et du *digastrique postérieur* élevé, porté en devant par celle des *mylo-génio-hyoïdiens, pharyngo-staphylin, digastrique antérieur;* formant alors un véritable entonnoir, il embrasse le bol alimentaire qui déjà fait saillie dans sa cavité, s'y applique et le saisit; tous les muscles actuellement en contraction cessent d'agir, et le pharynx, entraînant ce bol alimentaire, descend à sa position naturelle par le fait de la pesanteur, et par le concours des muscles *sterno-hyoïdien* et *thyroïdien.*

Contractions péristaltiques du pharynx.—Pendant ce temps, le plus difficile et le plus compliqué, le bol alimentaire actuellement dans la partie supérieure du pharynx, est placé sous l'influence exclusive des parois de cette cavité; en se contractant circulairement, elles en effectueraient l'impulsion aussi bien de bas en haut vers la glotte, la bouche, les fosses nasales et la trompe d'Eustache, que de haut en bas vers l'œsophage; il est donc indispensable qu'une série d'actions préparatoires, destinées à fermer ces cavités, précèdent les réactions du pharynx. L'ouverture postérieure des fosses nasales et celle de la trompe d'Eustache sont oblitérées par le voile du palais élevé sous l'influence des *péristaphylins internes,* et transversalement étendu par celle des *péristaphylins externes.* L'orifice guttural de la bouche est fermé par le gonflement de la base linguale que détermine le muscle du même nom; par son ascension qu'il faut attribuer au *glosso-staphylin,* aux élévateurs de l'os hyoïde qu'elle accompagne dans tous ses mouvements. La glotte est protégée par l'abaissement de l'épiglotte, fibro-cartilage élastique, formant soupape, s'appliquant à cet orifice par la pression même du bol alimentaire; de plus, son occlusion est effectuée par la contraction des muscles *aryténoïdiens.* L'épiglotte se trouve disposée de manière à ce qu'il soit impossible au bol alimentaire de descendre dans le pharynx, sans abaisser ce fibro-cartillage, et sans fermer la glotte par cet abaissement. L'étendue, la forme de cette soupape sont exactement accommodées à celles de l'orifice qu'elle doit oblitérer. Si des parcelles d'aliments solides ou liquides restent sur la glotte, il n'en résulte aucun accident, parce que l'épiglotte, en vertu de son élasticité, se relève et les jette loin de l'ouverture du larynx ; dans la supposition, au contraire, où cette ouverture se fermerait exclusivement par l'action des muscles aryténoïdiens, il existerait toujours entre ses lèvres un sillon dans lequel pourraient s'arrêter ces parcelles alimentaires, de manière à produire, lors de la première inspiration, les accidents plus ou moins pénibles de *l'engouement*. Ces considérations et beaucoup d'autres, qu'il nous serait facile d'ajouter, prouvent que dans la déglutition, l'abaissement de l'épiglotte est le moyen naturel et principal d'occlusion de l'orifice laryngé ; que le resserrement de ce dernier, en supposant toute l'importance qu'on lui donne, est probablement accessoire ; qu'il ne serait pas physiologique de conclure, d'après les expériences indiquées, de la simple *possibilité* de la déglutition dans l'état de souffrance et d'anxiété produites par l'excision de l'épiglotte, à la *nullité* d'action de ce fibro-cartilage dans *l'accomplissement parfait* du phénomène pendant l'état normal.

Après cette oblitération des ouvertures indiquées, les muscles pharyngiens se contractent successivement, du supérieur vers l'inférieur, sur le bol alimentaire qu'ils font descendre dans l'œsophage. L'obliquité de leurs fibres, de haut en bas et d'arrière en avant, devient très-favorable à cette impulsion. Pendant l'exercice de ces premiers temps de la déglutition, des mouvements de la tête et du col sont effectués. Dans l'un de ces temps, nous élevons la face, nous la portons en avant, afin de redresser le canal bucco-œsophagien, et de favoriser l'élévation du pharynx ; dans l'autre, nous fléchissons la tête sur la colonne cervicale, afin de laisser à l'abaissement de ce dernier toute la liberté nécessaire.

Si les précautions que nous venons de signaler n'ont pas été bien observées, il peut en résulter des accidents plus ou moins graves. Ainsi pendant les efforts du rire ou de la toux, les aliments qui se trouvent sur le trajet de l'air sont entraînés, soit par l'inspiration, dans le larynx et la trachée-artère ; soit par l'expiration, dans la bouche ou les fosses nasales ; on désigne l'ensemble de ces anomalies diverses, par le terme commun d'*engouement*. D'après ces théories, il est aisé de concevoir la nécessité d'une suspension absolue des phénomènes respiratoires pendant le second temps de la déglutition.

Contractions successives de l'œsophage. — Arrivé dans cette partie du conduit digestif, le bol alimentaire se trouve désormais soumis à l'action d'un muscle dont les contractions sont involontaires, disposition qui n'offrira même plus aucune modification pendant l'accomplissement de tous les phénomènes ultérieurs. C'est particulièrement sous l'influence des fibres circulaires de l'œsophage que va s'effectuer le trajet des aliments à chymifier ; on conçoit que cette influence doit s'exercer progressivement du pharynx à l'estomac, par un mouvement nommé *péristaltique ;* l'explication est ici nécessaire et facile à trouver.

On peut établir en principe qu'un muscle ne se contracte jamais sans excitation suffisante. Dans l'état actuel des choses, nous voyons le bol alimentaire en contact avec les premiers anneaux musculeux de l'œsophage, qui seuls par conséquent doivent réagir sur lui pour le faire avancer. Il tend à remonter aussi bien qu'à descendre par le fait même de cette impulsion ; mais le constricteur inférieur du pharynx, encore en exercice, prévient ce retour ; ne trouvant point inférieurement de résistance qui puisse l'arrêter, ce même bol est poussé au niveau des anneaux sous-jacents, les excite, provoque leurs contractions ; rencontrant un obstacle dans les supérieurs, dont l'influence n'est pas épuisée, il est chassé vers les inférieurs qui le compriment à leur tour, et le font arriver jusque dans l'estomac par un mécanisme identique, et d'ailleurs applicable à tous les déplacements analogues. Plusieurs questions importantes viennent se rattacher à la déglutition ; nous devons actuellement examiner dans l'accomplissement de ce phénomène : 1° l'influence de la pesanteur; 2° les modifications déterminées par l'état des corps ; 3° le temps nécessaire à cet accomplissement.

INFLUENCES DE LA PESANTEUR DANS LA DÉGLUTITION. — Quelques physiologistes mécaniciens avaient pensé que la force de gravitation agissait, dans l'exécution de ce phénomène digestif, comme un puissant auxiliaire. Il est aisé de prouver au moins l'exagération de cette hypothèse, en démontrant que l'action musculaire seule produit l'importation des aliments dans l'estomac. En effet, dans la paralysie du pharynx ou de l'œsophage, la déglutition devient absolument impossible. Nous voyons chaque jour les animaux exécuter ce phénomène dans la position horizontale ou même inclinée de bas en haut ; enfin le bateleur placé dans une position absolument verticale et renversée, la bouche inférieurement, l'estomac supérieurement, exerce encore la déglutition avec assez de facilité, non-seulement sur les solides, mais encore sur les fluides ; alors cependant, l'attraction centripète, loin de faciliter cet acte digestif, devient au contraire un obstacle assez puissant à son exécution Sans action musculaire, la déglutition est impossible; sans gravitation, et même nonobstant la résistance de celle-ci, elle peut librement s'effectuer ; la première de ces forces devient donc le moteur essentiel dans ce phénomène, tandis que la seconde mérite à peine considération.

MODIFICATIONS EFFECTUÉES SUR LA DÉGLUTITION PAR L'ÉTAT DES CORPS. — La déglutition ne peut s'exercer que sur des corps offrant une certaine résistance ; à vide, elle devient impossible, comme il est aisé de s'en convaincre en essayant de l'effectuer après avoir fait passer toute la salive de la cavité buccale dans le pharynx. Il semblerait d'abord que les corps devraient être d'autant mieux disposés pour la déglutition, que leurs molécules sont plus mobiles et moins susceptibles de résister aux modifications de forme que l'on cherche à leur imprimer. Cette opinion est celle du vulgaire qui croit, sous ce rapport, les fluides beaucoup plus favorablement constitués que les solides. Mais avec un peu de réflexion on s'aperçoit bientôt que ce phénomène exigeant, de la part des muscles qui l'exercent, une contraction permanente et d'autant plus forte que les corps qui s'y trouvent soumis sont moins faciles à coërcer, que leurs molécules s'abandonnent plus aisément, les difficultés de son exécution s'accroissent par conséquent d'une manière progressive de l'état solide à l'état gazeux. Interrogeons l'expérience et nous la verrons confirmer la réalité de ces principes. Ainsi, dans les dysphagies, le malade peut encore exercer la déglutition sur les corps d'une certaine consistance et suffisamment lubrifiés par les mucosités buccales ; tandis qu'il trouve une résistance insurmontable lorsque ce phénomène s'applique aux boissons ; les efforts du pharynx deviennent alors tellement impuissants et douloureux, que le sujet éprouve l'horreur des fluides, *l'hydrophobie*, en prenant ce terme dans sa véritable acception. Par une conséquence du même principe, la déglutition des gaz est à peu près impossible pour la plupart des individus. Magendie rapporte l'histoire d'un jeune soldat qui feignait la tympanite en avalant une grande quantité d'air, et soutient que cette importation gazeuse est facile ; assertion évidemment exagérée. Nous pensons que l'on peut, avec du travail et de l'habitude, arriver à ce résultat, comme l'ont fait Gosse de Genève et plusieurs autres physiologistes, mais nous ajoutons que le temps et les efforts indispensables pour y parvenir sont les preuves les plus certaines des difficultés réelles que présente la déglutition des corps à ce dernier état. Si l'on réussit à lui soumettre l'air atmosphérique c'est en le mêlant à la salive, puisqu'après avoir dissipé ce véhicule nécessaire, la possibilité de cette introduction disparaît chez le plus grand nombre, comme on peut s'en assurer par des essais entrepris sur soi-même. Il reste donc positivement démontré que la déglutition des solides est aisée, celle de fluides laborieuse, celle des gaz difficile dans la plupart des cas, et quelquefois même absolument impossible.

TEMPS NÉCESSAIRE A L'ACCOMPLISSEMENT DE LA DÉGLUTITION. — Toutes les fois qu'il s'agit de soumettre les phénomènes vitaux aux rigueurs du calcul, on sent bientôt l'insuffisance des observations même les plus exactes, ces phénomènes offran l'instabilité pour caractère essentiel. Aussi les estimations que les physiologistes ont indiquées relativement à la durée de la déglutition, ne doivent-elles être prises que d'une manière approximative. Les uns, renfermant le phénomène tout entier dans le mouvement général du pharynx, l'ont considéré comme une action instantanée, s'effectuant dans un temps à peu près indivisible. D'autres, expérimentant sur les animaux, et n'appréciant pas le trouble que la douleur doit apporter dans l'exercice des fonctions, ont avancé que ce phénomène exige souvent dix ou douze minutes pour son entière exécution. Il est une expérience bien plus naturelle et plus simple au moyen de laquelle on peut trouver la vérité entre ces opinions extrêmes. Elle consiste à porter dans l'estomac, soit un aliment solide, inégal, rugueux, soit une boisson chaude ; à noter le temps qui s'écoule pendant leur trajet du pharynx à la cavité gastrique. Dans cette expérience, où les illusions de l'analogie ne sont point à craindre, le départ est exactement connu, l'arrivée devient appréciable par une sensation distincte, et même capable de signaler tous les points parcourus ; il ne reste plus dès lors qu'à bien estimer l'intervalle chronométrique de ces deux limites; nous l'avons ordinairement trouvé de vingt à trente secondes. Tous les temps de la déglutition ne s'exécutent pas avec la même rapidité. Le premier est brusque, simultané ; Boerhaave le compare aux effets d'une véritable convulsion. Nous en trouvons le motif dans l'obligation de suspendre les phénomènes respiratoires pendant toute la durée de son accomplissement. Le second et le troisième, plus spécialement encore, peuvent être prolongés sans les mêmes inconvénients.

Jusqu'ici les phénomènes digestifs sont à peu près exclu

sivement physiques ou chimiques, et doivent être considérés comme des actes préparatoires. Aussi pouvons-nous les expliquer dans tous leurs détails et les remplacer par des moyens artificiels. Un aliment soumis à la trituration, mêlé au fluide salivaire dans un vase inerte, porté dans l'estomac, au moyen d'un tube sans vitalité, d'une sonde œsophagienne par exemple, n'en éprouvera pas moins la chymification la plus parfaite. Ainsi toutes les actions physiologiques antérieures à celles de l'estomac deviennent accessoires dans la digestion.

Spallanzani, dont les travaux sur cette grande fonction sont beaucoup plus nombreux que réellement utiles, prétend que l'on peut obtenir une véritable élaboration digestive en comprenant, entre deux ligatures jetées sur l'œsophage, une certaine quantité d'aliments préparés convenablement par la mastication et l'insalivation. La plus légère attention suffit pour détruire entièrement cette hypothèse imaginaire. En ouvrant l'œsophage dans l'expérience indiquée, nous trouvons une masse alimentaire soit en macération, soit en fermentation, absolument semblables à celles qu'elle présenterait dans un réceptacle physique, au milieu des mêmes conditions de chaleur et d'humidité, mais nous ne rencontrons point une pâte *chymeuse* capable de former *du chyle*, encore moins ce fluide bien confectionné.

3° Cavité gastrique. — Dans cette cavité digestive, encore désigné par le nom *d'estomac*, s'opère le premier phénomène essentiel sous le titre de *chymification*, ou conversion des aliments dans une pulpe homogène, grisâtre, appelée *chyme*. Pour mieux faire connaître cette modification importante, nous devons exposer les considérations physiologiques relatives à l'organe chargé de l'effectuer.

L'ESTOMAC. — Γαστηρ des Grecs, *ventriculus* des Latins, nous offre, chez l'homme, un organe musculo-membraneux, conoïde, présentant assez exactement la forme d'une *cornemuse* ; occupant l'intervalle de l'œsophage et de l'intestin duodénum, situé dans l'hypocondre gauche et se prolongeant vers la région épigastrique. — *Rapports*. Supérieurement, le foie, le diaphragme ; *inférieurement*, le colon transverse ; *en devant*, les côtes asternales gauches et leurs fibro-cartilages ; *en arrière*, le centre nerveux ganglionnaire, la colonne dorsale ; *à gauche*, la rate ; *à droite*, le pancréas. Cette cavité digestive nous offre deux ouvertures, l'une d'entrée que l'on nomme œsophagienne, cardiaque ou simplement *cardia* ; l'autre de sortie, que l'on appelle duodénale, pylorique, ou seulement *pylore*. Deux lignes courbes, mesurant toute la longueur de l'estomac, s'étendent supérieurement et inférieurement du premier au second de ces orifices. La supérieure beaucoup moins longue sert à fixer le repli péritonéal que l'on désigne, d'après les rapports qu'il établit, sous le titre *d'épiploon gastro-hépatique* ; l'inférieure, plus grande, offre l'attache d'un second repli nommé, d'après les mêmes considérations, *épiploon gastro-colique*. Deux renflements se rencontrent sur le trajet de ces courbures, on les nomme *culs-de-sac* de l'estomac ; l'un gauche, très-spacieux, placé près du *cardia*, répond à la rate ; l'autre droit, moins profond, situé près du *pylore*, avoisine la vésicule biliaire. — *Organisation*. Les parois de cette cavité digestive sont formées par trois membranes : l'extérieure *séreuse*, portion de la tunique péritonéale, recouvrant l'estomac à l'exception de ses courbures ; jouissant d'une assez grande mobilité sur cet organe ; la moyenne, *musculeuse*, particulièrement formée de fibres circulaires, de quelques fibres longitudinales apparentes surtout aux orifices, aux courbures, présente peu d'énergie dans ses contractions qui s'effectuent sans l'influence de la volonté ; c'est à l'action de cette membrane qu'il faut rapporter les mouvements de l'estomac. M. Réclam, par une expérience très-simple, a mis en évidence l'action physique de l'estomac sur les aliments. Il donne à des chiens du lait riche en caséum ; lorsque cet aliment est pris en masse, il ouvre l'estomac et voit les fibres contractiles de l'organe imprimées sur le caséum solide : en introduisant les doigts dans l'estomac d'un chien au moyen d'une fistule, d'après la méthode de

M. Blondlot, on sent une légère pression des parois gastriques. On a pu voir les mouvements de l'estomac chez l'homme dans les ulcérations de cette partie. L'intérieure, *muqueuse*, rouge, très-irritable, assez épaisse, couverte de villosités, offre dans son épaisseur un grand nombre de follicules isolés, improprement nommés glandes de Brunner, des vaisseaux exhalants multipliés jouissant d'une activité remarquable, effectuant la perspiration d'un fluide nommé *suc gastrique*, auquel on a fait jouer, comme nous le verrons, un rôle beaucoup trop important dans la digestion. Cette membrane forme, près de l'ouverture duodénale, une duplicature dans l'épaisseur de laquelle se trouve le bourrelet fibro-celluleux improprement appelé *valvule*, puisqu'il permet également le passage des aliments dans le duodénum et le retour de ces derniers dans l'estomac ; plus improprement encore nommé *pylore*, du grec πύλη, porte, et de οὖρος, gardien, littéralement *portier*, ce bourrelet n'offrant point les qualités d'une sentinelle capable, comme on l'a prétendu gratuitement, d'empêcher le passage des substances nutritives avant leur entière chymification. Les *artères* de l'estomac sont très-grosses, très-nombreuses relativement à l'étendue, au volume de l'organe, disposition qui démontre assez l'importance du phénomène dont il est chargé. Ces artères naissent directement ou indirectement du tronc cœliaque, et vont s'anastomoser deux à deux, par arcades, sur les courbures du viscère. Ainsi nous trouvons à la petite, la *gastrique supérieure* ou *coronaire stomachique*, fournie par l'artère cœliaque ; la *pylorique*, par l'hépatique ; à la grande, la *gastrique inférieure droite*, née de ce dernier tronc, la *gastrique inférieure gauche*, division de la splénique. Les *nerfs* sont plus spécialement originaires du *pneumo-gastrique* à sa terminaison, et du *plexus cœliaque*. Des veines et des vaisseaux lymphatiques nombreux, du tissu cellulaire servant à lier toutes ces parties, offrant, entre les membranes musculeuse et muqueuse, une couche d'un blanc laiteux, improprement nommée, par les anciens, *tunique nerveuse*, complètent l'organisation de l'estomac.

Modifications chez les animaux. — Envisagé dans la série zoologique, l'estomac nous offre des différences très-utiles à noter. *Chez le polype*, il constitue pour ainsi dire l'animal tout entier, et ne présente qu'une ouverture commune à l'importation des aliments, à l'expulsion des résidus excrémentitiels. *Dans les reptiles*, il n'offre point de valvules et de cul-de-sac, mais la membrane muqueuse, vers l'œsophage, particulièrement pour les chéloniens, est hérissée de papilles dures, longues, s'opposant, par leur direction, au retour des matières à chymifier. *Chez les poissons*, il se fait à peine distinguer de l'œsophage dont il semble une continuation. *Dans les oiseaux*, il est représenté par deux cavités différentes. La première nommée *jabot*, à parois très-minces, pourrait être considérée comme un épanouissement de l'œsophage; la seconde, appelée *gésier*, à tuniques épaisses, très-musculeuses, revêtue dans son intérieur par une membrane sèche, dure, garnie de papilles cornées, pour les granivores, constitue l'estomac proprement dit. *Chez les mammifères*, nous le trouvons encore différencié dans plusieurs espèces. *Pour les rongeurs*, il paraît globuleux, divisé en cavités secondaires par des étranglements; *dans les carnassiers*, il est piriforme et bosselé; *chez les ruminants*, on le voit représenté par quatre organes successifs et différents sous le rapport de leur nature et de leurs fonctions; tels sont: 1º *La panse* encore nommée *l'herbier*; 2º *le bonnet*; 3º *le feuillet*; 4º *la caillette*, assez analogue pour la structure à l'estomac des carnassiers.

Nous trouvons généralement la force des parois gastriques en raison inverse du développement des organes masticateurs, et de la digestibilité des aliments naturels; Tiedemann, Gmelin et plusieurs autres physiologistes ajouteraient : de la quantité, de l'activité dissolvante du suc gastrique; opinion qui nous paraît moins positivement établie que la première. Ainsi chez les carnivores, les dents sont nombreuses, les mâchoires très-actives, les membranes de l'estomac sans épaisseur et sans énergie. Les gallinacés, dont le bec est absolument impropre à la trituration, offrent un estomac très-fort intérieurement armé d'éminences dures et cornées, quelquefois, comme dans le coq d'Inde, garni d'une certaine quantité de cailloux, de telle sorte qu'il peut broyer les corps les plus durs, et que l'action du *jabot* remplaçant l'insalivation chez ces animaux, on peut considérer celle du *gésier* comme supplémentaire de la mastication. L'homme, sous ce double rapport, devient encore un moyen terme entre les deux extrêmes. Relativement à sa capacité, l'estomac nous offre également des variétés nombreuses dans la série des animaux, comme il est aisé de s'en convaincre en examinant comparativement cet organe chez les carnivores, les granivores, les frugivores et les herbivores; on s'aperçoit bientôt qu'il est d'autant plus spacieux que les aliments dont l'animal fait naturellement usage, contiennent, sous un volume donné, des proportions moins considérables de matière essentiellement nutritive. Il est même possible de faire varier les dimensions de cette capacité, par le genre d'alimentation plus spécialement adopté ; comme on le voit pour les sujets qui mangent exclusivement des viandes, des fruits, ou des légumes.

Chymification. — La chymification, des Grecs, χίμωσις, de χυμός suc, *chymificatio* des Latins, doit être définie : *Conversion des aliments dans une pâte homogène, pulpeuse, molle, visqueuse, grisâtre, alcaline, pour les uns ; neutre d'après les autres; acide suivant le plus grand nombre.* Afin de bien apprécier tous les résultats de cette action importante, nous devons la considérer dans ses phénomènes locaux et dans ses réactions sympathiques générales.

PHÉNOMÈNES LOCAUX. — Ils sont relatifs : 1° aux modifications de l'estomac ; 2° à celles qu'il fait éprouver aux substances nutritives pendant leur séjour dans sa capacité.

Sous le premier rapport. — Cet organe, rétracté plus ou moins complétement dans l'état de vacuité, doit éprouver une ampliation variable pour admettre les aliments actuellement transmis par les contractions œsophagiennes. Parmi les physiologistes, les uns pensent que l'estomac devient actif, les autres qu'il reste absolument passif dans cette ampliation. Exclusivement admise, chacune de ces opinions est erronée. D'une part, il est évident que les substances, poussées avec énergie dans ce viscère, doivent exercer de l'intérieur à l'extérieur un effort de dilatation sur ses parois ; de l'autre, il est également certain que la membrane musculeuse présentant des fibres longitudinales et transversales, peut en raccourcissant l'organe, effectuer une dilatation active, assez analogue à celle de l'insecte qui se gonfle pendant la succion d'un fluide, sous l'influence des mouvements vermiculaires concourant à cette importation. Pourquoi l'estomac ne serait-il pas susceptible d'une telle action, lorsque nous la voyons exercée par le cœur entièrement détaché, ne se trouvant plus dès lors soumis à l'influence passive du sang ? Les anciens, Galien plus particulièrement, désignaient cette ampliation gastrique par le terme de *diastole*, et l'application de l'organe à la masse alimentaire, par celui de *péristole*. Dans ce premier mouvement, la musculeuse est seule modifiée de cette manière pour agrandir l'estomac ; la séreuse concourt à cet accroissement par une sorte de locomotion, la muqueuse par le déploiement de ses rides multipliées. A mesure que les aliments arrivent dans cette capacité digestive, ses parois s'appliquent mollement aux matériaux qui doivent s'y trouver chymifiés ; les fibres transversales produisent des mouvements ondulatoires, quelquefois tellement faibles et lents, que l'on a douté de leur existence ; ils peuvent contribuer à cette élaboration, toutefois jamais avec l'importance indiquée par les mécaniciens. Pendant ces mouvements, le pylore et le cardia se trouvent dans un état de resserrement qui persiste même encore après l'ablation du viscère, de manière à prévenir la sortie des aliments, comme l'ont observé dans leurs expériences Wepfer, Schlichting, Haller, Walœus, etc. Le volume des substances que l'homme peut introduire dans sa cavité gastrique est sujet à varier. L'habitude produit sous ce rapport les modifications les plus remarquables. Combien d'intermédiaires ne rencontrons-nous pas entre l'estomac de Cornaro, soumis aux règles de la sobriété la plus sévère, et celui de Tarare dont la voracité ne pouvait s'imposer aucune limite ! Nous avons observé deux fois cet organe envahissant une grande partie de l'abdomen. Percy rapporte l'histoire d'un dragon qui, devant être immédiatement conduit au supplice, avait ingéré dans son estomac des solides et des liquides en si grande proportion, qu'ils remplissaient toute cette cavité ; il avait plus que décuplé de volume et contenait dix-huit pots de boisson. Le même auteur ajoute qu'un lazzarone boit ordinairement, d'un seul trait, jusqu'à cinq et six litres d'eau froide, et s'endort paisiblement ; il paya lui-même, à l'un d'eux, vingt-six livres de macaroni qui furent mangées dans un seul repas. On peut avancer, en thèse générale, que la quantité des aliments dont nous faisons usage, est presque toujours trop grande relativement au besoin de la réparation, à l'exercice libre et facile des autres actions physiologiques. De là cet adage aussi vulgaire que plein de vérité : *Ce n'est pas ce que l'on mange qui nourrit, mais bien ce que l'on digère.*

Sous le second rapport. — Les aliments déposés dans la cavité gastrique doivent y subir des changements remarquables et dont l'ensemble constitue, sous le titre de *chymification*, le premier phénomène essentiel de la fonction digestive. Comme toutes les actions éminemment vitales, ce phénomène présente quelque chose de mystérieux dans son exécution, et dès lors a beaucoup exercé la subtilité des théoriciens de tous les âges : Voici leurs principales hypothèses :

TRITURATION. — Les mécaniciens, et plus spécialement Erasistrate, Borelli, Hecquet, Magallotti, Pitcairn, Rédi, prétendent que la chymification n'est autre chose que le broiement des substances alimentaires par l'action de l'estomac. Dans l'intention d'établir leur opinion, ces auteurs font observer qu'il résulte des expériences de Spallanzani, Réaumur, Vallisnery que pour imprimer à des tubes métalliques un aplatissement semblable à celui qu'ils ont éprouvé dans le *gésier* d'un coq d'Inde, il faut employer une pression de *quatre-vingts à quatre cent trente-sept livres.* Magallotti, Redi nous assurent que ce viscère même, chez d'autres gallinacés, parvient à pulvériser les corps les plus durs, tels que les os, le verre, le grenat, etc. En faisant grâce à l'exagération de ces résultats, il nous est impossible d'admettre les inductions que l'on veut en inférer. Le gésier chez les oiseaux n'est point, comme l'estomac chez l'homme, un organe *essentiel* de chymification ; il présente au contraire un appareil de *mastication supplémentaire*. En supposant même que l'on admît cette élaboration mécanique des gallinacés comme une véritable élaboration chymeuse, pourrait-on jamais conclure de la force du premier de ces organes à celle du second ? Spallanzani, Réaumur, Helvétius ne sont pas de cet avis. Lorsque nous comparons, dans notre espèce, la ténuité, la mollesse, la sensibilité des membranes gastriques, à l'épaisseur, à la dureté, au sentiment obtus des parois du gésier chez les oiseaux, nous sentons l'erreur de ces inductions analogiques, et le vague des suppositions auxquelles ont été conduits les mécaniciens pour soutenir leur hypothèse, lorsqu'ils ont avancé : *Que les contractions de l'estomac sont huit fois plus considérables que celles du cœur, et que l'on peut estimer à cent vingt livres l'action du premier de ces organes sur les alimens à chymifier.* En portant le doigt dans une plaie faite à ce viscère, sur un animal vigoureux, on s'aperçoit de l'exagération de ces calculs, et du peu de vraisemblance d'une théorie qui repose entièrement sur des fondements aussi ruineux. Accordons pour un instant le principe, et jugeons ses conséquences. Donnons à l'estomac une force vingt fois supérieure à celle que l'on suppose ; l'hypothèse que nous attaquons en deviendra-t-elle plus soutenable ? Nous ne le pensons pas. La *trituration*, dans son plus grand développement, ne fera jamais que diviser et subdiviser les molécules alimentaires, sans modifier leurs caractères chimiques, sans ajouter à leur nature et sans rien produire même d'analogue à la chymification. D'un autre côté, dans cette explication mécanique, il deviendrait facile d'imiter ce phénomène vital par des moyens artificiels ; et nous attendons encore de ses auteurs, sous l'influence d'une *broie physique,* la confection d'un chyme parfait et susceptible de fournir du chyle par l'action duodénale.

MACÉRATION. — Albinus, par une série d'expériences, convertit en mucilage plusieurs tissus blancs soumis, pendant quelques jours, à la macération dans une eau stagnante. Haller, séduit par ces résultats, admettant, sans un examen suffisant, l'analogie la plus positive entre cette modification chimique et l'élaboration vitale des aliments dans l'estomac, soutient la théorie de la *macération gastrique*. Il suffit ici d'observer sans prévention pour voir combien ces rapprochements sont peu fondés. Pour l'une et l'autre circonstance, les conditions et les produits de l'opération sont essentiellement différents. Ainsi la conversion mucilagineuse exige ordinairement plusieurs jours de macération pour s'effectuer, la chymification s'opère dans l'espace de quelques heures. Le chyme n'est point un mucilage, mais une pulpe homogène à l'extérieur, et dont la composition chimique est aussi variable que celle des aliments employés dans cette élaboration, comme le prouvent les nombreux travaux de Tiedemann, Gmelin, Leuret, Lassaigne, etc. Cette hypothèse vicieuse dans son principe est donc en même temps erronée dans ses conséquences.

FERMENTATION.— Vanhelmont, Sylvius et les chimistes arabes veulent expliquer la chymification par la seule influence des affinités entraînant la décomposition des aliments. Une théorie si complétement opposée aux lois vitales, conserve, cependant assez longtemps quelque faveur dans les écoles. Ses partisans ne s'accordent pas sur la spécialité de cette même décomposition : leurs opinions sont partagées entre les fermentations *acide* et *putride*. Exposons d'abord les considérations relatives à la fermentation en général, nous présenterons ultérieurement celles qui se rapportent plus directement à ses particularités.

Plusieurs conditions sont indispensables à l'accomplissement de la fermentation : Le contact de l'air, son renouvellement facile; une température modérée; un certain degré d'humidité ; la présence d'un principe fermentescible ; un temps suffisant aux réactions moléculaires dont cette fermentation est le résultat. Toutes ces conditions ne se rencontrent pas dans la cavité gastrique. Ainsi, nous n'y voyons pas la rénovation d'un air libre ; le séjour des aliments ne s'y trouve jamais assez prolongé, etc. Pendant la fermentation, plusieurs phénomènes sensibles et généraux se manifestent : un mouvement intestin appréciable s'opère dans la substance en décomposition ; elle change entièrement de propriétés physiques et chimiques ; des gaz de nature variable, suivant la spécialité de cette fermentation, se dégagent en quantité plus ou moins considérable. Rien d'absolument semblable ne s'opère dans la chymification. La pâte homogène, formée par cette action physiologique, n'offre aucune agitation moléculaire notable ; sa nature physique et chimique est modifiée, mais non point changée d'une manière essentielle ; lorsque la conversion chymeuse est régulière et parfaite, son accomplissement ne présente aucune production gazeuze. Nous trouvons dans cette observation remarquable des raisons suffisantes pour démontrer l'erreur du système de la *fermentation*. En effet, c'est exclusivement pendant les chymifications vicieuses, lorsque les aliments séjournent dans l'estomac sans éprouver son influence particulière, que des gaz nombreux s'échappent incessamment, soit par la bouche, soit par l'anus, en constituant ce que l'on nomme des *éructations*, des *borborygmes*, etc. Ainsi le signe caractéristique d'une fermentation dans laquelle on voit les aliments plus ou moins exclusivement soumis aux réactions chimiques, devient précisément celui qui désigne l'absence d'élaboration digestive, en séparant dès lors ces phénomènes par une ligne de démarcation qui ne permettra jamais de les identifier. Des expériences de J.-L. Petit nous semblent encore démontrer jusqu'à l'évidence la réalité des principes que nous venons d'établir. On sait généralement avec quelle facilité s'opère, dans un air libre, la décomposition du lait en *butyrum*, *caséum* et *sérum*. L'auteur que nous citons à vu cet aliment, chez de jeunes chiens à la mamelle, se coaguler, se prendre en masse, éprouver la chymification, sans présenter le départ chimique de ses trois principes constituants. Nous avons plusieurs fois constaté la réalité de ce même fait, et reconnu très-positivement, pendant les digestions normales, toute la différence que présentent [les modifications imprimées au lait dans ces deux circonstances que l'on chercherait en vain à rapprocher.

Fermentation acide. — Les auteurs de cette hypothèse l'ont établie sur l'acidité que présente souvent le chyme après son élaboration, et sur le dégagement de l'acide carbonique pendant certaines digestions. Nous ajouterons aux faits opposés à la fermentation en général, comme également contraire à cette première spécialité, que l'acidité du chyme n'est pas constante, et que plusieurs auteurs ne la considèrent point comme un résultat essentiel de cette modification vitale : que le dégagement de l'acide carbonique désigne positivement une chymification au moins imparfaite et vicieuse.

Fermentation putride. — Plitonicus et Denis, partisans de cette hypothèse, croient pouvoir l'établir sur la disposition des individus qui, faisant un grand usage de viandes comme aliment, exhalent une haleine fétide et dont l'odeur est assez analogue à celle des matières animales en putréfaction. Ces auteurs ignorent sans doute que les sujets aussi désavantageusement constitués offrent le phénomène que nous venons d'indiquer, d'une manière beaucoup plus repoussante encore pendant la vacuité de l'estomac, et par conséquent il n'est plus possible de le rapporter à la chymification. D'un autre côté, ces miasmes fétides n'émanent pas toujours de la cavité gastrique ; ils viennent souvent de la bouche, consécutivement à l'incurie, au ramollissement des gencives, à la carie des dents, etc.; plus souvent encore des bronches ; déposés dans ces canaux par une exhalation semblable à celle de l'acide carbonique, ils sont produits au dehors par l'expiration. Les défenseurs de la théorie que nous combattons ajoutent que chez certains sujets on observe, pendant l'élaboration chymeuse, la production de plusieurs gaz relatifs à la décomposition putride ; tels que l'acide hydrosulfurique, l'hydrogène carboné, etc. Nous reconnaissons la réalité de ce fait, nous en prenons acte pour détruire l'erreur que l'on cherche à baser sur lui. Dans quelles circonstances en effet observons-nous ces fâcheux symptômes ? Dans les indigestions, les chimifications anormales, chez les sujets affectés de gastrites chroniques, de squirrhes au pylore, etc.; enfin dans tous les cas où l'élaboration organique est essentiellement dépravée, etc.; de telle sorte que ces caractères, loin d'appartenir à la chymification naturelle, deviennent au contraire les signes les plus positifs de son absence ou de sa profonde altération. S'il pouvait encore exister quelques doutes à cet égard, nous ferions observer que l'action vitale de l'estomac, au lieu de favoriser la putréfaction, s'oppose à son développement et peut même quelquefois en retarder les progrès. Ainsi l'on a vu des substances animales partiellement engagées dans les organes digestifs des reptiles, par exemple, offrir extérieurement tous les phénomènes de la décomposition putride, alors qu'elles conservaient encore leur intégrité dans l'estomac de ces animaux. Spallanzani s'est assuré plusieurs fois qu'en faisant avaler aux carnassiers des viandes en décomposition, elles recouvraient par l'action gastrique une partie de leur fraîcheur naturelle.

DISSOLUTION PAR LE SUC GASTRIQUE. — Réaumur paraît avoir l'un des premiers soutenu cette opinion. Spallanzani l'a préconisée avec le plus d'enthousiasme et d'opiniâtreté. D'autres expérimentateurs infatigables ont parcouru la même carrière avec une constance digne d'éloge, alors même que tous leurs efforts n'ont pas été couronnés d'un entier succès. Au nombre de ces auteurs, nous citerons particulièrement Vanhelmont, Stévens, Gosse, Brodie, Montègre, Viridet, Carminati, Werner, Brugnatelli, Proust, Berzélius, Duhamel, Tréviranus, Floyer, Scopoli, Rast, Marsigli, Tiedemann, Gmelin, Leuret, Lassaigne, etc. Avant d'entrer dans l'examen de cette hypothèse, recherchons la nature et les véritables caractères du fluide auquel on accorde, sous le titre de *suc gastrique*, un rôle si puissant dans les phénomènes de la chymification.

Suc GASTRIQUE. — Nous désignons par ce terme un fluide blanc, grisâtre ou faiblement azuré ; quelquefois transparent, souvent au contraire légèrement trouble, différence tenant à la proportion des mucosités qui viennent s'y mêler ; produit par l'action des vaisseaux perspiratoires de l'estomac. Plusieurs auteurs ont attribué la formation de cette humeur à des glandes particulières, qui ne sont évidemment que des follicules chargés de la sécrétion du mucus avec lequel on ne doit pas confondre le suc gastrique proprement dit. Si l'on considère comme tel ce fluide recueilli dans l'estomac après une abstinence prolongée, on le trouve alors composé de plusieurs humeurs différentes ; ainsi la salive, les mucosités buccales, pharyngiennes, œsophagiennes, gastriques se mêlent pour le former en diversifiant à l'infini sa composition et ses caractères suivant les proportions respectives des mêmes humeurs, et l'état physiologique des organes chargés de leur élaboration. Si l'on ne veut au contraire donner ce titre qu'au produit perspiratoire immédiatement pris dans le viscère après l'ingestion d'une substance incapable d'absorber ce même produit, on le trouve alors plus homogène et moins susceptible des nombreuses modifications que nous avons indiquées. Cependant il peut encore en présenter d'assez importantes suivant la nature des aliments. Ainsi, Tiedemann et Gmelin prétendent avoir démontré par un grand nombre d'expériences, faites sur les différentes classes d'animaux, que *le suc gastrique* proprement dit se trouve d'autant plus abondant, plus acide et plus *dissolvant*, que les substances ingérées sont plus réfractaires à son action ; que l'albumine concrète exagère ces qualités, alors que la gélatine les rend à peine appréciables. Ce fait, contesté par d'autres expérimentateurs, devient pour les physiologistes indiqués, la base fondamentale de leur théorie de la *dissolution*. Ils ajoutent que dans les carnivores, ce fluide est moins actif que chez les herbivores, et prétendent rattacher à ces dispositions l'incapacité des premiers à digérer les herbes crues, la paille, etc., facilement chymifiées par les seconds. Ces considérations sommaires nous expliquent toutes les contradictions des auteurs lorsqu'il s'agit d'établir positivement l'*origine*, la *composition* et les *usages* de cette humeur, que nous devons actuellement étudier sous ces trois rapports différents.

Relativement à l'origine.— Dumas pense qu'elle est produite par une exhalation artérielle, déposée dans les glandes de Pacchioni, comme dans autant de réservoirs, pour être ensuite versée, lors de l'élaboration gastrique, sur les aliments à chymifier. Quelques auteurs anciens, plusieurs physiologistes modernes, qui nous ont donné des travaux importants sur la digestion, prétendent que cette humeur est sécrétée par des glandes plus volumineuses, bien distinctes des follicules et logées entre les tuniques musculeuse et muqueuse de l'estomac. Nous avons fait à cet égard des recherches minutieuses et positives sans rencontrer aucun vestige de ces organes ; nous pensons dès lors, avec la plupart des anatomistes, qu'il n'existe dans ce viscère aucun autre appareil sécréteur que l'ensemble des cryptes, des vaisseaux exhalants de cette surface libre ; que c'est par conséquent à l'action de ces mêmes vaisseaux plus spécialement qu'il faut attribuer la formation du suc gastrique. De même que toutes les autres sécrétions, celle que nous examinons peut être *augmentée*, *diminuée*, *modifiée* dans ses produits, suivant les circonstances dont elle est environnée. Ainsi, la section ou la ligature des nerfs gastriques, l'usage des narcotiques, l'abus des liqueurs fermentées, des acides forts, les passions tristes et concentrées, certaines maladies de l'estomac, diminuent sensiblement la perspiration du suc gastrique. Les épices, les salaisons à dose modérée, la plupart des stimulants digestifs, les aliments peu solubles et réfractaires à l'élaboration chymeuse, etc., rendent la proportion de ce fluide beaucoup plus considérable. Les qualités des substances nutritives, plusieurs altérations idiopathiques ou sympathiques, les névralgies gastro-intestinales modifient la nature de ce même fluide quelquefois assez profondément.

Relativement à la composition. — Les principes constituants du suc gastrique ont été bien diversement appréciés par les physiologistes. Morgagni pense qu'il contient habituellement une certaine quantité de bile dont le reflux a lieu même pendant l'état de vacuité. Englesfield et Smith soutiennent que ce reflux a lieu même pendant la réplétion de l'organe, et qu'il est indispensable à la chymification. Sennebier et Spallanzani prétendent que le suc gastrique est *neutre.* Gosse, Dumas le croient *acide* chez les herbivores, *alcalin* dans les carnivores. Réaumur, Tréviranus, Duhamel, Viridet, Marsigli, Floyer l'ont trouvé constamment *acide* chez les oiseaux. Tréviranus ajoute même qu'il est tellement corrosif, que celui des poules attaqua l'émail d'une tasse de porcelaine dans laquelle on l'avait renfermé. Spallanzani pense également qu'il peut détruire le fer, la corne et beaucoup d'autres corps très-durs. Leuret et Lassaigne le considèrent comme *acide* pour les quatre classes d'animaux vertébrés. Tiedemann et Gmelin, sur plusieurs chiens qu'ils avaient fait jeûner pendant quinze jours, l'ont trouvé *neutre* et *salé;* mais ils ont constaté sa nature *acide* sur tous les animaux dont l'estomac avait été suffisamment excité, même par l'influence mécanique des fragments de silex ou d'autres corps également insolubles. Viridet fait observer que le suc œsophagien ne présente jamais cette *acidité* pendant l'état normal, et conclut de ce fait qu'il est indispensable d'accorder un caractère particulier à celui de l'estomac. De Montègre, qui publia vers 1812 les résultats des observations recueillies sur lui-même, en se faisant vomir à volonté, soutient que les propriétés *acides* ou *alcalines* de ce fluide, qu'il identifie avec la salive, ne doivent pas être attribuées aux variétés de sa nature primitive, mais aux modifications qu'il peut éprouver par des changements postérieurs à sa formation ; qu'il est alcalin immédiatement après avoir été sécrété, ne devient acide que par sa digestion sous l'influence vitale de l'estomac. Les chimistes ont voulu connaître l'acide particulier auquel on doit attribuer les dispositions les plus ordinaires du fluide que nous étudions. Des savants d'un mérite également incontestable ayant obtenu, sous ce rapport, les résultats les plus opposés, nous sommes en droit de penser que ce principe caractéristique n'est pas le même chez tous les animaux et dans toutes les circonstances. Ainsi, d'après des expériences nombreuses, Tiedemann et Gmelin désignent comme acides libres du suc gastrique, pour les chevaux, l'*hydro-chlorique* et le *butyrique* ; pour les chiens, l'*acétique ;* Macquart et Vauquelin, pour les ruminants, le *phosphorique ;* Leuret et Lassaigne, pour les chiens et plusieurs autres animaux, le *lactique ;* Proust, pour les lapins, le *muriatique libre.* Viridet, Spallanzani, Réaumur, Scopoli, Stévens, Carminati, Gosse, Brugnatelli, Werner, Macquart, Vauquelin, Chevreul, Thénard, Leuret, Lassaigne, Tiedemann, Gmelin, etc., se sont beaucoup occupés de l'analyse du suc gastrique. Les conséquences de leurs opérations sont loin d'être identiques, ce qui nous prouve que la composition de cette humeur, comme celle de toutes les autres, est susceptible des plus nombreuses modifications. Elle contient, d'après Thénard, quelques sels à base de chaux et de soude, une certaine proportion de mucus, une grande quantité d'eau, aucun acide sensible au goût, aux réactifs chimiques. D'après Chevreul, des hydro-chlorates de potasse et de soude, de l'acide lactique en combinaison avec une matière animale particulière insoluble dans l'alcool, une assez grande quantité de mucus, de l'eau en très-forte proportion. D'après Leuret et Lassaigne, sur cent parties : eau, 98 — acide lactique — hydro-chlorate d'ammoniaque — chlorure de sodium. — Matière animale soluble dans l'eau — mucus — phosphate de chaux, ensemble, 2. D'après Tiedemann et Gmelin : Matières animales solubles : dans l'alcool, *osmazôme ;* — dans l'eau, *matière salivaire ;* — albumine ; — mucus ; — acide acétique libre; — chlorures de calcium, de sodium ;— acétate de soude; — sulfate et phosphate de chaux.

En résumé, dans ces derniers temps, les physiologistes sont parvenus à se procurer du suc gastrique plus pur, sur les chiens, en pratiquant des fistules gastriques d'après la méthode employée par M. Blondlot ; sur une femme affectée de cette maladie, observée par MM. Bidder et Schmidt. On a reconnu que la sécrétion à peu près nulle dans l'état de vacuité de l'estomac, produisait à peu près 500 grammes, par heure, pendant l'activité de la chymification. Que le suc gastrique ne présentait point habituellement d'acide hydro-chlorique libre, comme l'ont démontré MM. Claude Bernard et Bareswil ; qu'il devait son acidité à l'acide lactique, ainsi que M. Chevreul l'a constaté le premier, et que l'ont ensuite confirmé Lehmann et plusieurs savants expérimentateurs ; qu'il offrait encore, avec ses autres principes constituants, une substance organique importante et bien remarquable ; positivement signalée, décrite, d'abord par Schwann, sous le nom de *pepsine* ; parfaitement exposée par M. Wasmann ; ensuite encore désignée par les termes de *chymosine*, de *gastérase*. C'est une substance azotée, assez analogue aux matières albuminoïdes, différant toutefois de l'albumine par des caractères essentiels ; soluble dans l'eau, insoluble dans l'alcool ; elle agit à la manière d'un ferment particulier, mais à la condition de rencontrer un acide libre. Très-bien préparée par MM. Payen, Wasmann, etc., elle se conserve desséchée ; on la donne en poudre, en pastilles, en solution dans l'eau pour favoriser la digestion difficile des matières azotées. C'est à cet agent que le suc gastrique doit sa puissance principale.

Relativement aux usages. — Les mêmes dissidences viennent encore partager ici les opinions des auteurs. Combien d'intermédiaires ne rencontrons-nous pas entre celle de Montègre qui n'accorde aucune influence à l'action du suc gastrique pendant la chymification ; qui, loin de lui reconnaître le pouvoir de la putréfaction, pense qu'il est lui-même très-susceptible de l'éprouver au milieu des circonstances favorables ; et les assertions de Spallanzani qui considère ce fluide comme essentiellement antiseptique et comme dissolvant assez puissant pour effectuer la digestion des aliments dans un vase inerte, sous une température appropriée. Mangiardini de Pavie dit avoir administré, avec le plus grand succès, à des malades affectés de dyspepsies graves, celui qu'il avait puisé dans l'estomac des corneilles. Employé par les chirurgiens italiens pour le traitement des ulcères, comme antiputride, il fut même proposé, par quelques-uns, pour servir de menstrue dans la dissolution des calculs vésicaux, rénaux, etc. Dutrembley, dans ses expériences relatives au suc gastrique des polypes, le considère comme essentiellement antiseptique et dissolvant ; il affirme que ces propriétés sont d'autant plus prononcées, que les parois de l'estomac offrent moins d'énergie, et *vice versâ* ; qu'elles se développent davantage pendant l'été que dans les autres saisons. Viridet, Carminati, Werner, Gosse, Brugnatelli, Proust, Leuret, Lassaigne, Tiedemann, Gmelin, etc., paraissent moins exclusifs dans leurs principes. Réaumur, Stévens renferment dans plusieurs petites sphères métalliques, trouées à la manière d'un crible, des chairs et d'autres éléments nutritifs, les font avaler à des hommes, à des animaux ; elles sont rendues vides par l'anus, toutes les substances qu'elles contenaient ayant été ramollies et digérées. Spallanzani fait sur lui-même cette expérience au moyen de sachets en toile, et obtient des résultats semblables. Poursuivant son idée dominante, ce physiologiste prend des aliments soumis à la mastication, à l'insalivation, imprégnés de suc gastrique, les maintient pendant plusieurs heures sous l'aisselle et prétend les avoir chymifiés. Voulant arriver à ce résultat par des moyens absolument artificiels, il soumet d'autres aliments, ainsi préparés, dans une cassolette, à la chaleur modérée d'un fourneau ; d'après lui ces nouveaux essais deviennent complétement satisfaisants. De Montègre et plusieurs autres observateurs moins prévenus répètent les mêmes expériences, mais sans obtenir autre chose qu'un ramollissement pulpeux des aliments, au lieu d'un véritable chyme. Leuret, Lassaigne, Tiedemann, Gmelin, etc , voient dans l'élaboration gastrique une dissolution des substances nutritives par le suc du même nom, sans toutefois renfermer ce phénomène essentiellement vital dans le domaine exclusif de la chimie ; sous ce rapport, ces habiles expérimentateurs nous semblent se rapprocher beaucoup plus de la vérité. Ils ont toujours vu, pendant l'accomplissement normal de ce phénomène, la masse pultacée devenir sensiblement acide. Ils avancent, Leuret et Lassaigne plus particulièrement, que les boissons alcooliques font affluer le suc dissolvant, s'acidifient et sont ensuite absorbées. Nous verrons bientôt ce que l'on doit physiologiquement rejeter ou conserver dans cette même théorie.

Coction ignée. — Galien et quelques-uns de ses disciples considèrent la chymification comme une coction opérée sous l'influence du calorique. Cette hypothèse entièrement imaginaire, inadmissible dans ses principes, dans ses conséquences, n'offre pas même un premier caractère de probabilité. Il faudrait en effet supposer que dans l'espace de quelques heures, et sous l'influence d'une température de quarante degrés, les aliments solides éprouvent cette modification ignée. L'expérience de tous les instants et la plus simple réflexion suffisent pour démontrer la futilité d'une explication semblable. Les erreurs de cette même supposition deviennent encore plus palpables, en comparant les forces digestives du reptile, qui ne présente qu'une chaleur de quinze à seize degrés, à celles de l'homme pour lequel on voit la température s'élever à quarante, à celles de la plupart des oiseaux dont nous voyons cette chaleur portée de quarante-huit à cinquante.

Coction vitale. — Cette opinion, l'une des plus anciennes, est celle que professait Hippocrate. Les physiologistes modernes l'ont fortement critiquée, bien qu'elle ne soit pas aussi loin de la vérité qu'on pourrait le penser d'abord. En effet, le Père de la médecine employant le mot *coction*, ne veut point indiquer l'action physique de la chaleur sur les substances alimentaires pour faire disparaître leur état de crudité, mais une élaboration vitale particulière, entièrement analogue, par sa nature, à celle que les anciens supposaient dans les humeurs pendant le cours d'une maladie, vers l'époque des crises, pour leur imprimer une sorte de maturation. Si dès lors nous substituons au terme de *coction* celui *d'élaboration vitale*, qui rend ici la même idée, nous voyons que la théorie du vieillard de Cos est en même temps la plus physiologique et la plus vraisemblable.

Si nous résumons actuellement toutes ces opinions diverses, toutes les expériences, tous les raisonnements destinés à les établir, nous sentons qu'aucune d'elles, exclusivement envisagée, n'est capable d'expliquer entièrement la chymification. C'est en les réunissant pour le plus grand nombre, autour de l'influence vitale, comme action essentielle, que nous pourrons découvrir les vérités relatives à l'accomplissement de cet important phénomène. Il nous paraît absolument impossible d'admettre que la digestion gastrique soit le résultat d'une influence mécanique ou chimique; nous pensons au contraire qu'elle rentre nécessairement dans le domaine de la vitalité; double assertion qui va se trouver démontrée par les faits et le raisonnement.

Si la chymification était exclusivement physique ou chimique, nous pourrions, comme dans toutes les actions de cet ordre, en effectuer des imitations parfaites. Les expériences que nous avons répétées dans ce but sur les aliments insalivés, mâchés, pénétrés du suc gastrique, exposés dans un réservoir inerte, au milieu des circonstances les plus favorables, à la chaleur artificielle ou naturelle, nous ont toujours offert une masse pulpeuse mais sans homogénéité, soit simplement ramollie, soit dans un commencement de fermentation acide ou putride, jamais à l'état de *chyme parfait*, puisqu'en prenant cette masse de prétendu *chyme artificiel*, en l'introduisant immédiatement dans le duodénum des animaux, il nous a toujours été complétement impossible d'obtenir ultérieurement un atome de véritable *chyle*. Nous ne trouvons dans les auteurs aucun résultat contradictoire à ceux que nous indiquons; Spallanzani lui-même n'a pas conduit l'expérience jusqu'à ce point indispensable pour décider la question. C'est d'après quelques analogies d'aspect, de saveur, de composition qu'il a prononcé l'identité des *chymes artificiel* et *naturel*, tandis qu'il était si simple, si physiologique d'essayer l'un et l'autre par l'action duodénale afin de juger positivement leur valeur comparative. Les illusions auraient été dissipées et l'on eût senti que la pulpe artificiellement élaborée n'était point du *chyme* puisqu'il devenait impossible de lui faire éprouver une parfaite *chylification*. Leuret, Lassaigne, Tiedmann et Gmelin, dont les travaux sur la digestion sont dignes des plus grands éloges, bien qu'adoptant le système de la dissolution, l'ont fait avec une réserve qui prouve leur excellent esprit. Nous pensons que les expérimentateurs exempts de préjugés qui reprendront ces essais, obtiendront des résultats semblables aux nôtres, et, reconnaissant la réalité de ces principes, en déduiront les mêmes conséquences.

Tous les phénomènes de la nature, sans aucune exception, s'effectuant sous l'influence de l'une ou l'autre des trois puissances *physique, chimique* ou *vitale ;* toute l'insuffisance des deux premières, dans la chymification, nous paraissant démontrée par l'expérience et le raisonnement, il serait déjà permis d'en inférer que cet acte physiologique est sous la dépendance essentielle de la troisième. Si nous consultons les faits, nous trouvons des preuves immédiates beaucoup plus évidentes encore à l'appui de cette assertion. Ainsi toutes les causes *physiques, chimiques, morales* et *vitales,* susceptibles d'activer, de diminuer, de pervertir, de suspendre, d'anéantir l'action vitale de l'estomac, en agissant soit directement, soit sympathiquement sur cet organe, augmentent, diminuent, pervertissent, suspendent, anéantissent la chymification. L'exposition de ces vérités jettera nécessairement un grand jour sur la théorie du phénomène que nous étudions.

Causes physiques et chimiques. — Les épices, les salaisons, le thé, le café, les spiritueux mitigés convenablement, *précipitent la digestion,* comme on le reconnaît et comme on le dit vulgairement. D'un autre côté l'action positive de ces stimulants divers sur l'estomac, a pour effet ordinaire l'exaltation des propriétés vitales de cet organe ; de là par conséquent les avantages de ces moyens, lorsqu'ils sont gradués convenablement d'après les dispositions gastriques, pour favoriser et

perfectionner la chymification ; de là, par les mêmes raisons,
leurs graves inconvénients lorsqu'ils sont abusivement employés, et que dépassant la mesure d'une favorable excitation,
ils déterminent dans le tube alimentaire des phlegmasies plus
ou moins funestes. Les substances gommeuses, insipides, huileuses, narcotiques, etc., rendent, comme on le dit, l'estomac
paresseux, entravent ou même suspendent complétement
l'élaboration chymeuse , en effectuant cette perturbation
gastro - intestinale connue sous le titre d'*indigestion*. D'un
autre côté, l'effet immédiat de ces agents est d'abaisser,
d'engourdir et même d'anéantir momentanément les propriétés vitales de cet appareil. On conçoit dès lors que ces moyens
peuvent être utiles et même nécessaires pour favoriser l'accomplissement de la chymification dans les augmentations extra-
normales de l'irritabilité gastrique ; tandis qu'ils deviennent
essentiellement nuisibles pour les dispositions contraires, en
pervertissant la digestion dans l'un de ses actes les plus
importants. Ces considérations naturelles démontrent l'incon-
venance et les dangers d'un traitement et d'un régime uniformément appliqués à toutes les constitutions, à tous les individus. Les causes physiques et chimiques susceptibles d'opérer,
vers d'autres appareils, la dérivation et la concentration de
l'influence vitale, produisent ordinairement des perturbations
analogues ; ainsi les plaies, les contusions, les brûlures, etc.,
affectant une partie sensible, développent des douleurs aiguës
et des sympathies plus ou moins contraires à l'accomplissement
régulier du phénomène que nous étudions.

Causes morales. — Un mauvais estomac, dit Amatus Lusi-
tanus, accompagne les gens de lettres comme l'ombre suit le
corps. Cette vérité, que démontre chaque jour l'expérience,
nous indique l'action positive des modifications mentales pour
favoriser, pervertir ou suspendre la chymification, après avoir
plus ou moins profondément influencé l'organe chargé de
son accomplissement. Ainsi le repos de l'esprit, le calme de
l'âme concourent puissamment à la régularité de cet acte
digestif. Les travaux intellectuels opiniâtres, les passions déli-

rantes ou concentrées, produisent au contraire dans ce phéno-mène les plus graves désordres, soit par l'exaltation extra-nor-male de la vitalité gastrique, soit par ses violentes perturba-tions, soit enfin par son abaissement excessif en conséquence d'un affaiblissement absolu, constitutionnel, ou d'une débilité relative, occasionnée par la dérivation de la puissance inner-vatrice vers les autres systèmes organiques. La réalité de ces principes est admise par les bons observateurs. Tiedmann et Gmelin ont constaté par l'expérience que la digestion est plus lente et plus difficile pendant le sommeil ; on sait généra-lement que si la contension d'esprit, les exercices fatigants sont nuisibles immédiatement après les repas, l'immobilité, l'engourdissement, le repos complet ne sont pas alors moins opposés au développement régulier de l'élaboration chymeuse.

Causes vitales. — Nous pourrions énumérer ici toutes les maladies idiopathiques ou symptomatiques de l'appareil diges-tif en général, de l'estomac en particulier, et nous verrions aussitôt que les atonies de cet organe rendent la chymification plus tardive, moins parfaite ; que ses inflammations, ses névralgies la précipitent, l'altèrent quelquefois profondément. Ces considérations sont tellement évidentes, les objets de leurs applications si généralement connus, qu'il suffit de les rappeler dans cette occasion. Il est un point de la question beaucoup moins universellement admis et sur lequel nous devons par conséquent appeler toute l'attention des physiolo-gistes, nous voulons parler de l'influence du nerf pneumo-gastrique dans l'accomplissement de ce phénomène digestif. Pour déterminer l'importance et la réalité de cette action, les expérimentateurs ont effectué la compression, la ligature et la section du nerf vague. Leurs travaux n'ont pas offert les mêmes résultats. Ruphus d'Ephèse paraît avoir le premier tenté ce genre d'exploration, ultérieurement employé par Baglivi, Petit, Valsalva, Haller, Dupuytren, de Blainville, Dupuy, Broughton, Magendie, Blagden, Wilson, Clarke, Hastings, Breschet, Edwards, Leurot, Lassaigne, Tiedemann, Gmelin, etc.

Baglivi pratique la section du nerf pneumo-gastrique sur des chiens ; refus des aliments, nausées, vomissements ; après cinq à six heures, chez ceux qui n'ont pas rejeté les substances nutritives, l'estomac se trouve distendu par des matières non digérées. Blainville fait la ligature du nerf vague au-dessus des poumons, suspension de la respiration et de la chymification ; au-dessus de l'estomac, suspension de la chymification, accomplissement de la respiration ; la ligature est enlevée, ces deux fonctions reprennent toute leur activité. Le même physiologiste et Legallois choisissent des pigeons pour sujets de l'expérience ; les graines données à ces animaux restent dans le jabot, sans éprouver aucune modification. Wilson, Clarke, Hastings font les mêmes essais avec des résultats identiques. Dupuy expérimente sur des chevaux ; les animaux boivent, mangent, périssent au sixième jour ; les vaisseaux lactés ne contiennent pas de *chyle*. Brodie fait prendre de l'arsenic à des animaux sains, trouve l'estomac en partie rempli d'un fluide muco-séreux ; il administre le même poison à d'autres animaux, après avoir pratiqué la section du nerf vague, ne rencontre plus sur ces derniers aucune trace du *suc gastrique*, et rapporte la sécrétion de cette humeur à l'influence de ce même nerf, en expliquant ainsi l'action vitale de l'appareil digestif. Edwards et Breschet, sur plusieurs animaux, coupent le nerf vague avec perte de substance ; la chymification est seulement ralentie dans sa marche ; rétablissant la communication nerveuse au moyen d'un fil de fer tourné en spirale, ces physiologistes voient le phénomène reprendre sa première activité. Des résultats semblables sont obtenus en excitant l'extrémité gastrique du nerf coupé, soit par un courant galvanique, soit par des tractions répétées au moyen d'un cordon en soie. Les auteurs de ces expériences concluent, d'une part, que l'on n'a fait ici qu'entretenir l'influence du nerf vague sur l'estomac, en irritant la portion qui s'y distribue ; de l'autre, que cet effet se borne, dans la conversion chymeuse, à soutenir l'action du viscère, à multiplier ses points de contact avec les aliments. Ces inductions, ou laissent indécis le véritable caractère de la chymification, et dès lors n'exigent aucune discussion particulière, ou bien expliquent ce phénomène par la *trituration*, et se trouvent suffisamment réfutées par les raisonnements que nous avons opposés à cette hypothèse mécanique. Wilson pratique la section de la moelle vers sa région lombaire ; Edwards et Vavasseur font l'ablation d'une partie des hémisphères cérébraux ; sur d'autres sujets, ils injectent de l'opium dans les veines ; toutes ces expériences donnent pour résultat commun la suspension de l'élaboration chymeuse. Broughton, Magendie, Leuret, Lassaigne, Tiedemann, Gmelin voient cette élaboration continuer sur des chiens, des chevaux, etc , même lorsque l'on avait enlevé le nerf pneumo-gastrique dans une étendue de plusieurs pouces . Ils font observer que ce nerf, épuisant la majeure partie de ses rameaux sur l'œsophage, n'en fournit qu'un bien petit nombre à l'estomac, dont l'appareil innervateur émane plus spécialement des ganglions ; que la ligature ou la section du nerf vague produisent tout au plus un ralentissement dans la chymification qui continue sous l'influence des autres nerfs. Tiedemann et Gmelin ajoutent, conséquemment à leur théorie de la *dissolution*, que les modifications effectuées par ces expériences tiennent plutôt alors au défaut d'acidité du suc gastrique, formé dans ces dispositions anormales, qu'à l'absence de l'action innervatrice.

Si nous cherchons actuellement la raison des nombreuses dissidences présentées par cet ensemble de faits contradictoires, nous la voyons d'une part dans la diversité des circonstances au milieu desquelles ces expérimentateurs également habiles ont entrepris leurs essais ; de l'autre, dans l'instabilité des phénomènes de la nature vivante, surtout lorsqu'ils s'opèrent sous l'influence des perturbations que ne manquent jamais alors d'entraîner la crainte et la douleur. Des expériences, des considérations que nous venons de présenter, il nous semble positivement résulter, pour tout esprit sage, que l'on ne doit pas expliquer la chymification par l'une ou par l'autre de ces hypothèses considérées d'une manière exclusive; qu'il est contraire à toutes les règles de la saine physiologie de renfermer dans le domaine particulier de la physique et de la chimie communes à tous les corps, un phénomène évidemment effectué sous l'influence des lois vitales; que ces différents moyens concourent, chacun suivant ses facultés, à l'accomplissement normal de cette action importante; mais que l'influence nerveuse, que l'irradiation de la vitalité jouent, dans cette même action, le rôle en même temps le plus grand et le plus indispensable. Nous croyons actuellement pouvoir exprimer ainsi l'ensemble de ces modifications compliquées.

Les aliments, déposés dans l'estomac par la déglutition, après avoir été broyés, insalivés dans la cavité buccale, éprouvent d'abord l'influence des parois gastriques pendant leurs mouvements de péristole. Cette espèce de *trituration* secondaire est d'autant plus laborieuse que la mastication primitive s'est effectuée moins complétement. Assez remarquable pour certains oiseaux, dans lesquels on entend le broiement des aliments par l'action du gésier, elle n'offre chez l'homme qu'un phénomène entièrement accessoire, et dont les mécaniciens ont exagéré l'importance. Excitée par la présence des aliments, la muqueuse de l'estomac présente une réaction sécrétoire proportionnée à cette agression. Les sucs *folliculaire* et *perspiratoire* sont versés dans la masse à chymifier; la ramollissent et la pénètrent profondément. Cette modification devient alors d'autant plus nécessaire, qu'elle n'a pas été suffisamment commencée par l'insalivation. Nous ne pouvons admettre, avec Tiedemann, Gmelin, Leuret, Lassaigne, etc., qu'elle constitue l'essence de la chymification, encore moins avec ces derniers : « Que la division des aliments étant « opérée dans l'estomac, il se forme spontanément des molé-- « cules *chyleuses*. » Jamais, du moins pendant le cours de nos expériences, nous n'avons rencontré ces dernières dans la cavité gastrique, à moins qu'un mouvement antipéristaltique de l'intestin duodénum, où leur confection peut exclusivement s'opérer, ne les eût fait refluer dans cette première cavité. Nous pensons qu'il faut attribuer à cette cause l'illusion de ces habiles expérimentateurs. Une première combinaison moléculaire et substantielle s'effectue pendant cette opération, mais elle a besoin de l'influence vitale de l'estomac pour se manifester et ne peut dès lors plus être confondue avec les combinaisons exclusivement chimiques. L'excitation nerveuse joue manifestement le premier rôle dans cette modification spéciale où nous voyons la matière inerte revêtir les qualités rudimentaires de l'organisation et de la vitalité. C'est au concours de tous ces moyens réunis que nous attribuons la confection chymeuse qui, dans la masse, paraît s'effectuer de la circonférence au centre et dont nous devons actuellement étudier les résultats.

Chyme. — Les auteurs, opposés relativement à la formation de ce produit digestif, ne s'accordent pas davantage sur sa nature et sa composition. Marcet, auquel nous devons un grand nombre d'expériences, prétend que le chyme n'est, à l'état normal, ni acide ni alcalin ; qu'il se putréfie dans quelques jours, présente une assez grande proportion de charbon, de sels calcaires, d'albumine et de matière animale solide. De Montègre le croit acidifié par son mélange avec le suc gastrique ainsi modifié lui-même par la digestion. Gmelin, Tiedemann et plusieurs autres physiologistes lui reconnaissent un caractère semblable ; mais ils soutiennent que cette acidité vient de sa dissolution par le même suc primitivement doué de cette qualité spéciale. Pris chez un homme épileptique, mort cinq heures après l'ingestion des aliments, immédiatement analysé par Leuret et Lassaigne, le chyme s'est présenté sous la forme d'une bouillie safranée, pâle, exhalant une odeur forte et repoussante, contenant de l'acide lactique, une matière animale blanche, cristalline, assez analogue au sucre de lait, une substance grasse, jaunâtre, acide, se rapprochant du beurre rance ; une autre matière animale ressemblant au caséum, soluble dans l'eau ; de l'albumine ; beaucoup de phosphate de chaux ; de l'hydro-chlorate, du phosphate de soude en proportion moins considérable. Schuyl dit avoir trouvé des bulles gazeuses dans le chyme, et conclut de ce fait que le phénomène dont nous parlons est une véritable fermentation effectuée par le mélange de la masse alimentaire, de la bile et du suc pancréatique. Nous avons suffisamment réfuté cette erreur. Des expériences faites sur les chiens nous ont offert les résultats suivants aux différentes époques de la chymification, exercée particulièrement sur des soupes au pain : *après deux heures d'ingestion*, l'estomac distendu par une masse pulpeuse, grisâtre, inodore, sans acidité, offrant encore les principaux caractères des aliments employés ; les autres intestins vides ; quelques vaisseaux lactés encore pleins de chyle ; plusieurs ganglions mésentériques très-développés ; la vésicule dilatée par une assez grande quantité de bile ; *après quatre heures*, le chyme plus homogène, les aliments identifiés, à l'exception de ceux dont la solution ne peut être effectuée dans cette élaboration, et qui passeront le plus ordinairement sans éprouver la modification digestive ; l'acidité presque nulle sur le plus grand nombre, se prononce davantage pour les animaux que l'on a fait souffrir dans les expériences. Le développement exagéré de cette acidité ne serait-il pas le caractère d'une mauvaise chymification, comme on l'observe chez l'homme, sous l'influence perturbatrice d'une passion violente, ou d'un travail intellectuel dont l'influence a troublé la marche de ce phénomène important ? *Après six heures*, le chyme est presque entièrement passé dans le duodénum ; la chymification déjà commencée, l'estomac vide, revenu sur lui-même, son corps papillaire moins rouge, affaissé, les sécrétions muqueuse et perspiratoire de cet organe sensiblement diminuées. En résumé toutes ces modifications physiques et chimiques imprimées à la masse alimentaire, *mastication, insalivation, trituration, dissolution gastriques*, etc., nécessaires à la conversion chymeuse, n'en sont toutefois que des actes préparatoires. C'est au moment où cette masse, par une véritable *transsubstantiation*, est pénétrée d'un commencement de vitalité, que s'opère essentiellement cette conversion dont les procédés chimiques et physiques sont incapables d'offrir une imitation parfaite. La *chymification* décide les changements ultérieurs que doivent présenter les aliments en parcourant le reste de l'appareil digestif ; tous ceux qui ne l'ont point éprouvée sont désormais absolument incapables de servir à la formation du chyle. Des gaz ont été trouvés dans l'estomac, et semblent moins, d'après leur nature, le résultat de la fermentation des substances ingérées, que le produit de la perspiration gastrique. Leuret et Lassaigne, pour des chiens nourris avec la viande, ont trouvé sur cent parties : acide carbonique, 43 ; — hydrogène sulfuré, 2 ; — oxygène, 4 ; — azote, 31 ; — hydrogène carboné, 30. Chevreul et Magendie, chez un homme supplicié, sur 100 parties : oxygène, 11,00; — acide carbonique, 14,00 ; — hydrogène pur, 3,35 ; — azote, 71,45 ; — perte, 0,20.

Si nous voulons actuellement fixer le temps nécessaire à l'accomplissement normal de la chymification, nous voyons encore les auteurs divisés relativement à cet objet. Les uns bornent ce temps à deux ou trois heures ; d'autres, tels que Edwards et Breschet, le portent jusqu'à dix ou douze. Il est évident que cette estimation ne doit jamais être absolue, puisque des circonstances relatives à la nature des aliments, aux dispositions du sujet, à l'état actuel de ses organes digestifs, etc., peuvent modifier indéfiniment la durée de cet acte physiologique. En conséquence de ses observations, faites sur des individus affectés d'*anus contre nature*, Lallemand établit en principe : que les substances nutritives séjournent d'autant moins dans l'estomac, toutes choses égales, qu'elles contiennent une plus petite proportion d'élément réparateur. Ainsi, dans ces expériences, les œufs ne sortaient par l'ouverture artificielle, assez rapprochée de ce viscère, qu'après un séjour de quatre heures au moins, tandis que les fruits, les légumes herbacées passaient après deux ou trois. Gosse de Genève a reconnu sur lui-même que les œufs frais, le poisson, le lait, les viandes blanches, les légumes doux sont aisément chymifiés dans l'espace de deux heures, alors que les œufs durs, le porc, le sang cuit, les huîtres, les salades, les radis, les pâtisseries n'éprouvent cette conversion qu'après cinq ou six heures, encore d'une manière imparfaite et difficile. On peut donc avancer, en thèse générale, que le séjour des aliments dans la cavité gastrique est susceptible d'offrir des variétés nombreuses depuis deux ou trois heures jusqu'à des intervalles beaucoup plus considérables. Sthal rapporte qu'une femme ayant mangé des choux rouges, fut prise d'une fièvre tierce qui ne céda qu'après le vomissement de cette substance rendue cinq jours après son ingestion, sans présenter aucun changement remarquable.

Lorsque la *chymification* est opérée, l'ouverture gastro-duodénale, fermée jusqu'alors assez exactement, se dilate par degrés ; des contractions péristaltiques s'établissent du *cardia* vers le *pylore* ; ce mouvement favorisé par l'action des fibres longitudinales, fait insensiblement passer toute la masse chymeuse dans l'intestin duodénum où doit s'effectuer sa *chylification*. Là se termine le rôle particulier de l'estomac dans la digestion. Sans doute, il ne s'agit plus ici d'une simple action préparatoire que l'on puisse remplacer par des procédés physiques ou chimiques ; nous y trouvons une élaboration essentielle et vitale ; mais nous ne pensons pas qu'elle représente la digestion complète, ni même qu'elle en devienne le phénomène fondamental, comme l'ont prétendu ceux qui voient dans l'estomac non-seulement l'organe particulier de cette grande fonction, mais encore le point central de l'économie, le foyer de la vitalité ; c'est ainsi qu'Helmontius y plaçait le siége de l'âme ; Wovard, celui des sensations et des pensées ; opinions paradoxales qu'il suffit de citer pour en effectuer la réfutation.

PHÉNOMÈNES GÉNÉRAUX DE LA CHYMIFICATION — Leur histoire embrasse l'ensemble des réactions sympathiques déterminées, dans une étendue plus ou moins considérable de l'économie, par l'exercice de ce phénomène particulier. Pour mieux apprécier les différentes nuances de ces réactions, nous les examinerons dans les temps principaux de l'élaboration gastrique relativement : *à l'introduction des aliments dans l'estomac ; à leur conversion chymeuse ; au passage du*

I. 23

chyme dans le duodénum. Nous verrons dans cette exposition, la réalité des liens fonctionnels unissant le premier de ces organes aux principaux centres de la vitalité, l'importance de son action dans la série des phénomènes digestifs, et la nécessité d'un régime approprié au sexe, à l'âge, au tempérament, aux professions.

Relativement à l'introduction des aliments dans l'estomac.— L'excitation locale déterminée par les aliments sur la muqueuse gastrique, est immédiatement suivie d'une réaction dont les effets sont appréciables pour tout l'organisme. Sentiment de bien être général, d'expansion et d'hilarité ; augmentation notable des forces physiques ; exaltation momentanée des facultés intellectuelles et des passions ; tendance au mouvement, aux actions d'expression : tels sont les principaux phénomènes sympathiques de cette irradiation digestive. Aussi dans nos repas où l'étiquette n'enchaîne pas le naturel, où la confiance et l'amitié laissent un libre essor aux affections, à la pensée, lorsque les premières exigences de l'appétit se trouvent satisfaites, la conversation s'engage d'une manière plus bruyante et plus universelle. Ces effets sont d'autant plus marqués et plus positifs, que l'impression alimentaire est mieux déterminée. C'est pour cette raison que les boissons fermentées et les solides nutritifs un peu réfractaires à l'action de l'estomac, sont très-convenables aux tempéraments lymphatiques, aux sujets obligés de supporter habituellement la fatigue des travaux corporels. Il faut en effet toujours bien distinguer deux résultats dans l'action des aliments : l'excitation mécanique ou chimique locale, d'où naît une élévation notable du pouls, une réaction constitutionnelle, un développement passager de l'énergie factice. La réparation et l'accroissement des organes, l'entretien de la force naturelle. Dans cette période, le goût s'éveille par l'influence des aliments sapides, et comme le dit un adage vulgaire : *l'appétit vient en mangeant.* La sécrétion salivaire est développée dans toute son activité, la mastication rapide, la déglutition facile et précipitée. D'après Tiedemann et Gmelin, l'agacement du nerf pneumo-gastrique, à l'œsophage, dispose l'estomac à ses contractions péristaltiques. Dans toute cette phase de la digestion, le mouvement vital s'établit du centre à la circonférence.

Relativement à la conversion chymeuse des aliments. — La réplétion gastrique effectuée devient l'occasion d'un sentiment de satiété qui fait disparaître les impulsions de la faim. L'agréable sapidité des aliments s'affaiblit, les mets les plus délicats, actuellement sans attrait, excitent même alors quelquefois un véritable dégoût. L'homme sobre ne cherche point à franchir ces bornes imposées par la nature aux aberrations de la sensualité ; le gourmand voudrait manger encore ; une répugnance invincible prévient ce fâcheux abus, et c'est vainement que l'art culinaire déploie ses ressources perfides lorsqu'il s'agit de flatter des organes complétement émoussés. De là cette assertion aussi vraie que généralement connue : *l'appétit est le meilleur de tous les cuisiniers.* A l'invasion de cette période, la mastication languit, la sécrétion salivaire diminue graduellement d'activité. Un mouvement remarquable s'établit de la circonférence au centre, avec frisson général, spasme, resserrement, sécheresse et froid vers la peau. L'estomac devient ainsi le foyer principal de l'irradiation et de la fluxion vitales. Ce mouvement est d'un heureux présage pour la chymification, puisqu'il indique une *concentration gastrique* sans diversion et sans partage. En effet, lorsque nous observons au contraire, dans cette circonstance, un mouvement vers la périphérie, avec chaleur à la face, aux mains, aux pieds, comme on le voit souvent chez les individus affectés de gastralgie, de gastrite, de phthisie, etc., nous pouvons annoncer une élaboration chymeuse difficile, incomplète, *cette concentration gastrique* n'ayant pas été convenablement effectuée. Au milieu des plus favorables dispositions à cet acte important, l'esprit s'appesantit, l'imagination devient obtuse, le pouls est lent et serré, les mouvements paresseux. A l'activité, à la loquacité de la première période, succèdent le silence, l'apathie, l'engourdissement, quelquefois même le sommeil. Si l'estomac est irritable, si les aliments ont été pris d'une manière abusive, il survient quelquefois alors une sorte d'inquiétude vague et de mélancolie profonde. On doit également éviter, dans ces dispositions, et l'assoupissement qui déprimerait l'action gastrique, et les exercices physiques ou moraux qui viendraient la contrarier par de fâcheuses dérivations. Si d'une part l'estomac ne doit pas être vivement irrité pendant ce travail, du moins a-t-il besoin d'une excitation suffisante pour l'exécuter avec précision et régularité. De là, sans doute, l'usage des vins généreux, des liqueurs et du café que l'on sert à la fin des repas ; de là, par une même conséquence, l'inconvénient notable de la marche, de la course, des autres exercices violents et plus spécialement encore des travaux intellectuels entrepris immédiatement après l'ingestion alimentaire. Il faut toujours alors un éveil modéré, jamais un état laborieux de contension, soit morale, soit physique.

Relativement au passage du chyme dans le duodénum. — Lorsque le travail de la chymification est entièrement accompli, l'influence vitale, jusqu'ici concentrée vers l'estomac, se trouve progressivement irradiée sur tous les autres organes ; la réaction s'établit du centre à la circonférence ; au resserrement, à la sécheresse, au froid que présentait l'enveloppe dermoïde, succèdent le relâchement, la chaleur agréable, quelquefois même une douce moiteur. La gaieté, la tendance au mouvement, la liberté des facultés intellectuelles reparaissent. Il est alors avantageux de se livrer à des exercices modérés pour favoriser la répartition des influences vitales, et le rétablissement de l'équilibre dans toute l'économie.

4° Cavité duodénale. — Dans cette cavité s'accomplit le phénomène principal, indispensable, de la digestion alimentaire, la *chylification,* ou conversion d'une partie de la masse chymeuse en *chyle,* fluide essentiellement réparateur, seul capable de satisfaire, chez l'homme et chez les animaux supérieurs, aux besoins urgents de l'économie vivante.

Appareil. — Il se compose de la partie d'intestin nommée *duodénum ;* de deux glandes, le *pancréas* et le *foie,* dont les belles expériences de M. Claude Bernard ont, surtout à ce point de vue, bien fait apprécier le concours, en éclairant d'une manière parfaite la pratique et la théorie de ce phénomène important, jusqu'alors enveloppé d'une grande obscurité.

LE DUODÉNUM, — ainsi nommé d'après sa longueur que l'on estime à douze pouces, est compris entre l'estomac et l'intestin grêle; situé profondément dans l'abdomen, fixé par un repli du péritoine au niveau de la douzième vertèbre dorsale, formant un arc de cercle à concavité supérieure, dans laquelle est embrassé le pancréas, il répond, en arrière, à la colonne vertébrale; en devant, au péritoine qui ne fait que passer sur lui; à l'estomac, au mésocolon transverse; supérieurement, au foie; inférieurement, à l'intestin grêle; on y trouve deux ouvertures, l'une gastrique déjà décrite sous le nom de pylore; l'autre intestinale, n'offrant aucun repli particulier. Sa largeur, inférieure à celle de l'estomac, est supérieure à celle de l'intestin grêle; disposition qui, jointe à l'importance de ses fonctions, l'a fait nommer *second ventricule*. Comme organisation, il présente trois membranes : *séreuse*, qui ne fait que le recouvrir en partie; *musculeuse*, mince, formée presque entièrement de fibres circulaires; *muqueuse*, continuation de celle de l'estomac, offrant un grand nombre de plis transversaux, improprement nommés *valvules conniventes*, de Kerkringius; une double sécrétion folliculeuse et perspiratoire dont le résultat se nomme suc intestinal, dont les usages paraissent analogues à ceux du suc gastrique; enfin, ouverture des conduits excréteurs du pancréas et du foie, des vaisseaux sanguins nombreux, des nerfs en grande proportion naissant pour la plupart du plexus solaire.

LE PANCRÉAS, — que nous décrirons plus complétement au chapitre des sécrétions, que nous indiquons seulement ici au point de vue de son fluide sécrété, présente une glande, qu'il n'est plus possible, d'après les expériences de M. Claude Bernard, de séparer de l'appareil particulier à l'élaboration chyleuse, — sécrète un fluide nommé *suc pancréatique*, regardé par

Siébold, Leuret, Lassaigne, comme analogue à la salive ; par Tiedemann et Gmelin comme essentiellement différent de cette humeur ; pour les premiers, il est *alcalin* ; pour les seconds, *acide*, mais Tiedemann et Gmelin se chargent, dans l'espèce, de nous prouver combien les résultats des vivisections sont quelquefois illusoires : « Le suc pancréatique de la brebis et « du chien, disent-ils en effet, recueilli d'abord était légère- « ment *acide* ; mais celui que l'on obtint après quelque temps « de souffrance de l'animal, était faiblement *alcalin*. »

Ayant, sur plusieurs cadavres humains, obtenu cette humeur par aspiration au moyen d'une seringue fine portée dans le conduit pancréatique, voilà ce qu'elle nous a présenté : apparence visqueuse, couleur blanc mat, ou légèrement bleuâtre ; saveur très-faiblement salée ; disposition à se coaguler par la chaleur, à se putréfier sous une température moyenne, en répandant une odeur ammoniacale ; donnant à l'analyse, mucus, albumine, osmazôme, matière caséuse, acétate, phosphate, sulfate de soude, carbonate, phosphate de chaux, chlorure de sodium, dissous dans une assez grande proportion d'eau.

D'après la méthode imaginée par M. Claude Bernard, on se procure aujourd'hui facilement du suc pancréatique sur des chiens, des chevaux, des lapins, etc., en établissant une fistule pancréatique sur ces animaux. Celui que l'on obtient « est incolore, filant, analogue pour la consistance à du sirop ; lorsqu'on le chauffe, il se prend en masse comme une dissolution d'albumine, sa partie essentielle étant une substance analogue aux matières albuminoïdes ; les acides forts le coagulent, il offre une réaction *alcaline*. »

Sécrété en très-faible quantité pendant l'intervalle des digestions duodénales, on a, d'une manière approximative, cherché quelle est, par heure, la quantité de cette humeur sécrétée chez l'homme. Ce résultat s'est montré si variable suivant les individus, les aliments, l'état physiologique, etc., que même en prenant toujours le moment de la chylification dans l'expérience, on s'est trouvé forcé, raisonnant du reste par analogie des animaux à l'homme, d'admettre une moyenne entre *dix* et *trente grammes* de production par heure.

Du reste, l'identification de l'un des deux canaux excréteurs du pancréas avec le canal cholédoque par leur ouverture commune dans la seconde partie du duodénum, établit assez la solidarité d'action des deux organes sécréteurs dans la chylification ; de même que la mort survenue après l'anéantissement du premier, ses profondes altérations démontrent, pour la digestion, sa grande importance, que l'on avait à peine soupçonnée avant les expériences positives de M. Claude Bernard.

LE FOIE, — que nous examinerons dans tous ses détails en faisant l'histoire des sécrétions, nous offre la plus volumineuse des glandes ; placé dans la région hypocondriaque droite, il produit une humeur dont les usages, essentiels à la chylification, le font nécessairement entrer dans l'appareil chargé d'exécuter cet important phénomène.

Le fluide pancréatique dont nous indiquerons seulement ici les caractères essentiels, considéré, par Boerhaave, comme un véritable *savon ;* par Dumas, comme un *correctif alcalin ;* par d'autres, comme un *antiputride*, est ordinairement visqueux, jaune vert, ou noirâtre, suivant qu'il a plus ou moins séjourné dans son réservoir ; présentant une odeur nauséeuse, une saveur amère, il est naturellement formé de cholestérine, de résine, de matière colorante, jaune et verte, de pycromel, de mucus, d'albumine, de sels, de phosphate de chaux, de magnésie, de sulfate de soude, d'hydrochlorate de potasse, de bicarbonate d'ammoniaque, et d'un assez grand nombre d'autres principes que nous indiquerons dans son histoire complète.

Chylification. — Déjà modifiés profondément par l'action vitale de l'estomac, par les fluides sécrétés des premières cavités digestives, surtout de la *salive*, du *suc gastrique*, les aliments *chymifiés* sont arrivés dans le duodénum où va s'opérer leur véritable digestion, après cette préparation essentielle.

Mais pour arriver à cette élaboration définitive, à *la chylification*, il est une condition essentielle sans laquelle jamais ils n'y parviendraient; *il faut qu'ils soient solubles dans les fluides en circulation dans les petits vaisseaux de l'économie vivante.*

C'est en établissant cette loi physiologique de la plus haute importance, en reconnaissant *l'insolubilité digestive* des corps gras, jusqu'ici presque méconnue des auteurs, que M. Claude Bernard est arrivé, par des expériences positives, à constater la vertu des fluides *pancréatique* et *bilieux*, comme véritables agents destinés par la nature à rendre les corps gras solubles dans les fluides circulatoires, à les faire arriver ainsi à la condition de substances alimentaires; en établissant d'une manière nette et définitive les fonctions digestives du pancréas et du foie, jusqu'ici véritablement ignorées des physiologistes, que M. Claude Bernard a fait une découverte essentiellement utile: il a positivement établi les trois résultats suivants par des expériences incontestables : 1° transformation presque instantanée, dans le duodénum, des fécules en *dextrine* et en *glycose* solubles, 2° conversion, par son élément essentiel, *la pancréatine*, des corps gras en émulsions solubles dans les sucs digestifs, tandis que sans l'action de cet agent, on les retrouve en nature dans les excréments, comme on le voit dans les maladies du pancréas; après la ligature de ses conduits excréteurs; 3° liquéfaction complète et définitive des subtances musculaires, fibreuses, azotées, déjà commencée dans la chymification; dans toutes ces transformations, la bile seule aurait peu d'influence, elle en acquiert beaucoup par son mélange au suc pancréatique.

Mais indépendamment de ces actions en partie chimiques, il ne faut pas oublier de faire intervenir l'action vitale comme puissance essentielle. Pour donner le dernier degré d'évidence à la réalité de ces principes, nous laisserons parler Tiedemann, dont l'autorité ne sera pas suspecte en pareille matière, cet auteur ayant contribué de toute son influence à l'introduction des théories *physico-chimiques* dans les explications relatives aux phénomènes digestifs : « On ne saurait méconnaître, dans « l'assimilation digestive, une opération exclusivement pro- « pre aux corps vivants, qui n'est nullement comparable

« aux changements de composition que les forces physiques
« générales, et le jeu des affinités chimiques peuvent produire
« dans les matières inorganiques. Il faut la considérer comme
« un acte vital, comme un effet de la vie. » Après avoir positivement établi la question en litige, fait connaître la véritable
nature de la chylification, exposons la marche naturelle de ce
phénomène important.

Le *chyme*, poussé dans la cavité duodénale par les contractions péristaltiques de l'estomac, distend progressivement ses
parois avec d'autant plus de facilité qu'elles sont dépourvues
de la tunique séreuse. Toutes les dispositions de cette capacité
digestive, dont les ouvertures ne sont jamais exactement fer-
mées, semblent établies dans l'intention de prolonger le séjour
du chyme pour en favoriser l'élaboration parfaite. Ainsi le
duodénum est profondément situé dans la partie moyenne de
l'abdomen, entouré de viscères glanduleux, immobiles et peu
variables dans leurs formes et leurs dimensions ; soustrait à
l'influence des compressions extérieures, des battements artériels, des contractions musculaires et de toutes les causes qui
pourraient, en le stimulant ou le comprimant, activer le passage des matériaux à chylifier ; il offre trois courbures très-
prononcées ; dans sa dernière direction, il est oblique de bas
en haut et de droite à gauche. Sa membrane muqueuse présente un grand nombre de replis transversaux. Cet ensemble
de précautions ne paraît-il pas indiquer que la nature a voulu
couvrir des ombres du mystère le lieu dans lequel doit s'effectuer l'un des actes essentiels de l'économie vivante ? Jusqu'ici la substance alimentaire soumise à des élaborations
diverses ne présente pas un atome de chyle. Ce fluide est produit par l'action combinée de la bile, du suc pancréatique,
des humeurs folliculaire et perspiratoire de l'intestin duodénum, de cet organe lui-même dont l'influence vitale joue le
premier rôle dans l'accomplissement d'un phénomène que l'on
pourrait en quelque sorte ranger au nombre des sécrétions ;
le chyme présentant l'*agent ;* le duodénum, l'*instrument,* et le
chyle bien constitué, le *produit normal.* Il est toutefois impos-

sible de ne pas admettre l'action spéciale de ce viscère pour
communiquer au chyme une impulsion d'après laquelle s'opèrent, ou pour le moins sont favorisées, des combinaisons
étrangères à la nature inerte, et pour imprimer au chyle,
résultat de ces combinaisons, un premier degré de vitalité qui
s'augmentera, se perfectionnera ultérieurement dans l'hématose. Tiedemann, dont les nombreux travaux sur cet objet
sont généralement connus, sentait bien toute l'insuffisance de
la chimie pour expliquer ces élaborations essentiellement
organiques, alors qu'il s'exprimait ainsi : « De même qu'en
« vertu de la force vitale nutritive les parties solides attirent
« du fluide nourricier général des matières qu'elles font
« entrer dans leur composition et dans leur structure orga-
« nique, et auxquelles elles communiquent leurs qualités
« vitales, de même les organes qui préparent les liquides
« assimilateurs avec le fluide nourricier général, semblent
« leur communiquer, par le même acte et en vertu de la
« même force, des qualités qui leur permettent d'agir sur les
« aliments de manière à en opérer l'assimilation. » Lorsque
l'auteur des *Recherches expérimentales sur la digestion* s'exprime ainsi, nous croyons la réalité de nos principes assez
positivement démontrée, nous ajoutons seulement que les chimistes et les physiciens ont été jusqu'alors et seront probablement toujours incapables de faire, par leurs moyens artificiels, un chyle véritable et tel que nous allons maintenant le
présenter.

Le chyle, — de χυλως suc, est un fluide essentiellement réparateur du sang, obtenu par l'élaboration duodénale, sur la
nature, la composition et les propriétés duquel nous trouvons
encore les divergences d'opinion les plus positives entre les
auteurs. Ainsi Marcet, Vauquelin, Emmert, Dupuytren, Thénard prétendent qu'il est opaque chez les carnivores, transparent chez les herbivores ; neutre, plus pesant que l'eau, moins
que le sang. Magendie, Gmelin, Tiedemann soutiennent
qu'il est alcalin et produit un sentiment d'astriction sur la
langue; qu'il présente comme le sang un caillot formé de

fibrine, de matière colorante ; mais de plus une substance grasse, une autre blanche. Bauer, Dumas, Prévost disent qu'il offre au microscope les mêmes globules que le sang, avec cette seule différence que ces derniers ne présentent pas d'enveloppe colorée. Leuret et Lassaigne font observer que chez tous les animaux, quel que soit le genre d'alimentation, il contient de la fibrine, de l'albumine, de la matière grasse, du chlorure de sodium et du phosphate de chaux, en proportions variables ; ils ajoutent que, sous les autres rapports, ce produit digestif est plus diversifié par la nature des substances nutritives que par la différence des substances animales ; que la fibrine qui s'y rencontre n'est pas toujours en proportion de l'azote contenu dans ces éléments réparateurs ; que des animaux nourris de gomme et de sucre en ont offert autant que ceux qui avaient exclusivement fait usage de viandes. Il en est de même pour l'albumine trouvée dans sa partie séreuse. Marcet, qui s'est livré en Angleterre à des recherches nombreuses, dit au contraire que le chyle produit par les aliments végétaux présente, à l'analyse, trois fois plus de charbon que celui qui vient des substances animales ; que ce dernier est toujours laiteux, son coagulum opaque et rosé, surmonté d'une couche crémeuse ; que le chyle végétal est au contraire dépourvu de cet élément, transparent, offrant un coagulum incolore ; enfin que le principe essentiel de la substance animale du chyle est albumineux et jamais représenté par la gélatine ; Magendie prétend que celui qui émane de la chair offre plus de fibrine, et celui que produit l'huile, plus de matière grasse. Emmert, Tiedemann, Gmelin assurent que ce fluide, pris dans les vaisseaux lactés sur un animal à jeun, est plus fibrineux ; que le chyle ne se coagule pas avant son passage par les ganglions mésentériques, et pensent dès lors, que la fibrine, chez les animaux, ne vient pas immédiatement des substances nutritives. Nous verrons bientôt les conséquences qu'il est permis d'en inférer pour expliquer l'influence ganglionnaire. *Sous le rapport de la coloration*, Leuret et Lassaigne attribuent la *couleur blanche* du chyle à la présence de la matière grasse, l'ayant trouvé laiteux, opaque, offrant cette matière dans les absorbants ; au contraire limpide, incolore, dépouillé de graisse dans le canal thoracique, après son passage dans les ganglions. Vauquelin, Marcet, Proust ont vu cette substance onctueuse, nageant en suspension dans ce même fluide ; Tiedemann en conclut qu'elle vient immédiatement des aliments et s'introduit dans l'économie sans avoir été dissoute, pour aller se déposer dans les aréoles du tissu adipeux. La *couleur rouge* du chyle, observée par Elsner, Vauquelin, Reuss, Hallé, Werner dans le canal thoracique des chiens, se manifeste seulement, d'après l'observation d'Emmert, ultérieurement au passage de ce fluide par les ganglions mésentériques. Tiedemann attribue cette coloration au mélange de la partie rouge du sang, et prétend avoir constaté, par les réactifs chimiques, l'identité de ce principe constituant dans les deux humeurs circulatoires.

Quant aux *colorations insolites* qu'il peut offrir, les auteurs n'en jugent pas également les causes ni même la réalité. Plusieurs physiologistes ont assuré que le chyle est susceptible de prendre la couleur des substances alimentaires, d'autres ont soutenu l'opinion contraire. Ainsi, Musgrave, Héister l'ont vu coloré en bleu par l'indigo, Viridet en jaune par les œufs, Mattey en rouge par la betterave. Dumas, Hallé, Magendie n'ont rien observé de semblable en répétant les mêmes expériences. Tiedemann et Gmelin ayant soumis à l'action des absorbants intestinaux diverses matières odorantes, salines, colorantes, les ont retrouvées dans les veines sans jamais les rencontrer dans le chyle. *Relativement aux analogies*, plusieurs auteurs ont comparé le chyle au sang, à la bile, au lait. Il offre quelques-unes des qualités du premier dont il semble constituer l'état rudimentaire, encore y voyons-nous une matière grasse qui n'existe pas dans le sang, et la fibrine, au lieu de présenter les caractères d'organisation propre à cet élément, n'offre-t-elle que de l'albumine revêtant les premières dispositions filamenteuses, mais sans élasticité, sans résistance, et se dissolvant avec beaucoup plus de facilité dans les alcalis; circonstances bien capables d'infirmer l'opinion de ceux qui réduisent tous les phénomènes de l'hématose à la coloration du chyle. Celui-ci ne présente aucun trait de ressemblance avec les deux autres humeurs et, d'après Vauquelin, n'en renferme nullement les principes constituants. On pourrait tout au plus rapprocher sa couleur de celle du lait, encore n'est-elle pas identique ; mais sous les rapports fondamentaux ils diffèrent essentiellement. Ainsi le lait offre beaucoup de caséum et de fibrine ; le chyle au contraire présente une assez grande proportion de fibrine et le caséum lui devient étranger.

Sous le rapport des usages, les uns ont considéré ce dernier comme un *acide* qui prévient la putréfaction du sang, tandis qu'il est lui-même très-promptement décomposé ; d'autres comme destiné à faciliter la circulation de cette humeur en augmentant sa fluidité, etc. En résumant toutes ces opinions, nous y trouvons des erreurs à détruire et des vérités à conserver : nous croyons devoir positivement les réduire aux faits suivants.

Le *chyle*, qu'il est à peu près impossible d'obtenir pur, et que l'on trouve presque toujours mêlé d'une certaine quantité de lymphe, est un fluide blanc, plus ou moins opaque et laiteux ; d'une saveur très-légèrement salée, d'une odeur fade, nauséabonde, spermatique, même pour la femme et chez les mâles des animaux après la castration ; odeur considérée par quelques auteurs comme exclusivement relative aux aliments ; doux au toucher, sans plasticité, sans caractères huileux prononcés ; d'une fluidité proportionnelle à la quantité des boissons, ordinairement assez marquée pour qu'il puisse jaillir de ses vaisseaux ouverts ; plus pesant que l'eau distillée, moins que le sang ; neutre ; Thénard dit seulement qu'il verdit quelquefois très-faiblement le sirop de violettes ; miscible à l'eau ; se prenant en masse, indépendamment des actions combinées de l'air et de la chaleur, au moins aussi promptement que le sang artériel. Abandonné en repos sous l'influence de l'atmosphère, il acquiert une teinte rosée, se décompose ultérieurement en trois parties : 1° un caillot solide et fibrineux ; 2° une grande proportion de sérosité albumineuse ; une certaine quantité de matière grasse considérée par les uns, comme une huile ; par d'autres, comme analogue au blanc de baleine ; par Vauquelin, comme à peu près identique à celle qu'il a rencontrée dans le cerveau. Dupuytren fait observer qu'en le battant avec des verges, on obtient des filaments qui se roulent à la manière de la fibrine du sang ; que le caillot est blanc, médiocrement consistant, assez volumineux, et donne par le lavage un centième de cette fibrine pure ; qu'il contient une substance odorante propre, une grande quantité d'eau, une matière blanche, de la gélatine, du soufre, de l'albumine, de la soude, plusieurs sels et du tritoxyde de fer. Il se putréfie dans l'espace de quelques jours, et d'autant plus promptement que la diète est plus animale. Il se concrète, se boursoufle par l'action du feu, répand l'odeur de l'albumine cuite. Envisagé dans les principales classes d'animaux, le chyle ne paraît pas sensiblement différer dans la même espèce en raison des aliments dont elle fait usage : il semble au contraire offrir des caractères variables dans les espèces diverses, même sous l'influence d'une alimentation semblable ; léger, séreux, diaphane chez les oiseaux et les poissons, verdâtre chez les herbivores, il est ordinairement opaque, d'un blanc laiteux chez l'homme et les carnivores. Tel est le chyle considéré dans la série des animaux : essentiellement réparateur du sang, il devient, sous le rapport de sa formation, l'objet principal de tous les phénomènes digestifs. Quant à la chylification, son histoire est aujourd'hui parfaitement éclairée, grâce aux belles expériences de M. Claude Bernard, dont les résultats pratiques et vrais sont admis par tous les physiologistes, excepté par ceux qui n'ont pas voulu les bien comprendre.

Le résidu naturel de cette élaboration, que nous pourrions nommer *sécrétion chyleuse*, est composé de matériaux plus ou moins hétérogènes, au nombre desquels on remarque particulièrement des substances, les unes entièrement réfractaires

à la digestion, les autres échappées à l'influence de la chymification gastrique ; les principes résineux et colorant de la
bile ; sans doute une partie des fluides pancréatique, salivaire, muqueux, gastrique, duodénal, etc. L'ensemble de ces
éléments soumis à l'élaboration intestinale, de plus en plus
dépouillé du chyle qui s'y trouve mêlé, recevra ultérieurement
le nom d'*excréments*, de *matières fécales*.

La chylification commencée dans le duodénum peut se continuer encore dans l'intestin grêle ; cette opinion est du moins
celle des physiologistes modernes. Lorsqu'elle est achevée, il
n'existe plus dans le tube alimentaire que du chyle et des
excréments à l'état de mélange imparfait. On avait prétendu
que le premier surnageait en raison de sa légèreté spécifique ;
nous croyons, d'après l'observation, que l'on a pour le moins
exagéré ces dispositions relatives. Après l'accomplissement de
ce phénomène terminal des élaborations digestives, chacun
des produits, le *chyle* d'une part, les *matières fécales* de l'autre, tendent vers leur destination. Le premier se trouve déjà
pris dans le duodénum et le sera beaucoup plus abondamment
encore dans l'intestin grêle, par les vaisseaux lactés, pour se
rendre immédiatement dans le sang veineux ; les secondes parcourent le reste du tube intestinal pour se trouver définitivement éliminées de l'économie vivante. L'un et l'autre de ces produits passent de la quatrième dans la cinquième cavité digestive,
avec lenteur et sous l'influence des contractions péristaltiques
de l'intestin duodénum. Déjà le sujet pourrait vivre au moyen
de cet appareil, puisque là s'achève la digestion et commence
l'absorption du fluide essentiellement réparateur. Ainsi l'on
peut avancer qu'un animal existerait avec un estomac pour *chymifier* les aliments, un duodénum pour les *chylifier* ; tandis qu'il
succomberait d'inanition avec l'un ou l'autre exclusivement. Il
ne faut pas objecter ici l'exemple des polypes et des autres
espèces qui s'accroissent et s'entretiennent au moyen d'une
seule cavité digestive, puisque cette espèce de sac unique se
trouve organisée de manière à remplacer toute la série de celles
qui constituent l'appareil de cette élaboration chez les ani-

maux plus compliqués. Toutefois dans l'hypothèse que nous venons d'établir, cette absorption bornée suffirait difficilement aux besoins de la réparation, ne permettrait qu'une existence précaire et languissante, comme on le voit chez les malades affectés *d'anus contre nature* vers la partie supérieure de l'intestin grêle, dont l'action digestive doit actuellement fixer notre attention.

5° Cavité intestinale grêle. — C'est particulièrement dans cette cavité digestive que s'effectue le phénomène d'importation désigné par le terme *d'absorption du chyle*. On croit généralement que la chylification s'y continue, mais sans rejeter, avec système, cette opinion qui mérite au moins d'être soumise à l'expérience, nous considérons la digestion proprement dite comme achevée, nous croyons devoir nous occuper exclusivement ici du transport de l'élément réparateur et des matières fécales au lieu de leur destination.

L'importation du chyle s'effectue par des vaisseaux d'un ordre particulier nommés *absorbants chylifères;* ce fluide est modifié par de petits corps appelés *ganglions mésentériques;* c'est dans l'intestin grêle que s'opère l'acte essentiel qui va nous occuper; nous devons dès lors étudier sommairement cet intestin, ces ganglions et ces vaisseaux, comme parties constituantes de l'appareil chargé de son exécution.

Intestin grêle. — Nous désignons sous ce terme toutes les parties du tube alimentaire comprises entre le duodénum et le cœcum. Cette cavité digestive, comme son nom l'indique, est la moins large, celle dont les parois offrent le moins d'épaisseur; mais en même temps elle présente seule beaucoup plus de longueur que toutes les autres ensemble. Chez un homme adulte, son étendue mesure à peu près quatre à cinq fois la hauteur de l'individu. Cet intestin placé vers la partie moyenne de l'abdomen, remplit entièrement la région ombilicale, se trouve circonscrit par le gros intestin, excepté postérieurement et sur la région sacrée du bassin où, libre et flottant, il peut s'engager dans cette excavation entre le cœcum placé à droite, et l'S iliaque du colon qui se trouve à gauche. On le voit fixé en arrière à la partie inférieure de la colonne dorsale au moyen d'un épais repli du péritoine, désigné par le nom de *mésentère*. Très-flexueux dans sa marche, il décrit un grand nombre de courbures irrégulières, indéterminées que l'on appelle *circonvolutions*. Au milieu de ces directions variables et partielles, il existe une direction générale oblique de haut en bas et de gauche à droite. Son origine au duodénum se fait sans une ligne de démarcation bien tranchée : sa terminaison au cœcum est au contraire indiquée par le rétrécissement auquel répond intérieurement la valvule nommée *iléo-cœcale*, ou *de Bauhin*, et très-plaisamment par un physiologiste du moyen âge : *Barrière des apothicaires*, parce qu'en effet les lavements arrêtés par cette soupape ne remontent presque jamais dans l'intestin grêle. Cette valvule, repli circulaire de la muqueuse intestinale, offre son bord adhérent vers *l'iléon* et son bord libre vers le *cœcum*, de manière qu'elle permet le passage facile des matières du premier vers le second, et prévient assez puissamment le retour de ces matières du second vers le premier. Elle présente au milieu de tous les replis valvulaires que nous rencontrons dans le tube digestif le seul digne de ce titre. On a voulu distinguer deux parties dans l'intestin grêle, une supérieure, *le jéjunum* ; l'autre inférieure, *l'iléon* ; la première plus rouge que la seconde ; caractère bien insuffisant comme limite, puisque cette coloration s'affaiblit par degrés insensibles ; aussi, pour consacrer une distinction imaginaire, Winslow tranche-t-il positivement la difficulté, comprenant les deux cinquièmes duodénaux de l'intestin grêle dans l'une, et les trois cinquièmes inférieurs dans l'autre. — *Organisation.* Il est formé de trois tuniques ; l'une extérieure, *séreuse*, fait partie du péritoine, enveloppe entièrement l'intestin à l'exception de son bord postérieur où s'unissent les deux feuillets constituants du mésentère, logeant, dans leur duplicature, les absorbants, les ganglions et les vaisseaux sanguins ; l'autre moyenne, de nature *musculeuse*, empruntant sa motilité au système nerveux ganglionnaire et se trouvant, par cette raison, affranchie du pouvoir de la volonté, présente peu d'épaisseur, et paraît à peu près exclusivement formée de fibres circulaires; la troisième intérieure, *muqueuse*, moins épaisse que dans les autres cavités digestives, est remarquable par un très-grand nombre de bourrelets irrégulièrement annulaires, saillants dans l'intestin et décrits sous le titre impropre de *valvules de Kerkringius, valvules conniventes*. Ces bourrelets ont le grand avantage d'augmenter la surface muqueuse, de multiplier les absorbants et de les mettre en contact avec le chyle vers le centre de la masse commune. Cette surface libre est parsemée d'exhalants, de follicules muqueux, nommés par erreur *glandes de Payer;* fournissant des mucosités, un fluide séreux dont le mélange constitue le *suc intestinal,* sur la nature et les usages duquel on a fait également d'assez nombreuses théories. Ainsi, Haller pense qu'il est employé dans la chylification, et qu'il s'en exhale jusqu'à huit livres dans vingt-quatre heures. Leuret et Lassaigne, en l'essayant comparativement avec le *suc gastrique,* ont vu ce dernier produire l'acidité du pain, l'autre ne donner aucun résultat semblable. Tiedemann et Gmelin pensent également qu'il n'est pas acide, et qu'il est formé de matière caséeuse, d'une substance azotée analogue à l'oxyde cystique, de phosphates et de chlorures alcalins. Les artères de l'intestin grêle viennent de la mésentérique supérieure, ses nerfs, à peu près exclusivement, du plexus solaire. Il est aisé de voir que les dispositions de cet intestin sont établies de manière à favoriser l'absorption chyleuse en prolongeant le passage des matières par cette cavité digestive. Ainsi l'extrême longueur, les circonvolutions, l'absence de fibres longitudinales dans la membrane musculeuse, le nombre, la saillie des replis transversaux de la muqueuse, etc., la multiplicité des absorbants sont des causes bien susceptibles de produire ce double résultat.

ABSORBANTS CHYLEUX. — Nous comprenons sous ce titre la division de l'appareil absorbant dont l'origine existe à la surface libre de la muqueuse intestinale grêle plus spécialement, et la terminaison dans le système veineux, par l'intermédiaire des ganglions et du canal thoracique; vaisseau qui devient ainsi le conduit central de cette petite circulation. Tous les absorbants qui se rendent immédiatement dans les veines, rentrent dans le système général et ne doivent qu'accidentellement s'emparer du chyle, puisqu'ils sont incapables de le conduire aux ganglions mésentériques où paraît s'effectuer, pour ce fluide, une élaboration assez importante. Nous expliquons tout naturellement, par cette même distinction, pourquoi les animaux succombent après cinq ou six jours de la ligature du canal thoracique, alors même que le chyle parvient encore au torrent circulatoire par les vaisseaux du second ordre, puisque cet élément réparateur n'est plus suffisamment et convenablement élaboré ; tandis que ces animaux survivent à l'opération lorsque des conduits dérivatifs de ce même canal peuvent introduire, dans le système veineux, du chyle perfectionné par le travail ganglionnaire. La question de savoir si l'absorption s'effectue par les veines ou par les vaisseaux lymphatiques nous paraît évidemment décidée à l'avantage des seconds relativement à la spécialité qui nous occupe ; nous examinerons avec détail cette grande question dans l'histoire de l'absorption générale où sa discussion nous semble beaucoup plus convenablement placée. Nous renvoyons également à cet article pour tout ce qui appartient à la structure, à la disposition de ces mêmes vaisseaux.

GANGLIONS MÉSENTÉRIQUES. — Nous désignons, par ce terme, des petits corps d'un blanc rougeâtre, d'une texture cellulo-vasculaire, placés dans l'intervalle des feuillets séreux qui par leur juxtaposition constituent le mésentère. Ces organes, improprement nommés glandes par quelques auteurs, appartiennent au système absorbant général dans l'histoire duquel doit rentrer leur examen complet ; ils font partie de l'appareil chylifère particulier, et devaient être indiqués dans cet article. Ajoutons seulement ici qu'ils se trouvent sur le trajet des vaisseaux lactés, que ces derniers en traversent un ou plusieurs avant d'arriver au canal thoracique, et qu'ils doivent conséquemment offrir une influence particulière sur le fluide en circulation dans ces mêmes vaisseaux.

Absorption chyleuse. — Le détritus alimentaire et le chyle parcourent la cavité de l'intestin grêle confondus à l'état de mélange, encore fluidifiés par le *suc intestinal*, qui d'autre part lubrifie la membrane interne de cette cavité, la garantit des irritations et ne semble pas offrir d'autre usage dans l'accomplissement de ce phénomène digestif, bien qu'en aient dit certains physiologistes qui lui prêtent la nature, les propriétés et l'action du *suc gastrique*. De quelque manière que le chyle soit saisi par les vaisseaux lactés, à la surface interne de l'intestin, question que nous discuterons avec détail dans l'histoire de l'absorption générale, il marche dans ces vaisseaux des radicules vers les branches, par un mécanisme que nous avons indiqué dans la circulation lymphatique. Arrivé aux ganglions mésentériques, il doit y subir une élaboration spéciale; à moins que l'on ne considère ces petits corps, placés tout exprès sur le trajet des vaisseaux chylifères, sans autre usage que d'en embarrasser péniblement la circulation. Il n'est plus possible en effet de soutenir l'opinion de ceux qui considéraient les ganglions comme autant de cœurs destinés à précipiter le cours des fluides en mouvement dans ces mêmes vaisseaux. Ruisch, Cowper, Leuret, Lassaigne disent que le chyle est plus clair, plus aqueux en sortant des ganglions; Vauquelin, qu'il prend une teinte rosée en avançant dans le système lymphatique; Reuss, Emmert, Gmelin, Tiedemann, qu'il offre dans les vaisseaux efférents une couleur plus rouge, qu'il est plus fibrineux, plus coagulable, dépose même quelquefois un *cruor* écarlate; d'autres, enfin, qu'il est plus homogène et plus pur. Nous concluons de ces faits et de ceux qui nous sont propres, que l'élaboration ganglionnaire a particulièrement pour objet d'augmenter la fibrine du chyle, ou même de lui communiquer directement cet élément organique, par le mélange qui s'opère dans les ganglions; de le dépouiller aussi des matières grasses, de le colorer plus ou moins fortement en rouge, peut-être par son alliance avec un petite proportion de sang; peut-être aussi par un premier degré d'hématose; enfin de perfectionner sa composition. Il est ensuite

porté dans le canal thoracique au moyen des vaisseaux efférents, et versé par ce canal dans le système circulatoire à sang
noir, ordinairement dans la veine sous-clavière gauche. Une
valvule placée à l'embouchure de ce même canal prévient le
retour du chyle que nous verrons ultérieurement revêtir,
dans les capillaires des poumons, tous les caractères du sang
artériel sous l'influence d'une hématose plus complète.

La masse chylifiée s'avance lentement dans l'intestin grêle
par les contractions péristaltiques et successives des fibres
circulaires. La proportion du chyle, celle des vaisseaux absorbants, des valvules conniventes diminuent progressivement;
l'absorption devient par conséquent moins considérable, et le
passage des matières plus rapide. Magendie pense que ce phénomène dure à peu près deux ou trois heures, et que six
onces de chyle sont déposées, par heure, dans le torrent circulatoire. Le résidu nutritif, alors en grande partie formé
d'excréments, franchit l'ouverture iléo-cœcale et passe dans
le gros intestin ou dernière cavité digestive. Son retour dans
l'iléon, empêché par la valvule de Baubin, n'est cependant
pas absolument impossible, puisque nous observons quelquefois des vomissements de matières fécales dont la composition
démontre assez positivement qu'elles avaient déjà séjourné
dans le cœcum. Vératti, Gmelin, Tiedemann prétendent que
la masse diminue d'acidité de la partie supérieure de l'intestin grêle vers l'inférieure. Si l'on veut appécier le temps
de ce passage, on s'aperçoit bientôt qu'il doit varier suivant
les dispositions de l'intestin, en raison de son irritabilité, de
la force, de la vitesse de ses contractions, du développement
des sécrétions opérées par la muqueuse, de la digestibilité, de
la liquidité des aliments, de l'abondance des matières excrémentitielles, de leur caractère plus ou moins excitant, etc. ;
circonstances qui peuvent modifier la durée de ce phénomène,
de quelques heures à plusieurs jours.

6° **Cavité intestinale.** — Dans cette cavité que l'on
nomme encore le *gros intestin*, s'opèrent, comme derniers
phénomènes digestifs, la confection et l'expulsion des matières

excrémentitielles, sous le titre unique de *défécation*. Pour mieux apprécier ce phénomène, jetons un coup d'œil physiologique sur l'appareil chargé de l'effectuer. Il comprend le gros intestin et les muscles accessoires.

GROS INTESTIN. — Ainsi nommé d'après son volume comparé à celui du précédent, cet intestin se divise en trois parties : le *cœcum*, le *colon*, le *rectum*. Cette portion du canal digestif circonscrit la plupart des autres dans l'abdomen. Elle est à peu près fixe dans les régions qu'elle occupe, le péritoine lui formant des mésentères peu développés, souvent même ne faisant que passer devant elle sans l'environner complétement.

Le *cœcum*, — placé dans la fosse iliaque droite, entre la fin de l'iléon et l'origine du colon, est remarquable par sa grande largeur comparée à son peu d'étendue longitudinale, qui n'excède pas six ou huit pouces ; par ses bosselures et surtout par un appendice rudimentaire, disposé en doigt de gant, pouvant à peine recevoir une plume ordinaire, de quatre à cinq pouces de longueur et décrit sous le nom d'*appendice vermiforme*, en raison de l'analogie de configuration qu'il présente avec un lombric. Vestige du double cœcum des herbivores, il semble, chez l'homme, destiné à marquer le passage des espèces, la transition des modifications organiques, plutôt qu'à servir dans cet acte digestif ; aussi Morgagni l'a vu manquer impunément ; Haller a signalé son oblitération pendant l'exercice des digestions les plus régulières ; Zambécara, Portal en ont fait la section sans accidents ultérieurs. En contractant des adhérences par son extrémité libre, il forme une sorte de pont sous lequel peuvent s'effectuer des étranglements internes.

Le *colon* — commence au cœcum et se termine au rectum. On le subdivise en quatre parties d'après leur position, leur forme et leur direction. Ainsi le *colon lombaire droit* ou *colon ascendant* ; le *colon transverse* ; le *colon lombaire gauche* ou *descendant* ; l'*S iliaque du colon*, placée dans la fosse du même nom.

Le *rectum*, — ainsi nommé d'après sa position droite comparée à la direction flexueuse des autres parties du canal digestif, se trouve étendu sur le sacrum et le coccyx entre l'S iliaque du colon et l'ouverture anale qui devient à la fin du tube alimentaire ce que la bouche est à son origine. Un élargissement bulbeux assez considérable, offrant le réservoir où les excréments peuvent s'accumuler, précède immédiatement cet orifice terminal décrit sous le nom d'*anus*. On rencontre autour de ce dernier un muscle orbiculaire, soumis à l'influence de la volonté, prévenant, sous le titre de *sphincter*, l'évacuation continuelle des matières fécales, en garantissant l'homme de cette infirmité dont l'*anus contre nature* peut faire apprécier les inconvénients et les dégoûts.

Le gros intestin, dans toutes ses parties, est formé de trois membranes. L'extérieure, *séreuse*, appartient au péritoine et dans plusieurs points ne recouvre que très-incomplétement cet intestin. Au cœcum, elle forme un repli très-court, sous le nom de *mésocœcum*; pour le colon lombaire droit et gauche, elle ne fait ordinairement que passer au devant du conduit alimentaire ; au colon transverse, elle embrasse exactement l'intestin dans une vaste duplicature qui, le fixant à la grande courbure de l'estomac, reçoit la dénomination d'*épiploon gastro-colique*; à l'S iliaque du colon, elle présente une expansion appelée *mésocolon-iliaque* ; enfin au rectum, elle offre un dernier repli sous le titre de *mésorectum*. Dans toute la longueur du gros intestin, la membrane séreuse fournit un grand nombre de prolongements frangés renfermant du tissu cellulaire adipeux, et nommés pour cette raison, *appendices graisseux*. La moyenne, *musculeuse*, épaisse, formée de fibres circulaires et longitudinales, présente ces dernières disposées en trois bandes suivant la direction de l'intestin et plus courtes que lui, d'où résulte pour ce dernier des bosselures multipliées ; les contractions de cette membrane sont entièrement affranchies des influences de la volonté. L'interne, *muqueuse*, un peu moins rouge que celle des autres cavités digestives, est aussi plus lisse et n'offre plus aucune trace des valvules conniventes ; un grand nombre de follicules muqueux, improprement nommés *glandes de Brunner, de Liéberkun*, donnent à cet intestin les dispositions les plus avantageuses pour ce phénomène d'excrétion, auquel nous le voyons spécialement destiné. Le gros intestin reçoit ses artères des mésentériques supérieure, inférieure ; ses nerfs des plexus hypogastrique et lombaire.

Muscles accessoires. — Un grand nombre de puissances musculaires sont accessoirement employées dans la défécation, comme dans toutes les excrétions abdominales. Au nombre de ces mêmes puissances, nous devons particulièrement indiquer le diaphragme qui presse de haut en bas; les muscles ischio-coccygien, releveur de l'anus qui compriment de bas en haut ; enfin les principaux muscles de l'abdomen dont l'action s'effectue d'avant en arrière. Accessoires par leur disposition, tous ces agents moteurs deviennent essentiels par leur concours dans l'accomplissement du phénomène que nous étudions.

Défécation. — Après avoir franchi la valvule de Bauhin, la masse excrémentitielle, contenant encore une petite proportion de chyle qui n'a pas été saisie par les absorbants de l'intestin grêle, offre ce fluide réparateur à ceux du gros intestin qui détermine simultanément l'impulsion des fèces du cœcum vers le rectum. Plusieurs auteurs ont prétendu qu'un nouveau travail commençait dans cette dernière cavité digestive. Ainsi, Tiedemann, Gmelin, Viridet pensent que le cœcum renferme un acide libre, semblable à ceux du suc gastrique, au moyen duquel cet organe fait éprouver aux matières qu'il reçoit une élaboration assez analogue à celle de l'estomac et de l'intestin duodénum, pour extraire de cette masse tout le chyle qu'elle peut encore fournir. D'autres physiologistes, sans admettre cette espèce de chylification, disent qu'un travail particulier, sous le nom de *fécation*, produit les excréments, avec leurs caractères distinctifs. La première opinion est essentiellement erronée ; il est impossible d'obtenir un atome de chyle en faisant passer immédiatement le

chyme de l'estomac dans le cœcum, et si les matières devenues alcalines dans l'intestin grêle reprennent un peu d'acidité dans la cavité cœcale, on ne doit pas confondre cette
modification avec la conversion chyleuse effectuée dans le
duodénum. La seconde hypothèse n'est pas aussi directement
en contradiction avec les faits ; cependant nous n'en trouvons
pas la nécessité dans une modification qui s'explique tout
naturellement par l'absorption du chyle, par l'exhalation du
fluide intestinal, par la sécrétion du mucus et peut-être par
la perspiration des gaz mêlés aux matières excrémentitielles
dans lesquelles on les voit prédominer de plus en plus avec
les principes colorant et résineux de la bile, plusieurs combinaisons salines et le résidu nutritif des aliments. Toutefois,
ces matières parcourent le gros intestin avec une rapidité variable, sous l'influence des contractions péristaltiques de ses
fibres circulaires et surtout longitudinales, s'accumulent dans
l'S iliaque du colon et plus particulièrement dans le rectum.
Pendant ce trajet dont le temps est déterminé par le volume,
la fluidité, les caractères irritants des féces, par la sensibilité,
l'activité contractile et sécrétoire de l'intestin, une certaine
proportion de chyle est encore absorbée; les matières solubles diminuent, les principes salins augmentent relativement
et, d'après quelques auteurs, ont l'avantage de prévenir la
putréfaction de ce détritus alimentaire.

Pendant leur séjour dans le rectum, les excréments s'y
moulent, durcissent par l'absorption de leurs parties les plus
aqueuses. Les principes résineux et colorant de la bile se
concentrent davantage ; ils avaient activé la marche des féces
dans les intestins, ils unissent maintenant leur action chimique à l'influence mécanique de ces matières pour solliciter
la défécation. Un sentiment instinctif pressant commande
impérieusement l'exécution de ce phénomène ; le rectum entre
en action, moitié sympathiquement et moitié sous l'influence
de la volonté ; les muscles accessoires se contractent ; le diaphragme comprime de haut en bas ; l'ischio-coccygien, le
releveur de l'anus, de bas en haut; les muscles abdominaux,

d'avant en arrière, la colonne vertébrale et le sacrum résistent dans ce dernier sens ; le sphincter, déjà placé dans un relâchement préparatoire, est vaincu par ces efforts divers, et les excréments franchissent l'ouverture anale. Astruc et plusieurs autres physiologistes prétendent que la défécation s'opère exclusivement par les efforts du rectum. La réponse la plus positive, dans l'occasion, est peut-être cette plaisanterie un peu trop libre de Pitcairn : *Ast credo Astruccium nunquam cacâsse.* Il suffit, en effet, d'observer un instant ce phénomène pour y voir l'action simultanée de l'intestin et des muscles volontaires. Ce concours est même indispensable, non-seulement pour vaincre l'opposition du sphincter, mais encore pour expulser les excréments d'une certaine consistance ; aussi pendant toute la durée de cette expulsion, est-il absolument impossible de parler, une inspiration soutenue devenant alors nécessaire ; circonstance qui distingue cette excrétion de celle du fluide urinaire où, comme nous le verrons, les contractions vésicales suffisent, aussitôt que la résistance du sphincter est vaincue.

La durée de ce passage excrémentitiel par le gros intestin peut varier, d'après un grand nombre de circonstances, depuis dix, quinze, vingt ou trente heures, jusqu'à dix, quinze, vingt ou trente jours. On rapporte même des faits qui sembleraient démontrer que, dans plusieurs de ces cas exceptionnels, des matières indigestes ont séjourné pendant deux ans ainsi retenues par le gros intestin. Les dispositions de ce viscère, l'activité de l'absorption qui, faisant disparaître le véhicule des excréments, augmente leur dureté, le volume de ces derniers, moulés dans l'évasement du rectum et disproportionnés sous ce rapport aux dimensions de l'ouverture anale, une suspension prolongée de la sécrétion ou de l'excrétion naturelle de la bile, en privant la muqueuse intestinale de son excitant ordinaire, etc., deviennent les causes principales qui retardent ce passage en produisant l'état connu sous le titre de *constipation* ; tandis que les influences opposées l'activent sensiblement, en occasionnant cet autre état nommé *dévoiement.*

La condition normale se rencontre naturellement entre ces deux extrêmes, offrant un séjour des matières de vingt-quatre heures à peu près.

Ces matières expulsées au dehors par la défécation, sous le nom d'*excréments*, contiennent encore des éléments nutritifs, soit dans la petite proportion de chyle qu'elles ont conservée, soit dans les substances alimentaires échappées à la chymification; aussi n'est-il pas rare de voir les porcs et d'autres animaux immondes s'en repaître avec une sorte d'avidité. Il existe cette opposition entre le *chyle* et les *féces*, que celui-ci est toujours à peu près semblable dans les mêmes espèces animales, quelle que soit la diversité des aliments, et toujours modifié dans ces différentes espèces, lors même que l'aliment devient identique ; tandis que la diversité des matières fécales, sous le rapport de leur composition, est plutôt relative à la nature des aliments qu'à la modification des espèces animales. Il n'en est pas de même pour l'odeur et la forme des excréments. Aristote, Hippocrate, qui n'ont pas dédaigné ces considérations, font observer que chaque variété animale offre des féces de forme et d'odeur particulières, indépendamment de la nature des substances nutritives dont elle fait usage. Ainsi, nous ne confondrons jamais sous ce double rapport les excréments du bœuf et du cheval, ceux du chien et du lièvre, ceux du chat et de la souris, enfin ceux de l'homme et de tous les autres animaux. Chez les oiseaux, les matières fécales présentent encore des caractères plus distinctifs. Rassemblées dans le *cloaque*, réservoir commun des féces, de l'urine et du produit de la fécondation, elles offrent après leur expulsion deux parties bien distinctes, l'une verdâtre, est l'excrément proprement dit ; l'autre, d'un blanc grisâtre, est le dépôt urinaire en grande partie formé d'acide urique.

Les excréments, étudiés chez l'homme, ont offert à l'analyse des résultats variés. Grew dit qu'ils font effervescence par l'acide nitrique, noircissent par le sulfurique. Thénard les trouve composés de soufre, de phosphate, de carbonate de chaux, de silice, d'hydro-chlorate de soude et d'une matière

animale particulière ; de parcelles alimentaires non digérées.
Leuret et Lassaigne ont rencontré pour ceux d'un sujet nourri
d'aliments divers : résidu fibreux de substances organiques ;
matières solubles dans l'eau, savoir : mucus, albumine, substance jaune de la bile ; matières solubles dans l'alcool,
savoir : résine de la bile, graisse ; sels alcalins et calcaires.
Sur cent parties, Berzélius trouve : eau, 73,3 ; — débris non
altérés, 7,0 ; — bile, 0,9 : — albumine, 0,9 ; — matière extractive particulière, 2,7 ; — matière animale, résine, bile altérée,
14,0 ; — sels, 1,2.

Examinées avec attention, les matières fécales jaunes,
sucrées, plus ou moins consistantes, nous offrent, chez la plupart des sujets, les principes résineux et colorant de la bile,
des mucosités sécrétées dans toutes les cavités digestives, les
débris animaux ou végétaux non chymifiés, soit en raison de
l'impuissance gastrique, soit en conséquence de leur indigestibilité absolue ; du chyme non chylifié ; du chyle qui n'a pas
été soumis à l'absorption ; quelquefois de la graisse prise en
grande proportion parmi les substances nutritives ; des sels à
base de chaux, de potasse, de soude, etc. Un grand nombre
d'autres corps plus ou moins hétérogènes, introduits soit isolément, soit dans l'ingestion alimentaire, peuvent également
s'y rencontrer. Nous citerons à cet égard, comme l'un des
plus remarquables sous le rapport de la grande quantité des
excréments qui peuvent s'accumuler dans le gros intestin, et
de la durée de leur séjour, le fait rapporté par J.-M. Smith,
Journal universel, juin 1821. Une dame âgée de trente ans,
valétudinaire depuis quatre années révolues, offrant les symptômes indéterminés d'une gastro-entérite, après avoir épuisé
tous les secours de la pharmacie, prend de la liqueur de
genièvre, sent des picotements à l'anus et rend successivement
par cette voie, en 1821, plusieurs tasses de coquilles d'œuf
pilées ; plusieurs cuillerées de brique pulvérulente, admi-
nistrée en 1818, contre la jaunisse ; beaucoup de magnésie ;
de l'oxyde ferrugineux, une chopine de semences de mou-
tarde, à peine altérées, commençant à germer ; une grande

quantité de graines de coings ; du mercure révivifié, pris en 1817 ; un demi-litre de débris de noix, de noisettes. La guérison parfaite suivit ces étranges évacuations.

Des gaz nombreux peuvent se développer dans les intestins, les uns par exhalation, dans les digestions normales, et les autres par décomposition chimique des féces, dans les circonstances pathologiques. Chevreul et Magendie pensent que la proportion de l'acide carbonique s'accroît de l'estomac au rectum ; Jurine admet une opinion opposée. Les deux premiers physiologistes ont trouvé *dans l'intestin grêle* d'un supplicié, sur 100,000 parties : oxygène, 0,0 ; — acide carbonique, 24, 39 ; — hydrogène pur, 53, 53 ; — azote, 20,08 ; — perte, 2. *Dans le gros intestin* : sur 100,000, oxygène, 0,0 ; — acide carbonique, 43,50 ; — hydrogène pur, 5,47 ; — azote, 51,03 ; hydrogène carboné, sulfuré, des traces. Leuret et Lassaigne, sur un chien nourri de viande, ont rencontré, *dans l'intestin grêle*, sur 100 parties : acide carbonique, 30 ; — azote, 60 ; — hydrogène carboné, 10. — *Dans le gros intestin*, sur 100 parties : acide carbonique, 15 ; — azote, 45 ; — hydrogène carboné, 40 ; — oxygène, des traces. Ce dernier résultat contraire à l'opinion de Chevreul et Magendie, semble confirmer celle de Jurine. Toutefois il existe ici des variétés fréquentes et qui ne permettent pas d'établir positivement une règle générale.

En résumant toutes les considérations, tous les faits relatifs à la digestion, il est évident que cette fonction importante se réduit, en dernière analyse, à la formation d'un fluide blanc, naturellement réparateur, nommé chyle ; que le duodénum est le siége particulier de cet acte essentiel ; que l'influence vitale de l'estomac et de son fluide propre, effectuant la *chymification* ; que celle de l'intestin duodénum, de la bile, du suc pancréatique, déterminant la *chylification*, sont les phénomènes principaux de cette grande fonction ; les seuls qu'il soit absolument impossible d'imiter par des moyens artificiels ; tandis que tous les autres, seulement accessoires, peuvent être suppléés par la physique et la chimie. Ainsi, tout ce qui précède l'élaboration gastrique est.en quelque sorte préparatoire, tout ce qui suit le travail duodénal est relatif au transport du chyle dans le torrent circulatoire, à l'expulsion des excréments hors de l'économie vivante. Il est maintenant facile de sentir combien la réparation doit être imparfaite chez les individus que l'on est forcé de nourrir exclusivement par des lavements et des bains alimentaires. Ce n'est plus en effet alors du chyle qui se trouve soumis à l'action des absorbants, c'est l'aliment en nature et dépourvu de cette élaboration vitale que l'estomac et le duodénum seuls peuvent lui faire éprouver. Quelle nutrition devons-nous attendre d'une substance hétérogène que chacun des organes est obligé de modifier à sa manière pour y trouver des éléments réparateurs? Le marasme, l'épuisement général qui conduisent alors insensiblement le sujet à sa perte, répondent suffisamment à la question.

Altérations de la digestion. — Les principaux phénomènes digestifs peuvent offrir des altérations très-variées et très-nombreuses, qui, sans mériter précisément le titre de maladies, sont d'autant plus utiles à bien apprécier, qu'elles marquent le passage de l'état normal à l'état pathologique; nous les étudierons dans chacun de ces phénomènes en particulier.

GUSTATION. — Le goût et l'appétit, qui vient naturellement s'y rattacher, peuvent éprouver les cinq modifications anormales : *augmentation, diminution, perversion, suspension, extinction.* Les unes et les autres se développent tantôt comme lésions essentielles, tantôt comme symptômes d'une autre maladie. — *Augmentation.* Le sujet ne peut alors supporter que les aliments très-doux et presque entièrement insipides. Il en résulterait des inconvénients graves pour la chymification, si les dispositions de l'organe du goût n'étaient ordinairement consécutives à celles de l'estomac, et ne devenaient au contraire un moyen préservatif, un bienfait de la nature. Cette altération nous offre des individus, les uns tourmentés par un appétit insatiable, *boulimie, voracité, gourmandise;* les autres attirés par la suavité des mets, recherchant plutôt *la qualité* que *la quantité, friandise.* — *Diminution.* Les aliments sapides, recherchés dans cette circonstance avec prédilection, ne suffisent bientôt plus à l'excitation d'un sens émoussé ; les assaisonnements sont alors prodigués avec d'autant plus d'inconvénients que cette altération est presque toujours le symptôme d'un état saburral des cavités digestives, ou d'une phlegmasie de leurs parois. Il n'est rien de plus contraire à la santé que ces inventions de l'art culinaire, et ces médicaments employés, commme on le dit vulgairement, pour exciter l'appétit. Celui-ci ne se *donne* pas ; on le répare en détruisant les causes de son abaissement ; c'est ainsi que la diète, les boissons acidules réussissent presque toujours dans ces cas, alors que les épices, les salaisons, la rhubarbe, etc., développent ou perpétuent des inflammations gastro-intestinales. —*Perversion.* Les malades sont alors portés vers les substances les moins alimentaires et les plus dégoûtantes : *Pica, malacia.* Cette aberration gustative peut dépendre d'une altération idiopathique de l'estomac ; dans ce cas les matières ingérées produisent des accidents proportionnés à leurs qualités défectueuses ; elle peut être la conséquence d'une sympathie de ce viscère, comme on le voit dans plusieurs affections extra-normales de l'utérus, dans les menstruations pénibles, dans la grossesse, etc. ; l'estomac se trouve presque toujours alors monté à l'unisson des organes explorateurs ; appelant en quelque sorte lui-même l'ingestion de ces substances insolites, il en effectue la chymification, lorsqu'elle est possible, avec une incroyable facilité. Nous devons particulièrement faire observer, sous le rapport de la médecine légale, que certains sujets dominés par ces appétits bizarres préfèrent quelquefois les objets les plus désagréables, tels que le savon, la craie, la suie, etc., aux meilleurs aliments, et que par conséquent la recherche de ces objets ou de leurs analogues, n'est pas toujours une preuve de jeûne et d'abstinence. En 1824, aux assises de la Sarthe, nous avons démontré, dans une occasion de cette nature, l'innocence d'une belle-mère accusée, avec l'accent de la conviction, d'avoir fait périr de faim l'un des enfants de l'homme veuf qu'elle avait épousé. Plusieurs témoins déposent que cet enfant saisissait fréquemment, sur des fumiers, les débris des fruits, des légumes, etc., pour s'en repaître avec avidité. La rumeur publique avait grossi l'importance de ces faits, ils avaient semblé concluants. Nous assurons que cet enfant affecté, comme l'avait démontré la nécropsie, d'engorgements du mésentère et d'entérite chronique, pouvait avoir en même temps présenté la perversion digestive que nous signalons. Un autre témoin vient convertir nos présomptions en certitude, et dit avoir vu cet enfant se livrer, d'une main, à ces dégoûtantes recherches, alors même qu'il tenait, de l'autre, des aliments convenables ; l'échafaudage de l'accusation est ruiné dans sa base et l'acquittement prononcé à l'unanimité. On conçoit toutes les applications utiles dont ces connaissances peuvent offrir les moyens. — *Suspension*. On l'observe surtout dans les inflammations de la muqueuse gastro-pulmonaire, dans les embarras de l'estomac, etc. ; elle devient une sage précaution de la nature, pour s'opposer à l'ingestion d'aliments que ce viscère n'est point actuellement susceptible de chymifier. — *Extinction*. Elle est ordinairement la conséquence d'une paralysie des nerfs gustatifs. Le sujet se nourrit alors indistinctement des substances les plus opposées qu'il prend sans appétit et sans plaisir; la digestion rentre, sous le rapport des impulsions qui la sollicitent, dans la catégorie des fonctions les moins importantes; elle s'effectue avec d'autant plus d'irrégularité, que l'estomac reçoit incessamment des matériaux nutritifs souvent contraires à ses dispositions actuelles. Nous connaissons un homme de cinquante ans qui, depuis vingt-cinq, a perdu complétement l'usage du goût et de l'odorat, consécutivement aux accidents nerveux déterminés par la morsure d'un serpent. Il mange et boit avec la plus grande indifférence. Depuis longtemps cette altération semble jeter la tristesse et l'ennui sur toute sa vie.

MASTICATION. — Les altérations de cet acte préparatoire sont relatifs aux modifications anormales des organes actifs et passifs, chargés de son exécution, au défaut d'attention qui doit diriger leurs mouvements. Ainsi chez le vieillard dont les muscles sont affaiblis, les dents vacillantes ou détruites, les lèvres trop étendues pour l'espace qu'elles mesurent, la masse alimentaire s'échappe de toutes parts sans être convenablement divisée; chez les hommes d'un caractère distrait, ou dont la préoccupation porte incessamment sur des travaux difficiles, sur des affaires importantes, la mastication est à peine effectuée, les aliments arrivent à l'estomac sans avoir été convenablement triturés. Dans tous les cas de ce genre, la chymification est plus lente, plus difficile et moins complète. L'ankylose du maxillaire inférieur détruit également la possibilité de cette élaboration préliminaire. Nous avons observé, en 1847, à l'Hôtel-Dieu de Paris, un sujet dans cette condition, qui divisait la plupart des aliments solides au moyen du pouce et d'une dent lanière, après avoir suffisamment ramolli ces aliments par l'insalivation, et les faisait ensuite passer dans la bouche, à travers une ouverture qui résultait de la perte d'une petite molaire. Il employait les jours entiers à ce travail pénible, incapable de remplacer une mastication naturelle. Nous avons également examiné un enfant de trois ans, hydrocéphale et que l'on présentait à la curiosité publique; les dents n'étaient point sorties des alvéoles; il mâchait les aliments solides entre le palais et la langue, après les avoir pénétrés de salive; ces deux surfaces de pression étaient de consistance à peu près cornée, garnies d'aspérités et dès lors assez propres à ce genre de trituration supplémentaire.

INSALIVATION. — Elle peut être *augmentée* sans aucun avantage pour la digestion, sous l'influence des mercuriaux et des sialagogues abusivement employés. Elle n'est au contraire jamais *diminuée* très-positivement sans inconvénient majeur pour la chymification ; circonstance qui nous explique, en partie, l'indigestibilité des gommeux, des mucilagineux, de tous les aliments insipides, et la nécessité des assaisonnements employés avec réserve et discrétion. La *perversion* offre également des conséquences fâcheuses; nous étudierons plus spécialement ces modifications anormales à l'article de la sécrétion salivaire.

DÉGLUTITION. — Elle peut être altérée diversement dans ses temps principaux. Ainsi les pertes de substance, la paralysie de la langue, du pharynx, la perforation de la voûte palatine, sa division, comme dans le bec de lièvre très-prononcé, la corrosion, l'absence du voile palatin, le gonflement des amygdales, l'inflammation de la muqueuse pharyngienne, l'ulcération, le défaut de l'épiglotte, la paralysie des muscles du larynx, les corps étrangers arrêtés dans l'œsophage, ses contractions antipéristaltiques, etc., deviennent autant de causes qui peuvent diminuer, suspendre ou pervertir l'exercice de la déglutition en déterminant ces lésions désignées, suivant leur caractère, par les termes de *dysphagie*, *d'engouement*, *d'hydrophobie*, etc., dont les fâcheux effets sont en raison des obstacles qu'elles opposent à l'importation alimentaire, et des sympathies morbides qu'elles excitent vers l'estomac.

CHYMIFICATION. — Les altérations de ce phénomène portent naturellement soit sur l'action vitale qui constitue son caractère essentiel, soit sur les modifications physiques accessoirement utilisées dans son accomplissement. *Sous le premier rapport*, nous voyons la chymification incomplète ou même suspendue par des agents assez nombreux. Ainsi l'engourdissement, le froid, l'inaction absolue, le sommeil, une impression, une frayeur soudaine, une douleur vive, un travail intellectuel opiniâtre déterminent l'un ou l'autre de ces résultats ; la masse alimentaire devient un corps étranger qui fatigue l'estomac et peut occasionner tous les accidents de l'indigestion. *Sous le second rapport*, des renvois partiels ou généraux de cette masse incomplétement chymifiée se manifestent, prenant, en raison des modifications qu'ils offrent, les noms *d'éructations*, de *rapports*, de *régurgitation*, de *rumination* et de *vomissement*.

Éructations. — On désigne par ce terme l'expulsion brusque des gaz développés dans la cavité gastrique. Tantôt ces gaz formés par l'hydrogène ou l'acide carbonique isolément, sont inodores, insipides et n'indiquent pas une altération digestive profonde. Quelquefois ils reproduisent d'une manière plus ou moins désagréable une saveur analogue à celle des aliments ; ces renvois prennent alors plus particulièrement le nom de *rapports*; ils indiquent une antipathie spéciale de l'estomac pour les substances ingérées. Enfin ces gaz formés par l'hydrogène carboné, l'acide hydro-sulfurique, etc., excitent péniblement l'organe du goût, et signalent, soit une perversion fondamentale dans la digestion, soit une lésion grave des parois gastriques, un squirrhe au pylore, par exemple.

Régurgitation. — On nomme ainsi *le retour lent et gradué des aliments ou du chyme, de la cavité gastrique dans la bouche sous l'influence des contractions antipéristaltiques de l'estomac, de l'œsophage et du pharynx, indépendamment de l'action des muscles accessoires et sans aucune secousse violente*. Naturel à quelques oiseaux qui l'utilisent, par un instinct admirable, pour alimenter leurs petits, ce phénomène s'unit à plusieurs autres chez certains animaux nommés *ruminants*, doués, à cet effet, d'une organisation spéciale, pour constituer cette action complexe désignée par le terme de rumination. Peyer, dans une savante dissertation intitulée *de merycologia, sive de ruminantibus*, comprend, parmi les ruminants, un assez grand nombre de sujets appartenant aux mammifères, aux oiseaux, aux poissons, aux insectes, aux crustacés, etc. Sans aborder, en sortant de notre sujet, toutes les controverses que cette opinion peut soulever, nous ajouterons seulement que le phénomène dont il s'agit est surtout bien remarquable pour le mouton, la chèvre, le bœuf, le chameau, etc., dans lesquels on trouve, comme nous l'avons déjà dit, une quadruple cavité gastrique : la *panse*, le *bonnet*, le *feuillet* et la *caillette*. Chez ces animaux, les aliments reçus dans la première capacité, sont poussés dans la seconde ; ramollis, élaborés dans ce trajet, ils remontent vers la bouche par les contractions antipéristaltiques de l'œsophage, se trouvent de nouveau soumis à l'insalivation, à la mastication, descendent par des contractions régulières dans la troisième cavité, passent enfin dans la quatrième où s'achève la conversion chymeuse. C'est à l'ensemble de ces actions diverses qu'il faut particulièrement appliquer le titre de *rumination*. Ce phénomène rentre évidemment dans les intentions de la nature pour les animaux dont la substance alimentaire a besoin d'une élaboration aussi compliquée ; en effet, les sujets essentiellement ruminants par organisation, n'offrent point ce phénomène tant qu'ils se nourrissent de lait, celui-ci descend alors directement de la bouche dans le troisième estomac.

La régurgitation, chez l'homme, est toujours au contraire le résultat soit d'une chymification imparfaite, soit d'une habitude vicieusement contractée. Ainsi lorsque cette élaboration est pervertie, des matières sucrées ou légèrement acescentes reviennent par la bouche sans effort, sans fatigue et sont ou rejetées immédiatement ou reportées dans l'estomac par la déglutition : c'est plus particulièrement ce phénomène, essentiellement pathologique dans notre espèce, que, par l'analogie la plus fautive, on nomme *rumination*, du latin *rumex*, premier estomac des herbivores *multigastres*. D'autres auteurs et notamment Percy distinguent cette altération par le terme de *mérycisme*, du grec μηρυκισμὸς, de μηρυκῶ, je rumine. Sans adopter comme des vérités, les fables et les mystifications qui constituent la plus grande partie de l'ouvrage de Martin Schurig sur cette matière, nous ajouterons que les exemples de ces ruminations anormales sont nombreux, mais qu'il ne faudra jamais confondre ces dernières avec celles que présentent naturellement les animaux organisés de manière à les accomplir dans un but essentiellement utile. Fabrice d'Acquapendente connaissait un gentilhomme de Padoue qui ruminait involontairement et qui trouvait un plaisir indicible à répéter cette opération incessante. Jean Prévoti lui communiqua l'histoire d'un bénédictin de l'abbaye de Saint-Justin qui se livrait à la même anomalie digestive. Windthier parle d'un Suédois, âgé de quarante-cinq ans, s'isolant après chaque repas afin de se livrer à cette rumination qui faisait son désespoir, bien qu'elle n'eût rien de pénible, et que les aliments rendus à la bouche lui fissent même éprouver la saveur du miel, Un des fils de ce mérycole avait offert cette altération dans sa vingt-quatrième année, et s'était corrigé, par amour-propre, de cette vicieuse habitude, contractée avec une véritable sensualité. Velsch et Slégel ont observé plusieurs fois Edouard Damies qui, ramenant les aliments dans sa bouche, une ou deux heures après leur usage, les soumettait à l'inspection de cette cavité, rejetait la graisse et les substances qui n'avaient pu convenir à son estomac, soumettait de nouveau les autres à la déglutition. Prœvoti, Sennert ont vu des enfants très-jeunes qui ruminaient ; ils attribuent ces dispositions précoces à l'imitation, ces enfants ayant été nourris au milieu des chèvres, des vaches, etc. Percy connaissait un maître de forge devenu mérycole depuis les effets prolongés d'une violente indigestion. Roucher, Lafosse, Delmas, Haller, ont fait des observation analogues. En général tous les individus affectés de mérycisme sont maigres, vaporeux, mélancoliques, sujets aux éructations, qui, sous le nom de *tic*, deviennent souvent le précurseur de la rumination, s'annonçant par une espèce d'ondulation œsophagienne. Il est difficile d'admettre avec certains auteurs, que plusieurs hommes, dans cette circonstance, aient présenté les dispositions *polygastres* des animaux naturellement doués de la faculté d'accomplir cette action. Valsalva, Morgagni, la plupart des médecins très-versés dans l'anatomie pathologique, n'ont jamais rien observé de semblable. Les mérycoles, pour le plus grand nombre, éprouvent une véritable satisfaction à rappeler dans la bouche les aliments incomplétement chymifiés, à les mâcher une seconde fois, avec complaisance, pour les reporter définitivement dans l'estomac ; quelques-uns même, lorsqu'ils veulent résister à l'accomplissement de ce phénomène, éprouvent une douleur vers l'épigastre, avec tristesse, inquiétude, anxiété, comme l'observa Roubieu chez le jeune sujet dont il a publié l'observation. Montègre, Gosse de Genève se rapprochent de ces individus par l'habitude contractée d'une sorte de régurgitation volontaire, qu'il ne faut cependant pas confondre avec ces ruminations anormales.

Vomissement. — Nous désignons par ce terme : *l'expulsion brusque des matières contenues dans l'estomac ; sous l'influence des contraction antipéristaltiques de cet organe, de l'œsophage, du pharynx et de plusieurs muscles accessoires.* Cette expulsion est précédée par un sentiment instinctif plus ou moins pénible, indiquant, sous le titre de *nausée,* le développement de ce phénomène anormal ; excitant une sorte d'éveil dans les organes chargés de l'effectuer, et les disposant au concours, à l'action simultanée qui seuls peuvent garantir son accomplissement. Ce dernier imprime une secousse plus ou moins violente à l'économie, et ne doit pas, à ces différents titres, se trouver confondu avec la *régurgitation* qui s'opère lentement sans trouble, et sans avoir été positivement annoncée par un sentiment spécial. Les anciens et les modernes ont longuement discuté sur la question de savoir quels sont les agents essentiels du vomissement. Les uns ont considéré l'estomac, les autres l'œsophage, d'autres enfin le diaphragme et les muscles abdominaux comme puissances motrices dans cette occasion, et presque toujours ces différences d'opinions ont présenté l'inconvénient grave d'être soutenues d'une manière trop exclusive. Jusqu'au dix-septième siècle, tous les physiologistes regardèrent l'estomac seul comme organe du vomissement ; Haller accrédita cette erreur avec tout le poids de son talent et de sa réputation. Vers la fin de cette époque, François Bayle, Chirac et Duverney soutinrent l'erreur opposée, en considérant le diaphragme et les muscles abdominaux comme des moteurs absolus pour l'accomplissement de cette action pathologique. Dans ces derniers temps Magendie, sans admettre la même idée avec autant d'exclusion, réduit l'influence gastrique au plus faible degré ; substitue à l'estomac d'un chien, la vessie d'un autre animal, obtient des vomissements exclusivement déterminés par les muscles abdominaux et diaphragme. Bégin enchérit encore sur les idées de son maître, voit dans l'estomac l'organe le moins nécessaire au phénomène que nous étudions ; considère, sous ce rapport, la pression des muscles abdominaux et plus spécialement du diaphragme, comme le plus puissant modificateur. Cette hypothèse éprouve de nombreuses contradictions. Portal et Mingault, par des expériences, Bourdon, en conséquence d'un fait patholo-gique remarquable, ébranlent fortement le système que nous venons d'exposer. En effet, est-il bien rationnel de conclure des résultats obtenus sur des animaux, pendant les tortures d'une opération sérieuse, aux phénomènes qui s'effectuent chez l'homme dans les conditions ordinaires? Lorsque le vomissement est provoqué, dans le plus grand nombre des circonstances, par une excitation directement portée sur l'es-tomac, ne répugne-t-il pas à la raison de supposer que cet organe, essentiellement irritable et contractile, reste en quel-que sorte immobile et passif, tandis que d'autres agissent en conséquence de cette même excitation sans en avoir immédia-tement éprouvé l'influence? Les muscles abdominaux et dia-phragme étant sous l'empire naturel de la volonté, leurs con-tractions pouvant être déterminées et modifiées au gré du sujet, si le vomissement se trouvait effectué par ces agents, sans la participation de l'estomac, ne devrait-il pas se mani-fester volontairement comme la toux, l'expectoration, etc.

La question était dans ce vague, dans cette incertitude, lorsque Béclard entreprend une série d'expériences relatives au même objet, et croit pouvoir en inférer des principes que nous professons aujourd'hui comme résultats des faits et de l'observation : Lors même que l'abdomen est ouvert et le dia-phragme paralysé, le vomissement peut encore s'effectuer si l'estomac est appuyé ; il n'a jamais lieu dans l'hypothèse con-traire. Pendant l'accomplissement de ce phénomène, l'œso-phage se contracte violemment et par secousses, en imprimant à l'estomac des mouvements de totalité, en le faisant remon-ter par l'action des fibres longitudinales qui, du premier, vont s'épanouir sur les courbures du second ; circonstance indi-quant toute l'importance de ces déplacements et nous expli-quant les ruptures de l'œsophage, observées pendant l'exécu-tion des vomissements prolongés. Le diaphragme, les muscles abdominaux sont accessoires dans ce phénomène; l'estomac est beaucoup moins actif qu'on ne l'avait pensé d'abord, mais il n'est pas absolument inerte ; il devient le point d'irradiation sympathique de cette action complexe ; lorsqu'il se déchire, c'est par la pression instantanée des muscles indiqués ; accident assez fréquent chez les chevaux, d'après la remarque de Dupuy. C'est donc entre les opinions extrêmes que vient encore s'établir ici la vérité ; c'est dans cet esprit et dans ces principes que nous devons étudier les causes, le mécanisme et les effets de ce phénomène extranormal.

Les causes du vomissement sont directes ou sympathiques ; physiques, chimiques ou mentales. Les *causes directes* agissent immédiatement sur l'estomac, *soit extérieurement*, comme on le voit dans les contusions, les pressions épigastriques ; dans les percussions déterminées par le diaphragme, les muscles abdominaux, pendant les accès de la coqueluche, par exemple ; *soit intérieurement*, comme on l'observe sous l'influence des irritations mécaniques occasionnées par la présence des corps étrangers, insolubles, piquants, dilacérants ; par l'ingestion d'aliments réfractaires, par la réplétion excessive de la cavité gastrique au moyen des substances gazeuses, liquides ou solides, comme il arrive souvent chez les gourmands, les ivrognes, etc. C'est ainsi que la sensualité romaine débarrassait l'estomac d'une première alimentation par d'abondantes importations d'eau chaude, pour se ménager immédiatement le plaisir d'un second repas ; c'est encore de cette manière que Gosse de Genève sollicitait le vomissement en avalant une certaine quantité d'air atmosphérique. Dans cette catégorie viennent également se ranger les excitants chimiques, tels que le tartrate antimonié de potasse, l'ipécacuanha, un assez grand nombre de poisons, etc. Les *causes sympathiques* peuvent être physiques ou morales. Nous trouvons au nombre des premières, le pincement des intestins, du péritoine, la gastrite, l'entérite, la péritonite, la cystite, la néphrite, les calculs rénaux, le chatouillement de la luette, une saveur nauséeuse, etc. ; parmi les secondes, la vue d'un objet dégoûtant, le souvenir d'un aliment pour lequel on éprouve une antipathie réelle, etc. Ces considérations nous démontrent qu'en pathologie le vomissement ne doit jamais être envisagé comme une altération essentielle, mais comme le symptôme d'une autre maladie ; observation d'un intérêt majeur dans l'application des moyens thérapeutiques.

Ce phénomène anormal, quelle que soit la cause de son développement, se manifeste par une action brusque, violente et simultanée de l'estomac, de l'œsophage, des muscles pharyngiens abdominaux et diaphragme ; la langue, les lèvres, le voile du palais, etc., sont également employés dans ce mouvement composé ; la première se déprime vers sa base, le dernier se relève pour fermer l'ouverture postérieure des fosses nasales ; on voit surtout le raccourcissement de l'œsophage et les tractions violentes qu'il fait éprouver à l'estomac ; la tension du premier entraîne même quelquefois sa rupture ; cet accident, remarqué plusieurs fois en Angleterre, se trouve également confirmé par des faits dans les œuvres de Boerhaave, dans le journal de Dessault, etc. ; M. Guercent l'observa lui-même, en 1826, sur une jeune fille de sept ans, après plusieurs vomissements convulsifs. Pendant ces pénibles efforts, les matières contenues dans la cavité gastrique sont chassées avec violence par la bouche, quelquefois en même temps par les fosses nasales, si l'élévation du voile palatin ne s'est pas assez promptement effectuée. Plusieurs phénomènes généraux sont liés à ces modifications locales ; ainsi, dans le premier temps, malaise, inquiétude, anxiété, suspension des grandes fonctions de l'organisme ; dans le second, réaction constitutionnelle, excitation du centre à la circonférence, quelquefois transpiration assez forte ; plusieurs auteurs ont même placé les vomitifs au nombre des diaphorétiques. Aujourd'hui l'usage de ces moyens perturbateurs est beaucoup moins préconisé ; on sait en effet qu'ils offrent non-seulement le grave inconvénient d'imprimer aux organes des secousses nuisibles, mais encore de favoriser des congestions vers les appareils centraux de la vie.

CHYLIFICATION. — De même que la chymification, elle peut

être altérée dans ses phénomènes vitaux et dans ses actions physiques. *Sous le premier rapport*, une passion violente, un travail intellectuel opiniâtre, l'exercice d'une fonction très-importante, une douleur vive, une dérivation soutenue, etc., diminuent, pervertissent, quelquefois même suspendent complétement la formation du chyle. *Sous le second rapport*, le duodénum peut offrir des contractions antipéristaltiques, d'où résulte un reflux du chyme, de la bile, du fluide pancréatique vers l'estomac, avec des accidents consécutifs, comme on le voit fréquemment dans la duodénite, l'hépatite, où les vomissements bilieux, qui se manifestent souvent alors avec tant d'abondance, ne reconnaissent pas d'autre cause; c'est particulièrement dans cette circonstance que l'aphorisme d'Hippocrate : *vomitus vomitu curatur*, offrirait la plus dangereuse application.

Absorption. — Les altérations qu'elle peut offrir sont relatives aux mouvements des intestins, à l'action des vaisseaux absorbants, à celle des ganglions mésentériques. *Dans la première modification*, les mouvements antipéristaltiques peuvent effectuer soit le retour des matières et du chyle dans le duodénum, dans l'estomac, soit l'invagination de l'intestin grêle, maladie très-grave nommée *volvulus ; dans la seconde*, l'atonie des absorbants, la suractivité des exhalants, produisent les diarrhées séro-chyleuses d'autant plus promptement funestes, qu'elles enlèvent à l'économie ses principaux éléments de réparation ; *dans la troisième*, l'inflammation chronique des ganglions, leur défaut de vitalité rendent l'élaboration chyleuse imparfaite, quelquefois même s'opposent à l'importation du fluide réparateur dans le sang veineux et déterminent les mêmes résultats par des moyens différents.

Défécation. — Elle peut être *augmentée* par un grand nombre d'influences diverses, au milieu desquelles nous devons particulièrement indiquer l'inflammation du gros intestin, le développement extranormal des sécrétions folliculaire et perspiratoire de sa membrane muqueuse, la trop grande fluidité des aliments, leur action laxative, celle des purgatifs, etc.;

il en résulte, soit des besoins fréquents sans évacuation, *ténesme*; soit des selles abondantes, liquides et réitérées, *dévoiement*, dont la persistance amène bientôt l'épuisement constitutionnel et surtout la prostration des forces. Elle peut être *diminuée* par des causes différentes; ainsi l'atonie des intestins, la suractivité de l'absorption, le défaut de sécrétion biliaire ou les anomalies de son excrétion; les excréments secs, assimilés en totalité, le spasme du sphincter de l'anus, la paralysie du rectum, des muscles abdominaux, etc., produisent la rétention plus ou moins prolongée des matières fécales sous le titre de *constipation*. Elle varie de quelques jours à plusieurs mois; affecte plus particulièrement les sujets bilieux, mélancoliques, nerveux; provoque l'irritabilité ganglionnaire, l'anxiété, la tristesse, l'ennui, l'incapacité intellectuelle, souvent la manifestation des boutons, des dartres et de beaucoup d'autres éruptions cutanées, sans doute en raison des importations âcres, stercorales, incessamment alors effectuées dans le torrent circulatoire. Enfin elle est *pervertie*, s'effectue sans participation de la volonté, sous l'influence de la paralysie du sphincter, en constituant la plus triste infirmité que l'homme puisse offrir.

V° ABSORPTION.

L'absorption, κατάποσις, de καταπίνω, j'avale; de κατὰ, peu à peu, et πίνω, je bois; *absorptio*, de *absorbere*, aspirer, absorber; au point de vue physiologique, est le travail du système des vaisseaux absorbants, pour saisir, emporter dans le torrent circulatoire les corps soumis à leur action.

Cette fonction, la plus générale de l'économie vivante, se rencontre chez tous les corps organisés, depuis la mousse obscure jusqu'à l'homme; dans toutes les phases de l'existence active, depuis l'état embryonnaire jusqu'à l'extrême dégradation sénile.

Aucun corps doué de la vie ne peut, en effet, se développer, s'entretenir qu'au moyen des éléments appropriés, incessamment saisis par l'absorption et portés dans les tissus de l'organisme.

Chez les plus humbles végétaux, chez les animaux inférieurs, dans l'état embryonnaire, même chez l'homme, ce phénomène vital ne diffère peut-être pas beaucoup de l'endosmose, de la simple imbibition. Mais à mesure que l'on s'élève dans l'échelle des organismes ou dans les phases de l'existence active, on voit l'absorption plus physiologique et plus compliquée. Ses effets se multiplient, se diversifient d'une manière importante ; elle offre bientôt la voie commune par laquelle s'introduisent dans l'économie vivante les éléments réparateurs ; des principes délétères, source d'un grand nombre de maladies ; des médicaments plus ou moins avantageux. Son siége étant partout : aux surfaces libres des membranes, dans l'épaisseur des parenchymes, les dispositions de son appareil deviennent aussi variées que nécessaires à bien préciser.

Appareil. — Les anciens, qui n'avaient aucune connaissance de cet appareil, pensèrent que l'absorption était une imbibition organique, effectuée par des pores plus petits extérieurement, plus grands à l'intérieur. Hippocrate, Galien attribuent cette action aux glandes, surtout aux radicules veineuses, dont le mouvement d'aspiration leur paraît assez analogue à la succion buccale. Plus tard, on isole entièrement l'appareil lymphatique du système circulatoire à sang noir, et l'absorption est exclusivement attribuée aux vaisseaux blancs.

Dans notre époque, on fait revivre toutes les idées anciennes avec quelques modifications particulièrement relatives à la tournure des esprits, à la domination actuelle des sciences physiques et chimiques. Ainsi Dutrochet revient à la théorie des pores, admet une organisation vésiculeuse particulièrement chez les végétaux, explique l'importation des fluides par une action qu'il nomme *endosmose*, et leur exportation par un phénomène opposé qu'il appelle *exosmose* ; hypothèse ingénieuse que nous examinerons bientôt. Magendie, plusieurs autres expérimentateurs également habiles font revivre l'opinion d'Hippocrate et de Galien, soutiennent l'absorption veineuse. D'autres enfin considèrent les vaisseaux lymphatiques, abondamment distribués à toutes les parties de l'organisme, comme les seuls agents de ce phénomène dans l'état normal. De là cette grande question physiologique dont la solution partage encore les auteurs modernes et que nous devons franchement aborder. Les uns et les autres basant leur manière de voir sur des faits plus ou moins probants, examinons ces derniers sans partialité.

Partisans de l'absorption veineuse.— *Haller* avance que chez les ovipares, les poissons, le lièvre marin, etc., les veines mésaraïques seules viennent s'ouvrir sur l'intestin et que l'absorption est dès lors exclusivement exercée par ces vaisseaux. Ce fait anatomique et ses inductions fonctionnelles sont entièrement détruits par les observations de Hewson et de Monro qui, démontrant l'existence des vaisseaux lymphatiques chez les poissons cartilagineux, les ont suivis jusque dans le cerveau. *Swammerdam* pique une veine mésentérique pendant la digestion et voit des stries blanchâtres, qu'il prend pour du chyle, s'écouler avec le sang. *Boerhaave* fait passer par les veines, au moyen d'une pression légère, de l'eau portée dans l'estomac. *Liéberkun* injecte la veine porte abdominale, aperçoit la matière surgir à la surface muqueuse des intestins. *Mékel* assure que les fluides accumulés dans un réservoir, sortent par les veines correspondantes. *Ruisch* fait observer que dans l'engorgement des ganglions mésentériques, soit par les scrofules, soit par la caducité, l'importation du chyle est encore effectuée dans le torrent circulatoire ; que pour les intestins, l'absorption est en partie lymphatique, en partie veineuse, mais qu'elle offre exclusivement ce dernier caractère pour tous les autres points de l'organisme. *Flandrin* administre à des chevaux une certaine quantité de teinture bleue d'indigo ; la matière colorante se fait remarquer dans les excréments, dans l'urine, dans la bile, etc. ; on n'en rencontre aucun vestige dans les vaisseaux chyleux. Il ingère dans les cavités digestives, l'assa fœtida qui manifeste son odeur seulement pour les veines du mésentère; il pratique impunément, sur plusieurs chevaux, la ligature du canal thoracique. *Duverney, Astley-Cowper* lient ce même canal chez différents chiens, la mort ne survient qu'après le quinzième jour. *Magendie*, sur ces animaux, isole complétement du reste de l'économie l'un des membres pelviens, à l'exception de la veine fémorale conservée pour seul moyen de communicatiom; inoculant alors une substance délétère dans la patte correspondante, il voit l'empoisonnement se manifester et pense avoir démontré la réalité de l'absorption veineuse qu'il n'admet pas toutefois d'une manière exclusive.

Partisans de l'absorption lymphatique. — *Aselli*, en 1622, découvre des vaisseaux blancs sur les animaux et les désigne par le terme de *veines lactées*. *Weslingius* constate leur existence chez l'homme. *Bartholin*, *Rudbeck* démontrent, en 1652, la présence d'un grand nombre de ces vaisseaux, dans plusieurs parties où les anatomistes n'avaient pas même soupçonné leur présence. *Monro*, *Sténon*, *Hewson*, *Breschet*, *Tiedemann*, *Lauth*, *Cruikshank*, *Fohmann* trouvent des absorbants lymphatiques ouverts sur la muqueuse intestinale dans les quatre séries des animaux. *William-Hunter* soutient, en 1749, que les vaisseaux lymphatiques sont les seuls absorbants. Il établit son opinion sur les faits suivants : Ces vaisseaux présentent la plus grande analogie, pour ne pas dire une identité parfaite, avec les absorbants du mésentère ou vaisseaux lactés. Les ganglions et les canaux lymphatiques sont les premiers et les plus fortement irrités par le mercure, les virus, les poisons, etc., l'extirpation des ganglions, effectuée immédiatement après le dépôt de ces matières, en prévient l'absorption dans les points correspondants. La substance des injections extravasée dans les tissus est retrouvée dans les vaisseaux lymphatiques. *J. Hunter* professe les mêmes opinions, en raisonnant encore d'après l'expérience. Il ne voit aucun changement dans les veines mésaraïques pendant l'absorption digestive. Il ne trouve pas de chyle dans ces vaisseaux. Du lait injecté dans les veines d'un

animal, auquel on a fait prendre une solution d'indigo, n'indique point cette couleur qui se manifeste positivement dans les
vaisseaux lymphatiques du mésentère. *Cruihshank et Mascagni*
démontrent, au moyen des faits, la réalité de l'absorption par
les vaisseaux blancs. Dans les épanchements, dans la réplétion
trop considérable des réservoirs, les vaisseaux lymphatiques
nés de ces diverses parties sont engorgés par les fluides qui
s'y trouvent déposés. *Mascagni* prétend avoir découvert au
microscope l'origine isolée de ces vaisseaux, et prouvé que les
membranes séreuses, dans lesquelles on n'avait pas même
soupçonné leur présence, n'ont point d'élément dont la proportion soit plus considérable. *Mertens*, l'un des premiers,
s'aperçoit que tout le chyle ne traverse pas le canal thoracique,
mais qu'une assez grande proportion est versée directement
par les vaisseaux lactés dans les veines azygos, lombaires, etc. *Dupuytren*, ayant répété la ligature du canal thoracique sur plusieurs animaux, s'est assuré que la mort ne tardait
pas à se manifester lorsque cette opération avait pour effet
d'empêcher entièrement le passage des injections, de ce canal,
dans le système veineux. Le même praticien a vu sur une
femme, en 1810, les vaisseaux lymphatiques de la cuisse remplis de pus sous l'influence d'un vaste abcès développé dans
cette partie. *Desgenettes* a fait remarquer une lymphe amère
en circulation dans les vaisseaux blancs qui naissent du foie.
Sœmmering a trouvé de la bile dans ces mêmes vaisseaux, et
du lait dans ceux de l'aisselle. *Cuvier*, en s'appuyant sur des
observations positives, n'admet pas l'absorption veineuse chez
les animaux d'un ordre supérieur. *Lauth* ouvre un animal
vers la fin de l'absorption digestive, trouve les intestins mar-
brés, les vaisseaux lactés remplis de chyle ; aussitôt que l'air
s'introduit et stimule ces vaisseaux, tout disparaît. N'est-il pas
naturel d'en inférer que l'absorption, au moins pour le tube
digestif, s'effectue par des lymphatiques, et que ces canaux
sont essentiellement contractiles. Cette circonstance échappée
à l'investigation des autres physiologistes, est peut-être l'occasion de l'erreur partagée par Flandrin et par quelques vivisec-

teurs qui prétendent n'avoir jamais rencontré, à l'ouverture des animaux, ni lait, ni chyle dans les vaisseaux blancs.

En résumant tous ces faits, en appréciant leur valeur comparative sans aucune prévention, nous voyons, d'une part, que les auteurs qui soutiennent l'absorption veineuse ont, pour le plus grand nombre, faussé les faits et leurs applications pour la soutenir, et que tous, sans aucune exception, ont raisonné dans l'hypothèse fautive où le canal thoracique offrirait le centre de toute la circulation lymphatique, et deviendrait pour elle ce que les veines caves sont pour la circulation à sang noir. Bientôt nous verrons qu'une telle supposition n'est plus admise par les bons anatomistes, et nous trouverons dans la description naturelle de l'appareil vasculaire blanc, une réponse commune à toutes ces objections, un fait essentiel et destructeur de l'échaffaudage sur lequel se trouve basée la théorie de l'absorption veineuse exclusivement admise. D'un autre côté, les partisans de l'hypothèse contraire méritent, pour la plupart, le reproche de n'avoir pas bien saisi l'ensemble de l'appareil lymphatique, et de soutenir cette hypothèse d'une manière trop absolue.

L'appareil absorbant lymphatique a souvent été modifié par les physiologistes, moins d'après les résultats de l'inspection immédiate, qu'en raison de l'idée qui dominait dans l'explication du phénomène principal dont il est chargé. Ainsi la théorie de *l'imbibition* créa des pores, des cellules, un tissu spongieux, etc. L'hypothèse de la *capillarité* fit admettre des siphons, des trachées, etc., celle de *l'endosmose* et de *l'exosmose*, des vésicules perméables aux fluides circulatoires; la réalité d'une circulation consécutive à cet acte même de *préhension moléculaire*, ne permit plus de révoquer en doute l'existence des vaisseaux appropriés à cette modification vitale; on supposa même à l'origine de ces vaisseaux lymphatiques pour les uns, veineux pour les autres, un suçoir ou *bouche absorbante* capable de saisir, à la manière d'une ventouse, les matériaux soumis à son influence. Aujourd'hui que la marche des esprits est plus sévère et plus philosophique, au lieu de conclure des phénomènes de la fonction aux dispositions de l'appareil, on cherche, avec raison, à connaître d'abord la nature, la forme, la constitution de l'instrument, pour s'élever à des notions exactes sur la théorie des actions physiologiques; dans cette investigation difficile et qui laisse nécessairement encore une assez grande part à l'arbitraire, on s'élève du simple au composé, des végétaux aux animaux, de ces derniers à l'homme. Link, Bell, Duhamel, Comparetti ont vu des vaisseaux sphéroïdes au milieu de la partie ligneuse chez les végétaux. D'après les observations de Tréviranus, Carradori, Senebier, Decandolle, c'est plus spécialement au moyen des extrémités radiculaires que s'effectue l'absorption; les feuilles, particulièrement à leur face inférieure, exercent aussi ce phénomène, comme l'ont démontré Haller, Mariotte, Duhamel, Bonnet, Kroker, Humboldt, Sprengel, etc. Théodore de Saussure, Jacger, Marcet, Gœppert, Becker, Schreiber, Chuébler, Zeller ont prouvé par l'expérience que ces vaisseaux absorbants ne jouissaient pas de la faculté réellement élective qu'on leur avait accordée, en démontrant, sur les plantes, l'action délétère de l'arsenic, de l'acide hydro-cyanique, du deuto-chlorure de mercure, des sels de cuivre, de plomb, des extraits d'opium, de belladone, de ciguë, de noix vomique, etc. Tiedemann, ayant vainement cherché des vaisseaux blancs sur les arachnides, les radiaires, les annélides, pense que l'absorption est effectuée chez ces animaux soit par les veines, soit par des lymphatiques immédiatement terminés dans ces dernières. Pour les classes plus élevées, pour l'homme surtout, la découverte du système absorbant, comme celle des autres parties de l'appareil circulatoire, ne s'est faite que d'une manière partielle avec gradation et lenteur. Erasistrate, Galien, Érophile dissèquent des boucs, aperçoivent des amas de vaisseaux blancs qu'ils prennent pour des artères à l'état de vacuité. Beaucoup plus tard, Aselli découvre sur des chiens, le plus grand nombre des vaisseaux lactés; Eustache, Pecquet font connaître la nature et les dispositions du canal thoracique; mais il était réservé aux anatomistes modernes d'apprécier exactement l'ensemble de cet appareil ; toutefois le plus grand nombre ont commis la faute grave de lui donner ce canal pour centre et pour terme commun, en s'éloignant de la vérité, en fournissant des armes très-puissantes aux partisans de l'absorption veineuse. Pour bien comprendre le système absorbant, nous devons l'étudier à son origine, dans son trajet, à sa terminaison ; renvoyant, pour la description particulière et les caractères de structure, au chapitre de la circulation lymphatique où nous avons suffisamment détaillé son histoire, en le considérant comme agent essentiel de cette même circulation.

ORIGINE. —Les vaisseaux absorbants, quelles que soient leur nature et leur disposition, naissent, dans l'organisme, de deux points essentiellement différents. 1° *Des surfaces libres*, 2° *des parenchymes*. Les premiers sont particulièrement relatifs à l'importation, dans le torrent circulatoire, soit des matériaux extérieurs, soit des fluides sécrétés, et présentent, surtout pour la peau, les muqueuses pulmonaire et gastrique, la voie par laquelle s'introduisent en commun les éléments réparateurs, les agents morbides et les moyens thérapeutiques. Les seconds appartenant plus spécialement à la décomposition nutritive, à l'exportation des matériaux intérieurs, offrent en même temps les instruments de la rénovation moléculaire des tissus, et de la résolution pathologique, si favorable dans les congestions et les engorgements locaux. Dans toutes ces origines, le vaisseau présente une manière d'être sur laquelle ne s'accordent pas les auteurs. Ainsi Rudolphi, Mékel prétendent que chacun de ces vaisseaux commence par une petite masse de tissu spongieux ; Liéberkun, par une ampoule érectile ; d'autres, par une vésicule susceptible de transsudation ; Bichat, par un suçoir nommé *bouche absorbante*, et dont il compare l'action à celle des points lacrymaux, d'une sangsue, d'une ventouse. Sans caractériser positivement la nature et les formes de ces ouvertures vasculaires, Cruikshank, Hewson, Ribes, disent les avoir positivement observées sur les villosités intestinales, particulièrement en y faisant surgir des injections. Ruisch,

Béclard, Rudolphi, Mékel, Cruveilhier ne les admettent pas. Il est assurément très-difficile de prononcer définitivement entre ces opinions diverses, chacune d'elles ne pouvant mériter, dans l'état actuel de nos connaissances anatomiques, d'autre titre que celui d'hypothèse; nous ajouterons cependant que si l'on tient à donner une explication du phénomène que nous étudions, la supposition de Bichat nous paraît en même temps la plus naturelle et la mieux garantie par les inductions analogiques; en effet, elle rend l'absorption organique et vitale; au contraire, les systèmes des spongiosités, des ampoules, des vésicules en font un phénomène physique d'imbibition, de transsudation, d'endosmose; elle se trouve en quelque sorte exprimée en termes évidents par l'action visible des points lacrymaux effectuant la préhension d'un fluide au milieu des mêmes conditions et par un mécanisme analogue, s'il n'est pas identique : nous laissons à décider.

TRAJET. — Il est ordinairement flexueux ; les vaisseaux lymphatiques renflés par intervalles marchent sur deux plans, l'un superficiel et l'autre profond ; des communications anastomotiques multipliées établissent les rapports les plus faciles entre ces deux plans, et, pour chacun d'eux, entre les branches dont il sont formés. C'est dans ce trajet que, pour tous les canaux d'un certain volume et d'une étendue notable, se rencontrent les *ganglions* qu'ils doivent traverser et dont nous avons fait connaître la nature, la situation et les conditions organiques.

TERMINAISON. — Elle s'effectue, pour l'appareil lymphatique, dans le système veineux, mais tous les vaisseaux blancs ne se rendent pas directement dans les veines, et nous les avons déjà distingués, sous ce dernier rapport, en trois ordres principaux. 1° Ceux qui vont s'ouvrir immédiatement dans ces canaux après un trajet souvent très-court, et sans perdre leur caractère de vaisseaux capillaires. Cowper, Tiedemann, Gmelin ont signalé des anastomoses nombreuses entre les vaisseaux chylifères et les veines mésaraïques. Vieussens, Valœus, Rosen, Mékel, Lobstein ont observé cet abouchement dans la veine porte ; Alard, Fohmann, Lauth, Béclard, Lippi, etc., ont démontré le même fait dans plusieurs autres parties. 2° Ceux qui traversent un ou plusieurs ganglions sous le titre de vaisseaux *afférents*; qui s'en dégagent sous celui de vaisseaux efférents et d'un calibre, d'une étendue beaucoup plus considérable, se terminent également dans le système à sang noir. 3° Enfin ceux qui, parmi ces derniers, vont se rendre dans le canal thoracique et s'aboucher, par son intermédiaire, avec la veine sous-clavière gauche ; disposition plus particulièrement relative aux lymphatiques de l'abdomen, du thorax, et mal à propos considérée par quelques anatomistes comme représentant l'ensemble de l'appareil absorbant.

D'après ces considérations simples et naturelles, il n'est plus utile de répondre aux objections que semblaient d'abord constituer les expériences, les raisonnements spécieux de Mékel, Duverney, Astley-Cowper, Flandrin, Magendie, etc., tous les phénomènes d'absorption vont désormais s'expliquer sans qu'il soit nécessaire d'admettre un second ordre de vaisseaux pour en effectuer l'accomplissement. Les partisans les plus zélés de l'action veineuse, entraînés par la force de l'évidence, ne peuvent rejeter entièrement l'action lymphatique ; ainsi Gmelin, Tiedemann, Ségalas, Magendie, etc., pensent que l'absorption du chyle se fait par la seconde et celle des boissons par la première. Or, s'il est démontré que les vaisseaux blancs absorbent ; si leur disposition, telle que nous l'avons présentée, répond à tous les faits relatifs à ce phénomène, pourquoi faire entrer dans l'appareil absorbant des veines pour lesquelles cette faculté devient au moins douteuse ? Nous ne rejetons pas entièrement la possibilité de cette influence, mais nous terminons par cette conclusion, dont les faits garantissent la réalité, que l'absorption lymphatique est évidemment prouvée, tandis que l'absorption directement veineuse est encore en litige.

Agent. — Les physiologistes ont cru, pendant longtemps, que l'absorption s'effectuait exclusivement sur les corps à l'état liquide ; c'est une erreur qu'il faut s'empresser de faire disparaître d'après les faits les plus positifs. Les gaz, les vapeurs, les fluides et les solides paraissent également susceptibles d'entretenir et de modifier l'exercice de cet important phénomène ; tous peuvent être saisis par les vaisseaux absorbants, depuis les éléments de l'atmosphère, comme on l'observe dans la respiration, jusqu'aux molécules du tissu osseux, comme on le voit dans sa décomposition nutritive et plus évidemment encore dans la résolution des exostoses. Ainsi, *pour les gaz*, Achard, Nysten, Chaussier ont démontré cette absorption par des injections aériformes ; l'importation de l'oxygène pendant la respiration, la soustraction de l'air dans les parties emphysémateuses, des gaz divers dans la tympanite, etc., ne laissent également aucun doute à cet égard. *Pour les vapeurs*, — la grande proportion de l'urine évacuée sous les climats brumeux, et plus particulièrement chez les sujets affectés de diabètes, où l'on voit cette humeur s'élever dans vingt-quatre heures au poids de quarante à soixante livres, alors que le sujet ne prend pas au delà de dix à douze livres soit en aliments solides, soit en boissons, prouvent évidemment l'absorption très-active de l'eau contenue dans l'atmosphère à l'état vaporeux. *Pour les fluides*, — cette absorption est rendue sensible par l'introduction du chyle, des boissons, du véhicule des humeurs dans le torrent circulatoire. Enfin, *pour les solides*, — elle est évidemment prouvée par les faits les mieux observés ; nous voyons disparaître, sous l'influence qu'elle exerce, le thymus, les capsules rénales quelque temps après la naissance ; les tumeurs les plus dures par le travail de résolution ; des cartilages, des os pendant le cours de certaines perversions nutritives ; dans plusieurs cas analogues, Desgenettes a trouvé les vaisseaux lymphatiques remplis de phosphate calcaire dans le voisinage de ces parties en décomposition. Chaussier a plus d'une fois observé la disparition, par le travail des mêmes vaisseaux, de plusieurs calculs assez volumineux qu'il avait renfermés dans une plaie sous-cutanée. Bientôt nous verrons les [élaborations préparatoires auxquelles ces agents doivent être soumis avant de pénétrer dans le système absorbant : nous ne prétendons pas, en effet, soutenir qu'ils y soient introduits à l'état complétement solide et sans que leurs molécules aient été amenées à l'état de division ou même de solution suffisantes pour en permettre l'introduction dans les vaisseaux capillaires ; nous voulons seulement constater un fait évident, la disparition de corps solides, la rénovation des tissus vivants par l'absorption : le reste devient pour nous une explication du phénomène.

Besoin. — L'absorption constituant une fonction exercée dans toute l'économie, ne s'effectuant point au moyen d'un appareil bien positivement circonscrit, pouvant d'ailleurs être suspendue quelque temps sans danger imminent pour l'existence, n'est point ordinairement commandée par un sentiment impérieux. Une anxiété constitutionnelle, une sorte d'inanition générale, de sécheresse dans les tissus, d'empâtement dans les humeurs, sont les modifications principales qui viennent indiquer le besoin du développement d'activité des vaisseaux absorbants, pour enlever à l'économie des éléments hétérogènes et nuisibles, pour lui fournir des matériaux de réparation nutritive et lymphatique. Pour tout ce qui est relatif à l'absorption des fluides extérieurs, ce même sentiment rentre comme principe général, dans l'impulsion instinctive que nous avons désignée sous le titre de soif naturelle.

Étude. — Pour bien comprendre les phénomènes essentiels de cette action complexe, nous les diviserons en trois ordres principaux : 1° *Préparation des agents* ; 2° *préhension* ; 3° *élaboration, circulation, dépôt de ces derniers.*

1° Préparation. — Il est difficile de ne pas admettre, avant l'importation des matériaux qui vont se trouver absorbés, une certaine élaboration préliminaire destinée à favoriser leur introduction dans le système vasculaire chargé de les transmettre au lieu de leur destination ; les faits se pressent chaque jour, dans les états physiologique et pathologique, pour démontrer la réalité de cette importante modification. Lorsqu'il s'agit d'en préciser la nature et les agents, l'obscurité se répand encore sur la question en laissant un libre cours aux théories hypothétiques. Cependant il semble tout naturel de penser que cette élaboration est effectuée par l'origine même des vaisseaux absorbants, et qu'elle consiste à ramener les gaz, les vapeurs, les solides vers un moyen terme, vers la fluidité ; c'est du moins avec ce caractère que la plupart des matériaux réparateurs sont importés dans le torrent circulatoire ; si quelques-uns ne sont pas entièrement liquéfiés, comme on l'observe pour certains éléments des humeurs, pour un assez grand nombre de corps inorganiques insolubles dans ces dernières, ils se trouvent alors subdivisés de manière à parcourir les vaisseaux absorbants à l'état de suspension. Ces vérités prendront des caractères évidents si l'on examine avec attention la fluidité que présentent les gaz après leur introduction dans les vaisseaux lymphatiques, l'espèce d'érosion qu'offrent les tendons, les cartilages, les os en partie détruits par cette absorption éliminatoire.

2° PRÉHENSION. — Ici viennent se reproduire les théories de l'imbibition, de la capillarité, de l'endosmose et de l'exosmose. Ainsi Fodéra, de Blainville considèrent le tissu celluleux comme une sorte d'éponge ; Borelli, Grew, Delahire, Bradley, Malpighi regardent les petits vaisseaux comme autant de canaux, agissant en vertu de l'attraction capillaire ; Saussure, de Candolle, Senebier, Desfontaines voient au contraire dans l'absorption un phénomène essentiellement vital. Il sera difficile de ne pas admettre cette opinion physiologique à l'exclusion des systèmes entièrement établis sur les lois de la physique et de la chimie, si l'on considère que cette absorption est modifiée dans ses manifestations et dans ses résultats, suivant l'âge, le tempérament, la constitution, les dispositions normales ou pathologiques, le calme de l'âme ou la violence des passions. Il serait oiseux, dans l'état actuel de nos connaissances, de s'arrêter sérieusement à réfuter des théories aussi directement opposées à la marche naturelle des phénomènes dont l'ensemble constitue l'existence active, mais il en est une que nous devons au moins apprécier dans ses caractères généraux, afin de préciser les applications qu'il est permis d'en faire à l'absorption étudiée chez les êtres organisés vivants ; nous voulons parler de l'*endosmose* et de l'*exosmose* dont la découverte appartient à Dutrochet, l'un de nos plus judicieux et de nos plus modestes expérimentateurs.

Endosmose, Exosmose. — En supposant un réceptacle fermé par un diaphragme perméable, toute importation liquide spontanément effectuée dans ce réservoir, à travers la cloison, prend le nom d'*endosmose*, et toute exportation semblable, dans les mêmes circonstances, reçoit celui d'*exosmose*. En surmontant ce réceptacle d'un tube gradué, l'on forme un instrument capable de faire apprécier, sous le titre d'*endosmomètre*, la force et la vitesse de ce double phénomène. Le diaphragme employé dans ces expériences peut être confectionné soit avec une membrane organique, soit même avec une lame terreuse ; dans l'une et l'autre circonstance, la capillarité de cette cloison devient une condition indispensable. Pour déterminer l'endosmose ou l'exosmose, on plonge l'endosmomètre dans un fluide, après l'avoir en partie rempli d'un autre fluide plus ou moins différent ; dans les deux phénomènes, il s'établit un double courant avec cette particularité que pour l'endosmose, il est plus considérable de l'extérieur dans le réceptacle, qui dès lors se remplit ; tandis que pour l'exosmose, il se manifeste en proportion inverse, d'où résulte l'évacuation progressive du réservoir. Plusieurs lois, déjà bien généralisées, président à l'accomplissement de cette action complexe. Ainsi, la différence de la densité des deux fluides employés devient cause principale du phénomène que nous étudions. Si le fluide le plus dense est placé dans l'endosmomètre, on obtient l'*endosmose* ; dans l'hypothèse contraire, c'est l'*exosmose* qui se trouve produite. La vitesse et la force de ces deux modifications opposées sont même naturellement en raison des différences de ces densités proportionnelles, qui peuvent effectuer des résultats bien remarquables ; c'est ainsi qu'une endosmose énergique soulève cent vingt-sept pouces de mercure, poids équivalent à celui de quatre atmosphères et demie. Nous voyons actuellement par quelle raison le sirop de sucre, les solutions gommeuses, les humeurs épaisses de notre économie, etc., en opposition avec l'eau naturelle, produisent une endosmose plus ou moins développée. Becquerel ayant observé que la rencontre des solides et des fluides entraîne la manifestation de l'électricité, ce dernier agent pouvait être considéré comme le mobile essentiel de l'endosmose ; mais, d'une part, cet effet exige une action chimique entre les fluides et les solides mis en contact, circonstance qui n'existe pas dans les expériences où l'on emploie, par exemple, une membrane organique, une solution mucilagineuse et de l'eau distillée. D'un autre côté, Porret et Wollaston ont démontré que l'on produit, par un courant galvanique, le mouvement ascensionnel au travers d'un diaphragme imprégné du même fluide par ses deux faces, et dès lors que l'on obtient ainsi l'endosmose indépendamment de l'hétérogénéité des liquides mis en rapport ; nous venons de voir que le même résultat peut également s'effectuer par l'hétérogénéité sans le concours, au moins appréciable, du galvanisme ; d'où l'on doit naturellement inférer que dans l'état actuel de nos connaissances physiques, la différence de la densité des fluides et l'électricité sont les deux mobiles principaux de l'endosmose et de l'exosmose. Il serait difficile d'accorder la même influence à la capillarité, puisque l'expérience démontre que l'élévation de la température diminue l'ascension capillaire, tandis qu'elle augmente sensiblement l'ascension d'endosmose ; nous devons par conséquent, au lieu de les identifier, considérer ces deux phénomènes comme essentiellement différents. Plusieurs substances deviennent perturbatrices de l'endosmose et de l'exosmose, quelquefois même les suspendent complétement au milieu de toutes les circonstances propres à les favoriser. Parmi ces *neutralisants*, nous citerons plus spécialement les acides sulfurique, hydro-sulfurique, les matières animales en putréfaction. Ces modificateurs arrêtent l'endosmose et l'exosmose par *hétérogénéité*, mais n'exercent aucun empire sur celles que produit le *galvanisme*; nouvelle preuve de la diversité, de l'isolement de ces deux causes principales.

La première condition de l'*endosmose* est que les deux fluides employés dans l'expérience puissent aisément et naturellement se mêler. Deux courants se manifestent pendant l'activité du phénomène, l'un plus fort, celui de l'endosmose; l'autre plus faible, celui de l'exosmose. L'endosmose ne se manifeste pas toujours vers le fluide le plus dense; les autres causes présentant encore plus d'empire.

Ces découvertes et ces faits très-curieux sans doute, en les renfermant dans le domaine général de la physique et de la chimie, peuvent-ils nous offrir actuellement des applications utiles, satisfaisantes, relativement aux actions physiologiques? leur auteur a mis toute la discrétion d'un bon esprit dans la solution de ce problème important ; il a tenté seulement des applications pour les êtres rudimentaires, pour les végétaux, sans les indiquer pour les animaux supérieurs, pour l'homme. Des novateurs empressés que nul obstacle n'arrête, pas même l'inconvénient majeur de substituer les lois de la matière inerte aux lois de la vie, ne manqueront pas d'expliquer l'*absorption* et l'*exhalation* par les modifications de l'*endosmose* et de l'*exosmose*; de comparer, dans ses manifestations, l'*hétérogénéité* des humeurs de l'économie animée, à celle des fluides jouissant exclusivement de l'existence passive ; d'identifier le *galvanisme* des organes dans l'état physiologique à l'*électricité universelle*, etc. Beaucoup plus réservé dans nos emprunts, dans nos inductions analogiques, éprouvant une invincible répugnance lorsqu'il faut conclure des phénomènes de la nature morte aux phénomènes de la nature vivante, sans rejeter absolument ces applications, nous attendrons pour les admettre que le temps et l'expérience en aient bien positivement établi toute la réalité.

L'action vitale des absorbants, tel nous paraît être le mobile essentiel de l'importation des éléments nombreux qui se trouvent incessamment déposés dans le torrent circulatoire. Par quel mécanisme s'opère cette action ? Là se trouve un mystère jusqu'alors impénétrable, et qui nous oblige à choisir entre plusieurs hypothèses, plus ou moins satisfaisantes, mais qui peuvent bien ne pas être l'expression rigoureuse de la vérité. Soit que l'on admette l'idée des spongiosités capillaires, des vésicules érectiles, soit que l'on adopte celle des bouches absorbantes, agissant à la manière d'une ventouse, il n'en existe pas moins des faits positifs qui doivent servir de flambeau dans cette voie difficile et ténébreuse. Lorsque l'agent qui se présente aux absorbants n'est point en rapport avec leur sensibilité particulière, il est refusé d'abord, comme l'a fait observer Séguin pour les fèces, l'urine, la bile, etc. Ce n'est qu'après s'être familiarisés par l'habitude à ces excitations insolites, que les vaisseaux prennent la substance qu'ils avaient primitivement repoussée ; nous ne devons pas entendre autrement l'action élective de cet appareil d'importation. Lui donner plus de valeur, serait tomber de nouveau dans les erreurs du moyen âge. De même que tous les organes doués de la vie, les extrémités vasculaires ont besoin d'un certain degré d'excitation pour accomplir énergiquement le phénomène qui leur est départi. Si les frictions rendent l'absorption cutanée plus active en soulevant les squammes épidermoïdes, c'est plutôt encore par l'érection vasculaire consécutive qu'elles déterminent ce résultat. Séguin et plusieurs autres physiologistes ont observé que les matières absolument inertes sont prises difficilement, quelquefois même entièrement négligées par les absorbants, alors que certains poisons et plusieurs corps très-excitants sont introduits dans ces canaux avec une inconcevable rapidité ; les mêmes explications s'appliquent également à ces faits. L'action des absorbants lymphatiques s'effectue même encore assez longtemps après la mort des grandes fonctions, après la cessation entière de la circulation sanguine. Ainsi Mascagni l'a vue s'exercer pendant six heures pour les enfants, et pendant vingt-quatre pour les adultes. Desgenettes substituant, dans ses expériences, l'encre de Chine à l'encre ordinaire, a trouvé l'absorption s'effectuant encore après soixante heures, même chez des sujets très-jeunes. Valentin a rencontré du chyle trente-six heures et même trois jours après la mort dans les vaisseaux lactés. Ces faits et beaucoup d'autres que nous pourrions citer viennent encore à l'appui de *l'absorption lymphatique,* en démontrant que *l'absorption veineuse,* qu'il est sans doute permis de supposer, ne présente aucune utilité réelle, et que dès lors on ne voit pas en conséquence de quel principe, la nature, constamment si simple dans ses moyens, aurait affecté deux appareils à l'exercice d'une fonction qui peut librement s'exécuter avec un seul.

Quelle que soit l'obscurité dont s'environne l'acte essentiel de la préhension absorbante, sa réalité, ses caractères vitaux n'en restent pas moins démontrés. Sur l'accomplissement de cet acte physiologique reposent la réparation des pertes organiques solides et fluides, la rénovation du sang noir, la formation du sang rouge par l'hématose, l'importation des principes morbifiques, des vices constitutionnels, des virus, des poisons et des médicaments, l'exportation des molécules vieillies dans l'économie vivante et qui doivent se trouver expulsées par l'élimination nutritive. Au nombre des surfaces libres, incessamment en rapport avec les modificateurs étrangers de l'absorption, nous devons particulièrement noter les muqueuses pulmonaire, digestive et la peau. C'est à peu près exclusivement par ces trois voies que s'établissent nos rapports matériels avec l'univers extérieur. *Par la première,* nous absorbons l'oxygène qui, pendant la respiration, donne au sang les caractères indispensables au développement de la chaleur et de la vie ; nous recevons en même temps les miasmes, les gaz plus ou moins nuisibles qui détériorent l'atmosphère, et c'est plus particulièrement ainsi que nous sommes frappés de ces funestes épidémies qui portent souvent au loin l'épouvante et la mort. *Par la seconde,* nous saisissons le chyle, produit essentiellement rénovateur du sang, les fluides qui, sous le titre de boissons, doivent plus spécialement réparer nos pertes lymphatiques, enfin le plus grand nombre des médicaments et des poisons importés dans l'organisme. *Par la troisième,* la plupart de ces absorptions peuvent avoir lieu. Celle des gaz, des fluides est démontrée par les expériences de Bichat, de Dumas ; celle des poisons, des virus par l'observation de chaque jour ; celle des médicaments par les nombreux essais de Pinel, Alibert, Duméril, Séguin, Cruiskshank, etc. Ce genre de médication, très-employé chez les Arabes, s'est trouvé de nos jours en quelque sorte rappelé dans la thérapeutique par Chiarenti, Brera, Chrétien, etc., sous les titres successifs de méthodes *iatraleptique*, *eïspnotique*, *endermique*, etc.

Si l'on pouvait douter encore du caractère essentiellement physiologique de l'absorption, il suffirait, pour dissiper toutes les incertitudes à cet égard, de faire observer que cette fonction, de même que toutes les actions vitales, peut être augmentée, diminuée, pervertie, suspendue par des influences morales entièrement étrangères aux lois physiques et chimiques. C'est un point sur lequel nous reviendrons en traitant des altérations générales de cette même fonction.

3° ÉLABORATION, CIRCULATION, DÉPOT. — Introduits dans les absorbants, les éléments soumis à cette importation circulent dans ces vaisseaux par un mécanisme que nous avons décrit, et parviennent soit directement, soit par l'intermédiaire des ganglions, dans le système veineux. Il est impossible de ne pas voir que ces ganglions et les canaux lymphatiques dont ils sont en grande partie formés, exercent un travail d'élaboration sur ces mêmes éléments. On n'admettra pas sans doute avec Malpighi que les premiers sont autant de petits cœurs destinés à favoriser la circulation lymphatique, il est trop évident qu'ils en deviennent au contraire l'un des principaux obstacles, comme le démontrent les engorgements dont ils sont fréquemment affectés ; mais on reconnaîtra que ces petits corps traversés, avec lenteur, par les fluides absorbés qui vont en parcourir les nombreux circuits, leur font éprouver des modifications physiologiques susceptibles de les rapprocher des substances animales, et de commencer en quelque sorte leur identification aux tissus dont ils doivent effectuer la réparation et l'accroissement.

Altérations de l'absorption. — L'absorption est susceptible d'offrir les quatre modifications pathologiques : *augmentation, diminution, perversion, suspension*, et ces altérations exercent ordinairement une influence très-marquée sur toute l'économie.

1° AUGMENTATION. — Elle est plus spécialement déterminée par les pertes lymphatiques abondantes, comme on le voit dans les diarrhées séreuses, les diabètes, etc. L'absorption extérieure est alors tellement active qu'elle fait les frais de ces énormes déperditions, jusqu'au terme où, succombant sous l'influence de l'épuisement que cette exaltation doit entraîner, elle abandonne l'économie à la destruction certaine qui doit suivre la prolongation d'un état aussi fâcheux. La privation des aliments, des excitants internes ; les passions tristes, la crainte, le sommeil, la convalescence des maladies graves, toutes les influences qui portent les forces vitales vers l'intérieur, qui déterminent un mouvement de la circonférence au centre, augmentent sensiblement l'activité de l'absorption périphérique. C'est pour cette raison qu'il est très-dangereux de se livrer au sommeil, ou même de s'arrêter à jeun dans les lieux où l'atmosphère est altérée par des miasmes putrides et délétères ; c'est ainsi que la terreur qui précède les épidémies, que le découragement qui les accompagne, rendent la contagion plus facile, plus générale et plus désastreuse ; tandis que l'intrépidité, le courage et la confiance en deviennent les meilleurs préservatifs. Combien d'éloges ne méritent pas les médecins philanthropes qui, bravant avec magnanimité les dangers de ces fléaux destructeurs, s'inoculèrent publiquement la matière morbifique, afin de relever les esprits abattus au milieu d'une population entière. Les auteurs de semblables faits n'ont plus besoin d'archives, leur nom se trouve dans toutes les bouches et leur souvenir dans tous les cœurs.

2° DIMINUTION. — Elle peut être produite par des influences opposées. Ainsi la surabondance des fluides importés dans le torrent circulatoire, l'habitation des lieux bas, humides, marécageux, la débilité nutritive ; l'abus des liqueurs alcooliques, des boissons chaudes, la gaieté, le courage, l'espérance, toutes les passions expansives, toutes les influences qui déterminent un mouvement du centre à la circonférence, deviennent les causes les plus ordinaires de cette modification. Nous expliquons dès lors facilement la rareté des épidémies dont nos armées souffrirent dans leurs excursions lointaines, en les comparant au grand nombre de celles qui ravagent incessamment les peuples dégradés par la superstition et le despotisme.

3° Perversion. — Inconnue dans son essence, elle est évidente et souvent très-fâcheuse dans ses résultats. C'est ainsi que nous la voyons s'effectuer : sur des matières excrémentitielles et les rapporter dans l'organisme avec des inconvénients nombreux ; sur des foyers sanieux et gangréneux, en produisant, dans toute l'économie, un véritable empoisonnement interne, d'autant plus inévitablement funeste, que la source en devient intarissable lorsqu'elle se trouve inhérente à la constitution du sujet ; sur les tissus eux-mêmes, en déterminant ces cancers destructeurs, ces ulcères phagédéniques, ces absorptions matérielles qui font disparaître les solides organisés, depuis la membrane molle et pulpeuse, jusqu'aux parties calcaires des os.

4° Suspension. — Il est rare de l'observer en même temps dans toute l'économie vivante ; le plus souvent elle se manifeste partiellement sous l'influence de certaines phlegmasies. L'engorgement, l'empâtement de la partie lésée devient la conséquence nécessaire de cette altération. L'absorption ne s'anéantit pas immédiatement après la mort des grandes fonctions ; cet acte physiologique survit à tous les autres, quelquefois même pendant un temps assez long. Déjà la circulation sanguine et l'exhalation ont cessé depuis plusieurs heures, que l'absorption s'exerce encore. Cette vérité d'observation nous explique naturellement plusieurs phénomènes cadavériques d'une assez grande importance. Ainsi la disparition des ecchymoses légères, des congestions, des épanchements sanguins, séreux, qui se trouvent déterminés par les phlegmasies suraiguës, ne laissent bien souvent aucune trace à la nécropsie; tandis que les infiltrations sanguines déterminées après la mort, par la seule position des parties, ne s'effacent jamais avant le développement de la putréfaction, et ne présentent pas même ce premier degré de résolution que l'on observe presque toujours dans les sugillations déterminées pendant la vie. Distinction essentielle relativement à la médecine légale. C'est encore par l'exercice ultérieur de l'absorption que nous trouvons, sur le cadavre, les tissus diminués de volume, ridés, les cornées affaissées, etc.

VI° NUTRITION.

La Nutrition — θρέψις, de τρέφω, je ramasse, je recueille; *nutricalis*, de *nutricare*, nourrir, alimenter, — au point de vue physiologique, est l'action vitale moléculaire des tissus organisés sur les éléments réparateurs pour les assimiler à leur propre substance. Entt la définit : « Un acte générateur continué dans chacun des êtres animés. »

La plus indispensable aux corps vivants, la plus généralement répartie à l'économie spéciale qu'ils constituent, cette élaboration se rencontre chez tous; en jouir actuellement et vivre sont deux conditions identiques.

Rudimentaire, en quelque sorte réduite à l'imbibition, à l'assimilation immédiate chez les êtres inférieurs, elle s'agrandit et se complique dans la série des organismes, lorsqu'on s'élève, par degrés, de la mousse à l'herbe, de l'infusoire à l'animal supérieur, à l'homme : seul acte vital des premiers de ces corps, elle présente, chez les autres, le complément de toutes les fonctions, offrant pour but, l'accroissement et la réparation de l'individu. Nous ajouterons même que toutes les actions physiologiques se trouvent également sous sa dépendance. En effet, si les phénomènes de relation extérieure ne sont pas aussi directement liés à l'activité nutritive, leur maintien n'en est pas moins subordonné à l'exercice régulier de cet acte essentiellement conservateur.

Il semblerait, en considérant des faits aussi positifs, que l'on n'aurait jamais dû mettre en question la réalité de l'élaboration nutritive, des mouvements de composition et de décomposition qui la constituent. Cependant il s'est rencontré, dans toutes les époques de la science, des esprits assez prévenus pour se mettre, sous ce rapport, comme sous beaucoup d'autres, en opposition directe avec l'imposante majorité des physiologistes les plus judicieux. Un auteur, même de nos jours, a nié l'existence de la nutrition par cela seul que les traces du tatouage ne disparaissent jamais. Nous ajouterons, pour toute réponse, qu'il serait aussi conséquent de ne plus croire à l'absorption, en voyant une balle, par exemple, séjourner au milieu de nos tissus pendant toute la vie. Si nous ne possédions point les expériences de Galien et de plusieurs autres investigateurs habiles, ne verrions-nous pas également dans les modifications fondamentales que subissent les organes pendant les principales phases de la vie, sous les différentes influences pathologiques, etc., des preuves incontestables de l'exercice positif du phénomène que nous étudions? Pénétrés de ces vérités fondamentales, plusieurs écrivains ont été jusqu'à reconnaître une force particulière attachée à cette acte important. Galien la nomme, *facultas nutrix*, *formatrix*; Buffon, *puissance du moule intérieur*; Bacon, *motus assimilationis*; Harvey, *facultas vegetativa*; Wolf, *vis essentialis*; Blumenbach, *nisus formativus*; Tiedemann, *force plastique*, *force de nutrition qui domine les affinités chimiques*, etc. Sans admettre un agent spécial pour l'exercice de ce phénomène commun, nous pensons que la cause essentielle de ses manifestations réside, comme celle de toutes les actions physiologiques, dans le développement de la faculté vitale. On ne substituera pas sans doute à ces idées simples et naturelles, celle des physiciens qui font consister la nutrition dans l'usure mécanique des molécules sous l'influence des frottements; celle des chimistes qui la regardent comme une acidification, une combinaison de l'oxygène du sang rouge avec les organes, une véritable combustion ; d'après Reil, « comme une cristallisation organique, etc. »

Appareil. — L'appareil chargé de l'élaboration des éléments réparateurs n'est point uniforme dans l'économie vivante. Il s'y trouve universellement répandu sans offrir aucune circonscription locale. Cet appareil est représenté par chaque tissu propre, et diffère dès lors pour les parties de l'organisme, sous le rapport de la composition physique et des propriétés particulières qui président à leur action. Ainsi les diversités matérielles et vitales que nous rencontrons entre un os, un muscle, un tendon, une membrane muqueuse, etc., constituent celles qui distinguent les appareils nutritifs de ces différents systèmes. La connaissance de ces instruments d'élaboration repose donc tout entière sur celle de la structure intime et spéciale des éléments constitutifs de cette économie vivante. Ainsi le canevas propre, souvent nommé *parenchyme*, des nerfs, plus particulièrement du système ganglionnaire, quelquefois de l'encéphalique, des vaisseaux artériels, veineux, ou lymphatiques seulement, l'élément cellulaire ou générateur, pour lier ces parties, nous offrent les principes formateurs des tissus dont les modifications essentielles sont relatives à l'arrangement, à la proportion variable de ces matériaux constituants. La sensibilité latente, la contractilité involontaire insensible, telles sont les propriétés vitales qui président à la nutrition ; des solides pour effectuer le travail sécrétoire, des fluides pour en offrir les éléments assimilables, telles sont les conditions nécessaires à l'accomplissement de cette fonction importante.

Agents. — Dans cette catégorie viennent se ranger naturellement les substances capables d'offrir aux différents tissus de l'économie vivante des éléments de réparation et d'accroissement. Magendie refuse ces caractères aux matériaux qui ne contiennent pas d'azote, ou du moins, soutient que ces derniers pris seuls deviennent incapables de fournir aux frais de l'organisme chez les animaux. Nous l'avons déjà dit, les expériences qui servent à motiver cette opinion ayant été faites sur des chiens, on pouvait surtout en inférer des principes applicables aux carnivores. Nous expliquons du reste naturellement cet important résultat : la nutrition peut combiner, décomposer, assimiler, mais elle ne peut pas créer un corps élémentaire. Or, chez les animaux supérieurs, il existe de l'azote comme principe constituant, qui se dépense d'une manière incessante et doit être l'objet d'une continuelle réparation ; si, dans les seuls aliments qu'on lui donne, l'animal n'en trouve aucune trace pour l'effectuer, il périt nécessairement après vingt, trente, ou quarante jours; comme l'expérience l'a démontré. En conséquence de leurs effets particuliers, d'après leur valeur nutritive, ces agents peuvent être divisés en quatre séries principales. — 1° *Fluides venus de l'intérieur*. Absorbés sur la peau, sur les muqueuses gastro-intestinale et bronchique, portés dans le torrent circulatoire sans avoir éprouvé l'élaboration digestive, ces éléments sont en général peu susceptibles de concourir au phénomène commun de la réparation, à moins qu'ils n'aient été directement puisés dans le règne animal ; tels sont plus spécialement le lait, les bouillons de viandes, etc., que l'on doit dès lors préférablement employer lorsqu'il s'agit de nourrir par simple absorption. Quelques physiologistes ont même pensé que ces derniers pouvaient momentanément suppléer le sang rouge dans ses fonctions. Aussi Lower rapporte qu'un jeune homme, sur le point de succomber exsangué, après des hémorragies artérielles excessives, dut sa conservation à des jus de viandes immédiatement importés ; le résultat de ses dernières déperditions sanguines offrait la saveur, la couleur et l'odeur de cet aliment. Le malade guérit et devint athlétique. Les autres matériaux de ce premier ordre, tels que l'eau, le cidre, la bière, le vin, etc., remplissant à peine l'indication nutritive, bornent leurs effets particuliers, le premier surtout, à la réparation du véhicule des humeurs circulatoires; les autres, à l'excitation plus ou moins utile des appareils organiques. — 2° *Fluide produit par la digestion*. Cet élément nutritif nommé *chyle* est de tous les agents étrangers le plus essentiel-lement réparateur du sang, et, par une conséquece nécessaire, doit être envisagé comme le mieux approprié aux besoins sans cesse renaissants de l'organisme. — 3o *Fluides en dépôt sur les surfaces libres.* Versés par les exhalants, par les follicules ou par les excréteurs glanduleux, ces fluides se trouvent en partie repris par les absorbants, en partie éliminés comme dépuratoires de l'économie. La seconde portion, dont l'expulsion entière paraît indispensable au maintien de l'état normal, prédomine dans plusieurs de ces fluides qui deviennent ainsi plus spécialement *excrémentitiels*. Telles sont l'urine, les mucosités, la sueur, etc. La première partie au contraire semble destinée à rentrer dans le torrent des humeurs pour concourir puissamment au phénomène de la nutrition ; elle est comparativement beaucoup plus considérable dans quelques-uns de ces mêmes fluides qui prennent alors plus particulièrement le caractère de *récrémentitiels*, comme on le voit pour la synovie, la sérosité, la graisse, etc. — 4o *Fluides produits par la dissolution des molécules organiques en décomposition.* Ces molécules détachées des tissus après avoir vieilli dans l'économie, devant être éliminées et remplacées par des molécules de nouvelle formation, peuvent encore, dans certains cas d'extrême nécessité, se trouver assimilées une seconde fois et réparer les pertes qu'entraîne incessamment la vie. C'est alors que le sujet existe avec sa propre substance et que survient cet excès d'animalisation manifestée par l'acrimonie des humeurs, l'irritabilité morbifique des tissus, la disposition aux phlegmasies de mauvais caractère, aux affections scorbutiques, charbonneuses, cancéreuses, etc. Quelle que soit la source de ces divers éléments nutritifs, déposés dans le sang noir par la circulation effectuée de la circonférence au centre, ils sont portés avec le sang rouge ou le sérum, sous des formes appropriées, et par la circulation opérée du centre à la circonférence, vers les organes qu'ils doivent accroître ou réparer.

Besoin. — Si nous considérons la nutrition isolément dans un appareil, le sentiment instinctif qui la réclame n'est pas très-positivement exprimé. La souffrance de cet appareil, l'affaiblissement de son action, la rupture de l'harmonie entre les phénomènes vitaux, surtout si cet appareil est important, deviendront les seuls caractères appréciables de l'urgence de la réparation. Mais si nous envisageons ce phénomène dans l'économie tout entière, alors cette urgence est accusée par un sentiment aussi général que le besoin qu'il sert à caractériser. On voit d'abord se manifester une sorte d'impatience, d'anxiété, d'irritation constitutionnelles, suivies par une impression vague d'inanition, de faiblesse et d'épuisement, d'apathie morale et physique. Lorsque ce besoin n'est pas satisfait, tous les organes semblent frappés d'une langueur profonde ; les fonctions les plus importantes à la vie sont graduellement conduites vers un abaissement qui met l'existence individuelle en problème, jette le trouble dans toute l'économie, sollicite consécutivement une réaction générale de l'organisme qui semble faire un dernier effort dans l'intention de ressaisir ses propriétés vitales toujours sur le point de s'échapper. Sous plusieurs rapports, ce sentiment paraît s'identifier à celui de la faim dans le but commun de la réparation organique. Il suffit d'examiner les animaux et l'homme soumis à toutes les influences des privations alimentaires, pour comprendre cette lutte insuffisante mais énergique de l'organisme expirant par défaut de réparation moléculaire. C'est alors surtout que l'absorption extérieure paraît doubler d'activité pour s'approprier tous les corps ambiants, et suppléer, par ces matériaux imparfaits, aux véritables modificateurs de l'accroissement et de l'entretien constitutionnels. C'est particulièrement dans ces fâcheuses dispositions que le sujet vit aux dépens de soi-même et, se consumant en frais sans compensation, arrive à la mort par les fâcheux degrés du marasme et de l'épuisement.

Étude. — Les physiologistes ont imaginé des hypothèses plus ou moins ingénieuses pour expliquer le mécanisme de l'élaboration nutritive. Quelques-uns considérant les fluides circulatoires et le sang plus particulièrement, chez les animaux supérieurs, comme un réservoir général des molécules organiques déjà constituées, ont vu successivement, dans ce phénomène, une simple filtration, une précipitation chimique, une agrégation, une attraction élective des particules du solide vivant sur celle des humeurs; l'action d'un ferment particulier, une espèce de triage au moyen des pores différents par leurs dimensions et leurs formes ; ou, d'après la supposition de Boerhaave, par des vaisseaux décroissants. Tiedemann admet aussi, dans le fluide qu'il nomme *suc formateur*, les éléments des diverses parties végétales, mais encore sans caractères positifs de structure. D'autres ont parlé d'une coagulation de la lymphe par la chaleur dans les mailles du tissu cellulaire, et de l'organisation ultérieure de ces concrétions par des pressions diverses, comme pour les fausses membranes et pour les kystes accidentels. Dutrochet regarde la nutrition dans les plantes comme une intercalation de cellules plus petites et déjà formées, au milieu de cellules plus grandes représentant la base inamovible du parenchyme essentiel. Dans l'état actuel de nos connaissances physiologiques, la plupart de ces théories n'ont plus besoin de réfutation. Mais il importe beaucoup de ne pas confondre, avec des phénomènes physiques et chimiques, une modification essentiellement vitale; avec les résultats moléculaires et communs de la matière inerte, les produits substantiels et particuliers de la matière soumise aux lois de l'animation. Aussi regrettons-nous que des physiologistes qui, presque toujours, ont si bien compris les secrets de l'existence active, aient cherché à substituer, sous ce dernier rapport, aux simples agrégations, les combinaisons effectuées sous l'influence des affinités, cherchant, par une distinction subtile à donner plus de consistance à cette hypothèse en désignant l'ensemble de ces actions spéciales par le terme de *chimie vivante*, et consacrant ainsi, par les expressions les plus incompatibles, des erreurs qu'ils ont eux-mêmes combattues avec un talent supérieur.

Pour apprécier convenablement ce travail d'assimilation

intime dans les corps organisés, nous devons nous élever des faits particuliers les mieux établis, aux considérations d'ensemble. Deux ordres de matériaux sont naturellement employés dans ce phénomène complexe : *les uns de composition, les autres de décomposition.* Deux actions principales viennent le constituer par leur succession plus ou moins régulière : *le mouvement d'assimilation, et le mouvement d'élimination.*

Les matériaux de composition sont indirectement apportés aux solides organiques par les absorbants ; *les matériaux de décomposition* se trouvent exportés par les mêmes vaisseaux ; tous sont déposés dans le système veineux, leur rendez-vous commun. Les premiers sanguifiés, les seconds en partie renouvelés par la respiration, passent dans le système artériel qui les distribue à tous les appareils, à tous les organes, à tous les tissus. Les uns et les autres sont, en proportions différentes, assimilés par la nutrition, soustraits à l'économie par les sécrétions, qui deviennent ainsi le complément nécessaire de cette action fondamentale des organismes vivants. *Pour les végétaux,* les matériaux de composition se trouvent puisés dans le sol par les *spongioles* radiculaires ; en quantité peut-être beaucoup plus considérable dans l'air ambiant par les agents d'absorption des tiges et des feuilles. Ainsi Bayle, ayant planté une branche de saule dans un vase rempli de terre exactement évaluée, s'est assuré que l'élévation de l'arbre au poids de cent soixante-cinq livres, n'avait occasionné, pour la terre, qu'une déperdition de deux onces. Ainsi l'eau des arrosements et surtout l'air atmosphérique avaient offert les deux sources principales, nous pourrions presque dire exclusives des éléments nutritifs, le sol n'ayant présenté qu'un moyen de support et de filtration. *Pour les animaux,* surtout à mesure que l'on s'élève aux ordres supérieurs, l'atmosphère donne plutôt des éléments de perfectionnement et de rénovation, que des principes essentiels de constitution matérielle. C'est plus spécialement par le chyle que ces derniers sont fournis, et sur la muqueuse digestive qu'ils se trouvent saisis par l'absorption. La lymphe, le sang noir, seront également employés à la réparation, à l'accroissement de l'organisme. Toutefois les uns et les autres ont besoin, pour effectuer ces résultats, d'éprouver une élaboration préparatoire dont nous avons déjà fait connaître les caractères généraux, et que nous allons actuellement présenter avec quelques détails sous le titre d'*hématose*, en distinguant bien, contre l'opinion de quelques auteurs, cette action préliminaire du phénomène essentiel de la nutrition.

L'HÉMATOSE, — Αἱμάτωσις des Grecs, *sanguificatio* des Latins, — considérée dans sa véritable nature, doit être définie : *Conversion de la lymphe et du chyle en sang rouge par diverses modifications vitales.* — Nous ne comprenons pas le sang noir dans cette catégorie. En effet, son retour à l'état de sang artériel est bien plutôt une simple *rénovation* qu'une hématose complète. D'après les expériences de Godwin, de Bichat et de plusieurs autres physiologistes, cette rénovation est entièrement effectuée dans les capillaires des poumons et sous l'influence exclusive de la respiration. Il n'en est pas de même pour l'hématose de la lymphe et du chyle. Nous trouvons encore ici des dissidences parmi les auteurs, sous le rapport du siége et de la nature d'un phénomène aussi mystérieux. Le Gallois plaçait le foyer principal de la sanguification dans le point de l'appareil circulatoire où se confondent la lymphe, le chyle et le sang noir ; il attribuait particulièrement ce phénomène à la *collision* des trois fluides par l'action du cœur et des gros vaisseaux. Godwin et Bichat ont considéré les poumons comme les seuls agents de l'hématose. La plupart des physiologistes modernes pensent, avec raison, que le domaine de cette action vitale n'est pas aussi étroitement circonscrit. Il suffit en effet d'observer le cours de la lymphe et du chyle, de réfléchir aux circonstances principales qui doivent modifier la nature de ces fluides, même avant leur entrée dans les capillaires des poumons, pour voir, dans ces actions préliminaires, un travail d'hématose dont la respiration devient le complément. Plusieurs partisans de cette opinion la faussent par des interprétations erronées, en établissant que les actes de

la sanguification étrangère à l'influence bronchique s'effectuent pendant la projection du sang rouge dans les innombrables divisions du système capillaire général. C'est une erreur
de fait; ainsi Mascagni, Cullen, Hunter, Deyeux n'ont jamais
trouvé de chyle dans le sang artériel au delà du système capillaire des poumons; on ne voit nullement de quelle manière
une simple action, transitoire par les veines pulmonaires, le
cœur gauche, l'aorte et ses divisions, pourrait imprimer à la
lymphe, au chyle même un premier degré d'hématose; enfin,
il est assez prouvé que le sang rouge devient noir dans les
capillaires généraux, en fournissant aux frais de la nutrition
et des sécrétions, pour que l'on répugne à l'exercice d'un
phénomène absolument opposé dans le même siége et sous
l'influence des mêmes lois. Il nous semble donc assez positivement démontré par les faits et le raisonnement, que l'hématose commence à l'origine même des absorbants, qu'elle est
continuée par l'action de ces vaisseaux, par celle de leurs
ganglions, par les veines, et qu'elle s'achève et se perfectionne
dans les capillaires pulmonaires sous l'influence indispensable de la respiration centrale chez les animaux supérieurs et
chez l'homme.

Si nous recherchons actuellement la nature et le mécanisme
de cette importante modification, nous verrons combien il
existe encore ici d'incertitudes à dissiper. Quelques physiologistes, ne trouvant entre le chyle et le sang d'autre différence que celle de la couleur, ont envisagé cette modification
comme l'objet essentiel, pour ne pas dire exclusif, de l'hématose. En faisant l'histoire du premier de ces fluides, nous
avons suffisamment démontré combien il diffère du second.
Les chimistes ont expliqué cette coloration par l'action de
l'oxygène. Fourcroy, Deyeux, Vauquelin l'attribuent au changement du phosphate blanc de fer en phosphate rouge, par
addition d'une certaine proportion de soude qui s'empare de
l'acide pendant que l'oxygène suroxyde le métal. Ces théories
opposées aux lois de la vitalité se trouvent complétement
détruites par les expériences de Brande, Thénard, Berzélius

et Denis, prouvant la nature animale de la matière colorante du sang. S'il est assez bien démontré que le chyle, dans son hématose complète, revêt progressivement les caractères de la gélatine, de l'albumine et de la fibrine, il serait assez raisonnable de penser que la lymphe est le moyen terme, la transition de ce même chyle au sang rouge, et que la *lymphose*, effectuée sous les mêmes conditions et sous les mêmes influences, présente en quelque sorte le premier degré de la *sanguification*. Les faits et l'expérience viennent démontrer assez positivement la réalité de ces principes. Il suffit d'examiner le chyle, comme nous l'avons pratiqué bien dès fois, depuis son entrée dans les vaisseaux lactés, jusqu'au terme de son cours dans le canal thoracique, pour se convaincre de l'importance des changements qu'il a déjà subis en perdant sa matière grasse, en devenant plus limpide, plus albumineux, en prenant par degrés les caractères de la lymphe, soit par l'action vitale de l'appareil qu'il vient de traverser, soit par son mélange, en proportions variables, avec le fluide auquel il paraît destiné à s'identifier. La lymphe bien constituée, le chyle déjà sur le point d'arriver à cette modification complète, passent dans le système veineux ; ils sont encore modifiés dans ce nouvel appareil, probablement par l'action organique de ce dernier, et bien évidemment par leur mélange avec le sang noir, qui nécessairement doit animaliser la lymphe, comme celle-ci avait elle-même influencé le chyle. En effet, si l'action des solides sur les fluides, et de ces derniers sur les premiers n'est pas douteuse, celle des fluides entre eux nous paraît également positive. De même que nous avons déjà vu les aliments revêtir progressivement les caractères de l'animalité, non-seulement par l'influence vitale de l'estomac, de l'intestin duodénum, etc., mais encore par leur union à la salive, aux sucs gastrique, pancréatique, à la bile, etc., de même aussi nous observons le chyle s'élevant par degrés, dans cette nouvelle carrière, peut-être autant par son alliance avec la lymphe et le sang noir, que par les élaborations successives des absorbants, des ganglions et des veines.

Ces trois fluides, poussés par le cœur droit, arrivent dans le système capillaire des poumons. C'est là plus particulièrement que s'achève et se perfectionne l'hématose de la lymphe et du chyle, c'est là que s'opère exclusivement la rénovation du sang veineux par l'action de l'oxygène, et par l'influence organique des poumons. Les éléments communs au chyle, à la lymphe, au sang rouge, tels que *l'albumine*, la *matière phosphorée blanche*, la *fibrine*, les *différents sels*, etc., sont produits par les actions successives de la digestion et de la nutrition ; mais le principe essentiel et propre du sang, *l'hématosine*, est exclusivement formé par l'influence respiratoire ; ses matériaux existent dans la lymphe et dans le chyle, mais ils ne peuvent se combiner sans cette influence et sans l'intervention de l'oxygène immédiatement porté sur les fluides qu'il doit ainsi modifier. Quelle est la nature intime de cette hématose et de cette rénovation ? Nous allons prouver qu'elle est essentiellement vitale, et qu'on ne doit pas la confondre avec celle des modifications purement physiques ou chimiques. Deux mouvements, l'un *d'assimilation*, l'autre *d'élimination*, constituent la nutrition proprement dite, nous devons les étudier isolément pour en mieux apprécier l'ensemble.

1° *Mouvement d'assimilation*. — Le sang rouge, poussé par le ventricule gauche dans toutes les divisions artérielles, arrive directement aux organes, pour les uns, avec sa matière colorante propre, comme on le voit dans les muqueuses, la peau, les muscles, etc., pour les autres, à l'état de sérum incolore, comme on l'observe pour les tissus blancs. Dans l'une et l'autre circonstance, par son mouvement et son influence particulière, il excite les solides vivants et les provoque à l'accomplissement des phénomènes qui leur sont départis. Au milieu de ces derniers il développe, comme base et comme principe des autres modifications vitales, comme acte essentiel et commun à tous les systèmes organiques, l'élaboration nutritive et réparatrice dont il fournit en même temps les matériaux élémentaires. Plusieurs conditions sont indispensables à l'accomplissement parfait de ce travail conservateur. L'influence normale de l'innervation, surtout de celle des ganglions plus spécialement relative à la nutrition ; l'activité régulière de la circulation centrale et périphérique ; le jeu, l'harmonie des exhalants et des absorbants; la souplesse, la perméabilité naturelle des tissus ; l'état physiologique de la partie qui se nourrit ; le consensus, l'équilibre organique et fonctionnel de toutes les divisions principales de l'économie. Au milieu de ces conditions, le solide vivant réagit sur les molécules fluides qui lui sont apportées, les combine, les élabore à sa manière, les identifie à sa propre substance, tantôt pour effectuer son accroissement, tantôt pour opérer seulement la réparation exigée par le mouvement continuel d'élimination. Quels sont le mode essentiel, la nature intime de cette combinaison, de cette élaboration nutritive ? Là se trouve un mystère que nous rencontrons également dans toutes les autres actions purement organiques ; nous pouvons apprécier les modifications principales de ce phénomène, acquérir la certitude qu'il rentre complétement dans le domaine de la vie, mais nous ignorons la cause première, la raison fondamentale de ses manifestations. Jamais cette raison, cette cause première ne seront dévoilées pour les esprits sévères qui ne confondent pas, avec l'expression de la vérité, les illusions des théories même les plus spécieuses.

La nutrition est une véritable sécrétion réparatrice au moyen de laquelle chaque tissu fait, avec les éléments qui lui sont apportés, des molécules identiques à celles de sa propre substance; le sang rouge devient, par ses trois parties essentielles, un réservoir commun dans lequel sont puisés les matériaux nutritifs. Ainsi le véhicule *aqueux* maintient la fluidité nécessaire des humeurs ; ses déperditions sont aisément réparées au moyen des boissons du même ordre. Les éléments en solution et notamment *la fibrine, l'osmazôme, l'albumine, les matières phosphorées, les sels,* etc., nourrissent directement les systèmes musculaire, nerveux, osseux, fibreux, etc., ces éléments sont plus spécialement renouvelés par le chyle. Les matériaux en suspension, mais avant tout *l'hématosine,* ont pour usage essentiel de provoquer l'exercice de l'innervation et de la vitalité. Leur déficit est particulièrement comblé par l'action de l'oxygène sous l'influence de la respiration effectuée par l'intervention des propriétés vitales, cette élaboration sécrétoire fournit le solide organisé vivant pour dernier résultat, avec des modifications plus ou moins profondes relativement à l'âge, au sexe, au tempérament, à la constitution, aux états normal ou pathologique, aux tissus particuliers, au genre de vie, à la profession, au régime, à la température ambiante, au climat, etc.; ces propriétés offrant naturellement des variétés nombreuses, diversifiées dans les conditions principales des êtres doués de l'existence active. Nous verrons bientôt quel jour ces principes simples et physiologiques, suffisants pour démontrer l'essence vitale de la nutrition, viendront naturellement jeter sur la théorie positive des lésions organiques.

De cette assimilation du fluide circulatoire par le solide vivant, à la simple combinaison chimique de ces deux corps, il existe déjà bien de l'intervalle, et cependant la nutrition n'est point entièrement renfermée dans ce phénomène. On doit y joindre l'action éliminatrice chargée d'enlever incessamment à l'organisme des éléments vieillis et qui doivent se trouver avantageusement remplacées par des éléments nouveaux, destinés à rajeunir les appareils, à renouveler utilement leur force et leur activité. Si les caractères vitaux de la nutrition pouvaient encore être mis en doute, il suffirait, pour les démontrer complétement, de faire observer que les corps doués de l'existence active présentent cette élaboration complexe à l'exclusion de tous les autres, et qu'elle est commune à chacun de ces corps organisés, mais seulement pendant la durée temporaire de leur animation. D'un autre côté, l'embryon gélatineux, homogène, exclusivement soumis aux lois physiques et chimiques, pourrait-il, en vertu d'affinités uniformes, développer dans sa constitution ultérieure ces tissus, ces organes, ces appareils si naturellement diversifiés chez l'animal et chez l'homme arrivés au complément de leur accroissement normal? N'est-il pas au contraire évident qu'imprégnée, en quelque sorte, par la puissance vitale pendant l'instant de la fécondation, cette petite masse embryonnaire s'accroît, perd insensiblement son apparente homogénéité, s'organise en systèmes nombreux et différenciés, par le développement progressif de cette puissance capable, en raison de sa nature, des modifications les plus variées, et par conséquent des résultats les plus hétérogènes et les plus compliqués. Aussi voyons-nous la nutrition dans les différentes séries des êtres organisés, chez les divers individus appartenant à la même espèce, offrir, sous le rapport de son activité, des développements proportionnés à celui des propriétés de la vie. Lorsque ces facultés sont obscures et sans variété, l'élaboration nutritive devient homogène et bornée dans ses produits. Au milieu des dispositions contraires elle présente la plus grande richesse, et la diversité la plus remarquable dans ses effets. Il est maintenant facile de comprendre pourquoi cette fonction s'accomplit avec plus de perfection et de rapidité sous l'influence de la jeunesse, des exercices modérés, du tempérament sanguin, d'une constitution robuste, d'un climat sec et frais, des passions gaies, etc., que sous l'empire de la vieillesse, de l'inaction, du tempérament lymphatique, d'une constitution débile et vicieuse, d'un climat froid et brumeux, des passions tristes, concentrées, etc.

Les chimistes ont diversement apprécié la nature des modifications effectuées par la nutrition dans les éléments soumis à son influence particulière. Ainsi les uns prétendent que dans ce travail la matière passe graduellement par les conditions du minéral, du végétal et de l'animal. Les autres, que ce même travail diminue la proportion de l'hydrogène et du carbone, des matériaux réparateurs, en augmentant celle de l'azote. Plusieurs soutiennent que cette élaboration a le pouvoir de créer un assez grand nombre de corps. Rondelet nourrit des poissons, pendant trois ans, avec de l'eau pure; ils prennent un accroissement assez remarquable et contiennent beaucoup d'azote. Vauquelin ayant calculé bien exactement la quantité de phosphate, de carbonate de chaux et de silice contenus dans l'avoine employée comme aliment exclusif d'une poule, retrouve ces mêmes sels en proportion plus considérable, et la silice en moins grande quantité dans la fiente évacuée, dans la coquille des œufs éliminés pendant la durée de l'expérience. Magendie nourrit des chiens avec plusieurs substances dépourvues d'azote, et voit ces animaux périr vers le trente-sixième jour. Ces expériences contradictoires nous prouvent que l'on ne doit pas admettre ici des principes exclusifs ; les circonstances de l'élaboration nutritive pouvant entraîner des modifications matérielles qui, dans un système absolu, présenteraient des oppositions inexplicables, là où nous rencontrons seulement des diversités de condition. Du reste nous abandonnons bien volontiers des spéculations ardues et contestables, elles nous feraient pénétrer dans le domaine insignifiant des conjectures que nous éviterons toujours d'exploiter. Il existe des faits, des résultats beaucoup plus positifs, plus constants et sur lesquels nous devons particulièrement fixer notre attention. Dans la nutrition, le sang rouge devient noir, de même que dans la respiration le sang noir devient rouge. Sous ce rapport nous trouvons antagonisme entre ces deux fonctions, et nous voyons les capillaires des poumons opposés, dans leur influence, aux capillaires généraux. C'est ainsi que l'activité de l'hématose concourt au développement des conversions nutritives par la quantité du sang artériel, chargé d'en provoquer l'accomplissement et d'en offrir les matériaux essentiels. C'est particulièrement en effet dans la grande proportion de l'hématosine, formée par l'action respiratoire, qu'il faut placer le véritable développement et la richesse principale du sang rouge. D'après les remarques de Denis, auquel nous devons un bon travail sur ce fluide circulatoire, il existe une proportion assez rigoureuse entre la quantité absolue de ce dernier et la mesure comparative de l'hématosine. Ainsi l'expérience démontre, sous ce rapport, que le sang moitié moins abondant, par exemple, dans l'anémie que dans la pléthore, contient deux fois plus d'hématosine au second état qu'au premier.

2° *Mouvement d'élimination.* — En même temps que des molécules nouvelles se trouvent assimilées aux tissus organiques, des molécules anciennes et qui semblent usées par excès d'animalisation, sont enlevées à ces mêmes tissus, rejetées hors de l'économie vivante où leur séjour présenterait désormais d'assez graves inconvénients. C'est à l'action des vaisseaux absorbants que cette élimination est confiée. Les particules matérielles altérées par le temps et les modifications physiologiques, liquéfiées par l'élaboration préparatoire de ces vaisseaux, rentrent dans le torrent de la circulation où leurs éléments primitifs avaient été puisés. Les unes, surtout dans l'absence des matériaux extérieurs, sont de nouveau comprises dans le travail d'assimilation, les autres exportées au moyen des sécrétions épuratoires. De même que le mouvement de composition, l'action éliminatrice est un phénomène essentiellement vital. Nous trouvons les preuves incontestables de cette seconde assertion dans les faits nombreux sur lesquels repose toute la réalité de la première. C'est aux dispositions spéciales, aux proportions relatives de ces deux mouvements opposés que viennent se rattacher, comme l'effet à sa cause, les modifications fondamentales de l'organisme vivant. Ainsi, lorsque le *mouvement d'assimilation* prédomine sur le *mouvement d'élimination*, on voit s'effectuer non-seulement la réparation des pertes, mais encore l'augmentation des tissus, des organes, des appareils. C'est la disposition nutritive de l'enfance qui doit en même temps renouveler ses molécules organiques, augmenter leur nombre et fournir aux frais de l'accroissement pour toute l'économie ; c'est dans les âges suivants la cause prochaine de la pléthore locale ou générale. Lorsque ces *deux mouvements* sont en équilibre parfait, la réparation substantielle est opérée sans augmentation ni diminution appréciables ; telles sont les conditions normales de l'âge viril. Enfin, lorsque le *mouvement d'élimination* l'emporte sur le *mouvement d'assimilation*, la réparation devient insuffisante, le nombre des molécules organiques diminue dans une proportion relative à ce défaut d'harmonie. Nous voyons ici les dispositions de la vieillesse, pendant laquelle tout l'organisme s'use graduellement et se détruit sous les influences qui d'abord, avec des modifications opposées, avaient effectué son accroissement. Cette rupture d'équilibre à l'avantage du mouvement d'élimination, est le premier pas vers la mort naturelle.

La révolution qui s'opère incessamment dans les tissus est-elle complète? Après un temps que Bernouilli porte, dans notre espèce, à trois ans, d'autres à cinq, quelques-uns à sept, le sujet ne conserve-t-il plus aucun vestige de son organisme primitif? ou bien chacun de ces tissus, arrivé au terme de son accroissement, offre-t-il une base invariable, un parenchyme fondamental dans lequel viennent se succéder les molécules de nouvelle et d'ancienne formation? nous avons médité les expériences des physiologistes, nous en avons entrepris quelques-unes relativement à cette grande question, mais, nous devons l'avouer, sans trouver dans les unes et dans les autres aucune preuve assez positive pour effectuer la solution du problème, avec cette conviction qu'entraîne la vérité suffisamment exprimée. Toutefois, la direction particulière des mouvements d'assimilation et d'élimination qui s'exercent exclusivement d'après l'épaisseur des parties sans atteindre leur longueur, alors qu'elles ont acquis le développement normal, semblent donner beaucoup d'avantage à l'hypothèse d'un parenchyme invariable, sur celle d'une rénovation complète.

La nutrition possède le privilége exclusif de former des substances organiques. Nous ne pouvons regarder comme des objections à cette règle positive la prétention de certains chimistes qui disent avoir fait de l'*huile* en versant une proportion déterminée d'acide sulfurique sur de la fonte noire ; de la *graisse*, en élevant, jusqu'au rouge cerise, un mélange d'hydrogène, d'acide carbonique et d'hydrogène percarburé ; du *sucre*, par le séjour de l'amidon au milieu d'une certaine quantité d'acide sulfurique étendu d'eau. Ces faits sont curieux, sans doute, mais quel physiologiste pourrait les considérer comme probants avec une si faible consistance, et dans une question aussi profonde que diversement controversée ?...

Altérations de la nutrition. — Commune à tous les tissus de l'organisme vivant, la nutrition peut offrir les diverses modifications des désordres pathologiques. Ces altérations sont d'autant plus importantes à bien apprécier, qu'elles présentent le point fondamental du plus grand nombre des *lésions organiques*. Leurs effets portent non-seulement sur la constitution du solide vivant, mais encore sur la nature, les proportions de la chaleur vitale, nouvelle preuve de l'espèce d'identité qui s'établit naturellement entre la calorification et l'élaboration nutritive.

C'est ici qu'il faut bien comprendre les principes établis par M. Claude Bernard sur l'action particulière du grand sympathique, essentiellement *vaso-moteur*, pouvant modifier la circulation capillaire dans son ensemble ou localement, de manière à la faire passer par les différentes altérations que nous allons signaler avec les conséquences relatives à la nutrition, à la calorification, en expliquant les causes, les effets des inflammations, des engorgements vasculaires, des altérations organiques, etc., qui se manifestent dans l'économie vivante et dont il était difficile de se rendre un compte satisfaisant et positif avant cette précieuse découverte.

1° AUGMENTATION. — Les causes qui la déterminent peuvent agir en même temps sur tout l'organisme, ou n'affecter qu'une partie de son ensemble. Dans le premier cas, elles produisent la pléthore, l'hypertrophie constitutionnelles ; dans le second, la pléthore, l'hypertrophie locales, avec des inconvénients d'autant plus fâcheux que cette rupture d'équilibre est plus considérable, et que les organes lésés remplissent des fonctions plus essentielles au maintien de la vie. *Au nombre des causes générales*, nous devons plus spécialement noter la jeunesse, le tempérament lymphatico-sanguin, les exercices bornés, l'absence des travaux intellectuels et physiques, l'éloignement des passions, des inquiétudes et des soins importants, l'habitation d'un climat tempéré, l'abondance, la succulence des aliments, etc.; c'est au milieu de ces conditions que l'on rencontre ordinairement les sujets remarquables par leur corpulence et leur embonpoint, dispositions fâcheuses qui conduisent plus ou moins directement aux apoplexies, aux inflammations, à la *polysarcie* dont elles offrent alors bien souvent le premier degré. *Parmi les causes locales*, nous signalerons particulièrement l'exercice habituel d'un appareil, d'un organe à l'exclusion des autres. C'est presque toujours ainsi que nous voyons se développer les hypertrophies digestive, pulmonaire, cardiaque, encéphalique, etc., avec des inconvénients notables pour la santé, quelquefois même avec les plus grands dangers pour la conservation individuelle. Le plus sûr moyen de rétablir convenablement l'harmonie primitive consiste à placer l'organisme, en général, et l'appareil lésé, en particulier, dans les circonstances opposées à celles qui sont venues déterminer ces funestes prédominances. En conséquence de ces principes simples et naturels, on doit conseiller, dans le strabisme, l'inaction de l'œil fort ; dans l'hypertrophie du cœur, le repos et le calme parfait ; dans celle du cerveau, l'éloignement des travaux intellectuels et l'exercice musculaire ; dans la pléthore générale et dans la polysarcie, les travaux corporels et les aliments peu nutritifs, etc. La *calorification* suit, dans ses développements, l'augmentation de l'élaboration nutritive. Mais l'accumulation de la chaleur, soit dans une partie, soit dans tout l'organisme, n'est jamais en mesure de la sensation qu'elle produit, comme on l'observe surtout pendant les phlegmasies violentes où l'augmentation de la sensibilité locale et la rapidité des courants calorifères deviennent, d'après les considérations que nous avons exposées, les deux sources principales de cette illusion.

2° DIMINUTION. — De même que l'augmentation, elle peut affecter l'économie tout entière ou porter sur un seul organe. Ici les influences contraires à celles que nous venons d'examiner produisent des modifications opposées. Ainsi la respiration d'une atmosphère peu riche en oxygène, l'usage d'aliments insuffisants et peu nutritifs, la vieillesse, le tempérament lymphatique, l'inaction, l'ennui, les passions tristes, etc., sont les causes les plus ordinaires qui frappent la nutrition générale dans ses bases, font descendre la constitution de l'organisme au-dessous du type normal, en déterminant les degrés successifs de ces *cachexies*, de ces *cacochymies* plus ou moins promptement destructives, et dont le véritable traitement se trouve dans une bonne alimentation, la respiration d'un air pur, les passions gaies, les exercices modérés, etc. Quant à l'abaissement nutritif dans un organe en particulier, il dépend ordinairement du défaut plus ou moins absolu d'activité ; l'équilibre est encore détruit ; cet organe affaibli dans ses phénomènes vitaux, comme dans ses réparations matérielles, ne se trouve plus en harmonie relativement aux autres ; d'où résulte nécessairement, dans l'économie, des désordres proportionnés à l'importance de la fonction compromise. Ainsi le défaut d'exercice du cœur entraîne son affaiblissement et celui de la circulation centrale ; l'inaction de l'estomac, par le fait même d'une alimentation insuffisante, produit l'atonie de ce viscère, avec toutes les conséquences de son incapacité digestive. L'absence ordinaire des excitations intellectuelles, après avoir déterminé graduellement l'atrophie de l'encéphale, conduisent bien souvent à l'idiotisme. Exercer avec mesure et discrétion ces organes placés au-dessous de l'état normal, tel est, dans presque toutes les circonstances, le seul moyen de rétablir convenablement l'harmonie détruite par les modifications opposées. La *calorification* éprouve une diminution d'activité proportionnelle sous l'influence des mêmes causes ; mais ici l'engourdissement de la sensibilité, le ralentissement des courants calorifères produisent encore des illusions, en indiquant au sujet qui se trouve dans ces dispositions particulières un abaissement de la température bien inférieur à celui qui se manifeste réellement.

Perversion.— Cette altération qui porte sur la nature même de l'élaboration nutritive nous sera probablement toujours inconnue ; c'est exclusivement par ses résultats que nous l'apprécions. Dans cette modification, le travail nutritif qui peut être en excès, en défaut, se trouve dénaturé dans son principe ; les produits qu'il concourt à former n'offrent plus les caractères qu'ils présentaient dans l'état normal. Ainsi pervertis dans leurs propriétés et dans leur constitution, les appareils n'exécutent plus tous les phénomènes qui leur sont départis avec la même perfection et la même régularité ; ces lésions organiques roulent par conséquent dans un cercle vicieux dont les tissus affectés ne peuvent désormais sortir, du moins par les secours d'une thérapeutique raisonnée. L'essence de la lésion est inconnue, les indications à remplir demeurent indéterminées et rentrent dans le domaine de l'empirisme ou de la nature, qui seule devient capable de les guérir par des modifications contraires à celles qui les ont produites. Ces perversions peuvent être constitutionnelles ou locales. Dans le premier cas, la respiration d'un air froid, humide, vicié par des miasmes, l'abus des aliments farineux, des crudités, le tempérament lymphatique, une mauvaise constitution originelle, etc., sont les causes essentielles de ces altérations dont les principaux modes, variés en raison des circonstances de leur développement, ont reçu les noms de *constitutions scrofuleuse, dartreuse, scorbutique, cancéreuse*, etc. Dans le second, quelquefois des dispositions générales, plus souvent des irritations locales physiques ou chimiques prolongées, amènent des perversions variables sous les titres divers de *tumeurs anomales*, de *carcinômes*, de *boutons cancroïdes*, etc.; altérations désignées par les pathologistes sous le titre commun de *lésions organiques* ; se rattachant plus ou moins directement soit à quelque disposition constitutionnelle vicieuse, soit à des inflammations prolongées par des moyens intempestifs, soit à ces deux causes réunies ; dans tous les cas, émanant immédiatement de la perversion du travail nutritif. C'est ainsi que le cancer, par exemple, se trouve produit sous l'influence exclusive d'une mauvaise organisation, ou par une irritation circonscrite ; dans le premier cas, l'altération est générale avant de présenter un siége particulier ; dans le second, elle est locale avant de s'étendre à toute l'économie ; dans l'une et l'autre circonstance, elle offre pour caractère fondamental une perversion nutritive plus ou moins profonde et signalée par les modifications anormales du solide organisé vivant, élaboré dans ces dispositions pathologiques. On sent toute l'importance de ces principes et de ces distinctions que la nature de notre sujet ne nous permet pas de développer davantage. Nous ajouterons seulement que dans ce genre de maladies, écueil des praticiens qui raisonnent, les véritables agents thérapeutiques sont précisément ceux qui peuvent modifier la nature même des propriétés vitales, pour les ramener, sous ce rapport, à leur type normal. Comment apprécier l'essence de cette indication ? celle des agents susceptibles de la remplir ? Voilà, d'après nous, le mystère de la science ; voilà cette question fondamentale que les esprits sages, ennemis des vaines théories, laisseront probablement toujours sans réponse ! La *calorification* participe également à ces désordres, elle peut, indépendamment de son augmentation ou de sa diminution, offrir des altérations qui modifient sa nature ; ainsi nous voyons la chaleur animale devenir *mordicante* pendant le cours d'un érysipèle, d'un *zona*, etc.; *halitueuse* dans le phlegmon ; *âcre prurigineuse* dans les dartres, etc. ; caractères non seulement appréciables pour celui qui les présente, mais encore sensibles à l'exploration du toucher.

Suspension. — Cette altération, heureusement assez rare, produite par la compression des nerfs, des vaisseaux, par le froid, les contusions, les commotions, etc., s'observe cependant quelquefois dans l'état pathologique désigné par le terme *d'asphyxie locale.* Elle est facile à reconnaître aux signes extérieurs d'une mort apparente, et plus spécialement à la pâleur, à l'insensibilité, à la suspension de la calorification, au refroidissement plus ou moins considérable que présente la partie lésée. C'est alors qu'il est essentiel de ranimer la vitalité, de rétablir la circulation capillaire, la nutrition et consécutivement les manifestations de la chaleur organique ; mais avec la sage précaution de graduer insensiblement l'activité des courants calorifères, soit par communication, de l'extérieur à l'intérieur, soit par développement, de la circonférence au centre ; les tissus frappés de stupeur étant incapables de résister aux influences désorganisatrices de ces courants brusquement établis, et n'ayant point alors à leur disposition les moyens d'effectuer la dépense proportionnelle du calorique, pour en éviter les funestes accumulations. C'est particulièrement ici que viennent s'appliquer, avec la plus grande utilité, les lois que nous avons développées relativement à cet objet important.

EXTINCTION PARTIELLE. — On doit la considérer comme le dernier terme de l'existence active dans les organes qui la présentent et qui rentrent désormais sous l'empire exclusif des puissances physiques et chimiques ; recevant et cédant le calorique à la manière des corps inertes, obéissant avec plus ou moins de facilité aux lois générales et communes de la décomposition.

VII° CALORIFICATION.

La Calorification. — Θερμανσις, de θερμαίνω, envoyer de la chaleur ; *calorificatio*, de *calorem facere*, développer, faire du calorique, au point de vue physiologique, est l'action organique par laquelle tous les êtres vivants entretiennent, dans leur économie particulière, une température qui leur est tellement propre que, dans les conditions normales, on peut en déterminer la mesure à l'avance pour chacune de leurs espèces. Nous devons surtout à Bichat l'idée positive de cet acte physiologique important. On lui reproche aujourd'hui d'avoir mis la calorification physiologique au nombre des fonctions de l'économie vivante, en disant qu'elle est plutôt le résultat d'autres fonctions. Soit, mais continuons.

Appareil. — Celui de la calorification, comme celui de la nutrition, dont elle est une conséquence naturelle et nécessaire, se trouve dans tous les tissus organisés vivants avec les modifications essentielles qui leur sont propres.

Agent. — Il se rencontre de même dans les aliments, avec des résultats bien différents suivant la nature de chacun d'eux, comme la plus simple expérience vient incessamment nous le démontrer; en signalant à cet égard les différences capitales qui se manifestent pendant l'usage de l'eau, du vin, comme boissons; des légumes herbacés, des viandes noires, comme aliments solides, et la nécessité d'approprier le régime à la nature du climat.

Besoin. — Il se fait sentir aussitôt que l'économie vivante cesse de développer la proportion de chaleur nécessaire à l'entretien de ses phénomènes essentiellement conservateurs. Le *calorique*, fluide impondérable généralement réparti, mais inégalement dans la nature, tend incessamment à se mettre en équilibre dans les différents corps de la même catégorie, au même état, soumis aux mêmes influences, placés dans un milieu commun. Pouvant s'unir à ces mêmes corps aux divers états de combinaison ou de simple mélange ; obéissant, dans le premier cas, à l'affinité, s'identifiant aux molécules avec lesquelles il est mis en contact, ne manifestant point alors sa présence à l'action exploratrice des sens, de là sa dénomination de *calorique latent.* Dans le second, s'interposant entre les molécules sous l'influence de l'agrégation, et conservant, dans cette circonstance, les propriétés apparentes qui le caractérisent, il prend le nom de *calorique sensible.* Tous les corps de la nature ont plus ou moins d'affinité pour le calorique ; ce n'est qu'après l'avoir neutralisée qu'il peut s'accumuler dans ces corps d'une manière appréciable soit par le thermomètre, soit par le toucher. Ainsi la matière absorbe d'abord toute la chaleur qu'elle peut combiner en vertu de son affinité spéciale; cette faculté porte le nom de *capacité pour le calorique;* elle est d'autant plus développée qu'un corps peut rendre latent une plus grande proportion de ce fluide impondérable. Les corps, en raison de leur nature ou de leur disposition, saisissent et cèdent le calorique avec plus ou moins de promptitude et de facilité ; cette propriété, désignée par le terme de *conductrice*, présente également de nombreuses modifications dans les corps distingués, sous ce rapport, en *bons et mauvais conducteurs du calorique*.

Universellement répandu, ce fluide invisible joue le plus grand rôle dans la nature, c'est lui qui semble animer la matière inerte, qui la maintient dans les états liquide et vaporeux ; qui vivifie les corps organisés, développe leurs germes reproducteurs, entretient la circulation indispensable aux mouvements organiques. Quelques physiciens ont même ajouté qu'il pourrait bien être la cause immédiate de la vie ; nous pensons qu'il en devient plutôt un résultat chez les êtres doués de l'existence active. Si nous cherchons actuellement par quel mécanisme il est produit, ou mieux développé dans les corps, nous verrons quelles différences présentent, sous ce rapport, les économies universelle et vivante.

Dans l'économie universelle, ce fluide impondérable n'est point formé, il s'y trouve seulement dégagé de ses combinaisons ; de *latent* il devient *sensible*. Ainsi, dans le briquet pneumatique, la condensation de l'air, par une pression subite, met en liberté des quantités variables de calorique lumineux ; dans la combustion rapide, l'oxygène passant de l'état gazeux à l'état solide, cède instantanément tout le calorique jusqu'alors nécessaire pour le maintenir à ce premier état. Ainsi la percussion, le frottement, la combustion, les circonstances relatives aux transformations des gaz, des vapeurs en liquides, et de ces derniers en solides, nous offrent à peu près les causes principales du développement de la chaleur dans le vaste laboratoire de l'univers.

Pour l'économie vivante, la production du calorique offre des conditions spéciales dans son principe et dans ses résultats. C'est en vain que l'on chercherait avec les physiciens et les chimistes à soumettre l'accomplissement normal de ce phénomène aux lois exclusives de la matière inerte. Cette question offrant la plus grande importance, non-seulement relativement à la physiologie, mais encore sous le rapport d'un grand nombre d'applications hygiéniques, nous devons en baser la solution sur des principes incontestables, en procédant par les faits et l'observation. Le premier et le plus évident qui se présente est la réalité de la température propre à chacun des êtres organisés vivants.

Tout corps organisé doué de la vie jouit d'une chaleur propre, indépendamment des circonstances qui l'environnent. Sa température, ordinairement supérieure à celle des milieux ambiants, s'entretient dans un équilibre parfait en résistant, par une action spéciale, soit à l'importation, soit à l'exportation extranormales du calorique. Les exemples viennent se présenter surabondamment pour démontrer la réalité de ces grands principes physiologiques. Ainsi, pendant les froids de l'hiver, lorsque la température atmosphérique s'abaisse à huit ou dix degrés au-dessous de zéro, le thermomètre, dont la boule est placée dans un trou pratiqué au tronc d'un arbre vivant, marque bientôt plusieurs degrés au-dessus de ce même point. Sous l'influence des grandes chaleurs de l'été, lorsque le thermomètre, placé dans l'air extérieur, s'élève à vingt ou trente degrés, celui que l'on emploie dans l'expérience que nous venons de citer, se maintient à peu près au même point que dans le cas précédent. Au milieu des rigueurs de la saison, on voit, dans une ruche habitée, se maintenir une chaleur a peu près uniforme et suffisante pour entretenir la vie de ces insectes et prévenir la congélation de leur miel déjà déposé dans les rayons. Hunter ayant plongé des poissons dans une eau sur le point de passer à l'état de glace, la vit conserver, autour de ces animaux, toute sa fluidité pendant qu'ils vécurent, et se congeler aussitôt que la mort les eut frappés. L'oiseau, protégé par son plumage et par les branches dégarnies de l'arbre sur lequel il repose, conserve, au milieu des neiges et des frimas, une température de quarante à cinquante degrés ; enfin l'homme recouvert par de simples vêtements, peut, au moyen d'un exercice approprié, braver impunément la rigueur des climats hyperboréens, et présenter une chaleur de trente-six degrés au milieu des causes d'un refroidissement profond et continuel. Ces faits, et tous ceux que nous pourrions encore énumérer, démontrent jusqu'à l'évidence que les corps organisés, par cela même qu'ils vivent, présentent nécessairement une température propre, affranchie des modifications ambiantes, et que leur calorique ne se trouve ni communiqué, ni transmis par les corps extérieurs, mais développé dans leur économie particulière, sous une influence dont nous devons chercher à pénétrer le mystère et l'obscurité. Des hypothèses plus ou moins spécieuses ont encore été successivement imaginées pour expliquer ce phénomène essentiel de la vitalité ; les unes sont relatives au siége particulier qu'il présente, les autres à la nature du mécanisme de son accomplissement.

Plusieurs savants très-estimables, mais plutôt physiciens que physiologistes, vont actuellement jusqu'à mettre en question l'existence du calorique, en le regardant plutôt comme une simple *influence* qu'avec le caractère d'un *agent particulier* et confondent volontiers dans leur théorie les termes *calorique* et *chaleur*. Pour admettre des réformes semblables, qui deviendraient subversives de la science physiologique et même physique, en les supposant mal fondées, nous attendrons que le temps et l'expérience aient sérieusement prononcé.

Siége de la calorification. — Les anciens la plaçaient dans le cœur, dont Hippocrate considérait les oreillettes comme deux soufflets activant la combustion dans les ventricules, envisagés comme foyers de cette opération chimique. Descartes regardait celle-ci comme une ébullition ; Vanhelmont, Sylvius, Vieussens comme une effervescence, etc.; quelques physiologistes et plusieurs physiciens modernes prétendent que la calorification s'opère exclusivement dans les poumons, et qu'elle se trouve dès lors essentiellement liée à la respiration. Ils fondent cette opinion sur un fait vrai, mais dont les inductions sont erronées. La chaleur vitale est, comme ils le font observer, d'autant plus élevée chez les individus que leur système respiratoire offre plus d'étendue. Si nous formons en effet trois classes d'animaux, d'après la quantité proportionnelle du sang qui traverse les poumons ou leurs analogues dans un temps donné, de manière à se trouver mis en contact avec l'oxygène atmosphérique, nous voyons : 1° les *reptiles*, dont la respiration *est inférieure* à *l'unité*, c'est-à-dire chez lesquels, seulement une partie du sang traverse les organes centraux de la respiration, en parcourant le cercle circulatoire, offrir une température naturelle de 20° c. ; 2° l'*homme* et les *animaux* qui s'en rapprochent le plus sous ce dernier rapport, dont la respiration *est égale à l'unité*, c'est-à-dire, chez lesquels toute la masse du sang traverse les organes respirateurs sur un point du même cercle, présenter une chaleur normale de 36° à 37° c. ; 3° les *oiseaux* dont la respiration *est supérieure à l'unité*, c'est-à-dire chez lesquels non-seulement tout le sang traverse les poumons dans un segment du cercle circulatoire, mais encore se trouve mis en contact avec l'oxygène dans plusieurs autres cavités splanchniques et dans les canaux médullaires des os, élever le thermomètre jusqu'à 50° c.

Ces faits sont incontestables, mais il est erroné d'en inférer qu'il faut attribuer le développement immédiat du calorique à la respiration, en plaçant dans les poumons le siége exclusif du premier de ces phénomènes. En effet, chez l'homme, par exemple, nous trouvons que les viscères respiratoires sont au reste de l'organisme : : 1 : 25. Or si la température de toutes les parties du corps marquant 36° c., les poumons étaient le foyer central de l'irradiation calorifique, leur chaleur s'élèverait à 900° c. Chez les animaux d'un rang inférieur et plus spécialement chez les végétaux, qui n'offrent aucun organe central de la respiration, la température devrait être seulement communiquée par les milieux ambiants, tandis que l'observation démontre qu'elle en est absolument indépendante. D'un autre côté la calorification est également en raison assez positive de la nutrition et *vice versâ*. De telle sorte qu'il devient impossible de ne pas admettre une influence réciproque entre deux actions physiologiques aussi directement influencées l'une par l'autre. Il est évident, comme nous le prouverons bientôt, que l'on s'est mépris dans les résultats attribués, sous ce rapport, à la modification respiratoire, et que l'on n'a pas bien entendu les conditions principales du développement de la chaleur dans l'économie vivante. La respiration concourt puissamment à la calorification, mais seulement, comme nous le démontrerons, en préparant le sang rouge qui doit en présenter l'agent essentiel ; c'est pendant l'acte même de l'élaboration nutritive, que le calorique se trouve dégagé dans chacun des tissus organiques, avec une instabilité qui prouve assez la nature vitale de ce phénomène commun à tous les êtres doués de l'existence active. Pour exprimer de suite les vérités relatives à cette première question, nous ajouterons que le siége de la calorification se trouve : 1° *dans les capillaires des poumons*, pour tout ce qui tient aux modifications indispensables du sang, à l'espèce d'approvisionnement qu'il fait du calorique destiné à toute l'économie ; 2° *dans les capillaires généraux*, pour tout ce qui appartient au dégagement, aux manifestations de la chaleur vitale.

Un fait observé par le plus grand nombre des physiologistes, et que nous aurons bientôt l'occasion de constater, vient imprimer le cachet de l'évidence à la démonstration de cette vérité fondamentale. Chez les mammifères, le fœtus présente ordinairement une température supérieure à celle de sa mère. Or la respiration n'existe point chez ce dernier, il se nourrit du même sang que celle dont il occupe l'utérus ; mais nous voyons la circulation plus rapide, la nutrition plus active chez ce même fœtus. Pourrait-on maintenant chercher ailleurs que dans ces deux phénomènes, dans le second plus particulièrement, l'agent essentiel de la calorification vitale ?

Mécanisme de la calorification. — Les physiologistes, les physiciens et les chimistes ont encore imaginé des hypothèses pour expliquer le mode producteur du calorique dans les organismes doués de la vie. L'une des plus étranges est celle de M. de La Rive, professeur à Genève, publiée en 1820, par la Société de physique et d'histoire naturelle de cette localité. L'auteur voyant les courants galvaniques dirigés par un tube de métal rempli d'eau, produire une forte chaleur tant que ce fluide contient du calorique interposé, conclut, par induction, que la chaleur animale se développe également sous l'influence des courants analogues ; les nerfs d'une part et les artères de l'autre formant, dans leurs points de communication, les éléments de la pile, et le dégagement de cette chaleur continuant tant que le sang rouge offre de l'oxygène à l'état de mélange. Une supposition aussi complétement opposée aux lois vitales porte avec soi la plus ample réfutation. Parlerons-nous de l'effervescence du sang dans le cœur, d'après l'opinion de Sylvius et de Vanhelmont ; de l'ébullition indiquée par Descartes ; de la fermentation admise par Vieussens ; de la solidification de l'oxygène dans les poumons, soutenue par Mayow ; de la combustion reconnue par Lavoisier, Laplace, etc., hypothèse établie sur la propriété que présente un animal de fondre, dans le calorimètre, d'autant plus de glace qu'il forme, par la respiration, plus d'acide carbonique dans un temps donné ; du frottement réciproque des molécules sanguines entre elles, avec les parois vasculaires, théorie fondée par Douglass et Boerhaave ; de l'innervation spinale d'après les idées de Chaussat et Brodie ; enfin de la solidification du sang pour former les organes, opinion émise par Bichat, Josse, etc. ? Toutes ces théories déjà fortement ébranlées par les progrès de la science n'ont plus besoin d'une réfutation spéciale, elles seront complétement ruinées par l'exposition naturelle et simple du phénomène que nous étudions. Nous accorderons seulement ici une attention particulière à la plus spécieuse, à celle qui fait consister les manifestations de la chaleur dans le changement d'état que présentent les fluides circulatoires pendant la nutrition.

La matière, en passant par les états solide, liquide, gazeux ou vaporeux, absorbe, à chaque transition, 77° c. de calorique rendu latent de sensible qu'il était d'abord ; par une conséquence nécessaire, à chacune des transitions inverses, la matière dégage 77° c. du même calorique devenu sensible de latent qu'il se trouvait alors. Plusieurs physiologistes ont ajouté : « Ce qui se passe dans l'économie universelle doit « s'effectuer également sous ce rapport dans l'économie « vivante ; la solidification des humeurs pour constituer des « tissus par l'élaboration nutritive explique dès lors positi- « vement la calorification vitale. » Tout paraît évident, tout semble rigoureusement démontré dans cette hypothèse qui n'est, en résultat, qu'une fausse application de principes vrais en eux-mêmes. Ainsi la température de l'homme et des animaux est toujours la même, quels que soient les aliments dont ils font usage ; dans la théorie que nous combattons, elle devrait s'élever en raison de la fluidité de ces éléments réparateurs, et le sujet valétudinaire qui se nourrit exclusivement de bouillons et de lait, présenter un développement de chaleur plus considérable que l'individu robuste, employant à son alimentation du pain, des légumes féculents et des chairs compactes ; les végétaux qui se réparent et s'accroissent à peu près entièrement avec des liquides et des gaz, offriraient alors une température naturelle bien supérieure à celle des animaux. Ce que nous disons pour les substances nutritives destinées à la confection des humeurs de l'organisme, vient s'appliquer encore à ces humeurs qui doivent constituer les tissus vivants, et nous verrions un bien plus grand développement de calorique par l'intermédiaire d'un sang abreuvé de sérosité, que sous l'influence de celui qui, plus rapproché de l'état solide, contiendrait une proportion bien supérieure d'hématosine et des principaux éléments en suspension. D'un autre côté, si, *dans le mouvement d'assimilation*, les gaz et les fluides sont changés en solides, ne voyons-nous pas, *dans le mouvement d'élimination*, les solides convertis en fluides, en gaz ; pendant toute la durée de l'époque stationnaire où l'économie s'entretient au même état, sans accroissement ni diminution, les développements du calorique ne se trouveraient-ils pas exactement équilibrés par ses absorptions, et l'organisme, sans calorification réelle, dès lors abandonné à toutes les modifications de la température ambiante ? Il est donc évident que dans tous les corps doués de l'existence active, la production de la chaleur ne doit pas être attribuée à ces changements d'état incessamment présentés par leurs éléments constituants, et qu'il faut chercher, dans un autre ordre de phénomènes, des idées vraies relativement à la théorie physiologique dont nous allons baser actuellement l'exposition sur des faits incontestables.

Si nous embrassons d'un même coup d'œil les phénomènes essentiels de la vie, nous voyons l'*innervation*, la *respiration*, la *circulation*, la *nutrition*, la *calorification* marcher, à l'état normal, par un enchaînement invariable, et dans une proportion constante. Toutes les fois que l'*innervation*, la *respiration*, la *circulation* sont *augmentées*, *diminuées*, *suspendues* ou *perverties*, la *nutrition* ne tarde pas à présenter les modifications plus ou moins graves de l'*augmentation*, de la *diminution*, de la *suspension* ou de la *perversion*. Lorsque la *nutrition* se trouve soumise à ces aberrations qui l'éloignent diversement des conditions de l'état normal, aussitôt la *calorification* offre, dans ses altérations pathologiques, des nuances, des modifications identiques. Pour simplifier cette grande loi physiologique et lui donner les caractères les plus évidents, pour y trouver une base invariable au milieu des nombreuses difficultés du problème à résoudre, nous les réduirons aux deux conditions fondamentales de l'*augmentation* et de la *diminution* ; appuyé sur les faits, nous arriverons par la force du raisonnement à des notions positives et vraies.

Toutes les circonstances qui rendent l'*innervation*, la *respiration*, la *circulation*, la *nutrition* plus actives, provoquent, dans un temps donné, le *dégagement d'une plus grande quantité de chaleur vitale*, et cette augmentation est toujours dans la proportion assez rigoureuse d'un effet à sa cause. Ainsi l'enfance et l'adolescence, plus spécialement, le tempérament sanguin, la constitution robuste, l'usage modéré des boissons spiritueuses, des aliments excitants et nutritifs, la respiration d'un air pur, les exercices musculaires généraux et soutenus, les passions expansives et violentes, etc., sont autant de causes qui développent, avec plus ou moins d'énergie, les fonctions que nous venons d'énumérer. L'observation de chaque instant ne démontre-t-elle pas que sous les mêmes influences, la masse du calorique produit dans l'économie vivante, soumise à ces modifications temporaires, augmente constamment dans une proportion absolument semblable ? D'un autre côté, les dispositions et les agents qui produisent une diminution notable dans l'exercice de ces fonctions, abaissent, en raison d'une mesure à peu près identique, les manifestations de la chaleur dans l'organisme vivant : tels sont les résultats habituels de la vieillesse, du tempérament lymphatique, de la constitution faible et cacochyme, de l'usage des boissons mucilagineuses, des aliments insipides et peu nutritifs, de la respiration d'un air brumeux, peu riche en oxygène, du repos absolu, des passions tristes et concentrées, etc.

Il existe donc un enchaînement naturel et constant entre la *calorification* d'une part, et de l'autre, l'*innervation*, la *respiration*, la *circulation*, la *nutrition*. Le premier de ces phénomènes est donc inhérent aux autres, ou, pour mieux dire, il devient la conséquence et le résultat de ces influences, de ces causes réunies, puisque leur développement détermine le sien et que la destruction de ces derniers actes physiologiques arrête complétement la reproduction de la chaleur vitale. Cette grande loi, basée sur des vérités positives, devient le fondement inébranlable de la théorie naturelle que nous appliquons à la calorification. Nous verrons désormais, dans nos explications, s'identifier, en preuves concordantes, les résultats obtenus par des expérimentateurs habiles, et qui d'abord avaient semblé contradictoires, parce que les points d'appui sur lesquels on faisait porter l'histoire des manifestations de la chaleur vitale, ne se trouvaient point assez largement établis.

La *calorification*, comme nous venons d'en fournir les

preuves évidentes, offre l'une des conséquences finales de l'*innervation*, de la *respiration*, de la *circulation* et de la *nutrition*. Toute la question se réduit dès lors à préciser d'abord, dans ce résultat complexe pour ses causes, la part que chacun des actes physiologiques indiqués prend incessamment à l'exercice du phénomène commun ; ensuite à bien distinguer, en établissant la nature particulière de ce phénomène, les influences accessoires et les modifications essentielles relatives à la production du calorique vital. Afin de procéder avec ordre dans cette investigation difficile, nous étudierons successivement ces modifications et ces influences.

Innervation. — Elle exerce naturellement sur la calorification l'influence la plus positive. Nous voyons chaque jour les concentrations du *raptus* innervateur sur une partie de l'organisme, y déterminer une exaltation momentanée de la chaleur vitale ; comme on l'observe surtout chez les sujets irritables, à l'époque de la puberté, vers l'âge critique, dans les névralgies. C'est particulièrement à la face, aux pieds, aux mains que ces *bouffées de calorique* se font sentir, ou plus exactement que les *courants calorifères* se trouvent établis avec énergie pendant ces modifications pathologiques. D'un autre côté, ces mêmes concentrations amènent, dans les points éloignés, un refroidissement notable, ou mieux, un ralentissement prononcé dans les courants indiqués. Nous en trouvons la preuve dans le sentiment glacial dont s'accompagnent certaines perversions nerveuses, dans le frisson périphérique dont se trouve précédée la fièvre d'accès, etc. L'expérience démontrant que chez un animal décapité le refroidissement devient plus rapide si l'on pratique l'insufflation pulmonaire. Brodie, Chaussat et plusieurs autres physiologistes ont considéré les centres nerveux comme les foyers essentiels de la calorification ; quelques-uns même ont été jusqu'à soutenir que les poumons, loin de présenter ce caractère, étaient au contraire destinés à rafraîchir le sang. Nous indiquerons la source de ces deux erreurs fondamentales, en précisant les influences de la respiration dans la production normale de la chaleur organique. Sir Évrard Home attribue la chaleur animale surtout à l'influence des nerfs et des ganglions. Des expériences faites sur le bois des jeunes daims prouvent que si l'on coupe, d'un côté, les filets nerveux qui s'y distribuent, la chaleur baisse de quatre à six degrés comparativement à celle du côté sain. L'équilibre normal se rétablit à mesure que la cicatrisation s'opère. Nous pensons de même que l'innervation joue nécessairement un rôle essentiel dans l'accomplissement du phénomène que nous étudions ; mais ce rôle, qui nous semble étranger à la production immédiate du calorique, nous paraît exclusivement relatif à l'état d'érection et de vitalité que l'influence innervatrice peut entretenir à différents degrés dans les tissus où va s'opérer la calorification ; c'est en quelque sorte une action physiologique préparatoire, mais indispensable à celles qui doivent ultérieurement s'effectuer.

Respiration. — Ici les influences deviennent déjà plus positives, moins éloignées ; nous verrons qu'elles n'ont pas toujours été bien interprétées par les auteurs. Il serait erroné de considérer les poumons comme des foyers de calorification immédiate. L'objet essentiel de leur action n'est point le dégagement du calorique pour toute l'économie vivante, mais seulement une modification préparatoire à ce phénomène général et commun aux êtres qui jouissent de l'existence active ; aussi le voyons-nous s'exercer dans la série des organismes, depuis le végétal rudimentaire jusqu'à l'homme, et par conséquent chez les individus qui n'offrent pas d'appareil respiratoire central, comme chez ceux qui présentent les poumons les plus vastes et les mieux constitués : toutefois son développement se trouve naturellement gradué des premiers vers les seconds, de manière à faire sentir l'influence de la respiration sur les manifestations de la chaleur vitale, en démontrant, d'un autre côté, l'erreur de ceux qui considèrent les poumons ou leurs analogues, dans l'organisme, comme des foyers principaux ou même exclusifs, d'où s'effectue l'irradiation calorifique pour toutes les parties de ce dernier. La respiration a pour but de rendre au sang veineux, de donner au chyle, à la lymphe, les caractères indispensables à la nutrition, à la calorification ; ainsi, dans cet acte important, quel que soit son appareil, son mode particulier d'exercice, l'hématose du chyle, de la lymphe, la rénovation du sang noir, pour les animaux d'un ordre supérieur, donnent au sang rouge tous les matériaux qui doivent être employés dans la nutrition, la calorification et les sécrétions ; pour les végétaux et les animaux inférieurs, cette influence respiratoire produit, avec les mêmes intentions, des modifications semblables dans le fluide circulatoire, chargé de faire les frais de ces trois élaborations successives. Nous l'avons démontré pour la première, cherchons à le prouver pour la seconde, bientôt nous en ferons autant relativement à la troisième.

De même que la lymphe, le chyle et le sang noir sont incapables d'entretenir la nutrition, de même ces fluides sont impropres à la calorification dans les organismes supérieurs, avant d'avoir acquis les qualités du sang rouge par l'hématose et la rénovation respiratoires. C'est même en raison du développement et de la perfection de ces élaborations préparatoires, que s'améliore et s'agrandit la production de la chaleur vitale. C'est donc particulièrement dans ces deux modifications, *hématose* et *rénovation* du sang noir, que nous devons chercher l'explication des influences pulmonaires dans l'accomplissement du phénomène que nous étudions. De Saissy, Desprez, Pelletan, parmi les physiciens ; Berger, Delaroche, Edwards au nombre des physiologistes, nous semblent les plus rapprochés de la vérité, relativement à cet objet, et c'est avec confiance que nous mettrons leurs travaux et leurs idées à contribution.

Dans chaque respiration, trois à six centièmes d'oxygène disparaissent et sont remplacés par une égale proportion d'acide carbonique. Dans vingt-quatre heures sept cent cinquante décimètres cubes du premier de ces gaz, paraissent employés à la formation du second. Mais il serait erroné de penser, avec plusieurs chimistes, que c'est exclusivement dans les poumons que s'opère cette combinaison, puisque l'animal auquel on fait respirer seulement de l'azote ou de l'hydrogène expire également de l'acide carbonique ; celui-ci n'est donc point entièrement produit dans les bronches ; nous prouverons bientôt qu'il se développe surtout dans l'acte même de la nutrition. Déjà Desprez avait observé que dans la respiration, il disparaît une partie de l'oxygène atmosphérique non représentée par l'acide carbonique expiré. Il pense que l'excédant du premier gaz est porté sur l'hydrogène pour former de l'eau. Ce n'est pas non plus dans les poumons qu'il faut placer le siége exclusif de cette combinaison, nous en trouverons encore la plus grande partie dans l'élaboration nutritive. En admettant l'hypothèse contraire sur ces deux points essentiels, on a faussé les applications d'une théorie vraie dans son principe fondamental. John Davy nous a d'ailleurs prouvé que la capacité du sang rouge pour le calorique, n'est pas aussi supérieure à celle du sang noir, pour le même agent, que l'ont supposé Crawfort et Black ; de telle sorte qu'il devient absolument impossible d'expliquer pourquoi la température des poumons n'est pas beaucoup plus élevée que celle des autres organes, dans l'hypothèse où la combustion du carbone et de l'hydrogène, pour former l'acide carbonique et l'eau rendus par l'expiration, s'effectuerait exclusivement dans les divisions bronchiques. Ainsi l'acte respiratoire nous paraît concourir à la calorification par trois phénomènes principaux. 1° *L'importation de l'oxygène dans le sang, son identification par l'hématose*, en donnant au fluide circulatoire la faculté de céder ultérieurement cet oxygène pendant les combinaisons intraorganiques sécrétoires et nutritives : 2° *la transformation du sang noir en sang rouge* ; d'où résulte une absorption de calorique dans les bronches, le sang artériel offrant un peu plus de capacité pour cet agent que le sang veineux ; une disposition à céder ce calorique dans les organes où doit s'établir la transformation inverse ; 3° *l'exportation de l'acide carbonique et de l'eau* formés dans tout l'organisme pendant cette conversion du sang rouge en sang noir. Des expériences très-exactes de Desprez nous semblent prouver que cette importation bronchique de l'oxygène explique, d'après nous, en y joignant l'élaboration nutritive ultérieure, les neuf dixièmes de la chaleur animale développée dans un temps donné. N'est-il pas ensuite bien naturel de penser que les absorptions du même gaz aux surfaces libres de la muqueuse digestive et de la peau sont plus que suffisantes pour fournir aux frais du dixième que n'alimente pas la respiration.

Circulation. — Dans cette fonction importante, la coopération calorifique prend un nouveau degré d'évidence et d'accroissement. Chez les animaux supérieurs, le ventricule gauche, en possession d'un sang rouge oxygéné, plus riche en calorique, d'abord par une élévation réelle de température, ensuite par une capacité supérieure à celle du sang noir, pousse avec énergie le premier de ces fluides par les artères dans les dernières divisions périphériques du système capillaire général ; de telle sorte que le choc circulatoire, les qualités spéciales du sang rouge provoquent tous les appareils, tous les organes, tous les tissus à l'élaboration nutritive, à la calorification, en leur fournissant les matériaux essentiels à l'exercice normal de ce double phénomène. Il est dès lors facile d'apprécier positivement les modifications que doivent entraîner les anomalies circulatoires dans la production du calorique vital, bien que la circulation ne soit encore ici qu'un phénomène accessoire et préparateur. Le repos soutenu, les aliments aqueux, mucilagineux, l'indifférence, l'ennui, la syncope, toutes les circonstances qui ralentissent naturellement les mouvements du cœur amènent un abaissement proportionnel dans les manifestations de la chaleur animale ; tandis que les exercices prolongés, les aliments azotés, les boissons spiritueuses, la colère, les autres exaltations morales, un violent accès fébrile et toutes les causes qui développent l'énergie, l'activité du centre circulatoire, entraînent une production si considérable de cette même chaleur qu'elle a besoin d'être dépensée par la vaporisation des fluides perspiratoires, alors beaucoup plus abondamment sécrétés. C'est encore d'après les mêmes lois que nous apprécions, sous le rapport de la puissance calorifique, les différences fondamentales de la jeunesse et de la caducité, de la pléthore et de l'anémie générales.

Nutrition. — C'est évidemment dans tous les tissus de l'organisme que l'on doit placer le siége de la calorification ; c'est dans l'élaboration nutritive qu'il faut en chercher la condition et le phénomène essentiels ; les faits et le raisonnement conduisent également à ce résultat. C'est pendant la nutrition pour tous les organes, pendant les sécrétions pour quelques-uns, que le sang rouge perd ses caractères et revêt ceux du sang noir. A cette modification évidente, incontestable, se rattache le développement continuel de la chaleur vitale ; puisque cette modification est précisément la transition d'un fluide plus chaud, offrant plus de capacité pour le calorique, dans un fluide moins élevé en température et d'une capacité inférieure pour le gaz indiqué. D'après ces inductions simples et naturelles, nous comprendrons, en traitant des altérations de l'élaboration nutritive, comment *l'augmentation, la diminution, la perversion, la suspension* de cet acte physiologique *augmente, diminue, pervertit* et *suspend* la calorification. Nous entendrons surtout, ce qui devient inexplicable dans tout autre système, comment ces anomalies calorifiques peuvent, à l'instar des anomalies de la nutrition, et consécutivement à ces dernières, se manifester dans un point circonscrit de l'économie vivante, chacun des tissus présentant la raison du développement essentiel de sa nutrition et de sa chaleur normales. Si l'on pouvait douter encore de la réalité de cette vérité fondamentale autour de laquelle viennent se ranger tous les faits relatifs à la production du calorique vital, nous rapporterions les résultats de plusieurs expériences que nous croyons avoir faites le premier, et qui nous semblent démontrer jusqu'à l'évidence que l'acte immédiat de la calorification se trouve dans l'*élaboration nutritive* à l'exclusion de l'*innervation*, de la *respiration* et de la *circulation centrales* qui n'en présentent que les phénomènes accessoires et conditionnels. Nous croyons d'ailleurs avoir suffisamment démontré la survivance de la circulation capillaire et de la nutrition aux grandes fonctions de l'organisme et notamment à celles que nous venons d'énumérer. En fournissant les preuves. palpables des mêmes dispositions pour la calorification, nous aurons détruit sa dépendance absolue, relativement à ces fonctions, et constaté sa liaison avec les phénomènes vitaux que l'on voit survivre d'abord et s'éteindre ensuite avec elle. Tels sont l'objet et le résultat des expériences que nous indiquons.

Nous prenons deux animaux, deux lapins, deux pigeons par exemple, du même âge, du même sexe, placés dans les mêmes conditions ; leur température, qui doit se trouver exactement la même pour l'expérience, est appréciée au moyen d'un thermomètre placé dans le rectum, et soigneusement notée sous le titre de *température naturelle*. L'un des animaux est asphyxié par suspension des phénomènes mécaniques de la respiration ; après vingt-quatre heures, et lorsque le refroidissement cadavérique semble complet, cet animal est déposé dans une étuve précisément au degré de la *température naturelle*, et lorsqu'il est pénétré par cette chaleur factice, dans ses parties les plus profondes, que le thermomètre, placé dans le rectum de ce cadavre, marque à l'unisson de celui qui se trouve maintenu dans le rectum de l'animal vivant, ce dernier est également asphyxié. Il ne s'agit plus actuellement que d'observer, sur les instruments laissés en place, au milieu d'une chaleur ambiante moyenne, la diminution comparative et graduée que vont présenter les deux températures identiques par leur élévation, mais essentiellement différentes par leur nature, la première étant communiquée, physique ; la seconde vitale et développée. Dans ces dispositions, nous avons constamment vu le refroidissement d'abord plus considérable pour l'animal artificiellement chauffé, n'établir ultérieurement l'équilibre entre les températures *factice et naturelle*, qu'après un temps suffisant pour l'anéantissement complet des phénomènes vitaux de la circulation capillaire et de l'élaboration nutritive. Pour mieux faire apprécier la valeur de ces expériences, dans la solution du problème qui nous occupe, nous rapporterons ici l'un des résultats obtenus dans ces expériences. La suivante a pour objet deux pigeons de la même couvée, comptant deux mois d'éclosion. Toutes celles que nous avons faites au milieu des mêmes circonstances, nous ont fourni des résultats à peu près identiques; seulement nous avons observé que chez les animaux dont l'enveloppe dermoïde se trouvait moins protégée par les abris naturels, on voyait la différence du refroidissement se prononcer plus positivement encore à l'avantage de la chaleur physiologique.

THERMOMÈTRES DE RÉAUMUR APPRÉCIANT :

			1° La température de l'air ambiant.		2° La température artificielle.		3° La température naturelle.	
	Heures.	Minutes.						
8 novem. 1850.	2	du soir.	9	1/2	32	1/2	32	1/2
	2	15	»	»	31	»	31	»
	2	30	»	»	29	1/3	29	1/3
	2	45	»	»	27	1/3	27	2/3
	3	»	9	1/4	25	1/2	26	1/3
	3	15	»	»	24	»	24	2/3
	3	30	»	»	22	1/2	23	1/3
	3	45	»	»	21	1/4	22	1/4
	4	»	8	3/4	19	5/6	21	»
	5	»	8	»	16	»	17	1/2
	7	»	7	1/2	11	1/2	13	1/2
	10	»	7	»	8	1/2	11	»
9 novembre.	7	du mat.	6	1/2	7	»	7	»
	9	»	6	3/4	6	3/4	6	3/4

Les résultats de ces expériences, que les physiologistes peuvent aisément répéter, nous démontrent positivement que la température ne s'abaisse pas également pour deux cadavres, dont l'un ne possède qu'un calorique d'emprunt, et qu'il est dans l'impossibilité de réparer, et dont l'autre est doué d'une chaleur individuelle qu'il est encore en mesure de soutenir dans certaines proportions. Expliquera-t-on la différence, en disant que le calorique naturel adhère plus aux corps dans lesquels il s'est développé, que le calorique artificiel transmis à ces derniers? Une telle distinction nous paraît un peu subtile. En accordant même quelque valeur à cette influence, on ne doit pas y chercher l'agent principal de la modification que nous venons de signaler, surtout lorsque nous voyons, comme dans l'exemple qui précède, l'abaissement de la température s'effectuer d'abord d'une manière uniforme dans ces deux cadavres, circonstance qui ne devrait pas se rencontrer pour l'hypothèse indiquée, mais qui s'explique tout naturellement dans la théorie que nous exposons. Il reste donc évidemment démontré qu'une certaine quantité de calorique est encore développée dans l'organisme, après la mort des grandes fonctions. Or, dans les exemples cités, l'*innervation*, la *respiration*, la *circulation centrales* sont absolument anéanties ; la *circulation capillaire* et la *nutrition* persistent seules, et conservent, la dernière surtout, le privilége exclusif d'effectuer immédiatement cette production de la chaleur animale. Frappé de stupeur au moment de l'extinction de ses phénomènes principaux, l'organisme paraît d'abord sans réaction ; mais bientôt rassemblant un reste de vitalité sur le point de s'éteindre, il se réveille et lutte encore pendant quelques instants, au moyen de ses actions intimes contre les funestes agents d'une destruction irrévocable. Nous trouvons les faits dans une harmonie parfaite avec ces explications.

En résumant toutes les considérations analytiques d'un phénomène aussi complexe, nous voyons l'*innervation*, la *respiration* et la *circulation* accorder, comme actes préparateurs, leur puissante intervention au développement du calorique dans l'organisme vivant ; *la première*, en déterminant l'éveil et l'entretien de l'existence active ; *la seconde*, en formant un sang doué d'une plus grande capacité pour le calorique, et plus riche en oxygène indispensable aux combinaisons ultérieures ; *la troisième*, en stimulant tous les tissus par l'impulsion du sang, par ses caractères chimiques et physiologiques, en leur transmettant des matériaux d'accroissement et de réparation; nous trouvons enfin *l'élaboration nutritive* déterminant la calorification d'une manière essentielle et directe par quatre moyens principaux : 1° la combinaison de l'oxygène et du carbone, pour former l'acide carbonique; 2° la combinaison de l'oxygène et de l'hydrogène, pour constituer l'eau; 3° la transformation du sang rouge, plus chaud, en sang noir, qui l'est moins; 4° la même transformation du premier de ces fluides offrant plus de capacité pour le calorique, dans le second, dont cette capacité devient inférieure. Au milieu de toutes ces modifications vitales, nous voyons s'effectuer, sous la même influence, un dégagement de chaleur suffisant aux besoins de l'organisme dans l'état normal.

D'après les physiciens, la seule combinaison de la masse d'oxygène importé chaque jour, avec la proportion relative de carbone indispensable pour former l'acide carbonique exporté dans le même temps, suffirait pour fournir, sous ce rapport, aux frais de l'organisme. Ainsi, dans vingt-quatre heures, cette quantité d'oxygène combinée à trois cent quatre-vingts grammes de carbone, pour constituer cet acide carbonique, dégage deux mille huit cent cinquante-huit unités de calorique. Or, dans un intervalle semblable, terme moyen, deux kilogrammes de perspiration cutanée, sept cent soixante-dix-sept grammes de transpiration pulmonaire enlèvent, en se vaporisant, seize cent cinquante-huit unités de chaleur; il reste, par conséquent, douze cents unités de ce même calorique pour les autres besoins de l'économie. En supposant que ce premier moyen soit réellement incapable, dans les circonstances habituelles, de remplacer toutes les déperditions de la chaleur animale, nous en avons signalé trois autres qui concourent incessamment à la production du même résultat. MM. Régnault, Reiset et Claude Bernard, par leurs travaux importants, leurs judicieuses considérations, ont établi, d'un autre côté : que la proportion de chaleur produite n'est pas toujours en raison de la quantité d'oxygène employé, d'acide carbonique obtenu dans l'occasion, ce qui devrait être d'après les théories de Lavoisier et Fourcray. Après avoir établi sur des faits positifs le siége, la nature et le mécanisme de la calorification dans l'organisme vivant, nous devons nous élever à deux considérations importantes relativement à cette fonction : 1° *la propagation*, 2° *l'équilibre* naturel de la chaleur physiologique.

1° PROPAGATION DU CALORIQUE VITAL. — Développé dans l'organisme, d'après la théorie que nous avons exposée, le calorique vital se transmet aux corps environnants par quatre modes principaux : *Conductibilité*, — plusieurs circonstances diminuent beaucoup la valeur de ce premier moyen, ainsi les abris artificiels ou naturels à l'homme, aux animaux ; le refroidissement de la peau qui la rend inactive et comme paralysée momentanément. *Vaporisation de la matière des perspirations pulmonaire et cutanée,* — diversifié dans ses influences en raison de la température extérieure, de l'état hygrométrique de l'air, etc., ce mode soustrait à l'économie des proportions considérables de chaleur, et devient incessamment une cause puissante de refroidissement. *Echauffement de l'air dans les cavités bronchiques,* — lorsque l'atmosphère, comme on l'observe dans les pays froids, et même dans nos régions tempérées, se trouve au-dessous de la chaleur animale, en pénétrant dans les canaux aériens par l'inspiration; en y séjournant quelques instants, elle doit nécessairement enlever une certaine proportion de calorique à l'organisme, d'après la tendance naturelle, sous ce rapport, de tous les corps à l'équilibre parfait. *Rayonnement,* — établi sur le même principe, il tient à la différence de chaleur que présente actuellement l'homme, l'animal ou le végétal comparativement aux autres corps environnants. Il est modifié par la couleur, et plus ou moins entièrement détruit par les vêtements qui ne touchent pas immédiatement la peau. Sous le rapport de la propagation de cette chaleur vitale, il existe un fait essentiel d'une grande importance, et déjà signalé par Desprez et Pelletan : nous voulons parler *des courants calorifères,* dont la théorie d'un intérêt majeur, va se trouver encore mieux placée dans les considérations suivantes.

2° ÉQUILIBRE DE LA CHALEUR VITALE. — Les êtres organisés, doués d'une existence active, développant un calorique propre sous l'influence de leurs actions physiologiques, offrent en même temps la faculté remarquable de se maintenir dans une température à peu près uniforme, indépendamment des dispositions thermométriques présentées par les milieux ambiants ; toutefois lorsque ces dispositions ne dépassent point certaines limites que nous indiquerons, au-delà desquelles cet équilibre est détruit avec imminence pour la vie des sujets qui se trouvent dans ces conditions extranormales. Salomé, J. Hunter, Schrank, Senebier et plusieurs autres physiologistes ont démontré la réalité de ce principe, contrairement à l'opinion de Fontana, de Treviranus, en faisant observer que les arbres supportent, sans accident, un froid passager de 25° c. dans les régions hyperboréennes ; une chaleur de 35° c. sous la zone torride ; que leur température moyenne entre les extrêmes est plus élevée que celle de l'air atmosphérique pendant l'hiver, plus basse au contraire pendant l'été. Maraldi, Réaumur, Hubert, Martine, Swammerdam ont prouvé cette vérité pour les insectes. Ils ont vu sous un air à 0° c. le thermomètre monter à 20° c. dans une fourmilière, à 30° c. au milieu d'un essaim de mouches à miel. On a pendant longtemps ignoré cette faculté remarquable des êtres organisés vivants, et les erreurs professées à cet égard par Boërhaave prouvent assez que ces notions fondamentales sont la propriété des physiciens et des physiologistes modernes. C'est depuis 1748 seulement que les remarques faites par Lining, à Charlestown ; par Adanson, au Sénégal ; par Henry Ellis, en Géorgie, que l'on a signalé d'une manière positive les premières vérités qui sont devenues la base des travaux importants entrepris, sur cette matière, par Franklin, Tillet, Duhamel, Fordyce, Banks, Solander, Blagden, Dobson, de Saissy, Berger, Delaroche, Edwards, etc. Tous les animaux ne jouissent pas également de cette faculté conservatrice d'une température uniforme au milieu des circonstances variables dont ils sont environnés. Il existe ici des différences très-remarquables sous le rapport des espèces et des âges.

Relativement aux espèces. — On peut établir comme règle générale, souffrant à peine quelques exceptions, dans la série des êtres doués de l'existence active, que cette faculté d'une température indépendante, sous l'influence des modifications thermométriques extérieures, s'accroît par degrés, à mesure que l'on s'élève des organismes à vitalité douteuse, vers ceux qui présentent l'innervation, la respiration, la circulation, la nutrition, les perspirations pulmonaire et cutanée dans tous leurs développements. Les animaux *hibernants*, au nombre desquels nous devons particulièrement noter la marmotte, le loir, la chauve-souris, le hérisson, le lérot, et dont Spallanzani, Prunelle, Hunter, de Saissy nous ont particulièrement fait connaître les dispositions spéciales sous le rapport que nous étudions, sont à peu près les seuls qui ne rentrent pas dans cette loi commune. Incapables de soutenir les influences d'une basse température, on les voit s'engourdir à l'invasion des hivers et passer toute cette longue saison, en quelque sorte réduits à la torpeur, à l'existence végétative que présentent fréquemment les animaux à sang froid. La soustraction du calorique n'est pas toutefois la seule cause de ce phénomène remarquable. Edwards et de Saissy, le premier sur des chauves-souris, le second sur des marmottes, ont démontré, par l'expérience, que les animaux *hibernants* se refroidissent beaucoup plus facilement que les autres, et qu'il est possible d'effectuer artificiellement cette hibernation, surtout en y faisant concourir la privation des aliments, des excitations innervatrices et la suspension graduée de la respiration.

Il ne faut pas confondre avec cette propriété de conserver une température uniforme dans les circonstances moyennes du calorique ambiant, la faculté de vivre au milieu des conditions extrêmes de la chaleur, et surtout après avoir éprouvé, dans sa température individuelle, soit un abaissement, soit une élévation considérables. Ici la gradation devient inverse, et les organismes vivants paraissent d'autant moins susceptibles de s'éloigner sans mortification de l'unité moyenne de leur température naturelle, qu'ils sont plus compliqués par leur structure et plus élevés dans la série des êtres. Ainsi les expériences de Berger et Delaroche, faites sur eux-mêmes, prouvent qu'il serait difficile de supporter une élévation de chaleur supérieure à 5° ou 6° c.; celles qu'ils ont continuées sur les animaux à sang chaud, démontrent que ces derniers meurent après une augmentation de 7° à 8° c. de leur températu renormale ; les expériences contraires donnent à peu près des résultats identiques par un abaissement semblable du calorique au-dessous du même point de départ, en indiquant assez positivement ici la circonscription dans laquelle peuvent s'effectuer les modifications de la température sans occasionner la mort. Chez les animaux à sang froid, et même chez les hibernants, ces limites sont beaucoup plus éloignées. Ainsi les mêmes expérimentateurs, ayant placé dans une étuve à 65° c., un chat, un lapin, un pigeon, un bruant, une grenouille, tous périrent à l'exception de cette dernière. D'autres observations de ces auteurs prouvent que les vertébrés à sang froid ne sont morts qu'après s'être élevés au-dessus de 40° c.; ou bien abaissés vers 4° ou 6° c.; de telle sorte qu'il existe pour les variatious possibles de la chaleur vitale, seulement un intervalle de 14° à 16° c. chez les vertébrés à sang chaud ; tandis qu'il se trouve porté de 34° à 36° c. chez les animaux à sang froid. Il est aisé de pressentir les résultats curieux que l'on obtiendrait en appliquant le même genre d'investigation à toute la série des êtres animés, depuis la plante rudimentaire jusqu'à l'homme. Ainsi d'après Tiedemann la température des végétaux, des arbustes et des arbres surtout descend quelquefois au-dessous de 0° c.; et s'élève au-dessus de 18° ou 20° c. Quelles dispositions étonnantes sous ce rapport n'offrent pas surtout les animaux hibernants ! Dans l'expérience de M. de Saissy, la marmotte offrant naturellement 35° c. de chaleur, a pu descendre et se maintenir à 5° c., non-seulement sans danger pour la vie, mais encore sans aucune altération notable dans la santé ; en calculant actuellement ce qu'elle aurait acquis au-dessus du terme normal par des modifications opposées, on voit quel champ considérable pourraient ici parcourir les variations de la température organique sans occasionner la mort.

Relativement aux âges. — On avait cru pendant longtemps que les jeunes individus offraient une faculté calorifique supérieure à celle des sujets pubères. Edwards a rectifié cette erreur, par des expériences qui nous semblent assez positives, et desquelles il résulte que, chez les animaux à sang chaud, l'activité de la calorification s'accroît progressivement de la naissance à l'âge adulte ; dans tout son développement pendant la période stationnaire, ce phénomène éprouve des modifications importantes aux deux extrêmes de la vie sous le rapport que nous examinons. Pendant l'existence intrautérine, le nouvel être présente ordinairement une température plus élevée que celle de sa mère ; Davy l'a trouvée supérieure d'un degré sur un agneau, d'un demi-degré sur cinq enfants naissants ; plusieurs physiologistes ont fait des observations semblables. Chez le vieillard, l'activité calorifique baisse d'une manière lente et graduée jusqu'à la mort naturelle. Il est aisé de trouver la raison physiologique de tous ces faits. Pendant la vie fœtale, nous voyons la circulation plus active, la nutrition plus développée, le nouvel être devant alors non-seulement réparer ses pertes, mais encore présenter un accroissement assez rapide, entraînant tout naturellement un plus grand dégagement de chaleur vitale. A la naissance, la respiration d'abord incomplète, ensuite la perspiration cutanée plus abondante nous offrent, la première, un obstacle à la calorification parfaite, la seconde, une cause de refroidissement plus considérable. Ces deux influences, dont le résultat commun est une manifestation moins positive du calorique animal, ne peuvent s'affaiblir qu'après les progrès de l'âge et ne disparaissent bien complétement que vers l'adolescence. A cette époque et pendant la virilité, les fonctions vitales et nutritives, jouissant de toute leur mesure et de toute leur force, la calorification est à son apogée ; ses effets paraissent d'autant plus puissants qu'ils ne sont pas alors contrebalancés par des modifications aussi réfrigérantes. Enfin chez le vieillard, l'innervation, la respiration, la circulation, la nutrition, enrayées par les obstacles successifs de la décrépitude, ne permettent qu'un développement très-borné de la chaleur animale dont le défaut de production se ferait encore plus péniblement éprouver, si la diminution proportionnelle des perspirations pulmonaire et cutanée, rendant les soustractions de cette chaleur moins abondantes, ne rétablissait une sorte d'équilibre et de compensation. La nature a de même balancé les inconvénients que nous avons signalés chez les jeunes sujets ; si nous les voyons, d'une part, éprouver plus facilement les influences des soustractions ou des importations de calorique, nous les trouvons, d'un autre côté, moins profondément affectés par ces influences qui ne leur deviennent pas aussi directement funestes qu'aux sujets plus avancés en âge. D'après tous ces faits et toutes les inductions positives qu'ils peuvent offrir, nous voyons dans les organismes supérieurs, chez les animaux à sang chaud, la vie s'entretenir entre deux limites assez rigoureusement établies sur l'échelle thermométrique de 26° à 44° c. Pour lutter avantageusement contre les modifications qui l'entraîneraient au delà de ces limites, l'économie vivante a besoin de résister à deux influences opposées : à l'*importation du calorique extérieur*; à la *soustraction de la chaleur naturelle*. Nous devons actuellement apprécier la réalité, la valeur de ces deux facultés physiologiques.

RÉSISTANCE A L'IMPORTATION DU CALORIQUE EXTÉRIEUR. — La vie ne peut se concilier, dans les organismes, au delà de certaines élévations de leur température. Cette première disposition varie, comme nous l'avons fait observer, suivant les espèces et les âges. Mais ces organismes, doués de l'existence active, possèdent la faculté bien remarquable de résister, pendant un certain temps, aux importations d'un calorique étranger. Franklin paraît avoir le premier fait observer cette particularité physiologique. Il s'aperçut, pendant un jour très-chaud, que le calorique de l'atmosphère s'élevait à 37°, 77 c., alors que le sien propre s'arrêtait à 35°, 55 c. Une remarque aussi curieuse devint le signal des nombreux essais qui, depuis cette époque, ont jeté le plus grand jour sur la théorie naturelle de la calorification. Blagden consacra le même principe relativement aux animaux vertébrés à sang froid, susceptibles de s'élever à la température des plus fortes chaleurs de l'été par importation du calorique ambiant. Ayant placé, pendant cette saison, le réservoir d'un thermomètre, dans la bouche d'une grenouille, il vit le mercure baisser de plusieurs degrés. Dans cet état de choses, il fallait expérimenter pour savoir le point thermométrique auquel un organisme donné peut résister ; pour apprécier le temps de cette résistance, et les moyens sur lesquels elle se trouve naturellement établie. C'est à des recherches d'un aussi grand intérêt que nous avons particulièrement vu concourir les physiologistes et les physiciens déjà cités. Nous observerons, dans ces expériences nombreuses, que les élévations de la température seront d'autant moins longtemps et facilement supportées que les milieux ambiants s'éloigneront davantage de l'état gazeux, et qu'ils seront meilleurs conducteurs du calorique. Nous en trouverons la double raison dans une importation plus prompte, plus directe et plus considérable ; dans un obstacle plus ou moins puissant, présenté, par ces milieux, à l'exercice de la faculté vitale, dont les efforts s'opposeraient plus ou moins efficacement à cette importation. — *Solides*. Si nous considérons les effets produits sur nos parties sensibles à l'occasion de l'application topique d'un métal, par exemple, entretenu seulement à 40 degrés, nous comprendrons qu'il nous serait impossible de supporter quelques instants, sans danger, l'influence de cette application immédiatement et généralement effectuée. — *Liquides*. Le Monnier s'étant placé dans une eau thermale de Baréges marquant 45° c., n'y put séjourner que huit minutes, éprouvant alors des étourdissements et la plus pénible anxiété. Edwards expérimentant sur des reptiles dans l'eau à 40° c., a toujours vu succomber ces animaux après deux minutes d'immersion, bien que la tête fût maintenue dans l'air libre pour assurer la respiration pulmonaire. — *Vapeurs.* Delaroche, placé dans un bain de vapeur aqueuse dont la température s'éleva graduellement de 37°, 5 c. à 51°, 25 c., fut obligé d'en sortir après dix minutes. Berger, dans un bain semblable, porté de 41° 25 c. à 53° 75 c., ressentit après douze minutes et demie une soif intense, des vertiges, un affaiblissement général, qui le forcèrent à discontinuer l'expérience. Des grenouilles ont supporté pendant cinq heures l'action de vapeurs semblables élevées à 40 degrés. — *Gaz.* Dans l'air atmosphérique sec, les élévations de la température peuvent être beaucoup plus considérables sans occasionner momentanément d'aussi graves accidents. Banks, Fordyce, Blagden, Solander ont supporté quelque temps une chaleur de 79° c.; Berger resta pendant sept minutes au milieu d'une atmosphère à 109° 48 c., et Blagden pendant huit minutes sous une influence de 115° 55 c.; Tillet et Duhamel assurent qu'une jeune fille séjourna devant eux, pendant douze minutes, dans un four chauffé à 128° 75 c. et qu'elle n'en fut pas sensiblement incommodée. Nous lisons dans les *Mémoires de l'Académie des sciences* que deux autres jeunes filles purent soutenir, sans accidents graves, pendant quelques minutes, une température de 150° c. En supposant même quelques erreurs dans ces évaluations thermométriques, il n'en est pas moins évidemment démontré que nous pouvons supporter momentanément des augmentations très-considérables dans la chaleur extérieure, sans élévation notable de la température qui nous est propre. Les mêmes vérités sont confirmées par l'expérience pour les animaux à sang chaud et pour les vertébrés à sang froid.

Si nous cherchons actuellement à déterminer par quel moyen les êtres organisés vivants et plus spécialement les animaux supérieurs peuvent résister à l'importation du calorique ambiant, l'expérience et le raisonnement nous offrent les *perspirations pulmonaire* et *cutanée* comme agents essentiels de cet équilibre et de cette opposition. Nous savons déjà que le passage d'un corps de l'état fluide à l'état vaporeux exige l'absorption de 77 degrés de chaleur entièrement combinée dans cette modification. C'est précisément sur ce principe physique incontestable que se trouve basée la théorie de cette même opposition. Ainsi deux circonstances relatives aux perspirations indiquées peuvent en quelque sorte proportionner cette absorption du calorique extérieur à l'imminence de son importation dans l'économie vivante : 1° *l'augmentation d'activité de ces perspirations;* 2° *la liberté plus entière de la vaporisation de leurs produits.* Aussi toutes les fois que ces deux conditions peuvent acquérir leur parfait développement, l'organisme résiste avec avantage à l'élévation de la température artificielle; dans l'hypothèse contraire, l'économie succombe immédiatement à l'accumulation de la chaleur factice. Nous expliquons dès lors facilement par quelle raison les animaux qui transpirent beaucoup, résistent plus énergiquement à cette élévation du calorique ; pourquoi l'organisme s'échauffe bien plus rapidement dans l'eau, même à l'état vaporeux ; dans un air stagnant, humide que sous l'influence d'une atmosphère sèche incessamment renouvelée ; sous des vêtements épais que dans un état de nudité complète. C'est par une conséquence naturelle de ces lois et de ces intentions primordiales, relatives à la conservation des êtres organisés vivants, que nous voyons ces perspirations pulmonaire et cutanée s'activer dans la proportion de la chaleur ambiante, comme on l'observe dans les régions équatoriales, pendant les étés brûlants. Les boissons très-chaudes amènent des résultats semblables, c'est ainsi qu'elles deviennent essentiellement diaphorétiques. Ces mêmes intentions et ces mêmes lois ne sont pas seulement applicables à l'accumulation de la chaleur communiquée, elles appartiennent également à l'augmentation du calorique produit ; ainsi la transpiration est plus considérable dans l'exercice que dans le repos, chez le sujet sanguin pléthorique, dont les fonctions vitales et nutritives offrent un grand développement, que chez l'individu nerveux, anémique, dont la nutrition, la circulation, la respiration sont incomplètes et bornées ; dans l'enfance, que dans la caducité ; coïncidences qui démontrent en même temps l'enchaînement et la réalité des principes que nous avons établis sur la calorification.

Nous savons combien est considérable le refroidissement du corps en sortant d'un bain chaud, tant que s'effectue la vaporisation qui mouille de toutes parts l'enveloppe dermoïde. Cette observation est devenue la source de plusieurs applications utiles. C'est ainsi que l'on conserve les boissons fraîches sous une atmosphère brûlante, en les renfermant dans un vase entouré de linges humides. On a même confectionné, sous le nom d'*alcarazas*, des réceptacles poreux, laissant continuellement transsuder une certaine proportion du fluide qu'ils contiennent ; fournissant d'autant plus à l'évaporation que l'air ambiant est plus chaud, et conservant ainsi, par une disposition qui les rapproche en quelque sorte des animaux, sous ce dernier rapport, un degré thermométrique souvent bien inférieur à celui de l'atmosphère dont ils sont environnés. Delaroche et Berger, pour démontrer la puissance de la vaporisation dans le maintien de la température, sous l'influence d'une chaleur plus forte, ont renfermé dans une étuve sèche, variant de 52°, 5, à 61°, 25 c., un alcarazas, une éponge mouillée, l'un et l'autre élevés de 38°, 12, à 40°, 93 c., une grenouille à 21°, 25 c. ; après un quart d'heure, les trois corps étaient à peu près en équilibre à 37°, 18, c. Ainsi l'éponge et l'alcarazas avaient baissé d'un degré tandis que la grenouille avait monté de seize ; ils conservèrent cette chaleur pendant à peu près deux heures, se maintenant, par la seule évaporation, à quinze degrés au-dessous de la température ambiante. C'est en conséquence des lois dont nous venons d'exposer les applications principales que les poissons, qui ne transpirent jamais, périssent assez promptement dans l'eau chauffée seulement à 30° ou 40° c. C'est par un subterfuge puisé dans ces considérations positives, que les hommes prétendus incombustibles en imposent à la crédulité du vulgaire.

L'organisme vivant peut soutenir cette lutte violente sans danger pendant quelques instants, mais lorsqu'elle se prolonge il succombe même à des influences beaucoup moins énergiques dans leurs manifestations. Ainsi, dans nos climats tempérés, nous voyons parfois le moissonneur, haletant sous le poids de la fatigue, succomber instantanément par excès de calorification. Ces funestes accidents sont beaucoup plus fréquents encore dans les régions équatoriales. Le *Journal de physique* rapporte qu'en 1743, onze mille quatre cents personnes de tout âge moururent à Pékin, sous l'influence d'une température qui s'éleva, pendant quelques jours, de 37°, à 44°, 50 c. Dobson dans ses expériences, parle d'un jeune homme qui demeura pendant vingt minutes dans un air à 98°, 88 c.; son pouls, qui battait naturellement soixante-quinze fois par minute, présentait déjà cent soixante-quatre pulsations dans le même intervalle. Delaroche et Berger paraissent avoir supporté les plus grandes élévations de chaleur que l'homme puisse atteindre sans danger imminent. La température, chez Delaroche étant ordinairement de 36°, 56 c., s'éleva de 5 degrés après huit minutes, sous l'influence d'une atmosphère sèche, à 87°, 5 c.; de 3°, 12 c., après dix-sept minutes par l'action d'un bain de vapeur graduellement porté de 37°, 5 à 48°, 75 c. Des expériences analogues ayant été faites sur les animaux à sang chaud ont fourni des résultats à peu près identiques, en prouvant que la mort surviendrait, chez l'homme, après une élévation de 7 ou 8 degrés centigrades au-dessus du terme moyen que nous trouvons, pour ce dernier, de 36°, 12 c., dans l'âge adulte, et pour les enfants nés depuis un ou deux jours, de 34°, 75 c. Les symptômes produits par cette augmentation artificielle de la chaleur organique sont l'accélération du pouls, de la respiration, l'augmentation des perspirations pulmonaire et cutanée, la céphalalgie, la prostration des forces, la soif, l'anxiété générale, etc.

RÉSISTANCE A LA SOUSTRACTION DE LA CHALEUR VITALE. — De même que la vie ne comporte point des élévations de température bien supérieures à celles du moyen terme de la chaleur normale dans les êtres animés, de même nous la voyons s'éteindre par l'influence d'un abaissement trop considérable de cette même température au-dessous du point indiqué. Nous avons reconnu par l'expérience le phénomène qu'emploient les organismes pour lutter contre le premier de ces fâcheux résultats, il nous reste maintenant à rechercher celui qu'ils peuvent opposer au second, en procédant toujours d'après les faits et l'observation. Nous croyons avoir suffisamment démontré que le développement de la chaleur vitale se rattache directement à la *nutrition* comme phénomène immédiat ; à l'*innervation*, à la *respiration*, à la *circulation*, comme phénomènes préparateurs. Il nous serait dès lors permis d'en inférer que l'augmentation proportionnelle et graduée des mêmes fonctions présente la raison essentielle de cette faculté que manifestent les corps vivants de résister aux soustractions du calorique, en maintenant leur température propre au milieu des abaissements de la température ambiante. Mais l'expérience doit marcher avant le raisonnement, et, sur ce point, les faits naturels parlent avec tous les caractères de l'évidence. Frictionnez au moyen de la neige, plongez dans l'eau froide, exposez à l'air glacé une partie quelconque de l'enveloppe dermoïde, un sentiment pénible, un premier degré de torpeur et d'engourdissement se feront d'abord éprouver, avec décoloration de cette partie, abaissement superficiel de sa température normale. Tel sera l'effet immédiat de ces deux réfrigérants sur un point de l'organisme doué de la vie. Mais bientôt la scène change entièrement, et l'on voit se développer, dans un ordre qu'il est important de préciser avec soin, des phénomènes opposés à ceux qui s'étaient manifestés d'abord. La peau devient plus sensible que dans l'état normal, par une irradiation nerveuse plus énergiquement et plus localement effectuée ; elle rougit par une augmentation du mouvement circulatoire vers ce point ; elle se gonfle sous l'influence d'une élaboration nutritive plus considérable ; c'est alors seulement que la calorification s'effectue plus activement, et que la température se rétablit à son degré naturel, souvent même le dépasse, beaucoup moins toutefois qu'on l'imaginerait, en jugeant d'après la sensation de brûlure dont cette même partie devient alors le siége, circonstance que nous expliquerons en traitant des *courants calorifères*. Tel sera l'effet de la résistance vitale dans la circonstance indiquée. Cet effet deviendra d'autant plus évident et positif dans ses manifestations que le sujet de l'expérience offrira plus de force et d'énergie constitutionnelles. Ainsi, par l'action du froid extérieur, l'*innervation*, la *circulation*, la *nutrition*, la *calorification* locales avaient été diminuées, ou même suspendues en suivant cette gradation naturelle, c'est dans le même ordre qu'elles sont rétablies ou même augmentées par la réaction vitale. Dans l'une et l'autre circonstance, la *calorification* est modifiée la dernière, comme dépendance et comme résultat des trois autres fonctions. On doit sentir quel nouveau degré d'évidence ressort encore ici des faits, relativement à la théorie d'après laquelle nous expliquons le développement de la chaleur vitale. Nous venons d'exposer le mode particulier de résistance physiologique opposée à l'invasion locale du froid; c'est à peu près le seul que présentent les organismes bornés aux phénomènes de la nutrition, de la circulation, de la respiration et de l'innervation diffuse. Étudions actuellement cette résistance appliquée à des agressions plus générales, et soutenue par des économies douées de l'innervation, de la respiration et de la circulation centrales; nous verrons s'agrandir et se perfectionner ses moyens et ses manifestations.

Lorsque l'homme et les animaux supérieurs ont à lutter contre les influences générales et graduées des refroidissements atmosphériques, ils développent instinctivement l'activité de l'*innervation*, de la *respiration*, de la *circulation* centrales et de la *nutrition*, par tous les moyens que la nature, pour les seconds, que la nature et l'art, pour le premier, leur ont permis d'employer dans les circonstances de cette impérieuse nécessité. C'est ainsi que nous voyons une tendance irrésistible aux mouvements partiels et généraux, un développement remarquable d'activité chez tous les êtres sensibles et motiles, soumis aux modifications d'un froid incapable de produire immédiatement la torpeur et la mort. C'est ainsi que l'homme, dans les mêmes circonstances, ajoute encore, aux heureux effets des exercices appropriés, les résultats non moins puissants de l'usage des aliments solides, excitants, nutritifs et surtout empruntés au règne animal, celui des boissons alcooliques en proportion modérée, etc.; les dispositions contraires peuvent entraîner les plus funestes conséquences. D'après ces principes aussi simples que naturels et féconds en applications utiles, Solander, traversant les parages glacés du détroit de Magellan, sauva presque tout son équipage en défendant sévèrement à ses matelots de s'abandonner aux douceurs d'un sommeil perfide et le plus souvent mortel, par le défaut de calorification suffisante pour fournir aux frais de semblables déperditions. Le calorique développé sous l'influence des moyens principaux que nous venons d'indiquer, se conserve beaucoup mieux dans l'économie, compense bien plus avantageusement l'action du froid extérieur, que la chaleur communiquée par nos foyers artificiels; ainsi le rustique laboureur qui s'exerce au milieu de la campagne, souffre moins des rigueurs de la saison, que le frêle citadin immobile et respirant à peine dans l'air épais et vicié de ses magnifiques salons.

Nous trouvons dès lors un exercice habituel aussi nécessaire pour éviter les inconvénients du froid prolongé, que le repos absolu pour s'opposer entièrement à ceux de la chaleur. Ainsi l'expérience démontre que l'état ordinaire de l'atmosphère, dans une région, modifie positivement les habitudes, le régime, les usages, les mœurs des peuples qui s'y rencontrent. Cette vérité paraîtra dans toute son évidence en comparant l'habitant du Nord, actif, industrieux, passant toute sa vie dans l'exercice de la chasse, vivant du produit journalier de ses travaux, mangeant impunément des chairs faisandées ou du poisson déjà fermenté, buvant avec avantage des liqueurs spiritueuses, au musulman paresseux, engourdi par la mollesse et l'inaction, se nourrissant d'aliments doux, et consumant sa triste existence nonchalamment étendu sur un tapis, en fumant la pipe ou mâchant de l'opium.

L'économie vivante soutient l'agression du froid pendant quelque temps sans inconvénient notable; mais lorsque cette influence est prolongée, des accidents graves et même la mort peuvent se manifester. Les différences que nous avons signalées relativement à l'importation du calorique extérieur, se reproduisent ici dans la soustraction de la chaleur vitale sous le point de vue des modificateurs ambiants qui déterminent l'une et l'autre. Ainsi, toutes choses égales dans le nombre des points de notre enveloppe cutanée, mis en contact avec ces corps, nous en supportons d'autant moins facilement les abaissements de température qu'ils se rapprochent davantage de l'état solide. Il existe également, pour ces modificateurs, trois circonstances bien importantes à noter dans leur action réfrigérante. 1° *La propriété conductrice du calorique*, comme on le voit dans la comparaison d'un métal et d'un fragment de bois sec. 2° *La grande facilité à passer, sous l'influence de la chaleur, de l'état solide à l'état liquide, et de celui-ci à l'état vaporeux*, comme il est aisé de s'en convaincre en appliquant sur une partie de la peau, avec des températures égales, de l'eau et du mercure congelés, de l'eau et de l'éther à l'état liquide. L'absorption instantanée des 77° c. de calorique nécessaires pour le passage de l'état solide à l'état liquide et de ce dernier à l'état de vapeur, nous explique l'énorme soustraction de chaleur produite par le mercure, par l'éther, et le danger de ces applications. 3° *Le renouvellement continuel des corps réfrigérants.* Il suffit de prendre un bain froid, de séjourner dans un air très-agité sous l'influence d'un grand abaissement dans la température atmosphérique, pour savoir combien les mouvements effectués dans le premier, et les déplacements continuels, éprouvés par le second, augmentent le refroidissement. Le célèbre capitaine Parry, dans son voyage aux contrées hyperboréennes, observa que les hommes de l'expédition étaient moins incommodés en se promenant au milieu d'un air calme à 17°, 77 au-dessous de zéro, que par l'influence d'un vent même léger, lorsque le thermomètre ne marquait que 6°, 66 c. au-dessous de la glace fondante. Ici le mouvement de l'atmosphère équivalait dans ses effets à 11° d'abaissement dans la température. Fisher, chirurgien du même bord, assure qu'ils supportaient mieux, dans la première circonstance, un froid de 46°, 11 c., qu'un froid de 17°, 77 c., dans la seconde. La différence, produite par le déplacement aérien, s'élevait dans cette occasion à 29 c.; l'augmentation dans l'abondance et la rapidité des soustractions du calorique nous explique aisément ces mêmes différences.

Après avoir lutté plus ou moins énergiquement contre ces diverses causes de refroidissement, l'organisme vivant éprouve un abaissement gradué dans sa température normale, si l'action de ces causes devient assez intense et surtout assez prolongée. Cet abaissement, d'autant plus grave qu'il affecte des êtres plus élevés dans l'échelle zoologique et plus complétement développés, ne peut descendre pendant quelque temps au-dessous de zéro dans aucun sujet, depuis la mousse obscure jusqu'à l'homme, sans entraîner l'extinction vitale, toute circulation des fluides ainsi congelés devenant absolument impossible. Aussi ne voyons-nous plus aucune végétation sous les glaces éternelles des pôles. Tiedemann dit qu'en 1826, la température des arbres est descendue à 10° c. au-dessous de zéro, sans congélation de ces derniers; tandis que dans les étés brûlants elle peut monter à 20° c., sans danger imminent. Ces faits ont besoin de confirmation. Senebier, Lamarck, Saussure ont vu les fleurs des plantes élever, par leur calorique développé, le thermomètre de 26°, 11 c. à 30°, 56 c.; ils attribuent cet effet à la combinaison de l'oxygène et de l'acide carbonique. Chez les animaux à sang froid, et parmi les animaux à sang chaud, pour les *hibernants*, la vie peut s'entretenir encore au milieu des abaissements les plus remarquables de la température organique; il n'en est plus de même chez les animaux supérieurs. Ainsi les expériences de M. de Saissy et de plusieurs autres physiologistes nous démontrent qu'un reptile, une marmotte peuvent exister avec une chaleur propre de 4° à 5° c. au-dessus de zéro, tandis que l'homme, les oiseaux et la plupart des mammifères succombent aussitôt que leur température descend à 26° ou 28 c. Les funestes effets de ces refroidissements s'annoncent par des bâillements, des pandiculations, un engourdissement général, une sorte d'apathie morale et physique, la tendance au repos, à l'assoupissement, alors d'autant plus perfide qu'il n'est pas sans charme et sans quelque douceur. Aussi pour le voyageur, égaré dans les sentiers couverts de neiges, au milieu d'une atmosphère glacée, l'invasion du sommeil devient presque toujours le premier pas vers la mort. C'est de la circonférence au centre que s'effectue cette influence destructive, et les limites les plus reculées de l'organisme sont en même temps les premières envahies par la congélation.

D'après toutes les considérations que nous venons d'établir sur la chaleur vitale des êtres organisés en général et de l'homme en particulier, nous voyons ce dernier, objet spécial de notre étude, présenter une température moyenne de 37°, et que Douville, d'après les expériences qu'il vient de faire assez récemment dans l'intérieur de l'Afrique, prétend plus élevée de deux degrés chez les nègres que chez les blancs ; supérieure chez les sujets stupides et pendant l'insolation immédiate, etc., la conserver quelque temps sans variations très-notables et par le bienfait des résistances que nous avons indiquées, dans un intervalle thermométrique de 150° c. pour l'atmosphère ambiante, et de 14° à 16° c. pour les élévations et les abaissements qu'il peut supporter dans la sienne propre, sans danger imminent pour la vie. L'histoire de ces modifications de la chaleur physiologique nous conduit naturellement à celle des *courants calorifères*, dont l'exposition raisonnée jettera le plus grand jour sur l'ensemble de cette grande fonction, sur la théorie de plusieurs maladies très-graves et sur beaucoup d'applications thérapeutiques du premier intérêt.

Quant à la chaleur propre aux différentes espèces animales, John Davy l'établit ainsi d'après l'expérience : singe, 39 ; chien, 39 ; chat, 38 ; cheval, 37 ; mouton, 40 ; chèvre, 40 ; bœuf, 38 ; porc, 40 ; éléphant, 37 ; chat-huant, 40 ;

poule, 42 ; coq, 43 ; oie, 41 ; canard, 43 ; pigeon, 42 ; moineau, 42 ; tortue, 28 ; serpent, 31 ; requin, 25 ; grenouille, 25 ; truite, 14.

Courants calorifères. — Pour les corps bruts, la transmission du calorique d'un point vers un autre se fait par propagation dans les molécules successives ; elle est en raison de l'accumulation de la chaleur sur ce premier point, et de la propriété conductrice des parties intermédiaires au second. Chez les êtres organisés vivants, chez l'homme, que nous allons plus particulièrement étudier sous ce rapport, ce n'est plus par simple irradiation que s'effectuent les mouvements du calorique ; on ne voit pas ce modificateur, comme dans la barre métallique, rougie par l'une de ses extrémités, présenter une accumulation parfois très-considérable dans ce foyer d'émission, pour s'affaiblir toujours d'une manière très-sensible à mesure que l'on s'approche de l'extrémité directement opposée ; c'est par des mouvements très-variables, très-irréguliers, soumis à des modifications incalculables d'avance, qu'il se dirige, avec plus ou moins d'activité, vers telle ou telle partie, sous des influences, avec des résultats absolument étrangers aux dispositions de la matière sans vitalité. C'est à ces mouvements divers que nous accordons le nom de *courants calorifères.* Au milieu de cette instabilité, de ces vicissitudes continuelles, nous pouvons cependant établir plusieurs lois fondamentales relativement : 1° aux *causes qui déterminent ces courants ;* 2° à la *manière dont ils s'établissent;* 3° aux *circonstances qui les favorisent ;* 4° aux *effets qu'ils occasionnent ;* 5° aux *illusions sensitives qu'ils font naître ;* 6° enfin à l'*emploi de plusieurs agents thérapeutiques,* et dont leur connaissance approfondie peut seule diriger convenablement l'*application.*

1° Causes déterminantes. — On peut les rattacher à peu près toutes à l'opposition des températures, soit de l'extérieur comparé à l'intérieur, soit de telle région relativement à telle autre. Dans cet état de choses, les courants calorifères sont constamment produits par des circonstances qui détruisent l'équilibre général, et que nous réduisons à deux principales : au développement d'une proportion plus considérable de chaleur organique ; à la soustraction d'une grande quantité de calorique vital par les agents extérieurs.

2° ÉTABLISSEMENT.— C'est toujours des points les plus élevés en température, vers ceux qui se trouvent soumis au refroidissement, que se manifestent les courants calorifères. Si la chaleur intérieure augmente, celle de l'extérieur conservant le même degré, si l'extérieur se trouve soumis au refroidissement, l'intérieur n'éprouvant aucune modification naturelle, dans ces deux circonstances, les courants s'établissent de l'intérieur à l'extérieur, mais avec cette différence importante que, dans le premier cas, l'impulsion est directe, peu susceptible d'épuisement ; c'est en raison de son exubérance dans l'économie que le calorique tend à l'exportation. Dans le second, cette impulsion est indirecte, souvent insuffisante ; c'est en conséquence du refroidissement extérieur, et pour en faire les frais, que la chaleur vitale abandonne l'organisme. Nous trouvons les exemples de ces manifestations pour l'une dans l'économie de l'homme robuste soumis à des exercices violents ; pour l'autre, dans l'état d'une partie que l'on a plongée, pendant quelques instants, au milieu d'une eau glacée. Lors au contraire que la température s'élève à la périphérie, soit naturellement, soit artificiellement ; lorsque les parties centrales sont refroidies par l'une ou l'autre de ces influences, les courants calorifères s'effectuent de l'extérieur vers l'intérieur. Si l'équilibre s'établit dans l'économie, soit par absence de déperdition, soit par défaut de production assez énergique, l'organisme, sans excitation et sans mobile, paraît languir dans l'inaction.

3° CIRCONSTANCES FAVORABLES. — Il ne suffit pas que des oppositions de température se trouvent effectuées pour que les courants calorifères s'établissent avec rapidité. Les organes centraux de l'innervation, de la respiration, de la circulation doivent offrir un développement normal, une énergie suffisante ; il est essentiel qu'ils n'aient pas été frappés de stupeur et d'engourdissement ; car le refroidissement extérieur, s'il a pénétré profondément, ne détermine plus alors ces mouvements calorifères, et cette activité qui les accompagne ; il produit l'assoupissement et la mort ; enfin l'organisme tout entier a besoin d'offrir une constitution saine et vigoureuse. Nous voyons ainsi pourquoi les apoplectiques, les phthisiques, les sujets affectés d'atrophie cardiaque, les rachitiques, les scrofuleux, les scorbutiques, les cacochymes, les convalescents d'une maladie longue et douloureuse ne supportent pas bien les influences du froid ambiant. Si nous ajoutons que la plupart de ces individus n'offrent jamais les perspirations pulmonaire et cutanée d'une manière franche et complète, nous expliquerons en même temps leur impuissance à résister aux effets de la chaleur atmosphérique, lorsqu'elle présente une certaine élévation.

4° RÉSULTATS. — Ils sont particulièrement relatifs : à l'*excitation vitale des appareils organiques* ; à la *réparation du calorique enlevé par les réfrigérants étrangers*; à l'*accumulation de la chaleur dans le point refroidi, si la même dépense et la même soustraction ne continuent pas de s'effectuer*. La connaissance exacte de ces trois modifications physiologiques présente les plus importantes applications à l'hygiène, à la pathologie. La *première* nous offre les tissus, les organes, les appareils dans une activité, dans un développement d'énergie proportionnés à la rapidité, à la liberté des courants calorifères. Ainsi jamais un organisme donné, toutes choses égales d'ailleurs, ne présente plus d'élévation, de force et d'extension dans ses actes, qu'à l'instant où les courants le traversent avec le plus de promptitude et de facilité, la chaleur se trouvant alors abondamment produite à l'intérieur, dépensée, soustraite au dehors dans une mesure proportionnelle, incapable d'exiger des frais excessifs et d'entraîner un épuisement gradué. Nous voyons le prototype de cette modification chez l'homme jeune, robuste, bien nourri, exerçant convenablement toutes ses facultés physiques sous l'influence d'un froid sec et modéré. Jamais au contraire cet organisme n'offre moins de ressort, de développement et de puissance dans ses phénomènes vitaux, qu'au moment où les courants calorifères sont le plus près possible de l'immobilité absolue ; la production et la dépense étant presque nulles. Nous en trouvons la preuve chez le sujet valétudinaire, placé dans une atmosphère dont la température se rapproche assez de la sienne pour ne pas exciter une déperdition notable de la chaleur développée dans son économie. La *seconde* nous présente la réparation du calorique soustrait à l'organisme, par les agents extérieurs, d'autant plus active, plus complète et mieux soutenue, que les courants calorifères sont plus largement et plus rapidement établis ; que leur entretien repose naturellement sur des appareils plus forts par leur constitution, plus énergiques dans leur vitalité ; les dispositions contraires amènent des résultats essentiellement différents. Nous expliquons dès lors avec facilité pourquoi l'homme vigoureux lutte avantageusement et d'une manière prolongée contre les influences du froid extérieur par le secours de l'exercice et d'une bonne alimentation, alors qu'il cède bientôt à l'action destructive de ce modificateur dans le repos, le défaut de réparation nutritive, et surtout lorsque les appareils centraux de l'innervation, de la circulation et de la respiration sont frappés d'engourdissement et d'inertie, par les effets du sommeil, des alcooliques et des narcotiques abusivement employés ; pourquoi l'homme, d'une organisation frêle, délicate, vicieuse, et dont l'âme est faiblement trempée, supporte, à peine quelques instants, les agressions des réfrigérants étrangers, et ne tarde pas à succomber après une résistance imparfaite et momentanée. La *troisième* nous montre une augmentation de température organique ; toutefois avec des élévations thermométriques beaucoup moins considérables qu'on le penserait d'abord, en se laissant abuser par des illusions sensitives que nous allons bientôt signaler. Ces élévations sont réelles comme nous l'avons démontré ; nous les rapportons à deux causes principales : à l'exaltation extranormale de la calorification, les déperditions de la chaleur vitale restant à l'état ordinaire ; à la suspension plus ou moins entière de ces déperditions, la calorification s'effectuant dans la mesure naturelle. On conçoit tous les dangers qui doivent accompagner les manifestations énergiques de ces deux influences réunies ; suivons l'enchaînement des faits. Un exercice général et soutenu, l'usage des boissons alcooliques sans abus, une passion forte, expansive, un violent accès fébrile, sans aucun changement particulier dans les circonstances extérieures, augmentent la température organique dans une proportion que nous avons trouvée d'un à trois degrés centigrades. Cette élévation thermométrique deviendrait beaucoup plus considérable et plus funeste dans ses résultats, si le développement proportionnel des perspirations pulmonaire et cutanée, par une merveilleuse précaution de la nature médicatrice, n'enlevait à l'économie cet excès de calorique produit. Aussi voyons nous ces perspirations notablement accrues dans les circonstances indiquées. Aussi le malade affecté d'une fièvre ardente et soutenue, conserve-t-il un sentiment intérieur et pénible de chaleur générale, si la peau reste sèche vers la fin de l'accès ; tandis qu'une sensation d'allégement et de bien-être constitutionnels suivent immédiatement les sueurs plus ou moins abondantes que l'on voit ordinairement survenir dans cette occasion. L'influence prolongée d'un air humide et chaud, l'immersion dans un bain dont la température est à peu près égale à celle du sang, l'application des vêtements épais et surtout imperméables à la sueur, tels que les toiles et les taffetas gommés, sans modification notable de la calorification normale, élèvent également la température vitale, et produiraient encore des effets plus marqués et plus graves, si l'espèce de langueur et d'inertie imprimées à tout l'organisme par le défaut d'activité des courants calorifères, ne produisaient bientôt une diminution proportionnée de la calorification naturelle. Enfin, si les deux influences que nous venons de signaler se réunissent dans un même sujet, si la production d'une grande quantité de chaleur vitale coïncide avec l'impossibilité de son exportation par les moyens naturels et même artificiels de refroidissement, alors on voit la température s'élever d'une manière plus ou moins promptement destructive. Ainsi, bien souvent, le coursier dont la marche est précipitée sous un ciel brûlant, périt immédiatement par cette influence. L'homme sain, pendant un exercice animé, le sujet malade, soumis à la violence d'un accès fébrile, ne supporteraient pas, sans imminence d'une mort prochaine, l'action d'une atmosphère embrasée, des vêtements susceptibles d'empêcher entièrement l'évaporation des fluides perspiratoires. Nous savons avec quelle impatience et quels inconvénients sont prolongées les applications des cataplasmes trop chauds sur une partie vivement enflammée. Nous comprenons actuellement le sentiment d'ustion, le développement d'une phlegmasie, souvent même de l'escarrification dont un point de l'organisme peut devenir le siége, lorsqu'il s'est momentanément trouvé soumis à l'influence d'un réfrigérant énergique. En effet, lorsqu'une soustraction considérable de chaleur est opérée subitement dans une région de l'économie, les courants calorifères s'y précipitent rapidement de toutes les autres divisions ; si la cause du refroidissement cesse immédiatement et sans gradation, le mouvement des courants accumule, dans cette région, des proportions de calorique variables et surabondantes, avec les accidents progressifs de l'inflammation et de la brûlure. Déjà l'on avait remarqué le fait, on savait que l'action d'un froid excessif produit des résultats analogues à ceux de l'ustion véritable ; mais on était loin de saisir l'identité de ces deux phénomènes que l'on regardait comme des actions diamétralement opposées par leur nature, seulement analogues dans leurs effets. Nous croyons pouvoir avancer aujourd'hui que ces deux actions sont absolument semblables par le fait. Ainsi la mortification produite par le mercure congelé, mis en contact avec une partie de la peau, celle que détermine l'application du fer incandescent au même tissu, ne sont autre chose que deux brûlures ; celle-ci produite par l'importation et l'accumulation du calorique étranger au moyen des courants établis de l'extérieur à l'intérieur ; l'autre, déterminée par une forte localisation de la chaleur propre sous l'influence des courants mis en activité de l'intérieur vers l'extérieur. Nous verrons bientôt combien ces notions sont indispensables dans l'action raisonnée du froid comme agent thérapeutique.

5° ILLUSIONS SENSITIVES. — Lorsque la température organique se trouve notablement élevée par l'une des causes que nous venons d'énumérer, un sentiment de chaleur plus ou moins vif nous avertit de ce changement, et nous engage à borner la calorification, à solliciter l'intervention des réfrigérants appropriés. Dans les abaissements de cette même température, une impression de froid plus ou moins pénible nous fait naturellement chercher tous les moyens de rétablir la chaleur vitale dans son état normal. Cette impression est évidemment ici le besoin, le sentiment instinctif qui nous avertit de la nécessité d'un calorique, soit physiologiquement produit, soit artificiellement importé dans notre économie ; l'autre, la *satiété* qui nous éclaire sur les inconvénients de cette production ou de cette importation prolongées au même degré. C'est entre ces deux régulateurs que nous sommes dirigés dans le maintien d'une température appropriée aux besoins de notre économie. Ces impressions, l'une de froid, l'autre de chaleur, suffisantes pour les avertissements opposés dont nous parlons, deviennent essentiellement fautives lorsqu'il s'agit de préciser le degré d'élévation ou d'abaissement de la chaleur, et nous entraînent sous ce rapport dans les plus grandes illusions. Ainsi, après un exercice violent et prolongé, pendant l'intensité d'un accès fébrile, tout l'organisme paraît brûlant ; si nous plongeons momentanément les mains dans la neige, elles deviennent bientôt le siége d'un sentiment analogue à celui que produirait l'eau bouillante ; lorsqu'une partie de la peau s'enflamme avec violence, elle fait éprouver une impression semblable à celle que déterminerait l'application du fer incandescent, etc., dans toutes ces modifications la chaleur vitale paraît, d'après le sentiment qui s'éveille, dans un état d'extrême accumulation ; d'après le thermomètre, seul appréciateur infaillible pour ce genre d'investigation positive, elle est seulement élevée de trois à quatre degrés au-dessus du point moyen de la température normale. Si nous cherchons actuellement la cause de ces illusions remarquables, nous la trouvons aisément dans l'ignorance des effets que produisent les *courants calorifères* sur la sensibilité générale de nos parties. Accoutumés, par le défaut de notions suffisantes, à n'apprécier que les augmentations ou les diminutions de la température organique, nous laissons passer inaperçus les résultats que doivent nécessairement entraîner le ralentissement ou l'accélération de ces courants. Nous croyons pouvoir établir, comme vérité physiologique bien démontrée par l'expérience, que les sensations de chaleur ou de froid dont nos organes deviennent le siége, sont en raison non-seulement de l'élévation ou de l'abaissement de leur température actuelle, mais encore, et plus spécialement peut-être, de la rapidité ou de la lenteur des courants calorifères par lesquels ils sont traversés. Pour le premier cas, en effet, une grande masse de calorique les pénètre dans un temps déterminé ; pour le second, des dispositions contraires se manifestent. Sous la première influence, l'accumulation n'a lieu que dans l'hypothèse où la soustraction du calorique n'est plus en mesure de sa formation ; bientôt alors on voit la vie s'éteindre par un degré de chaleur qu'elle n'est pas capable de supporter ; sous la seconde, un froid assez incommode peut se manifester alors même que la température est encore à 34° ou 35° c., si la production et la soustraction de la chaleur physiologique sont presque nulles, si par conséquent les *courants calorifères* se trouvent réduits à la stagnation à peu près complète. Nous voyons déjà se dérouler toutes les conséquences de ces notions positives relativement à la physiologie, à l'hygiène, à la pathologie.

6° APPLICATION DE LA THÉORIE DES COURANTS CALORIFÈRES. — Le système que nous avons développé dans ces considérations, dont Pelletan et Desprez nous ont offert les premiers éléments, s'applique de la manière la plus satisfaisante et la plus vraie à tous les phénomènes de la calorification, soit dans l'état normal, soit dans l'état pathologique ; à l'emploi des modificateurs les plus importants, soit sous le rapport de l'hygiène, soit relativement à la thérapeutique raisonnée. Ne voulant pas sortir de notre sujet, nous établirons seulement des généralités sur les conditions essentielles qui doivent régler exactement l'emploi de la chaleur et du froid pour ces deux circonstances principales.

Dans toutes les applications de la chaleur et du froid, soit à l'homme sain, soit à l'homme malade, nous ne devons jamais perdre de vue ces deux lois fondamentales : 1° *les courants calorifères sont accélérés par l'accroissement de la calorification vitale et par l'augmentation du refroidissement extérieur ;* 2° *les organes éprouvent, toutes choses égales d'ailleurs, une excitation proportionnée à la rapidité des courants calorifères par lesquels ils sont traversés.* En partant de ces principes simples et généraux, nous raisonnerons désormais avec précision toutes les influences des deux modificateurs puissants que nous allons étudier.

Relativement à la chaleur. — Il est facile de comprendre, *sous le rapport de l'hygiène,* que l'air dont la température présente une certaine élévation, que les vêtements, les bains chauds, etc., conviennent aux enfants, aux sujets valétudinaires. Aux premiers, par le danger d'exciter dans leur économie, naturellement irritable, des courants calorifères trop actifs ; aux seconds, en raison des faibles déperditions de calorique dont ils peuvent, sans danger, supporter les frais. *Relativement à la thérapeutique médicale,* on devra, dans les applications topiques faites sur les tissus enflammés, se rapprocher autant que possible de la chaleur du sang, afin de ralentir, de neutraliser même les courants calorifères ; en s'élevant au-dessus, on les détermine de l'extérieur à l'intérieur ; en s'abaissant au-dessous, on les appelle du centre à la périphérie ; dans les deux cas, avec le grave inconvénient d'augmenter encore l'inflammation que l'on se propose de combattre. Ainsi toute médication locale, immédiate, plus chaude ou plus froide que la partie phlogosée, deviendra nécessairement plus nuisible qu'utile.

Relativement au froid. — L'influence constitutionnelle de ce modificateur n'a pas toujours été bien appréciée. Elle était surtout mal comprise par ceux qui conseillaient l'emploi de l'air et des bains froids pour *fortifier* les enfants d'une organisation naturellement frêle et délicate. Sans doute, sur des sujets robustes et vigoureux, dont les appareils centraux, par des réactions énergiques, fournissent librement aux frais des déperditions effectuées, ces deux modificateurs, en activant les courants calorifères, favorisent encore le développement de la force native, donnent à l'organisme plus de vivacité, plus d'extension dans ses mouvements divers. Il suffit, pour s'en convaincre, d'examiner les actions physiologiques de ces individus accomplies pendant les froids modérés de l'hiver, consécutivement à l'emploi d'un bain froid dans lequel surtout ils ont pu se liver aux différents exercices de la natation ; et ces mêmes fonctions exécutées après l'immersion prolongée dans l'eau tiède, sous le poids d'une chaleur accablante, pendant les jours brûlants des étés. Sur des sujets grêles et valétudinaires, les effets de ces modificateurs sont diamétralement opposés : l'agacement nerveux se manifeste d'abord ; l'épuisement général ne tarde par à survenir. Il est aisé d'en trouver la raison, d'une part, dans l'irritation que les courants calorifères, plus ou moins accélérés, déterminent sur un organisme naturellement impressionnable et mobile ; de l'autre, dans les efforts excessifs que doit faire ce dernier pour combler incessamment le déficit qu'entraînent des pertes bien supérieures aux produits de la réparation. Que l'on examine avec attention les sujets nerveux et débiles dans une atmosphère tempérée, dans un air glacial, après l'influence régulière des bains tièdes, après l'action des bains froids, on sentira toute la justesse et toute l'importance de ces applications. Il est actuellement bien facile d'expliquer par quelle raison les individus robustes et vigoureux sont encore tonifiés par le froid, débilités par la chaleur ; tandis que les sujets frêles et délicats se trouvent au contraire fortifiés par la seconde, affaiblis par le premier. Si nous descendons actuellement de ces considérations générales aux applications topiques, nous trouverons également des objets du plus grand intérêt.

Les effets thérapeutiques des réfrigérants locaux, employés sous le titre de *révulsifs*, ont déjà beaucoup exercé les médecins observateurs, dans tous les pays et dans tous les temps. Précisant leur usage à l'une des maladies les plus graves de l'homme, *à l'encéphalite*, si nous ouvrons les archives de l'art, pour consulter les résultats et les opinions sur cet objet, nous voyons, à côté des plus belles guérisons, les effets les plus évidemment funestes ; en regard de la confiance et des éloges les mieux exprimés, les critiques, l'abandon les moins ménagés dans leur exclusion. Ne cherchons point ailleurs que dans le défaut de connaissances relatives à la théorie du refroidissement organique, dans l'irrégularité de son emploi, les causes de ces dissidences et de ces oppositions entre des praticiens également habiles. Avant de posséder les unes, avant d'effectuer l'autre, d'après des règles positives, nous avons appliqué les réfrigérants souvent avec succès, quelquefois avec désavantage ; éclairé par l'expérience et le raisonnement, ces applications nous ont constamment semblé favorables, et parfois merveilleuses dans leurs effets. Pour les bien comprendre, et pour en assurer le succès, revenons au principe fondamental.

Toutes les fois qu'un réfrigérant très-énergique se trouve appliqué sur l'une de nos parties sensibles, et que cette application est passagère, deux résultats importants ne tardent pas à se manifester : 1° *L'accélération des courants calorifères de tous les points vers le siége du refroidissement ;* 2° *l'accumulation d'une quantité plus ou moins considérable de chaleur dans ce même siége.* Le premier de ces effets est produit par la différence considérable qui s'établit instantanément entre la température de la partie soumise à l'expérience, et celle des autres divisions de l'organisme ; le second, par le défaut de soustraction du calorique surabondamment dirigé vers cette partie, la cause réfrigérante ayant été subitement enlevée, l'impulsion des courants calorifères déterminée par l'action momentanée de cette cause, ne pouvant pas s'arrêter immédiatement après sa destruction. C'est dans l'intelligence raisonnée de ces deux principes essentiels, que les lois générales, sur lesquelles reposent naturellement les applications thérapeutiques du froid, doivent trouver leur base inébranlable. Dès lors, pour ne pas sortir de l'exemple choisi, en couvrant immédiatement le crâne avec la glace pilée, dans le cours d'une encéphalite, en suspendant ces influences locales pendant quelques heures, pour les reprendre ensuite, on détermine l'activité des courants calorifères, précisément vers l'encéphale, et consécutivement, l'accumulation de la chaleur dans les organes dont il est formé. Ces deux résultats contraires à ceux que l'on voulait obtenir développent encore l'irritation, et rendent quelquefois mortelle une phlegmasie qu'il eût été possible de guérir en évitant ces influences nuisibles. Avec des inconvénients aussi graves, l'usage du froid ne devrait jamais entrer dans la thérapeutique médicale, et nous comprenons actuellement les motifs de ceux qui l'ont entièrement proscrit. Toutefois cette exclusion n'est pas fondée, puisqu'elle porte à faux, non point sur l'usage raisonné de ce moyen, mais entièrement sur un vice d'application. Deux circonstances principales rendent les effets du refroidissement nuisibles : 1° *Son influence trop subite;* 2° *les intermittences de son action;* il faut les éviter, et ce moyen puissant conservera désormais toute son efficacité. Nous y parvenons d'une manière bien simple. Voici les règles invariables qu'il faut suivre dans toutes ces médications : 1° *graduer insensiblement l'abaissement de la température du réfrigérant dans son application ;* 2° *continuer celle-ci pendant toute la maladie, sans aucune interruption même instantanée;* 3° *élever, par degrés inappréciables, cette même température, lorsque l'ablation du réfrigérant doit être effectuée.* Ainsi, dans les premiers moments de l'application, on devra progressivement employer à des intervalles d'une ou deux heures, suivant les dispositions du sujet, l'eau à la température de l'atmosphère, l'eau de puits, la neige, la glace ; continuer celle-ci pendant toute la durée du traitement, et dans les derniers instants de cette application, changer progressivement, aux mêmes intervalles dans les transitions, la glace, l'eau de puits, l'eau à la température atmosphérique, pour supprimer ensuite cette même application. En procédant ainsi, les courants calorifères ne seront point activés dangereusement vers les organes phlogosés ; ces derniers, au contraire, éprouvant un refroidissement lent et gradué, tomberont dans un état de torpeur et d'engourdissement qui diminueront et paralyseront même souvent les efforts destructeurs du mouvement inflammatoire. C'est alors seulement que ce refroidissement profond se trouve obtenu, que l'on doit compter sur les heureux effets du moyen que nous indiquons ; c'est également par la continuité d'un état semblable, que l'on peut garantir ultérieurement son efficacité, soit pour empêcher l'invasion d'une phlegmasie, soit pour combattre une inflammation déjà survenue.

Les principes et les règles que nous venons d'établir sont applicables à toutes les modifications hygiéniques et thérapeutiques du froid, soit locales, soit générales ; ils nous dirigeront toujours avec discernement et succès, aussi bien dans le traitement d'une *diastasis* des ligaments, d'une *entorse*, que dans celui d'une encéphalite et d'une asphyxie par submersion. Ils nous expliqueront, dans le premier cas, les inconvénients positifs d'un refroidissement opéré sans mesure, détruit sans raisonnement ; dans le second, les dangers imminents d'une importation de chaleur trop promptement effectuée ; dans l'une et l'autre circonstance, les funestes effets des courants calorifères mal dirigés, et leur influence en quelque sorte merveilleuse lorsqu'ils se trouvent soumis à des lois plus naturelles et plus physiologiques. Il est aisé de pressentir les développements utiles que l'on peut actuellement donner à cette idée fondamentale ; surtout dans ses applications pratiques à l'hygiène, à la pathologie.

VIII° SÉCRÉTIONS.

La sécrétion, ἔκκρισις, de ἐκκρίνω, je sépare, je retranche, *secretio*, de *secernere*, extraire, mettre à part ; considérée d'une manière générale, au point de vue physiologique, est l'action vitale des organes sécréteurs sur un *agent*, pour en extraire et combiner les éléments d'une humeur qui n'existait pas avant cette élaboration.

Le but essentiel de cette fonction envisagée d'une manière générale dans l'économie vivante, est d'en effectuer l'épuration, et de fournir, comme nous le verrons, des liquides particuliers et nécessaires à l'accomplissement de plusieurs actions organiques. Il importe ici de faire observer que les éléments nuisibles que les sécrétions doivent éliminer, se rencontrent presque toujours dans la lymphe, rarement dans le sang rouge. Dupuytren ayant injecté, sans accident, jusqu'à deux onces de bile, chaque jour, dans les veines d'un chien, le sang de l'animal, analysé quelques instants après, par Thénard, n'offrait aucune trace de cette humeur sécrétée ; il paraît, du reste, assez difficile de transmettre la rage, la syphilis, la variole, etc., par l'inoculation du sang ; tandis que la lymphe, la salive, etc., leur servent ordinairement de véhicule.

Toutefois, l'épuration sécrétoire est quelquefois immédiate ; dans tous les cas, elle devient évidente ; ainsi lorsque nous mangeons des asperges, par exemple, deux heures après les urines en expulsent le principe irritant, répandent une odeur fétide ; lorsque nous séjournons dans un lieu rempli de miasmes putrides, les gaz rendus par l'anus offrent une odeur cadavéreuse analogue à celle de ceux qui sont absorbés par la peau, la muqueuse bronchique ; l'usage des moules non lavées amène souvent une éruption analogue à l'urticaire ; l'abus des salaisons, des épices, etc., donne aux sueurs un caractère acrimonieux, et, dans certains cas où les épurations languissent, on voit survenir des irritations rénales, vésicales, des dartres, des teignes rebelles, des boutons irréguliers, et beaucoup d'autres éruptions cutanées, etc. On sent dès lors que les sécrétions se trouvent, par leur objet, opposées à la digestion, à l'absorption; celles-ci préparent, introduisent dans l'économie soit des éléments nouveaux susceptibles de réparer les pertes organiques, et de reconstituer le solide vivant par l'intermédiaire de la nutrition, soit des fluides pour servir de véhicule aux humeurs, soit enfin des éléments irritants ou vénéneux, capables d'entraîner les plus graves désordres, ou même d'anéantir la vie; les *sécrétions* séparent des matériaux à conserver, les molécules vieillies, les humidités surabondantes et les principes délétères, pour les éliminer enfin de l'économie vivante. On conçoit dès lors que les sécrétions doivent s'exercer dans tout organisme où l'on rencontre les manifestations rudimentaires de la vitalité; aussi, de même que l'homme nous offre la *sueur*, l'*urine*, la *salive*, la *bile*, etc., de même aussi les végétaux nous présentent la *gomme*, la *résine*, les *sucs vénéneux, caustiques, amers*, comme produits de ces élaborations particulières. En constituant le principal moyen d'épuration des organismes vivants, ces fonctions ont encore pour usage de préparer des humeurs essentielles à l'accomplissement de plusieurs phénomènes conservateurs des individus : la *salive*, la *bile*, le *suc pancréatique*, etc.; reproducteurs des espèces, le *sperme*, l'*ovarine*, etc.

Agent. — Les éléments des fluides sécrétés sont fournis, pour les végétaux, par la *seve*, que l'on doit considérer comme le sang dans ces organismes ; pour un grand nombre d'animaux inférieurs, par la *lymphe ;* pour les animaux supérieurs, pour l'homme, par la *lymphe*, le *sang rouge*, et même très-probablement par le *sang noir*. Les caractères particuliers de ces trois agents ont été suffisamment exposés dans l'histoire de leur circulation spéciale. Une grande question vient se présenter ici : les matériaux des fluides à sécréter sont-ils contenus, déjà formés, dans la lymphe, le sang rouge et le sang noir? Abordons franchement toutes les difficultés d'une solution qu'il n'est plus permis de laisser dans le vague et dans l'obscurité dont on l'a presque toujours environnée.

La plupart des physiologistes ont pensé, même encore aujourd'hui plusieurs modernes soutiennent que les humeurs sécrétoires sont déjà formées dans les fluides en circulation, et que la sécrétion n'est dès lors autre chose, comme son nom l'indique assez positivement, qu'une *séparation*, une *action élective* des organes chargés de cette opération, sur les agents qui leur sont apportés. Haller lui-même a prétendu que ces humeurs circulaient par avance dans le sang et la lymphe; une hypothèse aussi fautive est devenue la base de sa théorie sur les déviations de ces mêmes humeurs. Chirac, Dumas, Prévost, Ségalas, sur des chiens auxquels on avait enlevé les reins, ont trouvé de l'*urée* dans le sang, alors que celui des animaux de cette espèce qui n'avait pas été soumis à la même opération, ne présentait aucune trace de cet élément fondamental de l'urine. L'expérience plusieurs fois répétée sous nos yeux, avec des résultats différents, en la supposant plus identique relativement à ses effets, ne prouverait nullement la préexistence des matériaux de cette humeur dans le sang, puisqu'ils devraient s'y rencontrer aussi bien avant qu'après l'extirpation des reins ; observation également applicable à toutes les autres humeurs, à tous les autres organes de sécrétion.

Comhaire a fait sur cet objet important plusieurs essais qui nous semblent dignes de fixer l'attention. Le canal de l'urètre ayant été lié sur plusieurs animaux, ils répandirent bientôt une odeur ammoniacale par la transpiration cutanée ; les matières expulsées par le vomissement offrirent le même caractère ; on y rencontra de l'urine chez quelques-uns. Premier résultat qui démontre la réalité des déviations urinaires par la muqueuse digestive et par la peau. Les reins ayant été complétement extirpés sur d'autres animaux, et le canal de l'urètre maintenu dans son état de liberté, aucune quantité d'urine ultérieurement formée ne passa dans la vessie, les produits des vomissements et de la perspiration dermoïde, n'offrirent pas même l'odeur ammoniacale. Second résultat qui prouve que les reins sont les seuls organes sécréteurs de l'urine, et que cette humeur ne se trouve pas dans le sang antérieurement à leur action. Ce que nous disons des reins, l'expérience le prouve également pour tous les organes de la même catégorie ; chacun a sa nature particulière et son action spéciale. Par une conséquence nécessaire, chacun élabore son fluide propre. Si d'un côté nous observons une différence remarquable entre la *sérosité*, le *mucus*, l'*urine*, la *bile*, le *lait*, etc., ne rencontrons-nous pas la même diversité de structure et de propriétés vitales entre la *séreuse*, la *muqueuse*, le *rein*, le *foie*, la *glande mammaire*, etc.? Ces oppositions sont telles, que le fluide élaboré par l'un de ces organes produirait sur les autres des irritations plus ou moins funestes, comme il est aisé de s'en convaincre en injectant de la bile dans les reins, de l'urine dans le péritoine, etc. Ici les lois naturelles se trouvent établies d'une manière si positive, qu'aucune maladie des appareils, aucune perversion des phénomènes sécréteurs, aucune altération de l'économie vivante ne peuvent rendre les organes de cette économie susceptibles d'élaborer l'une des humeurs connues qui leur soit naturellement étrangère, alors que sous les mêmes influences, ils parviennent à former des fluides anormaux. Ainsi, quelles que soient les circonstances physiologiques et pathologiques dont l'organisme puisse être environné, jamais le foie ne sécrétera d'*urine* ; le rein, de *bile* ; la glande mammaire, de *sperme* ; le testicule, de *lait*, etc. Jamais, d'un autre côté, les organes morbifiquement créés dans cette même économie : un kyste accidentel, un polype, etc., ne donneront naissance aux produits que nous venons d'énumérer ; tandis que dans l'état inflammatoire, les uns et les autres pourront fournir du *pus*, de l'*ichor*, de la *sanie*, etc. Sans doute il est incontestable que de nombreuses déviations humorales peuvent s'effectuer dans l'organisme vivant ; ainsi l'on a vu l'urine en conséquence de l'obstruction de ses canaux excréteurs, s'échapper abondamment par l'anus, les mamelons, les conduits salivaires, les exhalants cutanés séreux ; s'accumuler dans le péritoine, dans l'arachnoïde ; produire l'apoplexie, comme Boerhaave dit l'avoir observé ; mais dans cette circonstance et dans toutes les perversions analogues, n'est-il pas évident que l'humeur déviée n'éprouve, dans son cours, des aberrations semblables, qu'après avoir été formée par son organe propre, saisie par les absorbants dans ses canaux afférents ou dans son réservoir, transmise au torrent circulatoire, et de là dirigée vers les parties qui s'opposent le moins à son excrétion. Ainsi toute économie qui n'offrira pas un *foie*, des *salivaires*, un *pancréas*, des *reins*, des *mamelles*, des *testicules*, ne présentera jamais un atome de *bile*, de *salive*, de *suc pancréatique*, d'*urine*, de *lait*, de *sperme*. Au contraire tout organisme pourvu de ces glandes, si leurs canaux efférents se trouvent exactement liés, pourra nous offrir chacune de ces humeurs dans la lymphe, dans le sang, au milieu des appareils les plus étrangers à leur formation. C'est évidemment par la confusion des accidents de l'*excrétion* avec ceux de l'*élaboration sécrétoire*, que l'on s'est appuyé sur les déviations humorales pour fonder l'hypothèse fautive que nous combattons. Les éléments de ces humeurs sont contenus dans les fluides circulatoires qui doivent les porter aux organes sécréteurs, mais ils s'y trouvent isolés, sans liaison, sans aucun des caractères spéciaux qu'ils présenteront immédiatement après le travail de ces organes, et dont la préexistence à cette élaboration est un fait complétement erroné, qui ne doit plus servir de base à la théorie des sécrétions.

D'après M. Denis, l'*oxygène*, l'*hydrogène*, l'*azote*, le *carbone*, le *soufre*, le *phosphore*, le *calcium*, le *sodium*, le *potassium*, le *chlore*, le *magnésium*, le *fer* s'unissent en diverses proportions, sous l'influence vitale, pour constituer les fluides et les solides organiques ; avant cette élaboration ils appartiennent exclusivement à la chimie générale et n'offrent en rien les caractères des humeurs et des tissus vivants. D'après le même physiologiste, le sang présente pour éléments, en suivant l'ordre de leurs proportions respectives : 1° l'*eau* ; 2° l'*hématosine* ; 3° l'*albumine* ; 4° la *graisse phosphorée rouge* ; 5° l'*hydro-*

chlorate de soude; 6° *de potasse*; 7° la *fibrine*, 8° l'*osmazôme*; 9° la *cruorine*; 10° la *soude*; 11° le *carbonate de chaux*; 12° le *phosphate de chaux*; 13° l'*oxyde de fer*; 14° le *phosphate de magnésie*; 15° la *graisse phosphorée blanche*. Ces éléments combinés en proportions différentes par la vitalité des organes forment les tissus et les humeurs de l'économie. Avant le travail nutritif et sécrétoire, ils n'offraient aucun caractère essentiel des uns et des autres. Ainsi l'on ne doit pas chercher davantage, dans les fluides circulatoires, du lait, de la bile, de l'urine, du sperme tout formés, antérieurement à l'action de la mamelle, du foie, de rein, du testicule, que des tissus muqueux, séreux, cutané, fibreux indépendamment de l'influence assimilatrice de ces mêmes tissus ; dans l'hypothèse que nous attaquons, les uns et les autres devraient également s'y rencontrer. Pour les sécrétions comme pour la nutrition, les éléments des humeurs et des solides organiques, se trouvent nécessairement dans les fluides circulatoires qui deviennent ainsi leur agent particulier, mais il n'existe pas plus d'identité entre ces éléments et les produits qu'ils servent à former, qu'entre les principes chimiques simples d'un corps et ce même composé. Autant vaudrait par conséquent avancer que l'eau qui contient d'une part la *soude*, et de l'autre l'*acide sulfurique* isolés, sans combinaison, présente le *sulfate de soude*, antérieurement à l'action des affinités qui doit le constituer, que d'admettre dans les fluides circulatoires la préexistence des humeurs sécrétées, indépendamment de l'élaboration vitale des organes particuliers chargés d'en opérer la formation.

Ces principes établis, il nous reste à préciser d'une manière générale et positive, la nature et les véritables caractères de cette élaboration physiologique. Ici viennent se présenter des hypothèses, des théories que nous rangeons sous trois titres : 1° *mécaniques*; 2° *chimiques*; 3° *vitales*, et dont nous devons examiner les bases fondamentales.

1° THÉORIES MÉCANIQUES. — Au nombre de ces hypothèses que les physiciens ont beaucoup trop multipliées, nous distinguerons plus spécialement les suivantes : la *pression de l'organe sécréteur*, *l'action des cribles*, celle des *vaisseaux décroissants*, *l'influence de la forme et des divisions vasculaires.* Nous verrons que chacune de ces théories porte avec soi sa réfutation.

Pression de l'organe sécréteur. — Les mécaniciens, parmi lesquels on cite à regret le nom du célèbre Haller, comparent les glandes à des éponges dans lesquelles se trouvent déposés les fluides sécrétés, et ne voient dans les phénomènes dont nous parlons qu'une simple compression de ces glandes avec issue de l'humeur qui s'y trouvait renfermée. La sécrétion salivaire, plus particulièrement, leur a fourni le motif de cette application fautive : l'écoulement de la salive est plus abondant lors de la mastication. C'est un principe vrai dont les mécaniciens ont tiré la conséquence la plus erronée, lorsqu'ils ont ajouté que l'on devait attribuer ce résultat aux pressions effectuées par le maxillaire inférieur ; tandis que l'excitation des glandes, par cette cause physique beaucoup trop exagérée, mais surtout celle que produisent les aliments sur les orifices des canaux excréteurs, nous en expliquent physiologiquement la manifestation. D'un autre côté, cette hypothèse n'indique nullement l'élaboration intime que nous recherchons ; elle suppose l'humeur déjà formée dans l'organe et devient une explication très-défectueuse de l'excrétion de cette humeur.

Action des cribles. — Descartes, Borelli comparent les organes sécréteurs à des cribles dont les ouvertures présenteraient, pour chacun de ces organes, une forme et des dimensions appropriées aux dimensions, à la forme de l'humeur qu'il doit naturellement élaborer. Dans cette supposition, les molécules de ces humeurs triangulaires, carrées, arrondies, ovoïdes, polygonales viennent se présenter aux *cribles organiques*, et chacun d'eux laisse passer les molécules appropriées à ses orifices. Il suffit, pour détruire entièrement cette hypothèse, de faire observer qu'elle suppose la préexistence des humeurs à sécréter dans les fluides circulatoires ; que, d'après la remarque de Glisson, toutes les ouvertures normales de nos tissus ont la forme arrondie; que, suivant la judicieuse réflexion de Pitcairn, l'organe sécréteur dont le *crible* offrirait les mailles les plus larges sécréterait à lui seul toutes les humeurs, en laissant passer indistinctement des molécules inférieures en volume aux dimensions de ses orifices particuliers. Fodera cherche à ressusciter cette ancienne erreur, en considérant les perspirations vitales comme des transsudations. L'état actuel de la science nous dispense de réfuter plus amplement ces deux modifications d'une même théorie.

Action des vaisseaux décroissants. — Cette hypothèse, basée sur la théorie de Boerhaave relative à la circulation, attribue l'élaboration sécrétoire à l'influence physique de la diminution des vaisseaux conoïdes, et leur travail devient identique à celui que Descartes et Borelli voulurent attribuer aux pores organiques. Les mêmes objections se reproduisent ici; nous trouvons dans cette supposition les inconvénients majeurs d'une fausse conséquence, découlant avec effort d'un principe également erroné.

Forme des divisions vasculaires. — Plusieurs anatomistes ayant fait remarquer les dispositions *circulaire, stellée, solaire, spirale, ondulée, rameuse,* par lesquelles se terminent les vaisseaux artériels, des physiologistes ont cru pouvoir en inférer une théorie générale des sécrétions, et les différencier d'après ces modifications de l'arbre circulatoire à sang rouge. En supposant même dans chacun de ces organes sécréteurs l'une ou l'autre de ces dispositions propres, en négligeant les belles expériences de Bichat qui démontrent le défaut d'influence de la direction des vaisseaux, relativement au cours des fluides par lesquels ils sont traversés, on pourrait tout au plus y rattacher une manière d'être particulière dans la circulation; jamais elles n'expliqueraient les spécialités du travail sécrétoire qu'elles n'ont pas même le pouvoir de ralentir ou d'accélérer.

2° THÉORIES CHIMIQUES. — A l'époque où la physique et la

chimie semblèrent devoir envahir toutes les sciences dans leurs immenses progrès, l'histoire des sécrétions ressentit profondément cette fâcheuse atteinte, et fut complétement dénaturée par les hypothèses dont nous allons esquisser le tableau. Nous les rattacherons à quatre chefs principaux : *Fermentation entre les principes des fluides circulatoires; ferment particulier à chaque appareil; préexistence du fluide sécrété dans l'organe sécréteur; attraction déterminée par les densités comparatives des organes sécréteurs et des fluides sécrétés.* Nous allons voir combien ces théories étrangères aux lois physiologiques se trouvent éloignées de la vérité.

Fermentation entre les principes des fluides circulatoires. — Willis et Vanhelmont ont prétendu que les fluides, chargés d'apporter aux organes les matériaux de leur élaboration particulière, éprouvent, en parcourant ces derniers, les mouvements intestins d'une véritable fermentation qui constitue le travail sécrétoire et produit l'humeur qui doit en résulter. Il serait aisé de renverser une pareille hypothèse dans son principe, nos fluides circulatoires n'éprouvant aucune décomposition chimique tant qu'ils sont en mouvement dans leurs canaux sous l'influence vitale En accordant ce principe essentiellement erroné, comment en soutenir les inductions? Si l'élaboration sécrétoire est effectuée sous l'influence des propriétés chimiques, ses produits doivent se montrer avec identité; or les humeurs de cette catégorie sont essentiellement différentes entre elles, et chacune de ces humeurs varie positivement dans les états normal et pathologique. Pourrait-on jamais confondre la bile avec le lait, ce dernier avec la sueur; voudrait-on garantir l'uniformité du mucus, de l'urine chez un homme sain, chez un sujet affecté de catarrhe et de diabète sucré? Cette hypothèse, fausse dans son principe, le devient donc également dans ses conséquences.

Ferment particulier à chaque organe sécréteur. — Helmontius et Pascal, zélés partisans de la fermentation, sentirent la force des objections faites à celle que l'on admettait dans les fluides vivants, et crurent y répondre, en supposant, pour chaque appareil d'élaboration sécrétoire, un *ferment* particulier susceptible de provoquer des combinaisons et de confectionner des humeurs propres à chacun de ces appareils. Il serait difficile de voir, dans cette modification de la première hypothèse, autre chose que les illusions d'une imagination systématique. Où se trouve la preuve d'un ferment particulier dans les organes sécréteurs? En supposant même la réalité de cet être mystérieux, comment inférer de sa présence la détermination d'un mouvement intestin précisément en rapport avec ce dernier par sa nature et par ses produits? Ne savons-nous pas, au contraire, que telle ou telle espèce de fermentation ne dépend nullement des qualités du ferment qui la sollicite, mais bien plutôt de la composition spéciale des substances qui l'éprouvent. Ainsi quel que soit l'agent provocateur qui favorise leur décomposition, les matières animales se putréfient, le principe mucoso-sucré se transforme en alcool, et ce produit, joint au mucus, forme ultérieurement l'acide acétique. En faut-il davantage pour anéantir les théories basées sur la fermentation, sur les attractions chimiques, relativement aux fonctions dont nous rechercherons la nature?

Préexistence du fluide sécrété dans l'organe sécréteur. — Leibnitz et Winslow prétendirent qu'il existait à la naissance, dans chaque appareil de sécrétion, une certaine quantité de l'humeur qu'il doit ultérieurement élaborer avec des proportions plus considérables; que ce fluide en réserve agissait par une sorte d'affinité purement élective sur les matériaux des fluides circulatoires, pour en extraire un produit absolument identique à sa composition. Cette hypothèse, erronée dans son principe et dans ses conséquences, n'est qu'une subtilité facile à renverser. D'abord elle suppose la préexistence des humeurs sécrétées dans les modificateurs qui doivent en fournir les éléments; ensuite rien ne démontre la présence des fluides innés en réserve dans les organes sécréteurs; il suffit au contraire d'examiner les reins chez le fœtus, les testicules chez l'enfant, les glandes mammaires avant la puberté, pour s'assurer très-positivement que l'on ne trouve alors aucune trace d'urine, de sperme ou de lait dans ces organes. Enfin, si la sécrétion était un résultat de cette attraction chimique, invariable dans sa nature, elle devrait offrir constamment les mêmes produits ; altérée dans ses effets, on ne la verrait plus revenir à l'état normal, puisque le fluide en réserve, plus ou moins vicié, devrait constamment attirer un fluide identique. Or nous savons que les humeurs sécrétées offrent des différences bien positives chez l'enfant et chez le vieillard, dans l'état normal et sous l'influence des conditions pathologiques ; nous voyons chaque jour les sécrétions, altérées par les maladies, reprendre leurs dispositions primitives lorsque ces troubles organiques sont dissipés ; une plus ample réfutation devient par conséquent inutile.

Attraction déterminée par les densités comparatives des organes sécréteurs et des fluides sécrétés. — Newton pose en principe qu'il existe une attraction particulière entre les solides et les fluides les plus rapprochés par leurs densités respectives ; partant de ce point, il ajoute que les solides les plus denses ont une affinité réelle pour les liquides analogues ; harmonie qui se rencontre également pour les extrêmes opposés et pour les nombreux intermédiaires des premiers et des seconds. Faisant ensuite aux sécrétions l'application de cette hypothèse physique, il prétend que les organes sécréteurs les plus compactes s'approprient, en vertu de cette attraction élective, les parties les plus épaisses des fluides circulatoires, et que les viscères les plus poreux s'emparent des matériaux les plus ténus. Peu digne du génie de son auteur, cette hypothèse, contestable par son principe, est essentiellement erronée par ses inductions. En effet, dans la théorie qu'elle sert à fonder, les organes les plus compactes devraient élaborer les humeurs les moins denses, et *vice versâ*. Or le rein est plus compacte que le foie ; la glande lacrymale, que le testicule ; la parotide, que les amygdales, etc. ; cependant la bile est plus épaisse que l'urine ; le sperme, que les larmes ; les mucosités, que la salive, etc. Si nous avons accordé quelques moments à l'examen des théories physiques et chimiques relatives aux sécrétions, c'est uniquement en raison de l'importance des auteurs qui les ont imaginées, et du poids que des noms célèbres pourraient encore leur donner aujourd'hui. Hâtons-nous de rentrer dans le sentier de la vérité, après avoir parcouru celui de l'erreur, pour la réfutation de ces hypothèses fautives.

3° THÉORIE VITALE. — Stahl qui considérait l'âme, dans l'économie vivante, comme premier mobile de toutes les actions physiologiques, expliqua les sécrétions par l'influence de cet agent invisible sur chacun des organes sécréteurs en particulier. Si l'on comprend, sous ce titre collectif, l'ensemble des propriétés et des forces vitales, on voit l'opinion de Stahl marquer déjà le passage de l'erreur à la vérité, répudier l'importation monstrueuse des lois physiques dans le domaine des êtres animés. Si l'on exprime au contraire par le nom d'âme le principe immatériel constituant la partie la plus noble et la plus belle de l'homme, cette hypothèse, alors enveloppée dans le vague de l'imagination, remplace une théorie positivement vitale, par une vaine subtilité métaphysique. Arrivons à des idées plus saines, à des principes vrais sur la nature et le mode particulier des élaborations sécrétoires.

La sécrétion, avons-nous dit, *est l'action vitale des organes sécréteurs sur les fluides qui leur sont apportés, pour en extraire et combiner les matériaux d'une humeur qui n'existait pas avant cette élaboration.* Nous ajouterons que ce phénomène physiologique est à la bile, au lait, à l'urine, etc., ce que la chylification est au chyle, la respiration au sang rouge, la nutrition au solide vivant. Nous avons démontré la nature vitale de la nutrition, de la respiration, de la chylification, celle des sécrétions est encore plus facile à prouver.

Nous défions à jamais les mécaniciens, les chimistes et les physiciens, de confectionner, par tous les moyens réunis de leurs arts physiques, chimiques et mécaniques, l'humeur sécrétée la plus simple dans sa composition, employant tel fluide circulatoire qu'ils voudront choisir dans l'économie vivante.

Cet appel nous semble d'autant moins encourageant, que ceux mêmes qui d'abord avaient prétendu faire du chyle par ces moyens, n'ont jamais annoncé l'espérance des mêmes résultats pour la sérosité, la sueur, la bile, le lait, l'urine, etc.

Si les sécrétions étaient mécaniques, physiques ou chimiques, effectuées par des forces invariables dans leur nature et dans leur influence, elles donneraient des résultats identiques par leur composition, dans chacun des organes sécréteurs, et ne présenteraient que des modifications relatives à la quantité de ces produits. Or l'observation de chaque jour nous démontre que l'urine, par exemple, subit des changements continuels et profonds sous le rapport des âges, du tempérament, de l'alimentation, des passions de l'âme, de l'exercice, du repos, des maladies, etc. Dans l'état de santé, sans aucune cause appréciable d'altération, les fluides sécrétés offrent encore des caractères si variables dans les mêmes organes, sous l'influence des mêmes conditions, qu'à peine rencontrons-nous deux analyses chimiques de ces fluides qui nous signalent une identité parfaite, soit dans le nombre, soit dans les proportions relatives de leurs principes constituants.

La ligature ou la section de tous les nerfs qui se ramifient dans un organe sécréteur, suspendent constamment cette fonction ; l'humeur fournie par cet organe, s'il est unique dans l'économie, cesse bientôt de s'y présenter. Non-seulement l'influence nerveuse générale se manifeste ici d'une manière évidente, mais encore celle du grand sympathique, si bien précisée par M. Claude Bernard, s'y montre de manière à ne laisser aucun doute sur le caractère essentiellement vital de la fonction. En effet, la section de ce nerf *vaso-moteur* laissant les capillaires qu'il gouverne sans régulateur, on les voit aussitôt admettre une proportion exagérée du fluide circulatoire qui doit naturellement les parcourir, avec excès du produit sécrété, sans parler de ses altérations.

Tous les agents susceptibles d'élever, d'abaisser ou de pervertir l'action vitale des organes sécréteurs, produisent en même temps l'augmentation, la diminution et la perversion des humeurs sécrétées. Les influences morales sont également très-positives relativement à ces élaborations. Ainsi les passions tristes et concentrées dénaturent la bile; un emportement de colère, chez la nourrice, détériore si profondément les qualités du lait, que l'enfant qui le prend alors éprouve bien souvent des vomissements ou des convulsions, comme nous l'avons observé plusieurs fois.

En résumant les faits essentiels et positifs qui se rattachent directement aux sécrétions considérées d'une manière générale, nous voyons que ces élaborations, quelle que soit leur simplicité, nécessitent la réunion des conditions suivantes : la présence d'un organe sécréteur distinct; celle d'un fluide circulatoire mis en contact avec cet organe, et renfermant les éléments du fluide à sécréter; l'intégrité des nerfs, des vaisseaux et du tissu propre de cet appareil; la régularité de l'influence physiologique particulière à ce dernier. Il est dès lors impossible de ne pas reconnaître dans les modifications sécrétoires une action purement vitale; mais quelle est la nature intime de cette action ? Là doit s'arrêter l'observateur sévère qui ne veut pas substituer l'imagination au raisonnement, et multiplier le nombre des vaines théories dont la science est déjà beaucoup trop embarrassée.

Quelques auteurs ont prétendu que les fluides, particulièrement destinés aux sécrétions, éprouvaient une sorte d'élaboration préparatoire, en traversant les vaisseaux qui vont se rendre à l'organe sécréteur. Dumas, adoptant cette idée, reconnaît à la périphérie de ces appareils, ce qu'il qualifie du titre d'*atmosphère glanduleuse*, et dans le domaine de laquelle cette modification préliminaire est effectuée. Cette opinion n'est peut-être pas absolument invraisemblable, mais où sont les preuves suffisantes pour lui donner l'importance d'une vérité physiologique? En terminant ces considérations sommaires, nous devons ajouter que les humeurs sécrétées sont conduites au lieu qui leur est assigné, par une ou plusieurs actions organiques désignées sous le terme collectif d'*excrétion*. Ce phénomène, différant essentiellement dans chacune des principales variétés de la grande fonction que nous examinons, se trouvera naturellement exposé dans l'histoire des particularités qui vont actuellement faire l'objet de notre étude.

Des sécrétions en particulier. — Pour donner à l'histoire des sécrétions en particulier toute la précision qu'elle exige, nous devons les diviser en plusieurs catégories. Différentes bases de classification viennent s'offrir : 1º la *nature chimique des humeurs sécrétées.* — Elle présente les graves inconvénients de n'être point physiologique, de rapprocher des sécrétions essentiellement différentes sous toutes les autres conditions, et de n'avoir elle-même rien de positif, puisque les caractères physiques et chimiques de ces fluides sont remarquables par la plus grande instabilité ; 2º les *usages de ces humeurs.* — Cette base est mieux appropriée à la science de la vie, mais elle établit des rapports entre les fluides les plus opposés, et d'ailleurs chacun de ces fluides n'étant presque jamais borné à l'accomplissement d'un seul phénomène dans l'économie vivante, il en résulterait la plus grande confusion pour les groupes formés d'après cette indication ; 3º *dispositions des organes sécréteurs.* — Ce caractère nous paraît en même temps le plus invariable par sa nature, le mieux approprié à notre objet et surtout le plus favorable aux généralités physiologiques et pathologiques dont cette histoire nous fournira l'occasion ; c'est par conséquent à ce dernier que nous accorderons la préférence.

En étudiant avec soin les organes sécréteurs, depuis les plus simples jusqu'aux plus composés, nous les voyons se réduire à trois formes principales, que l'on peut considérer comme les trois degrés d'une même constitution, de plus en plus compliquée : 1º le *simple entrelacement des vaisseaux exhalants ;* 2º la *disposition folliculeuse ;* 3º l'*organisation glandulaire proprement dite.* D'après ces formes, nous distinguerons les sécrétions en trois classes principales : 1º *perspiratoires ;* 2º *folliculaires ;* 3º *glandulaires,* et nous les exposerons dans trois sections isolées.

Les appareils sécréteurs de ces trois catégories nous offrent une gradation remarquable dans leur complication. Ainsi, pour la première, nous trouvons les vaisseaux exhalants seuls ; pour la seconde, ces vaisseaux, plus les follicules, dans lesquels ils se ramifient ; pour la troisième, ces mêmes vaisseaux, ces follicules, un parenchyme particulier qui les réunit et leur mérite le nom de glande. Plus l'appareil est composé, plus le fluide qu'il forme doit être élaboré, par conséquent différent des agents chargés d'en fournir les matériaux constituants. Ainsi, la sérosité, la synovie, la sueur, etc., offrent encore beaucoup d'analogie avec le sérum du sang ; l'humeur sébacée, les mucosités, etc., s'en éloignent davantage ; l'urine, le lait, la bile, etc., n'ont plus aucun trait de ressemblance avec ces fluides circulatoires. Cette harmonie, ces rapprochements entre les propriétés plus spéciales du produit, et la complication de l'organe chargé de le confectionner, semblent jeter un certain jour sur l'histoire générale de cet ordre d'actions physiologiques.

1° Sécrétions perspiratoires. — Nous comprenons sous ce titre les sécrétions qui s'opèrent aux surfaces libres, sans autre appareil que des vaisseaux capillaires diversement ramifiés. Les auteurs ne s'accordent pas sur la nature et la disposition de ces vaisseaux. Haller et plusieurs anatomistes pensent qu'ils sont représentés par les dernières divisions artérielles. D'autres, ajoutant à cette idée, prétendent qu'ils offrent un grand nombre de pores latéraux par lesquels s'effectue la perspiration. Bichat et la plupart des modernes admettent l'existence d'un ordre particulier de vaisseaux, émanant des capillaires artériels sous le nom d'*exhalants*, offrant une texture et des propriétés spéciales, ne livrant passage, dans l'état normal, qu'à des fluides blancs et plus ou moins rapprochés des caractères généraux de la sérosité. Ces trois opinions ayant pour objet des parties invisibles, il sera toujours impossible de porter anatomiquement une décision irrévocable sur la préférence que l'on doit accorder à l'une d'entre elles. Dans cet état de choses, nous adopterons l'opinion de Bichat comme plus vraisemblable, et se prêtant mieux à l'explication des phénomènes sécréteurs. Nous pensons qu'il existe un système exhalant, particulièrement affecté à l'élaboration des fluides perspirés, offrant une structure et des propriétés spéciales pour chaque appareil dont il fait partie. Les différences que nous rencontrons sous ces principaux rapports entre les vaisseaux exhalants de la peau, des muqueuses, des séreuses, des synoviales, etc., nous expliquent celles qui distinguent la sueur, le fluide perspiratoire muqueux, la sérosité, la synovie, etc. Tel est l'appareil probable des sécrétions perspiratoires que les anciens nommaient *transsudations*, et que plusieurs modernes ont décrites sous le titre d'*exhalations*. C'est par l'action vitale de ces vaisseaux que les humeurs de cet ordre sont élaborées et bientôt produites au lieu de leur destination par la tonicité de ces derniers, dans lesquels on voit se confondre et s'identifier en quelque sorte les phénomènes de la sécrétion et ceux de l'excrétion. Ces fluides sont déposés, les uns, sur des surfaces en communication avec l'extérieur, plus ou moins promptement expulsés au dehors et vaporisés ; les autres, dans plusieurs cavités sans ouverture, où nous les voyons repris par l'absorption. Nous indiquerons leurs usages particuliers dans l'examen des spécialités. Au nombre de ces dernières, nous devons particulièrement noter les perspirations : *cutanée, muqueuse, séreuse, synoviale, cellulaire, médullaire, oculaire, vasculaire*. Chacune d'elles va maintenant fixer isolément notre attention.

Perspiration cutanée. — Nous décrivons sous ce titre l'exhalation qui s'opère incessamment à la surface extérieure de l'enveloppe dermoïde, chez le plus grand nombre des corps organisés vivants, et dont le produit s'échappe tantôt sous forme de vapeurs, *perspiration insensible* ; tantôt à l'état liquide, *sueur* ; différence exclusivement relative aux circonstances physiques de l'évaporation, et non point à la nature de l'humeur sécrétée, comme l'avaient pensé quelques physiologistes anciens. Cette fonction, d'un intérêt majeur dans les organismes où nous remarquons son plus grand développement, remplit des indications très-importantes au nombre desquelles nous devons plus particulièrement noter : *l'épuration générale de l'économie, l'opposition au desséchement de l'enveloppe cutanée, le maintien de la chaleur vitale dans un équilibre normal;* aussi verrons-nous ces altérations influencer plus ou moins profondément toute la constitution.

Appareil. — Il est représenté, pour les végétaux, dont il forme la principale disposition sécrétoire, par des vaisseaux qui viennent s'ouvrir à la périphérie des tiges, et plus spécialement encore à la face supérieure des feuilles. Tréviranus les croit sphéroïdaux et terminés par de petits renflements glandiformes. Chez les animaux et particulièrement chez l'homme, ces exhalants sont ramifiés obliquement sous l'épiderme criblé d'un grand nombre de petits orifices, au lieu d'offrir, comme l'avaient avancé quelques anatomistes, une superposition d'écailles régulièrement imbriquées, à la manière de celles des poissons. Chez ces derniers, l'existence d'un appareil perspiratoire est complétement niée par un grand nombre de naturalistes. On en conçoit d'ailleurs en partie l'inutilité, d'après la nature du milieu dans lequel ils doivent nécessairement exister.

Agent. — Le sang rouge et plus particulièrement le sérum, qui forme son véhicule, paraît être le modificateur chargé d'exciter les exhalants cutanés, et de leur fournir les matériaux de la sécrétion qu'ils doivent effectuer. Aussi voyons-nous les changements de composition que ce fluide circulatoire peut éprouver, en occasionner d'assez remarquables dans la nature même de la sueur. C'est en produisant l'importation d'éléments irritants ou trop animalisés, que l'usage habituel des salaisons, des épices, des viandes faisandées, etc., rend la transpiration plus odorante, plus acrimonieuse, et quelquefois assez corrosive pour occasionner le développement des inflammations et des exanthèmes cutanés.

Besoin — Toutes les fois que la perspiration cutanée se trouve diminuée, suspendue quelque temps, on voit bientôt apparaître des symptômes qui font apprécier les inconvénients de ces anomalies et le besoin d'exercer la fonction qu'elles affectent. Un sentiment d'anxiété, d'impatience dans tout le système nerveux, une chaleur âcre et sèche à la surface dermoïde, un prurit incommode, une sorte de pesanteur et d'apathie générales, nous offrent l'ensemble des impressions qui vont se confondre dans la sensation instinctive attachée à la nécessité de l'accomplissement de cette perspiration, et disparaissent pour faire face au bien-être constitutionnel, aussitôt que cette indication est remplie, comme il est facile de s'en convaincre, en examinant les heureux effets d'une sueur modérée, terminant un violent accès fébrile.

Étude. — La perspiration cutanée s'effectue par l'action spéciale et physiologique des exhalants de la peau sur les éléments du sang rouge qui leur sont transmis par les divisions artérielles, pour en extraire le fluide connu sous le nom de *sueur*. Ce fluide est transparent, incolore, d'une odeur variable, assez ordinairement ambrée, d'une saveur muriatique, rougissant le tournesol, tachant en jaune les tissus blancs et la plupart des étoffes qui s'en trouvent habituellement imprégnées. Il contient, *d'après Thénard*, de l'eau, comme véhicule plus ou moins abondant; une assez grande proportion d'acide acétique libre, du chlorure, du phosphate de chaux, des hydrochlorates de potasse et de soude, des traces d'oxyde ferrugineux et de matière animale. *D'après Berzélius*, de l'eau, de l'acide lactique, du lactate de soude, des chlorures de sodium, de potassium, une matière animale combinée. *D'après Anselmino*, de l'eau pour dissolvant; comme parties constituantes sur 100 : osmazôme, chlorures de soude et de chaux, 48; acide acétique, acétate alcalin, 29 ; matière salivaire, sulfates de soude et de potasse, 21 ; sels calcaires, 2 ; du mucus, de l'albumine, du fluide sébacé, de la gélatine se mêlent presque toujours à cette humeur en proportions très-variables. C'est à la présence de ces matières et des parties salines qu'il faut attribuer les dépôts terreux que l'on observe sur la peau des sujets qui vivent dans l'incurie. Ces dépôts exigent le renouvellement du linge, l'usage fréquent des lotions et des bains. Ayant analysé ce dépôt, Vauquelin et Fourcroy l'ont trouvé presque entièrement formé de phosphate calcaire. La matière animale est celle qui produit à peu près entièrement l'odeur particulière de la sueur dans les différentes espèces animales, et même dans chaque sujet d'une espèce déterminée. C'est d'après cette odeur spéciale, que le chien chasseur connaît, à la voie, l'animal dont il cherche les traces ; de telle sorte qu'on le voit reculer si cet animal est féroce et dangereux, poursuivre avec ardeur si ce dernier n'est qu'un gibier timide. C'est d'après la même indication que le chien domestique suit son maître à la piste, même après plusieurs heures de passage. Cette odeur offre encore des variations relatives à l'âge, au tempérament, au sexe, à la nature des aliments, des médicaments, aux états normal et pathologique , à tout ce qui peut exercer une influence profonde sur les fonctions nutritives. On parle d'un aveugle qui distinguait à l'odorat les écarts de sagesse auxquels s'abandonnait parfois sa fille. Nous savons que dans l'ictère, la transpiration prend l'odeur du musc ; dans les scrofules, celle d'un mucilage acescent; dans le scorbut, celle de l'hydrogène sulfuré ; dans les derniers instants de la plupart des maladies funestes, celle de la vieille marée, des substances animales en putréfaction, etc., caractères expressifs qui doivent tenir le premier rang parmi les moyens diagnostiques d'un grand nombre d'affections morbides, et qui se trouvent expliqués par les analyses chimiques. Ainsi Orfila nous a démontré deux fois la présence de la bile dans la sueur des ictériques. Celle qui se trouve exhalée dans les fièvres dites *putrides* offre de l'ammoniaque d'après Déyeux et Parmentier. Dans la *fièvre laiteuse*, elle présente un acide libre, d'après Bertholet, etc. On conçoit l'influence que ces différentes émanations peuvent exercer dans le rapprochement des sexes ; on sait tout ce que les auteurs ont écrit sur l'*atmosphère de la femme* ; on voit avec quel soin la coquetterie s'environne de parfums artificiels pour suppléer, affaiblir ou masquer l'odeur naturelle.

La perspiration cutanée, sans cesse en action dans l'état physiologique, ne s'exerce pas au même degré pour les divers instants. Un grand nombre de circonstances peuvent, sans altération morbifique notable, en augmenter ou bien en diminuer le développement. Des expériences très-variées ont été faites pour apprécier les causes, les résultats et les influences de ces modifications remarquables. Il suffit de nommer Sanctorius, Hales, Gorter, Keil, Rye, Lining, Robinson, Lavoisier, Séguin, Chaussier, Edwards, pour juger la valeur et l'importance des observations qu'elles ont fait naître. Avant de nous engager dans cette investigation difficile, nous croyons devoir insister sur une distinction qui n'a point été suffisamment approfondie, sans laquelle cependant il devient absolument impossible d'arriver à des notions exactes. On ne doit jamais confondre : la *formation* de l'humeur perspiratoire ; la *vaporisation* de ce même produit. Les causes modificatives de la première ne sont pas toujours celles de la seconde : les unes, propres à l'individu, sont plus spécialement relatives à la sécrétion ; les autres, particulières aux circonstances extérieures, se rapportent surtout à l'excrétion. Dans les premières, on trouve des dispositions qui n'appartiennent qu'aux êtres organisés vivants ; dans les secondes, on voit des influences communes à tous les corps de la nature.

Relativement à la sécrétion. — On peut établir en thèse générale que toutes les circonstances qui viennent activer la circulation et surtout les courants calorifères du centre à la circonférence, produisent une augmentation plus ou moins notable de la perspiration cutanée, dans l'hypothèse où ce développement n'est entravé par aucune cause extérieure. Au nombre de ces modificateurs nous devons spécialement ranger les exercices généraux et soutenus, les passions violentes, les boissons chaudes et diaphorétiques, etc.; toutes les influences qui ralentissent la circulation cardiaque, les courants calorifères, ou qui les dirigent plus spécialement de la circonférence au centre, occasionnent au contraire une diminution positive dans cette même perspiration. Tels sont particulièrement le repos, les passions tristes et profondément cachées, les boissons aqueuses, froides, etc.

Relativement à l'excrétion. — Surgissant à la surface de l'épiderme en rosée très-fine, la sueur doit naturellement être enlevée par l'air ambiant qui la réduit à l'état vaporeux. Sous ce dernier rapport, nous admettons en principe que cette excrétion et les pertes qu'elle entraîne sont d'autant plus considérables, toutes choses égales d'ailleurs, que les dispositions atmosphériques favorisent davantage cette conversion gazéiforme ; et d'autant plus bornées, que ce dernier phénomène trouve, dans l'air ou dans les objets extérieurs, des obstacles plus positifs à son accomplissement. Nous pouvons réduire à six principales toutes les circonstances extérieures de ces modifications : le degré de perméabilité des vêtements ; le poids de l'atmosphère, sa température, son humidité, son agitation ; la présence d'un milieu liquide. En consultant l'expérience, nous trouvons ces pertes sensiblement augmentées par l'absence des vêtements, par la légèreté, la chaleur, la sécheresse et les mouvements de l'air ; notablement diminuée par les vêtements imperméables, la pesanteur, le froid, l'humidité, la stagnation de l'atmosphère, l'immersion dans l'eau. D'après les observations d'Edwards, on peut admettre que ces variations opposées dans leurs effets sont à peu près, terme moyen, pour les rapports de la plus faible à la plus forte perspiration dermoïde : : 1 : 6.

Ces distinctions positives, entre la *sécrétion* et l'*excrétion* perspiratoires que nous étudions, donnent la facilité d'apprécier à leur juste valeur tous les faits qui viennent se rattacher à cette importante fonction, et tous les résultats obtenus par nos plus habiles expérimentateurs. On s'est habitué depuis longtemps à considérer les sueurs abondantes comme l'expression du plus grand développement de l'exhalation dermoïde ; c'est un préjugé qu'il est actuellement aisé de combattre. Si nous soutenons, pendant quelque temps, un exercice général, sous l'influence d'un soleil brûlant, d'un air sec, incessamment agité, recouverts de vêtements légers, nous faisons, en poids, dans un temps donné, des pertes énormes, les circonstances favorables à la *sécrétion*, à l'*excrétion*, se trouvant réunies. Cependant la peau n'est pas alors baignée par la transpiration. Si nous passons immédiatement dans un appartement obscur, au milieu d'une atmosphère plus froide, plus humide et stagnante, si nous observons un repos absolu, bientôt les sueurs coulent abondamment sur toutes les parties de l'enveloppe cutanée. Prétendrait-on que, dans ce nouvel état, l'exhalation dermoïde est plus active ; ce serait une erreur, puisque les influences contraires à la sécrétion, à l'excrétion agissent actuellement de concert, et que nous perdons beaucoup moins en poids, dans un temps déterminé. Ces dispositions se prononcent bien davantage, si nous séjournons au milieu des modifications indiquées ; la transpiration se trouve même quelquefois tellement suspendue, qu'il en peut résulter les conséquences les plus funestes à la conservation de l'organisme. N'est-il pas tout naturel d'attribuer ici l'augmentation considérable des sueurs, non point au développement de la sécrétion qui se trouve au contraire diminuée, mais aux divers obstacles alors apportés à la vaporisation de l'humeur perspiratoire ?

Les variations nombreuses de l'exhalation cutanée, plus spécialement relatives aux grandes circonstances que nous avons indiquées, le sont encore aux divers temps de la digestion, au sommeil, à la veille, et nous offrent, dans la révolution diurne, plusieurs modifications intéressantes. Un grand nombre d'essais ont été faits dans l'intention de préciser les déperditions effectuées par cette voie.

Sanctorius, doué d'une patience qui sans doute rencontrera peu d'imitateurs, mais privé des moyens indispensables que la chimie pneumatique a mis à notre disposition, employa trente années à peser exactement et comparativement tous ses aliments solides et liquides, tous les excréments qu'il rendait à ces deux états. Il reconnut, au milieu de résultats nombreux, variés, mais d'une exactitude peu satisfaisante, qu'un homme adulte revient à peu près au même poids, toutes les vingt-quatre heures, quelle que soit la masse des substances alimentaires employées à sa nutrition ; perdant alors, par les différentes excrétions, un poids absolument semblable à celui des aliments ingérés. Il estime que cette élimination s'effectue, pour les trois huitièmes, par les déjections alvines, urinaires ; pour les cinq huitièmes, par la transpiration. Ainsi, d'après ses calculs, sur huit livres d'aliments liquides ou solides, cinq sont dépensées par les perspirations extérieures, trois par l'excrétion urinaire et la défécation ; quarante-quatre onces par la première, quatre seulement par la seconde. Il est évident que ces expériences n'offrent aucune précision, et même aucune valeur dans le problème à résoudre. En effet, les déperditions perspiratoires ne sont pas seulement relatives à la transpiration dermoïde, elles comprennent encore l'exhalation pulmonaire, dont les résultats sont très-considérables ; plusieurs excrétions folliculaires, telles que celles de la peau, des muqueuses bronchique, nasale, digestive, urinaire, etc., se trouvent également confondues avec les autres produits dans cette estimation collective. Gorter, Keill, Robinson, Lining, Dodard, Lavoisier, Séguin, Edwards ont senti l'insuffisance de ces essais, et les ayant répétés, sous des latitudes opposées, ont obtenu des résultats différents, en démontrant la diversité de ces rapports et de ces proportions, suivant l'âge, le tempérament, les états normal et pathologique, le genre de vie, le régime, la saison, le climat, etc. Ainsi, Robinson dit qu'en Ecosse la perspiration cutanée devient à l'urine, dans la jeunesse, : : 1340 : 1000 ; dans la vieillesse, : : 967 : 1000. Gorter indique à peu près les mêmes dispositions pour la Hollande. Lining assure que, dans la Caroline méridionale, on voit la transpiration prédominer pendant cinq mois de chaleur, ensuite la sécrétion urinaire pendant sept mois de froid humide. Keill dit au contraire que la seconde l'emporte ordinairement sur la première. Dodard prétend qu'en France l'exhalation de la sueur est d'une once par heure ; qu'on la trouve aux excréments solides : : 7 : 1 ; à toutes les excrétions : : 12 : 15. Sauvages nous apprend que, dans le Midi, sur 60 onces d'aliments, 5 sont dépensées par les fèces, 22 par l'urine, 33 par la perspiration cutanée. M. Edwards fait judicieusement observer que, dans un intervalle trop court, il est difficile de bien apprécier les modifications de ce phénomène physiologique, en raison des fluctuations nombreuses qu'il présente incessamment entre l'augmentation, la diminution et l'état stationnaire, mais qu'en prolongeant l'expérience à cinq ou six heures, on observe, au milieu de ces variations contraires, une diminution positive et graduée.

Séguin, comprenant la nécessité d'isoler autant que possible, dans ses essais, les perspirations dermoïde et pulmonaire, s'enveloppa d'un sac imperméable, n'offrant aucune communication avec l'extérieur, ne présentant qu'une seule ouverture dont la circonférence était soigneusement collée à celle de la bouche, et parvint aux résultats suivants : L'homme adulte, sain, ayant complété son accroissement, revient au même point, après vingt-quatre heures, sans que la proportion des aliments, les variations atmosphériques impriment à la régularité de ces retours des modifications appréciables. Si la proportion de la perspiration cutanée s'accroît, celle des excrétions urinaire et stercorale diminue. Les digestions imparfaites ou pénibles augmentent l'exhalation dermoïde. La quantité des aliments solides n'influe pas sensiblement sur cette exhalation. Immédiatement après le repas, la transpiration cutanée se trouve au *minimum*. Pendant le développement du travail de chymification et de chylification, cette élaboration sécrétoire est au *maximum*, et paraît, comparativement au terme moyen, plus considérable de 2 grains, par minute. La perte la plus abondante, qui s'effectue par cette voie, semble de 32 grains, par minute; de 3 onces 2 gros 48 grains, par heure; de 5 livres, par jour. L'évacuation la moins forte est de 11 grains, par minute; de 1 once 1 gros 12 grains, par heure; de 1 livre 2 onces 4 gros, par jour. Immédiatement après le repas, le *maximum* est de 19 grains, par minute; le *minimum*, de 10 grains. La perspiration cutanée se trouve soumise à des modifications très-sensibles, relativement à l'énergie des exhalants, à la faculté dissolvante de l'air ambiant. La perte moyenne des perspirations extérieures est de 18 grains par minute, 11 pour la peau, 7 pour la muqueuse bronchique. D'après l'étendue comparative des membranes dermoïde et pulmonaire, l'exhalation de la seconde est proportionnellement plus considérable que celle de la première.

Il est aisé de voir, dans ces expériences, qu'en pesant le sujet qui s'y trouve soumis, d'abord avec le sac vide, ensuite avec le sac plein; qu'en estimant, d'un autre côté, la quantité précise de l'urine, des féces et des matières mouchées, expectorées, dont ne parle pas Séguin, nous trouvons, pour différence du poids des aliments solides et liquides, positivement celui de la perspiration pulmonaire; et que dès lors ces mêmes expériences présentent beaucoup plus de valeur que celles qui les ont précédées. Mais on doit sentir, en même temps, qu'elles sont encore bien incapables d'offrir des résultats aussi rigoureux qu'on semblerait l'imaginer d'abord. En effet, sans parler des influences nombreuses qui peuvent modifier absolument ou relativement les perspirations pulmonaire et cutanée, les excrétions alvine, urinaire et toutes les autres élaborations sécrétoires de l'économie, rendant à jamais, dans ces recherches, toute appréciation exacte à peu près impossible, il est évident que l'exhalation dermoïde ne doit plus s'effectuer avec la même activité dans le sac imperméable, puisque la peau se trouve constamment dans un bain liquide, que l'évaporation est entièrement suspendue; il est également certain qu'une assez grande proportion de la sueur, en contact obligé avec les absorbants, doit se trouver importée dans le torrent circulatoire. Arrêtons-nous donc à ces résultats approximatifs, et ne cherchons point des estimations absolues dans un ensemble d'actions si complexes et naturellement d'une aussi grande instabilité.

La perspiration cutanée remplit, dans tous les organismes, et plus particulièrement chez l'homme, des indications du premier ordre. Nous les rattacherons à trois objets principaux :

— 1° *A l'épuration.* Sous ce premier rapport, elle semble débarrasser l'économie des principes âcres, plus ou moins irritants, qui se trouvent importés dans le sang noir, en conséquence de la décomposition nutritive, des perversions morbifiques ou des absorptions effectuées aux surfaces extérieures. Aussi voyons-nous sa régularité contribuer positivement au maintien de la santé, son défaut de liberté provoquer le développement des boutons anormaux, des furoncles, des dartres, etc. C'est en conséquence des mêmes principes qu'elle offre le moyen critique le plus essentiel et le plus fréquemment employé dans un grand nombre d'altérations graves. Elle sert également à l'excrétion d'une certaine quantité d'acide carbonique, et la peau devient ainsi, comme nous l'avons déjà fait observer, un organe accessoire des poumons. — 2° *A l'équilibre de la chaleur vitale.* En employant, pour se réduire en vapeurs, tout le calorique surabondant qui se trouve produit dans l'organisme, ou qui tend à pénétrer de l'extérieur, la matière de la perspiration dermoïde forme, comme nous croyons l'avoir prouvé, le premier moyen qui s'oppose à l'élévation extra-normale de la chaleur physiologique. — 3° *A la finesse du tact.* L'enveloppe cutanée, maintenue par cette exhalation dans un état de souplesse habituelle, se trouve ainsi favorablement disposée à l'exercice de ses phénomènes sensitifs, lorsqu'il s'agit d'apprécier des modifications tactiles délicates. Aussi, le vieillard, dont la peau conserve ordinairement un premier degré de sécheresse et d'aridité, n'offre-t-il qu'un toucher plus ou moins imparfait.

Altérations. — Les anomalies de la perspiration dermoïde produisant des accidents plus ou moins graves dans tout l'organisme, doivent être exposées avec quelques détails. Elles comprennent les quatre modifications principales.

1° AUGMENTATION. — Elle peut être locale ou générale, et, dans chacune de ces modifications, se manifester d'une manière active ou passive.

Augmentation locale. — Il n'est pas rare d'observer des sueurs partielles dans certaines maladies, et même sans altération notable; mais il existe, sous ce rapport, des différences fondamentales entre les deux états que nous venons de signaler. — *État actif.* Il est toujours la conséquence d'une surexcitation des exhalants dans un point circonscrit. C'est ainsi qu'un frottement répété, que l'application des cantharides sur une partie de la peau, nous offrent les extrêmes de cette augmentation, depuis le premier degré de l'exaltation perspiratoire, jusqu'à la vésication complète, signalant dans sa marche toutes les nuances de cette exaltation : picotements, chaleur, sentiment de cuisson, rosée légère, soulèvement de l'épiderme dont les ouvertures ne suffisent plus à l'exportation de la sueur produite; formation de la vésicule, résorption, affaissement de la tumeur, desquamation de l'épiderme. Telle nous paraît être la théorie naturelle de la vésication active, quelle que soit la cause de son développement. — *État passif.* Il résulte ordinairement de l'atonie des exhalants, qui laissent *transsuder,* en quelque sorte, l'humeur perspiratoire. Aussi la peau, loin de se montrer chaude, rouge, animée, comme dans l'augmentation active, est au contraire glaciale, pâle et flétrie ; l'humeur exhalée paraît visqueuse et sans chaleur ; de là, ces termes expressifs de *sueurs grasses, froides,* etc., qui se manifestent surtout à la face, à la poitrine, aux pieds, aux mains, etc., comme on le voit dans la syncope, dans les grandes concentrations vitales, et dans les désordres fonctionnels qui menacent directement l'existence.

Augmentation générale. — Elle peut également présenter les deux modifications que nous venons de faire observer. — *État actif.* C'est le plus ordinaire. Constamment produites par l'excitation extranormale de tout le système exhalant cutané, ses manifestations s'accompagnent d'une augmentation notable dans la chaleur, la rougeur et la turgescence périphériques. La sueur qui s'échappe, offrant également une température élevée, ne tarde pas à se vaporiser. On observe plus spécialement cette augmentation vers le terme des accès fébriles, surtout lorsqu'ils sont franchement intermittents; pendant les crises d'un assez grand nombre de maladies inflammatoires; sous l'influence d'un exercice violent; dans les transports de la colère, etc.; elle est presque toujours alors un bienfait de la nature, dont il faut seconder les intentions, sans jamais en exagérer les résultats. — *État passif.* Il est heureusement assez rare ; doit être envisagé, dans le plus grand nombre des circonstances, comme un symptôme fâcheux, souvent même comme l'un des signes précurseurs de la mort. Il porte en effet les caractères de l'atonie cutanée, de la destruction prochaine ; la peau, sans chaleur et sans vitalité, couverte d'une pâleur cadavéreuse, exhale une sueur froide, grasse, visqueuse, et d'autant plus adhérente qu'elle est peu susceptible de vaporisation. On remarque plus particulièrement cette altération dans les consomptions qui terminent le plus grand nombre des maladies graves et chroniques ; dans les derniers degrés du scorbut, des scrofules, de la phthisie pulmonaire, de l'épuisement, etc.

2° **Diminution.** — La perspiration dermoïde est susceptible d'offrir un abaissement assez notable pour occasionner dans l'économie, des accidents plus ou moins fâcheux. Un grand nombre de pleurésies, de catarrhes, d'angines, de gastro-entérites, etc., ne reconnaissent pas d'autre principe que la *diminution* brusquement survenue dans cette élaboration sécrétoire, ou, comme on le dit moins exactement, que la *répercussion* de la sueur ; nous ne pensons pas, en effet, avec les humoristes exclusifs, qu'un transport de cette matière soit opéré vers l'organe affecté de phlegmasie, dans les circonstances ordinaires de ces manifestations pathologiques. D'un autre côté, pendant le cours d'un grand nombre d'inflammations intérieures, avec concentration de la vitalité, dans les affections cancéreuses, les suppurations abondantes, les diabètes, etc., la peau devient sèche, terreuse, en offrant une disposition consécutive, qui paraît à son tour capable d'entretenir les altérations qui l'avaient elle-même déterminée. Du reste cette modification peut être locale ou générale, reconnaître des causes, produire des effets relatifs à ces deux circonstances.

3° **Perversion.** — La perspiration cutanée peut éprouver des altérations variées dans sa nature, et qu'il est facile de constater par celles dont les qualités normales de l'humeur exhalée sont alors susceptibles. La sueur, en conservant ses caractères essentiels, se trouve altérée seulement dans quelques-unes de ses propriétés. Ainsi dans les affections scrofuleuses, chez la femme, pendant la menstruation, dans les jours qui suivent l'accouchement, elle devient acide et prend une odeur aigre, plus ou moins désagréable. On la voit presque entièrement aqueuse dans le tétanos, les convulsions, l'hystérie, dans la plupart des affections nerveuses; elle est ammoniacale, ambrée dans les inflammations des appareils urinaire, digestif, hépathique, etc. Quelquefois on la trouve complétement dénaturée, faisant place à d'autres fluides sécrétés ou circulatoires. Ainsi, le *sang* est parfois transmis à l'extérieur par une véritable perspiration locale ou générale, active ou passive. Les pétéchies, les taches scorbutiques ont été considérées comme un résultat de cette altération; nous l'avons observée plusieurs fois et notamment chez une jeune fille de la Salpétrière, dont les menstrues fluaient exclusivement par l'une des pommettes. On rapporte également que deux sœurs, après s'être échauffées au bal, furent prises d'une sueur de sang très-copieuse. L'*urine* se dévie quelquefois par les exhalants cutanés, son excrétion naturelle étant suspendue comme on le voit dans la fièvre dite urineuse. La sueur exhale, dans cette anomalie, une odeur fortement ammoniacale. Le *lait*, chez les nouvelles accouchées, semble également s'échapper avec la matière de la perspiration dermoïde, lorsque ses canaux efférents enflammés lui refusent un passage facile par la voie naturelle. Il est assez convenable d'admettre cette opinion, en observant le caractère acescent des émanations cutanées, alors absolument identiques à celui des vapeurs qui s'élèvent du lait arrêté dans ses propres excréteurs. La *bile* concourt aussi quelquefois à cette perversion, dans les phlegmasies, les engorgements hépathiques, l'ictère, etc. Elle donne à la perspiration des teintes verdâtres ou safranées, assez fortes pour tacher le linge. Orfila, sur deux sujets, l'a positivement rencontrée dans la sueur. Dans tous ces cas, les humeurs que nous venons d'énumérer, sécrétées par leurs organes respectifs, ont été reportées dans le torrent circulatoire par les absorbants, et présentées aux exhalants de la peau, modifiés dans leurs propriétés, pour effectuer cette élimination pathologique. On doit surtout combattre ces déviations excrétoires, en rétablissant le cours des fluides sécrétés, par leur voie naturelle.

4° SUSPENSION. — Cette altération, assez rare, s'observe cependant quelquefois sous l'influence d'un froid rigoureux, d'une terreur soudaine, au début d'une violente inflammation, pendant le frisson des fièvres intermittentes, etc.; la peau se trouve alors sèche, avec froid glacial ou chaleur âcre et mordicante, suivant les causes de cette perversion, toujours accompagnée par l'anxiété profonde, et l'imminence d'accidents plus ou moins graves.

Perspiration muqueuse. — Nous examinons, sous le titre de perspiration muqueuse, l'exhalation qui s'effectue à la surface libre de toutes les membranes du même nom. Cette exhalation a pour but général et commun d'humecter les parois du système qui nous offre l'organe des relations intérieures, comme la peau nous a présenté celui des rapports extérieurs. L'un et l'autre avaient besoin de rencontrer, dans le produit normal de cette élaboration, un moyen protecteur contre les nombreux modificateurs à l'action desquels ils se trouvent exposés, par ces rapports et ces relations. Cette élaboration physiologique remplit ensuite plusieurs indications spéciales que nous signalerons dans chacune des divisions principales du même tissu.

Appareil. — Il est représenté par l'ensemble des vaisseaux capillaires, qui, sous le nom d'*exhalants muqueux*, viennent s'ouvrir à la surface villeuse de ces membranes, sous l'épiderme, que sa ténuité rend très-douteux pour un assez grand nombre d'anatomistes. Il ne faut pas confondre cet appareil avec celui qui se déploie dans les follicules, et dont nous parlerons ailleurs ; ils sont aussi différents par leurs dispositions et leur vitalité, que par l'humeur dont chacun d'eux effectue la sécrétion. Il existe, à la surface des muqueuses, comme à celle de la peau, deux ordres de sécrétions, les unes perspiratoires, les autres folliculaires.

Agent. — Nous pensons qu'il est fourni, comme pour l'exhalation dermoïde, par le sérum du sang avec lequel cette humeur perspiratoire muqueuse offre beaucoup d'analogie. Quelques auteurs considèrent le sang rouge lui-même, comme agent de cette sécrétion, hypothèse qui, d'ailleurs, en la supposant fondée, ne change rien à la théorie de l'élaboration que nous étudions.

Besoin. — L'appareil exhalant muqueux, formé de plusieurs divisions complétement isolées et dans une indépendance mutuelle, ne pouvait se trouver soumis à l'influence d'un régulateur commun ; le sentiment de chaleur et d'anxiété générales qui se manifeste lorsque cette perspiration est exigée, devient à peu près le seul caractère du besoin que nous indiquons ; ceux des spécialités qu'il est susceptible d'offrir sont relatifs aux fonctions dont chacune des membranes muqueuses présente un accessoire plus ou moins puissant.

Étude. — Sécrété par les vaisseaux exhalants dans toutes les parties du système que nous examinons, le fluide perspiratoire muqueux offre des caractères fondamentaux, identiques pour toutes ces parties, et, dans chacune d'elles, plusieurs variétés relatives à leurs propriétés spéciales, à leurs phénomènes propres. Considéré d'une manière générale, ce fluide présente beaucoup d'analogie avec le sérum du sang. Il est ténu, diaphane, plus pesant que l'eau distillée, d'un blanc sale, quelquefois légèrement bleuâtre ; d'une odeur faible, douce, nauséabonde ; insipide ou faiblement salé ; formé de muriates, de phosphates à base de potasse et de soude, d'albumine, il contient presque toujours un peu de mucilage en dissolution dans la grande quantité d'eau qui sert de véhicule à ces divers matériaux. Cette humeur perspiratoire, incessamment exhalée aux surfaces muqueuses, humecte ces dernières, concourt à l'épuration générale, et remplit, comme nous le verrons, des usages particuliers dans chacun des appareils dont ces membranes constituent l'un des éléments essentiels.

Altérations. — La perspiration muqueuse peut offrir toutes les modifications pathologiques. — 1° *Augmentation.* Nous en trouvons des exemples dans les catarrhes nasal, pulmonaire à leur début ; dans les diarrhées séreuses, dont les produits sont quelquefois énormes ; dans les vomissements de la même nature qui signalent certaines perversions gastriques. Nous avons vu des sujets rendre, par cette voie, plusieurs litres d'une matière aqueuse et transparente, sans aucune ingestion liquide, susceptible d'en augmenter la proportion. — 2° *Diminution.* On l'observe souvent au début des violentes inflammations muqueuses, dans la sécheresse de ces membranes, indépendamment d'aucune phlogose appréciable. — 3° *Perversion.* Il n'est pas rare de voir, pour les muqueuses, comme pour la peau, des déviations sanguines, bilieuses, urineuses, lactées, etc. Ces perversions sont même plus fréquentes dans les perspirations des premières, que dans l'exhalation de la seconde. Mais il en est une qui semble se rattacher plus essentiellement à la nature de l'humeur *séro-muqueuse*, et dont l'importance morbifique doit plus spécialement fixer l'attention. Cette humeur, sous l'influence de certaines modifications inflammatoires, devient quelquefois tellement albumineuse, présente une disposition si grande à la concrétion, qu'elle se condense à l'intérieur des canaux muqueux, se moule sur leurs formes, prend une apparence d'organisation rudimentaire qui fait donner à ces produits le nom de *fausses membranes*. Rejetées au dehors, elles ont été plus d'une fois confondues avec des débris du tissu muqueux, avec une portion de l'estomac, des intestins, etc. C'est à cette perversion qu'il faut particulièrement attribuer les concrétions de l'*angine aqueuse*, les fausses membranes de la dysenterie, du croup, etc.

La perspiration muqueuse ne doit pas être bornée, dans

son histoire, aux considérations générales du mode sécrétoire, de la nature et des usages du fluide sécrété ; plusieurs dispositions spéciales nous obligent à l'étudier isolément dans la *conjonctive*, la *pituitaire*, les *muqueuses auditive*, *mammaire*, *génitale*, *urinaire*, *digestive* et *pulmonaire*, où nous la verrons surtout présenter des considérations importantes.

CONJONCTIVE. — Mêlée partout aux larmes, depuis l'origine des canaux afférents de la glande lacrymale jusqu'à la terminaison du canal nasal sous le cornet inférieur, l'humeur perspiratoire de la conjonctive, d'une transparence complète, humecte cette membrane, prévient son desséchement, son irritation par l'air ambiant, favorise les mouvements respectifs du globe oculaire et des voiles palpébraux. Elle est *augmentée* dans l'ophthalmie *séreuse*; *diminuée* ou même *suspendue* par l'ophthalmie *sèche*, au début des violentes inflammations de cette partie. Elle peut être *pervertie* dans sa nature ou par le mélange du sang, de la bile, etc.

PITUITAIRE. — L'humeur exhalée par cette membrane, la garantit des influences nuisibles de l'air inspiré ; dissout les molécules odorantes, et maintient, dans la muqueuse olfactive, la souplesse nécessaire au développement de l'odorat. Cette élaboration sécrétoire est *augmentée* vers le début du coryza, dans plusieurs lésions graves, aux approches de la mort ; *diminuée*, quelquefois *suspendue* par l'invasion d'une phlegmasie très-intense de la pituitaire, pendant l'arachnitis, l'encéphalite, etc.; *pervertie*, de manière à produire autour des narines, à la lèvre supérieure, une sorte d'éruption ou d'érysipèle croûteux. Elle devient assez fréquemment sanguine, comme on le voit dans l'épistaxis.

MUQUEUSE AUDITIVE. — La caisse du tympan reçoit un prolongement de la pituitaire, qui verse continuellement, dans cette cavité moyenne de l'audition, un fluide perspiratoire, chargé de maintenir les parties qu'elle contient, dans un état favorable aux usages qui leur sont départis. L'*augmentation* produit les différents degrés de l'hydropysie du tympan ; la *diminution* entraîne la sécheresse de cette cavité ; la *perver-*

sion amène des épanchements sanguins, purulents, etc.; toutes ces altérations occasionnent des anomalies auditives, telles que la *paracousie*, le *tintouin*, la *surdité*, etc., souvent alors ignorées dans leur véritable cause. La membrane de l'oreille interne, dont la nature n'a point encore été positivement déterminée, que nous considérons comme appartenant aux muqueuses, fournit un fluide incolore, transparent, léger, nommé *lymphe de Cotunni*. Cette humeur baigne incessamment le nerf acoustique, présente le double avantage de rendre ce dernier susceptible de recevoir les plus faibles vibrations, et de lui communiquer, par des oscillations liquides, et par conséquent inoffensives, les ondes sonores qui doivent agir sur lui. Les différentes altérations de cet acte perspiratoire amènent, dans l'audition, des désordres dont les causes ne sont pas ordinairement bien appréciées. Pinel a fait observer que la plupart des surdités séniles étaient occasionnées par l'absence de cette humeur et par le desséchement du nerf acoustique.

MUQUEUSE MAMMAIRE. — La membrane qui revêt l'intérieur des canaux galactophores présente également une exhalation assez active, surtout pendant le travail d'allaitement. Elle s'unit à l'humeur sécrétée par les mamelles, rend sa fluidité plus considérable, et son excrétion plus facile. *Augmentée* pendant le cours des phlegmasies légères de ces glandes, *diminuée*, quelquefois même *supendue*, vers le début de leurs inflammations violentes, elle se trouve *pervertie* de manière à fournir du sang. Nous avons observé une femme de trente ans menstruée par cette voie.

MUQUEUSE GÉNITALE. — *Chez la femme*, dans les trompes utérines, cette perspiration favorise l'ascension du sperme, vers les ovaires, l'importation de l'œuf dans la matrice, après la fécondation. Dans cet organe, dans le vagin, plus spécialement, elle protége contre les irritants extérieurs, et facilite la copulation. Sensiblement *augmentée*, après l'accouchement, elle forme, en grande partie, la matière de l'écoulement, qui se manifeste alors, sous le nom de *lochies*. Dans l'inflammation chronique de l'utérus ou du vagin, elle concourt à la production du flux communément désigné par le terme de *fleurs blanches*. On l'observe encore chez un grand nombre de sujets, plusieurs jours avant et après la menstruation. Elle est *diminuée* pendant l'invasion des phlegmasies intenses de ces parties ; souvent *pervertie* jusqu'à l'exhalation sanguine. Celle-ci paraît naturellement, sous le nom de *flux menstruel*, plus ou moins régulièrement, tous les mois, depuis la puberté jusqu'à l'âge de retour. Chez certaines femmes, l'utérus devient le siége d'une perspiration gazeuse, dont les produits s'échappent quelquefois avec explosion. Nous avons eu l'occasion d'observer deux fois ce phénomène remarquable, chez une jeune personne très-nerveuse, pendant la durée d'une métrite chronique ; chez une dame très-forte, sous l'influence d'un polype utérin ; les gaz traversaient le col de cet organe, en produisant de véritables détonations. *Chez l'homme*, cette perspiration liquéfie le sperme dans les conduits séminifères, dans les vésicules, en favorise constamment l'excrétion. Par son *augmentation*, cette humeur fait partie de la matière blennorrhagique ; elle est *diminuée*, parfois *suspendue*, vers le début, lorsque cette inflammation se manifeste avec intensité.

MUQUEUSE URINAIRE. — Le produit de l'exhalation effectuée dans cet appareil se mêle continuellement à l'urine, en la rendant plus fluide, en affaiblissant les caractères irritants de cette humeur. *Augmentée*, dans le catarrhe vésical ; *diminuée*, parfois *suspendue*, lors des premiers symptômes d'une cystite violente ; cette exhalation est assez fréquemment pervertie, de manière à livrer passage au sang, à la bile, au lait, au pus, à des gaz qui s'échappent avec explosion par l'urètre, etc.

MUQUEUSE DIGESTIVE. — Elle offre, dans sa perspiration, des particularités relatives à chacune de ses principales divisions. — 1° *Dans la bouche*. Le produit de cette exhalation, pour les conduits salivaires, se mêle au fluide sécrété par leurs glandes, en favorise l'excrétion ; sur la membrane palatine, en s'unissant à la salive, au mucus, il facilite beaucoup la gustation, l'insalivation, l'articulation des sons, etc. Au nombre de ses altérations, on observe rarement la perspiration sanguine. — *Dans le pharynx et l'œsophage.* Cette exhalation normale sert à la déglutition. Son *augmentation* constitue fréquemment l'angine séreuse; sa *diminution* est une cause de dysphagie ; sa perversion est peu commune.— *Dans l'estomac.* La perspiration de cette cavité digestive est ordinairement très-abondante, surtout immédiatement après l'ingestion des aliments solides ; aussi trouvons-nous les artères du ventricule proportionnellement bien supérieures, par le nombre et le volume, à celles de toutes les autres divisions du tube alimentaire. C'est au produit de cette exhalation que, sous le nom de *suc gastrique*, plusieurs physiologistes, et notamment Spallanzani, Leuret, Lassaigne, Gmelin, Tiedemann, etc., ont fait jouer le principal rôle dans le phénomène essentiel de la chymification. Opinion absolue que plusieurs auteurs ont repoussée par des opinions exclusives. Obtenu plus facilement et plus pur au moyen d'une fistule gastrique artificielle, d'après la méthode imaginée par Blondlot, le suc gastrique est un fluide incolore, assez limpide, à peu près inodore, d'une saveur peu salée, produite par des chlorures, des phosphates, des carbonates alcalins, etc.; il est surtout remarquable par la présence invariable de *l'acide lactique libre*, auquel il doit surtout son importance fonctionnelle, et qu'ont les premiers signalé Chevreul et Lehmann. MM. Bidder et Schmidt ont constaté sur une femme affectée de fistule gastrique qu'il s'en produit au moins 500 grammes par heure dans les premières phases de la chymification.

L'augmentation morbifique de cette perspiration s'observe dans les vomissements séreux abondants; la *diminution* se manifeste quelquefois dans la gastrite, la gastralgie, et devient une cause assez commune d'indigestion; la *perversion* se montre dans les régurgitations des fluides âcres, brûlants, offrant la saveur du fromage pourri, de la vieille marée, etc., altérations qui se rattachent plus spécialement à la gastrite chronique, au squirrhe du pylore, et peuvent occasionner l'hématémèse, des émanations gazeuses très-variées et prenant l'odeur des excréments, de l'acide hydro-sulfurique, etc. — *Dans le duodénum.* Cette perspiration a pour objet de fluidifier le chyme, de favoriser la chylification, en se mêlant à la bile, au suc pancréatique. Ses altérations offrent des résultats analogues à ceux que nous venons de signaler. — *Dans l'intestin grêle.* Ce produit de la perspiration constitue *le suc intestinal* de quelques physiologistes. Sans lui donner trop d'importance, relativement à l'acte fondamental effectué dans cette cavité digestive, nous pensons qu'il sert très-utilement, en s'unissant au chyle, pour favoriser son absorption; en se mêlant aux matières fécales, pour faciliter leur excrétion ultérieure. Son *augmentation* produit ces diarrhées séreuses, quelquefois si considérables, si promptement funestes; sa *diminution* entraîne souvent des constipations opiniâtres; sa *perversion* occasionne quelquefois le méléna; très-fréquemment des exhalations gazeuses, tantôt expulsées par la bouche, par l'anus, tantôt reprises par les absorbants, tantôt enfin accumulées en proportions plus ou moins considérables, et formant les divers degrés de la *tympanite intestinale*, comme on l'observe surtout chez les sujets nerveux, mélancoliques, chez les femmes vaporeuses, etc. — *Dans le gros intestin.* Le fluide exhalé sert particulièrement à liquéfier les matières excrémentitielles, à favoriser directement la défécation. Dans son *augmentation*, il produit aussi la diarrhée séreuse; dans sa *diminution*, la constipation plus ou moins prolongée; dans sa *perversion*, la dysenterie, les expulsions gazeuses par l'anus, etc.

Muqueuse pulmonaire. — Cette exhalation offre naturellement deux produits différents, l'un gazeux, l'autre fluide. — *Produit gazeux.* Il est représenté par l'acide carbonique rendu pendant l'expiration, et sert d'émonctoire au sang noir pour sa rénovation complète. — *Produit fluide.* Excrété sous forme de vapeur avec le précédent et l'air expiré, ce produit paraît analogue à celui des autres perspirations muqueuses. Edwards et Breschet pensent, d'après les expériences qu'ils ont publiées, que cette exhalation bronchique se trouve notablement excitée « par l'inspiration qui appelle du centre à la circonférence. » Déjà Barry avait fait observer que ce phénomène respiratoire suspend l'absorption dans le même point. Sans rejeter l'influence de cette condition physiologique sur la perspiration pulmonaire, il nous est impossible d'en admettre la nécessité, lorsque nous voyons les autres sécrétions du même ordre s'effectuer indépendamment de cet auxiliaire. Toutefois cette perspiration s'oppose au desséchement, à l'irritation des bronches ; elle concourt au maintien de l'équilibre dans la chaleur vitale, et remplit, pour la muqueuse pulmonaire, tous les usages de l'exhalation dermoïde, relativement à la peau. L'une et l'autre semblent même destinées, sous ce dernier rapport, à se remplacer naturellement. Ainsi Delaroche et Berger, ayant recouvert toute l'enveloppe cutanée d'un vernis imperméable à la sueur, perdirent un poids égal à celui qu'ils avaient vu disparaître au milieu des circonstances anormales. *A l'augmentation* de la perspiration bronchique viennent se rattacher l'asthme humide, le catarrhe séreux ; à sa *diminution*, la sécheresse et l'aridité que ressentent les malades au début d'une violente inflammation pulmonaire ; à sa *perversion*, la production d'une matière âcre qui provoque la toux ; l'exhalation d'un sang rouge et vermeil, *hémoptysie* ; l'émanation des gaz plus ou moins fétides habituellement expirés par certains individus. Indépendamment de quelques gaz, de la vapeur de l'eau, de celle de l'alcool, de l'éther, du camphre, de l'ail, etc., pris par le sujet et dont le principe volatil odorant se fait sentir, l'air expiré contient encore, chez quelques individus, en quantités, surtout en qualités variables, une matière organique particulière qui donne à la respiration son odeur principale, et qui, plus ou moins agréable chez certains sujets, devient chez d'autres tellement repoussante et malsaine, qu'à la manière des miasmes infectieux, elle porte avec elle un germe dangereux de maladies plus ou moins graves ; nous en avons observé de bien tristes et bien regrettables exemples : entre autres celui de M. le R., l'un de nos malades, qui, dans l'espace de quelques années, perdit quatre jeunes femmes par cette espèce d'empoisonnement.

Perspiration séreuse. — Cette exhalation offre pour caractère distinctif de s'effectuer à la surface libre de plusieurs membranes minces, diaphanes, représentant des sacs sans ouverture, et décrites sous le nom de *séreuses*. L'objet essentiel de cette perspiration est d'humecter les parties contiguës de ces membranes, d'en prévenir l'adhérence et d'en favoriser les glissements; comme le démontre la suspension de cette élaboration spéciale que suit immédiatement leur adhésion inflammatoire. L'exhalation que nous étudions présente encore pour utilité, de laisser en réserve une humeur d'autant plus avantageuse à la réparation des pertes supportées par les fluides circulatoires, qu'elle offre plus d'analogie avec le sérum du sang; il est peu d'organes centraux aux fonctions desquels cette exhalation ne se rattache pas assez directement, le système chargé de l'effectuer occupant les trois cavités splanchniques, et fournissant, à chacun de ces viscères, une enveloppe commune plus ou moins étendue.

Appareil. — Il est devenu l'objet d'assez nombreuses contestations. Lower le plaçait dans les ganglions lymphatiques sous le titre de *glandes conglobées*. D'autres admirent des vaisseaux particuliers, naissant du canal thoracique; Duverney, Malpighi, des glandes multipliées dans l'épaisseur des séreuses; Haller attribue cette perspiration aux extrémités artérielles. Aujourd'hui la grande majorité des physiologistes considère les vaisseaux exhalants, qui viennent s'ouvrir à la surface libre du tissu séreux, comme les agents essentiels de cette même sécrétion. Déposée dans une cavité sans communication extérieure, la sérosité ne peut en sortir que par la voie des absorbants, de telle sorte que l'on doit, pour cette perspiration, voir, dans les exhalants, des organes d'élaboration et des vaisseaux afférents; dans le sac membraneux, un réservoir; et dans les absorbants, des canaux excréteurs. Chaque tunique séreuse, exactement isolée des autres divisions du même appareil, peut être considérée comme un

I.

organe indépendant ; nous en distinguons cinq principales : dans le crâne et son prolongement rachidien : *l'arachnoïde;* dans le thorax : le *péricarde,* les *plèvres ;* dans l'abdomen : le *péritoine ;* extérieurement, dans le scrotum : la *tunique vaginale.* On pourrait ajouter l'*amnios,* dans les parois de l'œuf.

Agent. — Plusieurs physiologistes le placent dans le sang rouge ; nous croyons qu'il est représenté par le sérum de ce dernier, avec lequel on voit l'humeur de cette perspiration offrir la plus grande analogie.

Besoin. — Il n'est signalé, dans cette fonction, par aucun sentiment commun et centralisé. Chaque membrane séreuse, en raison de son isolement, porte, en elle-même, les caractères du besoin de cette perspiration, et les partage avec l'organe dont elle fait plus spécialement l'accessoire. C'est ainsi qu'une sensation locale, plus ou moins pénible, une douleur pongitive, mobile, un état de gêne, d'anxiété, surtout pendant les déplacements de cet organe, indiquent ordinairement le défaut d'exhalation dans les principales divisions du système séreux.

Étude. — Identique, sous le rapport du travail d'élaboration et du fluide sécrété, dans toutes les membranes séreuses, cette perspiration s'effectue par l'action vitale des vaisseaux exhalants de ces membranes sur le sérum du sang rouge. Constituée, par cet acte physiologique, l'humeur, sous le titre de *sérosité,* versée dans la cavité de la membrane, y remplit l'objet de sa destination, pour se trouver ensuite saisie par les absorbants, après un séjour variable, et rentrer par l'intermédiaire du système veineux, dans le torrent circulatoire. Cette humeur est transparente, incolore, peu sapide, inodore, plus pesante que l'eau distillée, neutre dans l'état physiologique ; offrant, au milieu d'un véhicule aqueux très-abondant, une certaine proportion d'albumine, de mucus gélatiniforme, de matière fibrineuse, d'hydroclorates, de sous-carbonates, de sous-phosphates de potasse et de soude, d'une matière animale favorisant beaucoup sa putréfaction, lorsqu'elle est séparée de l'économie vivante ; en partie coagulable par la chaleur, caractère qu'elle doit surtout à l'albumine ; en partie incoagulable, par sa matière gélatiniforme ; différant du sérum, d'après Bostock, par une moins grande proportion d'albumine et d'eau. Prise dans les ventricules encéphaliques d'un sujet affecté d'arachnitis, analysée par Lassaigne, cette humeur a présenté, sur 1,000 parties : eau, 987, 5 ; — albumine, traces de matière grasse et d'osmazôme, 8 ; — hydrochlorates de soude et de potasse, sous-carbonate, sous-phosphate de soude, 3, 5 ; — phosphate de chaux, 1. La composition de ce fluide exhalé peut offrir, comme nous le verrons, des modifications assez importantes, et relatives aux perversions de l'élaboration sécrétoire.

Altérations. — Pour en bien comprendre la facilité, les accidents, les indications et les moyens thérapeutiques, il est essentiel de ne jamais perdre de vue que l'intégrité de la perspiration séreuse, en raison des dispositions de l'appareil chargé de son exécution, dépend non-seulement de la régularité d'action des vaisseaux exhalants, mais encore de l'harmonie qui doit naturellement exister entre ces derniers et les absorbants. — 1° *Augmentation.* La surabondance de la sérosité se manifeste sous plusieurs influences, quelquefois diamétralement opposées ; lorsque l'action des exhalants s'élève au-dessus de l'état normal, celle des absorbants restant la même ; ou bien encore, lorsque le travail des absorbants se trouvant diminué, celui des exhalants conserve son état naturel. Dans ces deux états, l'exhalation devenant supérieure à l'absorption, la sérosité s'accumule en mesure de ce défaut d'équilibre, et produit ainsi *l'hydropisie.* On la nomme *active*, dans le premier cas, sa cause essentielle étant l'excitation des exhalants ; *passive*, dans le second, l'influence qui la produit se rattachant surtout à la diminution d'énergie des absorbants ; distinction d'un intérêt majeur dans l'histoire de ces graves altérations. — 2° *Diminution.* Elle se manifeste lorsque les absorbants offrent une action supérieure à celle des exhalants qui conserve ses dispositions ordinaires ; ou bien, lorsque les exhalants diminuent sensiblement d'activité, les absorbants n'éprouvant aucune modification. Dans ces deux circonstances, les surfaces libres des séreuses desséchées s'irritent, s'enflamment, et peuvent même contracter des adhérences, qui deviennent souvent le premier degré de certaines identifications organiques. Cette altération sécrétoire est également *active*, dans le premier état; *passive*, dans le second ; ou, si l'on veut encore, de même que l'*augmentation*, dans le premier cas, *relative*; dans le second, *absolue*. — 3° *Perversion*. Dans un grand nombre de phlegmasies, la sérosité devient tellement albumineuse, qu'elle se coagule en couches plus ou moins épaisses ; lesquelles tantôt s'organisent en fausses membranes, qui nous offrent le principe des adhérences graduées, que l'on voit alors s'établir entre les feuillets séreux ; tantôt se détachent, et suspendues en flocons blanchâtres, au milieu de l'humeur sécrétée, lui donnent beaucoup d'analogie d'aspect avec le petit lait non clarifié. C'est à cette modification qu'il faut attribuer l'erreur qui faisait rapporter, dans la péritonite puerpérale, à des congestions lactées, les grumeaux albumineux, que l'on rencontre également dans cette inflammation, produite par toute autre cause, même chez l'homme. On observe encore, dans les membranes, des perspirations purulentes, sanguines, des déviations urineuses, etc., toujours alors très-graves. Dans une hydropisie ascite, M. Coldefy-Dorhs a vu le sérum extrait par la ponction, gluant, contenant de l'albumine colorée, une matière sucrée, un corps gras saponifiable, du mucus, des atomes de soufre, d'acide hydrocyanique, des hydrochlorates de soude et de chaux. Dublanc, dans un cas semblable, a trouvé la sérosité formée, sur 500 parties : d'eau, 351, 9 ; — d'albumine, 145 ; — de soude, 0, 7; — de gélatine, 1 ; — de sel commun 1, 4. — 4° *Suspension*. Elle se manifeste, le plus ordinairement, au début des phlegmasies intenses, avec sécheresse des feuillets séreux, dont les frottements occasionnent alors ces douleurs pongitives, que l'on voit presque toujours survenir à l'invasion des péritonites, des pleurésies, des péricardites suraiguës, etc.

Après avoir considéré les caractères généraux de l'exhalation, dans tout le système séreux, nous devons étudier ses modifications spéciales, dans les principales divisions de ce dernier, en indiquant les particularités qu'elles présentent relativement à l'*arachnoïde*, aux *plèvres*, au *péricarde*, au *péritoine*, à la *tunique vaginale*, à l'*amnios*.

ARACHNOÏDE. — Pour l'encéphale, cette humeur entretient la liberté, prévient l'irritation des parois ventriculaires ; son *augmentation* extranormale produit l'*apoplexie séreuse*, l'*hydrocéphale*. Pour le rachis, elle présente le fluide *cérébrospinal*, admis par quelques auteurs, comme une humeur particulière, destinée, surtout chez le vieillard, à maintenir l'encéphale dans un volume uniforme, et susceptible de remplir exactement la capacité de son réceptacle. Les opinions relatives à cet objet ont besoin d'être confirmées par des faits plus positifs et plus nombreux. L'*accumulation* de ce fluide prend le nom d'*hydro-rachis*.

PLÈVRES. — La perspiration de ces membranes entretient l'humidité de leur surface libre, favorise leurs glissements réciproques dans le jeu des poumons ; son *augmentation* détermine l'*hydro-thorax*.

PÉRICARDE. — Cette exhalation, niée d'abord par Hippocrate, Schéider, Dionis, Bauhin, ultérieurement démontrée, pour tous les animaux doués d'un cœur, par Haller, Duverney, etc., fut attribuée à des vaisseaux émanés du canal thoracique, au thymus, aux ganglions bronchiques, à des glandes imaginées dans le péricarde ; comme toutes les autres, elle est effectuée par le travail des vaisseaux exhalants séreux. Elle favorise indirectement les mouvements du cœur. Son *augmentation* constitue l'*hydro-péricarde*.

PÉRITOINE. — Dans cette vaste cavité, la perspiration séreuse garantit la liberté des frottements occasionnés par les mouvements nombreux et variés des organes qu'elle renferme, par les ampliations et les resserrements alternatifs de plusieurs d'entre eux ; elle prévient leurs adhérences mutuelles. Son *augmentation* est désignée par le terme d'*hydropisie ascite*.

Tunique vaginale. — Cette exhalation favorise les déplacements des testicules. Son *augmentation* reçoit le nom d'*hydrocèle*.

Membrane amnios. — Offrant la transparence, la ténuité, l'organisation des séreuses ; formant, comme ces dernières, un sac sans ouverture, la membrane amnios peut en être rapprochée sous le rapport de l'élaboration sécrétoire dont elle est naturellement le siége. Cette perspiration suit, en effet, les mêmes lois, et donne, en résultat, une humeur, connue sous le titre d'*eau de l'amnios*. Moins diaphane que le fluide séreux, elle offre un aspect louche, faiblement lacté, une odeur douce et nauséabonde ; plus pesante que l'eau distillée, elle verdit légèrement les couleurs bleues végétales, et se trouve ordinairement formée d'eau en grande proportion, d'une petite quantité d'albumine, de soude, d'hydrochlorate de soude, de phosphate et de carbonate de chaux, d'une matière caséiforme, et, d'après Berzélius, Vauquelin et Buniva, d'un acide qu'ils nomment *amniotique*, et que Lassaigne croit plutôt relatif à l'humeur de l'allantoïde. Particulier à l'existence intra-utérine du fœtus, le fluide perspiratoire de l'amnios a pour objet de protéger ce dernier contre les agressions extérieures, et de favoriser la diversité de ses mouvements.

Perspiration synoviale. — Nous désignons par ce terme l'exhalation qui s'effectue naturellement à la surface libre des membranes destinées, sous le nom de *synoviales*, aux articulations mobiles, aux gaînes tendineuses, présentant beaucoup d'analogie, par leur disposition et leur structure, avec celles que nous venons d'étudier. Cette exhalation a pour objet essentiel de favoriser les mouvements articulaires et le glissement des tendons ; aussi la rencontrons-nous partout où ces mouvements offrent une certaine étendue ; aussi la liberté des uns et des autres se trouve-t-elle sensiblement compromise, lorsque cette même exhalation est suspendue quelque temps ou même notablement diminuée.

Appareil. — Les auteurs ont émis des opinions bien différentes sur la nature de l'organe chargé de cette élaboration. Ainsi Clopton, Havers ont considéré comme des glandes synoviales, ces paquets cellulo-graisseux, que l'on rencontre dans le voisinage des grandes articulations, et notamment au fond de la cavité cotyloïde. Ces corps n'offrent absolument rien de glanduleux, et nous les avons toujours vus réduits à la trame cellulaire par l'ébullition ; on ne les trouve pas d'ailleurs auprès des petites articulations et des gaînes tendineuses, dans lesquelles s'effectue cependant la sécrétion de la synovie. Haller et Desault pensaient que cette même sécrétion n'était autre chose qu'une transsudation de la moelle, dans les cavités articulaires, à travers l'extrémité poreuse des os longs. D'abord, il n'existe pas d'analogie de composition et d'aspect entre ces deux fluides ; ensuite la transsudation est un phénomène purement cadavérique, et dès lors inadmissible au nombre des fonctions de l'organisme vivant ; cette hypothèse n'expliquerait nullement l'exhalation synoviale étrangère aux grandes articulations. Il est aujourd'hui suffisamment démontré que l'appareil de la perspiration qui nous occupe, se trouve naturellement dans les vaisseaux exhalants des membranes du même nom. Ces membranes peuvent êtres divisées en trois catégories. Synoviales : des *articulations*, des *gaînes tendineuses, sous-cutanées, sous-aponévrotiques* ; ces dernières ont encore été décrites sous le titre de *bourses synoviales.*

Agent. — Il nous semble représenté par le sérum du sang rouge ; quelques auteurs l'ont placé dans ce fluide lui-même, circonstance qui d'ailleurs ne changerait absolument rien à la théorie de cette élaboration sécrétoire.

Besoin. — L'isolement complet des membranes synoviales détruit toute possibilité d'un sentiment général et commun, attaché à l'ensemble des perspirations relatives au système que nous examinons. Chacune de ces membranes porte en soi la sensation particulière qui sollicite l'activité de son exhalation propre. Un sentiment de pesanteur, de gêne, de roideur ou même d'angoisse, plus ou moins vive, pendant les mouvements des parties revêtues par ces tuniques, indiquent positivement, dans ces dernières, le besoin d'une perspiration suffisamment développée.

Étude. — Cette perspiration dont les caractères fondamentaux sont absolument semblables dans toutes les parties du système synovial, pour le mode sécrétoire et pour le fluide sécrété, résulte évidemment de l'action vitale des vaisseaux exhalants particuliers à ces membranes, sur le sérum du sang qui leur est apporté. L'humeur que produit cette élaboration, déposée dans les sacs indiqués, sous le nom de *synovie*, remplit un usage physique, en favorisant, par sa viscosité, le jeu des parties qu'elle sert à lubrifier ; elle représente, pour la mécanique animale, exactement l'huile dont nous recouvrons, dans nos machines, les parties plus spécialement exposées aux frottements, elle se trouve ensuite reportée dans le torrent circulatoire. Ici, comme pour les membranes séreuses, l'action excrétoire est encore exclusivement confiée aux agents de l'absorption, et sa régularité par conséquent établie sur l'harmonie parfaite qui doit exister entre ces agents et ceux de l'exhalation normale.

La *synovie* est un fluide blanc, jaune ou verdâtre, visqueux, plus pesant que l'eau distillée, assez analogue pour l'aspect au blanc d'œuf, semi-transparent, d'une odeur nauséabonde et spermatique, d'une saveur légèrement salée, acquérant une plus grande fluidité par l'action des acides qui précipitent constamment alors une matière filandreuse ; devenant gélatineuse par le repos, reprenant son premier état, perdant sa viscosité par le dépôt de la matière qui semble recéler cette propriété particulière. Offrant, au microscope, des grumeaux de forme irrégulière, nageant dans un véhicule, à peu près comme pour la sérosité, mais en proportion plus considérable. De Blainville explique ainsi la disposition visqueuse de la synovie ; mais nous voyons, dans un grand nombre d'altérations, la première de ces humeurs présenter des grumeaux très-nombreux, sans jamais acquérir ce caractère propre à la seconde. L'*humeur plastique* du même auteur, produite par une exhalation morbifique, destinée à la cicatrisation des plaies, ne serait-elle pas plutôt un fluide intermédiaire à ces produits perspirés qu'il n'est plus permis de confondre aujourd'hui ? Quelle que soit la valeur de ces conjectures, la synovie contient, d'après Lassaigne et Boissel, une grande quantité d'albumine, une matière grasse, une matière animale soluble dans l'eau, de la soude, des hydrochlorates de soude et de potasse, du phosphate et du carbonate de chaux. Margueron, sur 106 parties, chez le bœuf, a trouvé : eau, 80,46 ; — albumine, 4,52 ; — matière fibreuse, albumine modifiée, 11,86 ; — hydrochlorate de soude ou peut-être chlorure de sodium, 1,75 ; — carbonate de soude, 0,74 ; — phosphate de chaux, 0,70. Vauquelin a rencontré à peu près les mêmes principes sur celle de l'éléphant, et de plus une matière animale particulière, coagulable par les acides et l'alcool, précipitant par le tannin.

Plusieurs physiologistes ont voulu rapprocher, identifier même la synovie et la sérosité. Mais la première diffère de la seconde par sa nature plastique et visqueuse ; par l'absence ordinaire des flocons albumineux, caséiformes, si fréquemment rencontrés dans la sérosité ; par la dégénération qui paraît propre à la synovie, d'après Margueron, et lui donne l'aspect de la gelée de groseilles rouges.

Altérations. — Un équilibre naturel entre l'action des exhalants et celle des absorbants synoviaux étant ici, comme pour les séreuses, absolument indispensable relativement à la régularité de l'excrétion, la quantité du produit sécrété doit offrir des variations, aussitôt que cet équilibre est notablement rompu. — 1° *Augmentation.* Lorsque l'exhalation augmente l'absorption restant à l'état ordinaire ; lorsque l'absorption diminue l'exhalation n'éprouvant aucun changement, il en résulte accumulation de la synovie dans l'articulation affectée ; maladie connue sous le nom d'*hydarthrose ; active*, dans le premier cas ; *passive*, dans le second, et dès lors nécessitant des médications opposées. — 2° *Diminution.* Elle est produite, soit par l'augmentation d'activité des absorbants, celle des exhalants restant à l'état normal ; soit par l'abaissement d'énergie des exhalants, celle des absorbants conservant son intégrité. Dans ces deux cas, il survient une sécheresse plus ou moins prononcée des surfaces articulaires ; altération, *active*, dans le premier cas ; *passive*, dans le second ; offrant bien souvent une prédisposition à l'ankylose, et devant toujours être soumise à des moyens curatifs opposés dans leur action. Ce principe, commun à toutes les maladies analogues des synoviales et des séreuses, n'est point encore assez généralement apprécié ; circonstance qui nous explique tout le vague et toute l'incertitude qui semblent environner le diagnostic et le traitement des hydropisies. — 3° *Perversion.* Dans certaines inflammations articulaires, on observe des altérations de la synovie qui changent entièrement sa nature. Plusieurs fois nous l'avons rencontrée gélatineuse, épaisse, rougeâtre ; souvent elle devient plus concrescible, s'organise en fausse membrane, et présente ainsi le premier degré des adhérences qui peuvent conduire à l'ankylose complète. Enfin, dans un assez grand nombre de circonstances, nous avons trouvé du pus remplaçant l'humeur synoviale chez les sujets morts de phlegmasies arthritiques. — 4° *Suspension.* Elle se manifeste surtout au début des inflammations suraiguës du tissu synovial ; d'où naissent, en grande partie, les douleurs intolérables que le plus léger mouvement suffit alors pour occasionner ; on l'observe encore dans le repos absolu des articulations ; c'est dans cette circonstance qu'il faut en prévenir les résultats, par des mouvements gradués avec discrétion ; précepte surtout bien essentiel dans le traitement des fractures, des luxations, etc.

Perspiration cellulaire. — Nous comprenons sous ce titre les exhalations effectuées dans le tissu générateur dont l'ensemble, commun à tout l'organisme, se trouve désigné dans les auteurs, par le nom de système cellulaire ; offrant chez l'homme et chez un grand nombre d'animaux, deux variétés, le *séreux* et l'*adipeux* ; ce qui nous oblige à considérer isolément leurs perspirations, avec d'autant plus de raison que les produits en diffèrent essentiellement par des caractères physiques et chimiques particuliers.

Perspiration cellulaire séreuse. — Nous désignons par ce terme l'exhalation qui s'opère dans les interstices du tissu cellulaire filamenteux ; elle offre pour caractère propre, de s'effectuer dans presque toutes les parties de l'organisme ; ses usages deviennent ainsi communs aux différents appareils de l'économie vivante, soit en les entretenant dans un état de liberté, souvent indispensable aux fonctions qui leur sont confiées, soit en leur offrant dans les circonstances difficiles des éléments d'accroissement et de réparation.

Appareil. — Il est représenté par les vaisseaux exhalants du tissu cellulaire filamenteux. Celui-ci forme une trame blanche, assez résistante, enveloppant les organes dans toutes leurs divisions ; fournissant, à chacun d'eux, une atmosphère propre qui les isole dans leur contiguïté, mais qui devient, en même temps, un intermédiaire susceptible d'établir entre eux des relations plus ou moins intimes dans les différents états physiologiques et morbides. Il serait assez difficile d'apprécier positivement les divisions moléculaires des organes auxquels peut s'étendre ce tissu ; toutefois il paraît démontré qu'il forme la base fondamentale du plus grand nombre, puisque la macération les réduit presque tous à ce même tissu. Plusieurs faits pathologiques très-curieux viennent à l'appui de cette opinion et prouvent également, sinon l'identité, au moins l'analogie incontestable des systèmes cellulaires séreux et synovial. Après certaines luxations non réduites, il s'établit souvent des fausses articulations mobiles, et dans lesquelles s'organisent, aux dépens du tissu celluleux, une synoviale, une capsule fibreuse. Dans les kystes accidentels, on voit se former, avec ce même tissu, des membranes offrant la texture et la disposition des séreuses. Nous rencontrons surtout cette variété du tissu cellulaire, à l'exclusion plus ou moins entière du système adipeux, dans les parties de l'organisme où la graisse, par son accumulation, aurait pu déterminer des accidents assez graves ; ainsi, dans le crâne, le rachis, aux lèvres, aux paupières, aux parties génitales, autour des vaisseaux, etc. Dans cette espèce de réseau, toutes les aréoles sont naturellement en communication, comme le démontrent l'extension de l'emphysème qui, de local, peut devenir universel ; et, d'une manière bien positive encore, l'insufflation de l'air effectuée dans les boucheries pour faciliter l'ablation de la peau chez les animaux. Ruisch pratiquait cette opération sur les enfants nés morts et dans un état de marasme, pour les présenter sous un aspect moins repoussant. Des marchands de mauvaise foi n'ont pas craint de recourir à ce moyen sur des bœufs, des chevaux, des moutons, etc., pour les parer d'un volume et d'un embonpoint empruntés. Enfin, d'après le rapport de Haller, un père fut assez barbare pour effectuer des insufflations semblables sur ses propres enfants, dans l'intention de simuler, chez eux, des hydrocéphales, des ascites, etc., avec l'espérance d'émouvoir la compassion publique par cet odieux subterfuge.

Agent. — Il semble assez positivement démontré que les exhalants celluleux puisent les éléments de leur sécrétion dans le sérum du sang rouge, ce dernier ne les pénétrant pas avec ses globules colorés, au milieu des conditions de l'état normal.

Besoin. — Lorsque cette perspiration est suspendue, les tissus paraissent momentanément frappés de sécheresse et d'étiolement. Le jeu des organes est difficile ; un sentiment général de malaise et d'anxiété, résultat de ces fâcheuses dispositions, indique le besoin de cette élaboration sécrétoire.

Étude. — A peu près identique dans toutes les parties du système cellulaire filamenteux, cette exhalation, effectuée par les vaisseaux perspiratoires de l'appareil qu'il sert à former, produit une humeur très-analogue à la lymphe, au sérum du sang, à la sérosité. Ténue, blanche, diaphane, peu sapide, à peu près inodore, formée d'eau en grande proportion, d'albumine et de quelques sels, elle humecte la trame celluleuse, entretient l'élasticité, la souplesse que ce tissu doit naturellement présenter et se trouve ensuite reprise et portée dans le torrent circulatoire.

Altérations. — Elles nous offrent les quatre modifications principales et peuvent se manifester localement ou dans toute la constitution. — 1° *Augmentation*. Elle est occasionnée par le développement fonctionnel des exhalants, celui des absorbants conservant son intégrité ; on la nomme alors *active ;* la la chaleur, la douleur, la rénitence élastique des parties, qui ne conservent pas l'impression du doigt, rendent constamment sa distinction facile. Quelques auteurs la désignent par le terme d'*œdème actif*, lorsqu'elle est très-bornée ; de *leuco-phlegmasie*, lorsqu'elle devient générale. Cette augmentation peut encore se rattacher à l'abaissement d'activité des absorbants, celle des exhalants étant naturelle. Dans ce cas l'infiltration séreuse est *passive ;* on la reconnaît au froid, à la mollesse, à l'empâtement des tissus lésés, conservant longtemps l'impression du doigt qui les touche ; luisants et diaphanes, ils ne font ordinairement éprouver aucune douleur. Cette maladie prend le titre d'*œdème passif*, lorsqu'elle est locale, et celui d'*anasarque*, lorsqu'elle atteint la plus grande partie de l'organisme. Cette infiltration est presque toujours le symptôme le plus fâcheux des phlegmasies chroniques, des engorgements, des dégénérations affectant les principaux viscères de l'économie vivante ; elle indique ordinairement un affaiblissement général, une débilité nutritive profonde, et lorsqu'elle s'empare surtout des parties supérieures, elle devient un funeste présage, la déclivité ne pouvant point alors expliquer sa manifestation. — 2° *Diminution*. Elle est plus ordinaire dans les pays secs et chauds que dans les contrées humides et froides ; il suffit, pour s'en convaincre, de comparer les tissus rigides et fermes du Canadien aux chairs succulentes et molles de l'Anglais. Elle peut être *active*, c'est-à-dire occasionnée par l'augmentation d'énergie des absorbants, les exhalants n'éprouvant aucun changement ; on l'observe dans tous les âges, dans toutes les constitutions, sous l'influence de la diète prolongée. Elle devient *passive* lorsqu'elle dépend d'un abaissement notable dans l'action des exhalants, les absorbants restant à l'état normal ; elle affecte alors plus spécialement la vieillesse, les tempéraments lymphatiques, et se trouve occasionnée, soit par la décrépitude naturelle, soit par l'atrophie morbifique. — 3° *Perversion.* Assez fréquente, cette altération peut effectuer la production des fluides anormaux qui viennent remplacer l'humeur séreuse. Ainsi nous voyons, dans le tissu cellulaire, du pus, c'est le cas le plus fréquent ; du sang, dans les ecchymoses, les taches scorbutiques, les pétéchies, etc.; des matières variables, comme on l'observe dans les tumeurs anormales, etc.; enfin de la bile, de la sueur, de l'urine, du lait seulement alors déviés par cette exhalation.

Perspiration cellulaire adipeuse. — Nous décrivons, sous ce titre, l'exhalation qui s'opère dans les vésicules du tissu adipeux, et dont l'objet essentiel est de maintenir la souplesse des organes, de rendre leurs formes plus gracieuses en arrondissant mollement les contours, et faisant disparaître, surtout chez la femme, les duretés des saillies osseuses et musculaires ; d'offrir particulièrement aux organes délicats des coussinets élastiques, sur lesquels ils reposent et se meuvent sans craindre aucun froissement dangereux; de présenter à toute l'économie des moyens de réparation organique, lorsqu'elle ne peut rien obtenir de l'extérieur.

Appareil. — Les auteurs ont longuement discuté sur la nature de cet appareil ; les uns ont admis des glandes que l'anatomie ne démontre pas ; les autres, au milieu desquels se rencontre Haller, ont prétendu « que la graisse, primitivement « formée dans le sang, surnageait à la surface de la colonne, « en vertu de sa légèreté spécifique, et transsudait par les « pores latéraux des artères. » Il suffit, pour détruire une hypothèse aussi fautive, de faire observer que la graisse ne se trouve point dans le sang rouge ; que la transsudation est un phénomène cadavérique ; enfin, que, dans cette hypothèse, les accumulations graisseuses devraient surtout avoir lieu entre les tuniques artérielles, tandis que c'est précisément le point où l'on n'en rencontre jamais. Il est évident qu'il faut placer l'appareil de cette élaboration sécrétoire dans les vaisseaux exhalants du tissu cellulaire adipeux. On a pensé, jusqu'à ces derniers temps, que les systèmes cellulaires séreux et graisseux ne différaient que par la forme, le premier se trouvant disposé en filaments aréolaires, et le second, en lamelles constituant des cellules, qui toutes communiquaient les unes avec les autres ; Haller, Bichat lui-même, partageaient cette erreur. Malpighi, Swammerdam, les premiers, eurent l'idée d'une organisation vésiculeuse. Béclard a développé cette opinion en démontrant que le système adipeux se présente sous la forme de petits corps obronds, offrant le volume d'un pois ou d'une noisette, placés au milieu du tissu cellulaire, pouvant être divisés, par la dissection, en grains qui paraissent, au microscope, formés d'un nombre incalculable de vésicules, dont le diamètre égale à peu près la cinquantième partie d'une ligne. Ces vésicules et les grains qu'elles forment par leur ensemble pédicellés au moyen des vaisseaux qui vont s'y distribuer, se rapprochent assez, dans leur union commune, des dispositions générales d'une grappe de raisin, de telle sorte que la structure du tissu adipeux n'offre point les conditions loculaires, mais bien plutôt un arrangement analogue à celui des fruits de l'oranger et du citronnier.

Agent. — C'est encore dans le sérum du sang rouge que les exhalants adipeux nous semblent puiser les éléments de l'élaboration qui leur est confiée. De Blainville pense « que la « graisse est fournie par le sang noir, et qu'elle est exhalée à « travers les parois des veines ; » il se fonde sur la manière dont cette humeur est distribuée, dans les épiploons, sur le trajet de ces vaisseaux, et prétend l'avoir vue découler de la veine jugulaire, sur le cadavre d'un éléphant. En laissant à ce fait la réalité que lui donne son auteur, il prouve tout au plus que la graisse, prise par les absorbants, dans les vésicules où l'avaient déposée les exhalants, s'est trouvée conduite au sang veineux avec les autres matériaux absorbés, mais il n'indique nullement que le sang noir soit l'agent de cette perspiration, encore moins que les veines puissent être considérées comme organes de cette élaboration sécrétoire.

Besoin. — Le sentiment qui nous avertit du besoin de la sécrétion graisseuse, parle dans tout l'organisme, dont le marasme, l'étiolement et la rigidité produisent une sorte d'anxiété, de malaise constitutionnels, d'autant moins précisément exprimés qu'ils deviennent plus superficiels et plus généraux.

Étude. — Les vaisseaux perspiratoires du tissu adipeux saisissent, dans le sérum du sang rouge, des éléments qu'ils élaborent de manière à former une humeur particulière, généralement désignée par le nom de *graisse*. On la trouve identique dans toutes les parties de cet appareil, indépendamment de la nature des organes voisins ; elle diffère essentiellement de tous les autres fluides sécrétés, double circonstance qui nous indique positivement l'action vitale des exhalants indiqués, comme la cause de cette élaboration, et nous démontre la réalité des propriétés spéciales départies à ces vaisseaux.

La graisse, στέαρ des Grecs, *adeps* des Latins, envisagée surtout chez l'homme et chez plusieurs animaux, tels que le porc, le bœuf, etc., est une humeur blanche, quelquefois jaunâtre, ce qu'elle doit à des éléments étrangers, plus ou moins consistante, onctueuse, fusible, d'après sa composition, terme moyen, de 15 à 25 c.; d'une saveur douce et fade ; inodore, pour certaines espèces, agréablement ou péniblement odorante, chez d'autres ; caractère qu'elle paraît emprunter, d'après Chevreul, au mélange de certaines substances analogues à la *phocénine*, à la *butyrine*, à l'*hircine*, etc. Plus légère que l'eau, insoluble dans ce véhicule ; peu soluble dans l'alcool froid ; beaucoup plus dans les huiles fixes ; neutre, pouvant se rancir par l'action de l'air et de la lumière ; très-inflammable, se comportant à la manière des huiles ; formant des savons, en se combinant avec les alcalis; offrant, au microscope, des granules polyédriques, enveloppés d'une membrane très-mince, diaphane, qui laisse écouler son fluide lorsqu'on la déchire. Cette humeur prend différents noms suivant les caractères qu'elle présente naturellement, et surtout d'après l'espèce animale qui la fournit ; c'est l'*huile* des poissons, le *suif* du mouton, l'*axonge* du porc, etc. D'après Bérard, de Saussure, etc., la graisse a donné, par l'analyse, sur 100 parties :

	Oxygène	Hydrogène	Carbone	Azote
Graisse des cétacés.....	5.478.	.12.862.	81.660.	0
— de porc.......	9. 66.	.21. 34.	69.....	0
— de mouton.....	14.....	.24.....	62.....	0

On voit dès lors que cette matière sécrétée ne contient jamais d'azote, caractère qui la distingue essentiellement des autres substances animales. D'après les travaux importants de Chevreul sur la graisse, nous la voyons formée par deux éléments principaux : la *stéarine* et l'*oléine*. La première est blanche, insipide, fusible au-dessus de 44° c., soluble dans 55 fois 1/2 son volume d'alcool bouillant. La seconde est incolore, d'une saveur douce, fusible à 4° c., soluble dans 32 fois son volume du même véhicule. Elles donnent à l'analyse, sur 100 parties :

	Oxygène	Hydrogène	Carbone	Azote
Stéarine................	9.434.	11.770.	78.776.	0
Oléine......	9.987.	11.422.	78.566.	0

C'est plus spécialement aux proportions relatives de ces deux éléments que les graisses doivent leurs caractères particuliers de solidité ou de fluidité, sous une température moyenne, comme il est aisé d'en obtenir la preuve, en comparant, sous ce rapport, l'huile de baleine au suif. En traitant la graisse par les alcalis, sous l'influence du calorique, Chevreul a vu se former des acides *stéarique, margarique, oléique* et de la *glycérine*, découverte qui précise beaucoup la théorie des saponifications. Bussy et Lecanu, dans leurs travaux sur cette matière, ont prouvé que l'on obtient, par la distillation, des produits beaucoup plus nombreux qu'on ne l'avait pensé d'abord. Outre les caractères généraux que nous venons d'énumérer, la graisse en présente encore de particuliers, suivant les espèces, les âges, les tempéraments, les états normal et pathologique, la saison, le climat, le genre d'acclimatation, etc. Ainsi, nous la trouvons plus ferme, plus blanche, dans les mammifères, les jeunes sujets, les sanguins, pendant la santé, l'hiver, dans les pays froids, sous l'influence d'un régime animal et végétal nutritifs, que chez les poissons, dans la vieillesse, le tempérament lymphatique, les maladies prolongées, les étés humides, les pays chauds, une diète exclusivement animale, féculente ou lactée. Cette humeur perspiratoire ne se rencontre point chez l'homme pendant les premiers mois de son existence fœtale. Dans la série nombreuse des vertébrés, on voit ses quantités s'affaiblir à mesure que la proportion du sang diminue. Lorsque ce dernier fluide n'existe pas, on ne rencontre plus de graisse. Celle-ci remplit, dans l'économie, plusieurs usages importants : les uns sont relatifs à l'agrément des formes ; les autres, à l'exercice d'un grand nombre d'organes, aux besoins plus ou moins impérieux de la réparation.

Sous le premier rapport, quelle souplesse et quels gracieux contours ne ménage-t-elle pas dans les dispositions organiques, en faisant disparaître les inégalités des rides cutanées, les saillies musculaires et les protubérances des os ? La fraîcheur, l'embonpoint modéré de la jeunesse, rapprochés du marasme, de l'étiolement de la caducité, font assez ressortir les avantages de ce premier emploi.

Sous le second rapport, la graisse forme, autour des organes délicats, un ou plusieurs coussins qui les soutiennent mollement, et favorisent les mouvements divers exigés par leurs fonctions, et dès lors exécutés sans commotions et sans froissements. Nous en trouvons des exemples pour les intestins, le cœur, les yeux, etc. Étendue, par couches d'épaisseur variable, entre les différents faisceaux musculeux dont elle effectue l'isolement, son interposition et son élasticité rendent leurs contractions plus indépendantes et plus faciles. Doublant, presque partout, l'enveloppe dermoïde, elle concourt, avec cette membrane, à protéger les organes sous-jacents contre les agressions extérieures. Toutefois, il ne faut pas, avec quelques auteurs, appliquer ici la propriété qu'elle offre d'être mauvais conducteur du calorique, à garantir le sujet des impressions pénibles du froid, en la considérant comme une sorte de fourrure destinée à cet usage, surtout dans les régions glaciales, où les animaux offrent cette humeur en grande proportion sous la peau. En effet, la sensation désagréable que produit l'air ambiant, par exemple, sous une basse température, siégeant particulièrement dans cette membrane, se trouve dès lors indépendante, par sa position et par sa nature, des accumulations graisseuses qui peuvent avoir lieu sous le derme. Nous trouvons des hommes frileux aussi bien chez les sujets corpulents que chez les individus maigres ; il ne faut pas, dans cette circonstance, attribuer à l'influence de la graisse, des résultats qui sont à peu près exclusivement relatifs à la susceptibilité de l'enveloppe cutanée.

Sous le troisième rapport, cette humeur, déposée dans les vésicules du système adipeux, devient un véritable aliment en réserve, que les vaisseaux absorbants peuvent saisir et porter dans le torrent circulatoire, pour effectuer la réparation du sang et servir ultérieurement, sous l'influence des élaborations nutritives, à reconstituer l'organisme, lorsqu'il se trouve, comme on le dit vulgairement, dans la nécessité de vivre aux dépens de sa propre substance. C'est ainsi que nous voyons la marmotte, le loir, la chauve-souris, le lérot et autres animaux hibernants, chargés, avant la saison rigoureuse, d'une graisse abondante, passer tout ce temps, engourdis par le sommeil, tapis dans une retraite obscure, sans prendre aucun aliment réparateur, et se réveillant dans un état de maigreur extrême, vers les premiers jours du printemps, après avoir exclusivement vécu par l'absorption de cette humeur nutritive, amassée pendant l'automne. Dans les maladies graves, où la diète absolue devient quelquefois indispensable, le sujet perd de son embonpoint, dans une proportion relative à la durée, à l'activité de cette alimentation spéciale. Nous expliquons dès lors facilement l'avantage des sujets gras pour supporter l'abstinence, et leur sobriété naturelle, en supposant qu'ils ne s'abandonnent pas aux impulsions d'une sensualité factice.

Altérations. — La perspiration graisseuse peut offrir toutes les modifications pathologiques avec un intérêt assez marqué pour l'économie vivante.

1° AUGMENTATION. — Elle est effectuée par la suractivité des exhalants, les absorbants conservant leur état normal; ou résulte de l'affaiblissement de l'absorption, l'exhalation n'éprouvant aucun changement. Dans ces deux cas, il se manifeste une surabondance adipeuse que l'on désigne par le terme de *polysarcie active*, pour le premier; *passive*, pour le second.

Polysarcie active. — Elle offre un grand nombre d'intermédiaires, depuis les sujets d'un embonpoint modéré, dont elle arrondit assez gracieusement les formes, jusqu'à ces masses lourdes, épaisses, tellement dénaturées, par les accumulations de la graisse, qu'elles conservent à peine la figure et les dispositions de notre espèce. Une alimentation succulente jointe au calme de l'esprit, au repos du corps; l'usage abusif des farineux, des viandes; l'habitation d'un pays froid, le tempérament lymphatique, sont les causes les plus ordinaires de cette augmentation. On la distingue de la polysarcie passive, à la fermeté, à l'élasticité des parties, à la couleur vermeille de la peau, mais surtout aux manifestations d'une santé générale et soutenue. Pour les jeunes sujets, c'est plus particulièrement dans le tissu cellulaire sous-dermoïde que s'effectue l'accumulation graisseuse; de là cet empâtement des formes extérieures. Après la virilité, c'est plutôt dans le système adipeux intérieur qu'elle s'opère, dans celui de l'abdomen plus spécialement encore; aussi la voyons-nous alors caractérisée par un développement énorme du ventre. Les individus ainsi constitués sont, en général, impropres à la génération, aux travaux de l'esprit, aux grandes entreprises, aux révolutions des empires. César, méditant la conquête du monde, répéta plusieurs fois : « Je ne crains pas les hommes engourdis pro- « fondément dans leur corpulence informe, je redoute beau- « coup plus ces ardents et maigres conspirateurs. » Les exemples de polysarcie nous paraissent plus fréquents chez la femme. Sans admettre, avec quelques auteurs, pour notre espèce, que cette accumulation adipeuse ait, chez quelques sujets, élevé le poids total jusqu'à six et même huit cents livres, nous rapporterons les deux faits suivants, dont l'authenticité peut être garantie. Nous avons actuellement sous les yeux Brillant François, originaire de Saint-Jean, département de Maine-et-Loire. Né le 6 octobre 1816, pesant vingt-sept livres, et présentant six dents incisives, quatre à la mâchoire supérieure, deux à l'inférieure ; actuellement âgé de onze ans, sa taille est de quatre pieds six pouces et son poids de trois cent soixante-dix-sept livres. Il offre une masse à peu près cuboïde, la tête, les mains, les pieds sont peu volumineux ; des cheveux noirs et bouclés accompagnent une physionomie assez agréable ; le caractère est gai, léger, l'esprit sans profondeur et sans fixité, la respiration bornée ; des étourdissements fréquents se manifestent, les yeux semblent alors se couvrir d'un nuage épais et passager. Trocher Pierre, boucher de profession, d'une constitution assez grêle jusqu'à l'âge de trente ans, fut alors pris d'un appétit insatiable, après un voyage fait en Russie. Aimant surtout les viandes, il en faisait une grande consommation, et gagna le pari de manger un veau tout entier, dans vingt-quatre heures. A trente-sept ans, il pesait quatre cents livres, ne pouvait plus s'asseoir ni se tenir debout. Menacé de suffocation, il fit demander le docteur Grafe, qui le ramena graduellement au poids de deux cents livres, par la diète, les saignées, les purgatifs et l'usage intérieur de l'acétate de plomb. Il peut aujourd'hui vaquer à ses occupations habituelles.

Polysarcie passive. — On doit toujours la considérer comme un symptôme pathologique. C'est plutôt une bouffissure de mauvais caractère, qu'un embonpoint relatif au développement de la nutrition. On la reconnaît aisément à l'empâtement, à la mollesse des tissus, à la couleur terne et jaunâtre de la peau, recouverte habituellement d'une sueur grasse et nauséabonde. Elle est produite surtout par la misère, la malpropreté, les maladies chroniques des organes digestifs, l'affection scrofuleuse, l'habitation des lieux humides et marécageux ; elle indique toujours une lésion nutritive plus ou moins profonde, et devient souvent plus fâcheuse qu'un amaigrissement prononcé.

2° DIMINUTION. — Elle résulte nécessairement, soit de l'affaiblissement des exhalants adipeux, les absorbants conservant leur état naturel, soit d'un accroissement dans cette absorption, l'exhalation n'éprouvant pas de changement notable. Ces deux modifications déterminent le *marasme*, *passif* dans le premier cas ; *actif*, dans le second.

Marasme passif. — Il est ordinairement produit par la respiration d'un air insalubre, par l'usage d'aliments de mauvaise qualité, peu réparateurs, par les vices constitutionnels, les affections organiques profondes, les passions tristes, les chagrins concentrés, etc. On le reconnaît à l'étiolement, à la la faiblesse, à l'épuisement constitutionnels, à la teinte plombée de la peau, qui devient sèche et terreuse, quelquefois aux sueurs nocturnes et partielles, au dévoiement colliquatif. Cette altération est presque toujours, vers la fin des maladies chroniques, l'un des symptômes les plus certains d'une mort prochaine.

Marasme actif. — Il peut être occasionné par des aliments trop excitants, par les salaisons, les épices, le thé, le café, les liqueurs alcooliques ; par les exercices violents et toutes les modifications des travaux intellectuels opiniâtres, d'une vie sans cesse agitée sous l'influence des commotions morales. Il est compatible avec la santé parfaite ; nous voyons, en effet, des sujets habituellement très-maigres et qui cependant soutiennent les plus grandes fatigues, sans dérangement notable dans leurs fonctions. Il se fait aisément distinguer à la densité des tissus, à la saillie des os, des muscles, à la sécheresse de la peau ; qui présente en même temps un aspect de fraîcheur et de vie.

3° PERVERSION. — Elle entraîne la formation d'une graisse jaunâtre, mal élaborée, de mauvaise nature, dégénérant en lipômes, en tumeurs anomales, etc., par la conversion de cette humeur en matière gélatineuse, pultacée, grise, noirâtre, etc. Des perspirations purulentes, sanguines, ichoreuses, etc., peuvent encore se manifester dans le tissu cellulaire adipeux.

4° SUSPENSION. — Elle est assez rare, on l'observe cependant au début des inflammations violentes, par la stupeur des grandes commotions, pendant les douleurs vives et soutenues, sous l'influence des passions ardentes et concentrées, etc.

Perspiration médullaire. — Nous décrivons sous ce titre l'exhalation qui s'effectue par les vaisseaux perspiratoires particuliers aux membranes intérieures des os. Ces membranes, désignées par le terme de *médullaires*, vasculo-vésiculeuses, formant le périoste interne, occupent le canal central du plus grand nombre des os longs, et les aréoles du tissu spongieux, dans toutes les parties du squelette. L'appareil sécréteur est plus spécialement représenté par des vésicules absolument analogues à celles du système adipeux. Le modificateur de cette perspiration est le sang rouge lui-même. Les exhalants de ces vésicules puisent, dans ce dernier fluide, les matériaux au moyen desquels ils forment, sous l'influence vitale, une humeur à laquelle on donne le nom de *moelle*. Composée des mêmes éléments que la graisse ordinaire, mais en proportions différentes, la moelle est plus fluide et plus jaune; dans le tissu aréolaire, elle prend même les caractères et l'aspect des huiles. Haller et Blumenbach pensaient qu'elle rendait les os plus flexibles. Mais elle n'existe pas chez les enfants. Les anciens, Haller et Duverney croyaient qu'elle servait à la nutrition des os, à la formation du cal, sous le titre de *suc osseux;* d'autres l'ont considérée comme le réservoir latent du calorique, de l'électricité, de la synovie, qu'elle formait par transsudation, etc. Ces hypothèses n'ont plus besoin d'une réfutation sérieuse. Il nous semble beaucoup plus positif et plus physiologique d'admettre que la moelle, outre les usages qu'elle partage avec la graisse ordinaire, a pour objet spécial de remplir les mailles du tissu spongieux, et les cavités centrales des os longs; de présenter un aliment en réserve pour les différentes pièces du squelette, comme le démontrent les expériences de Troja, mais surtout la vacuité des os, chez les sujets qui succombent aux maladies chroniques et dans un état de marasme complet. Les altérations de cette élaboration sécrétoire sont encore peu connues; cependant nous savons qu'elle est *augmentée*, dans la polysarcie; *diminuée*, dans le marasme; *pervertie*, dans le spina-ventosa; *suspendue*, lors de la formation du cal, dans les fractures, etc.

Perspiration oculaire. — Le globe de l'œil est formé par des membranes et par des humeurs. Les secondes sont produites et continuellement réparées sous l'influence de l'exhalation exercée par les premières. Il devient par conséquent indispensable d'étudier chacune de ces perspirations dans sa membrane propre.

Membrane de l'humeur aqueuse. — Cette membrane offre une ténuité si considérable, que l'on a, pendant très-longtemps, douté de son existence, aujourd'hui démontrée par la hernie de l'humeur qu'elle renferme. Tapissant les deux chambres de l'œil, elle sécrète un fluide parfaitement diaphane, limpide, inodore, d'une saveur très-faible, se réparant avec une grande facilité, comme on peut s'en convaincre dans l'opération de la cataracte par extraction; formé d'une grande proportion d'eau, ce qui l'a fait nommer *humeur aqueuse*, de gélatine et de quelques sels. Il sert à la réfraction des rayons lumineux dans la vision. Son augmentation donne souvent naissance à la *myopie*; sa diminution, à la *presbytie*; sa suspension, à l'*atrophie* de l'œil, à la *cécité*; sa perversion, à l'*hypopyon*, etc.

Membrane cristalline. — Représentant un sac sans ouverture, de forme lenticulaire, cette membrane sécrète un fluide épais, diaphane, prenant, par l'action de la chaleur, un aspect analogue à celui du verre fondu; brûlant avec une sorte de crépitation, et répandant l'odeur de la corne soumise à l'influence du feu. Contenant de l'eau, de l'albumine, de la gélatine et des sels. Servant à la réfraction de la lumière. Produisant la *myopie*, dans son augmentation; la *presbytie*, dans sa diminution ; la *cataracte*, par sa perversion avec opacité progressive.

Membrane hyaloïde. — Celluleuse, mince, transparente, elle exhale un fluide, connu sous le nom *d'humeur vitrée;* composé de gélatine, d'albumine et de plusieurs sels en dissolution dans une grande quantité d'eau ; servant à la réfraction des rayons lumineux. Son augmentation détermine l'*hydrophtalmie;* sa diminution, l'*atrophie oculaire;* sa perversion, le *glaucome*.

Membrane choroïde. — Opaque, beaucoup plus épaisse que les précédentes, elle sécrète une humeur noire, désignée par le terme de *pygmentum;* formée d'eau, de gélatine, de plusieurs sels et d'une matière colorante animale. Son usage essentiel est d'absorber les rayons lumineux écartés de l'axe visuel. Ses altérations sont encore peu connues.

Perspirations vasculaires. — C'est ainsi que nous désignons l'exhalation effectuée par les vaisseaux ténus, qui vont s'ouvrir à la surface libre des canaux circulatoires, sous le nom de *vasa vasorum*. Révoquée en doute par quelques physiologistes, admise par Haller, et la plupart des modernes, cette exhalation doit être étudiée dans les artères, les veines, les vaisseaux lymphatiques et les canaux excréteurs.

Artères. — Bichat comprend une portion d'artère entre deux ligatures, voit le vaisseau réduit en cordon fibreux par les progrès de l'oblitération, et conclut au défaut de réalité de la perspiration vasculaire. Ici le principe, le raisonnement et l'induction sont essentiellement erronés. En effet, le sang étant un stimulant ordinaire des parois artérielles, toute exhalation doit cesser à leur surface libre, aussitôt que ce fluide ne vient plus les exciter. Faut-il en inférer que cette exhalation n'a pas lieu dans l'état normal ? Autant vaudrait nier l'existence des perspirations synoviales et séreuses, parce que ces membranes contractent des adhérences avec oblitération de leurs cavités propres, lorsque cette même sécrétion est suspendue par une longue immobilité, etc. L'humeur perspirée dans les artères, paraît avoir de l'analogie avec la sérosité.

Mêlée au sang, elle en favorise la circulation en augmentant sa fluidité naturelle. On n'a pas jusqu'ici déterminé les caractères de ses altérations.

VEINES. — La perspiration de ces vaisseaux offre les mêmes dispositions et les mêmes usages, elle peut être pervertie de manière à fournir du pus.

VAISSEAUX LYMPHATIQUES. — Elle est aussi très-probable pour ces vaisseaux ; elle devient certaine pour leurs ganglions qui forment un fluide gélatino-albumineux chargé, par son mélange avec le chyle, de faire éprouver à ce produit digestif un premier degré d'animalisation.

CANAUX EXCRÉTEURS. — Cette perspiration a pour objet de frvoriser l'excrétion des humeurs glandulaires en augmentant leur fluidité. Nous en avons fait l'histoire générale en traitant des exhalations muqueuses.

2° Sécrétions folliculaires. — Les sétrétions folliculaires nous offrent déjà plus de précision dans l'appareil chargé de les effectuer, et même une sorte de réservoir où se trouve déposé le produit de l'élaboration. Cet appareil porte le nom de *crypte*, κρύπτη des Grecs, de κρύπτω, je cache, *folliculus* des Latins. Il représente un petit sac de forme variable, entièrement logé dans l'épaisseur de la membrane qu'il occupe, offrant son fond élargi vers la surface adhérente, et son col rétréci, ouvert à la surface libre de cette membrane. Intérieurement revêtu par celle-ci, dont un prolongement ténu s'enfonce dans l'orifice du follicule, ce dernier présente extérieurement une membrane propre qu'il serait difficile de ne pas considérer comme jouissant de la contractilité, puisque l'expulsion de la matière sécrétée, hors de la cavité folliculaire, se trouve exclusivement abandonnée à son action. Haller admettait même dans cette membrane des fibres musculeuses par analogie avec celles que l'on rencontre dans la vessie urinaire, la vésicule hépatique, et dans les autres grands réservoirs. C'est au moyen des vaisseaux exhalants de ces cryptes que s'effectue la sécrétion folliculaire. On ne rencontre ces petits appareils que dans l'épaisseur des deux membranes de rapport : la *muqueuse* et la *peau*. C'est toujours à la surface libre de l'une et de l'autre qu'ils viennent s'ouvrir ; circonstance qui, jointe aux caractères onctueux des produits de cette élaboration, démontre assez positivement que le but essentiel des sécrétions folliculaires, est de lubrifier ces membranes en les disposant à supporter, avec moins d'inconvénients, le contact habituel des corps étrangers qui doivent incessamment former les objets de leurs rapports extérieurs. Trois fluides principaux sont élaborés par cet ordre de sécrétions : le *mucus* ; le *fluide sébacé* ; le *cérumen*. Des particularités assez importantes distinguant les sécrétions folliculaires *muqueuse* et *dermoïde*, leur histoire doit être isolément présentée.

Sécrétion folliculaire muqueuse. — Nous comprenons, dans cette catégorie, toute élaboration sécrétoire effectuée par les follicules des tissus muqueux. Elle présente pour caractères d'appartenir exclusivement aux membranes de ce nom ; d'offrir, dans ses manifestations, des variétés nombreuses d'activité qui se trouvent à peu près constamment proportionnées au développement des excitations supportées par ces membranes. Le but de cette même sécrétion est de protéger convenablement, et par une influence purement physique, les surfaces libres des muqueuses contre l'agression des corps étrangers dont elles ont à supporter le contact, et de favoriser, en même temps, le glissement et le passage de ces derniers, lorsqu'ils sont destinés à les parcourir dans une certaine étendue. L'humeur folliculaire supplée, dans les muqueuses, par l'enduit qu'elle forme, à la ténuité, peut-être même au défaut de l'épiderme. Cette modification protectrice nous fait encore apprécier toute la perfection des œuvres de la nature. En effet, dans les membranes que nous examinons, et dont les fonctions sont relatives à des rapports délicats et du plus grand intérêt pour la conservation individuelle, un épiderme épais et permanent eût protégé la sensibilité de ces membranes, mais détruit la possibilité des relations qu'elles doivent entretenir ; le défaut absolu de ce moyen protecteur eût permis ces relations, mais abandonné la susceptibilité muqueuse à des irritations plus ou moins funestes. C'est par la production de cet enduit conservateur, de cet épiderme temporaire, que la nature est arrivée à la solution de ce problème difficile, en laissant à ces membranes toute la finesse de leur tact, lorsque les impressions sont très-faibles ; en diminuant celui-ci, lorsqu'elles sont très-fortes, puisque la proportion du mucus excrété sur ces tuniques de rapport est constamment en mesure des excitations supportées par ces dernières.

Appareil. — Il est représenté par les vaisseaux exhalants des follicules muqueux, dont la forme et les dispositions varient. Sous le premier rapport, on les trouve globuleux, obronds, lenticulaires, elliptiques, miliaires, etc. Sous le second, on les voit *disséminés*, sur les membranes du même nom; *agglomérés*, dans la bouche, dans l'estomac ; *conglobés*, dans la prostate, les amygdales, etc. C'est à ces derniers que l'on a très-improprement donné le nom de glandes.

Agent. — C'est dans le sang rouge que les vaisseaux perspiratoires des follicules muqueux puisent les éléments de la sécrétion qui leur est confiée.

Besoin. — Toutes les fois qu'une surface muqueuse n'est pas convenablement lubrifiée par le fluide folliculaire, il en résulte bientôt un sentiment de sécheresse et d'irritation, qui fait assez connaître le besoin de cette élaboration sécrétoire, et qui se convertit bientôt dans une ardeur brûlante, lorsque ce besoin n'est pas satisfait.

Étude. — Les cryptes prennent, dans le sang rouge qui leur est distribué, les éléments de la sécrétion qu'ils doivent effectuer, les combinent sous l'influence de la force vitale, pour en constituer un fluide particulier qui se trouve confié à la cavité de l'utricule dans laquelle se fait graduellement son accumulation, jusqu'à l'instant où les contractions de cette poche membraneuse le versent définitivement sur la membrane, à la surface de laquelle doivent s'accomplir les phénomènes relatifs à sa destination. Lorsqu'il séjourne dans les follicules, il se densifie par l'absorption de ses parties les plus aqueuses, prend quelquefois une assez grande consistance, comme on le voit dans ces granulations blanchâtres que certains individus rendent le matin par l'expectoration, sous le nom de *pituite*. L'humeur produite par la sécrétion folliculaire muqueuse, βλέννα des Grecs, d'où l'on a fait les termes *blennorrhée*, *blennorrhagie*, pour désigner l'écoulement pathologique de cette humeur, est encore indiquée dans les auteurs anciens sous le titre de *phlegmes*, de *glaires*, etc. Nous lui conserverons le nom de *mucus*. Celui-ci est incolore, visqueux, transparent, inodore, insipide, plus pesant que l'eau, soluble dans les acides, insoluble dans l'alcool, non coagulable comme l'albumine, incapable de se prendre en masse comme la gélatine, se précipitant par l'acétate de plomb, se boursouflant par l'action du feu, donnant l'odeur de la corne brûlée, se desséchant à l'air qui le rend alors semi-transparent, friable, cassant, etc. On le trouve dans l'épiderme, les poils, les ongles, les écailles, les cornes, etc. ; assez analogue par ses propriétés au mucilage végétal, il en diffère par sa composition puisqu'il contient de l'azote. A l'état liquide, l'eau s'y trouve ordinairement pour les neuf dixièmes du poids. D'après Berzélius, il n'est point identique dans toutes les muqueuses. Ces différences ne tiendraient-elles pas à des mélanges variables, à des modifications vitales passagères, plutôt qu'à la diversité naturelle des appareils sécréteurs? Nous serions assez disposé à le penser, en considérant que le mucus pris sur une membrane déterminée, à des époques différentes, n'offre pas à l'analyse des résultats exactement semblables. Toutefois il n'est pas impossible que ces diversités se rattachent également à des modifications dans la structure et dans les propriétés des follicules muqueux de ces membranes isolées dans leur ensemble et concourant à des fonctions particulières. Le mucus des narines et de la trachée-artère, analysé par le même chimiste, a présenté sur 1,000 parties : eau, 933, 7 : —mucus, 53, 3 ; — hydrochlorate de potasse et de soude, 5, 6; — lactate de soude et substance animale, 3 ; — phosphate de soude, albumine, matière animale insoluble dans l'alcool, soluble [dans l'eau, 3, 5 ; — soude, 0, 9. Dans ces derniers temps, l'élément fondamental de cette humeur, dégagé de toutes les matières accessoires, a reçu le nom de *mucosine*. Bostock et Vauquelin considèrent cet élément comme un principe immédiat ; Berzelius pense qu'il est composé de lactate de soude en combinaison avec une matière animale ; toutefois il devient l'un des émonctoires consacrés, par la nature, à l'épuration de l'organisme, et lorsqu'il a rempli ses usages locaux et relatifs aux membranes sur lesquelles il est déposé, l'économie l'expulse au dehors par l'action de moucher, de cracher, avec l'urine, les excréments, etc.

Peu variable dans ses caractères fondamentaux et communs, le mucus remplit des indications particulières, dans chacune de ses membranes. *Dans les fosses nasales*, il favorise l'olfaction, en protégeant la pituitaire contre les agressions trop vives des odeurs, de l'air, et des corpuscules en suspension au milieu de ce dernier. *Dans la bouche*, où se trouvent les *glandes molaires* et *palatines*, il se mêle au fluide salivaire, pénètre les aliments, et sert à lier les parties du bol à former. Dans le *pharynx* et l'*œsophage*, où se rencontrent les amygdales, il facilite la déglutition. *Dans l'estomac*, où se voient les *glandes de Brunner*, dans le *duodénum*, *l'intestin grêle*, celles de Pacchioni, ce fluide garantit la membrane intérieure, et favorise la transition alimentaire ; *dans le gros intestin*, il est entièrement relatif à l'excrétion stercorale. Au *larynx*, *à la trachée-artère*, *aux bronches*, son action protectrice est encore plus essentielle. *Dans le canal de l'urètre*, il se mêle en grande proportion au sperme, dont il assure l'émission, en lui formant un véhicule approprié ; cette matière muqueuse, fournie par la prostate et les glandes de Cowper, est la seule produite par l'éjaculation chez les eunuques. *Dans la vessie*, nous le voyons protéger la membrane intérieure contre l'action irritante exercée par l'urine modifiée sous l'influence d'un grand nombre de maladies. *Au vagin*, il rend la copulation d'abord, l'accouchement ensuite, plus faciles et moins douloureux, etc.

Altérations. — Elles sont assez remarquables dans leurs

variétés. — *Augmentation.* On la voit se manifester lorsqu'une membrane muqueuse est soumise à des irritations fortes, soutenues, et particulièrement insolites. Sous l'influence de ces modificateurs, on observe, à la pituitaire, le *coryza ;* à la muqueuse digestive, les *vomissements glaireux,* les *diarrhées* du même ordre ; à la muqueuse génito-urinaire, la *blennorrhagie,* le *catarrhe vésical, utérin,* etc. Nouvelle preuve du but commun que s'est proposé la nature, dans l'établissement de cette élaboration sécrétoire. — *Diminution.* Beaucoup plus rare que la précédente, elle offre des conséquences relatives aux fonctions de l'appareil dont elle fait partie. — *Perversion.* Pendant les catarrhes chroniques, le mucus, altéré plus ou moins profondément dans sa nature, perd sa transparence, devient blanc, laiteux, quelquefois verdâtre et fétide. On le désigne alors par le nom de *mucosités puriformes,* qu'il ne faut pas confondre avec le pus véritable, indiquant ordinairement l'ulcération du tissu muqueux. — *Suspension.* On l'observe particulièrement au début des phlegmasies de ces membranes, qui se trouvent ainsi péniblement exposées à l'agression des corps extérieurs, toute sécrétion étant momentanément interrompue à leur surface libre. C'est ainsi que dans l'invasion du *coryza,* du *catarrhe bronchique,* etc., la simple influence de l'air atmosphérique produit les douleurs les plus vives et les déchirements les plus aigus ; en indiquant l'emploi des fumigations mucilagineuses pour suppléer, autant que possible, dans ses fonctions, la sécrétion folliculaire en défaut.

Sécrétion folliculaire dermoïde. — La sécrétion folliculaire dermoïde est celle qui s'effectue par l'action vitale des utricules de la peau, nommés *follicules sébacés.* Elle est facile à distinguer de toutes les autres : elle ne s'opère que dans l'épaisseur du derme, particulièrement dans les points où cette membrane est le plus exposée aux frottements des corps étrangers ; circonstance qui démontre assez que l'objet essentiel de cette élaboration sécrétoire est de garantir la peau des irritations extérieures dont elle se trouve naturellement environnée.

Appareil. — Il se compose de l'ensemble des follicules dermoïdes, offrant beaucoup d'analogie de forme et de situation avec les cryptes muqueuses; ne se trouvant cependant jamais agglomérés ou conglobés comme ces dernières. Ils se rencontrent surtout, en grand nombre, dans tous les points où la peau, en conséquence de ses fonctions habituelles, est exposée à des froissements, à des irritations. Ainsi, dans le voisinage des articulations mobiles, surtout dans le sens de la flexion; autour des ouvertures destinées à faire communiquer l'extérieur avec l'intérieur. On avait décrit ces follicules sous le titre commun de *glandes sébacées*. On en trouve quelques-uns dont les produits offrent des caractères particuliers; tels sont plus spécialement ceux qui se voient dans l'épaisseur des paupières, sous le nom de *glandes de Meïbomius*, et qui sécrètent la *chassie*; ceux que l'on observe dans le conduit auditif externe et qui forment le *cérumen*.

Agent. — Le sang rouge, porté dans les capillaires des follicules à l'état d'extrême divisibilité, présente, à ces vaisseaux, les éléments de la sécrétion qui leur est confiée.

Besoin. — Un sentiment de sécheresse et d'aridité, surtout vers les parties où l'enveloppe dermoïde éprouve des frottements réitérés; un état de gêne et d'embarras dans les mouvements, d'imperfection dans le toucher, etc., indiquent le besoin de cette élaboration sécrétoire.

Étude. — La sécrétion folliculaire sébacée résulte de l'action vitale des cryptes de la peau sur le sang rouge en circulation dans leurs parois, pour en former une humeur particulière, déposée dans ces réservoirs, pouvant y séjourner plus ou moins longtemps, acquérir une consistance variable, une odeur assez forte, une couleur noirâtre; dispositions qui, plusieurs fois, ont fait prendre ces concrétions particulières pour des vers. Dans l'état normal, ce produit, excrété par l'action des follicules, est gras, huileux, épais, non glutineux, formant avec l'eau, sous l'influence du battage, une sorte d'émulsion blanchâtre, sans toutefois s'y dissoudre. Cette matière, d'une odeur ambrée, plus ou moins désagréable, variant chez les divers sujets, tachant les linges appliqués sur la peau, est quelquefois si considérable, pour certains individus, qu'elle rend leur présence insupportable par les émanations nauséabondes qu'ils répandent au loin. Quelques auteurs ont attribué la sécrétion d'une partie de l'humeur graisseuse dermoïde à l'action des exhalants cutanés, de telle sorte qu'il existerait ici trois élaborations de cet ordre. L'observation n'a pas encore suffisamment éclairé ce point en litige. Toutefois, l'humeur sébacée, presque entièrement excrémentitielle, protège la peau, dont elle adoucit les frottements, entretient la souplesse et favorise les actions tactiles. Au milieu des caractères généraux de la sécrétion, nous rencontrons quelques modifications particulières à certaines localités.

FOLLICULES PALPÉBRAUX. — Parallèlement disposés entre la membrane muqueuse et les cartillages tarses, improprement nommés *glandes de Meïbomius*, ces follicules offrent pour caractères distinctifs, de présenter un col très-allongé, d'élaborer un fluide particulier, connu sous le titre de *chassie*. Cette humeur, qui présente beaucoup d'analogie, pour l'aspect, avec la cire vierge, lubrifie les bords palpébraux, à la manière des corps gras, prévient ainsi l'irritation que produiraient leurs mouvements et s'oppose à l'effusion habituelle des larmes, à peu près comme l'huile empêche l'écoulement des fluides aqueux, même au-dessus du niveau, dans le vase dont elle enduit les parois. C'est au produit de cette élaboration folliculeuse qu'il faut attribuer l'agglutination des paupières dans la *lippitude*, les engorgements croûteux, quelquefois très-durs, qui s'y rencontrent, surtout chez les scrofuleux, etc.

FOLLICULES AURICULAIRES. — Placés dans le conduit auditif externe, sous le nom très-impropre de *glandes cérumineuses*, ils sécrètent l'humeur désignée par le terme de *cérumen*, et présentent, pour caractères particuliers, une consistance demi-fluide, onctueuse, une couleur jaune plus ou moins foncée, une odeur nauséabonde, une saveur amère, se boursou-

I.

flant par la chaleur, brûlant en répandant l'odeur de la corne torréfiée. Cette humeur a pour usage de protéger les parois du conduit auditif externe ; sous l'influence de l'incurie, desséchée par l'absorption de ses parties les plus liquides, elle devient quelquefois une cause de surdité facile à détruire, et dès lors offrant au charlatanisme des occasions de succès qu'il n'a pas manqué d'exploiter.

Altérations. — Elles peuvent se réduire aux quatre modes principaux : — 1° *Augmentation*. Elle est surtout occasionnée par les frottements, les mouvements trop soutenus ; on la rencontre surtout aux aines, aux aisselles, chez les sujets d'un grand embonpoint ; aux paupières, elle constitue la *lippitude* ; au conduit auditif, des écoulements puriformes. — 2° *Diminution*. On l'observe particulièrement pendant les phlegmasies chroniques des muqueuses, au début des inflammations suraiguës de la peau. — 3° *Perversion*. Le produit de cette élaboration sécrétoire peut s'altérer profondément, prendre une odeur plus ou moins fétide, comme on le voit aux paupières, et surtout dans le conduit auditif externe qui devient alors un véritable foyer d'infection, et laisse échapper une matière puriforme, quelquefois attribuée, par erreur, à la présence d'une ulcération de la membrane du tympan, à la carie des osselets, etc. — 4° *Suspension*. On la trouve dans les violentes inflammations dermoïdes avant leur entier développement ; la sécheresse qu'elle occasionne sur la peau contribue sensiblement à l'agacement nerveux qni vient fréquemment aggraver ces altérations.

3° Sécrétions glandulaires en général. — Nous accordons le titre de sécrétions glandulaires aux élaborations de cet ordre, effectuées par des organes parenchymateux, spécialement relatifs à ces actions physiologiques, et présentant pour le moins un canal excréteur, chargé de transmettre les produits sécrétés au lieu de leur destination. Ainsi : 1° la *glande* ; 2° le *conduit d'excrétion*, se rencontrent nécessairement dans les appareils de ce troisième ordre, même lorsqu'ils se trouvent réduits à leur plus grande simplicité ; comme on l'observe pour les salivaires, le pancréas, les mamelles, etc. Lorsqu'ils sont complets, comme on le voit pour les sécrétions de l'urine, du sperme, de la bile, etc., nous y rencontrons quatre objets essentiels : 1° La *glande*, αδὴν des Grecs, *glandula*, des Latins, organe parenchymateux offrant un tissu propre, des forces vitales particulières, un système vasculo-nerveux très-considérable, une structure variable dans chacun de ces appareils. — 2° Le *canal afférent*, chargé d'apporter dans le réservoir l'humeur sécrétée par la glande. — 3° Le *réservoir*. Poche membraneuse, intérieurement revêtue par une expansion muqueuse, extérieurement formée par une membrane qui paraît de nature musculaire, ou du moins qui jouit de la faculté de se resserrer pour expulser le produit de la sécrétion retenu pendant quelque temps en réserve dans cette cavité dont les vaisseaux absorbants ont concentré les principes constituants de l'humeur, en s'emparant de ses parties aqueuses. — 4° Le *canal efférent*, qui transmet, sous le titre d'*excréteur*, du réservoir au lieu de leur destination, le fluide en dépôt, et celui que le travail actuel de la glande peut incessamment ajouter.

Dans tous les appareils de cet ordre, quelle que soit leur complication, la glande nous offre donc l'organe essentiel indispensable pour la sécrétion ; tous les autres ne sont qu'accessoires et relatifs à l'excrétion. D'après leur texture propre et l'organisation de leur parenchyme, les glandes peuvent être distinguées en trois catégories : — 1° *granuleuses*. Les particules du viscère, nommées *grains glanduleux*, unies par du tissu cellulaire, forment des lobules divisibles dans leurs éléments rudimentaires, sans altération physique pour ces derniers. Tels sont le pancréas, les glandes mammaires, lacrymales, salivaires. — 2° *Conglobées*. Les grains glanduleux confondus, en quelque sorte identifiés, ne peuvent être isolés sans déchirement des uns et des autres, comme on le voit pour le foie, les reins. — 3° *Pulpeuses*. On ne trouve aucune apparence des grains glanduleux dans leur tissu d'une mollesse remarquable, comme on l'observe relativement aux testicules, aux ovaires. Le parenchyme glanduleux, quelle que soit la forme qui lu devient propre, est toujours assez facile à déchirer ; donne, par la putréfaction, une odeur très-fétide, et comme aliment, résiste beaucoup à l'action des organes digestifs. Mais quelle est sa nature particulière et sa composition ? Cette question importante a beaucoup excité l'attention des anatomistes anciens et modernes.

Malpighi soutient que ce parenchyme est formé de grains glanduleux ; que chacun de ces derniers doit être, en dernière analyse, considéré comme un follicule intermédiaire à la terminaison des vaisseaux sanguins, à l'origine des canaux afférents. Il appuie son opinion sur des observations microscopiques et sur des notions assez positives d'anatomie pathologique raisonnée. Ferrein admet des grains glanduleux, mais il prétend qu'ils sont formés par des petits corps spongieux, variant, quant à leur structure, dans ces différents appareils de sécrétion, mais conservant assez généralement la forme pyramidale ; aussi les désigne-t-il par le nom de *tubercules coniques.*

Ruisch avance, au contraire, que le parenchyme glanduleux n'est autre chose que l'entrelacement inextricable des vaisseaux capillaires sanguins et des canaux afférents, qui leur sont continus, sans aucun intermédiaire ; que le travail sécrétoire est opéré dans le lieu même de cette communication. Il réduit, pour le prouver, toutes les glandes en lacis vasculaire, par ses admirables injections. Un grand nombre d'anatomistes se rangent de son avis.

Si l'on examine actuellement, sans prévention et sans partialité, ces deux opinions diamétralement opposées, on sentira que l'une et l'autre, exclusivement admises, conduisent à l'erreur, et qu'il faut les ramener vers un moyen terme, pour obtenir la vérité. Ce n'est point avec Malpighi, par des recherches microscopiques, souvent illusoires ; avec Ruisch, par des injections peu probantes en pareille discussion, que nous voulons procéder ; les raisons qui peuvent décider la question doivent reposer sur des faits incontestables. Nous signalerons les suivants, au nombre de ceux qui viennent se présenter dans cet examen. 1° Les anatomistes n'ont pas mis en doute, pour les appareils des sécrétions folliculaires, l'existence *d'une crypte*, entre les dernières divisions artérielles et les radicules des petits canaux afférents, bien que l'on fasse passer les injections des premières dans les seconds; pourquoi ce résultat présenterait-il un motif de rejeter la possibilité de ces vésicules sécrétoires, dans les parenchymes glanduleux, dont la complication est évidemment bien plus avancée ? 2° Les diverses lésions organiques des glandes offrent des caractères particuliers que l'on ne rencontre pas dans les tissus exclusivement vasculo-nerveux. 3° Les différences fondamentales que nous observons entre le lait, la salive, l'urine, le sperme, la bile, etc., supposent nécessairement des parenchymes différents par l'organisation et par les propriétés vitales. Aussi dans les sécrétions perspiratoires dont les appareils sont moins diversifiés, les produits nous offrent-ils beaucoup plus d'analogie, comme il est aisé de s'en convaincre en rapprochant les fluides exhalés muqueux, synovial, séreux, cutané, etc.

Il nous semble donc positivement démontré qu'il existe dans les glandes un parenchyme particulier, intermédiaire aux vaisseaux sanguins, aux canaux afférents; que ce parenchyme offre le canevas, la partie essentielle et caractéristique de l'organe, celle dans laquelle s'effectue l'élaboration sécrétoire. Quant à la forme, aux propriétés physiologiques de ce tissu fondamental, elles varient dans chaque espèce de glande; vouloir en obtenir la détermination positive, nous paraît absolument impossible. Des artères, des vaisseaux capillaires, des veines, des lymphatiques, des canaux afférents, des nerfs, du tissu cellulaire, pour en lier toutes les parties, complètent l'organisation de ces appareils sécréteurs.

C'est dans les trois fluides circulatoires que les glandes puisent des éléments pour élaborer leurs humeurs particulières; les mamelles, peut-être dans la lymphe; le foie, dans le sang noir; toutes les autres, dans le sang rouge.

Pour bien concevoir l'ensemble de la sécrétion glandulaire, il faut analyser avec soin cette action complexe. Nous y trouvons quatre phénomènes principaux : 1° *Excitation de la glande*; 2° *élaboration du parenchyme*; 3° *dépôt dans le réservoir*; 4° *excrétion*; phénomènes toujours successifs dans l'état normal.

1° EXCITATION DE LA GLANDE. — Cette modification dont la cause peut être physique, chimique ou vitale, dispose l'organe sécréteur à la fonction qu'il doit remplir, monte ses propriétés vitales au degré nécessaire à cette élaboration, et détermine, vers l'appareil chargé de l'effectuer, un afflux plus considérable du fluide circulatoire où vont se trouver puisés les éléments de l'humeur qui doit en résulter. Cette action est donc exclusivement préparatoire.

2° ÉLABORATION DU PARENCHYME. — Dumas admet une *atmosphère glanduleuse*, et prétend que le sang, en traversant les vaisseaux dont elle est formée, subit des modifications qui le prédisposent à l'élaboration sécrétoire. Cette hypothèse ingénieuse est absolument sans base positive. Le travail du parenchyme nous offre une action vitale de ce dernier sur les matériaux qui lui sont apportés par le fluide circulatoire destiné à cet emploi, pour les combiner, pour en former l'humeur particulière, dont il doit opérer la confection. Cette action est analogue à celle de l'estomac sur les aliments, pour en obtenir le chyme, des poumons sur le chyle, sur le sang noir et sur l'oxygène pour en constituer le sang rouge.

3° DÉPÔT DANS LE RÉSERVOIR. — L'humeur convenablement élaborée dans le parenchyme glanduleux est saisie par les radicules du canal afférent, circule dans ce dernier sous l'influence de la contractilité involontaire insensible, et se trouve immédiatement versée au lieu de sa destination si l'appareil est incomplet; déposée dans le réservoir, lorsque cet appareil offre toutes ses divisions.

4° EXCRÉTION. — Pendant son séjour dans le réceptacle, cette humeur sécrétée perd insensiblement ses parties les plus aqueuses par l'action des absorbants; elle se concentre de plus en plus, devient excitante, agit sur les parois du réservoir, chimiquement, en raison de cette modification ; physiquement, par son accumulation progressive. Celui-ci réagit en vertu de sa contractilité involontaire sensible ; la matière de l'excrétion, poussée vers l'origine du conduit efférent, touche un point dont l'irritabilité n'est pas habituée à son contact ; c'est alors seulement que les muscles, sympathiquement liés au réservoir pour cette action compliquée, se contractent simultanément avec ce dernier, dont les efforts se déploient dans toute leur énergie, pour vaincre la résistance des sphincters qui sont les obstacles opposés à l'excrétion permanente, et se trouvent représentés par des anneaux fibreux, ou par des muscles volontaires. C'est donc plus spécialement au point de réunion du réservoir et du canal excréteur que se rencontre le siége de la sensation particulière, qui devient, en quelque sorte, l'avertissement communiqué à tous les organes dont la synergie doit concourir à l'accomplissement de l'acte que nous étudions. Il est dès lors facile de comprendre comment la présence d'une sonde au col de la vessie, d'un suppositoire à la marge de l'anus, provoquent l'expulsion de l'urine et des matières fécales. Ces principes simples et naturels s'appliquent à tous les phénomènes excrétoires. Déposée dans le canal efférent, l'humeur de sécrétion est conduite au lieu qu'elle doit atteindre, par les réactions des parois de ce canal, quelquefois même lancée avec une certaine force d'impulsion par des muscles accessoires, comme on le voit surtout pour l'urine. Quant aux produits de ces élaborations, ils varient dans chaque appareil sécréteur. Les uns, tels que le sperme, la salive, le fluide pancréatique, les larmes, en grande partie récrémentitiels, peuvent être, sans inconvénient, reportés dans le torrent circulatoire ; les autres, tels que l'urine, la bile, etc., plutôt excrémentitiels, déterminent quelquefois les plus graves accidents par leur absorption, comme on le voit dans la fièvre urineuse, l'ictère, etc. Toutefois il ne faut pas exagérer cette influence. Bichat a prouvé que le transport de ces humeurs dans le sang n'est pas inévitablement funeste. Ainsi l'injection de la bile, des mucosités, de la sueur, de l'urine, dans les veines de plusieurs chiens, a produit, pendant quelques jours, des vomissements, de l'irritation générale, de la fièvre, etc.; symptômes dont la disparition s'est naturellement effectuée sans laisser aucun trouble dans les fonctions de l'organisme. Après avoir considéré les sécrétions glandulaires en général, nous devons les étudier dans toutes les spécialités qu'elles peuvent offrir.

Sécrétions glandulaires en particulier. — Les sécrétions glandulaires, envisagées dans l'homme, se réduisent à huit principales : 1° *lacrymale*; 2° *salivaire*; 3° *pancréatique*; 4° *biliaire*; 5° *lactée*; 6° *urinaire*; 7° *spermatique*; 8° *ovarique*. Chacune de ces particularités va maintenant fixer notre attention, dans l'ordre que nous venons de présenter.

1° Sécrétion lacrymale. — Nous décrivons, sous ce titre, l'élaboration sécrétoire effectuée par les glandes lacrymales. Elle offre pour caractères de présenter un appareil complet, avec des modifications spéciales, relatives à l'objet principal de cette fonction. Appartenant surtout aux phénomènes de relation, cet objet se trouve à peu près exclusivement approprié à la vision, à l'olfaction. La sécrétion lacrymale y devient un moyen de perfectionnement. Aussi ne la rencontrons-nous pas chez les animaux dont l'odorat est rudimentaire, et dont les yeux se trouvent naturellement protégés par le milieu fluide qui les entoure, comme on l'observe pour les poissons, et même pour le dauphin, la baleine, etc. Chez les êtres faibles, elle devient un moyen d'expression, dans les tendres émotions de l'âme, pour la joie comme pour la douleur, sans concentration violente.

Appareil. — Chez l'homme, cet appareil double, complet, symétriquement établi sur les côtés de la ligne médiane, s'étend depuis la région externe et supérieure de l'orbite, jusque dans les fosses nasales, sous le cornet inférieur. La *glande*, nommée *lacrymale*, présentant la forme et les dimensions d'une amande, se trouve, sous ce dernier rapport, ordinairement en proportion avec le globe oculaire; très-considérable chez les cerfs, les antilopes, elle est presque nulle dans la taupe. Cette même disposition est applicable aux différents sujets de l'espèce humaine, circonstance qui nous explique le larmoiement habituel des yeux volumineux. De forme lenticulaire, d'une couleur grisâtre, elle est placée dans l'enfoncement digital creusé sous l'apophyse orbitaire externe du frontal, en dehors de la conjonctive, de manière qu'on peut l'extirper sans aucune lésion pour cette membrane. Enveloppée d'une capsule fibro-celluleuse, elle résulte de la réunion d'un grand nombre de lobules, qui se partagent eux-mêmes en granulations arrondies et rougeâtres, où se terminent les dernières divisions des branches lacrymales de l'artère ophthalmique, d'où naissent les radicules des veines du même nom, celle des canaux afférents. Une branche du nerf ophthalmique, des filets du ganglion, qui, sous ce titre, avoisine la glande, un certain nombre de vaisseaux lymphatiques, du tissu cellulaire, unissant tous ces éléments, complètent la structure de cette organe sécréteur. — *Les canaux afférents*, vainement recherchés par Haller et Zinn, ont été démontrés par Monro. Au nombre de sept ou huit, ils viennent s'ouvrir isolément sur la conjonctive, à l'angle externe de l'œil, un peu au-dessus du cartilage tarse de la paupière supérieure. On peut indiquer, comme terminaison commune de ces canaux, le conduit triangulaire qui résulte, en devant, du rapprochement des bords palpébraux taillés en biseau, en arrière du globe de l'œil. — *Le réservoir* doit être considéré comme formé par deux cavités secondaires, l'une destinée à la vision, l'autre à l'olfaction, et séparées par les conduits lacrymaux. La première se trouve représentée par une petite cavité, située à l'angle interne de l'œil, bornée par la *caroncule*, et nommée *lac lacrymal*. La seconde est une petite poche logée sous cet angle, derrière le tendon du muscle orbiculaire, et que l'on a désignée par la dénomination de *sac lacrymal*. Les canaux du même nom, qui font communiquer ces deux cavités, commencent aux bords palpébraux, par un orifice noirâtre, véritable suçoir, nommé *point lacrymal*, qui s'empare des larmes ; ils circonscrivent un losange, par leur union. — *Le canal efférent* naît du sac lacrymal ; il est creusé dans l'apophyse nasale de l'os maxillaire, et se termine sous le cornet inférieur, dans le méat du même nom. Tout cet appareil est intérieurement revêtu par une membrane muqueuse, établissant une continuité parfaite entre la conjonctive et la pituitaire. Nul chez les poissons, dont le milieu liquide remplit à peu près les usages des larmes, il est très-développé chez les oiseaux et chez les animaux timides, qui présentent, pour chacun des yeux, deux glandes lacrymales, l'une interne, l'autre externe.

Agent. — La glande, chargée de la sécrétion des larmes, puise évidemment dans le sang rouge les éléments de cette élaboration particulière.

Besoin. — Un sentiment de sécheresse, de prurit et de chaleur dans la conjonctive, une douleur plus ou moins vive, pendant les mouvements de l'œil et des paupières, indiquent ordinairement le besoin de la sécrétion lacrymale, et servent en même temps à la provoquer.

Étude. — La glande chargée de cette élaboration, excitée, soit directement, par les extrémités de ses canaux afférents ouvertes sur la muqueuse oculaire et palpébrale, soit indirectement, par les diverses passions affectives, se monte au degré nécessaire pour agir sur le sang rouge, qu'elle appelle dès lors en plus grande proportion. En vertu de ses propriétés vitales particulières, elle puise, dans ce modificateur, les éléments appropriés, les combine, les identifie, de manière à former une humeur, connue sous le nom de *larmes*, δάκρυμα des Grecs, *lacryma* des Latins ; offrant un fluide incolore, diaphane, limpide, inodore, légèrement salé, verdissant faiblement les couleurs bleues végétales, ce que Vauquelin attribue à la soude, Pearson à la potasse. Devenant plus épaisse, lorsqu'elle est exposée à l'action de l'air ; présentant, à l'analyse, d'après Fourcroy et Vauquelin, sur cent parties : eau, 0,96, — soude caustique, mucus, hydrochlorate de soude, phosphate de chaux et de soude, 0, 04; cette humeur, saisie par les radicules des canaux afférents, est déposée, par ces derniers, sur la conjonctive, à l'angle externe de l'œil, gagne l'angle interne, par le conduit triangulaire, sous l'influence des mouvements palpébraux, après avoir humecté la muqueuse, pour la garantir des irritations atmosphériques, et favoriser les glissements qu'elle doit incessamment présenter; accumulée dans le *lac lacrymal*, elle est absorbée par les points et les canaux lacrymaux, dont l'action vitale ne doit plus être confondue avec celle d'un siphon physique; versée dans le sac du même nom, dont les parois contractiles déterminent son expulsion, par le *canal nasal*, est déposée sous le cornet inférieur, facilite l'olfaction en dissolvant les molécules odorantes, en maintenant la pituitaire dans un état de souplesse indispensable à l'exercice régulier de cette fonction.

Altérations. — Les unes sont particulières à la sécrétion; les autres, à l'excrétion. — *Relativement à la sécrétion.* Nous trouvons les quatre modes principaux.—1° *Augmentation.* Elle peut être déterminée par des causes physiques, chimiques, vitales et morales. Telles sont l'irritation de la conjonctive par un corps étranger, par une vapeur irritante, l'ophthalmie, les émotions légères, soit de peine, soit de plaisir. La proportion des larmes devient alors si considérable, que ne pouvant plus être absorbées, dans la mesure de leur formation, elles coulent sur les joues, constituant alors ce que l'on nomme communément les *pleurs*. Il serait erroné d'apprécier l'intensité de la douleur d'après leur abondance. L'homme qui ressent un chagrin profond ne pleure pas ; lorsque les larmes commencent à couler, déjà la première impression a perdu plus ou moins de son intensité.— 2° *Diminution.* On l'observe surtout au début des inflammations aiguës de la muqueuse oculaire, dont la sécheresse devient à son tour une cause nouvelle d'irritation, en rendant le mouvement des paupières et du globe de l'œil très-douloureux. — 3° *Perversion.* Il n'est pas rare de voir, pendant les chagrins violents, dans la phlegmasies des glandes lacrymales, une altération chimique de leur produit sécrété qui devient âcre, brûlant, caractères qui semblent dépendre de l'augmentation proportionnelle de la soude caustique ; les larmes, en coulant sur les joues, y tracent des lignes érysipélateuses variables. — 4° *Suspension.* Elle se manifeste dans certains modes inflammatoires de cet appareil. Les déplacements de l'œil et des paupières occasionnent des angoisses intolérables qui s'étendent jusqu'à l'encéphale. Cette altération qui nous semble ordinairement un résultat pathologique, reçoit le nom d'*ophthalmie sèche ;* la pituitaire n'étant plus suffisamment humectée par les larmes, on voit alors fréquemment survenir la diminution, quelquefois même la suspension de l'odorat. — *Relativement à l'excrétion.* Les plaies, le renversement de la paupière inférieure, l'atonie, la paralysie des points lacrymaux, produisent l'écoulement habituel des larmes sur les joues, maladie connue sous le titre d'*épiphora.* L'engorgement, l'oblitération du canal nasal au-dessous du sac lacrymal, déterminent l'accumulation des larmes dans le réservoir, et progressivement la *tumeur* et la *fistule lacrymales.* Le séjour prolongé de cette humeur dans ses canaux excréteurs ou dans ses réservoirs, peut occasionner des dépôts de nature variable.

2° Sécrétion salivaire. — Nous étudions, sous cette dénomination, l'élaboration spéciale effectuée par les glandes salivaires dont l'appareil est incomplet. Cette élaboration s'effectue sans interruption notable, mais non point avec la même activité dans tous les instants. C'est plus ordinairement pendant la mastication des aliments très-sapides qu'elle fournit des produits abondants et destinés à la digestion, en favorisant la gustation, la trituration, la dissolution et la déglutition des substances nutritives ; à l'articulation des sons, par la liberté qu'elle donne aux mouvements de la langue.

Appareil. — Il se compose chez l'homme, de six organes sécréteurs, disposés par paires, autour de la face, aux tempes, derrière et sous le maxillaire inférieur, nommés *glandes salivaires* et présentant les deux *parotides,* les deux *sous-maxil-*

laires et les deux *sublinguales* ; tantôt complétement isolées, tantôt, pour celles du même côté, réunies par des prolongements, de manière à former une espèce de collier. Chacune de ces glandes est d'un blanc grisâtre, d'une texture assez résistante ; leur parenchyme est formé d'un ensemble de granulations qui s'unissent pour constituer des globules, toujours indéterminés dans leur nombre, irréguliers dans leur forme ; la masse commune est protégée par une enveloppe celluleuse. Les canaux afférents, qui sont en même temps excréteurs, naissent par des radicules dans les granulations et viennent s'ouvrir sur la muqueuse buccale, vers un point déterminé pour chacun des organes de sécrétion. Si nous examinons ces derniers isolément, nous trouvons : — 1° la *parotide* ; du grec παρά, auprès, et οὖς, ὠτός, oreille, placée, comme son nom l'indique, au devant du conduit auditif externe ; c'est la plus considérable. Sa partie antérieure large et mince est presque immédiatement sous-cutanée ; la postérieure plus épaisse est enfoncée dans l'intervalle de la mâchoire inférieure et de l'apophyse mastoïde. Ses artères sont fournies par la carotide, la faciale et la temporale ; ses nerfs par le facial et le plexus cervical ; son canal excréteur, désigné par le terme de conduit de *Sténon*, traverse obliquement les parois buccales, et s'ouvre dans cette cavité au niveau de la seconde molaire supérieure, où la muqueuse, dont il est intérieurement revêtu, forme un repli qui tient lieu de valvule. La membrane extérieure de ce conduit est dense, épaisse, fibro-celluleuse, peu extensible ; circonstance qui rend ce canal plus disposé aux fistules qu'aux dilatations. — 2° La *sous-maxillaire*, dont le nom seul désigne la position, embrassée par le digastrique, est reçue dans l'enfoncement que présente la mâchoire inférieure à sa face interne ; elle tient le milieu, pour le volume, entre les deux autres ; ses artères lui viennent des branches maxillaire interne et linguale ; ses nerfs du lingual et de l'hypoglosse. On donne à son excréteur le nom de canal de *Warthon* ; il s'ouvre obliquement dans la bouche, sur le côté du frein de la langue. Intérieurement recouvert par un prolongement de la muqueuse palatine, il offre, à l'extérieur, une membrane fibro-celluleuse mince, extensible ; aussi, très-peu disposé aux fistules, ce conduit est fréquemment affecté de dilatations plus ou moins considérables, formant une tumeur nommée *grenouillette*, et susceptible d'acquérir un grand volume. — La *sublinguale*, placée, comme sa dénomination l'indique, sous la base de la langue, forme, dans la bouche, une saillie sur le côté de cet organe. C'est la moins volumineuse des trois ; ses artères sont fournies par les branches sublinguale et sous-mentale ; ses nerfs par le lingual et le dentaire inférieur ; ses canaux efférents, sous le titre de conduits de *Rivinus*, en nombre indéterminé, viennent s'ouvrir sur les côtés du frein de la langue, offrant une organisation semblable à celle du canal de Warthon. Haller, Watrin, Cuvier ont trouvé une quatrième glande salivaire, chez quelques animaux, derrière l'orbite. Nuck prétend même qu'elle existe parfois chez l'homme. Leuret et Lassaigne disent qu'on l'a rencontrée dans l'épaisseur de la joue, au devant du muscle masséter.

Quelques anatomistes ont admis, dans la bouche, un grand nombre d'autres petites glandes salivaires sous les noms de *labiales*, *molaires*, *palatines*, *linguales*, etc., mais les qualités de leurs fluides sécrétés étant assez différentes, à l'analyse, de celles de la salive proprement dite, il devient au moins inutile de les admettre comme parties essentielles de l'appareil que nous décrivons.

Chez les animaux, l'appareil salivaire offre plusieurs modifications essentielles. Très-développé chez les *mollusques*, il manque chez les *crustacés*, les *insectes*, les *poissons*, et la plupart des animaux qui vivent dans l'eau, même chez quelques mammifères de cette catégorie, tels que les *cétacés*, les *amphibiens*. Il est presque toujours alors suppléé par un nombre indéterminé de petites glandes abdominales, qui se trouvent, comme autant de pancréas, disposées sur le trajet du tube digestif. *Chez les oiseaux*, la sublinguale existe seule, mais elle est très-volumineuse. *Pour quelques reptiles*, on voit la base de la langue à peu près entièrement glandulaire. *Chez les chiens,* la sublinguale ne se rencontre pas. *Dans quelques espèces*, telles que le lapin, le chameau, le castor, etc., la série des glandes salivaires forme, d'une oreille à l'autre, un collier complet, en donnant à ces animaux la faculté de supporter longtemps la soif sans inconvénient notable.

Agent. — Le sang rouge, que les glandes salivaires, pendant l'état normal, reçoivent en proportion assez considérable, offre la source dans laquelle ces organes puisent les éléments de leur sécrétion.

Besoin. — Un sentiment plus ou moins pénible de chaleur et de sécheresse dans la bouche et le pharynx, une soif assez vive, quelquefois même insupportable, avec malaise, anxiété, signalent impérieusement le besoin de l'élaboration salivaire.

Étude. — Les glandes chargées de ce travail sécrétoire, excitées par l'un des agents physiques, chimiques, vitaux et moraux, qui peuvent les influencer, tels que les corps inertes roulés dans la bouche, les aliments sapides, l'inflammation modérée, la vue, le souvenir d'un mets agréable, etc., deviennent un centre de fluxion circulatoire, saisissent, dans le sang rouge qui leur est apporté en plus grande quantité, les matériaux qu'elles combinent, qu'elles élaborent, par une action vitale qui leur est propre, pour en former une humeur connue sous le nom de *salive*, σίαλος des Grecs, *saliva* des Latins. Cette humeur est un fluide visqueux, d'un blanc bleuâtre, limpide, inodore, qui nous paraît insipide, en raison de l'habitude, mais qui présente une saveur légèrement salée, comme on peut s'en convaincre, en goûtant la salive d'un autre sujet; elle offre une pesanteur spécifique à celle de l'eau distillée, : : 10,043 : 10,000; devenant écumeuse par son agitation dans l'air; verdissant légèrement le sirop de violette, contenant du mucus étranger qui dépose insensiblement par le repos dans un vase inerte. Elle contient sur 1,000 parties : eau, 992,9 ;— matière animale particulière, 2,9 ; — mucus, 1,4 ; — hydro-chlorate de potasse et de soude, 1,7 ; — lactate de soude et matière animale, 0,9 ; — soude libre, 0,2. Tiedemann et Gmelin disent qu'elle renferme parfois du sulfocyanure de potassium. Le mucus incinéré donne un peu de phosphate de magnésie, beaucoup de phosphate calcaire produisant les concrétions des canaux salivaires et le *tartre* qui s'attache au collet des dents. La salive, considérée chez les animaux, offre des différences particulières à sa composition ; ainsi Lassaigne a trouvé, pour celle du cheval, une matière animale soluble dans l'alcool ; une autre, dans l'eau ; de l'albumine, des traces de mucus, de la soude libre, des chlorures de potassium et de sodium, des carbonate et phosphate de chaux. Toutefois, il ne faut pas considérer cette humeur comme le produit exclusif de l'élaboration glandulaire, l'exhalation et la sécrétion folliculaire muqueuses venant mêler incessamment leurs fluides particuliers, dans les canaux afférents, dans la cavité buccale, et lui communiquant ainsi des qualités mixtes qu'elle n'offrirait pas dans son état de pureté. Ainsi constituée, la salive est déposée dans la bouche par l'action de ses canaux efférents. En substituant, en effet, une éponge à la parotide, on voit qu'elle est à peine exprimée, circonstance qui détruit entièrement la réalité des théories mécaniques imaginées pour expliquer l'excrétion salivaire. Utilisée dans la gustation, l'insalivation, la déglutition, l'articulation des sons, la sécrétion de l'humeur que nous examinons est augmentée, dans l'état normal, par l'excitation mécanique des glandes chargées de l'effectuer, par l'irritation physique ou chimique de leurs canaux excréteurs, par les influences morales portées sur cet appareil. C'est ainsi qu'agissent les mouvements des mâchoires, les cailloux roulés dans la bouche, les aliments sapides, les masticatoires introduits dans cette cavité, sous le titre de *sialagogues*, l'aspect ou même le souvenir d'un mets délicat. Alors, comme on le dit vulgairement, d'une manière expressive, *l'eau en vient à la bouche ;* quelquefois la salive est lancée par un jet assez rapide, phénomène qui prouve l'action contractile des canaux afférents dans cette excrétion. Cette élaboration sécrétoire est diminuée physiologiquement par la satiété, les aliments sucrés, les alcooliques à l'état de concentration, les salaisons, les astringents, les passions tristes et surtout la crainte; la bouche se dessèche, la langue aride se meut avec une extrême difficulté. Plus d'une fois, on a vu l'influence de cette dernière cause devenir un obstacle puissant aux succès oratoires d'hommes aussi remarquables par leur mérite que par leur timidité. D'après ces influences diverses, il est facile de concevoir combien la quantité du fluide salivaire sécrété, dans un temps donné, paraît difficile à bien établir. Haller avance qu'elle est, terme moyen, de six à huit onces pendant la durée d'un repas. Il prétend même que l'on a vu des sujets en fournir jusqu'à trente livres dans vingt-quatre heures. Cette proportion est assurément exagérée dans l'état normal. On pourrait tout au plus l'admettre pour certaines dispositions morbifiques, où l'activité sécrétoire paraît se concentrer sur cet appareil, en abandonnant les autres, comme on l'observe dans quelques salivations mercurielles. Sous une influence de ce genre, nous en avons recueilli jusqu'à vingt-trois livres, dans un jour, sur le même sujet.

En obtenant la salive plus pure, au moyen de fistules artificielles chez les animaux, on a trouvé des différences dans le produit naturel des diverses glandes. La salive de la sous-maxillaire jouit de la propriété glycogénique, ainsi que l'ont constaté MM. Claude Bernard, Bidder et Schmidt, ce qu'elle paraît devoir à la *mucosine*. Elle transforme les fécules en *dextrine*, en *glycose*, d'après les remarques de Leuchs, de Mialhe, de Payen. La glande parotide, qui sécrète seule plus de salive pure que toutes les autres, contient à peine des traces de mucosine, et n'est pas *glycogénique;* vertu qui tient plus au mucus altéré qu'à la salive sans mélange.

Altérations. — Elles présentent les quatre modes principaux : — 1° *Augmentation.* On lui donne généralement le nom de *salivation.* Elle est ordinairement produite par l'abus des masticatoires, des sialagogues, et plus spécialement des préparations mercurielles administrées soit à l'intérieur, soit en frictions, comme on le voit trop souvent dans le traitement inconsidéré des affections syphilitiques ; par certaines mala-

I.

dies, telles que la rage, l'épilepsie, etc., la salive devient urtout alors écumeuse. C'est à peu près exclusivement dans cette humeur que l'on rencontre le virus *rabique*, dont elle offre ainsi la principale voie d'exportation hors de l'économie vivante. — 2° *Diminution*. On l'observe particulièrement sous l'influence des passions concentrées, des phlegmasies chroniques de l'estomac, de la muqueuse buccale, des glandes salivaires ; elle devient souvent la cause ou l'effet des dispepsies. — 3° *Perversion*. Elle se fait remarquer dans l'hydrophobie. La salive, alors blanche, écumeuse, recèle constamment le virus capable d'inoculer cette affreuse altération. Sous l'influence de la colère, on voit cette humeur acquérir des propriétés qu'il ne serait peut-être pas erroné d'envisager comme vénéneuses. Entre plusieurs faits remarquables, dont nous avons observé les détails, nous indiquerons particulièrement celui d'une dame de cinquante ans, mordue à la main par sa fille alors dans un accès de fureur ; cette plaie devint aussitôt gangréneuse, et ne fut complétement cicatrisée qu'après quinze mois. Celui de Pierre Hubert, soldat au 12me régiment de dragons, mordu au doigt indicateur de la main gauche par l'un de ses camarades, également dans cet état d'exaltation mentale. Après vingt-quatre heures, il fut affecté d'une gangrène qui menaça tout le membre nonobstant les débridements appropriés ; détruisit le tissu cellulaire de la main, se compliqua d'un arachnitis, fit périr le sujet au vingtième jour. — 4° *Suspension*. On l'observe surtout au début des phlegmasies pneumo-gastriques suraiguës ; dans la terreur, la crainte, l'indignation, etc., la bouche devient sèche, la langue aride, et la déglutition plus ou moins difficile.

3° Sécrétion pancréatique.— Nous désignons ainsi l'élaboration effectuée par une glande abdominale, offrant beaucoup d'analogie avec les salivaires, et devant, par conséquent, en être rapprochée sous le point de vue qui nous occupe. Cette élaboration nous offre un appareil incomplet ; elle marche avec des alternatives de repos et d'activité plus ou moins prolongées. Le temps de l'action coïncide avec la présence des aliments dans le duodénum lors de la chylification, à laquelle cette même sécrétion paraît à peu près exclusivement destinée ; le temps du repos, au moins relatif, s'il n'est pas absolu, comme le démontre l'observation, se trouve mesuré par l'intervalle qui sépare l'expulsion des matières chylifiées, et l'introduction d'un nouveau chyme.

Appareil. — Il se compose d'une seule glande nommée *pancréas*, et de son conduit excréteur. Le *pancréas*, du grec πᾶν, tout, et κρεας chair, comme si l'on disait organe tout charnu, présente un viscère dont la constitution ne répond nullement à cette idée. En effet, son parenchyme est glanduleux, grisâtre, lobulé, granuleux et tellement analogue à celui qui se trouve chargé de l'élaboration précédente, que Siébold l'a décrit sous le nom de *salivaire abdominale*. De forme allongée, cette glande se trouve étendue transversalement sur le corps de la douzième vertèbre dorsale, et presque entièrement circonscrite par les trois courbures de l'intestin duodénum ; elle est recouverte par l'estomac, reçoit des artères nombreuses, mais d'un petit volume, de la splénique, de la gastro-épiploïque droite, de la mésentérique supérieure, de la coronaire stomachique, de l'hépatique, des diaphragmatiques inférieures et des capsulaires ; ses nerfs lui sont fournis, dans la même proportion, par les plexus hépatique, mésentérique supérieur et splénique. Le *canal excréteur*, appelé *conduit de Wirsungus*, du nom de l'anatomiste bavarois qui, vers 1642, en donna le premier une description exacte, offre pour caractère spécial de parcourir toute la longueur de la glande, sous la forme d'un tube conoïde, autour duquel viennent se rendre, circulairement, les radicules plus ou moins ténues. Ce canal s'ouvre, à sa grosse extrémité, dans le duodénum, vers la fin de la seconde courbure, tantôt par un orifice propre, tantôt par une ouverture commune à celle du conduit efférent de la bile ; dans tous les cas, obliquement sous la membrane muqueuse, offrant un repli qui exerce des fonctions analogues à celles des valvules.

Chez les animaux. — Le pancréas, existant pour le plus grand nombre de ces derniers, n'offre dans les mammifères, les oiseaux et les reptiles, que des différences de forme, de volume et de couleur. Chez un assez grand nombre de poissons, il semble d'abord ne pas se rencontrer ; mais en examinant avec plus d'attention, on le voit remplacé par une série de petites glandes, situées sur le trajet du tube digestif, et d'ailleurs absolument identiques par leur structure et par la composition de leur fluide sécrété. Cette existence du pancréas chez le plus grand nombre des animaux, nous démontre assez l'importance de la sécrétion dont il est chargé relativement à la digestion ; aussi le voyons-nous, en général, d'autant plus volumineux que cette fonction s'applique naturellement à des substances plus abondamment importées, plus difficiles à chylifier; aussi le rencontrons-nous proportionnellement plus gros chez les herbivores que chez les carnivores ; Daubenton a constaté cette différence entre les chats sauvage et domestique.

Agent. — C'est évidemment dans le sang rouge que le pancréas puise les éléments de la sécrétion dont il est chargé.

Besoin. — Nous le voyons rentrer positivement dans le sentiment instinctif qui commande impérieusement la digestion alimentaire dont la sécrétion pancréatique offre l'un des phénomènes importants. Brunner ayant, en effet, enlevé cette glande sur plusieurs chiens, observa, comme résultats, une faim vorace, des troubles sérieux dans la chylification, une constipation opiniâtre, etc.

Étude. — Le chyme accumulé dans le duodénum excite le canal pancréatique ; la glande alors devient un centre de fluxion plus marquée, puise dans le sang rouge, en raison de sa plus grande activité, les éléments qu'elle combine sous l'influence de sa force vitale particulière, pour en former un fluide connu sous le nom de *suc pancréatique*. Maintenant obtenu plus pur sur les chiens, les moutons, les chevaux, etc. par l'établissement d'une fistule pancréatique, d'après le procédé très-ingénieux de M. Claude Bernard, le suc pancréatique offre une humeur incolore, semi-transparente, inodore, de consistance à peu près sirupeuse ; insipide ou légèrement salée ; devenant écumeuse par l'agitation, se concrétant par la chaleur, aisément putréfiable, et donnant alors une odeur ammoniacale. Sylvius, Graaf la croient acide ; Boerhaave, Hoffmann, Péchlin, Drelincourt pensent au contraire qu'elle est alcaline. Leuret, Lassaigne la regardent comme analogue à la salive ; Tiedemann et Gmelin soutiennent qu'elle en diffère par la présence d'un acide libre ; par la grande proportion d'albumine et de matière caséeuse, par l'absence du mucus, du sulfo-cyanure de potasse. Toutes ces différences tiennent en grande partie sans doute à la manière d'obtenir le suc pancréatique plus ou moins mélangé de fluides étrangers. Sa partie essentielle est analogue aux matières albuminoïdes ; coagulable par l'alcool, les acides forts, la chaleur ; il offre une réaction alcaline. Sa pesanteur spécifique est à celle de l'eau distillée : : 1,0026 : 1,0000. Celui du cheval, d'après Leuret et Lassaigne, contient sur 1,000 parties : eau, 994 ; — mucus, albumine, matière animale soluble dans l'alcool ; autre, soluble dans l'eau, soude libre, hydrochlorate de potasse et de soude, phosphate de chaux, ensemble 9 parties. D'après une évaluation qui ne peut être qu'approximative, on estime de 9 à 10 grammes la quantité de suc pancréatique versé par heure dans le duodénum, pendant la période réelle de l'activité sécrétoire, ordinairement de quatre à six heures.

Quant à l'action particulière de cette humeur dans la chylification, action à peu près complétement ignorée jusqu'à ces derniers temps, les belles expériences de M. Claude Bernard ont positivement établi que le suc pancréatique a la propriété d'émulsionner les corps gras, en les rendant ainsi solubles dans les sucs digestifs, et par conséquent susceptibles de présenter, seulement alors, des matériaux alimentaires.

M. Claude Bernard voulant dissiper entièrement la profonde obscurité dans laquelle, jusqu'à ses remarquables travaux, les fonctions du pancréas étaient restées, détruit cette glande, chez les chiens, en injectant des fluides gras dans son conduit excréteur; injections qui se trouvent suivies de l'induration et de la résorption de l'organe après quelques semaines ; l'amaigrissement de l'animal fait alors des progrès assez rapides, et les matières grasses qu'on lui fait prendre se retrouvent sans aucune modification dans ses excréments. C'est aussi presque seulement par le suc pancréatique, dans le duodénum, que les aliments féculents, après avoir éprouvé un commencement, pour quelques-uns, de conversion en *dextrine* puis en *glycose*, subissent tous et complétement cette remarquable transformation.

Altérations. — Elles sont encore assez peu connues dans leur nature positive, les maladies du pancréas n'ayant pas été sérieusement étudiées avant les travaux raisonnés de M. Claude Bernard. Nous savons cependant que l'importante sécrétion dont cet organe est chargé se trouve augmentée par les irritations duodénales, diminuée, pervertie, suspendue par les impressions morales très-vives ; dispositions que le pancréas partage, du reste, sous le même rapport, avec les glandes salvaires.

4° Sécrétion biliaire. — Nous désignons par ce terme l'élaboration sécrétoire, effectuée par le foie. Relative à la digestion, à la chylification plus spécialement, cette élaboration s'opère au moyen d'un appareil complet, et sous l'influence d'un modificateur particulier, le sang noir; du moins, les faits semblent s'accorder, comme nous le verrons, pour démontrer la réalité de cette opinion. La sécrétion biliaire offre des intermittences très-marquées dans son action, et pendant lesquelles ses produits sont transmis au réservoir qui leur est destiné ; les diminutions coïncident avec les intervalles de la chylification. Le dernier caractère de cette élaboration physiologique est de confectionner un fluide en petite proportion, et d'offrir un réservoir peu spacieux, comparativement au volume de l'organe sécréteur.

Appareil. — Il se compose de quatre parties bien distinctes : 1° la glande nommée *foie* ; 2° le canal afférent ou *conduit hépatique* ; 3° le réservoir ou *vésicule biliaire* ; 4° le canal efférent ou *cholédoque*.

1° LE FOIE, ἧπαρ des Grecs, *jecur* des Latins, que l'on fait dériver de *juxtà cor*, près de l'estomac ; ce dernier étant désigné chez les anciens par le mot *cor*, est, dans notre espèce, la plus pesante et la plus volumineuse de toutes les glandes ; placé dans l'abdomen, il occupe l'hypocondre du côté droit, et le tiers correspondant de l'épigastre. Ses principaux rapports sont : *en haut*, le diaphragme, auquel il est fixé par un repli péritonéal, nommé ligament suspenseur du foie ; *en bas*, le rein droit, le colon transverse, l'estomac ; *en arrière*, les dernières vertèbres dorsales ; *en devant*, la base de la poitrine, dont il n'excède pas la circonférence inférieure, dans l'état normal. Il présente la forme d'un parallélogramme irrégulier ; deux faces, l'une supérieure convexe, l'autre inférieure concave, où se voient les sillons transversal de la veine-porte, antéro-postérieur de la veine ombilicale. Épais, arrondi postérieurement, il offre antérieurement un bord mince, tranchant, portant une échancrure qui répond au fond de la vésicule. Il est divisé en quatre lobes, le droit volumineux, le gauche moins gros, les deux autres beaucoup plus petits encore : l'antérieur se nomme *lobe de Spigel*, et le postérieur, *éminence porte*. Sa couleur est d'un jaune fauve plus ou moins foncé, sa pesanteur spécifique assez grande, sa ténacité peu marquée, sa consistance pâteuse ; il est formé d'un parenchyme glanduleux, dont les granulations deviennent apparentes en déchirant ce tissu. Il reçoit son artère principale, sous le nom d'*hépatique*, du tronc cœliaque, et de plus, quelques branches de la coronaire stomachique, et des diaphragmatiques inférieures ; ses nerfs peu nombreux, comparativement à son volume, du pneumo-gastrique, et surtout du plexus solaire. Cet organe reçoit, seul dans toute l'économie, une veine très-volumineuse, et qui va s'y distribuer à la manière des artères, comme nous l'avons dit à l'article circulation hépatique ; ce vaisseau prend le nom de *veine-porte*. Nous verrons bientôt les conséquences d'une pareille disposition relativement au modificateur de cette élaboration sécrétoire. On trouve dans le foie des cordons fibreux disposés en ramifications qui nous offrent, chez l'adulte, les traces de la *veine ombilicale*, chargée d'apporter au fœtus les éléments de sa réparation, de son accroissement, et nous expliquent le volume considérable et les fonctions temporaires de cette glande pendant la première phase de la vie; les veines *hépatiques simples*, chargées de rapporter au torrent de la circulation les résidus nutritif et sécrétoire, les radicules des canaux afférents, des vaisseaux lymphatiques nombreux, avant tout, un parenchyme particulier, du tissu cellulaire, pour lier toutes ces parties, une membrane fibreuse propre, une tunique péritonéale commune et partielle, complètent l'organisation de ce viscère.

2° LE CANAL HÉPATIQUE, — ou conduit afférent, naît des grains glanduleux, par ses radicules innombrables, formant, en sortant de l'organe, une branche principale pour chacun des lobes, et constituant le canal unique par leur ensemble. Haller prétend que ces radicules sont en communication avec les dernières divisions de la veine-porte. Il explique de cette manière le passage de la bile dans le sang, lors de l'ictère occasionné par un obstacle opposé au cours de cette humeur dans un point de son canal efférent.

3° LA VÉSICULE BILIAIRE, — encore nommée *vésicule du fiel, hépatique*, en partie logée dans l'excavation de la face inférieure du foie, présentant un sac piriforme, d'une capacité peu considérable, si nous la comparons au développement de cet organe, offrant son col supérieurement, sa grosse extrémité placée dans une échancrure du bord antérieur de la glande qu'elle dépasse fréquemment dans cet endroit, incomplétement recouverte par le péritoine, est formée d'une tunique moyenne, que les anatomistes nomment celluleuse, et qui nous paraît offrir les caractères et les propriétés des muscles involontaires ; d'une membrane intérieure muqueuse, qui semble comme *chagrinée* à sa surface libre. Un petit canal de douze à quinze lignes part de la vésicule, sous le nom de conduit *cystique*, et va s'identifier, sous un angle aigu, avec l'*hépatique*, pour former le canal *cholédoque*. Plusieurs anatomistes anciens ont prétendu qu'il existe, au col de la vésicule biliaire, une valvule spiroïde, faisant fonction de vis d'Archimède. Amussat lui donne pour usage d'effectuer l'ascension de la bile dans le réservoir pendant les intervalles de la chylification. L'existence de cette valvule, et la réalité de la théorie qu'elle sert à fonder ne sont rien moins que positivement établies.

4° LE CANAL CHOLÉDOQUE, — ou conduit excréteur, est produit par l'identification des canaux hépatique et cystique. Après un trajet de dix-huit ou vingt lignes, il vient s'ouvrir dans le duodénum, vers la fin de la deuxième courbure, soit par une ouverture propre, soit par un orifice commun au canal pancréatique. Tous ces conduits, incomplétement recouverts du péritoine, sont formés extérieurement par une membrane celluleuse, jouissant, d'après quelques auteurs, de la contractilité involontaire, faculté qu'il est difficile de lui refuser, en considérant la nature de ses fonctions ; intérieurement par une membrane muqueuse, prolongement de la duodénale, qui s'enfonce dans le canal cholédoque, revêt le conduit cystique, la vésicule biliaire, le canal hépatique jusque dans ses radicules originelles.

Chez les animaux, — l'appareil sécréteur, que nous examinons, peut offrir des modifications importantes. *Le foie*, — dont l'existence est presque aussi générale que celle du tube alimentaire, se rencontre dans le plus grand nombre des animaux. *Chez les insectes*, pour les arachnides trachéennes, on le trouve sous forme de vaisseaux isolés. *Chez les poissons*, il est très-volumineux, très-mou, plus jaune que dans les autres animaux. *Chez les reptiles*, il présente également des dimensions assez considérables, et souvent un seul lobe. *Chez les oiseaux*, il est bilobé, remplit fréquemment les deux hypocondres. *Chez les mammifères*, les lobes deviennent plus nombreux, plus exactement isolés ; il est analogue à celui de l'homme. *Le canal afférent*, ou conduit hépatique, *chez les pois-*

sons, va directement s'ouvrir dans la vésicule biliaire. *Le réservoir* manque dans un assez grand nombre d'espèces; ainsi, *chez plusieurs oiseaux*, tels que le perroquet, la colombe, le ramier, l'autruche, la grue, le coucou, etc.; *parmi les herbivores*, dans le cheval, l'âne, le chameau, le cerf, la chèvre, le daim, etc.; chez tous les ruminants *à bois*, tandis que ceux *à cornes* en sont ordinairement pourvus ; *dans les rongeurs*, surtout pour les rats, etc., on le trouve au contraire chez presque tous les *poissons* et les animaux *carnivores*. On a cherché la cause de ces modifications dans la diversité du régime naturel, en faisant observer que les carnassiers, se nourrissant d'aliments très-réparateurs, avaient besoin d'un réceptacle biliaire, pendant les intervalles prolongés de leurs chylifications ; tandis que les herbivores, au milieu des circonstances opposées, offrant des digestions qui s'enchaînent sans interruption notable, pouvaient se passer d'un réservoir semblable. On a vu la vésicule hépatique manquer même chez l'homme, sans accident ultérieur. Ainsi, Joseph Dugri, âgé de vingt-six ans, voltigeur au 28ᵉ régiment de ligne, d'un caractère gai, d'une forte constitution, d'une santé parfaite, succomba, le 10 septembre 1826, après une chute grave, et n'offrit à la nécropsie aucune trace de vésicule biliaire. Le canal hépatique présentait le double de sa longueur ordinaire. Ces faits prouveraient toute l'erreur de ceux qui considèrent ce réservoir comme l'organe sécréteur de la bile, s'il était encore nécessaire de réfuter une hypothèse aussi peu fondée. *Le canal cholédoque*, ou conduit excréteur, manque pour quelques *reptiles*, chez lesquels on voit les canaux hépatique et cystique s'ouvrir isolément et directement dans le duodénum. *Chez les poissons*, le conduit cholédoque part immédiatement de la vésicule. *Chez les oiseaux*, il se termine dans la dernière portion duodénale. *Chez les mammifères*, à des distances variables du pylore, indépendamment de la voracité des individus et de leurs appétits pour les substances animales.

Telles sont les dispositions générales de l'appareil sécréteur de la bile, dont le foie nous offre l'organe essentiel. Ce der-

Le réser-
nsi, *chez*
 ramier,
es, dans
im, etc.;
ornes en
out pour
tous les
cause de
, en fai-
aliments
ire, pen-
s ; tandis
pposées,
ion nola-
n a vu la
ns acci-
ans, vol-
une forte
septem-
psie au-
résentait
ient toute
l'organe
futer une
 conduit
quels on
ément et
 conduit
ez les oi-
ale. *Chez*
indépen-
étits pour
sécréteur
. Ce der-

nier, en raison de son développement considérable chez le fœtus, de son grand volume chez l'adulte comparativement à la petite proportion de l'humeur sécrétée, paraît avoir encore d'autres usages dans l'économie vivante. C'est l'opinion de Bichat, de Moreschi, de Smith et d'un assez grand nombre d'autres physiologistes. Ce dernier pense qu'il est spécialement destiné à rendre le chyle qui le traverse dans la veine-porte, plus albumineux ; à lui donner un caractère d'animalisation plus avancée ; à le disposer ainsi à l'hématose qui doit s'accomplir pendant la respiration. On a même ajouté, d'après les faits et l'analogie, que cette glande pouvait être considérée, sous ce rapport, comme l'accessoire des poumons ; en faisant observer que chez le fœtus, où l'action respiratoire de ces viscères n'existe pas, le foie présente un grand volume, bien qu'il ne soit pas alors employé dans la digestion, par la sécrétion biliaire, ni même à l'animalisation du chyle ; que les dispositions de la veine porte, en mettant une grande masse de sang veineux en contact avec cet organe, laissent à peine quelques doutes, relativement à l'action qu'il doit exercer alors sur le sang noir, comme il aura plus tard l'occasion de le faire sur le chyle, pour le modifier convenablement, et l'approprier davantage aux besoins de l'économie. En résumant ces idées, sans les admettre d'une manière trop absolue, nous pensons que le foie peut être considéré chez le fœtus, comme un *diverticulum circulatoire*, et comme un organe supplémentaire dans la rénovation sanguine ; chez l'adulte, comme l'un des instruments essentiels de la chylification, par la sécrétion de la bile, et peut-être comme un auxiliaire des agents de l'animalisation chyleuse.

Agent. — Les physiologistes ne s'accordent pas sur cet objet. Les uns prétendent que les éléments de la sécrétion biliaire sont puisés dans le sang rouge, les autres soutiennent au contraire qu'ils sont fournis par le sang noir. Avant d'émettre une opinion dans cette controverse, nous exposerons, sans partialité, les preuves que chacun de ces auteurs présente en faveur de son assertion.

Partisans du sang rouge. — Un assez grand nombre de physiologistes anciens, plusieurs modernes placent, dans le sang rouge, les éléments de la sécrétion biliaire, et se fondent sur les considérations qui vont suivre. Tous les appareils sécréteurs puisent leurs matériaux dans le sang artériel ; pourquoi le foie présenterait-il une exception à cette règle généralement établie ? La veine-porte n'existe pas chez les animaux invertébrés, et cependant on observe, dans un grand nombre de ces derniers, l'appareil hépatique et l'élaboration de la bile. On doit considérer les artères distribuées au foie, comme suffisantes pour fournir à cet organe les éléments de sa réparation et de la sécrétion peu considérable qu'il exécute.

Partisans du sang noir. — Quelques auteurs anciens et le plus grand nombre des modernes, parmi lesquels nous devons citer Haller, considèrent le sang noir comme principal agent de la sécrétion qui nous occupe. Ils basent leur opinion sur les faits suivants : l'ablation d'une grande partie de l'épiploon altère la chylification, le sang veineux, d'après ces auteurs, n'étant plus suffisamment préparé pour la sécrétion biliaire. La ligature de l'artère hépatique n'empêche pas cette élaboration. La même opération pratiquée sur la veine-porte arrête la formation de la bile. Ces expériences faites par Haller, ont été répétées, sur des pigeons, par Simon de Metz, avec les résultats suivants : ligature de l'artère hépatique seule, continuation de la sécrétion et de l'excrétion biliaires ; ligature de la veine-porte et du canal hépatique, absence totale de ces deux phénomènes sécréteurs ; dans ces différents cas, les animaux ont vécu trente-six heures. La veine-porte, ramifiée dans le foie, présente, pour toute l'économie, le seul exemple d'un vaisseau de cet ordre, ainsi distribué aux organes. Les dernières divisions de cette veine communiquent avec les radicules du conduit hépatique. Les artères de cette glande sont peu volumineuses, comparativement au développement de ce viscère, à l'étendue, à la diversité de ses fonctions.

Si nous cherchons actuellement sans prévention à prononcer entre ces deux opinions contraires, nous trouvons les preuves de la seconde beaucoup mieux établies que celles de la première. Toutefois, cependant, les expériences de Haller et de Simon, sur les vaisseaux du foie, expériences qui paraîtraient décisives en les supposant très-exactes, ne sont pas de nature à porter la conviction dans notre esprit ; il est difficile d'en admettre le principe et les conséquences. D'abord, nous comprenons à peine la possibilité d'effectuer la ligature de ces vaisseaux de manière à conserver assez longtemps la vie de l'animal pour observer les effets ultérieurs de cette opération. D'un autre côté, même en supposant cette ligature inoffensive, ne concevons-nous pas que l'artère hépatique présente une double fonction qu'il est impossible de lui refuser, celle d'exciter la vitalité du foie, de lui transmettre les éléments de sa nutrition ; que dès lors, en effectuant l'oblitération de ce vaisseau par un moyen quelconque, on doit suspendre toute action vitale dans cet organe, sans en excepter l'élaboration sécrétoire, lors même que ces éléments seraient encore apportés par une autre voie. Nous croyons donc rationnel, dans l'état actuel de la science, d'écarter ces preuves au moins très-équivoques dans la solution du problème ; d'autant mieux que la distribution du système veineux, particulier au foie, nous paraît bien suffisante pour fonder une opinion dont elle devient la base incontestable.

Dans tous les autres organes, sans aucune exception, le système veineux marche des radicules vers les troncs ; c'est dans une direction semblable qu'ils sont traversés par le sang noir. Dans le foie, nous trouvons au contraire deux appareils de cet ordre qui n'ont entre eux aucun rapport de distribution et d'usage ; l'un, représenté par les *veines hépatiques*, appartient au système veineux général ; sert à rapporter, aux cavités droites du cœur, le surplus du sang employé dans ce viscère à l'excitation, à la nutrition, à l'élaboration sécrétoire ; l'autre, qui comprend le tronc et les divisions de la *veine porte hépatique*, se ramifie dans l'organe à la manière des vaisseaux artériels, et distribue dans son parenchyme une grande proportion de sang noir. Ajoutons à cette considération fondamentale, que les branches qui se réunissent pour constituer le tronc de la *veine-porte abdominale* naissent des organes relatifs à la digestion et dans lesquels on voit le sang prendre, au plus haut degré, les caractères qui lui font donner le titre de *sang noir*, en parcourant avec lenteur les épiploons et la rate plus spécialement. Si nous cherchons actuellement dans ces dispositions anatomiques, évidentes, quelques notions positives, relativement aux fonctions, voici la manière la plus naturelle de raisonner : Toute importation sanguine dans un organe a pour objet l'un ou l'autre de ces trois résultats et quelquefois ces trois effets réunis : 1° *l'excitation vitale;* 2° la *réparation nutritive;* 3° l'*élaboration sécrétoire.* Pour tous les organes, le sang noir, dirigé dans l'épaisseur des tissus, est stupéfiant, non réparateur. Le sang rouge au contraire possède la faculté de nourrir et d'exciter les systèmes organiques. Le foie reçoit naturellement dans son parenchyme du sang rouge par l'artère hépatique et ses accessoires, du sang noir par la veine-porte. Aucun usage étranger aux trois objets que nous venons de signaler ne peut être attribué à la spécialité que nous indiquons. Dès lors, ou l'irrigation du parenchyme hépatique au moyen du sang noir de la veine-porte est *sans aucun but*, ce qu'il est absolument impossible de supposer dans une disposition aussi générale, aussi précise; ou cette irrigation a pour objet l'*excitation, la nutrition, la sécrétion* dans ce viscère; les qualités du sang noir sont incompatibles avec les deux premiers phénomènes, reste donc le troisième. Nous concluons dès lors que s'il n'est pas matériellement démontré, il est du moins rationnellement prouvé que l'artère hépatique donne au foie les éléments de son excitation, de sa nutrition, et la veine-porte ceux de la sécrétion dont il est chargé.

Les organes digestifs, les épiploons et la rate plus spécialement, liés au foie comme les dispositipns particulières du système de la veine-porte, doivent-ils, dans la sécrétion biliaire, être envisagés comme des accessoires chargés de préparer la partie du sang noir destinée à cette élaboration? Plusieurs physiologistes ont admis ce principe en ajoutant que, par les retards éprouvés dans son mouvement circulatoire, le sang devenait plus noir que dans les autres veines, et se chargeait d'une quantité plus considérable d'hydrogène et de carbone, modifications qu'ils considéraient comme très-avantageuses pour la formation de la bile. Ces idées ont surtout prévalu relativement à la rate, confirmées par la puissante opinion de Vauquelin. Ce chimiste croit en effet que le sang des veines spléniques diffère de celui des autres par la proportion beaucoup plus considérable de la gélatine et de l'albumine qu'il contient. En accordant même quelque réalité physiologique à cette modification préparatoire du sang par la rate, nous pensons qu'un pareil travail est, dans cet organe, absolument accessoire, et nous renvoyons pour ses phénomènes essentiels aux considérations que nous avons exposées dans l'histoire des réservoirs dérivatifs.

Besoin. — Le sentiment instinctif qui préside à l'exercice normal de la sécrétion biliaire ne présente pas des caractères particuliers bien saillants ; il se trouve en quelque sorte confondu au milieu de ceux qui provoquent l'accomplissement des phénomènes digestifs, et plus spécialement de la chylification dont cette élaboration sécrétoire devient l'une des conditions indispensables.

Étude. — Le sang noir, distribué dans le tissu du foie par la veine-porte hépatique, offrant ici la disposition, et faisant les fonctions d'une artère, se trouve soumis à l'action vitale particulière de ce parenchyme, qui saisit les éléments appropriés au travail sécrétoire qu'il doit effectuer, les combine, les élabore, de manière à former une humeur désignée par le terme de *bile*. Ce travail est particulièrement sollicité par la présence du chyme dans le duodénum, par l'excitation déterminée sur l'orifice du conduit excréteur, et propagée vers la glande, en vertu de la sympathie par continuité de tissu ; aussi, peu considérable dans l'intervalle des chylifications, ce même travail offre-t-il un développement beaucoup plus marqué pendant l'exercice de ce phénomène digestif. Ce fait nous explique la grande activité du foie, consécutivement son état voisin de l'hypertrophie chez les gourmands ; la surabondance de la bile, soit rejetée par le vomissement, soit évacuée par les selles, dans les irritations duodénales permanentes, où l'empirisme s'empresse de combattre les effets, en augmentant presque toujours la cause.

LA BILE, — résultat de cette élaboration sécrétoire, χολή des Grecs, *bilis* des Latins, est un fluide visqueux, épais, écumeux par l'agitation, soluble dans l'eau, en partie dans l'alcool, offrant une couleur jaune-verdâtre, pouvant se nuancer diversement, comme nous le verrons ; une saveur très-amère, une odeur faible nauséabonde, une pesanteur qui se trouve à celle de l'eau, d'après Orfila, :: 1,026 : 1,000 ; d'après Wischer, :: 102 : 100 ; sa composition est très-variable, suivant les différentes espèces animales, et dans chaque espèce, en raison des dispositions physiologiques ou pathologiques actuelles, en conséquence du régime alimentaire, etc. Chez l'homme, d'après Thénard, elle présente, sur 1,100 parties : eau, 1,000 ; — albumine, 42 ; — résine, 41 ; — matière jaune, 7 ; — soude, 5 ; — phosphate, sulfate, hydrochlorate de soude, phosphate de chaux, ensemble, 5 ; — oxyde de fer, des traces. La bile de bœuf contient, en assez grande proportion, un principe que Thénard a découvert, sous le nom de *picromel*, du grec πικρὸς, amer, et de μέλι, sucré, que, dans ces derniers temps, Chevreul a fait disparaître du nombre des matériaux simples, en le croyant formé par deux autres principes, l'un, auquel il doit son amertume, et l'autre qui lui communique son goût mielleux. Braconnot a confirmé ces présomptions, relativement au défaut de simplicité du picromel, en démontrant qu'il est formé d'une résine acide particulière, d'acides margarique, oléique, d'une substance animale, d'une matière alcaline très-amère, d'un principe sucré incolore, d'une matière colorante. Chevallier prétend avoir trouvé le picromel dans la bile de l'homme ; d'autres chimistes assurent qu'il ne s'y rencontre pas; divergence d'opinions qui prouve au moins que l'existence de cet élément n'est pas constante pour notre espèce. Berzélius pense que la résine, admise par Thénard, est un composé de picromel et d'un acide particulier. Chevreul a fait remarquer, dans la bile de plusieurs cadavres, une substance particulière, insipide, inodore, insoluble dans l'eau, en partie soluble dans l'alcool bouillant, disposée en forme d'écailles blanches et brillantes, qu'il a nommée *cholestérine*, et que Fourcroy désignait sous le titre impropre d'*adipocire*. Outre les matériaux connus, Tiedemann et Gmelin admettent comme principes constituants de cette humeur, l'asparagine, l'osmazôme, le bicarbonate d'ammoniaque, le margarate, l'oléate, l'acétate, le chlorate, le bicarbonate, le phosphate et le sulfate de soude, le chlorure de sodium, le phosphate de chaux, la potasse. Si nous recherchons les principales différences relatives aux espèces, nous voyons la bile du bœuf présenter, sur 800 parties, 69 de picromel; celle du porc, surtout de la soude et de la matière grasse, d'où résulte un véritable savon; celle des oiseaux, une grande proportion de matière albumineuse; celle des poissons une matière verte, du reste ne pas contenir d'albumine. Alcaline chez les herbivores et les omnivores pendant la digestion; acide pendant les intervalles, elle offre toujours ce caractère chez les carnivores, d'après Claude Bernard, auquel nous devons des considérations très-utiles sur les propriétés du fluide composé, qui résulte de son mélange avec le suc pancréatique, et dont l'avantage est surtout d'agir comme liquéfiant des corps azotés. On signale aussi les glycocholates et taurocholates de soude qui donnent à la bile un peu l'avantage de dissoudre les graisses.

Au milieu de ces dissidences et de ces variations relatives à sa composition, la bile nous offre des matériaux nombreux dont il est possible de simplifier les qualités et les usages en les réduisant à quatre éléments principaux. 1° La *cholestérine*, que d'autres chimistes ont désignée par les termes de *matière colorante*, grasse, adipocireuse; à laquelle cette humeur doit

I.

particulièrement sa coloration, et qui forme la base du plus grand nombre des calculs biliaires. 2° La *substance résineuse*, qui donne à la bile à peu près toute son amertume. 3° Le *principe albumineux*, qui la fait écumer par l'agitation. 4° Les *différents sels*, qui la rendent propre à l'excitation qu'elle doit effectuer dans le tube digestif pour les actes successifs de la chylification, de l'absorption chyleuse et de la défécation. Elle favorise en effet beaucoup cette excrétion digestive qui devient plus difficile, moins libre dans les suspensions prolongées de la sécrétion, les déviations du produit, comme on le voit dans l'ictère, les fistules hépatiques, etc., ordinairement accompagnées de constipations pénibles. On peut aussi la regarder comme faisant partie des matières excrémentitielles de l'organisme, et constituant le *méconium* chez le nouveauné. Sa quantité produite chez l'homme, en vingt-quatre heures, est de 900 grammes à peu près, elle est presque nulle dans l'intervalle des chylifications.

Complétement élaborée par l'action vitale du parenchyme hépatique, la bile est saisie par les radicules du canal afférent, circule dans ce dernier sous l'influence de sa contractilité. Arrivée dans le tronc de ce conduit, elle tient ultérieurement une route différente, suivant l'état actuel de l'intestin duodénum. Lorsque cette cavité digestive est dans le travail de chylification, la présence du chyme à l'orifice du canal cholédoque, l'érection momentanée du viscère, modifiant les propriétés vitales des voies d'excrétion, il se fait une sorte d'appel de la bile, qui descend immédiatement dans cette même cavité. Lors au contraire que le duodénum est dans un intervalle de repos, aucune cause ne sollicitant l'afflux biliaire vers la capacité de cet organe, l'humeur sécrétée remonte par le canal cystique, et se trouve ainsi déposée dans la vésicule, pour être ensuite versée dans le duodénum par les contractions de ce réservoir, en traversant le canal cholédoque avec celle qui vient directement du foie ; l'une et l'autre devant concourir à l'élaboration chyleuse.

Les belles et concluantes expériences de M. Claude Bernard

ont incontestablement établi que le foie, indépendamment de ses actions excrémentitielle et digestive, offrait encore une action *glycogénique* tellement spéciale, que dans toute l'économie vivante on ne rencontrait aucun autre organe doué d'un semblable privilége.

D'autres expérimentateurs dont nous reconnaissons également l'habileté, M. Colin surtout, ont admis qu'il se forme aussi du sucre par l'action digestive dans les intestins, et qu'ils l'ont même retrouvé dans le chyle. Ces faits, en leur accordant même une certaine valeur, ne portent nulle atteinte à l'opinion de M. Claude Bernard sur *la formation du sucre à peu près exclusivement dans le foie et par le foie.*

Lehmann, de son côté, déclare n'avoir jamais trouvé de sucre dans le contenu de l'estomac d'un animal nourri de viande, à quelque phase de la digestion que l'examen ait été fait. M. Claude Bernard a de plus démontré, par l'expérience, que le foie puise dans le sang de la veine-porte les éléments du sucre qui s'élabore dans le parenchyme de l'organe ; que cette élaboration est augmentée par l'irritation du grand sympathique, diminuée ou même suspendue par la ligature de ce nerf dans les points convenables ; ce nerf agissant ici comme dans toutes les circonstances analogues, sous l'empire de la moelle rachidienne, son point essentiel d'origne ; que le foie, complétement séparé de l'animal, peut encore former du sucre pendant plus de vingt heures ; circonstance bien remarquable et qui donne beaucoup de valeur à la démonstration des principes admis.

En soumettant l'organe au lavage de l'eau froide injectée par la veine-porte, après une heure le courant d'eau transparent ne contient plus de sucre. Si l'on cesse l'injection et qu'on la recommence après quelques heures de repos, l'eau contient de nouveau du sucre en proportion très-appréciable. Le foie complètement isolé jouit donc alors encore de la faculté glycogénique ; et si le sucre ne s'y trouvait pas déjà tout formé, du moins offrait-il son élément essentiel que l'on croit une matière *albuminoïde*.

Le sucre ainsi élaboré dans le foie se trouve porté dans le torrent circulatoire par les veines sushépatiques et disparaît à peu près dans la masse du sang, qui n'en présente, à l'état normal, que des proportions à peine appréciables ; sa décomposition facile étant effectuée par la formation de l'acide carbonique et de l'eau. Mais quand il est produit en trop grande quantité pour que les choses puissent ainsi régulièrement se passer, il se porte dans l'urine en produisant, avec d'autres fâcheuses dispositions, la maladie grave connue sous le nom de *diabète sucré*.

En séjournant dans son réservoir, la bile éprouve diverses modifications : lorsqu'elle sort du foie, elle est jaune, sans beaucoup d'amertune, quelquefois même légèrement sucrée. Dans la vésicule hépatique, le produit perspiratoire et des mucosités plus ou moins abondantes viennent s'y mêler. Quelques physiologistes inattentifs ont envisagé ce fluide comme de la bile blanche. Les parties les plus aqueuses, reprises par l'absorption, permettent la concentration des éléments essentiels de cette humeur, dont les caractères particuliers se prononcent davantage ; elle est alors plus amère et d'un jaune verdâtre. Si le séjour est prolongé beaucoup plus longtemps, ces dispositions se trouvent progressivement exagérées ; l'amertume devient excessive, la couleur d'un vert très-foncé, quelquefois même noirâtre. De là cette erreur fondamentale des physiologistes anciens, qui distinguaient trois espèces de bile : l'*hépatique*, ou jaune ; la *cystique*, ou verte ; l'*atrabile*, ou noire. Il est évident que ces différences tiennent exclusivement au rapprochement plus ou moins considérable des principes constituants de cette humeur, par l'absorption graduée de leur véhicule naturel.

Altérations. — Elles nous offrent les quatre modifications principales : — 1° *Augmentation*. On la rencontre ordinairement sous l'influence des irritations directes ou sympathiques du foie, comme on le voit dans l'hépatite, la gastrite, la duodénite, pendant l'action des vomitifs, des purgatifs, des aliments excitants ou pris en quantité démesurée. C'est presque toujours dans l'une ou l'autre de ces dispositions que l'on observe la surabondance bilieuse que le vulgaire ne manque jamais de considérer comme une altération essentielle, bien qu'elle soit dans tous ces cas le symptôme d'une autre maladie. On conçoit aisément les conséquences fâcheuses d'un pareil système, enfanté par l'ignorance, exploité par le charlatanisme ; tous les accidents graves, souvent mortels, occasionnés par les évacuants drastiques dont la première influence est l'exaspération de la cause ; et le dernier résultat, la complication des effets. Dans toutes les anomalies de ce genre, n'est-il pas beaucoup plus naturel, au lieu de provoquer avec violence une excrétion déjà trop considérable, de la diriger avec circonspection et surtout de s'attacher à modérer la suractivité de l'élaboration sécrétoire ? — 2° *Diminution*. Elle est produite par des modifications opposées, comme on l'observe dans l'abstinence, par la continuation d'un régime très-sobre, par l'usage des fruits sucrés, des fécules, du lait et de tous les aliments dont les quantités ou la qualité ne provoquent aucune excitation notable vers les organes digestifs et consécutivement vers l'appareil hépatique. — 3° *Perversion*. La nature même de la bile est susceptible d'offrir des modifications profondes et remarquables, sous l'influence des altérations de cet ordre présentées par les propriétés vitales de l'organe sécréteur ; caractères pathologiques signalant toujours une certaine gravité dans la lésion dont ils deviennent le symptôme. Ainsi, dans certaines hépato-duodénites, la bile rejetée par les vomissements peut être verte, bleue, indigo, noire, etc.; dans la dégénération graisseuse du foie, elle paraît incolore ou d'un jaune très-faible. Pendant une hépatite compliquée d'ulcération de la muqueuse intestinale, Orfila trouva dans cette humeur : matière résineuse, 96 ; — soude, 3 ; — sels, des traces. Une très-petite quantité de cette bile, portée sur les lèvres, y faisait naître des ampoules. Morgagni, sur le cadavre d'un homme mort subitement, recueillit un fluide biliaire, tellement corrosif, que l'inoculation de cette humeur, légèrement pratiquée chez deux pigeons, les fit périr instantanément. On conçoit les ravages que doit exercer une bile ainsi dénaturée sur la muqueuse digestive, lorsqu'elle offre déjà le siége d'une inflammation ; un grand nombre de duodénites, d'entérites, de colites rebelles, terminées par ulcération, fungus, cancer, etc., ne reconnaissent peut-être pas d'autre cause. C'est une question pathologique du plus haut intérêt, qui nous semble digne de toute l'attention des observateurs judicieux et dont l'examen trop négligé peut ouvrir une source féconde en résultats avantageux dans le traitement de ces maladies, presque toujours abandonnées comme absolument incurables. — *4° Suspension.* Elle se manifeste ordinairement au début des hépatites suraiguës, quelquefois dans les hépatites chroniques avec engorgement du foie. Les selles deviennent rares par défaut d'excitant, les matières fécales sont grisâtres ou sans couleur. L'élaboration chyleuse est peu considérable, imparfaite ; la nutrition languit dans tout l'organisme. C'est ainsi qu'il faut expliquer l'épuisement constitutionnel toujours entraîné par ces graves altérations.

L'excrétion biliaire peut également offrir des anomalies plus ou moins fâcheuses. Retenue par des obstacles variables dans les canaux hépatique, cystique, cholédoque, ou même dans son réservoir, la bile est prise par les absorbants, portée dans le torrent circulatoire, comme l'ont démontré Orfila, Clairon, etc., par l'analyse du sang chez les ictériques. Elle colore tous les tissus en jaune, sort de l'économie par les voies d'excrétion qui lui sont naturellement étrangères, en donnant une teinte plus ou moins fortement *safranée* aux différentes humeurs dont elle détruit momentanément la pureté, comme on le voit pour l'urine, la sueur, la matière des sécrétions folliculaire et perspiratoire muqueuses. Nous avons bien des fois observé la bile presque pure dans l'humeur de l'expectoration chez les sujets affectés, comme on le dit vulgairement, de *pneumonie bilieuse.* On conçoit dès lors tous les inconvénients graves de l'habitude qui fait envisager l'*ictère* comme une maladie essentielle, identique par sa nature, alors qu'elle présente constamment le symptôme d'une autre altération ; alors qu'il faut attaquer cette perversion de l'excrétion biliaire, non point dans ses effets, par des moyens semblables pour tous les cas, mais dans sa cause, par des médications variées en raison de la nature qu'elle peut offrir. C'est un point de pathologie très-important et sur lequel on n'a pas encore assez positivement fixé l'attention des observateurs.

5° Sécrétion lactée. — Nous étudions sous ce titre l'élaboration sécrétoire, effectuée par les glandes mammaires, l'un des attributs particuliers de la femme dans notre espèce, et des femelles chez les animaux ; cet acte physiologique ne leur appartient pas exclusivement, comme on pourrait le penser au premier aspect. Nous démontrerons que, dans certaines circonstances, on trouve des preuves de sa réalité chez les mâles et chez l'homme. Absolument étrangère à la conservation de l'individu, la sécrétion du lait rentre complétement, par son objet, dans les fonctions relatives à la propagation de l'espèce, dès lors entièrement destinée à fournir au nouvel être un aliment approprié à ses besoins, à la faiblesse de ses organes digestifs et de toute sa constitution ; aussi la voyons-nous se développer avec une certaine activité, seulement vers l'époque à laquelle doivent s'établir ces rapports extérieurs entre l'enfant et la mère ; disparaître insensiblement lorsque ces relations, désormais inutiles, ne sont plus entretenues. Dans l'absence de l'allaitement, dont les intervalles peuvent être plus ou moins prolongés, pendant toute la vie, chez les femmes qui ne conçoivent pas, les organes de cette élaboration physiologique restent dans l'inaction ; bien différents, sous ce dernier rapport, de tous les autres viscères glanduleux.

Appareil. — Il est incomplet et se trouve réduit à la glande, aux canaux excréteurs. La *glande*, — généralement connue sous le nom de *mamelle*, μαστὸς des Grecs, *mamma* des Latins, de forme lenticulaire, beaucoup plus volumineuse chez la femme que chez l'homme, d'un blanc fauve ou grisâtre, d'une consistance élastique, d'une ténacité moyenne, double dans notre espèce, placée sur la partie latérale du thorax, au-dessous de la clavicule, — est formée de grains glanduleux, blanchâtres, arrondis, qui s'unissent pour constituer des lobules dont l'ensemble forme la glande. Ses artères peu volumineuses, mais en nombre considérable, sont fournies par la mammaire interne, l'axillaire, les premières intercostales et les thoraciques ; ses nerfs, par le plexus brachial et par les intercostaux. Un grand nombre de vaisseaux lymphatiques, des veines, des canaux afférents, du tissu cellulaire, pour lier toutes ces parties, complètent l'organisation de cette glande. Elle est enveloppée d'une membrane celluleuse, assez dense, qui soutient le parenchyme et conserve sa forme lenticulaire. Une quantité variable de tissu cellulaire graisseux, protége encore extérieurement la mamelle. Le *sein* qu'il ne faut pas confondre avec cette même glande, et qui résulte de l'ensemble de tous ces éléments réunis et couverts par une peau douce, fine et blanche, doit ses différences de forme, de volume, de fermeté, plutôt à la nature, à la proportion de ce tissu cellulaire qu'au développement de la glande qui présente à peu près les mêmes dimensions et la même consistance chez les individus maigres et chez ceux qui sont doués d'un grand embonpoint ; disposition qui ne permet pas d'estimer, suivant une erreur assez commune, la quantité du lait d'après le volume proportionnel du sein. Les *canaux excréteurs*, — nommés *galactophores, lactifères*, — naissent des grains glanduleux et paraissent continus aux artères, comme le démontrent les injections de Mangel qui parvint à faire passer un fluide approprié des unes dans les autres. Vesale dit avoir trouvé les veines mammaires pleines de lait chez une nourrice. Haller prétend que les canaux galactophores offrent deux origines, l'une dans le tissu cellulaire graisseux, l'autre dans le parenchyme de la glande. D'après ces faits, les canaux excréteurs du lait sembleraient communiquer avec toutes les parties du système circulatoire. Quoi qu'il en soit, ces canaux diminuant de nombre, augmentant de volume, réduits à quinze ou vingt, gagnent la partie centrale de l'organe, s'y trouvent enveloppés, réunis en faisceaux par une sorte de gaîne érectile, susceptible de se gonfler et de s'allonger par l'afflux du sang. Ce petit corps, appelé *mamelon*, offrant naturellement le volume du doigt, saillant à l'extérieur, d'une couleur vermeille ou noirâtre, protégé par l'enveloppe dermoïde, se trouve couvert d'un nombre variable d'orifices qui lui font présenter, sous ce rapport, les dispositions d'un arrosoir. Il est environné à sa base par l'*aréole*, cercle de huit à dix lignes, où la peau semble d'un brun jaunâtre, quelquefois garnie de poils, et dans tous les sujets, de follicules sébacés, fournissant une humeur visqueuse, destinée, d'après sa nature, à garantir cette partie des irritations que produirait la bouche de l'enfant pendant la succion.

Le nombre des mamelles dépasse quelquefois celui que nous avons assigné à l'état normal. Haller en a vu deux pour un seul côté ; plusieurs autres signalent des faits semblables, mais aucun n'est plus remarquable, dans ce genre, que celui dont parle Percy. Dans cette anomalie, nous voyons une prisonnière autrichienne qui portait cinq mamelles à la partie antérieure du tronc, quatre disposées sur deux rangs et fournissant du lait ; une cinquième vide, placée au-dessus de l'ombilic.

Chez les animaux, — la forme des mamelles varie beaucoup dans les espèces différentes ; leur nombre est, en général, surtout celui des mamelons, assez exactement proportionné à la quantité des petits que chacune de ces espèces diverses peut naturellement produire dans une même part. Ainsi, la chèvre en offre deux, la vache quatre, le porc dix, etc.

Agent. — Les physiologistes sont encore partagés sur la question de préciser le fluide circulatoire qui fournit à la glande mammaire les éléments de la sécrétion lactée. Les uns attribuent cet usage au chyle : d'autres, à la lymphe ; d'autres enfin, au sang rouge. Examinons sans prévention chacune de ces opinions, et voyons à laquelle nous devons accorder la préférence.

RELATIVEMENT AU CHYLE. — Ceux qui soutiennent cette hypothèse prétendent, pour l'établir, que le lait offre la plus grande analogie avec le fluide chyleux ; que les vaisseaux galactophores naissent du canal thoracique. Dans l'état actuel de nos connaissances anatomiques et chimiques, une opinion semblable n'a plus besoin de réfutation.

RELATIVEMENT A LA LYMPHE. — Les auteurs de cette supposition cherchent à la fonder sur les considérations suivantes : Vesale a trouvé du lait dans les veines mammaires. Les artères des mamelles sont trop petites et les vaisseaux lymphatiques s'y trouvent en proportion beaucoup plus considérable. Richerand prétend même que l'ensemble des premières est à celui des seconds, : : 1 : 8 ; il ajoute que ceux-ci grossissent d'une manière notable pendant l'allaitement. Haller dit avoir constaté, par des injections, l'origine d'une radicule de chaque division des excréteurs dans le tissu cellulaire graisseux ; d'autres ont même avancé que la mamelle offre beaucoup d'analogie avec les ganglions lymphatiques. Parmi ces faits, les uns sont aujourd'hui détruits par des notions plus positives d'anatomie, les autres ne décident nullement la question en litige.

RELATIVEMENT AU SANG ROUGE. — Les physiologistes qui considèrent ce fluide circulatoire comme le modificateur essentiel de la sécrétion lactée, s'appuient sur des faits qui nous semblent mieux établis et plus concluants. Ainsi le lait n'offre, avec le chyle, comme nous l'avons démontré à l'article digestion, aucune autre analogie que celle de la couleur. Les vaisseaux lymphatiques de la mamelle ne partent point du canal thoracique ; il en est ainsi pour les canaux galactophores, comme Haller en a fourni lui-même la preuve par ses injections. La présence du lait dans les veines mammaires, en la supposant même bien évidente, ne prouverait absolument rien autre chose que l'absorption de cette humeur et son importation dans le torrent circulatoire ; dispositions également présentées par les sécrétions urinaire, spermatique, biliaire, etc., sans que l'on ait prétendu, d'après ce fait, que les reins, les testicules et le foie puisent les éléments de leur sécrétion dans les fluides lymphatiques. Si chacune des artè-res de la mamelle présente peu de volume, en les considérant d'une manière isolée, nous voyons leur ensemble, en raison du grand nombre de ces vaisseaux, fournir à cette glande autant de sang rouge qu'en reçoivent proportionnellement toutes les autres ; de telle sorte que les modifications anato-miques invoquées ici par les auteurs de la seconde opinion sont illusoires par le fait, erronées dans leurs conséquences physiologiques. Les injections fines passent, des artères mam-maires, dans les canaux galactophores. Lorsqu'un enfant à la mamelle, après avoir épuisé toute la quantité du lait qu'elle peut fournir, exerce encore la succion avec force, il fait affluer du sang par les vaisseaux lactés. D'après ces considé-rations, nous ne voyons aucune raison valable, pour ne pas admettre que la glande mammaire, comme toutes les autres, le foie seul formant exception, puise dans le sang rouge les matériaux de l'élaboration sécrétoire qu'elle est chargée d'ef-fectuer ; nous trouvons au contraire des faits qui semblent confirmer cette opinion d'une manière assez positive ; de telle sorte que si l'on voulait envisager actuellement la lymphe comme le modificateur de la sécrétion lactée, on pourrait le faire seulement d'une manière accessoire, encore en s'ap-puyant exclusivement sur des analogies et des présomptions.

Besoin. — La sécrétion du lait n'étant point relative aux besoins individuels, se trouve provoquée par une impression instinctive étrangère aux modifications habituelles de la sensibilité, naissant à l'occasion de l'accomplissement des fonctions génitales. Cette impression part de l'utérus pour s'étendre sympathiquement aux mamelles, déterminer un sentiment voluptueux, lorsque la sécrétion s'établit sans obs-tacle ; produire une anxiété pénible, et des accidents plus ou moins graves, lorsqu'elle est fortement contrariée.

Étude. — La sécrétion qui nous occupe ne s'effectue pas, d'une manière naturelle, dans toutes les époques de la vie ; formant en quelque sorte le complément de la fonction géné-ratrice, elle acquiert ses dispositions normales à la puberté, les voit s'anéantir à l'âge de retour, leur durée présentant pour mesure toute celle du temps de la fécondité. Elle est ordinairement sollicitée par la gestation au terme normal, en raison de la sympathie remarquable qui lie son appareil à l'utérus ; et de l'intention formelle qu'exprime la nature de remplacer incessamment la circulation placentaire du nouvel être, par l'importation lactée. Toutefois, ces influences ne sont pas les seules qui puissent déterminer la sécrétion du lait, une excitation mécanique de la glande, et plus spéciale-ment du mamelon, entraîne ce résultat, lorsqu'elle est suffi-samment prolongée. Haller en cite plusieurs exemples, offerts par des sujets du sexe féminin, avant la puberté, après l'âge de retour, et même par des hommes doués d'un certain embonpoint. Le docteur Arwis Faxe a consigné, dans les mémoires de l'Académie de Stockholm, l'histoire d'une femme sexagénaire, n'ayant pas eu d'enfant depuis trente ans, et qui, voyant son petit-fils, âgé de six mois, sans aucun secours immédiatement après la mort de sa mère, lui présenta le sein, d'abord dans la seule intention de calmer ses cris, et parvint ensuite à le nourrir, la sécrétion lactée s'étant assez promptement établie. On connaît l'histoire de cette jeune Romaine, qui, dans les privations de la captivité, soutint par ce moyen les forces épuisées de son vieux père. Baudelocque parle d'une fille de huit ans qui put allaiter son frère, pendant un mois. Humboldt rapporte qu'un homme de trente-deux ans nourrit son enfant pendant cinq mois, lui fournissant par les seins une humeur séreuse et sucrée. On trouve dans les auteurs un assez grand nombre de faits analogues. Quelle que soit la cause dont l'action se trouve dirigée sur les mamelles, un afflux plus considérable du sang rouge s'opère vers ces glandes, qui puisent dans ce fluide circulatoire des éléments appropriés, les combinent, les élaborent, en vertu des forces vitales propres à leur parenchyme, pour en former l'humeur particulière que nous allons examiner.

Le lait, — γαλα des Grecs, *lac* des Latins, — est un fluide opaque, blanc-jaunâtre, lorsqu'il sort de la glande ; bleuâtre, lorsqu'il est trait depuis quelques heures ; d'une saveur sucrée, d'une odeur douce et légèrement aromatique ou nauséabonde ; prenant assez facilement celles des aliments, circonstance qui nous explique le goût désagréable que présente quelquefois le lait des vaches exclusivement nourries, pendant l'hiver, avec des fourrages de mauvaise qualité ; la supériorité du beurre fait dans les contrées où croissent des plantes aromatiques, etc. La pesanteur spécifique de cette humeur est à celle de l'eau :: 1,033 : 1,000. Ces deux fluides sont miscibles dans toutes proportions. Pendant les premiers jours de l'établissement de cette élaboration sécrétoire après l'accouchement, le lait est plus séreux, moins confectionné, plus laxatif, disposition qui lui donne, pour le fœtus, l'avantage de favoriser l'expulsion du *méconium.* Dans cet état rudimentaire, en quelque sorte préparatoire, on lui donne le nom de *colostrum.*

Pendant l'évaporation sur un feu très-doux, le lait se recouvre incessamment d'une pellicule en grande partie formée de beurre et de caséum. Cette humeur, envisagée d'une manière générale, offre trois éléments principaux, susceptibles d'isolement par la décomposition spontanée : 1° Le *butyrum,* — ou beurre, espèce d'huile animale concrète, plus légère que l'eau, d'une odeur aromatique, d'une saveur douce, agréable, que l'on obtient en battant la crème, et qui paraît formée, d'après Chevreul, de *stéarine,* de *butyrine* et d'*oléine*; du reste saponifiable comme les graisses. 2° Le *caséum,* — ou fromage, substance blanche, solide, inodore, insipide, soluble dans les alcalis et les acides faibles, plus pesante que l'eau ; considérée par Braconnot, dans son état de pureté, comme un *acide sec,* inaltérable par l'air, soluble dans l'eau, non coagulable par la chaleur. Guibourt le trouve au contraire *alcalin.* C'est avec cette matière, soumise à des préparations variées, que l'on obtient les divers fromages gras, secs, etc., offrant de l'*aposépédine,* de l'*ammoniaque* et de l'acide caséique, ordinairement en combinaison. 3° Le *sérum,* — ou petit lait, fluide bleuâtre, aqueux et contenant la plupart des sels solubles de l'humeur que nous examinons. C'est à la diversité des proportions relatives de ces éléments qu'il faut attribuer les modifications de ce fluide considéré dans la série des mammifères. Pour mieux signaler ces caractères généraux, nous présenterons le tableau suivant dont les colonnes indiqueront les différentes espèces de lait d'après la prédominance de l'un des principes constituants de cette humeur.

TABLEAU DIFFFÉRENTIEL DU LAIT DANS LES PRINCIPALES ESPÈCES ANIMALES

CASÉUM.	BUTYRUM.	SÉRUM.	SELS.
Chèvre.	Brebis.	Anesse.	Femme.
Brebis.	Vache.	Femme.	Anesse.
Vache.	Chèvre.	Jument.	Jument.
Anesse.	Femme.	Vache.	Vache.
Femme.	Anesse.	Chèvre.	Chèvre.
Jument.	Jument.	Brebis.	Brebis.

La décomposition du lait en *crème, sérum* et *caséum* peut être artificielle ou naturelle. Dans le premier cas, elle est subitement provoquée par l'influence d'un agent chimique susceptible d'effectuer la séparation instantanée de ces éléments fondamentaux, en coagulant et précipitant le caséum, comme on le voit ordinairement par l'action des acides, et surtout de la *fressure* de veau, de mouton, etc., si communément employée dans les fabriques de fromage. Il existe alors une simple dissociation des matériaux constituants, sans fermentation. Aussi, le sérum obtenu par ce moyen est agréable et sucré. Dans le second cas, au contraire, la décomposition est lente, graduée, son accomplissement qui peut exiger de vingt-quatre à soixante-douze heures, en raison de la température et de l'électricité atmosphériques, exige une sorte de fermentation, pendant laquelle se développent les acides acétique, lactique retrouvés dans le petit lait, qui présente alors une saveur aigre assez prononcée.

Le lait de vache, plus particulièrement examiné par les chimistes, présente à l'analyse, d'après Berzélius, sur 1,000 parties : eau, 928, 75 ; — matière caséeuse, traces de beurre, 28 ; — sucre de lait, 35 ; — hydrochlorate de potasse, 1, 70 ; — phosphate de potasse, 0, 25 ; — phosphate de chaux, 0, 5 ; — acétate de potasse, acide lactique, traces de lactate de fer, 6,00 ; — perte, 25. Celui de la femme contient moins de caséum, et beaucoup plus de sucre de lait. La crème qu'il fournit en assez grande proportion, offre pour caractère bien remarquable de ne jamais former de beurre, même par l'agitation prolongée. Fourcroy pensait qu'en raison du phosphate calcaire entrant dans sa composition, le lait devait être l'aliment le plus avantageux à l'enfant, dont les os cartilagineux ont besoin de s'approprier cet élément salin.

L'humeur que nous examinons est la plus susceptible d'éprouver les diverses modifications qui peuvent affecter l'organisme. Les passions violentes en font une boisson dangereuse pour l'enfant. Les substances alimentaires, les médicaments et les poisons lui communiquent leurs propriétés avantageuses ou nuisibles ; dispositions susceptibles d'offrir les applications les plus utiles à l'hygiène, à la pathologie des enfants nouveau-nés. Formée par l'action vitale du parenchyme de la mamelle sur le sang rouge qui s'y trouve apporté, cette humeur est saisie par les radicules des canaux galactophores, elle circule dans ces derniers, sous l'influence de la contractilité involontaire, parvient au mamelon. Les troncs de ces canaux se dilatent pour contenir le fluide sécrété, réagissent ensuite et le font jaillir à distance. Lorsque la succion est exercée, le mamelon, en raison de sa texture, s'érige, grossit et s'allonge. Cette excitation favorable à l'action excrétoire, le devient en même temps à la sécrétion dont elle provoque le développement.

Altérations. — Elles peuvent se manifester sous les quatre formes principales. — 1° *Augmentation.* Les circonstances qui, dans l'état normal, rendent la sécrétion lactée plus abondante et plus parfaite, sont le tempérament lymphatico-sanguin, un beau développement de la constitution, le calme des passions, un régime en grande partie végétal, surtout féculent; ici l'abondance du lait ne présente aucun caractère morbifique; la sécrétion peut être soutenue dans ces dispositions sans aucun accident ultérieur. Lors au contraire que cette augmentation est affectée par des excitations continuelles de l'appareil, par la succion trop fréquemment répétée des mamelons, au-dessus des ressources naturelles de l'organe et même de toute la constitution, elle est morbide, et produit bientôt l'épuisement local et général, comme on le voit chez plusieurs nourrices d'une frêle organisation qui s'abandonnant aux impulsions d'une tendresse abusive et d'un empressement toujours mal calculé dans ses résultats, se privent ainsi du bonheur d'accomplir avantageusement l'un des premiers devoirs maternels. — 2° *Diminution.* Elle peut être déterminée par un grand nombre de causes, telles que le développement extranormal d'une autre sécrétion, l'atrophie des mamelles, un défaut d'excitation de la glande, une lésion organique profonde, l'épuisement de toute la constitution. — 3° *Perversion.* Les agents physiques et moraux sont également capables de l'effectuer. Une passion violente communique au lait des caractères nuisibles; il devient ténu, séreux, mal élaboré, chez les sujets scrofuleux, cacochymes, épuisés par les maladies, la misère et les privations; il revêt les conditions nuisibles des aliments âcres, irritants; les propriétés pharmaceutiques des médicaments très-actifs; circonstance qui nous fournit le moyen, souvent précieux, de les approprier à la frêle constitution des enfants très-jeunes.— 4° *Suspension.* Elle se rattache aux causes déjà signalées pour la diminution, lorsque ces dernières agissent avec assez d'empire. Une terreur soudaine, un violent ébranlement du moral, quelle que soit la cause de cette modification, peuvent entraîner le même résultat avec des conséquences plus ou moins nuisibles pour toute l'économie, comme on l'observe trop souvent chez les femmes qui, renonçant au devoir, au bonheur d'allaiter leurs enfants, emploient des moyens actifs pour supprimer cette élaboration sécrétoire, et sont fréquemment punies de ces infractions aux lois naturelles, par des inflammations, des abcès, des engorgements, le squirrhe et même le cancer des glandes mammaires.

L'*excrétion* du lait peut également présenter des altérations. Ainsi le spasme des canaux galactophores, comme on l'observe chez les femmes très-nerveuses, lorsqu'il existe des fissures, des excoriations aux mamelons, un engorgement de ces canaux, etc., deviennent des obstacles plus ou moins réels à l'écoulement de l'humeur sécrétée; on la voit alors séjourner dans la glande, s'épaissir par l'absorption de ses parties les plus aqueuses, produire des nodosités qu'il serait aisé de confondre avec celles du squirrhe. Dans certains cas, le lait est repris en nature, porté dans le torrent circulatoire, et dévié vers tel ou tel organe excréteur, en fournissant l'exemple de ces diffusions laiteuses que les anciens admettaient avec trop de facilité comme principe du plus grand nombre des maladies consécutives à l'accouchement, et dont les modernes ont rejeté la réalité d'une manière peut être aussi trop exclusive. Que penser, sous ce dernier rapport, du fait publié par Cabal qui prétend avoir trouvé du *caséum* dans l'urine d'une jeune femme, veuve depuis quelques années, et qui n'avait point éprouvé d'autre anomalie de ce genre? S'agirait-il ici d'une déviation laiteuse ancienne, ou bien la matière caséeuse ne serait-elle pas un élément exclusivement relatif au lait? C'est une question indécise, dont la chimie nous offrira peut-être ultérieurement la solution.

6° Sécrétion urinaire. — Nous accordons ce titre à l'élaboration sécrétoire effectuée par les reins. Commune aux animaux des ordres supérieurs, elle ne se rencontre pas dans les derniers degrés de la série. Exécutée sans aucune interruption périodique, sous l'influence de l'action vitale d'un appareil complet, elle se trouve liée à la conservation de

I.

l'économie dont elle fait disparaître le plus grand nombre des principes nuisibles, en lui servant d'émonctoire affecté particulièrement à l'épuration des humeurs, et, d'après Thénard, à la soustraction de l'azote surabondant. Elle devient souvent, dans les maladies graves, une voie favorable de dérivation critique. Aussi nulle autre sécrétion n'est-elle susceptible de la remplacer avantageusement dans ces deux grandes circonstances, et toute suspension durable de cette élaboration entraîne-t-elle dans l'organisme le développement d'altérations plus ou moins fâcheuses, dont la nature, la marche, les symptômes indiquent un état d'irritabilité dans les solides, et d'acrimonie dans les humeurs.

Appareil. — Il est double et complet, on y rencontre : 1° la glande, nommée *rein* ; 2° le canal afférent, *uretère* ; 3° le réservoir, *vessie* ; 4° le conduit efférent, *urètre*.

Le rein, — νεφρὸς des Grecs, *ren* des Latins, — nous offre une glande, placée dans l'abdomen, sur le côté de la région lombaire du rachis, au milieu d'une grande quantité de tissu cellulaire graisseux ; bornée en arrière par les muscles postérieurs, en devant par le colon, en dedans par les vertèbres, en dehors par les dernières côtes. Lorsqu'il n'existe qu'un rein, il est placé sur la partie moyenne ; lorsque le nombre de ces organes est porté jusqu'à trois, les deux autres se trouvent situés sur les côtés. On a rencontré plusieurs exemples de ces anomalies. Chez le fœtus, et même dans les premières années de l'enfance, la glande est surmontée par un corps vasculeux qui l'embrasse, à la manière d'un casque, sous le titre de *capsule rénale,* qui disparaît ultérieurement d'une manière insensible, et dont nous avons indiqué les fonctions en examinant les dérivatifs et les réservoirs circulatoires. Le rein présente la forme d'une fève, il est aplati, oblong, de quatre à cinq pouces dans un sens, de deux ou trois dans l'autre, d'une couleur fauve, d'une ténacité, d'une consistance assez remarquables. Son parenchyme offre, à l'extérieur, une première couche de deux lignes, nommée *corticale,* d'une couleur plus jaune, moins foncée, paraissant constituer l'organe sécréteur.

Une seconde couche, beaucoup plus épaisse, appelée *tubuleuse*, formant des stries convergentes qui vont constituer un certain nombre de cônes appartenant à cette autre substance, et que plusieurs anatomistes ont mal à propos désignée comme une troisième sous le titre de *mamelonnée*. Ces stries présentent les origines du canal *afférent*. Le sommet des cônes est arrondi, forme autant de petits mamelons d'un rouge plus ou moins vermeil. Au nombre de dix à vingt, ils sont exactement embrassés par de petites poches membraneuses nommées *calices*, dans la cavité desquelles ils font une saillie de deux ou trois lignes ; quelquefois deux mamelons se trouvent embrassés par le même calice ; on voit ces derniers s'ouvrir dans six ou huit conduits appelés *bassinets*, qui vont se rendre à la cavité centrale en forme d'entonnoir, et pour cette raison, désignée par le terme d'*infundibulum*. Cette cavité membraneuse, placée dans l'échancrure de l'organe, est immédiatement suivie par le tronc du canal *afférent*, dont elle présente la partie la plus large. Une artère volumineuse fournie par l'aorte ; des nerfs, par le plexus rénal ; des vaisseaux lymphatiques, des veines, du tissu cellulaire pour unir toutes ces parties, composent la trame naturelle de cet organe sécréteur extérieurement enveloppé d'une membrane fibreuse assez résistante.

L'URETÈRE, ou canal afférent, constitué, dans ses origines, par les stries de la couche tubuleuse, par les calices, les bassinets et l'infundibulum renfermés dans l'épaisseur du rein, abandonne cet organe, en sortant par son échancrure latérale interne, marche obliquement de haut en bas, et de dehors en dedans, croise la direction du muscle psoas, gagne, en s'enfonçant dans le bassin, la partie inférieure de la vessie, vient s'ouvrir dans la cavité de ce réceptacle après en avoir obliquement traversé les parois, et s'être beaucoup rapproché de celui du côté opposé. Une membrane muqueuse, expansion de la *génito-urinaire*, tapisse l'intérieur de ce conduit égalant à peu près, dans l'état normal, par son calibre, celui d'une forte plume à écrire, s'étend à l'infundibulum, aux bassinets, aux calices, et, réduite à la plus grande ténuité, pénètre dans les petits canaux des mamelons, pour se terminer d'une manière indéfinie dans ceux de la couche tubuleuse. Une tunique fibreuse, d'épaisseur variable, revêt à l'extérieur le canal afférent, depuis les calices inclusivement, jusqu'à la terminaison de l'uretère. La disposition de ce dernier peut offrir quelques modifications: Haller en a vu deux pour chaque rein.

La vessie, ou réservoir, — χυςτις des Grecs, *vesica* des Latins, — est un réceptacle membraneux, occupant l'excavation du bassin, placé entre le pubis qui se trouve antérieurement, la matrice, chez la femme, le rectum, chez l'homme, qui sont en arrière. Il présente le plus spacieux de tous les réservoirs sécrétoires de l'économie, offrant la forme d'un cône, dont la base est inférieure et porte sur le plancher du bassin, dont le sommet supérieur peut dépasser le niveau du pubis dans les grandes accumulations d'urine et se trouve surmonté par un cordon fibreux que l'on nomme *ouraque*. Les parois de la vessie nous offrent quatre membranes dont les dispositions et les usages sont importants à noter. 1º *La séreuse* fait partie du péritoine et recouvre seulement la région supérieure de l'organe, qui, dans ses ampliations, s'élève entre cette membrane et les muscles abdominaux, de manière à permettre la ponction sans danger de pénétrer dans la cavité péritonéale; circonstance du plus haut intérêt pour ce genre d'opération. 2º *La celluleuse*, dont le réseau forme une enveloppe générale assez résistante et se trouve renforcé, vers le col du réservoir, pour constituer le *sphincter* vésical, destiné à prévenir l'excrétion continuelle de l'urine. 3º *La musculeuse*, offrant des fibres assez rares et déterminant, par ses contractions toujours involontaires, la diminution du réceptacle, suivie de l'émission des produits sécrétés. 4º *La muqueuse*, tapissant l'intérieur du réservoir, présentant, surtout à l'état de vacuité, des replis assez marqués et dont un plus grand développement forme ce que l'on appelle des *vessies à colonnes*. Trois ouvertures s'y rencontrent vers le bas-fonds du réceptacle; elles sont disposées en triangle, ce qui fait donner à cette partie le nom de *trigone vésical*; les deux postérieures appartiennent aux uretères; la muqueuse y présente un repli, faisant fonction de valvule et se trouvant déterminé par l'obliquité de ces canaux; l'antérieure conduit dans l'urètre; on y voit inférieurement une petite crête moyenne et longitudinale sous le titre de *vérumontanum*, et d'après Lieutaud, de *luette vésicale*; sur les côtés de cette éminence, paraissent les orifices capillaires des canaux éjaculateurs. L'anatomiste que nous venons de citer dit avoir fait la nécropsie d'un homme chez lequel on ne trouva pas la vessie; les uretères, du volume d'un petit intestin, s'ouvraient directement dans l'urètre. Chez d'autres, on a vu le réservoir de l'urine divisé par une cloison moyenne, de telle sorte que l'appareil se trouvait double jusqu'à l'origine du conduit excréteur. Haller admet que l'ouraque peut être caniculé chez le fœtus; Littre assure l'avoir ainsi trouvé chez une jeune homme de dix-huit ans; d'autres observateurs ont vu des individus chez lesquels il servait à l'excrétion de l'urine par l'ombilic.

L'urètre, — ou canal excréteur, se trouve bien différemment constitué dans les deux sexes. *Chez la femme*, il est à peu près droit, et n'offre que douze à quinze lignes de longueur. On trouve son orifice entre le clitoris et le vagin. *Chez l'homme*, sa direction, dans l'état de mollesse du pénis, figure à peu près une S romaine; son trajet est de huit à dix pouces. Commun aux excrétions urinaire et spermatique, il commence à la vessie, finit sous l'extrémité du gland. L'origine de la muqueuse génitale, riche en follicules, tapisse l'intérieur de ce conduit. Une membrane fibreuse, assez résistante, le forme extérieurement. Plusieurs autres tissus accessoires viennent s'unir à ces parois essentielles, dans les différentes régions, que l'on peut réduire à quatre principales. — 1° *Prostatique.* Elle est embrassée, dans les trois quarts supérieurs de sa périphérie, par un amas de follicules muqueux, improprement nommé glande prostate, versant dans l'urètre, conjointement avec plusieurs groupes analogues, désignés, sans plus de raison, par le terme de glande de Cowper, une assez grande proportion de mucosités, dont nous avons indiqué les usages. — 2° *Membraneuse*. Elle paraît comme étranglée entre la prostate et le bulbe. Les membranes fibreuse et muqueuse ne s'y trouvant pas notablement fortifiées, nous la voyons devenir le siége ordinaire des fistules, qui se manifestent consécutivement aux rétrécissements urétraux, aux fausses routes pratiquées sous l'influence d'un cathétérisme inhabile. Cette région du canal excréteur est environnée par les constricteurs de Wilson, les bulbo, ischo-caverneux, le transverse du périnée, les releveur et sphincter de l'anus. — 3° *Bulbeuse*. Elle est renflée par un tissu cellulo-vasculaire, disposée en forme de bulbe. — 4° *Caverneuse*. Elle offre seule plus de longueur que les trois autres. Protégée dans les deux tiers supérieurs de sa circonférence, et jusqu'à son extrémité, par un corps érectile, disposé en gouttière, et nommé *corps caverneux*, bifurqué vers les tubérosités de l'ischion auxquelles il se fixe ; cette quatrième portion de l'urètre finit par un élargissement appelé *fosse naviculaire*, siége le plus ordinaire de la blennorrhagie. Une fente verticale, sous le titre de *méat urinaire*, embrassée par un corps également érectile, nommé *gland*, termine ce canal excréteur.

Chez les animaux, — l'appareil urinaire offre plusieurs modifications assez importantes. On ne le rencontre pas dans les dernières divisions de ce règne. *Chez les oiseaux*, les reins sont globuleux et les uretères s'ouvrent dans une cavité nommée cloaque, réservoir commun de l'urine, des matières fécales et du produit de la fécondation, pour les femelles. *Chez les reptiles*, on trouve dans les uns des dispositions analogues; les autres, tels que les grenouilles, les salamandres, ont une vessie. *Chez les poissons*, les reins, d'un volume considérable, s'élèvent jusqu'aux orbites et leur canal excréteur s'ouvre, pour certaines classes, dans un cloaque ou dans un simple renflement du tube digestif; pour d'autres, dans une vessie particulière. Chez tous les animaux, comme l'ont fait observer Galvani, Ferrein et plusieurs naturalistes, les reins ne présentent qu'une substance analogue à la corticale des mammifères ; on n'y trouve ni mamelons, ni calices ; disposition qui fournit une preuve analogique à rapprocher de toutes celles qui démontrent que cette partie corticale est ici l'organe essentiel de l'élaboration sécrétoire. *Chez les mammifères*, l'appareil urinaire offre à peu près les mêmes dispositions que chez l'homme.

Agent. — Le sang rouge est, sans aucun doute, la source qui fournit, à l'appareil urinaire, les éléments de la sécrétion dont il est chargé. On peut même ajouter qu'il n'existe aucune glande pourvue d'une artère aussi considérable, proportionnellement à son volume. Haller, qui rejetait avec raison l'existence des *voies directes*, admises par les anciens, de l'estomac à la vessie, pour expliquer l'abondante sécrétion urinaire, développée dans certaines circonstances, attribue ce résultat au grand calibre des artères rénales, par lesquelles il prétend que la sixième partie de la masse totale du sang est susceptible de passer dans un temps donné.

Besoin. — Toutes les fois que la sécrétion urinaire cesse de s'effectuer avec son activité normale, un sentiment de chaleur âcre et d'anxiété se produit dans toute la constitution ; sans doute, en raison de l'agacement que déterminent sur les tissus, et plus spécialement sur la peau destinée à suppléer les reins, tous les principes acrimonieux qui se trouvent alors en grande partie retenus dans l'organisme, ne rencontrant point une issue libre et facile par leur émonctoire naturel. Lorsque la suppression devient plus absolue, plus durable, cette irritation consécutive peut s'élever jusqu'au développement d'une réaction fébrile très-intense, quelquefois même assez grave en raison de sa cause ; maladie que les auteurs ont désignée par le terme de *fièvre urineuse*, lors surtout qu'elle est effectuée par des obstacles apportés à l'excrétion.

Étude. — Quelques physiologistes anciens considérant l'énorme quantité d'urine excrétée, dans un temps donné, par certains individus qui rendent cette humeur dans la mesure des boissons ingérées, et presque immédiatement après leur emploi, ne comprenant pas d'ailleurs que les reins eussent assez d'activité pour effectuer entièrement cette élaboration, imaginèrent, dans ces conditions, des voies directes, chargées de porter les fluides aqueux de l'estomac et des intestins dans la vessie. Les anatomistes modernes ayant vainement cherché des canaux relatifs à cette communication, plusieurs partisans de l'hypothèse que nous venons de signaler et parmi lesquels nous citerons plus spécialement Lippi, confient cet important ministère à des vaisseaux lymphatiques partant, d'après eux, de l'intestin pour aller s'ouvrir dans les veines rénales et dans les bassinets, sous le titre de *chyloporétiques urinifères*. Déjà Galien, dans les temps antiques, avait produit les résultats de ses expériences pour démontrer l'erreur de cette hypothèse. En liant un uretère, l'urine s'accumule au-dessus de la constriction ; en pratiquant cette opération sur les deux, la vessie reste vide ; en les coupant l'un et l'autre, le fluide urinaire s'épanche dans l'abdomen. Dernièrement Tiedemann et Gmelin ont fait boire très-abondamment des fluides colorés à plusieurs animaux et n'ont jamais rien observé dans le tissu cellulaire abdominal. Haller a fait plus encore ; il ne s'est pas borné seulement à prouver que l'admission des voies directes est une chimère, il a de plus expliqué physiologiquement la production des plus grandes quantités d'urine par l'action exclusive des glandes chargées de cette élaboration. Voici le résumé de ses opinions sur cet objet : Les reins sont pourvus d'artères par lesquelles passe naturellement la sixième partie du sang en mouvement dans le cercle circulatoire. L'élaboration urinaire, entièrement relative à l'épuration organique, ne concourant pas, au moyen de son humeur, comme les autres sécrétions, à des fonctions plus ou moins importantes, n'a pas besoin de s'effectuer avec cette perfection exigée pour la salive, le lait, la bile, etc.; surtout lorsqu'elle est obligée, par les circonstances, de sacrifier la qualité à la quantité. La structure organique du rein, la disposition de ses vaisseaux afférents, excréteurs, son activité naturelle, etc., suffisent pour expliquer ces grandes émissions

eussent
oration,
s, char-
intestins
vaine-
nication,
signaler
pi, con-
hatiques
dans les
yloporé-
es, avait
rer l'er-
s'accu-
ette opé-
ant l'un
en. Der-
bondam-
t jamais
er a fait
ver que
de plus
grandes
chargées
s sur cet
es passe-
ent dans
ent rela-
noyen de
ions plus
vec cette
; surtout
acrifier la
, la dis-
activité
émissions

urinaires, en rapprochant particulièrement de ces conditions les qualités à peu près aqueuses de l'humeur excrétée dans cette occasion et dont l'ensemble indique assez un travail incomplet, superficiel et n'exigeant dès lors qu'un temps assez court pour son accomplissement. Un dernier fait aplanit toutes les difficultés, dissipe tous les doutes relativement à la question en litige. L'extirpation des reins détruit entièrement la sécrétion urinaire et laisse toujours la vessie dans un état de vacuité complète, quelle que soit la quantité des boissons ingérées : ce qui ne devrait point arriver s'il existait des voies directes, établissant une communication normale entre le tube digestif et ce réservoir. Il semblerait même, d'après les faits, que ces glandes seules présentent la faculté d'enlever aux fluides circulatoires l'élément fondamental de l'urine. Ainsi Ségalas, Prévot et Dumas, après avoir extirpé les reins sur plusieurs chiens, ont trouvée de l'*urée* dans le sang ; il n'en présentait point avant cette opération, même après l'importation de cet élément dans le torrent circulatoire au moyen d'une injection ; seulement alors on voyait la sécrétion urinaire sensiblement activée. Quant à l'opinion de Lippi, incompatible avec les dispositions normales des appareils circulatoires, avec la marche naturelle des humeurs dans leurs différents canaux, elle n'exige aucune réfutation particulière. Il nous semble donc positivement établi que toute élaboration urinaire est exclusivement effectuée par les reins que traversent, avec une rapidité surprenante, les fluides qui doivent être exportés, comme le démontrent plusieurs expériences de Fodéra. Ce physiologiste ingère dans l'estomac de quelques lapins une solution d'hydro - cyanate ferruré de potasse ; une sonde placée dans l'urètre livre passage, après cinq minutes seulement, à de l'urine manifestant la présence de ce dernier sel qui se rencontre également dans le sang. Darwin et Brande avaient déjà tenté cette expérience, mais sans obtenir aucun résultat satisfaisant. D'après toutes ces considérations basées sur des faits positifs, nous voyons, dans la sécrétion urinaire, le sang rouge mis en contact avec la couche corticale des reins, excitant ce parenchyme qui réagit à sa manière, extrait les éléments appropriés, les combine, les élabore sous l'influence des propriétés vitales qui lui sont propres et forme une humeur qu'il est seul capable de confectionner.

L'URINE, résultat de ce travail, — ουρὸν des Grecs, *lotium* des Latins, — est un fluide aqueux, dont la couleur varie du jaune citron clair au jaune orangé ; modifications ordinairement relatives à la concentration plus ou moins considérable des éléments essentiels de cette humeur. Aussi les anciens en distinguaient-ils trois espèces, d'après ce caractère : 1º l'*urine de la boisson*, celle que nous rendons immédiatement après avoir pris une grande quantité de fluide, *urina cruda*; elle est blanche, diaphane, à peu près semblable à l'eau pure. 2º L'*urine de la digestion*, excrétée dix ou douze heures après l'ingestion des liquides, *urina cocta*, dont la couleur est assez analogue à celle du citron. 3º L'*urine du sang*, évacuée le matin au réveil, *urina perfecta*, *percocta*, se rapprochant de l'écorce d'orange pour la coloration. Il ne serait pas convenable de voir, dans ces variétés, des humeurs essentiellement différentes, on doit seulement les admettre comme trois modifications d'une humeur identique, présentant des nuances de couleur et de composition relatives au degré d'élaboration ou de séjour plus ou moins prolongé dans le réservoir, dont les absorbants s'emparent du véhicule en concentrant les éléments fondamentaux. L'urine offre une odeur piquante et bientôt ammoniacale ; une saveur âcre, chaude et salée ; une consistance, une pesanteur spécifiques à celles de l'eau dans une proportion variable ; ainsi, :: 1,005 ou :: 1,033 : 1,000. Récente, elle rougit sensiblement les couleurs bleues végétales qu'elle verdit en se décomposant. La première de ces propriétés est attribuée par les auteurs à différents acides : au *phosphorique*, par Vauquelin ; à l'*acétique*, par Thénard ; au *lactique*, par Berzélius ; au *benzoïque*, par Schéele, surtout chez les enfants ; au *carbonique*, à l'*urique*, etc., par d'autres chimistes ; la seconde est relative à la formation d'une quantité variable d'ammoniaque pendant cette même décomposition.

Les éléments essentiels de l'urine sont : 1° *l'urée*, que l'on obtient à l'état de pureté, sous forme de lames nacrées, brillantes, incolores, sans odeur, offrant une saveur piquante et fraîche ; plus pesantes que l'eau, déliquescentes, putrescibles, fortement animalisées, disposant l'urine à la décomposition ; formées, d'après Proust, sur 100 parties : d'azote, 46, 650 ; — de carbone, 19, 975 ; — d'hydrogène, 6, 670 ; — d'oxygène, 6, 650 ; — perte, 55 ; considérées, par Wohler, comme un cyanite d'ammoniaque hydraté. Ce chimiste prétend même en avoir formé par des moyens artificiels. C'est un fait important à vérifier, puisqu'il prouverait, ou que l'urée n'est pas une matière organique, ou que les substances de cet ordre peuvent être formées par des procédés étrangers à l'influence vitéle. 2° *L'acide urique*, très-faible, dur, blanc, insipide, inodore, cristallisant en paillettes, offrant une pesanteur spécifique supérieure à celle de l'eau, formant une grande partie des calculs, et surtout des graviers déposés par l'urine dans la vessie. 3° *Une matière animale*, très-difficile à séparer des autres principes, que l'on obtient cependant par distillation dans son véhicule, ensuite en la précipitant par l'acétate de plomb ; elle offre une odeur ambrée.

Outre ces principes essentiels et fondamentaux, que dissout une grande proportion d'eau, l'urine présente encore, mais d'une manière moins invariable, du mucus versé par les follicules des voies d'excrétion en proportion relative des irritations supportées par cet appareil ; des acides, des sels, de la silice, etc.; accidentellement plusieurs autres matières anormales que nous indiquerons en examinant les perversions de cette élaboration sécrétoire. Si nous réunissons tous les éléments que l'on rencontre ordinairement dans l'humeur dont nous étudions la composition, nous voyons leur nombre s'élever à vingt dans les proportions suivantes, indiquées par Berzélius ; sur 1,000 parties : *eau*, 933 ; — *urée*, 30, 10 ; — *acides* : — urique, 1, 00 ; lactique, 17, 14 ; phosphorique ?

benzoïque? acétique? butyrique? carbonique? — *Sels.* — Sulfate de potasse, 3, 71; sulfate de soude, 3, 16; phosphate de soude, 2, 94; hydrochlorate de soude, 4, 45; phosphate d'ammoniaque, 1, 65; hydrochlorate d'ammoniaque, 1,50; lactate d'ammoniaque en combinaison avec une matière animale soluble dans l'alcool, compris avec l'acide lactique libre; phosphate de chaux, 1, 00; — *matière animale*, insoluble dans l'alcool, associée à l'urée, comprise avec le même acide; — *mucus*, 0, 32; *silice*, 0,03. On a de plus admis du phtorure de calcium, des traces; d'après Vauquelin et Fourcroy, de l'hydrochlorate de potasse, des phosphates doubles de soude et d'ammoniaque, de magnésie et de cette base; du benzoate, du carbonate d'ammoniaque; des matières odorante, colorante; de l'albumine, de la gélatine; d'après Proust, du soufre; une matière résineuse d'une odeur et d'une couleur particulières; du sulfate, du sous-carbonate de chaux, etc.

C'est à l'ensemble de ces éléments réunis en proportions variables, que l'urine doit ses caractères particuliers et ses nombreuses modifications. L'urée, le mucus, la matière animale disposent à la fermentation putride, avec dégagement de l'ammoniaque donnant à cette humeur des qualités alcalines qui remplacent ultérieurement son acidité primitive. Un ou plusieurs des acides libres indiqués lui communiquent la propriété de rougir les couleurs bleues végétales. L'acide urique, plus particulièrement, devient la source de cette matière jaune, déposée sur les parois du vase qui la renferme pendant quelque temps; il concourt souvent à la formation des concrétions de la gravelle, et même à celle des calculs vésicaux. Les sels, par leur dépôt, constituent plus spécialement encore ces derniers. Ainsi, d'après l'analyse faite par les chimistes modernes, un quart à peu près des calculs urinaires est composé d'acide urique; un cinquième d'oxalate de chaux, quelques-uns d'urate d'ammoniaque, un très-petit nombre d'oxyde cystique; les autres, par les différentes matières salines, soit isolées, soit dans un état de mélange, ordinairement effectué par couches concentriques, les plus denses formant le noyau commun.

Soumise à l'évaporation spontanée, dans un air libre, l'urine perd sa chaleur naturelle, et ne tarde pas à se décomposer. L'acide urique se précipite en donnant un sédiment jaune ou briqueté. Ce dernier contient, d'après Proust, des urates, du phosphate de soude et d'ammoniaque, quelquefois de l'acide nitrique, du purpurate d'ammoniaque ou de soude. L'urée d'abord, plus tard le mucus, la matière animale se décomposent, d'où résulte la formation de l'ammoniaque, en assez grande proportion, consécutivement des combinaisons nouvelles, très-diversifiées de cette base avec les acides primitifs et ceux qui résultent naturellement de ces réactions multipliées ; on voit ensuite se déposer de l'urate d'ammoniaque, du phosphate de chaux, du phosphate ammoniaco-magnésien, et lorsque l'évaporation est plus avancée, des cristaux représentant les sels solubles de l'urine. Privée bien exactement du contact de l'air, cette humeur n'éprouve plus les mêmes décompositions chimiques. Proust en a conservé pendant six ans, dans un vase bien fermé, sans autre changement qu'une teinte plus foncée dans la couleur. C'est en traitant diversement le produit de cette élaboration physiologique, pour en obtenir la *pierre philosophale*, que les alchimistes ont découvert le phosphore.

D'après l'analyse artificielle, cette humeur offre un grand nombre de particularités qui ne rentrent pas dans notre sujet ; nous ajouterons seulement qu'on peut en obtenir trois séries de produits. 1° *Solution alcoolique*, — présentant l'urée, la substance résineuse, l'hydrochlorate d'ammoniaque, le chlorure de sodium, les acides lactique, acétique, phosphorique, le lactate d'ammoniaque et la matière organique. 2° *Solution aqueuse*, — les phosphates de soude, d'ammoniaque, le sulfate de soude, le phosphate double d'ammoniaque et de soude, la matière animale unie à l'acide lactique. 3° *Résidu insoluble*, — l'acide urique, le phosphate de chaux, de magnésie, le mucus, la silice, trouvée en grains par Guéranger, le phtorure de calcium, l'acide carbonique en excès, le soufre.

L'urine offre des modifications importantes, relatives aux genres d'alimentation, de médication, aux différentes espèces animales, aux diverses maladies qui peuvent affecter ces dernières. *Sous le premier rapport,* — les asperges lui communiquent une mauvaise odeur, la térébenthine importée, soit par l'intérieur, soit par l'extérieur, lui donne bientôt l'odeur de la violette. Wollaston a rencontré, chez les oiseaux, l'urine très-riche en acide urique, lorsqu'ils étaient nourris de substances animales, et cet acide à peu près inappréciable sous l'influence d'un régime exclusivement végétal. Chevreul et Magendie, par des expériences faites sur les chiens, ont démontré que l'on peut, à volonté, rendre l'urine, soit acide, soit alcaline, en conséquence du choix que l'on fait de l'un ou l'autre de ces régimes. Ils pensent également que l'abus de l'oseille augmente la fréquences des calculs *moriformes*, ordinairement composés d'oxalate de chaux. *Sous le second rapport,* — le fluide urinaire présente un grand nombre de particularités chez les divers animaux. Ainsi, *chez les reptiles,* celle des tortues n'offre que des traces d'acide urique; elle en est entièrement formée, dans les serpents, les lézards, etc. *Chez les oiseaux,* l'urine est en grande partie composée d'acide urique présentant la portion blanche de leurs excréments. On trouve pour quelques-uns une matière huileuse; elle ne renferme pas d'urée. *Chez les mammifères,* elle offre des modifications assez nombreuses. *Pour les herbivores,* elle contient une grande quantité de carbonate calcaire, ce qui la rend très-écumeuse, comme on le voit dans le bœuf, le chameau, le cheval, par exemple; de l'acide benzoïque, du benzoate de soude, une matière huileuse, roussâtre, etc. Les bézoards ou calculs développés dans la vessie, dans les intestins de ces animaux, sont, en grande partie, formés de phosphate ammoniaco-magnésien. *Sous le troisième rapport,* — cette humeur présente encore des variations importantes qui se trouveront naturellement placées dans les perversions de cette élaboration sécrétoire.

EXCRÉTION. — Elle s'effectue par une série de phénomènes compliqués dont il faut suivre la marche avec précision pour en bien saisir l'ensemble. Formée par l'action physiologique de la substance corticale du rein, l'urine est prise par les radicules des petits canaux de la couche tubuleuse; tombe, sous forme de rosée, par le sommet des mamelons dans les calices; descend, par les bassinets, dans l'infundibulum, et de celui-ci dans la vessie au moyen de l'uretère. Cette première partie du trajet repose entièrement sur la contractilité involontaire des canaux indiqués. Les contractions lentes et graduées de l'uretère, le poids même de l'urine, favorisent l'introduction de cette humeur dans son réservoir. La transition est d'autant plus facile, que le trajet du canal dans les parois cystiques s'effectuant avec beaucoup d'obliquité, comme déjà nous l'avons fait observer, il en résulte intérieurement un repli de la muqueuse permettant le passage de l'urine dans la vessie, prévenant son retour par le conduit afférent; que, d'un autre côté, cette humeur passant d'un canal étroit dans une capacité spacieuse, ne doit éprouver qu'une faible résistance. On pourrait même réduire la proposition à cette formule algébrique : l'infériorité de la résistance présentée par les parois vésicales à l'introduction de l'urine dans ce réceptacle, est à la supériorité de celle des parois de l'uretère pour s'opposer à l'accumulation de l'humeur dans ce même vaisseau, comme la capacité de la première est à celle du second. Le réservoir cystique se développe ainsi d'une manière lente et graduée pour admettre l'urine quelquefois en si grande proportion, qu'il s'élève beaucoup au-dessus du pubis, repousse la membrane séreuse en arrière, de telle sorte qu'il peut être antérieurement attaqué par le trois-quarts sans aucun danger de pénétrer dans la cavité péritonéale. Une percussion de la vessie, actuellement dans cet état, peut en effectuer la rupture. Percy rapporte quatre faits de ce genre; nous en avons observé trois à l'hôpital du Mans; les malades ont succombé du quatrième au douzième jour, sous l'influence d'une péritonite, constamment terminée par gangrène. Dans l'état normal, cette accumulation n'a pas lieu d'une manière aussi prononcée. L'urine, par ses influences physique et chimique, provoque la réaction vésicale; une petite portion du fluide est poussée dans l'orifice de l'urètre; aussitôt le signal de l'excrétion est donné plus ou moins impérieusement à tous les agents accessoires des autres expulsions abdominales, et leurs efforts synergiques, unis aux contractions involontaires sensibles de la vessie, détruisent la résistance de l'anneau fibreux que nous avons indiqué au col de ce réservoir; si des obstacles plus puissants viennent s'opposer à l'excrétion, la volonté dirige, augmente les efforts des muscles soumis à son empire. Ainsi, le diaphragme presse de haut en bas, les muscles abdominaux d'avant en arrière, ceux du bassin de bas en haut, les parois vésicales circulairement; l'urine jaillit par l'urètre avec une force d'impulsion et sous un volume proportionnés au développement de ces puissances, à la liberté du canal excréteur. La résistance du sphincter étant vaincue, les contractions vésicales suffisent à l'accomplissement du phénomène. Les muscles accessoires peuvent s'appliquer à d'autres fonctions; la respiration, la voix, la parole, etc., reprennent leur entière liberté pendant toute la durée de cette émission, caractère qui la distingue, sous ce rapport, de l'excrétion stercorale, comme déjà nous l'avons fait observer. Lorsque le réservoir est complétement débarrassé, la portion d'urine qui se trouve dans l'urètre est chassée par les contractions brusques et répétées des muscles ischio et bulbo-caverneux que les anciens nommaient *pseudo-sphincteres vesicæ*, et qui remplissent en effet cet usage lorsque, pressés par le besoin impérieux de rendre l'urine, et cependant au milieu des circonstances qui ne permettent pas cette excrétion, nous opposons une résistance active aux efforts de la vessie; ou bien encore lorsque nous sommes forcés de suspendre instantanément l'émission de ce fluide; presque toujours alors une douleur plus ou moins vive se fait sentir précisément au siége de ces efforts musculaires qui ne s'effectuent pas toujours, dans ces dispositions anormales, sans d'assez graves inconvénients.

L'excrétion libre et facile de l'urine amène un grand allégement, un état général de bien-être assez remarquable. La rétention prolongée de cette humeur produit au contraire un état
de pesanteur dans l'abdomen, d'anxiété, d'irritabilité générale
qui nous font assez connaître la puissance de l'impulsion instinctive attachée à l'accomplissement de cette excrétion, maî-
trisant quelquefois la volonté, produisant le réveil par les songes
les plus pénibles. Des accidents graves se rattachent constamment au défaut de cette émission urinaire; il suffit, pour
comprendre toute l'importance de sa régularité, d'observer les
résorptions acrimonieuses, les paralysies vésicales et leurs
conséquences, les dépôts calculeux, etc., que présentent souvent les sujets qui négligent cet acte essentiel ou que des modifications pathologiques réduisent à l'impossibilité de l'effectuer d'une manière naturelle, à des intervalles appropriés.

Altérations. — Leur ensemble comprend les quatre
modes principaux, affectant isolément ou simultanément la
sécrétion et l'excrétion. — 1° *Augmentation*. Elle est rarement
nuisible tant qu'elle ne se trouve pas compliquée de la perversion. En effet, offrant presque toujours alors un moyen
critique approprié à la solution d'un assez grand nombre de
maladies, elle devient supplémentaire des sécrétions avec lesquelles on la voit plus particulièrement sympathiser. Cette
augmentation peut se rattacher à des causes multiples,
parmi lesquelles nous devons plus spécialement noter le froid,
l'humidité, les bains ordinaires, les boissons aqueuses très-
abondantes, les médicaments nommés *diurétiques*, etc. Pour
tous ces cas, l'urine plus abondante offre en même temps
beaucoup moins de concentration dans ses principes constituants et cette humeur semble perdre, sous le rapport de la
qualité, ce qu'elle gagne relativement à la quantité. — 2° *Diminution*. On l'observe surtout au début des maladies aiguës
avec réaction fébrile; c'est alors que l'urine, dont les matériaux sont plus rapprochés, présente une odeur forte, ammoniacale, une couleur foncée, dépose un sédiment rougeâtre, et
se putréfie dans quelques instants. La même diminution se

manifeste encore dans la quantité de cette humeur sous l'influence d'une augmentation extranormale des autres sécrétions, mais avec des modifications moins prononcées dans sa
nature. — 3° *Perversion.* Elle entraîne des altérations plus ou
moins considérables dans les qualités essentielles de l'urine,
d'après l'un ou l'autre de ces trois modes fondamentaux :
1° par les variétés proportionnelles de ses principes naturels;
2° par l'addition d'éléments étrangers ; 3° par la disparition
des matériaux ordinaires qui viennent remplacer des substances changeant entièrement la constitution de cette humeur.
— *Sous le premier rapport,* nous trouvons l'urine à peine
ébauchée dans la plupart des affections nerveuses telles que
l'*hystérie,* les *convulsions,* l'*épilepsie,* etc.; offrant alors très-
peu d'urée, de matière animale, d'acide urique, beaucoup
d'hydrochlorate, de soude et d'ammoniaque ; elle est diaphane, incolore et se rapproche de l'eau commune par son
aspect. Au contraire, dans les phlegmasies graves et profondes, marchant avec beaucoup d'activité, cette humeur devient
bien plus riche en principes constituants ; elle est épaisse,
rouge, très-odorante, et produit quelquefois un sentiment
d'ustion en traversant le canal excréteur, déposant un sédiment *briqueté* qui, d'après Proust, est formé d'urate d'ammoniaque ou de soude, mêlé au phosphate du même nom et
quelquefois d'un peu d'acide nitrique, de purpurate de soude
ou d'ammoniaque. — *Sous le second rapport,* nous voyons
s'ajouter aux éléments ordinaires, comme produits pathologiques : *dans les fièvres nerveuses, intermittentes,* un acide
rouge, vermeil, déposant sur les parois du vase, combiné à
l'acide urique, découvert par Proust et désigné sous le nom
d'*acide rosacique ;* dans l'*ictère,* la substance résineuse verte
de la bile, quelquefois même les principaux éléments de cette
humeur, comme l'annonçait Cruikshank, il y a plus de trente
ans, et comme l'a démontré, depuis, Orfila, par des analyses
positives. *Dans les hydropisies,* l'albumine, suivant Thomson
et Fourcroy ; l'acide acétique, une matière huileuse colorante
d'après Nysten; l'acide hydrocyanique, trouvé par Brugna-

telli. *Dans le rachitis, la goutte,* le phosphate de chaux en très-grande proportion, comme le démontrent les analyses de Chaptal et de Fourcroy. *Dans quelques néphrites et cystites aiguës,* l'hydrocyanate ferruré de peroxyde de fer, d'après Julia Fontenelle ; une substance nouvelle découverte par Braconnot et qu'il nomme *cyanourine ;* dans l'une et l'autre circonstance, l'humeur sécrétée présentait la couleur de ces matières, disposition qui lui fait donner, dans les cas analogues, le nom d'*urine bleue.* Elle prend quelquefois une teinte noirâtre, ce qu'elle doit à la présence d'un autre élément accidentel, également signalé par le même chimiste, sous le titre de *mélanourine,* et par Proust, comme un acide qu'il appelle *mélanique.* Dans les modifications pathologiques désignées par les termes de *fièvres putrides, malignes,* etc., l'ammoniaque, d'après Orfila. Plusieurs fois nous avons démontré dans l'urine des sujets ainsi affectés, la présence de l'acide hydrosulfurique même pendant son séjour dans la vessie ; caractère fâcheux que nous attribuons au commencement de la décomposition chimique, effectuée lorsque les affinités de cet ordre ne sont plus contrebalancées avec assez d'énergie par la force vitale, dont l'affaiblissement devient l'un des caractères fondamentaux de ces altérations morbifiques. Dans les affections dites *laiteuses,* le caséum, indiqué par Pétroz. Toutefois la présence de cette matière se rencontre également sous d'autres influences, comme l'ont démontré Cabal, chez une jeune femme, et Wurzer, pour un homme de trente ans. — *Sous le troisième rapport,* nous trouvons l'urine complétement dénaturée, ne conservant même parfois aucun de ses principes constituants ordinaires. Ainsi, dans le *diabète sucré,* d'après les travaux de Willis, de Rouelle, de Frank, de Thénard et Dupuytren, cette humeur n'offre pas d'une manière notable ses éléments essentiels, tels que l'urée, la matière animale et l'acide urique ; elle présente au contraire une substance mucoso-sucrée, un peu d'hydrochlorate de soude et quelques traces des autres sels dissous dans une grande proportion d'eau. Thénard a vu le principe doux pour un trentième ; les chimistes le croient analogue au sucre de raisin. Chevallier dit qu'il est parfaitement semblable au sucre de canne. A cet état, l'urine éprouve la fermentation alcoolique au milieu des circonstances favorables. Dans ces derniers temps, Chevreul et Barruel ont prétendu que cette modification n'était point aussi prononcée qu'on l'avait pensé d'abord ; ils assurent avoir trouvé de l'urée de l'acide urique et tous les autres matériaux ordinaires dans l'urine des sujets affectés du diabète sucré. Ces faits démontrent tout au plus que dans certains degrés de cette maladie la métamorphose n'est pas complète, mais ils ne prouvent nullement qu'elle n'ait pas eu lieu chez les sujets dont parlent Dupuytren et Thénard.— *4° Suspension.* Nous l'avons observée pendant vingt-quatre et même quarante-huit heures, au début de la néphrite, de la cystite, de la métrite, de l'entérite, de la péritonite suraiguës. Craignant une rétention, nous avons plusieurs fois, dans ces cas, introduit une algalie, sans trouver, dans la vessie, un atome d'urine. En général, ce phénomène pathologique offre beaucoup de gravité.

L'excrétion urinaire peut également présenter des altérations importantes. Ainsi, dans les *calices*, les *bassinets*, *l'infundibulum* et *l'uretère*, — des calculs, des spasmes ou d'autres obstacles, analogues par leurs effets, peuvent retarder ou même empêcher le cours naturel de l'urine. — *Dans la vessie*, les dépôts calculeux, l'inflammation, la paralysie, les lésions organiques des parois vésicales, une acrimonie remarquable et passagère de l'urine, comme on l'observe quelquefois dans les accès goutteux, l'affaiblissement notable des muscles abdominaux, etc., produisent des anomalies variables dans cette excrétion, dont les deux principaux types sont *l'incontinence* et la *rétention d'urine.* — *Dans l'urètre*, l'engorgement de la prostate, les calculs, les spasmes locaux et surtout les inflammations, les rétrécissements du canal, etc., déterminent des altérations excrétoires comprises, pour le plus grand nombre, entre les difficultés et l'impossibilité de l'émission urinaire et dont les principaux degrés sont désignés par les termes: *dysurie, strangurie, ischurie.*

7° Sécrétion spermatique. — Nous décrivons sous ce titre, l'élaboration sécrétoire effectuée par des glandes nommées *testicules*. Si nous cherchons les caractères essentiels de cette élaboration, nous les trouvons positifs et bien déterminés. Elle ne s'exerce que chez les sujets du sexe masculin, et, chez l'homme, vers l'époque où, sortant de l'enfance, il présente assez de force physique pour concourir à la reproduction de l'espèce, après avoir accompli suffisamment le développement de l'individu. C'est en effet seulement à la puberté, dans la quinzième ou seizième année, que les testicules jouissent du pouvoir de former un sperme fécondant. Avant cette époque, ils partagent le sommeil des autres organes génitaux, et se trouvent bornés à la nutrition. Si l'éjaculation est provoquée dans l'enfance par les funestes manœuvres de l'onanisme, elle ne donne en résultat qu'une matière muqueuse absolument comme chez les eunuques. Quant au terme de cette même sécrétion, il est absolument impossible de le fixer, puisque l'on voit des vieillards jouir de la faculté reproductrice dans un âge très-avancé ; l'homme, de même que les animaux, perdant cette faculté moins par l'absence de l'élaboration spermatique appropriée, que par le défaut de stimulus et d'érection indispensables à l'acte vénérien. Le but essentiel de cette sécrétion est la propagation de l'espèce ; mais cet objet ne semble pas exclusif ; elle sert encore à favoriser le développement des forces physiques et morales, comme il est aisé de s'en convaincre en comparant l'énergie des animaux dans l'état normal, aux dispositions contraires de ceux que l'on a soumis à la castration ; en rapprochant la faiblesse, la pusillanimité de l'eunuque, de la vigueur et du courage de l'homme qui conserve les premiers attributs de la virilité.

Appareil. — Il est double et complet dans notre espèce. Nous devons y considérer : 1° la glande, nommée *testicule* ; 2° le canal afférent, désigné sous le nom de *conduit déférent* ; 3° le réservoir, appelé *vésicule spermatique* ; 4° le canal efférent, décrit sous le titre de *conduit éjaculateur*.

1° **Le testicule**, — δίδυμος des Grecs, *testiculus* des Latins, est une petite glande ovoïde, contenue dans l'abdomen, pendant les premiers mois de la vie fœtale, au-dessous du rein, vers la partie moyenne de la région lombaire ; franchissant l'anneau inguinal, vers une époque indéterminée ; chez quelques sujets, un peu avant la naissance ; chez d'autres, plusieurs années après cette époque ; entraînant, dans ce passage, d'après quelques auteurs, une portion du péritoine destinée à constituer ultérieurement la *tunique vaginale*. Explication qui nous semble peu satisfaisante, cette petite membrane offrant, comme toutes les séreuses, telles que la péricarde, les plèvres, le péritoine lui-même, un sac sans ouverture, et devant présenter, comme ces dernières, une origine primitive, indépendante, isolée. Quelquefois un seul testicule sort de l'abdomen, ou même les deux restent dans cette cavité pendant toute la vie sans inconvénient notable pour la génération ; on prétend même que les sujets ainsi disposés offrent une impulsion plus marquée vers les plaisirs de l'amour. La glande, ordinairement placée derrière l'anneau, chez ces mêmes individus, y forme parfois une tumeur douloureuse à la pression et confondue, par l'ignorance, avec le *bubonocèle*. Méprise d'autant plus fâcheuse, que les bandages employés d'après cette indication fautive, outre les accidents inséparables de leur application dans cette circonstance, produisent l'inconvénient beaucoup plus grave encore d'entraîner l'impuissance, par l'atrophie du testicule. Après la révolution normale de son déplacement, cet organe suspendu entre les cuisses par un cordon nommé *spermatique*, enveloppé de plusieurs tuniques, dont l'ensemble constitue cette poche extérieurement cutanée, que l'on désigne par le terme de *scrotum*, présente le volume d'une grosse noix. Il est ordinairement double, un pour chaque moitié de l'individu. On a vu ce nombre, tantôt s'élever à trois ou quatre, tantôt se réduire au testicule d'un seul côté, sans que la faculté génératrice présentât aucune augmentation dans le premier cas, aucune diminution dans le second. Si nous examinons successivement, de l'extérieur à l'intérieur, les enveloppes de cette glande, nous les trouvons au nombre de cinq : la *peau*, commune aux deux organes ; une *couche celluleuse* décrite, par les anciens, sous le titre de *dartos* ; des *membranes* : *fibro-celluleuse*, enveloppant également le cordon et le testicule ; *séreuse*, nommée *tunique vaginale*, propre à ce dernier ; *fibreuse*, dense, résistante, blanche, envoyant des prolongements dans le parenchyme glanduleux, donnant à l'organe sa forme ovoïde particulière et désignée par le terme de *tunique albuginée*. Vers la partie supérieure du testicule, cette membrane présente un renflement percé de dix-huit à vingt orifices, pour le passage des branches du canal afférent ; on donne à ce renflement le nom de *corps d'Hygmore*. Le parenchyme de la glande est grisâtre, mou, pultacé ; l'œil y distingue des granulations très-déliées, desquelles sortent les canaux afférents qui forment une grande partie de la masse. D'une ténuité capillaire, ces derniers peuvent être déroulés, sans se rompre, dans une étendue de plusieurs pieds. Si l'on calcule, d'après cette expérience, la longueur probable de tous ces tubes réunis, on conçoit à peine le terme auquel cette mesure doit s'arrêter. L'artère destinée au testicule, sous le nom de *spermatique*, naît de l'aorte. Ses divisions occupent le centre de l'organe, tandis que les veines se ramifient à la circonférence. Les nerfs sont fournis par le plexus spermatique. On ne les a pas encore suivis bien positivement jusque dans le parenchyme. La grande sensibilité de cette glande ne permet pas d'y révoquer en doute l'existence de ces derniers. Des vaisseaux lymphatiques, du tissu cellulaire, pour unir ces divers éléments, complètent l'organisation du testicule.

2° LE CONDUIT DÉFÉRENT, — chargé d'exporter le sperme hors de la glande, commence dans le parenchyme sécréteur par les radicules ténues que nous avons indiquées. Ces canaux, en diminuant de nombre, en augmentant de volume, traversent le corps d'Hygmore par dix-huit ou vingt orifices, constituent dans leur ensemble un petit organe vermiforme, longeant, sous le nom d'*épididyme*, le bord supérieur du testicule, se terminant, en arrière, par un canal unique appelé *conduit défé-*

rent. Celui-ci formant un tube capillaire, à parois dures, épaisses, lui donnant le volume d'une plume de corbeau, remonte vers l'anneau inguinal qu'il traverse, descend sur les parties latérales de la vessie, en se rapprochant de celui du côté opposé, rencontre le canal de la vésicule spermatique, sous un angle très-aigu, forme avec lui l'origine du conduit excréteur.

3° LA VÉSICULE SPERMATIQUE — nous présente un petit réservoir allongé, piriforme, bosselé, formé par la succession de plusieurs cellules qui communiquent entre elles ; situé au bas-fond de la vessie, entre cet organe et le rectum, obliquement dirigé d'arrière en avant, et de dehors en dedans; séparé de celui du côté opposé, seulement par les deux canaux déférents ; un petit canal termine ce réservoir, sous le nom de *conduit de la vésicule* et se confond avec le précédent, pour donner naissance au canal excréteur.

4° CONDUIT ÉJACULATEUR. — Formé par la réunion des canaux déférent et vésiculaire, il traverse la prostate et vient s'ouvrir sur les côtés du *vérumontanum*, dans l'urètre, en constituant le canal excréteur conjointement avec ce dernier, qui devient commun, sous ce rapport, aux sécrétions urinaire et spermatique. Toutes ces cavités excrétoires sont tapissées, à l'intérieur, par une membrane muqueuse, division de la *génito-urinaire* ; à l'extérieur, elles offrent, dans les canaux séminifères du testicule, de l'épididyme, une membrane celluleuse très-mince ; dans le canal déférent, une enveloppe très-épaisse et d'apparence fibro-cartilagineuse ; dans la vésicule, dans son conduit, dans le canal éjaculateur, une tunique cellulo-fibreuse; dans ces mêmes cavités, les parois jouissent de la contractilité involontaire insensible pour les canaux, apparente pour la vésicule.

Chez les animaux. — L'appareil sécréteur du sperme offre des modifications assez importantes. *Chez les gemmipares*, il n'en existe aucun vestige. *Dans les poissons*, les testicules granuleux pour les uns, présentent, pour les autres, deux grands sacs remplis d'une matière séminale nommée *laite*, *laitance*, *frai*, etc. *Chez les reptiles*, ces glandes sont renfermées dans l'abdomen. Chez *les oiseaux*, elles se trouvent également au-devant des reins. *Pour les rongeurs*, les testicules sont globuleux. *Chez les carnivores, les ruminants et plusieurs cétacés*, les vésicules spermatiques n'existent pas.

Agent. — Le testicule puise les éléments de son élaboration sécrétoire dans le sang rouge fourni par l'artère spermatique. On a cherché dans l'extrême longueur de ce vaisseau, comparativement à son volume, une disposition favorable au perfectionnement de cette élaboration ; nous y trouvons beaucoup plutôt une modification indispensable aux diversités de position de cette glande, au trajet qu'elle doit parcourir, en se portant de l'abdomen dans le scrotum, par un mouvement que n'aurait jamais permis l'artère spermatique, avec les dispositions communes du système circulatoire dont elle fait partie.

Besoin. — Une sorte d'inquiétude morale, un sentiment d'agitation vague, indéterminée, signalent chez l'homme, surtout vers l'époque de la puberté, le besoin plus ou moins pressant de la sécrétions permatique. La réplétion des vésicules séminales et consécutivement la nécessité de l'excrétion du fluide qu'elles renferment, sont annoncées par des appétits vénériens qui peuvent, chez certains sujets, prendre tous les caractères d'un véritable délire, avec anxiété générale, frémissement involontaire de tout l'organisme à l'aspect des objets susceptibles de réveiller ces impressions et ces désirs; des songes lascifs provoquent même quelquefois cette émission pendant le sommeil.

Étude. — Le parenchyme du testicule, excité par des influences physiques, chimiques, vitales ou morales, directement ou sympathiquement développées, reçoit, dans un temps donné, beaucoup plus de sang rouge, et trouve, dans cette modification, le double avantage de monter ses propriétés vitales au degré suffisant pour effectuer l'élaboration sécrétoire dont il est chargé; de rencontrer, dans ce fluide circulatoire, des éléments qu'il combine sous l'influence de cette élaboration pour en former une humeur particulière désignée par les noms de sperme, de liqueur séminale, fécondante, etc.

LE SPERME, — γονή, σπέρμα des Grecs, *semen* des Latins, mêlé pendant son émission aux mucosités de la prostate et des glandes de Cowper, est un fluide épais, visqueux, incolore, opaque, d'une saveur fade et gommeuse, d'une odeur nauséabonde, analogue à celle du pollen d'un grand nombre de végétaux, et notamment du dattier, de l'épine-vinette, du châtaignier, etc., insoluble dans l'eau, très-peu soluble par les alcalis, beaucoup plus dans les acides. Offrant des animalcules nombreux et microscopiques, signalés d'abord par Hartsoëker, Leuwenhoëck, et dont nous avons positivement constaté la présence et la réalité par des expériences très-multipliées; observations sur lesquelles nous reviendrons avec détail, en examinant la théorie génératrice établie sur ce fait. D'après Vauquelin, cette humeur présente à l'analyse chimique, pour 1,000 parties, eau, 900; — mucus animal de nature particulière, 60; — phosphate de chaux, traces d'hydrochlorate, et peut-être de nitrate de chaux, 30; — soude, 10. — Berzélius admet de plus, dans cette humeur, une matière animale propre et tous les sels du sang; Jordan, une substance odorante, de la gélatine, de l'albumine; John, du soufre; Virey rapproche la composition du sperme de celle que présente la pulpe nerveuse, et part de cette analogie pour expliquer l'antagonisme des fonctions intellectuelles et génitales. Sans admettre entièrement le principe, nous reconnaissons avec les physiologistes anciens et modernes toute la réalité des conséquences. En effet, en considérant la fécondation comme l'objet essentiel de la sécrétion que nous étudions, il est impossible de ne pas voir également l'influence du sperme sur tout l'organisme. Il donne aux mâles une odeur forte, surtout pour les animaux, à l'époque du rut; elle est même communiquée aux femelles par absorption de cette humeur. On distingue bien, à l'odeur, la jeune vierge et la femme déflorée. Les qualités du lait, chez la nourrice, peuvent se trouver tellement altérées sous l'influence de ces modifications, que l'enfant refuse le sein, ou souffre de son usage. La résorption du sperme, chez l'homme, développe sensiblement l'énergie morale et la force physique. Celui qui veut s'illustrer dans la carrière des sciences et des lettres, doit éviter soigneusement l'abus de la copulation. Les vainqueurs des jeux olympiques se préparaient, par la continence, aux épreuves qu'ils devaient soutenir dans le gymnase, le cirque ou l'hippodrome. La déperdition habituelle de cette humeur entraîne l'épuisement de l'organisme, la dégradation et l'hébétude intellectuelles; comme on l'observe chez les sujets abrutis par l'onanisme et la salacité; ce qui faisait imaginer aux physiologistes anciens : « que la semence était un écoulement de la pulpe médullaire encéphalique par le canal rachidien. » C'est la sécrétion du fluide séminal qui caractérise la virilité dans notre espèce, et l'état analogue chez les animaux. Aussi voyons-nous, après la castration, l'eunuque présenter la voix efféminée du sujet impubère; le coursier perdre sa vigueur et sa fierté, le cerf rester sans accroissement et sans bois. Narsès et Salomon, lieutenants de Bélisaire, sont les seuls eunuques marquants dans l'histoire.

Excrétions. — Saisi dans le parenchyme, par les radicules des canaux afférents, le sperme parcourt leurs nombreuses flexuosités, sous l'influence de la contractilité involontaire insensible. Arrivé dans le conduit déférent, il tient une route variable suivant que l'appareil génital se trouve actuellement en repos ou dans l'organisme de la copulation. *Pendant le premier état*, il remonte par le canal de la vésicule spermatique dans ce réservoir, s'y mêle aux fluides perspiratoire et folliculaire muqueux de cette cavité, y prend plus de consistance par l'absorption graduée de son véhicule ; *dans le second*, il passe directement par le canal éjaculateur, conjointement avec celui qui se trouve contenu dans le réceptacle dont les parois se contractent pour en effectuer l'expulsion par le canal vésiculaire. Ces deux fluides mêlés, à leur passage dans l'urètre, avec les mucosités de la prostate et des glandes de Cowper, se trouvent chassés à distance du méat urinaire par l'action des muscles *ischio* et *bulbo-caverneux*; cette excrétion séminale prend le titre d'*éjaculation*.

Altérations. — Elles embrassent la sécrétion, l'excrétion, et peuvent offrir les quatre modes principaux : — 1° *Augmentation*. Elle est produite par toutes les causes morales, physiques, chimiques ou vitales susceptibles d'entretenir une excitation habituelle vers les organes génitaux, et plus spécialement par le coït et la masturbation. Il en résulte souvent alors une *gonorrhée*, en prenant le terme dans sa véritable acception, et consécutivement l'épuisement du physique et l'abrutissement du moral. Combien n'avons-nous pas observé de jeunes sujets remarquables par leur santé, par l'agrément de leur caractère et la pénétration de leur esprit, tombant, en conséquence de ces pratiques désastreuses, dans le marasme et l'étiolement d'une caducité anticipée, dans le découragement, la mélancolie, dans un état voisin de l'idiotisme. Combien, dès lors, ne devient-il pas essentiel de prémunir l'homme à ses premiers pas dans la vie, contre un écueil si généralement dangereux, et qui peut décider si différemment du reste de sa carrière. Nous reviendrons plus particulièrement sur cet objet dans l'examen des phénomènes génitaux. — 2° *Diminution*. Elle résulte ordinairement de la continence relative, ou des privations, de la misère, d'une alimentation défectueuse, de la vieillesse, en un mot, de toutes les influences qui peuvent abaisser l'activité, l'énergie vitales, soit dans toute la constitution, soit, d'une manière plus spéciale, dans l'appareil sécréteur du sperme. Au milieu de ces pénibles circonstances, le sujet devient impropre à la génération, pour laquelle, d'ailleurs, il éprouve assez peu d'attrait. — 3° *Perversion*. Elle produit inévitablement des altérations plus ou moins graves dans la nature même du fluide séminal, et consécutivement des modifications nuisibles dans la génération; comme nous le dirons en traitant de cette fonction importante. Schurig l'a vu rouge et mêlé de sang; Raw l'a trouvé noir dans l'hypocondrie; d'autres l'ont rencontré jaune et d'une teinte safranée ; plusieurs fois nous l'avons remarqué dans cet état pendant l'ictère ; il est ténu, séreux, mal élaboré chez les scrofuleux et les sujets cacochymes, usés par la débauche, la masturbation ou les maladies chroniques. Dans tous ces cas, il ne peut opérer que des fécondations vicieuses ; première cause des dégradations matérielles présentées par les enfants qui sont engendrés au milieu de ces fâcheuses dispositions de l'humeur prolifique. — 4° *Suspension*. On l'observe particulièrement dans la continence absolue, dans la caducité, au début des violentes inflammations de l'organisme en général, et de l'appareil génital en particulier, dans la plupart des maladies qui menacent le sujet d'une mort prochaine.

Relativement à l'excrétion, — la semence peut être arrêtée dans les canaux afférents et produire le gonflement douloureux des testicules, ou dans la vésicule spermatique, et déterminer l'ampliation de ce réservoir, avec toutes les conséquences de ce défaut d'émission. Enfin, le canal de l'urètre est capable d'offrir des perforations dans les différents points de son trajet; d'où résulte la déviation spermatique, sous le nom d'*hypospadiasis*, vice d'excrétion susceptible d'entraîner l'impuissance.

8° Sécrétion ovarique. — Nous décrivons de suite ici l'élaboration des *vésicules prolifiques* par l'action vitale des *ovaires* chez la femme et chez les femelles des animaux offrant cette analogie de constitution avec notre espèce. Il nous paraît, en effet, difficile de ne pas ranger les ovaires au nombre des organes sécréteurs, et les vésicules ovariques parmi les produits sécrétés. Comment expliquer autrement les fonctions des uns et la formation des autres? Cette manière de voir a d'ailleurs le grand avantage de rapprocher deux phénomènes qui vont se confondre et s'identifier dans la génération même. L'élaboration des vésicules, nonobstant l'opinion des auteurs qui les considèrent comme primitives, ne paraît pas exister avant la puberté; du moins ne les a-t-on jamais rencontrées dans les ovaires des jeunes filles, antérieurement à cette époque. Un dernier caractère la distingue de toutes les autres sécrétions; elle appartient exclusivement au sexe féminin, présente un appareil incomplet, est uniquement relative à la propagation de l'espèce, et donne un produit solide. Les anatomistes anciens pensaient que les ovaires, de même que les testicules, formaient une humeur prolifique analogue au sperme; c'est une erreur que nous aurons occasion d'apprécier en traitant de la génération.

Appareil. — Il est double, incomplet, et présente : 1° la glande, nommée *ovaire*; 2° le canal efférent, appelé *trompe utérine.*

L'OVAIRE est un petit corps parenchymateux, désigné, par les anciens, sous le titre de *testis muliebris*, placé dans l'abdomen, au milieu des ligaments larges de la matrice, appartenant exclusivement à la femme, aux femelles des animaux vivipares, qui s'en rapprochent sous ce dernier rapport. D'un gris rougeâtre, bosselé, d'une consistance moyenne, offrant à peu près le volume et la forme d'une amande avec son enveloppe, il présente intérieurement un parenchyme rudimentaire avant la puberté, frappé d'une atrophie remarquable après l'âge critique ; loculaire et contenant, pendant le règne de la fécondité, des vésicules variant, pour le développement, de la grosseur d'un grain de millet à celle d'une semence de chénevis, les plus petites occupant le centre, et les plus grosses la périphérie de l'organe; pour le nombre, depuis deux, comme l'a fait observer Haller, jusqu'à cinquante, comme Rœderer prétend l'avoir démontré ; nous en avons compté vingt-trois. Levret assure qu'il n'a jamais vu ce nombre s'élever au delà de quinze. Ces vésicules ont, depuis longtemps, été regardées comme des *œufs.* Elles contiennent une matière gélatino-albumineuse, élaborée par le parenchyme, destinée à former l'embryon, et qui, dans ces derniers temps, a reçu le nom d'*ovarine.* Une membrane extérieure fibreuse enveloppe cette glande, qui fournit des prolongements filamenteux, et s'y comporte à peu près comme la tunique albuginée relativement au testicule ; un repli du péritoine, appartenant aux ligaments larges de l'utérus, enveloppe encore extérieurement l'ovaire. Celui-ci reçoit ses artères de la spermatique ; ses nerfs, du plexus de ce nom. Des veines, des vaisseaux lymphatiques, du tissu cellulaire unissant toutes ces parties, complètent son organisation. Il est fixé à l'utérus par un petit cordon fibro-vasculeux, d'un pouce et demi de longueur, considéré par Weslingius, Riolan, Spigel, etc., comme le canal excréteur de cette glande, erreur signalée par de Graaf, Plazzoni et tous les anatomistes modernes.

La trompe utérine, — ou canal excréteur de l'ovaire, offre un caractère particulier que l'on ne rencontre dans aucun autre appareil. Il ne s'adapte que momentanément à cet organe, pour le faire communiquer avec l'utérus, pendant la fécondation et l'excrétion de l'œuf. Dans les circonstances différentes, le premier est isolé de toutes parts et ne présente avec le second, d'autre connexion immédiate que celle dont le petit ligament indiqué maintient l'accomplissement. De telle sorte qu'il existe alors impossibilité d'émission ovarique. Ce conduit membraneux commence dans l'abdomen par une extrémité libre, flottante, évasée, connue sous le titre de *pavillon de la trompe*. Infundibuliforme et frangé, ce pavillon présente ordinairement trois languettes, l'une adhérente à l'ovaire. Dans tout le reste de son trajet, d'un calibre beaucoup moins considérable, il se réduit à peu près aux dimensions capillaires vers sa terminaison dans l'utérus à l'angle supérieur duquel il vient s'ouvrir. Une membrane, prolongement de la muqueuse génitale, revêt intérieurement ce conduit, et se trouve, à son orifice abdominal, en communication directe avec le péritoine. A l'extérieur une tunique fibro-celluleuse ; à la trompe, un tissu érectile dans le pavillon, pour le redresser et l'appliquer à l'ovaire, complètent l'organisation de ce canal excréteur.

Chez les animaux. — Pour les oiseaux, la glande présente un conduit efférent qui s'ouvre dans le cloaque sous le titre d'*oviductus*. Chez les grenouilles, les œufs sont très-apparents ; ils deviennent innombrables dans les poissons.

Agent. — Il paraît aujourd'hui généralement admis que l'ovaire puise, dans le sang rouge, les éléments de la sécrétion dont il est chargé.

Besoin. — Il est naturellement exprimé par ces impressions vagues de mélancolie voluptueuse qui, sous le rapport du moral, signalent presque toujours le développement de la puberté ; se pervertissent même quelquefois de manière à présenter les diverses modifications de la nymphomanie. D'un autre côté, c'est à cette révolution exigée qu'il faut particulièrement attribuer l'excitation préparatoire qui porte l'ovaire à l'élaboration des germes sur l'intégrité desquels repose la propagation de l'espèce.

Étude. — Sollicité à l'action par la révolution pubère, et consécutivement sous l'influence des divers genres d'excitation vénérienne, le parenchyme de l'ovaire prend, dans le sang rouge, les éléments appropriés à la sécrétion qu'il doit effectuer, les élabore, les combine de manière à former un nombre d'œufs indéterminé ; disposés, sous forme de vésicules, dans un fluide que l'on nomme encore *ovarine*, offrant beaucoup d'analogie avec la sérosité, devenant probablement, par son accumulation, la source d'un assez grand nombre d'hydropisies de l'ovaire. Ces œufs en dépôt dans l'organe que nous examinons et qui présente en même temps un réservoir, y séjournent jusqu'au moment où la fécondation vient en détacher un ou plusieurs, d'après un mécanisme que nous indiquerons en faisant l'histoire des fonctions génitales.

Altérations. — *Les unes propres à la sécrétion* offrent beaucoup de variétés relatives à la forme, au volume, à la nature de l'œuf. Il ne faut pas chercher ailleurs la source d'un grand nombre de faux germes, d'atrophies, de perversions embryonnaires et de monstruosités, altérations qui n'ont point encore été physiologiquement étudiées dans leur principe et dans leurs conséquences. La stérilité peut également devenir le résultat de cette modification pathologique. *Les autres particulières à l'excrétion* occasionnent des accidents funestes, soit en empêchant l'émission du germe fécondé, soit en déviant celui-ci de sa route normale ; de là ces gestations extrautérines : *ovariques*, *tubaires*, *abdominales*, etc.

Sécrétions propres à certaines espèces animales. — Outre les sécrétions déjà très-nombreuses que nous avons étudiées chez l'homme, plusieurs autres sont effectuées par les animaux, et nous croyons devoir au moins les indiquer, pour donner à l'histoire de ces actions physiologiques toute l'importance et tout l'ensemble qu'elle doit naturellement présenter. Ces élaborations sécrétoires différant de celles que nous avons examinées chez l'homme, surtout par la nature de leurs produits, les caractères de ces derniers doivent nécessairement offrir la véritable base des distinctions que nous allons établir entre elles. En les envisageant plus spécialement sous ce dernier point de vue, nous les rangeons sous huit chefs principaux. Sécrétions : 1° *huileuse* ; 2° *odorante* ; 3° *colorante* ; 4° *gazeuse* ; 5° *textile* ; 6° *électrique* ; 7° *lumineuse* ; 8° *venimeuse*.

1° HUILEUSE. — On la rencontre dans les poissons, chez tous les oiseaux aquatiques, et même chez les mammifères amphibies. C'est elle qui lubrifie l'enveloppe extérieure de ces animaux et les garantit de l'inconvénient d'être mouillés par le milieu qu'ils habitent naturellement. Aussi, tous les oiseaux aériens, qui n'offrent pas ces dispositions particulières, sont-ils dans l'impossibilité de plonger au milieu des eaux, sans éprouver les inconvénients de cette immersion. L'élaboration sécrétoire que nous venons de signaler est effectuée par des follicules extérieurs ; son produit nous offre une humeur grasse, onctueuse, immiscible à l'eau. Les cryptes cutanées, chez l'homme, nous présentent bien quelque chose d'analogue, mais le fluide qu'elles forment est bien éloigné, par ses qualités et sa quantité, d'offrir un semblable moyen de protection dermoïde.

2° ODORANTE. — Une matière noire, affectant vivement l'odorat, est sécrétée par le *larmier*, amas de follicules siégeant, chez les cerfs, dans la fosse sous-orbitaire. Le putois, la civette, le blaireau, le phoque, le cochon d'Inde, etc., présentent, vers l'orifice du rectum, des cryptes, improprement nommées *glandes anales*, qui fournissent une humeur jaune, répandant l'odeur la plus forte et la plus repoussante. Le *castoréum* est élaboré par des follicules mal à propos désignés sous le titre de *glandes prépuciales* et par les appareils cellu-leux piriformes, situés près des organes génitaux, chez l'ani-mal du même nom. Le *musc* est produit, par exhalation, dans la petite bourse qu'il porte sous le ventre, assez près de l'om-bilic.

3° Colorante. — *L'encre de Chine* est sécrétée par une vési-cule à parois veloutées, que présentent, près du foie, plu-sieurs mollusques, et notamment les *sèches*, les *poulpes*. Au rapport de Plutarque, ces animaux l'utilisent en troublant l'eau, de manière à se dérober aux recherches de leurs enne-mis. La *pourpre* est élaborée, sous forme de bouillie rougeâtre, dans un sac parenchymateux que montre, au voisinage du rectum, le *murex blandaris* de la famille des gastéropodes.

4° Gazeuse. — Un grand nombre de poissons et particuliè-rement ceux qui jouissent de la faculté d'occuper volontaire-ment ou la profondeur, ou la surface des eaux, offrent une vessie natatoire, en communication avec l'estomac, se rem-plissant, au gré de l'animal, d'un gaz présentant, d'après Fourcroy, de l'azote presque pur ; suivant plusieurs autres chimistes, un mélange d'acide carbonique et d'oxygène ; dans tous les cas, perspiré à la surface interne de l'une ou l'autre des cavités indiquées.

5° Textile. — Beaucoup de mollusques et d'insectes peu-vent élaborer certaines matières, d'abord liquides, gluantes, se desséchant par l'action de l'air et devenant susceptibles d'être filées de manière à constituer des tissus qui nous éton-nent par leur finesse, mais surtout par leur ténacité. Dans ce nombre, nous indiquerons particulièrement les *chenilles*, les *jambonneaux*, les *bombices*, etc., dont les organes sécréteurs de cette matière se trouvent représentés par deux longs tubes filiformes, contournés en spirales et réunis dans un renfle-ment ou réservoir, se terminant, par un petit bec simple, au-dessous de la partie moyenne du maxillaire inférieur. C'est avec cette humeur que les chenilles préparent leur cocon. Celle qui forme la soie porte le nom de *sérine* ; elle est confectionnée par le *bombyx mori*. — *Chez les araignées*, l'appareil situé vers l'anus est plus compliqué, ses résultats sont bien plus étonnants encore. Ainsi, des observateurs minutieux ont trouvé que chaque petite soie double et naturelle du *bombyce* présente un centième de millimètre ; et que chaque fil dodécuple de l'araignée paraît six fois moins volumineux ; enfin, que chacun de ces derniers est formé de mille fils élémentaires. Cette matière textile est diaphane ; plusieurs chimistes l'ont assimilée au mucus. Chevreul pense qu'elle en diffère, pouvant se dissoudre dans l'alcool et dans l'eau. Elle donne à la distillation de l'huile rougeâtre, de l'ammoniaque et du charbon animal. Gay-Lussac prétend que celle de l'araignée n'est pas identique aux autres, parce qu'elle brûle, comme les tissus végétaux, sans fournir d'ammoniaque.

6° ÉLECTRIQUE. — Plusieurs poissons, et notamment le *silure trembleur* et la *torpille* offrent des nageoires pectorales, aponévrotiques, disposées à la manière d'un rayon de miel, et qui jouissent du pouvoir très-remarquable de sécréter le fluide électrique, en assez grande proportion, l'anguille de mer ou gymnote surtout présente cette faculté ; les unes et les autres peuvent accumuler une assez grande quantité de ce fluide pour foudroyer, par ses décharges, des animaux volumineux, et se former un moyen de défense. Le fluide électrique est ici le résultat d'une sécrétion vitale sous l'action du nerf vague et d'une branche de la cinquième paire ; la cessation du produit électrique par la section de ces nerfs ne laisse aucun doute. Les décharges de ces poissons, absolument semblables à celles d'une forte pile voltaïque sont d'autant plus redoutables que l'animal peut les effectuer volontairement et les diriger à son gré. Dans leurs expériences, Davy, Paterson, Rudolphi, Hunter, Humboldt, Walsh, Gay-Lussac, Matteucci, ont même obtenu des étincelles de la torpille, de l'anguille de Surinam, etc.

7° LUMINEUSE. — Plusieurs mollusques et quelques insectes

perspirent, dans certains points de l'enveloppe dermoïde, une matière lumineuse bien remarquable, et qu'il ne faut pas confondre, dans sa nature et dans ses effets, avec la *phosphorescence* des substances animales, et surtout du bois en putréfaction, avec les scintillations de la pierre de Bologne, des yeux du chat, etc. L'humeur de cette élaboration sécrétoire, nommée *phosphorine*, est blanche, grisâtre, gélatineuse, épaisse, luisante, caractère qu'elle perd en se desséchant. Plusieurs mollusques, tels que les *pholades*, les *pennatules*, etc., sont phosphorescents dans toutes leurs parties; les insectes, seulement dans quelques points. Les femelles sont plus habituellement lumineuses, particulièrement dans la saison de leurs amours. Le *taupin* de Cayenne offre deux taches brillantes et jaunes, sur les côtés du corselet; il peut servir à lire des caractères moyens. Les *fulgores* présentent leurs taches sur le museau, disposition qui les a fait nommer *porte-lanterne*. Deux de ces insectes suffisent pour éclairer un petit appartement. On voit en Italie des *lucioles* ou lampyres volants, qui simulent assez bien les étoiles tombantes. Le résultat que les physiciens ont désigné sous le terme de *mer lumineuse*, et qu'ils expliquent, les uns par la collision des vagues, les autres par la décomposition des matières animales et végétales, est attribué, d'après quelques naturalistes, à la réunion d'un grand nombre de petits insectes phosphorescents.

8° VENIMEUSE. — Plusieurs serpents offrent, antérieurement à la mâchoire supérieure, deux dents canaliculées, mobiles, pouvant se dresser à la volonté de l'animal; servant de conduit excréteur à la vésicule située vers leur base, et qui sécrète une humeur nommée *venin*, dont les effets, en conséquence de son inoculation dans notre économie, deviennent plus ou moins promptement destructeurs.

FIN DU TOME PREMIER.

TABLE SYNOPTIQUE

FIN DE LA TABLE SYNOPTIQUE

Le Mans. — Typographie Ed. Monnoyer. — Novembre 1875.

TRAITÉ COMPLET

DE

PHYSIOLOGIE

A L'USAGE DES GENS DU MONDE

ET DES LYCÉES

PAR

A. LEPELLETIER DE LA SARTHE

De l'Académie de médecine de Paris

Γνῶθι σεαυτόν
« Connais-toi toi-même. »

TOME PREMIER

PARIS

G. MASSON, ÉDITEUR

LIBRAIRE DE L'ACADÉMIE DE MÉDECINE

Place de l'École de Médecine

MDCCCLXXVI